KB168705

국토교통부 제정

도로의 구조·시설 기준에 관한 규칙

해 설

2020

(사)대한토목학회 (사)한국도로기술사회

머리말

우리나라의 도로는 1928년 서울과 춘천을 연결하는 경춘가도 완공을 시작으로, 국내 기술로 만든 최초의 고속도로인 경인고속도로(1968), 우리나라 대표 고속도로인 경부고속도로(1970) 개통 등 약 19,000km의 간선도로망을 포함한 110,700km에 이르는 양적·질적 팽창을 이루었습니다.

그 결과 도로는 우리 국토의 주요 거점을 연결하여 대부분의 여객·화물을 수송하는 경제성장의 견인차 역할 및 지역발전에 이바지 하는 등 한강의 기적을 이끌었고, 서울에서 부산까지 하루에 왕복할 수 있는 1일 생활권 시대를 열어 국민의 삶을 크게 변화시켰습니다.

이러한 도로망을 체계적으로 확충하기 위하여 정부에서는 1962년 「도로법」 제정에 이어서, 1965년에 도로의 계획·설계 및 유지관리 업무의 기준이 되는 「도로구조령(대통령령 제2177호)」을 제정하였고, 1990년에는 차량의 대형화·고속화 추세에 맞추어 「도로의 구조·시설기준에 관한 규정」으로 명칭을 바꾸어 대폭 개정한 바 있습니다.

그 후, 급변하는 21세기 기술적 변화에 보다 신속히 대응할 필요성이 대두됨에 따라, 1999년 동 규정을 「도로의 구조·시설기준에 관한 규칙(이하 「도로구조규칙」, 건설교통부령)」으로 명칭을 변경하였고, 2009년 소형차 도로의 기준 및 교통약자를 배려한 도로시설 기준 등을 반영하고자 「도로구조규칙」을 개정하였습니다.

금번에 국민의 안전을 보다 향상시키기 위하여 긴급구난차량의 안전한 구조 활동을 위한 길어깨의 안전시설 설치 근거, 일시적으로 교통량이 증가한 경우 길어깨를 차로로 활용하는 구간에 대한 시설기준, 도로 구분체계의 기능별 전환 등을 반영하여 「도로구조규칙」을 개정하게 되었습니다.

「도로구조규칙」은 도로가 갖춰야할 최소한의 시설 기준으로, 도로건설 및 정책을 담당하는 이들에게는 꼭 필요한 지침서입니다. 본 해설서는 금번 개정된 「도로구조규칙」에 맞추어 규칙의 내용 해설과 더불어 체계적이면서도 기본적 이론을 구체적으로 제시하고, 도로 설계 및 계획에 참여하는 초급기술자들도 쉽게 이해하고 실무에 적용할 수 있도록 하였습니다.

끝으로, 본 해설서를 활용하시는 여러분의 많은 조언이 있기를 바라며, 본서의 발간을 위해 정성을 다해 주신 대한토목학회, 한국도로기술사회, 자문 및 평가심의위원, 그리고 국토교통부 도로국 담당자 등 관계하신 모든 분의 노고에 진심으로 감사드립니다.

2020년 3월 6일
국토교통부 도로국장 김 용 석

「도로의 구조·시설 기준에 관한 규칙」해설 개정에 따른 경과 조치

이 해설은 발간 시점부터 사용하며, 이미 시행 중에 있는 설계용역이나 건설공사는 발주기관의 장이 필요하다고 인정하는 경우 종전에 적용하고 있는 해설을 그대로 사용할 수 있습니다.

총 목차

◎ 도로의 구조·시설 기준에 관한 규칙 ·· 1

　찾아보기 ··· 27

제1장 총　칙

1-1　목적 ·· 30
1-2　적용 기준 ·· 32
1-3　용어의 정의 ·· 34
1-4　설계기준자동차 ·· 46
　　1-4-1　설계기준자동차의 종류 ·· 46
　　1-4-2　설계기준자동차의 치수 ·· 47
　　1-4-3　설계기준자동차의 최소 회전반지름 ······························ 51
　　1-4-4　설계기준자동차의 적용 ·· 51
　　1-4-5　자전거 및 보행자 ··· 53

제2장 도로의 구분과 접근관리

2-1　도로의 구분 ·· 56
　　2-1-1　도로 기능 구분의 개념 ·· 57
　　2-1-2　도로 기능에 따른 도로 구분 ···································· 58
　　2-1-3　도로의 기능별 구분에 따른 도로의 종류 ························· 59
　　2-1-4　자동차전용도로 ·· 60
　　2-1-5　소형차도로 ··· 60
　　2-1-6　지역 구분 ·· 62
2-2　지방지역도로의 구분 ·· 63
　　2-2-1　기능별 특성 ·· 63
　　2-2-2　관할권에 따른 분류와의 연계 ···································· 64

2-2-3 지방지역도로의 기능별 구분 ························· 65

2-2-4 지방지역도로의 배치 개념도 ······················· 67

2-3 도시지역도로의 구분 ······································· 68

2-3-1 기능별 특성 ··· 68

2-3-2 도시·군계획도로 기준에 따른 분류 ················· 71

2-3-3 도시지역도로의 기능별 구분 ······················· 71

2-3-4 도시지역 도로망의 배치 개념도 ··················· 72

2-4 도로의 접근관리 ·· 73

2-4-1 접근관리의 개요 ······································ 73

2-4-2 접근관리 필요성 ······································ 74

2-4-3 접근관리의 원칙 ······································ 75

2-4-4 도로 기능에 따른 접근관리 ······················· 77

2-5 보행자 및 자전거의 분리 ··································· 85

2-5-1 혼합 교통의 문제점 ·································· 85

2-5-2 보도 ·· 86

2-5-3 자전거도로 ··· 87

제3장 계획교통량 및 설계속도

3-1 도로의 계획목표연도 ·· 90

3-1-1 계획목표연도의 정의 ·································· 90

3-1-2 계획목표연도 설정기준 ······························ 90

3-1-3 계획목표연도 기준 ··································· 92

3-1-4 공용개시 계획연도 ··································· 92

3-2 계획교통량 산정 ·· 94

3-2-1 개요 ·· 94

3-2-2 교통수요예측 ··· 95

3-3 설계서비스수준 ··· 97

3-3-1 설계시간교통량 ······································ 97

3-3-2 도로용량 산정 절차 ································· 100

3-3-3 서비스수준 ·· 103

3-3-4 설계서비스교통량 ··································· 104

3-4 설계속도 ·· 106
   3-4-1 설계속도의 정의 ·· 106
   3-4-2 지형 구분 ·· 106
   3-4-3 설계속도의 적용 ·· 107
   3-4-4 속도의 종류 ··· 109
3-5 설계구간 ·· 112
   3-5-1 설계구간의 정의 ·· 112
   3-5-2 설계구간의 길이 ·· 112
   3-5-3 설계구간의 변경점 ·· 113

제4장 횡단구성

4-1 개요 ·· 116
   4-1-1 적용범위 ·· 116
   4-1-2 기본사항 ·· 116
   4-1-3 횡단구성 요소와 표준 폭의 적용 ··· 118
   4-1-4 단계건설을 고려한 횡단구성 ··· 121
4-2 차로수 및 차로폭 ·· 126
   4-2-1 차로의 분류 ··· 126
   4-2-2 차로수 결정 ··· 127
   4-2-3 차로폭 ·· 127
4-3 차로 운영 ·· 130
   4-3-1 홀수 차로 ·· 130
   4-3-2 버스전용차로 ··· 132
   4-3-3 가변차로 ··· 143
   4-3-4 양보차로 ··· 144
   4-3-5 앞지르기차로 ··· 151
   4-3-6 2+1차로도로 ··· 152
4-4 중앙분리대 ··· 153
   4-4-1 중앙분리대의 구성 ·· 154
   4-4-2 중앙분리대의 폭 ··· 155
   4-4-3 중앙분리대 폭의 접속설치 ·· 157

4-4-4 중앙분리대 형식과 구조 ···································· 158

4-4-5 중앙분리대 개구부 ·· 161

4-5 길어깨 ··· 163

4-5-1 개요 ·· 164

4-5-2 길어깨의 기능과 형식 분류 ······························ 164

4-5-3 오른쪽 길어깨의 폭 ··· 165

4-5-4 왼쪽 길어깨의 폭 ·· 169

4-5-5 길어깨의 확폭 ·· 170

4-5-6 길어깨폭의 접속설치 ·· 171

4-5-7 길어깨의 구조 ·· 171

4-5-8 길어깨의 측대 ·· 172

4-5-9 보호 길어깨 ··· 173

4-6 적설지역에 있는 도로의 중앙분리대 및 길어깨의 폭 ········ 174

4-7 주정차대 ··· 179

4-7-1 주정차대의 설치 ·· 179

4-7-2 주정차대 폭과 구조 ·· 179

4-7-3 주정차대 운용 ·· 180

4-8 자전거도로 ·· 181

4-8-1 개요 ·· 181

4-8-2 자전거도로의 구분 ··· 181

4-8-3 자전거도로 등의 설치 기준 ································ 182

4-9 보 도 ··· 183

4-9-1 개요 ·· 183

4-9-2 보도의 폭 ·· 184

4-9-3 보도의 폭 결정 ·· 185

4-9-4 보도의 횡단구성 ·· 185

4-9-5 횡단보도육교 및 지하횡단보도 ··························· 187

4-9-6 연석 ·· 187

4-10 횡단경사 ·· 189

4-10-1 차도부의 횡단경사 ·· 189

4-10-2 길어깨의 횡단경사 ·· 191

4-10-3 보도 등의 횡단경사 ··· 194

4-11 환경시설대 ··· 195

    4-11-1 환경시설대의 설치 ··························· 195

    4-11-2 녹지대의 설치 ································ 197

    4-11-3 도로 녹화 ··································· 198

4-12 측도 ··· 202

    4-12-1 개요 ·· 202

    4-12-2 측도의 설치 ································· 203

    4-12-3 측도 구조 ··································· 203

4-13 도로 공간기능의 활용 ····························· 204

    4-13-1 도로의 공간기능 ··························· 204

    4-13-2 교통정온화시설 ····························· 210

4-14 경관도로 ··· 212

4-15 시설한계 ··· 214

제5장 도로의 선형

5-1 평면선형 ·· 222

    5-1-1 평면선형의 구성 요소 ······················· 222

    5-1-2 평면곡선 반지름 ····························· 222

    5-1-3 평면곡선의 길이 ····························· 229

    5-1-4 평면곡선부의 편경사 ························· 234

    5-1-5 평면곡선부의 확폭 ··························· 258

    5-1-6 완화곡선 및 완화구간 ······················· 271

5-2 시거 ··· 277

    5-2-1 정지시거 ······································ 277

    5-2-2 앞지르기시거 ································· 282

    5-2-3 시거의 확보 ··································· 286

    5-2-4 평면교차로 시거 ····························· 289

5-3 종단선형 ·· 290

    5-3-1 종단경사 ······································ 291

    5-3-2 오르막차로 ··································· 297

    5-3-3 종단곡선 ······································ 308

5-4 선형 설계의 운용 ·· 320

    5-4-1 개요 ·· 320

    5-4-2 선형 설계의 기본방침 ·· 321

    5-4-3 도로 선형 설계 일관성 ·· 324

    5-4-4 도시지역도로의 선형 설계 ·· 328

    5-4-5 평면선형의 설계 ·· 329

    5-4-6 종단선형의 설계 ·· 338

    5-4-7 평면선형과 종단선형과의 조합 ·· 342

제6장 평면교차

6-1 개요 ·· 352

    6-1-1 기본 요소 ·· 353

    6-1-2 평면교차로의 상충 ·· 354

    6-1-3 평면교차로의 형태 ·· 355

6-2 평면교차로의 계획 ·· 358

    6-2-1 평면교차로의 설치 간격 ·· 358

    6-2-2 평면교차로의 설치 위치 ·· 361

    6-2-3 평면교차로의 형상 ·· 362

    6-2-4 차로 계획 ·· 363

    6-2-5 설계속도 및 선형 ·· 365

    6-2-6 평면교차로의 시거 ·· 366

6-3 평면교차로의 구성 요소 ·· 370

    6-3-1 도류화 ·· 370

    6-3-2 좌회전차로 ·· 372

    6-3-3 우회전차로 ·· 375

    6-3-4 도류로 및 변속차로 ·· 376

    6-3-5 도로 모퉁이 처리 ·· 379

    6-3-6 도류시설물 ·· 381

    6-3-7 안전시설 ·· 384

6-4 교통통제와 신호운영 ·· 385

    6-4-1 교통통제 ·· 385

6-4-2 신호운영 ·· 387

6-5 도로와 다른 시설의 연결 ································ 388
　6-5-1 단순접속도로의 설치 ························· 388
　6-5-2 도로와 다른 시설의 연결 ·················· 391

6-6 회전교차로 ·· 392
　6-6-1 개요 ··· 392
　6-6-2 회전교차로의 구성 요소 ·················· 393
　6-6-3 회전교차로의 특징 ························· 394
　6-6-4 회전교차로의 유형 ························· 396

제7장 입체교차

7-1 개요 ··· 402
7-2 입체교차 계획 기준 ··································· 403
　7-2-1 기본적인 고려사항 ························· 403
　7-2-2 입체교차의 계획 기준 ····················· 404
7-3 단순입체교차 ·· 406
　7-3-1 단순입체교차의 형식 및 계획 ············· 406
　7-3-2 단순입체교차의 설계 ····················· 408
7-4 인터체인지의 계획 ··································· 411
　7-4-1 인터체인지의 배치 ························· 411
　7-4-2 인터체인지의 위치 선정 ·················· 413
7-5 인터체인지의 형식 ··································· 419
　7-5-1 인터체인지의 구성 ························· 419
　7-5-2 인터체인지의 형식과 적용 ················ 425
7-6 인터체인지 설계 ····································· 429
　7-6-1 인터체인지 설계 절차 ····················· 429
　7-6-2 본선과의 관계 ····························· 431
　7-6-3 연결로의 기하구조 ························· 433
　7-6-4 연결로 접속부 설계 ······················· 449
　7-6-5 변속차로의 설계 ·························· 456
　7-6-6 분기점의 설계 ····························· 473

7-7 철도와의 교차 ··· 476

    7-7-1 교차 기준 ··· 476

    7-7-2 교차시설 설계할 때 고려사항 ······················· 477

    7-7-3 교차각 ·· 479

    7-7-4 접속구간의 평면선형 및 종단선형 ··············· 479

    7-7-5 시거의 확보 ·· 479

    7-7-6 건널목의 폭 ·· 481

제8장 포장, 교량 및 터널

8-1 포 장 ··· 484

    8-1-1 개요 ··· 484

    8-1-2 포장 설계 ·· 485

    8-1-3 교면포장 ··· 490

    8-1-4 터널 내 포장 ·· 492

    8-1-5 특수 장소 포장 ·· 492

8-2 배수시설 ··· 495

    8-2-1 개요 ··· 495

    8-2-2 도로 배수시설의 계획 ·· 497

    8-2-3 설계빈도 ··· 498

    8-2-4 설계홍수량의 산정 ··· 498

    8-2-5 노면 배수 ·· 499

    8-2-6 비탈면 배수 ·· 499

    8-2-7 지하 배수 ·· 499

    8-2-8 횡단 배수 ·· 500

    8-2-9 구조물 배수 ·· 500

    8-2-10 측도 및 인접지 배수 ··· 501

8-3 교 량 ··· 502

    8-3-1 교량 계획할 때 고려사항 ··································· 502

    8-3-2 부대시설 ··· 506

8-4 터 널 ··· 507

    8-4-1 터널 설계 ·· 507

8-4-2 환기시설 ··· 508

8-4-3 안전시설 등 ·· 509

8-4-4 방재시설 ··· 510

8-4-5 관리시스템 ·· 511

제9장 도로의 안전시설 등

9-1 도로안전시설 ··· 514

9-1-1 시선유도시설 ·· 516

9-1-2 차량방호안전시설 ·· 517

9-1-3 조명시설 ··· 519

9-1-4 과속방지시설 ·· 520

9-1-5 도로반사경 ·· 521

9-1-6 미끄럼방지시설 ··· 521

9-1-7 노면요철포장 ·· 522

9-1-8 긴급제동시설 ·· 523

9-1-9 안개지역 안전시설 ··· 523

9-1-10 무단횡단금지시설 ··· 524

9-1-11 횡단보도육교(지하공공보도 포함) ····················· 524

9-1-12 교통약자를 위한 안전시설 ································ 527

9-1-13 고속국도 휴게시설 안전시설 ···························· 528

9-1-14 교통정온화시설 ·· 528

9-2 교통관리시설 ··· 530

9-2-1 교통안전시설 ·· 530

9-2-2 도로표지 ··· 532

9-2-3 도로명판 ··· 533

9-2-4 긴급연락시설 ·· 534

9-2-5 과적차량검문소 ··· 534

9-2-6 지능형 교통체계 ·· 535

제10장 도로의 부대시설

10-1 주차장 등 ·· 544
    10-1-1 　주차장 ·· 545
    10-1-2 　버스정류시설 ·· 550
    10-1-3 　비상주차대 ·· 555
    10-1-4 　휴게시설 ··· 559
    10-1-5 　체인탈착장 ·· 565
10-2 방호시설 등 ··· 570
    10-2-1 　낙석방지시설 ·· 571
    10-2-2 　방파시설 ··· 574
    10-2-3 　방풍시설 ··· 575
    10-2-4 　제설시설 ··· 578
10-3 환경시설 등 ··· 583
    10-3-1 　방음시설 ··· 583
    10-3-2 　생태통로 ··· 587
    10-3-3 　유도울타리 및 그 밖의 시설 ·· 587
    10-3-4 　비점오염 저감시설 ··· 588
10-4 공동구 ·· 590

부 록

부록 1. 1965년 도로 구조령 ··· 594
부록 2. 1979년 도로 구조령 ··· 613
부록 3. 1990년 도로의 구조·시설 기준에 관한 규정 ······························· 635
부록 4. 1999년 도로의 구조·시설 기준에 관한 규칙 ······························· 650
부록 5. 2009년 도로의 구조·시설 기준에 관한 규칙 ······························· 673

참고 문헌 ··· 698
참여진 ··· 700

표 목차

표 1-1 「자동차관리법 시행규칙」제2조의 자동차 제원 ·················· 47
표 1-2 「자동차 및 자동차부품의 성능과 기준에 관한 규칙」 ··········· 47
표 1-3 미국 AASHTO의 설계기준자동차 ························· 50
표 1-4 일본 도로구조령의 설계기준자동차 ······················· 51
표 1-5 독일 RAS-K의 설계기준자동차 ··························· 51
표 1-6 한국인의 표준체형(한국표준과학연구원, 1999) ··············· 53

표 2-1 도로의 기능별 구분에 따른 도로의 종류 ··················· 59
표 2-2 지방지역도로의 개략적 특성 ···························· 65
표 2-3 국내 생활도로의 유형별 정비 방안 ······················· 71
표 2-4 도로의 기능과 규모의 관계 ···························· 71
표 2-5 도시지역도로의 개략적 특성 ···························· 72

표 3-1 도로의 기능별 구분에 따른 계획목표연도 ·················· 92
표 3-2 설계시간계수(K) ··································· 98
표 3-3 중방향계수(D) ··································· 100
표 3-4 도로 시설 유형별 효과척도(MOE) ························ 101
표 3-5 서비스수준별 교통류의 상태 ·························· 103
표 3-6 도로별 설계서비스수준 ····························· 104
표 3-7 국외의 도로별 설계서비스수준(미국, AASHTO, 2004) ·········· 105
표 3-8 지형 정의 분류 -Ⅰ- ······························ 107
표 3-9 지형 정의 분류 -Ⅱ- ······························ 107
표 3-10 도로설계 운영단계와 교통상태별 기준 속도 ··············· 109
표 3-11 설계구간 길이의 개략 지침 ·························· 112

표 4-1 도로 횡단구성면의 표준 ····························· 120
표 4-2 여러 나라의 차로폭 ······························· 128
표 4-3 BRT차로의 최소 폭 ······························· 129
표 4-4 도로변 버스전용차로의 장·단점 ······················· 133

표 4-5 역류 버스전용차로의 장·단점 ·· 134

표 4-6 중앙 버스전용차로의 장·단점 ·· 135

표 4-7 버스전용차로 국외 설치 기준(미국, 영국) ···························· 136

표 4-8 적정 셋백 거리(녹색신호 1초당 거리) ······························· 141

표 4-9 2차로 도로에서의 턴아웃(turnout) 최소 길이 ························ 146

표 4-10 앞지르기 기회 백분율과 교통 흐름 상태와의 관계 ··················· 148

표 4-11 양보차로의 길이 ·· 150

표 4-12 앞지르기차로의 길이 ·· 152

표 4-13 국외 여러 나라의 광폭 중앙분리대 ··································· 155

표 4-14 여러 나라의 중앙분리대 폭 ··· 156

표 4-15 설계속도에 따른 개구부 길이 ··· 162

표 4-16 도로의 등급에 따른 각 제설 수준 ···································· 174

표 4-17 길어깨의 표준횡단경사 ·· 191

표 4-18 환경시설대를 포함한 식재지의 기본 배치 원칙 ······················ 199

표 4-19 도로 녹화의 기능에 따른 배식 형태 ·································· 200

표 4-20 도로를 녹화할 때 고려되어야 하는 식재조건 ························ 201

표 4-21 도로 위계별·용도지역별 공간 기능 적용범위 ························ 205

표 4-22 물리적 교통억제 및 교통규제 방법의 효과 비교 ····················· 211

표 4-23 경관 자원 요소에 따른 경관도로 유형 ······························ 212

표 4-24 도로의 특성에 따른 구분 ··· 213

표 5-1 설계속도에 따른 횡방향미끄럼마찰계수 ······························· 225

표 5-2 최소 평면곡선 반지름의 값 ·· 228

표 5-3 평면곡선의 최소 길이의 계산값 및 규정값 ··························· 231

표 5-4 도로 교각과 평면곡선의 최소 길이의 관계 ··························· 232

표 5-5 평면곡선 반지름에 따른 편경사(최대 편경사=6%) ··················· 241

표 5-6 평면곡선 반지름에 따른 편경사(최대 편경사=7%) ··················· 242

표 5-7 평면곡선 반지름에 따른 편경사(최대 편경사=8%) ··················· 242

표 5-8 편경사를 생략할 수 있는 평면곡선 반지름(R)과 횡방향미끄럼마찰계수(f)의
      관계(표준횡단경사 -2% 적용할 때) ··································· 243

표 5-9 도시지역도로의 편경사와 평면곡선 반지름의 관계 ···················· 245

표 5-10 국내외 편경사 접속설치율의 비교 ····································· 247

표 5-11 평면곡선 반지름에 따른 확폭량 ···················· 266

표 5-12 완화곡선 및 완화구간의 길이 ······················ 274

표 5-13 완화곡선을 생략할 수 있는 평면곡선 반지름 ········· 276

표 5-14 노면습윤상태일 때 정지시거 ······················· 279

표 5-15 오르막 경사를 고려한 정지시거 ···················· 280

표 5-16 내리막 경사를 고려한 정지시거 ···················· 281

표 5-17 노면 동결·적설을 고려한 정지시거 ················· 281

표 5-18 터널 내 정지시거 ································· 282

표 5-19 앞지르기시거 ····································· 285

표 5-20 앞지르기시거 확보 구간의 존재율 ·················· 286

표 5-21 표준트럭 및 설치 조건 ···························· 292

표 5-22 AASHTO 종단경사 기준 ·························· 294

표 5-23 2차로 승용차와 오르막차로 화물차 간의 속도 차 ···· 302

표 5-24 1차로 승용차와 2차로 승용차 간의 속도 차 ········· 302

표 5-25 오르막차로 종점과 터널 시점 간의 최소 이격거리 기준 ···· 304

표 5-26 가속할 때 본선 설계속도에 따른 도달속도 ·········· 304

표 5-27 볼록형 종단곡선의 종단곡선 변화비율 ·············· 316

표 5-28 오목형 종단곡선의 종단곡선 변화비율 ·············· 316

표 5-29 종단곡선 길이의 계산 ···························· 317

표 5-30 설계안전기준(R. Lamm 등) ······················· 327

표 5-31 원곡선 및 완화곡선의 특성 ························ 332

표 6-1 평면교차로 갈래 수에 따른 상충의 수 ·············· 354

표 6-2 신호교차로의 사전 인지를 위한 최소 시거 ··········· 367

표 6-3 신호 없는 평면교차로의 사전 인지를 위한 최소 시거 ··· 368

표 6-4 3초 동안 이동한 평균거리 ························· 369

표 6-5 접근로 테이퍼 최소 설치 기준 ····················· 373

표 6-6 감속길이 ·· 374

표 6-7 도류로의 폭 ····································· 378

표 6-8 가감속차로의 길이 ································ 379

표 6-9 평면교차부 도로 모퉁이의 길이 ···················· 380

표 6-10 노즈 옵셋 및 셋백의 최솟값 ······················ 382

표 6-11 선단의 최소 곡선반지름 ·······························382

표 6-12 분리대의 각 제원의 최솟값 ···························383

표 6-13 판단 및 운행거리 ··································389

표 7-1 인터체인지 설치의 지역별 표준 간격 ···················412

표 7-2 인터체인지 표준 설치 수 ·····························413

표 7-3 인터체인지와 타 시설과의 간격 ·······················415

표 7-4 요금 제도별 특징 ···································418

표 7-5 연결로의 형식과 특징 ································421

표 7-6 입체교차시설 설계 단계별 주요 내용 ····················431

표 7-7 인터체인지 구간의 본선 평면곡선 반지름 ·················431

표 7-8 볼록형 종단곡선의 최소 종단곡선 변화비율 ···············432

표 7-9 오목형 종단곡선의 최소 종단곡선 변화비율 ···············432

표 7-10 인터체인지 구간의 최대 종단경사 ·····················433

표 7-11 연결로의 설계속도 ··································438

표 7-12 연결로의 차로 및 길어깨폭 ··························441

표 7-13 분리대에서의 모서리 길이 ···························447

표 7-14 유출 노즈부의 최소 평면곡선 반지름 계산 ···············451

표 7-15 유출 연결로 노즈 끝에서의 최소 평면곡선 반지름 ··········451

표 7-16 유출 연결로 노즈부 최소 완화곡선 길이 ·················452

표 7-17 유출 연결로 노즈 부근의 종단곡선 ····················453

표 7-18 감속할 때의 도달 속도와 주행속도 ····················462

표 7-19 감속차로의 길이 계산값 ·····························463

표 7-20 감속차로의 최소 길이 ·······························463

표 7-21 감속차로의 길이 보정률 ·····························463

표 7-22 주행 속도와 평균 가속도 ····························464

표 7-23 가속할 때 도달 속도 및 초기 속도 ····················465

표 7-24 가속차로 소요 길이의 계산값 ························465

표 7-25 가속차로의 최소 길이 ·······························466

표 7-26 가속차로의 길이 보정률 ·····························466

표 7-27 연결로 내의 분류 ··································467

표 7-28 연결로 내의 합류 ··································468

표 7-29 한 개 차로 변경에 필요한 거리로 계산한 변이구간 길이 ·····················469

표 7-30 S형 주행궤적을 배향곡선으로 계산한 변이구간 길이 ·····················470

표 7-31 변이구간 최소 길이 ·····················470

표 8-1 터널 갱문부 안전성 확보 방안 ·····················509

표 9-1 횡단보도육교의 폭 ·····················525

표 9-2 횡단보도육교의 단의 높이 및 너비 ·····················526

표 9-3 도로표지의 기능별 분류 ·····················532

표 10-1 주차 형식의 특징 ·····················547

표 10-2 주차장 차로의 최소 폭 ·····················548

표 10-3 국외 주차구획 크기(일반형) 사례 ·····················549

표 10-4 승용차 제원과 최소 주차면 크기(평행주차형식 외의 경우) ·····················549

표 10-5 버스정류장의 제원(고속국도) ·····················552

표 10-6 버스정차로 구간의 횡단면 구성 ·····················553

표 10-7 버스정류장의 제원(고속국도를 제외한 그 밖의 도로) ·····················554

표 10-8 비상주차대의 설치 간격 ·····················556

표 10-9 비상주차대 표준형 규격 ·····················558

표 10-10 비상주차대 확장형 규격 ·····················558

표 10-11 비상주차대의 설계기준자동차 길이 ·····················558

표 10-12 휴게시설의 유형별 특성 ·····················560

표 10-13 휴게시설의 배치 간격 ·····················562

표 10-14 소음 관련 환경기준 ·····················584

그림 목차

그림 1-1 도로의 횡단구성 ·· 40
그림 1-2 시거 ··· 43
그림 1-3 설계기준자동차의 제원 ·· 48
그림 1-4 그 밖의 자동차의 제원 ·· 49
그림 1-5 설계기준자동차 회전궤적 ·· 52
그림 1-6 그 밖의 자동차 회전궤적 ·· 52
그림 1-7 설계기준자전거의 제원 ·· 53
그림 1-8 인체타원 ·· 53

그림 2-1 통행의 구성 단계 ·· 57
그림 2-2 도로 기능에 따른 도로 구분도 ··· 58
그림 2-3 도시지역 지하도로와 주차장 연계 ··· 61
그림 2-4 도시지역 지하도로와 지상 교통시설 연계 ··································· 62
그림 2-5 우리나라 국가 간선도로망 계획(2000~2020) ································ 66
그림 2-6 지방지역도로의 배치 개념도 ··· 67
그림 2-7 도시지역 도로망의 배치 개념도 ··· 72
그림 2-8 교통시설 공급과 토지이용 간 관계 ··· 74
그림 2-9 측도 설치 유형 ·· 76
그림 2-10 건물 인접 지역에서 접근관리권 수립 구간 ··································· 77
그림 2-11 고속국도 진출 교통에 대한 도로 접근관리 설계 요소 ·························· 78
그림 2-12 자동차전용도로에서의 측도에 의한 접근관리 ·································· 79
그림 2-13 간선도로의 접근관리 계획 ··· 80
그림 2-14 중앙 분리 형식 의사결정 과정 ·· 81
그림 2-15 접근관리를 감안한 중앙분리대 유형 ······································· 81
그림 2-16 간선도로 접근관리 강화 유형 ··· 82
그림 2-17 가·감속차로 설계 ·· 83
그림 2-18 건물 출입로 배치 ·· 84
그림 2-19 건물 출입로를 설계할 때 고려해야 할 설계 요소 ····························· 84
그림 2-20 건물 출입로 길이 확보의 중요성 ·· 84

그림 3-1 장래 교통수요예측 과정 ·· 94
그림 3-2 지방지역 간선도로의 시간당 교통량 순위(30번째)와 AADT에 대한
         백분율의 관계 ··· 99
그림 3-3 설계구간 접속 ··· 113

그림 4-1 횡단구성 요소와 그 조합 ·· 119
그림 4-2 BRT전용차로를 수용한 횡단구성 ··· 119
그림 4-3 4차로 전제 2차로의 단계건설을 고려한 횡단구성 ···························· 122
그림 4-4 6차로 전제 4차로의 단계건설을 고려한 횡단구성 ···························· 123
그림 4-5 단계건설을 할 때 토공부 횡단경사 처리 방안 ································· 124
그림 4-6 단계건설을 할 때 구조물 횡단경사 처리 방안 ································· 125
그림 4-7 도시지역의 홀수 차로 ·· 130
그림 4-8 양방향 좌회전차로 설치 ·· 131
그림 4-9 지방지역의 홀수 차로(2+1차로도로) ··· 132
그림 4-10 도로변 버스전용차로 ·· 133
그림 4-11 국외 역류 버스전용차로 ·· 134
그림 4-12 중앙 버스전용차로 ··· 135
그림 4-13 국외 버스전용차로의 분리대 ··· 138
그림 4-14 버스 전용차로의 분리대 ·· 138
그림 4-15 완충지역 설치 방안(고속국도) ·· 138
그림 4-16 버스전용차로 설치 방안 ·· 139
그림 4-17 인터체인지 엇갈림 구간 출입교통 처리 방안 ··································· 140
그림 4-18 도시지역의 소로(국지도로) 출입교통 처리 ·· 141
그림 4-19 전용차로와 셋백 ·· 142
그림 4-20 BRT 전용도로 설치 형식 ··· 142
그림 4-21 양보차로의 설치 ·· 145
그림 4-22 턴아웃의 설치 ··· 146
그림 4-23 앞지르기 기회가 80%일 때 교통량과 자동차군 길이와의 관계 ·········· 149
그림 4-24 앞지르기차로의 개요도 ·· 151
그림 4-25 2+1차로도로의 개요도 ·· 152
그림 4-26 중앙분리대 구성 및 측방여유폭 ··· 154
그림 4-27 중앙분리대 폭의 추가 확보 ··· 156

그림 4-28 중앙분리대 폭의 접속설치 ·· 158

그림 4-29 연석 및 중앙분리대의 형식 ··· 159

그림 4-30 분리대 시설물의 종류 ·· 160

그림 4-31 중앙분리대 형식별 폭 규격 ··· 161

그림 4-32 중앙분리대의 개구부 ··· 162

그림 4-33 길어깨의 기능상 분류 ·· 165

그림 4-34 수직구조물 설치 ·· 166

그림 4-35 L형 측구 저판 폭 ·· 167

그림 4-36 길어깨의 생략 ·· 168

그림 4-37 경부고속국도의 차로제어시스템 운영 전경 ··························· 169

그림 4-38 길어깨폭 ··· 170

그림 4-39 길어깨의 측대 ·· 172

그림 4-40 노면요철포장 ··· 173

그림 4-41 보호 길어깨 ·· 173

그림 4-42 적설지역 도로 폭의 구성 개념 ··· 175

그림 4-43 장비 운영 여건별 제설작업방법 ·· 176

그림 4-44 제설 측방 여유폭 ··· 177

그림 4-45 퇴설폭을 고려한 폭 구성 ·· 178

그림 4-46 주정차대 ··· 180

그림 4-47 보도의 유효폭 ·· 184

그림 4-48 보도 횡단구성 ·· 185

그림 4-49 보도 면 형식 ·· 186

그림 4-50 두 종류의 직선경사를 조합하는 경우의 횡단경사 ··················· 190

그림 4-51 횡단경사 설치 방법 ·· 191

그림 4-52 차로와 길어깨 편경사 조합(경사 차 7%) ····························· 192

그림 4-53 차로와 길어깨의 경사 차(경사 차 8%) ································ 192

그림 4-54 길어깨 횡단경사의 접속설치 ·· 193

그림 4-55 토공과 교량 구간 길어깨의 횡단경사 접속설치(단차 조정) ·········· 193

그림 4-56 환경시설대 ·· 196

그림 4-57 녹지대의 대기오염 확산 및 소음에 미치는 영향 ··················· 197

그림 4-58 측도의 설치 ·· 202

그림 4-59 도시녹화와 만남의 공간기능 ·· 205

그림 4-60 국외(프랑스 파리)의 도로 보행공간 확보 사례 ································ 206
그림 4-61 문화정보 교류공간 사례 ·· 206~207
그림 4-62 대중교통 수용공간 사례 ·· 207
그림 4-63 대중교통 수용 횡단구성 사례 ·· 208
그림 4-64 환경친화적 녹화공간 사례 ·· 208
그림 4-65 도로시설물 녹화사업 사례 ·· 209
그림 4-66 도로 공간기능 활성화 추진 과정 및 추진주체별 역할 ··················· 209
그림 4-67 산악지역의 녹지경관과 수변지역의 수변경관 ································· 213
그림 4-68 지역 특성을 나타내는 경관이 수려한 도로 ···································· 213
그림 4-69 차로에 접속하여 길어깨가 설치되어 있는 도로의 시설한계 ··········· 216
그림 4-70 차로에 접속하여 길어깨가 설치되어 있는 않은 도로의 시설한계 ······ 217
그림 4-71 중앙분리대 또는 교통섬이 있는 도로의 시설한계 ·························· 217
그림 4-72 보도 및 자전거도로의 시설한계 ·· 218
그림 4-73 횡단경사구간의 시설한계 ··· 218
그림 4-74 자동차의 높이 제한 표지 설치 ·· 219

그림 5-1 횡방향 미끄럼각과 재질에 따른 횡방향미끄럼마찰계수 ·················· 223
그림 5-2 속도에 따른 횡방향미끄럼마찰계수 ··· 224
그림 5-3 평면곡선부 주행 시의 자동차에 미치는 힘의 분력 ························· 226
그림 5-4 도로 교각 5도 미만인 경우의 외선 길이 ·· 231
그림 5-5 도로 교각과 평면곡선 최소 길이의 관계 ·· 233
그림 5-6 (i+f)와 평면곡선 반지름의 관계 ··· 236
그림 5-7 편경사와 횡방향미끄럼마찰계수의 분배방법 ··································· 238~239
그림 5-8 편경사와 횡방향미끄럼마찰계수의 분배 ··· 240
그림 5-9 편경사의 설치방법 ·· 248
그림 5-10 횡단경사 설치(8차로인 경우의 예시) ··· 249
그림 5-11 표준횡단구성 ··· 250
그림 5-12 완화곡선~원곡선의 편경사 설치도(Ⅰ) ··· 251
그림 5-13 완화곡선~원곡선의 편경사 설치도(Ⅱ) ··· 252
그림 5-14 완화곡선~원곡선의 편경사 설치도(Ⅲ) ··· 253
그림 5-15 직선~원곡선~직선의 편경사 설치 ··· 254
그림 5-16 원곡선과 완화곡선의 배향인 경우 편경사 설치 ····························· 255

그림 5-17 원곡선과 원곡선의 배향인 경우 편경사 설치 ·································· 257

그림 5-18 자동차의 방향전환조작과 회전반지름 ·································· 259

그림 5-19 차바퀴 및 차체의 궤적 ·································· 260

그림 5-20 대형자동차의 확폭량 ·································· 261

그림 5-21 세미트레일러의 확폭량 ·································· 263

그림 5-22 소형자동차의 확폭량 ·································· 263

그림 5-23 풀트레일러의 확폭량 ·································· 264

그림 5-24 특례자동차(굴절버스)의 확폭량 ·································· 265

그림 5-25 확폭의 접속설치(방법①, 방법②) ·································· 268

그림 5-26 확폭 후의 도로 중심선 ·································· 269

그림 5-27 완화절선의 설치 ·································· 270

그림 5-28 자동차의 완화주행 ·································· 273

그림 5-29 완화곡선의 이정량 ·································· 275

그림 5-30 평면곡선 반지름(R)과 클로소이드 파라미터(A)의 관계 ·································· 276

그림 5-31 앞지르기시거의 산정 ·································· 283

그림 5-32 양방향 2차로 도로에서 V/C와 주행속도와의 관계 ·································· 285

그림 5-33 원곡선에서의 시거 ·································· 287

그림 5-34 원곡선상에서 평면곡선 반지름에 따른 시거 및 장애물까지의 거리 ······ 287

그림 5-35 시거 확보를 위한 절취선 ·································· 288

그림 5-36 도면을 이용한 시거 산정 ·································· 289

그림 5-37 경사 길이에 따른 속도변화
{100kg/kw(170lb/hp) 표준트럭 : 감속인 경우} ·································· 295

그림 5-38 경사 길이에 따른 속도변화
{100kg/kw(170lb/hp) 표준트럭 : 가속인 경우} ·································· 296

그림 5-39 설계구간 길이 미확보 구간의 산지 종단경사 적용방법 ·································· 297

그림 5-40 설계구간 길이 확보 구간의 산지 종단경사 적용방법 ·································· 297

그림 5-41 오르막차로 설치방법 ① ·································· 301

그림 5-42 오르막차로 설치방법 ② ·································· 301

그림 5-43 오르막차로 설치방법 ③ ·································· 302

그림 5-44 속도 - 경사도에 따른 오르막차로의 설치 ·································· 306

그림 5-45 종단곡선의 크기 표시 ·································· 309

그림 5-46 종단곡선의 접속 ·································· 309

그림 5-47 종단곡선의 방정식 ·· 311
그림 5-48 종단곡선 상의 투시거리(Ⅰ) ······································· 311
그림 5-49 종단곡선 상의 투시거리(Ⅱ) ······································· 312
그림 5-50 종단곡선 상의 투시거리(Ⅲ) ······································· 312
그림 5-51 종단곡선 상의 야간투시(Ⅰ) ······································· 314
그림 5-52 종단곡선 상의 야간투시(Ⅱ) ······································· 314
그림 5-53 종단곡선의 중간값 ·· 319
그림 5-54 평면곡선부에서 시거와 최대 안전주행 속도 산출 개념도 ······ 328
그림 5-55 원곡선의 구성 ·· 330
그림 5-56 클로소이드의 요소와 기호 ·· 331
그림 5-57 인접한 두 원곡선 반지름의 조화(독일 RAS-L) ··············· 334
그림 5-58 평면선형 구성의 종류 ··· 337
그림 5-59 평면선형 설정방법 ··· 337
그림 5-60 종단선형의 부조화 ··· 338
그림 5-61 오목부에서의 종단곡선의 변화
         (2%의 내리막 경사에서 3%의 오르막 경사) ···················· 339
그림 5-62 오목부에서의 짧은 직선의 삽입 ····································· 340
그림 5-63 평면선형과 종단선형의 대응 ·· 343
그림 5-64 정점(crest)부의 시선유도 ·· 344
그림 5-65 평면선형과 종단선형의 조합 ·································· 344-346
그림 5-66 평면선형과 종단곡선의 균형 ·· 347
그림 5-67 식재에 의한 시각 환경 ·· 348

그림 6-1 상충의 유형 ·· 354
그림 6-2 평면교차로의 구분 ··· 355~356
그림 6-3 다섯 갈래 평면교차로 개선 ·· 357
그림 6-4 집산로 설치에 의한 접속 처리 방법 ································· 359
그림 6-5 회전차로 길이에 의한 제약 ·· 360
그림 6-6 평면선형을 고려한 평면고차로 설치 위치 ·························· 361
그림 6-7 종단선형을 고려한 평면교차로 설치 위치 ·························· 361
그림 6-8 세 갈래 평면교차로의 개선 ·· 362
그림 6-9 네 갈래 평면교차로의 개선 ·· 362

그림 6-10 엇갈림 평면교차로의 개선 ·································· 363

그림 6-11 변칙 평면교차로의 개선 ·································· 363

그림 6-12 평면교차로의 차로수 균형 ······························· 364

그림 6-13 시거 삼각형 ·· 369

그림 6-14 도류화 설계 ·· 371

그림 6-15 좌회전차로의 구성 ··· 372

그림 6-16 우회전차로의 설치 ··· 376

그림 6-17 보·차도 경계선의 설치 ···································· 380

그림 6-18 회전에 따른 주행궤적 ····································· 380

그림 6-19 도로 모퉁이의 설치 ······································· 380

그림 6-20 교통섬의 구성 ·· 382

그림 6-21 분리대의 형태 ·· 382

그림 6-22 연석의 설치 ·· 383

그림 6-23 평면교차로의 범위(평면교차로 내) ······················ 388

그림 6-24 평면교차로의 기능적 영향권을 구성하는 요소 ··········· 389

그림 6-25 평면교차로에 인접한 연결로의 최소 설치 간격 ·········· 390

그림 6-26 소로에서의 접속설치 ······································· 390

그림 6-27 회전교차로 설계 요소 ····································· 394

그림 6-28 소형 회전교차로 ··· 397

그림 6-29 1차로형 회전교차로 ······································· 397

그림 6-30 2차로형 회전교차로 ······································· 397

그림 6-31 평면형 회전교차로 ··· 398

그림 6-32 터보 회전교차로 ··· 398

그림 6-33 입체형 회전교차로 ··· 399

그림 6-34 물방울(T-drop)형 회전교차로 ···························· 399

그림 7-1 단순입체교차의 형식 ·· 407

그림 7-2 입체교차 평면에서 좌회전차로를 설치하는 경우 ·········· 409

그림 7-3 입체교차 유출입부의 접속 ································· 409

그림 7-4 터널 출구에서 감속차로 변이구간 시점까지의 길이 ········ 416

그림 7-5 가속차로 변이구간 종점에서 터널 입구까지의 길이 ········ 417

그림 7-6 기본 동선 결합의 분류 ····································· 420

그림 7-7   연결로 결합의 분류 ·· 420

그림 7-8   좌회전 연결로 결합의 분류와 조합 ······················ 422

그림 7-9   접속단 결합의 분류 ·· 423

그림 7-10 불완전 입체교차 ··· 426

그림 7-11 로터리 입체교차 ··· 427

그림 7-12 완전 입체교차 ·· 428

그림 7-13 인터체인지 설계 흐름도 ···································· 430

그림 7-14 연계 입체교차에서의 유출부 일관성 개념 ············· 435

그림 7-15 차로수의 균형 원칙 ·· 437

그림 7-16 분·합류부 차로수의 배분 ·································· 438

그림 7-17 A기준 연결로의 횡단면 구성 ···················· 442~443

그림 7-18 B기준 연결로의 횡단면 구성 ···························· 443

그림 7-19 C기준 연결로의 횡단면 구성 ···························· 444

그림 7-20 D기준 연결로의 횡단면 구성 ···························· 445

그림 7-21 E기준 연결로의 횡단면 구성 ···························· 446

그림 7-22 연결로의 시설한계 ·· 447

그림 7-23 유입 연결로 접속부에서의 시계 확보 ·················· 450

그림 7-24 유출 연결로 노즈부 완화곡선 설치 위치 ·············· 452

그림 7-25 접속단 간의 최소 이격거리 ······························ 453

그림 7-26 집산로를 설치한 입체교차 ································ 454

그림 7-27 연속부가차로 설치 방법 ···································· 455

그림 7-28 연속부가차로 설치 ·· 456

그림 7-29 평행식과 직접식의 감속차로 ······························ 458

그림 7-30 직접식 감속차로의 접속 방법 ···························· 458

그림 7-31 연결로 접속부에서 본선의 차로수가 변화할 경우 접속 방법 ·········· 459

그림 7-32 직접식의 유효 감속차로 시점 ···························· 460

그림 7-33 노즈 끝의 요소 ·· 461

그림 7-34 감속차로 내에서 차로수를 증가시키는 경우 ·········· 466

그림 7-35 본선의 차로수 축소 및 2차로 연결로 ················· 467

그림 7-36 연결로 내에서의 분류 ······································ 467

그림 7-37 이중 유입 차로 ·· 467

그림 7-38 연결로 2차로 유입 시 본선의 차로 증가 ············· 468

그림 7-39 연결로 내에서의 합류 ··· 468

그림 7-40 편경사의 표시 ··· 471

그림 7-41 편경사의 접속설치 위치 ·· 471

그림 7-42 편경사의 접속설치방법(본선이 직선 또는 곡선 안쪽에 변속차로 접속) ···· 472

그림 7-43 편경사의 접속설치방법(본선이 곡선이고 그 바깥쪽에 변속차로 접속) ·· 472

그림 7-44 직선구간의 시설한계(철도건설규칙의 건축한계) ························· 478

그림 7-45 건널목에서 자동차의 소요 통과거리 ·· 479

그림 7-46 열차 속도와 가시거리에 따른 건널목의 폭 ································· 480

그림 8-1 아스팔트콘크리트 포장의 구성과 각층의 명칭 ··························· 488

그림 8-2 시멘트콘크리트 포장의 구성과 각층의 명칭 ······························· 489

그림 8-3 교면포장의 구조 ·· 491

그림 8-4 도로 배수시설의 구분 ·· 496

그림 8-5 도로 배수시설의 종류 ·· 496

그림 8-6 도로 배수시설 설계 흐름 ·· 497

그림 8-7 배수시설 규모 결정 ·· 498

그림 8-8 노면 배수의 종류 ·· 499

그림 8-9 지하배수시설의 종류 ·· 500

그림 8-10 해상 교량의 항로폭 ·· 505

그림 8-11 도로터널의 연장과 교통량에 따른 환기방식 ······························· 508

그림 8-12 터널 갱문부 안전시설 설치 ·· 510

그림 9-1 안개지역 안전시설 설치 ··· 524

그림 9-2 새 주소 부여 ··· 534

그림 9-3 지능형 교통체계 ·· 535

그림 9-4 검지기 설치 간격 ·· 537

그림 9-5 표출 형식에 의한 분류 ··· 540

그림 10-1 주차단위구획의 최소 치수 ·· 546

그림 10-2 주차방법 ··· 546

그림 10-3 주차장에서 보행자의 안전한 동선을 확보한 예시 ···················· 548

그림 10-4 주차단위구획 최소 기준 적용 ·· 549

그림 10-5   버스정차로의 종단선형 ·· 552

그림 10-6   고속국도 버스정류장의 평면 및 횡단면도 ························· 553

그림 10-7   간이 버스정류장 ··· 555

그림 10-8   비상주차대 표준형 ··· 557

그림 10-9   비상주차대 확장형 ··· 557

그림 10-10 휴게소 유형별 시설 배치 ··· 562

그림 10-11 교통량과 거리에 따른 자동차전용도로 휴게소 규모 ········· 563

그림 10-12 고속국도 휴게소의 시설 배치 ·· 564

그림 10-13 체인탈착장 규모의 산정 흐름도 ······································· 567

그림 10-14 대규모 체인탈착장의 배치 ·· 568

그림 10-15 소규모(대형자동차 5대 이용할 때) 체인탈착장 ·················· 569

그림 10-16 낙석방지시설의 종류 ··· 571

그림 10-17 낙석방지망의 종류 ··· 573

그림 10-18 피암터널 ··· 574

그림 10-19 방파시설 ··· 575

그림 10-20 교량 거더에 의하여 교란된 기류 ····································· 576

그림 10-21 흙쌓기부 노면에서 증가된 풍속 ······································ 576

그림 10-22 높은 교량 위의 풍속 분포 ··· 576

그림 10-23 바람이 모아지는 계곡에서의 풍속 분포 ···························· 577

그림 10-24 교각 등의 장애물에 의하여 국부적으로 증가한 풍속 분포 ········· 577

그림 10-25 방풍 대책 수립 ·· 578

그림 10-26 도로 제설 및 방설시설 ·· 579

그림 10-27 계단공의 종류 ··· 580

그림 10-28 눈사태 예방 말뚝의 형태 ··· 581

그림 10-29 노측 방설 울타리 ·· 581

그림 10-30 눈사태 유도공 ··· 582

그림 10-31 스노우쉐드 ·· 582

그림 10-32 음향성능상의 원리에 따른 구분 ······································· 585

그림 10-33 사용재료에 따른 구분 ·· 586

그림 10-34 생태통로의 형식 ·· 587

그림 10-35 자연형 시설 ·· 589

그림 10-36 공동구 통로 및 내공 기준 ··· 591

도로의 구조·시설 기준에 관한 규칙

도로의 구조·시설 기준에 관한 규칙

[시행 2020. 3. 6] [국토교통부령 제706호, 2020. 3. 6, 일부개정]

국토교통부(간선도로과) 044-201-3893

제1조(목적) 이 규칙은 「도로법」 제47조의2, 제48조 및 제50조에 따라 도로를 신설 또는 개량하거나 자동차전용도로를 지정하고 고속국도 휴게시설 등에 도로안전시설을 설치하는 경우 그 도로의 구조 및 시설에 적용되는 최소한의 기준을 규정함을 목적으로 한다.〈개정 2014. 7. 15., 2015. 7. 22., 2020. 3. 6.〉

제2조(정의) 이 규칙에서 사용하는 용어의 뜻은 다음 각 호와 같다. 〈개정 2014. 7. 15., 2020. 3. 6.〉

1. "자동차"란 「도로교통법」 제2조제18호에 따른 자동차(이륜자동차는 제외한다)를 말한다.
2. "설계기준자동차"란 도로 구조설계의 기준이 되는 자동차를 말한다.
3. "승용자동차"란 「자동차관리법 시행규칙」 제2조에 따른 승용자동차를 말한다.
4. "소형자동차"란 승용자동차와 「자동차관리법 시행규칙」 제2조에 따른 승합자동차·화물자동차·특수자동차 중 경형(輕型)과 소형을 말한다.
5. "대형자동차"란 「자동차관리법 시행규칙」 제2조에 따른 자동차(이륜자동차는 제외한다) 중 소형자동차와 세미트레일러를 제외한 자동차를 말한다.
6. "세미트레일러"란 앞 차축(車軸)이 없는 피견인차(被牽引車)와 견인차의 결합체로서 피견인차와 적재물 중량의 상당한 부분이 견인차에 의하여 지지되도록 연결되어 있는 자동차를 말한다.
7. 삭제 〈2020. 3. 6.〉
8. 삭제 〈2020. 3. 6.〉
9. "자동차전용도로"란 간선도로로서 「도로법」 제48조에 따라 지정된 도로를 말한다.
10. "소형차도로"란 제5조제1항 단서에 따라 설계기준자동차가 소형자동차인 도로를 말한다.
11. "접근관리"란 주도로(主道路)와 부도로(副道路)가 접속하는 지점에서 주행하는 모든 자동차의 안전성과 효율성을 확보하기 위하여 주도로에 접속하는 부도로의 접속 위치, 간격, 기하구조 설계, 교통제어방식 등을 합리적으로 관리하는 것을 말한다.

12. "도로의 계획목표연도"란 도로를 계획하거나 설계할 때 예측된 교통량에 따라 도로를 건설하여 적절하게 유지·관리하는 경우 적정한 수준 이상의 기능이 유지될 수 있을 것으로 보는 기간(도로의 공용개시 계획연도를 시점으로 한다)을 말한다.

13. "도로의 설계서비스수준"이란 도로를 계획하거나 설계할 때의 기준으로서 도로의 통행속도, 교통량과 도로용량의 비율, 교통 밀도와 교통량 등에 따른 도로운행 상태의 질을 말한다.

14. "계획교통량"이란 도로의 계획목표연도에 그 도로를 통행할 것으로 예상되는 자동차의 연평균 일교통량을 말한다.

15. "설계시간교통량"이란 도로의 계획목표연도에 그 도로를 통행할 시간당 자동차의 대수를 말한다.

16. "도시지역"이란 시가지를 형성하고 있는 지역이나 그 지역의 발전 추세로 보아 시가지로 형성될 가능성이 높은 지역을 말한다.

17. "지방지역"이란 도시지역 외의 지역을 말한다.

18. "설계속도"란 도로설계의 기초가 되는 자동차의 속도를 말한다.

19. "차로"란 자동차가 도로의 정해진 부분을 한 줄로 통행할 수 있도록 차선에 의하여 구분되는 차도의 부분으로서 길어깨를 제외한 부분을 말한다.

20. "차로수(車路數)"란 양 방향 차로(오르막차로, 회전차로, 변속차로 및 양보차로는 제외한다)의 수를 합한 것을 말한다.

21. "차도"란 차로와 길어깨로 구성된 도로의 부분을 말한다.

22. "차선"이란 차로와 차로 또는 차로와 길어깨를 구분하기 위하여 그 경계지점에 표시하는 선을 말한다.

23. "오르막차로"란 오르막 구간에서 저속 자동차를 다른 자동차와 분리하여 통행시키기 위하여 추가로 설치하는 차로를 말한다.

24. "회전차로"란 자동차가 우회전, 좌회전 또는 유턴을 할 수 있도록 직진하는 차로와 분리하여 추가로 설치하는 차로를 말한다.

25. "변속차로"란 자동차를 가속시키거나 감속시키기 위하여 추가로 설치하는 차로를 말한다.

26. "측대"란 운전자의 시선을 유도하고 옆 부분의 여유를 확보하기 위하여 중앙분리대 또는 길어깨에 차로와 동일한 구조로 차로와 접속하여 설치하는 부분을 말한다.

27. "분리대"란 차도를 통행의 방향에 따라 분리하거나 성질이 다른 같은 방향의 교통을 분리하기 위하여 설치하는 도로의 부분이나 시설물을 말한다.

28. "중앙분리대"란 차도를 통행의 방향에 따라 분리하고 옆 부분의 여유를 확보하기

위하여 도로의 중앙에 설치하는 분리대와 측대를 말한다.

29. "길어깨"란 도로를 보호하고, 비상시나 유지관리시에 이용하기 위하여 차로에 접속하여 설치하는 도로의 부분을 말한다.

30. "주정차대(駐停車帶)"란 자동차의 주차 또는 정차에 이용하기 위하여 도로에 접속하여 설치하는 부분을 말한다.

31. "노상시설"이란 보도, 자전거도로, 중앙분리대, 길어깨 또는 환경시설대(環境施設帶) 등에 설치하는 표지판 및 방호울타리, 가로등, 가로수 등 도로의 부속물[공동구(共同溝)는 제외한다. 이하 같다]을 말한다.

32. "교통약자"란 「교통약자의 이동편의 증진법」 제2조제1호에 따른 교통약자를 말한다.

33. "이동편의시설"이란 「교통약자의 이동편의 증진법」 제2조제7호에 따른 이동편의시설을 말한다.

34. "보도의 유효폭"이란 보도폭에서 노상시설 등이 차지하는 폭을 제외한 보행자의 통행에만 이용되는 폭을 말한다.

35. "보행시설물"이란 보행자가 안전하고 편리하게 보행할 수 있도록 하기 위하여 설치하는 속도저감시설, 횡단시설, 교통안내시설, 교통신호기 등의 시설물을 말한다.

36. "시설한계"란 자동차나 보행자 등의 교통안전을 확보하기 위하여 일정한 폭과 높이 안쪽에는 시설물을 설치하지 못하게 하는 도로 위 공간 확보의 한계를 말한다.

37. "완화곡선(緩和曲線)"이란 직선 부분과 평면곡선 사이 또는 평면곡선과 평면곡선 사이에서 자동차의 원활한 주행을 위하여 설치하는 곡선으로서 곡선상의 위치에 따라 곡선 반지름이 변하는 곡선을 말한다.

38. "횡단경사"란 도로의 진행방향에 직각으로 설치하는 경사로서 도로의 배수(排水)를 원활하게 하기 위하여 설치하는 경사와 평면곡선부에 설치하는 편경사(偏傾斜)를 말한다.

39. "편경사"란 평면곡선부에서 자동차가 원심력에 저항할 수 있도록 하기 위하여 설치하는 횡단경사를 말한다.

40. "종단경사(縱斷傾斜)"란 도로의 진행방향으로 설치하는 경사로서 중심선의 길이에 대한 높이의 변화 비율을 말한다.

41. "정지시거(停止視距)"란 운전자가 같은 차로 위에 있는 고장차 등의 장애물을 인지하고 안전하게 정지하기 위하여 필요한 거리로서 차로 중심선 위의 1미터 높이에서 그 차로의 중심선에 있는 높이 15센티미터의 물체의 맨 윗부분을 볼 수 있는 거리를 그 차로의 중심선에 따라 측정한 길이를 말한다.

42. "앞지르기시거"란 2차로 도로에서 저속 자동차를 안전하게 앞지를 수 있는 거리로

서 차로 중심선 위의 1미터 높이에서 반대쪽 차로의 중심선에 있는 높이 1.2미터의 반대쪽 자동차를 인지하고 앞차를 안전하게 앞지를 수 있는 거리를 도로 중심선에 따라 측정한 길이를 말한다.

43. "교통섬"이란 자동차의 안전하고 원활한 교통처리나 보행자 도로횡단의 안전을 확보하기 위하여 교차로 또는 차도의 분기점 등에 설치하는 섬 모양의 시설을 말한다.

44. "연결로"란 도로가 입체적으로 교차할 때 교차하는 도로를 서로 연결하거나 높이가 다른 도로를 서로 연결하여 주는 도로를 말한다.

45. "환경시설대"란 도로 주변지역의 환경보전을 위하여 길어깨의 바깥쪽에 설치하는 녹지대 등의 시설이 설치된 지역을 말한다.

46. "교통정온화시설(交通靜穩化施設)"이란 보행자의 안전 확보 및 쾌적한 생활환경 조성을 위하여 자동차의 속도나 통행량을 줄이기 위한 목적으로 설치하는 시설을 말한다.

제3조(도로의 기능별 구분 등) ① 도로는 기능에 따라 주간선도로(主幹線道路), 보조간선도로, 집산도로(集散道路) 및 국지도로(局地道路)로 구분한다.

② 도로는 지역 상황에 따라 지방지역도로와 도시지역도로로 구분한다.

③ 제1항에 따른 도로의 기능별 구분과 「도로법」 제10조에 따른 도로의 종류의 상응 관계는 다음 표와 같다. 다만, 계획교통량, 지역 상황 등을 고려하여 필요하다고 인정되는 경우에는 도로의 종류를 다음 표에 따른 기능별 구분의 상위 기능의 도로로 할 수 있다.

도로의 기능별 구분	도로의 종류
주간선도로	고속국도, 일반국도, 특별시도·광역시도
보조간선도로	일반국도, 특별시도·광역시도, 지방도, 시도
집산도로	지방도, 시도, 군도, 구도
국지도로	군도, 구도

[전문개정 2020. 3. 6.]

제4조(도로의 출입 등의 기준) ① 주도로와 부도로가 접속하는 도로에는 접근관리를 실시해야 한다. 〈개정 2020. 3. 6.〉

② 고속국도와 자동차전용도로는 다음 각 호의 기준에 적합해야 한다. 〈개정 2020. 3. 6.〉

1. 특별한 사유가 없으면 교차하는 모든 도로와 입체교차가 될 것

2. 지정된 곳에 한정하여 자동차만 출입이 허용되도록 할 것

제5조(설계기준자동차) ① 도로의 기능별 구분에 따른 설계기준자동차는 다음 표와 같다. 다만, 우회할 수 있는 도로(해당 도로 기능이나 그 상위 기능을 갖춘 도로만 해당한다)가 있는 경우에는 도로의 기능별 구분에 관계없이 대형자동차나 승용자동차 또는 소형자동차를 설계기준자동차로 할 수 있다. 〈개정 2020. 3. 6.〉

도로의 기능별 구분	설계기준자동차
주간선도로	세미트레일러
보조간선도로 및 집산도로	세미트레일러 또는 대형자동차
국지도로	대형자동차 또는 승용자동차

② 제1항에 따른 설계기준자동차의 종류별 제원(諸元)은 다음 표와 같다.

제원(미터) / 자동차 종류	폭	높이	길이	축간거리	앞내민길이	뒷내민길이	최소회전반지름
승용자동차	1.7	2.0	4.7	2.7	0.8	1.2	6.0
소형자동차	2.0	2.8	6.0	3.7	1.0	1.3	7.0
대형자동차	2.5	4.0	13.0	6.5	2.5	4.0	12.0
세미트레일러	2.5	4.0	16.7	앞축간거리 4.2 뒤축간거리 9.0	1.3	2.2	12.0

비고)
1. 축간거리 : 앞바퀴 차축의 중심으로부터 뒷바퀴 차축의 중심까지의 길이를 말한다.
2. 앞내민길이 : 자동차의 앞면으로부터 앞바퀴 차축의 중심까지의 길이를 말한다.
3. 뒷내민길이 : 자동차의 뒷면으로부터 뒷바퀴 차축의 중심까지의 길이를 말한다.

제6조(도로의 계획목표연도) ① 도로를 계획하거나 설계할 때에는 예측된 교통량에 맞추어 도로를 적절하게 유지·관리함으로써 도로의 기능이 원활하게 유지될 수 있도록 하기 위하여 도로의 계획목표연도를 설정하여야 한다.

② 도로의 계획목표연도는 공용개시 계획연도를 기준으로 20년 이내로 정하되, 그 기간을 설정할 때에는 도로의 종류, 도로의 기능별 구분, 교통량 예측의 신뢰성, 투자의 효율성, 단계적인 건설의 가능성, 주변 여건, 주변 지역의 사회·경제계획 및 도시·군계획 등을 고려해야 한다. 〈개정 2012. 4. 13., 2020. 3. 6.〉

제7조(도로의 설계서비스수준) 도로를 계획하거나 설계할 때에는 도로의 설계서비스수준이 국토교통부장관이 정하는 기준에 적합하도록 하여야 한다. 〈개정 2013. 3. 23.〉

제8조(설계속도) ① 설계속도는 도로의 기능별 구분 및 지역별 구분(제2조제16호 및 제17호에 따른 도시지역 및 지방지역의 구분을 말한다)에 따라 다음 표의 속도 이상으로 한다. 다만, 지형 상황 및 경제성 등을 고려하여 필요한 경우에는 다음 표의 속도에서 시

속 20킬로미터 이내의 속도를 뺀 속도를 설계속도로 할 수 있다. 〈개정 2020. 3. 6.〉

도로의 기능별 구분		설계속도(킬로미터/시간)			
		지방지역			도시지역
		평지	구릉지	산지	
주간선도로	고속국도	120	110	100	100
	그 밖의 도로	80	70	60	80
보조간선도로		70	60	50	60
집산도로		60	50	40	50
국지도로		50	40	40	40

② 제1항에도 불구하고 자동차전용도로의 설계속도는 시속 80킬로미터 이상으로 한다. 다만, 자동차전용도로가 도시지역에 있거나 소형차도로일 경우에는 시속 60킬로미터 이상으로 할 수 있다. 〈개정 2020. 3. 6.〉

제9조(설계구간) ① 동일한 설계기준이 적용되어야 하는 도로의 설계구간은 주요 교차로(인터체인지를 포함한다)나 도로의 주요 시설물 사이의 구간으로 한다.

② 인접한 설계구간과의 설계속도의 차이는 시속 20킬로미터 이하가 되도록 하여야 한다.

제10조(차로) ① 도로의 차로수는 도로의 종류, 도로의 기능별 구분, 설계시간교통량, 도로의 계획목표연도의 설계서비스수준, 지형 상황, 나눠지거나 합해지는 도로의 차로수 등을 고려하여 정해야 한다. 〈개정 2020. 3. 6.〉

② 도로의 차로수는 교통흐름의 형태, 교통량의 시간별·방향별 분포, 그 밖의 교통 특성 및 지역 여건에 따라 홀수 차로로 할 수 있다. 〈개정 2020. 3. 6.〉

③ 차로의 폭은 차선의 중심선에서 인접한 차선의 중심선까지로 하며, 설계속도 및 지역에 따라 다음 표의 폭 이상으로 한다. 다만, 다음 각 호의 어느 하나에 해당하는 경우에는 각 호의 구분에 따른 차로폭 이상으로 해야 한다. 〈개정 2011. 12. 23., 2020. 3. 6.〉

1. 설계기준자동차 및 경제성을 고려하여 필요한 경우: 3미터
2. 「접경지역 지원 특별법」 제2조제1호에 따른 접경지역에서 전차, 장갑차 등 군용차량의 통행에 따른 교통사고의 위험성을 고려하여 필요한 경우: 3.5미터

설계속도 (킬로미터/시간)	차로의 최소 폭(미터)		
	지방지역	도시지역	소형차도로
100 이상	3.50	3.50	3.25
80 이상	3.50	3.25	3.25
70 이상	3.25	3.25	3.00
60 이상	3.25	3.00	3.00
60 미만	3.00	3.00	3.00

④ 제3항에도 불구하고 통행하는 자동차의 종류·교통량, 그 밖의 교통 특성과 지역 여건 등을 고려하여 불가피한 경우에는 회전차로의 폭과 설계속도가 시속 40킬로미터 이하인 도시지역 차로의 폭은 2.75미터 이상으로 할 수 있다. 〈개정 2020. 3. 6.〉

⑤ 도로에는 「도로교통법」 제15조에 따라 자동차의 종류 등에 따른 전용차로를 설치할 수 있다. 이 경우 간선급행버스체계 전용차로의 차로폭은 3.25미터 이상으로 하되, 정류장의 추월차로 등 부득이한 경우에는 3미터 이상으로 할 수 있다.

제11조(차로의 분리 등) ① 도로에는 차로를 통행의 방향별로 분리하기 위하여 중앙선을 표시하거나 중앙분리대를 설치하여야 한다. 다만, 4차로 이상인 도로에는 도로기능과 교통 상황에 따라 안전하고 원활한 교통을 확보하기 위하여 필요한 경우 중앙분리대를 설치하여야 한다.

② 중앙분리대의 분리대 내에는 노상시설을 설치할 수 있으며 중앙분리대의 폭은 설계속도 및 지역에 따라 다음 표의 값 이상으로 한다. 다만, 자동차전용도로의 경우는 2미터 이상으로 한다. 〈개정 2020. 3. 6.〉

설계속도 (킬로미터/시간)	중앙분리대의 최소 폭(미터)		
	지방지역	도시지역	소형차도로
100 이상	3.0	2.0	2.0
100 미만	1.5	1.0	1.0

③ 중앙분리대에는 측대를 설치하여야 한다. 이 경우 측대의 폭은 설계속도가 시속 80 킬로미터 이상인 경우는 0.5미터 이상으로 하고, 시속 80킬로미터 미만인 경우는 0.25 미터 이상으로 한다.

④ 중앙분리대의 분리대 부분에 노상시설을 설치하는 경우 중앙분리대의 폭은 제18조에 따른 시설한계가 확보되도록 정하여야 한다.

⑤ 차로를 왕복 방향별로 분리하기 위하여 중앙선을 두 줄로 표시하는 경우 각 중앙선의 중심 사이의 간격은 0.5미터 이상으로 한다.

제12조(길어깨) ① 도로에는 가장 바깥쪽 차로와 접속하여 길어깨를 설치해야 한다. 다만, 보도 또는 주정차대가 설치되어 있는 경우에는 설치하지 않을 수 있다. 〈개정 2020. 3. 6.〉

② 차로의 오른쪽에 설치하는 길어깨의 폭은 설계속도 및 지역에 따라 다음 표의 폭 이상으로 해야 한다. 다만, 오르막차로 또는 변속차로 등의 차로와 길어깨가 접속되는 구간에서는 0.5미터 이상으로 할 수 있다. 〈개정 2020. 3. 6.〉

설계속도 (킬로미터/시간)	오른쪽 길어깨의 최소 폭(미터)		
	지방지역	도시지역	소형차도로
100 이상	3.00	2.00	2.00
80 이상 100 미만	2.00	1.50	1.00
60 이상 80 미만	1.50	1.00	0.75
60 미만	1.00	0.75	0.75

③ 일방통행도로 등 분리도로의 차로 왼쪽에 설치하는 길어깨의 폭은 설계속도 및 지역에 따라 다음 표의 폭 이상으로 한다. 〈개정 2020. 3. 6.〉

설계속도 (킬로미터/시간)	왼쪽 길어깨의 최소 폭(미터)	
	지방지역 및 도시지역	소형차도로
100 이상	1.00	0.75
80 이상 100 미만	0.75	0.75
80 미만	0.50	0.50

④ 제2항 및 제3항에도 불구하고 터널, 교량, 고가도로 또는 지하차도에 설치하는 길어깨의 폭은 설계속도가 시속 100킬로미터 이상인 경우에는 1미터 이상으로, 그 밖의 경우에는 0.5미터 이상으로 할 수 있다. 다만, 길이 1천 미터 이상의 터널 또는 지하차도에서 오른쪽 길어깨의 폭을 2미터 미만으로 하는 경우에는 750미터 이내의 간격으로 비상주차대를 설치해야 한다. 〈개정 2020. 3. 6.〉

⑤ 길어깨에는 측대를 설치하여야 한다. 이 경우 측대의 폭은 설계속도가 시속 80킬로미터 이상인 경우에는 0.5미터 이상으로 하고, 80킬로미터 미만이거나 터널인 경우에는 0.25미터 이상으로 한다.

⑥ 길어깨에 접속하여 노상시설을 설치하는 경우 노상시설의 폭은 길어깨의 폭에 포함하지 않는다. 〈개정 2020. 3. 6.〉

⑦ 길어깨에는 긴급구난차량의 주행 및 활동의 안전성 향상을 위한 시설의 설치를 고려해야 한다. 〈신설 2020. 3. 6.〉

제12조의2(차로로 활용되는 길어깨) ① 주간선도로의 기능을 하는 도로의 교통량이 일시적으로 증가하는 경우에 차로로 활용되는 길어깨의 폭은 해당 도로의 차로폭과 동일한 폭으로 한다. 이 경우 길어깨 바깥쪽에는 비상주차대를 설치해야 한다.

② 제1항 전단에 따라 길어깨를 차로로 활용하는 구간에는 운전자가 길어깨에 진입하기 전에 이를 인식할 수 있도록 신호, 표지판 및 노면표시 등을 설치해야 한다.

[본조신설 2020. 3. 6.]

제13조(적설지역 도로의 중앙분리대 및 길어깨의 폭) 적설지역(積雪地域)에 있는 도로의 중

양분리대 및 길어깨의 폭은 제설작업을 고려하여 정하여야 한다.

제14조(주정차대) ① 설계속도가 시속 80킬로미터 이하인 도시지역도로에 주정차대를 설치하는 경우에는 그 폭이 2.5미터 이상이 되도록 해야 한다. 다만, 소형자동차를 대상으로 하는 주정차대의 경우에는 그 폭이 2미터 이상이 되도록 할 수 있다. 〈개정 2020. 3. 6.〉

② 주간선도로에 설치하는 버스정류장은 차로와 분리하여 별도로 설치해야 한다. 〈개정 2020. 3. 6.〉

제15조(자전거도로) ① 안전하고 원활한 교통을 확보하기 위하여 자전거, 자동차 및 보행자의 통행을 분리할 필요가 있는 경우에는 자전거도로를 설치하여야 한다. 다만, 지형상황 등으로 인하여 부득이하다고 인정되는 경우에는 예외로 한다.

② 자전거도로의 구조와 시설기준에 관하여는 「자전거 이용시설의구조ㆍ시설기준에 관한 규칙」에서 정하는 바에 따른다.

제16조(보도) ① 보행자의 안전과 자동차 등의 원활한 통행을 위하여 필요하다고 인정되는 경우에는 도로에 보도를 설치해야 한다. 이 경우 보도는 연석(緣石)이나 방호울타리 등의 시설물을 이용하여 차도와 물리적으로 분리해야 하고, 필요하다고 인정되는 지역에는 이동편의시설을 설치해야 한다. 〈개정 2020. 3. 6.〉

② 제1항에 따라 차도와 보도를 구분하는 경우에는 다음 각 호의 기준에 따른다. 〈개정 2020. 3. 6.〉

1. 차도에 접하여 연석을 설치하는 경우 그 높이는 25센티미터 이하로 할 것
2. 횡단보도에 접한 구간으로서 필요하다고 인정되는 지역에는 이동편의시설을 설치해야 하며, 자전거도로에 접한 구간은 자전거의 통행에 불편이 없도록 할 것

③ 보도의 유효폭은 보행자의 통행량과 주변 토지 이용 상황을 고려하여 결정하되, 최소 2미터 이상으로 하여야 한다. 다만, 지방지역의 도로와 도시지역의 국지도로는 지형상 불가능하거나 기존 도로의 증설ㆍ개설 시 불가피하다고 인정되는 경우에는 1.5미터 이상으로 할 수 있다.

④ 보도는 보행자의 통행 경로를 따라 연속성과 일관성이 유지되도록 설치하며, 보도에 가로수 등 노상시설을 설치하는 경우 노상시설 설치에 필요한 폭을 추가로 확보하여야 한다.

제17조(도로 공간기능의 활용) ① 주민의 삶의 질 향상을 위하여 도로를 보행환경 개선공간 및 문화정보 교류공간, 대중교통의 수용공간, 환경친화적 녹화공간(綠化空間) 등으로 계

획할 수 있다.

② 보행환경 개선이 필요한 지역에는 제2조제35호에 따른 보행시설물을 설치할 수 있다. [제목개정 2020. 3. 6.]

제18조(시설한계) ① 차도의 시설한계 높이는 4.5미터 이상으로 한다. 다만, 다음 각 호의 구분에 따라 시설한계 높이의 하한을 낮출 수 있다. 〈개정 2020. 3. 6.〉

1. 집산도로 또는 국지도로로서 지형 상황 등으로 인하여 부득이하다고 인정되는 경우: 4.2미터 이상

2. 소형차도로인 경우: 3미터 이상

3. 대형자동차의 교통량이 현저히 적고, 그 도로의 부근에 대형자동차가 우회할 수 있는 도로가 있는 경우: 3미터 이상

② 차도, 보도 및 자전거도로의 시설한계는 별표와 같다. 이 경우 도로의 종단경사 및 횡단경사를 고려하여 시설한계를 확보하여야 한다.

제19조(평면곡선 반지름) 차도의 평면곡선 반지름은 설계속도와 편경사에 따라 다음 표의 길이 이상으로 한다.

설계속도 (킬로미터/시간)	최소 평면곡선 반지름(미터)		
	적용 최대 편경사		
	6퍼센트	7퍼센트	8퍼센트
120	710	670	630
110	600	560	530
100	460	440	420
90	380	360	340
80	280	265	250
70	200	190	180
60	140	135	130
50	90	85	80
40	60	55	50
30	30	30	30
20	15	15	15

제20조(평면곡선의 길이) 평면곡선부의 차도 중심선의 길이(완화곡선이 있는 경우에는 그 길이를 포함한다)는 다음 표의 길이 이상으로 한다.

설계속도 (킬로미터/시간)	평면곡선의 최소 길이(미터)	
	도로의 교각이 5도 미만인 경우	도로의 교각이 5도 이상인 경우
120	700 / θ	140
110	650 / θ	130
100	550 / θ	110
90	500 / θ	100
80	450 / θ	90
70	400 / θ	80
60	350 / θ	70
50	300 / θ	60
40	250 / θ	50
30	200 / θ	40
20	150 / θ	30

제21조(평면곡선부의 편경사) ①차도의 평면곡선부에는 도로가 위치하는 지역, 적설 정도, 설계속도, 평면곡선 반지름 및 지형 상황 등에 따라 다음 표의 비율 이하의 최대 편경사를 두어야 한다.

구	분	최대 편경사(퍼센트)
지방지역	적설·한랭 지역	6
	그 밖의 지역	8
도시지역		6
연결로		8

② 제1항에도 불구하고 다음 각 호의 어느 하나에 해당하는 경우에는 편경사를 두지 아니할 수 있다.

1. 평면곡선 반지름을 고려하여 편경사가 필요 없는 경우
2. 설계속도가 시속 60킬로미터 이하인 도시지역의 도로에서 도로 주변과의 접근과 다른 도로와의 접속을 위하여 부득이하다고 인정되는 경우

③ 편경사의 회전축으로부터 편경사가 설치되는 차로수가 2개 이하인 경우의 편경사의 접속설치길이는 설계속도에 따라 다음 표의 편경사 최대 접속설치율에 따라 산정된 길이 이상이 되어야 한다. 〈개정 2020. 3. 6.〉

설계속도(킬로미터/시간)	편경사 최대 접속설치율
120	1 / 200
110	1 / 185
100	1 / 175
90	1 / 160
80	1 / 150
70	1 / 135
60	1 / 125
50	1 / 115
40	1 / 105
30	1 / 95
20	1 / 85

④ 편경사의 회전축으로부터 편경사가 설치되는 차로수가 2개를 초과하는 경우의 편경사의 접속설치길이는 제3항에 따라 산정된 길이에 다음 표의 보정계수를 곱한 길이 이상이 되어야 하며, 노면의 배수가 충분히 고려되어야 한다. 〈개정 2020. 3. 6.〉

편경사가 설치되는 차로수	접속설치길이의 보정계수
3	1.25
4	1.50
5	1.75
6	2.00

제22조(평면곡선부의 확폭) ①차도 평면곡선부의 각 차로는 평면곡선 반지름 및 설계기준 자동차에 따라 다음 표의 폭 이상을 확보하여야 한다.

세미트레일러		대형자동차		소형자동차	
평면곡선 반지름 (미터)	최소 확폭량 (미터)	평면곡선 반지름 (미터)	최소 확폭량 (미터)	평면곡선 반지름 (미터)	최소 확폭량 (미터)
150 이상~280 미만	0.25	110 이상~200 미만	0.25	45 이상~55 미만	0.25
90 이상~150 미만	0.50	65 이상~110 미만	0.50	25 이상~45 미만	0.50
65 이상~ 90 미만	0.75	45 이상~ 65 미만	0.75	15 이상~25 미만	0.75
50 이상~ 65 미만	1.00	35 이상~ 45 미만	1.00		
40 이상~ 50 미만	1.25	25 이상~ 35 미만	1.25		
35 이상~ 40 미만	1.50	20 이상~ 25 미만	1.50		
30 이상~ 35 미만	1.75	18 이상~ 20 미만	1.75		
20 이상~ 30 미만	2.00	15 이상~ 18 미만	2.00		

② 제1항에도 불구하고 차도 평면곡선부의 각 차로가 다음 각 호의 어느 하나에 해당하는 경우에는 확폭을 하지 않을 수 있다. 〈개정 2012. 4. 13., 2020. 3. 6.〉

1. 도시지역도로(고속국도는 제외한다)에서 도시 · 군관리계획이나 주변 지장물(支障物) 등으로 인하여 부득이하다고 인정되는 경우

2. 설계기준자동차가 승용자동차인 경우

제23조(완화곡선 및 완화구간) ① 설계속도가 시속 60킬로미터 이상인 도로의 평면곡선부에는 완화곡선을 설치하여야 한다.

② 완화곡선의 길이는 설계속도에 따라 다음 표의 값 이상으로 하여야 한다.

설계속도(킬로미터/시간)	완화곡선의 최소 길이(미터)
120	70
110	65
100	60
90	55
80	50
70	40
60	35

③ 설계속도가 시속 60킬로미터 미만인 도로의 평면곡선부에는 다음 표의 길이 이상의 완화구간을 두고 편경사를 설치하거나 확폭을 하여야 한다.

설계속도(킬로미터/시간)	완화구간의 최소 길이(미터)
50	30
40	25
30	20
20	15

제24조(시거) ① 도로에는 그 도로의 설계속도에 따라 다음 표의 길이 이상의 정지시거를 확보해야 한다. 〈개정 2020. 3. 6.〉

설계속도(킬로미터/시간)	최소 정지시거(미터)
120	215
110	185
100	155
90	130
80	110
70	95
60	75
50	55
40	40
30	30
20	20

② 2차로 도로에서 앞지르기를 허용하는 구간에서는 설계속도에 따라 다음 표의 길이 이상의 앞지르기시거를 확보해야 한다. 〈개정 2020. 3. 6.〉

설계속도(킬로미터/시간)	최소 앞지르기시거(미터)
80	540
70	480
60	400
50	350
40	280
30	200
20	150

제25조(종단경사) ①차도의 종단경사는 도로의 기능별 구분, 지형 상황과 설계속도에 따라 다음 표의 비율 이하로 해야 한다. 다만, 지형 상황, 주변 지장물 및 경제성을 고려하여 필요하다고 인정되는 경우에는 다음 표의 비율에 1퍼센트를 더한 값 이하로 할 수 있다. 〈개정 2020. 3. 6.〉

최대 종단경사(퍼센트)

설계속도 (킬로미터/시간)	주간선도로 및 보조간선도로				집산도로 및 연결로		국지도로	
	고속국도		그 밖의 도로					
	평지	산지등	평지	산지등	평지	산지등	평지	산지등
120	3	4						
110	3	5						
100	3	5	3	6				
90	4	6	4	6				
80	4	6	4	7	6	9		
70			5	7	7	10		
60			5	8	7	10	7	13
50			5	8	7	10	7	14
40			6	9	7	11	7	15
30					7	12	8	16
20							8	16

비고) 산지등이란 산지, 구릉지 및 평지(지하차도 및 고가도로의 설치가 필요한 경우만 해당한다)를 말한다. 이하 이 조에서 같다.

② 소형차도로의 종단경사는 도로의 기능별 구분, 지형 상황과 설계속도에 따라 다음 표의 비율 이하로 해야 한다. 다만, 지형 상황, 주변 지장물 및 경제성을 고려하여 필요하다고 인정되는 경우에는 다음 표의 비율에 1퍼센트를 더한 값 이하로 할 수 있다. 〈개정 2020. 3. 6.〉

설계속도 (킬로미터/시간)	최대 종단경사(퍼센트)							
	주간선도로 및 보조간선도로				집산도로 및 연결로		국지도로	
	고속국도		그 밖의 도로					
	평지	산지등	평지	산지등	평지	산지등	평지	산지등
120	4	5						
110	4	6						
100	4	6	4	7				
90	6	7	6	7				
80	6	7	6	8	8	10		
70			7	8	9	11		
60			7	9	9	11	9	14
50			7	9	9	11	9	15
40			8	10	9	12	9	16
30					9	13	10	17
20							10	17

[전문개정 2011. 12. 23.]

제26조(오르막차로) ① 종단경사가 있는 구간에서 자동차의 오르막 능력 등을 검토하여 필요하다고 인정되는 경우에는 오르막차로를 설치하여야 한다. 다만, 설계속도가 시속 40킬로미터 이하인 경우에는 오르막차로를 설치하지 아니할 수 있다.

② 오르막차로의 폭은 본선의 차로폭과 같게 설치하여야 한다.

제27조(종단곡선) ① 차도의 종단경사가 변경되는 부분에는 종단곡선을 설치하여야 한다. 이 경우 종단곡선의 길이는 제2항에 따른 종단곡선의 변화 비율에 따라 산정한 길이와 제3항에 따른 종단곡선의 길이 중 큰 값의 길이 이상이어야 한다.

② 종단곡선의 변화 비율은 설계속도 및 종단곡선의 형태에 따라 다음 표의 비율 이상으로 한다.

설계속도 (킬로미터/시간)	종단곡선의 형태	종단곡선 최소 변화 비율 (미터/퍼센트)
120	볼록곡선	120
	오목곡선	55
110	볼록곡선	90
	오목곡선	45
100	볼록곡선	60
	오목곡선	35
90	볼록곡선	45
	오목곡선	30
80	볼록곡선	30

설계속도 (킬로미터/시간)	종단곡선의 형태	종단곡선 최소 변화 비율 (미터/퍼센트)
	오목곡선	25
70	볼록곡선	25
	오목곡선	20
60	볼록곡선	15
	오목곡선	15
50	볼록곡선	8
	오목곡선	10
40	볼록곡선	4
	오목곡선	6
30	볼록곡선	3
	오목곡선	4
20	볼록곡선	1
	오목곡선	2

③ 종단곡선의 길이는 설계속도에 따라 다음 표의 길이 이상이어야 한다.

설계속도(킬로미터/시간)	종단곡선의 최소 길이(미터)
120	100
110	90
100	85
90	75
80	70
70	60
60	50
50	40
40	35
30	25
20	20

제28조(횡단경사) ① 차로의 횡단경사는 배수를 위하여 포장의 종류에 따라 다음 표의 비율로 해야 한다. 다만, 편경사가 설치되는 구간은 제21조에 따른다. 〈개정 2020. 3. 6.〉

포장의 종류	횡단경사(퍼센트)
아스팔트콘크리트 포장 및 시멘트콘크리트 포장	1.5 이상 2.0 이하
간이 포장	2.0 이상 4.0 이하
비포장	3.0 이상 6.0 이하

② 보도 또는 자전거도로의 횡단경사는 2퍼센트 이하로 한다. 다만, 지형 상황 및 주변 건축물 등으로 인하여 부득이하다고 인정되는 경우에는 4퍼센트까지 할 수 있다.

③ 길어깨의 횡단경사와 차로의 횡단경사의 차이는 시공성, 경제성 및 교통안전을 고려하여 8퍼센트 이하로 해야 한다. 다만, 측대를 제외한 길어깨폭이 1.5미터 이하인 도로, 교량 및 터널 등의 구조물 구간에서는 그 차이를 두지 않을 수 있다. 〈개정 2020. 3. 6.〉

제29조(포장) ① 차로, 측대, 길어깨, 보도 및 자전거도로 등은 안정성 및 시공성 등을 고려하여 적절한 재료와 두께로 포장해야 한다. 〈개정 2020. 3. 6.〉

② 차로 및 측대는 교통량, 노상의 상태, 기후조건, 경제성, 시공성 및 유지관리 등을 고려하여 자동차가 안전하고 원활하게 통행할 수 있는 공법으로 포장해야 한다. 〈개정 2020. 3. 6.〉

③ 삭제 〈2020. 3. 6.〉

제30조(배수시설) ① 도로시설의 보전(保全), 교통안전, 유지보수 등을 위하여 도로에는 측구(側溝), 집수정 및 도수로(導水路) 등 적절한 배수시설을 설치하여야 한다. 이 경우 배수시설에 공급되는 전기시설은 침수의 영향을 받지 않도록 설치하여야 한다.

② 배수시설의 규격은 강우(降雨)의 지속 시간 및 강도와 지형 상황에 따라 적절하게 결정되어야 한다.

③ 길어깨는 노면 배수로로 활용할 수 있으며, 길어깨에 붙여서 측구를 설치하는 경우에는 교통안전을 위하여 윗면이 열린 측구를 설치하여서는 아니 된다.

제31조(도로의 교차) 도로의 교차는 특별한 경우를 제외하고는 네 갈래 이하로 하여야 한다.

제32조(평면교차와 그 접속기준) ① 교차하는 도로의 교차각은 직각에 가깝게 하여야 한다.

② 교차로의 종단경사는 3퍼센트 이하이어야 한다. 다만, 주변 지장물과 경제성을 고려하여 필요하다고 인정되는 경우에는 6퍼센트 이하로 할 수 있다.

③ 평면으로 교차하거나 접속하는 구간에서는 필요에 따라 회전차로, 변속차로, 교통섬 등의 도류화시설(導流化施設: 도로의 흐름을 원활하게 유도하는 시설)을 설치할 수 있다. 이 경우 도류화시설의 설치기준 등에 필요한 사항은 국토교통부장관이 따로 정한다. 〈개정 2013. 3. 23., 2020. 3. 6.〉

④ 교차로에서 좌회전차로가 필요한 경우에는 직진차로와 분리하여 설치하여야 한다.

제33조(입체교차) ① 주간선도로의 기능을 가진 도로가 다른 도로와 교차하는 경우 그 교차로는 입체교차로 해야 한다. 다만, 교통량 및 지형 상황 등을 고려하여 부득이하다고 인정되는 경우에는 그렇지 않다. 〈개정 2020. 3. 6.〉

② 주간선도로가 아닌 도로가 서로 교차하는 경우로서 교통을 원활하게 처리하기 위하여 필요하다고 인정되는 경우 그 교차로는 입체교차로 할 수 있다. 〈개정 2020. 3. 6.〉

③ 입체교차를 계획할 때에는 도로의 기능, 교통량, 도로 조건, 주변 지형 여건, 경제성 등을 고려하여야 한다.

제34조(입체교차의 연결로) ① 입체교차의 연결로에 대하여는 제8조, 제10조제3항, 제11조제2항 및 제12조제2항ㆍ제3항을 적용하지 아니한다.

② 연결로의 설계속도는 접속하는 도로의 설계속도에 따라 다음 표의 속도를 기준으로 한다. 다만, 루프 연결로(고리 모양으로 생긴 연결로를 말한다)의 경우에는 다음 표의 속도에서 시속 10킬로미터 이내의 속도를 뺀 속도를 설계속도로 할 수 있다.

상급 도로의 설계속도 (킬로미터/시간) / 하급 도로의 설계속도 (킬로미터/시간)	120	110	100	90	80	70	60	50 이하
120	80~50							
110	80~50	80~50						
100	70~50	70~50	70~50					
90	70~50	70~40	70~40	70~40				
80	70~40	70~40	60~40	60~40	60~40			
70	70~40	60~40	60~40	60~40	60~40	60~40		
60	60~40	60~40	60~40	60~40	60~30	50~30	50~30	
50 이하	60~40	60~40	60~40	60~40	60~30	50~30	50~30	40~30

③ 연결로의 차로폭, 길어깨폭 및 중앙분리대의 폭은 다음 표의 폭 이상으로 한다. 다만, 교량 등의 구조물로 인하여 부득이한 경우에는 괄호 안의 폭까지 줄일 수 있다. 〈개정 2020. 3. 6.〉

횡단면 구성 요소 / 연결로 기준	최소 차로폭 (미터)	길어깨의 최소 폭(미터)					중앙 분리대 최소 폭 (미터)
		한쪽 방향 1차로		한쪽 방향 2차로	양방향 다차로	가속·감속 차로	
		오른쪽	왼쪽	오른쪽·왼쪽	오른쪽	오른쪽	
A기준	3.50	2.50	1.50	1.50	2.50	1.50	2.50(2.00)
B기준	3.25	1.50	0.75	0.75	0.75	1.00	2.00(1.50)
C기준	3.25	1.00	0.75	0.50	0.50	1.00	1.50(1.00)
D기준	3.25	1.25	0.50	0.50	0.50	1.00	1.50(1.00)
E기준	3.00	0.75	0.50	0.50	0.50	0.75	1.50(1.00)

비고)
1. 각 기준의 정의
　가. A기준 : 길어깨에 대형자동차가 정차한 경우 세미트레일러가 통과할 수 있는 기준

　　나. B기준 : 길어깨에 소형자동차가 정차한 경우 세미트레일러가 통과할 수 있는 기준
　　다. C기준 : 길어깨에 정차한 자동차가 없는 경우 세미트레일러가 통과할 수 있는 기준
　　라. D기준 : 길어깨에 소형자동차가 정차한 경우 소형자동차가 통과할 수 있는 기준
　　마. E기준 : 길어깨에 정차한 자동차가 없는 경우 소형자동차가 통과할 수 있는 기준

2. 도로의 설계속도별 적용기준

상급 도로의 설계속도 (킬로미터/시간)		적용되는 연결로의 기준
100 이상	지방지역	A기준 또는 B기준
	도시지역	B기준 또는 C기준
100 미만		B기준 또는 C기준
소형차도로		D기준 또는 E기준

④ 연결로의 형식은 오른쪽 진출입을 원칙으로 한다. 이 경우 진출입의 연속성 및 일관성이 유지되도록 하여야 한다.

제35조(입체교차 변속차로의 길이) ① 변속차로 중 감속차로의 길이는 다음 표의 길이 이상으로 하여야 한다. 다만, 연결로가 2차로인 경우 감속차로의 길이는 다음 표의 길이의 1.2배 이상으로 하여야 한다.

본선 설계속도(킬로미터/시간)			120	110	100	90	80	70	60
연결로 설계속도 (킬로미터 /시간)	80	변이구간을 제외한 감속차로의 최소 길이 (미터)	120	105	85	60	–	–	–
	70		140	120	100	75	55	–	–
	60		155	140	120	100	80	55	–
	50		170	150	135	110	90	70	55
	40		175	160	145	120	100	85	65
	30		185	170	155	135	115	95	80

② 본선의 종단경사의 크기에 따른 감속차로의 길이 보정률은 다음 표의 비율로 하여야 한다.

본선의 종단경사(퍼센트)	내리막 경사				
	0~2 미만	2 이상~3 미만	3 이상~4 미만	4 이상~5 미만	5 이상
감속차로의 길이 보정률	1.00	1.10	1.20	1.30	1.35

③ 변속차로 중 가속차로의 길이는 다음 표의 길이 이상으로 하여야 한다. 다만, 연결로가 2차로인 경우 가속차로의 길이는 다음 표의 길이의 1.2배 이상으로 하여야 한다.

본선 설계속도(킬로미터/시간)		120	110	100	90	80	70	60
연결로 설계속도 (킬로미터 /시간)	80	변이구간을 제외한 가속차로의 최소 길이 (미터)	245	120	55	–	–	–	–
	70		335	210	145	50	–	–	–
	60		400	285	220	130	55	–	–
	50		445	330	265	175	100	50	–
	40		470	360	300	210	135	85	–
	30		500	390	330	240	165	110	70

④ 본선의 종단경사의 크기에 따른 가속차로의 길이 보정률은 다음 표의 비율로 한다.

본선의 종단경사(퍼센트)	오르막 경사				
	0~2 미만	2 이상~3 미만	3 이상~4 미만	4 이상~5 미만	5 이상
가속차로의 길이 보정률	1.00	1.20	1.30	1.40	1.50

⑤ 변속차로의 변이구간의 길이는 다음 표의 길이 이상으로 하여야 한다.

본선 설계속도 (킬로미터/시간)	120	110	100	90	80	60	50	40
변이구간의 최소 길이(미터)	90	80	70	70	60	60	60	60

제36조(철도와의 교차) ① 도로와 철도의 교차는 입체교차를 원칙으로 한다. 다만, 주변 지장물이나 기존의 교차형식 등으로 인하여 부득이하다고 인정되는 경우에는 예외로 한다.

② 제1항 단서에 따라 도로와 철도가 평면교차하는 경우 그 도로의 구조는 다음 각 호의 기준에 따른다.

1. 철도와의 교차각을 45도 이상으로 할 것
2. 건널목의 양측에서 각각 30미터 이내의 구간(건널목 부분을 포함한다)은 직선으로 하고 그 구간 도로의 종단경사는 3퍼센트 이하로 할 것. 다만, 주변 지장물과 기존 도로의 현황을 고려하여 부득이하다고 인정되는 경우에는 예외로 한다.
3. 건널목 앞쪽 5미터 지점에 있는 도로 중심선 위의 1미터 높이에서 가장 멀리 떨어진 선로의 중심선을 볼 수 있는 곳까지의 거리를 선로방향으로 측정한 길이(이하 "가시구간의 길이"라 한다)는 철도차량의 최고속도에 따라 다음 표의 길이 이상으로 할 것. 다만, 건널목차단기와 그 밖의 보안설비가 설치되는 구간의 경우에는 예외로 한다.

건널목에서의 철도차량의 최고 속도(킬로미터/시간)	가시구간의 최소 길이(미터)
50 미만	110
50 이상 70 미만	160
70 이상 80 미만	200
80 이상 90 미만	230
90 이상 100 미만	260
100 이상 110 미만	300
110 이상	350

③ 철도를 횡단하여 교량을 가설하는 경우에는 철도의 확장 및 보수와 제설 등을 위한 충분한 경간장(徑間長)을 확보하여야 하며, 교량의 난간 부분에 방호울타리 등을 설치하여야 한다.

제37조(양보차로) ① 2차로 도로에서 앞지르기시거가 확보되지 않은 구간으로서 도로용량 및 안전성 등을 검토하여 필요하다고 인정되는 경우에는 저속자동차가 다른 자동차에게 통행을 양보할 수 있는 차로(이하 "양보차로"라 한다)를 설치해야 한다. 〈개정 2020. 3. 6.〉

② 양보차로를 설치하는 구간에는 운전자가 양보차로에 진입하기 전에 이를 충분히 인식할 수 있도록 노면표시 및 표지판 등을 설치하여야 한다.

③ 양보차로는 도로용량 및 안전성 등을 검토하여 적절한 길이 및 간격이 유지되도록 해야 한다. 〈개정 2020. 3. 6.〉

제38조(도로안전시설 등) ① 교통사고를 방지하기 위하여 필요하다고 인정되는 경우에는 시선유도시설, 방호울타리, 충격흡수시설, 조명시설, 과속방지시설, 도로반사경, 미끄럼방지시실, 노면요철포장, 긴급제동시설, 안개지역 안전시설, 횡단보도도육교(지하횡단보도를 포함한다) 등의 도로안전시설을 설치하여야 한다.

② 도로의 부속물을 설치하는 경우에는 교통약자의 통행 편의를 고려하여야 하며, 필요하다고 인정되는 경우에는 교통약자를 위한 별도의 시설을 설치하여야 한다.

③ 자동차의 속도를 낮추고 통행량을 줄이기 위해 필요하다고 인정되는 곳에는 교통정온화시설을 설치할 수 있다. 〈신설 2020. 3. 6.〉

제38조의2(고속국도 휴게시설 등에의 도로안전시설 설치 및 관리) 법 제47조의2제1항에 따라 설치하고 관리하여야 하는 도로안전시설은 다음 각 호와 같다.

1. 과속방지시설

2. 속도제한표지

3. 노면요철포장

4. 점멸식 신호등

5. 감속유도 차선

6. 그 밖에 안전을 위하여 필요한 시설

[본조신설 2015. 7. 22.]

제39조(교통관리시설 등) ① 교통의 원활한 소통과 안전을 도모하고 교통사고를 방지하기 위하여 필요하다고 인정되는 경우에는 신호기 및 안전표지 등의 교통안전시설, 도로표지, 도로명판 등을 설치하여야 하며, 긴급연락시설, 도로교통정보 안내시설, 과적차량검문소, 차량 검지체계(檢知體系) 등의 교통관리시설을 설치할 수 있다.

② 교통체계의 효율성과 안전성을 위하여 필요한 경우에는 도로교통 상황을 파악하고 관리할 수 있는 지능형 교통관리체계를 설치할 수 있다.

제40조(주차장 등) ① 원활한 교통의 확보, 통행의 안전 또는 이용자의 편의를 위하여 필요하다고 인정되는 경우에는 도로에 주차장, 버스정류시설, 비상주차대, 휴게시설과 그 밖에 이와 유사한 시설을 설치해야 한다. 〈개정 2020. 3. 6.〉

② 제1항에 따른 시설을 설치하는 경우 본선 교통의 원활한 소통을 위하여 본선의 설계속도에 따라 적절한 변속차로 등을 설치하여야 한다.

제41조(방호시설 등) 낙석, 붕괴, 파랑(波浪), 바람 또는 적설 등으로 인하여 교통 소통에 지장을 주거나 도로의 구조에 손상을 입힐 가능성이 있는 부분에는 울타리, 옹벽, 방호시설, 방풍시설 또는 제설시설을 설치하여야 한다.

제42조(터널의 환기시설 등) ① 터널에는 안전하고 원활한 교통 소통을 위하여 필요하다고 인정되는 경우에는 도로의 설계속도, 교통 조건, 환경 여건, 터널의 제원 등을 고려하여 환기시설 및 조명시설을 설치하여야 한다.

② 화재나 그 밖의 사고로 인하여 교통에 위험한 상황이 발생될 우려가 있는 터널에는 소화설비, 경보설비, 피난대피설비, 소화활동설비, 비상전원설비 등의 방재시설을 설치해야 한다. 〈개정 2020. 3. 6.〉

③ 터널 안의 일산화탄소 및 질소산화물의 농도는 다음 표의 농도 이하가 되도록 하여야 하며, 환기 시의 터널 안 풍속이 초속 10미터를 초과하지 아니하도록 환기시설을 설치하여야 한다.

구분	농도
일산화탄소	100ppm
질소산화물	25ppm

제43조(환경시설 등) ① 도로건설로 인한 주변 환경피해를 최소화하기 위하여 필요한 경우에는 생태통로(生態通路) 및 비점오염 저감시설(非點汚染 低減施設) 등의 환경영향 저감시설을 설치해야 한다. 〈개정 2020. 3. 6.〉

② 교통량이 많은 도로 주변의 주거지역, 조용한 환경 유지가 필요한 시설이나 공공시설 등이 위치한 지역과 환경보존을 위하여 필요한 지역에는 도로의 바깥쪽에 환경시설대나 방음시설을 설치해야 한다. 〈개정 2020. 3. 6.〉

제44조(교량 등) ① 교량 등의 도로구조물은 하중(荷重) 조건 및 내진성(耐震性), 내풍안전성(耐風安全性), 수해내구성(水害耐久性) 등을 고려하여 설치하여야 하며, 그 기준에 관하여 필요한 사항은 국토교통부장관이 정한다. 〈개정 2013. 3. 23.〉

② 교량에는 그 유지·관리를 위하여 필요한 교량 점검시설 및 계측시설 등의 부대시설을 설치해야 한다. 〈개정 2020. 3. 6.〉

제45조(일시적으로 설치하는 도로에 대한 적용의 특례) 도로나 그 밖의 시설에 관한 공사에 필요하여 일시적으로 사용할 목적으로 설치하는 도로에는 이 규칙을 적용하지 아니하거나 이 규칙에서 정하는 기준을 완화하여 적용할 수 있다.

제46조(사실상의 도로에 대한 적용의 특례) 「도로법」에 따른 도로 외의 도로로서 2차로 이상인 도로에 대하여는 그 도로의 설치 목적 및 기능 등을 고려하여 이 규칙에서 정하는 기준을 적용할 수 있다.

제47조(기존의 도로에 대한 적용의 특례) 확장하거나 개수·보수 공사 등을 하는 기존의 도로에 있어서 이 규칙에서 정하는 기준과 맞지 아니하는 부분이 있는 경우로서 실험에 의하거나 이론적으로 문제가 없다고 인정되는 경우에는 이 규칙에서 정하는 관련 기준을 적용하지 아니할 수 있다.

제48조(도로의 구조 등에 관한 세부적인 기준) 이 규칙에서 정한 사항 외에 도로의 구조 및 시설의 기준에 관한 세부적인 사항은 국토교통부장관이 정하는 바에 따른다. 〈개정 2013. 3. 23.〉

부　칙 〈제706호, 2020. 3. 6.〉

제1조(시행일) 이 규칙은 공포한 날부터 시행한다.

제2조(차로로 활용되는 길어깨의 폭에 관한 특례) 제12조의2제1항 전단의 개정규정에 따라 길어깨의 폭을 해당 도로의 차로폭과 동일한 폭으로 해야 하는 길어깨 중 이 규칙 시행 당시 이미 설치된 터널 등 기존 구조물로 인하여 차로폭과 동일하게 할 수 없는 길어깨의 구간에 대해서는 해당 도로의 차로폭보다 좁은 폭으로 할 수 있다. 이 경우 도로관리청은 해당 구간에서 운전자 안전을 추가로 확보할 수 있는 방안을 마련해야 한다.

제3조(다른 법령의 개정) ① 도로법 시행규칙 일부를 다음과 같이 개정한다.

제15조제1호 중 "차도"를 "차로"로 한다.

② 도로와 다른 시설의 연결에 관한 규칙 일부를 다음과 같이 개정한다.

제2조제10호 중 "보호하고 비상시"를 "보호하고, 비상시나 유지관리시"로, "차도"를 "차로"로 하고, 제6조제3호다목 중 "차도"를 "차도(길어깨의 폭은 제외한다)"로 한다.

■ 도로의 구조·시설 기준에 관한 규칙 [별표] 〈개정 2020. 3. 6.〉

차도 및 보도 등의 시설한계(제18조제2항 관련)

1. 차도의 시설한계

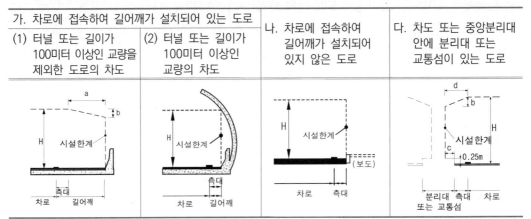

가. 차로에 접속하여 길어깨가 설치되어 있는 도로		나. 차로에 접속하여 길어깨가 설치되어 있지 않은 도로	다. 차도 또는 중앙분리대 안에 분리대 또는 교통섬이 있는 도로
(1) 터널 또는 길이가 100미터 이상인 교량을 제외한 도로의 차도	(2) 터널 또는 길이가 100미터 이상인 교량의 차도		

비고)
1. 가목부터 다까지의 규정에서 "H"는 차도의 시설한계 높이를 말한다.
2. 가목(1)의 "a"는 시설한계 모서리의 폭으로, 차로에 접속하는 길어깨에서 측대의 폭을 뺀 값을 말한다. 다만, 길어깨에서 측대의 폭을 뺀 값이 1미터를 초과하는 경우 a는 1미터로 한다.
3. 가목(1) 및 다목의 "b"는 시설한계 모서리의 높이로, H에서 4미터를 뺀 값을 말한다. 다만, 해당 도로가 제18조제1항제2호 및 제3호에 해당하는 경우 b는 H에서 2.8미터를 뺀 값으로 한다.
4. 다목의 "c"는 노상시설 등의 보호를 위한 시설한계 폭을, "d"는 시설한계 모서리의 폭을 각각 말하며, c 및 d는 분리대와 관계가 있는 것이면 도로의 구분에 따라 각각 다음 표에서 정하는 값으로 하고, 교통섬과 관계가 있는 것이면 c는 0.25미터로, d는 0.5미터로 한다.

(단위 : 미터)

구분		c	d
고속국도	지방지역	0.25 이상 0.5 이하	0.75 이상 1.00 이하
	도시지역	0.25	0.75
그 밖의 도로		0.25	0.50

2. 보도 및 자전거도로의 시설한계

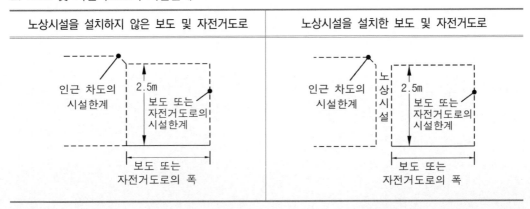

노상시설을 설치하지 않은 보도 및 자전거도로	노상시설을 설치한 보도 및 자전거도로

「도로의 구조·시설 기준에 관한 규칙」 찾아보기

제1조(목적) ·· 해설 30

제2조(정의) ·· 해설 34

제3조(도로의 기능별 구분) ······················ 해설 56

제4조(도로의 출입 등의 기준) ················ 해설 73

제5조(설계기준자동차) ·························· 해설 46

제6조(도로의 계획목표연도) ·················· 해설 90

제7조(도로의 설계서비스수준) ·············· 해설 97

제8조(설계속도) ·· 해설 106

제9조(설계구간) ·· 해설 112

제10조(차로) ·· 해설 126

제11조(차로의 분리 등) ···························· 해설 153

제12조(길어깨) ·· 해설 163

제13조(적설지역 도로의 중앙분리대 및 길어깨의 폭) ··· 해설 174

제14조(주정차대) ·· 해설 179

제15조(자전거도로) ···································· 해설 181

제16조(보도) ·· 해설 183

제17조(도로 공간기능의 활용) ·············· 해설 204

제18조(시설한계) ·· 해설 214

제19조(평면곡선 반지름) ·························· 해설 226

제20조(평면곡선의 길이) ·························· 해설 229

제21조(평면곡선부의 편경사) ················ 해설 234

제22조(평면곡선부의 확폭) ···················· 해설 258

제23조(완화곡선 및 완화구간) ·············· 해설 271

제24조(시거) ·· 해설 277

제25조(종단경사) ·· 해설 291

제26조(오르막차로) ···································· 해설 297

제27조(종단곡선) ·· 해설 308

제28조(횡단경사) ·· 해설 189

제29조(포장) ·· 해설 484

제30조(배수시설) ·· 해설 495

제31조(도로의 교차) ·· 해설 356

제32조(평면교차와 그 접속기준) ····································· 해설 358, 370

제33조(입체교차) ·· 해설 403

제34조(입체교차의 연결로) ·· 해설 433

제35조(입체교차 변속차로의 길이) ······································· 해설 456

제36조(철도와의 교차) ·· 해설 476

제37조(양보차로) ·· 해설 144

제38조(도로안전시설 등) ·· 해설 514

제39조(교통관리시설 등) ·· 해설 530

제40조(주차장 등) ·· 해설 544

제41조(방호시설 등) ·· 해설 570

제42조(터널의 환기시설 등) ·· 해설 507

제43조(환경시설 등) ·· 해설 195, 583

제44조(교량 등) ·· 해설 502

제1장 총 칙

1-1 목 적

1-2 적용 기준

1-3 용어의 정의

1-4 설계기준자동차

    1-4-1 설계기준자동차의 종류

    1-4-2 설계기준자동차의 치수

    1-4-3 설계기준자동차의 최소 회전반지름

    1-4-4 설계기준자동차의 적용

    1-4-5 자전거 및 보행자

제1장 총 칙

1-1 목적

제1조(목적)
이 규칙은 「도로법」 제47조의2, 제48조 및 제50조에 따라 도로를 신설 또는 개량하거나 자동차전용도로를 지정하고 고속국도 휴게시설 등에 도로안전시설을 설치하는 경우 그 도로의 구조 및 시설에 적용되는 최소한의 기준을 규정함을 목적으로 한다.

이 해설은 「도로의 구조·시설기준에 관한 규칙」(이하 '규칙'이라 한다)의 원칙적인 사항에 대하여 보완 또는 해설하여 규칙의 취지를 정확하게 인식하고 올바르게 이해하여 도로의 합리적인 계획 및 설계를 할 수 있도록 함을 목적으로 한다. 「도로법」 제47조의2, 제48조, 제50조에는 도로의 구조 및 시설 등에 관한 기술적인 기준을 법령으로 정하도록 규정하고 있다. 이에 따라 1965년 7월 19일 대통령령 제2177호로 도로구조령을 처음으로 제정하였고, 그 후 자동차 시대를 대비하여 1979년 11월 17일 대통령령 제19664호로 전면 개정하였으며 「도로법」의 개정(1999.2.8, 법률 제5894호) 및 경제 성장에 따른 차량(이하 자동차)의 증가와 대형화, 자동차의 성능 증대, 시간 가치의 상승, 교통의 고속화 등 시대의 흐름과 요구에 신속히 대응하고자 건설교통부령(제206호)으로 1999년 8월 9일 변경하였다. 그리고 2009년 2월 19일 국토해양부령(제101호)으로 전면 개정하였다. 이후 관련 법률 개정 등의 이유로 일부 개정이 이루어져 왔다.

금번 개정 사유는 우선, 그 동안 각종 설계 기준과 지침들의 제정으로 현재의 규칙과 상이한 부분들이 발생하여 일치된 기준의 정립이 필요하고, 소득 향상에 따른 자유시간의 증대와 대도시 교통수요 증대에 대응, 교통약자 등을 고려한 도로 설계, 보행자의 보행을 활성화하며, 자동차 통행 위주의 도로에서 보행 공간, 대중교통의 수용 공간, 만남과 문화·정보·교류의 공간, 환경 친화적 녹화 공간 등으로 다양한 공간 기능을 계획할 수 있도록 하고, 도로 건설에 따른 환경 보존 등에 대한 사회적 요구 사항 등으로 이를 수용할 수 있는 규칙 내용의 개선, 보완이 필요하게 되었다.

금번 개정의 주요 내용은

첫째, 긴급자동차의 주행과 활동의 안전성 향상을 위한 시설 설치 근거를 마련하였다. 도로 유지보수나 비상 상황 등으로 자동차가 길어깨에 잠시 주·정차할 때 예기치 못한 길어깨 진입 자동차에 의하여 대인 및 대물 피해가 발생하고 있는 바, 긴급자동차가 길어깨에서 긴급구난활동을 할 때의 안전성이 향상될 수 있도록 하였다(제12조제7항).

둘째, 현재 고속국도에서 운영 중인 길어깨 차로(LCS차로)에 대한 내용을 신설하였다. 이 경우 길어깨 바깥쪽에 비상주차대를 설치할 근거를 두어 비상시 이용 가능하도록 하였다(제12조의2제1항). 또한, 길어깨를 차로로 활용할 경우 길어깨 진입 이전에 인식할 수 있도록 운전자에게 제공해야 할 시설물의 설치 근거도 마련하였다.

셋째, 지방자치단체별로 관리·운영하는 도로의 경우 계획교통량이나 지역 상황 및 주변 여건 등에 비추어봤을 때 도로의 기능을 상향하여 해당 도로의 기능에 적합한 도로를 설계할 수 있도록 근거를 마련하였다(제3조).

넷째, 금번 개정 이전까지 고속국도를 간선도로와 별도로 구분하여 왔으나, 고속국도는 간선도로의 역할을 하므로 간선도로에 포함하여 구분하였다(제3조, 제4조 등). 또한, 고속국도를 고속도로로 표기했던 것을 「도로법」에 따라 고속국노로 수정하였다.

다섯째, 차도 정의에 오류가 있어 이를 수정하여 혼선을 해소하였다(제2조).

여섯째, 도로의 구분 및 설계속도에 따라 달리하였던 각종 기준(차로의 최소 폭, 중앙분리대, 길어깨의 최소 폭, 주정차대 등)을 설계속도로 단일화하여 효율적으로 도로를 계획 및 설계할 수 있도록 하였다(제10조, 제11조, 제12조, 제14조 등).

1-2 　적용 기준

이 규칙에서 정하는 기준은 도로가 갖추어야 할 구조 및 시설에 관한 최소한의 기준이며, 해당 도로의 특성, 지형 및 지역 조건 등에 따른 적정한 값을 적용할 수 있다.

도로는 평면적인 요소와 입체적인 형상이 조화를 이루어야만 도로 이용자에게 쾌적성, 이동성과 안전성을 충족시키면서 원활한 교통운용을 기할 수 있다.

횡단구성의 제원은 주행 중 안전성을 유지할 수 있는 폭과 고장 자동차나 주행 중 부득이한 사유로 정차할 수 있는 공간의 확보를 위한 길어깨의 폭, 차로를 방향별로 분리하여 주행의 안전성과 쾌적성을 제공하는 중앙분리대, 교통약자 및 보행자, 자전거 이용자를 위한 폭, 도로 주변의 환경 보전을 위한 부분 등으로 구성된다.

입체적인 형상은 도로의 기하구조로서, 자동차가 연속적으로 주행할 수 있도록 조화가 이루어져야 한다. 즉, 평면선형 및 종단선형의 조화, 종단경사의 적정성, 도로 주변 시설과의 조화(비탈면 경사, 시설물의 공간 위치, 조경, 터널, 고가교량 등) 등은 도로 이용자에게 직·간접으로 영향을 미친다.

도로 안전은 도로, 자동차, 인간이 상호 조화를 이룰 때 보장될 수 있다. 도로와 자동차는 물리적인 조건이므로 한계성이 있으나 자동차를 운전하여 이동하는 인간에게는 심리적인 많은 변수가 작용하기 때문에 인간의 욕구에 따라 이를 모두 만족하게 한다는 것은 사실상 불가능하다. 그러므로 이 삼자의 관계를 지금까지의 이론이나 경험 또는 모형 실험을 통하여 정립한 교통공학적 이론 체계를 가능한 한 도로 기술에 반영하여 원활하게 교통을 운용할 수 있다.

이러한 사항들에는 크게는 국가적인 특성, 작게는 지역적인 특성이 있다. 교통의 특성, 운전의 관행 등이 나라마다 다소 다르기 때문에 도로의 설계기준도 다르게 적용되고 있다.

그러나 오늘날 경제 성장으로 자동차의 증가와 그에 따른 수요도 폭발적으로 증가하였고, 또한 시대 흐름에 맞고 앞으로 추구되어야 할 도로 구조의 근간을 종합 검토하여 새로운 규칙을 개정하였다.

(1) 규칙을 탄력적으로 운용하는 경우

규칙을 탄력적으로 운용한다고 하는 것은 다음과 같은 경우를 말한다.

① 규칙에서 규정하고 있는 기준값은 설계에 적용할 수 있는 최솟값으로서, 기준을 적용할 때 이를 그대로 적용하는 것이 아니라, 도로의 성격 및 지역의 상황에 따라 바람직한 도로 구조 요소나 값을 적용하고, 필요에 따라 여유 있는 도로 구조로 하는 경우

② 규칙이 인정하는 범위에서 지역의 상황에 따라 특례 규정 등을 탄력적으로 운용하여 보다 경제성을 고려하여 최소한의 도로 구조로 하는 경우

(2) 규칙 운용상의 유의사항

규칙의 각 규정을 탄력적으로 운용할 때 유의해야 하는 사항은 다음과 같다.

① 지역에 따라 정말 필요한 도로를 정비하기 위해서 탄력적으로 운용해야 하며, 단순히 사업 진행을 쉽게 하는 것을 목적으로 해서는 안 된다.

② 안전성에 관련된 규정에 대해서는 쉽게 규정을 낮추어 적용하여서는 안 된다.

③ 이 규칙은 완성될 도로의 구조에 대한 기준을 규정한 것이며, 공사 중이거나 단계적으로 건설하는 경우 등 임시로 공용하는 도로의 구조는 반드시 규칙에 일치할 필요는 없다. 이러한 경우 도로 구조는 규칙을 기본으로 하면서 필요한 기능을 만족하는 도로 구조이어야 한다.

④ 기존 도로를 단순 확장하는 경우에는 기존 도로 건설 시점의 규칙을 적용할 수 있다.

(3) 규칙의 예외 규정을 적용할 경우의 유의사항

부득이하게 각 구성 요소의 폭에 대하여 예외 규정을 적용하는 경우에는 가능한 한 안전성이나 주행성에 미치는 영향을 줄이도록 배려해야 한다. 일반적으로는 중앙분리대, 환경시설대, 길어깨 및 정차대 중에서 우선 축소하고 다시 축소할 필요가 있는 경우에만 차로에 축소 규정을 적용하는 것이 바람직하다.

1-3 용어의 정의

제2조(정의)

이 규칙에서 사용하는 용어의 뜻은 다음 각 호와 같다. 〈개정 2020. 3. 6.〉

1. "자동차"란 「도로교통법」 제2조제18호에 따른 자동차(이륜자동차는 제외한다)를 말한다.
2. "설계기준자동차"란 도로 구조설계의 기준이 되는 자동차를 말한다.
3. "승용자동차"란 「자동차관리법 시행규칙」 제2조에 따른 승용자동차를 말한다.
4. "소형자동차"란 승용자동차와 「자동차관리법 시행규칙」 제2조에 따른 승합자동차 · 화물자동차 · 특수자동차 중 경형(輕型)과 소형을 말한다.
5. "대형자동차"란 「자동차관리법 시행규칙」 제2조에 따른 자동차(이륜자동차는 제외한다) 중 소형자동차와 세미트레일러를 제외한 자동차를 말한다.
6. "세미트레일러"란 앞 차축(車軸)이 없는 피견인차(被牽引車)와 견인차의 결합체로서 피견인차와 적재물 중량의 상당한 부분이 견인차에 의하여 지지되도록 연결되어 있는 자동차를 말한다.

〈삭제〉

〈삭제〉

9. "자동차전용도로"란 간선도로로서, 「도로법」 제48조에 따라 지정된 도로를 말한다.
10. "소형차도로"란 제5조제1항 단서에 따라 설계기준자동차가 소형자동차인 도로를 말한다.
11. "접근관리"란 주도로(主道路)와 부도로(副道路)가 접속하는 지점에서 주행하는 모든 자동차의 안전성과 효율성을 확보하기 위하여 주도로에 접속하는 부도로의 접속 위치, 간격, 기하구조 설계, 교통제어방식 등을 합리적으로 관리하는 것을 말한다.
12. "도로의 계획목표연도"란 도로를 계획하거나 설계할 때 예측된 교통량에 따라 도로를 건설하여 적절하게 유지 · 관리하는 경우 적정한 수준 이상의 기능이 유지될 수 있을 것으로 보는 기간(도로의 공용개시 계획연도를 시점으로 한다)을 말한다.
13. "도로의 설계서비스수준"이란 도로를 계획하거나 설계할 때의 기준으로서, 도로의 통행속도, 교통량과 도로용량의 비율, 교통 밀도와 교통량 등에 따른 도로운행 상태의 질을 말한다.
14. "계획교통량"이란 도로의 계획목표연도에 그 도로를 통행할 것으로 예상되는 자동차의 연평균 일교통량을 말한다.
15. "설계시간교통량"이란 도로의 계획목표연도에 그 도로를 통행할 시간당 자동차의 대수를 말한다.
16. "도시지역"이란 시가지를 형성하고 있는 지역이나 그 지역의 발전 추세로 보아 시가지

로 형성될 가능성이 높은 지역을 말한다.

17. "지방지역"이란 도시지역 외의 지역을 말한다.

18. "설계속도"란 도로설계의 기초가 되는 자동차의 속도를 말한다.

19. "차로"란 자동차가 도로의 정해진 부분을 한 줄로 통행할 수 있도록 차선에 의하여 구분되는 차도의 부분으로서 길어깨를 제외한 부분을 말한다.

20. "차로수(車路數)"란 양방향 차로(오르막차로, 회전차로, 변속차로 및 양보차로는 제외한다)의 수를 합한 것을 말한다.

21. "차도"란 차로와 길어깨로 구성된 도로의 부분을 말한다.

22. "차선"이란 차로와 차로 또는 차로와 길어깨를 구분하기 위하여 그 경계지점에 표시하는 선을 말한다.

23. "오르막차로"란 오르막 구간에서 저속 자동차를 다른 자동차와 분리하여 통행시키기 위하여 추가로 설치하는 차로를 말한다.

24. "회전차로"란 자동차가 우회전, 좌회전 또는 유턴을 할 수 있도록 직진하는 차로와 분리하여 추가로 설치하는 차로를 말한다.

25. "변속차로"란 자동차를 가속시키거나 감속시키기 위하여 추가로 설치하는 차로를 말한다.

26. "측대"란 운전자의 시선을 유도하고 옆 부분의 여유를 확보하기 위하여 중앙분리대 또는 길어깨에 차로와 동일한 구조로 차로와 접속하여 설치하는 부분을 말한다.

27. "분리대"란 차도를 통행의 방향에 따라 분리하거나 성질이 다른 같은 방향의 교통을 분리하기 위하여 설치하는 도로의 부분이나 시설물을 말한다.

28. "중앙분리대"란 차도를 통행의 방향에 따라 분리하고 옆 부분의 여유를 확보하기 위하여 도로의 중앙에 설치하는 분리대와 측대를 말한다.

29. "길어깨"란 도로를 보호하고, 비상시나 유지관리시에 이용하기 위하여 차로에 접속하여 설치하는 도로의 부분을 말한다.

30. "주정차대(駐停車帶)"란 자동차의 주차 또는 정차에 이용하기 위하여 도로에 접속하여 설치하는 부분을 말한다.

31. "노상시설"이란 보도, 자전거도로, 중앙분리대, 길어깨 또는 환경시설대(環境施設帶) 등에 설치하는 표지판 및 방호울타리, 가로등, 가로수 등 도로의 부속물[공동구(共同溝)는 제외한다. 이하 같다]을 말한다.

32. "교통약자"란 「교통약자의 이동편의 증진법」 제2조제1호에 따른 교통약자를 말한다.

33. "이동편의시설"이란 「교통약자의 이동편의 증진법」 제2조제7호에 따른 이동편의시설을 말한다.

34. "보도의 유효폭"이란 보도폭에서 노상시설 등이 차지하는 폭을 제외한 보행자의 통행에만 이용되는 폭을 말한다.

35. "보행시설물"이란 보행자가 안전하고 편리하게 보행할 수 있도록 하기 위하여 설치하는 속도저감시설, 횡단시설, 교통안내시설, 교통신호기 등의 시설물을 말한다.

36. "시설한계"란 자동차나 보행자 등의 교통안전을 확보하기 위하여 일정한 폭과 높이 안쪽에는 시설물을 설치하지 못하게 하는 도로 위 공간 확보의 한계를 말한다.

37. "완화곡선(緩和曲線)"이란 직선 부분과 평면곡선 사이 또는 평면곡선과 평면곡선 사이에서 자동차의 원활한 주행을 위하여 설치하는 곡선으로서 곡선상의 위치에 따라 곡선 반지름이 변하는 곡선을 말한다.

38. "횡단경사"란 도로의 진행방향에 직각으로 설치하는 경사로서 도로의 배수(排水)를 원활하게 하기 위하여 설치하는 경사와 평면곡선부에 설치하는 편경사(偏傾斜)를 말한다.

39. "편경사"란 평면곡선부에서 자동차가 원심력에 저항할 수 있도록 하기 위하여 설치하는 횡단경사를 말한다.

40. "종단경사(縱斷傾斜)"란 도로의 진행방향으로 설치하는 경사로서 중심선의 길이에 대한 높이의 변화 비율을 말한다.

41. "정지시거(停止視距)"란 운전자가 같은 차로 위에 있는 고장차 등의 장애물을 인지하고 안전하게 정지하기 위하여 필요한 거리로서 차로 중심선 위의 1미터 높이에서 그 차로의 중심선에 있는 높이 15센티미터의 물체의 맨 윗부분을 볼 수 있는 거리를 그 차로의 중심선에 따라 측정한 길이를 말한다.

42. "앞지르기시거"란 2차로 도로에서 저속 자동차를 안전하게 앞지를 수 있는 거리로서 차로 중심선 위의 1미터 높이에서 반대쪽 차로의 중심선에 있는 높이 1.2미터의 반대쪽 자동차를 인지하고 앞차를 안전하게 앞지를 수 있는 거리를 도로 중심선에 따라 측정한 길이를 말한다.

43. "교통섬"이란 자동차의 안전하고 원활한 교통처리나 보행자 도로횡단의 안전을 확보하기 위하여 교차로 또는 차도의 분기점 등에 설치하는 섬 모양의 시설을 말한다.

44. "연결로"란 도로가 입체적으로 교차할 때 교차하는 도로를 서로 연결하거나 높이가 다른 도로를 서로 연결하여 주는 도로를 말한다.

45. "환경시설대"란 도로 주변 지역의 환경보전을 위하여 길어깨의 바깥쪽에 설치하는 녹지대 등의 시설이 설치된 지역을 말한다.

46. "교통정온화시설(交通靜穩化施設)"이란 보행자의 안전 확보 및 쾌적한 생활환경 조성을 위하여 자동차의 속도나 통행량을 줄이기 위한 목적으로 설치하는 시설을 말한다.

1. 설계기준자동차

설계기준자동차란 도로를 설계할 때 기준이 되는 자동차를 말한다. 설계기준자동차의 종류는 승용자동차, 소형자동차, 대형자동차, 세미트레일러가 있다.

2. 소형차도로

소형차도로란 수도권 등 도심지 교통 과밀지역의 도로용량 확대 및 교통시설 구조 개선 등 도로 정비 차원에서 소형자동차를 제외한 다른 설계기준자동차의 우회가 가능한 구간에 소형자동차만 통행이 가능한 도로를 말한다. 이는 용지 제약 등으로 인하여 용량 확보가 어려운 구간에 통행 자동차를 일정 규모 이하로 제한하여 운행하도록 하여 교통 혼잡 완화가 기대되며, 일반 도로와 비교하여 효율적인 도로 구조로서 건설 비용 및 보상 비용의 절감을 기대할 수 있다.

다만, 소형차도로를 설치할 때 효율적 운영을 위하여 소형자동차 규모 이상의 자동차 통행을 제한해야 하며, 이를 위하여 소형자동차를 제외한 다른 설계기준자동차의 통행이 가능한 우회도로를 확보해야 한다.

3. 계획교통량

계획교통량이란 계획·설계하는 도로의 계획목표연도에 통행할 것으로 예상되는 자동차의 연평균 일교통량(1년간 평균 1일 교통량, AADT : annual average daily traffic)을 말한다.

이 계획교통량은 건설할 도로의 규모를 결정하는 요소로서 매우 중요하기 때문에 해당 지역의 발전 동향, 장래의 교통 상황 등을 감안해서 결정해야 한다. 계획교통량을 추정하는 계획목표연도를 몇 년으로 하느냐의 문제는 그 계획 도로의 기능이나 위치에 따라 다르겠으나 일반적으로 지방지역의 도로에 대해서는 장기 계획으로서 계획 시점으로부터 최대 20년으로 한다. 그러나 도시지역에 대해서는 도시 교통의 변화가 여러 가지 상황에 따라 변화 가능성이 많으므로 노선의 성격과 중요성을 고려하여 계획목표연도를 10년으로 할 수도 있다. 그 외에도 하나의 노선만을 대상으로 하는 것이 아니라 노선이 통과하는 지역에 대해서 도시 발전의 경향, 시가화의 상황, 특히 토지이용계획이나 대규모 주택단지, 공업단지계획 등을 고려하여 계획교통량을 결정해야 한다.

4. 설계시간교통량

설계시간교통량(DHV : design hourly volume)이란 도로 설계의 기본이 되는 장래 교통량으로, 설계 대상 구간을 지날 것으로 예상되는 1시간 교통량으로 주어지는 연평균 일교통량(AADT)에 설계시간계수(K)를 곱하여 산출한다.

설계시간교통량은 연중 조사된 8,760시간(=365일×24시간/일)의 시간 교통량을 교통량이 많은 순서부터 내림차순으로 정렬하고, 이를 시간 교통량-순위 관계곡선으로 부드럽게 연결한 뒤 이 곡선이 급격히 변하는 지점의 시간 교통량을 선정하여 활용하며, 설계대상 도로 주변의 유사 교통수요 변동 특성을 가지는 도로 구간을 대상으로 교통량 상시조사 자료(국토교통부, 도로교통량 통계연보, 각 연도) 등을 활용하여 해당 사업에 맞게 도출하여 적용한다. 국내에서는 일반적으로 연평균 일교통량에 대한 30번째 시간 교통량의 비(K_{30})를 설계시간계수로 적용하고 있다.

5. 도시지역과 지방지역

일반적으로 도시지역이란 주택·건물이 연속되어 시가지를 형성하고 있는 지역으로서, 논밭이나 산지가 토지 이용의 대부분인 지방지역과는 다르다. 도시지역에 속하면서도 주택이나 건물이 많지 않은 지역은 도시지역과 지방지역 구분이 문제가 되어, 이런 지역에 대해서는 단순하게 구분하는 것은 곤란하므로 각각 지역의 상황을 고려하여 도시지역이나 지방지역으로 결정해야 할 것이다.

「국토의 계획 및 이용에 관한 법률」에서도 인가가 없더라도 도시관리계획으로 고시된 지역은 도시지역으로 정의하고 있다. 따라서 도시지역과 지방지역의 구분에 대해서는 발주자의 지침이나 설계자의 판단에 재량이 주어지며, 그 지역의 조건이나 도로의 연계성 등을 고려하여 결정해야 한다.

도로는 본질적으로 지방지역이나 도시지역에 따라 변할 수는 없지만 도시지역에서는 지방지역에 비해서 보행자의 교통이 많고 도로 주변의 출입이나 정차도 많다. 그리고 교차점도 많이 있으므로 일반적으로 건설비도 지방지역에 비해서 많이 소요된다. 또한 도로의 구조, 특히 폭 구성이 다르게 되므로 설계 요소가 다르게 된다.

6. 설계속도

설계속도란 설계구간 내에서 도로 조건, 기후 등이 양호한 상태에서 자동차가 안전하게 달릴 수 있는 최고 속도를 의미한다.

설계속도는 선형 설계를 하는 데 있어서 기본이 되는 속도이다. 이 속도에 따라 구체적인 선형 요소, 즉, 평면곡선 반지름, 평면곡선의 길이, 평면곡선부의 확폭, 시거, 종단곡선, 종단경사, 오르막차로 등이 결정된다. 또한 차로 및 길어깨의 폭도 설계속도와 밀접한 관계가 있다. 이들을 결정하기 위해서 사용되는 공식이나 허용 한계값은 연속류 상태의 주행조건에서 충분히 안전성을 가질 수 있는 값으로 해야 한다.

7. 설계구간

설계구간이란 도로가 통과하는 지형 및 지역의 상황과 계획교통량에 따라 동일한 설계기준을 적용하는 구간을 말한다.

8. 출입제한

출입제한이란 도로의 구조상 완전 또는 부분적으로 도로의 유·출입을 특정지점으로 제한하는 것을 의미한다.

완전 출입제한이라 함은 해당 도로의 출입 정도를 완전하게 제한하는 상태를 말하며, 다른 도로나 철도 등과는 입체시설로 교차하며, 한편 특정한 지점에 연결된 도로로만 정해진 자동차 출입을 허용하는 경우이다. 불완전 출입제한이란 특정한 지점에 연결된 인터체인지에 의한 출입이 허용되는 경우 외에 해당 도로의 자동차 교통을 방해하지 않는 범위에서 다른 도로와 상호 평면교차 또는 접속되는 지점에서 자동차 출입이 허용되는 경우를 말한다.

9. 차로

차로란 자동차가 한 줄로 안전하고 원활하게 주행하기 위하여 설계기준자동차의 크기 및 설계속도에 따라 일정한 폭으로 형성된 도로의 부분을 말한다.

특별한 목적을 가진 차로로는 오르막차로, 회전차로 및 변속차로 등이 있다.

차선의 중심선에서 인접한 차선의 중심선까지의 폭을 차로폭으로 한다.

10. 차도

차도란 자동차의 통행 및 유지관리에 사용되는 도로의 부분으로서 차로와 길어깨로 구성되며, 보도, 자전거도로, 중앙분리대는 제외한다.

11. 오르막차로

오르막차로란 경사 구간에서 저속 주행 자동차가 주행 차로에서 벗어나 경사 구간을 통행할 수 있도록 설치한 부가차로를 말한다.

대형자동차와 같이 총중량/엔진 성능(중량/마력)비가 큰 자동차는 큰 오르막 경사 구간에서 속도가 뚜렷하게 저하된다. 교통량이 많은 경우에는 속도가 저하된 자동차 때문에 다른 자동차들이 앞지르기할 수가 없고 저속 자동차의 뒤를 따르게 되며, 그 결과 도로용량이 감소되고, 경우에 따라서는 오르막 구간에서 무리한 앞지르기를 시도하여 교통사고의 원인이 되기도 한다.

따라서 이와 같이 저속 자동차를 분리하여 주행시키기 위하여 본선에 부가하여 설치하는 차로를 오르막차로라 한다.

12. 회전차로

회전차로란 교차로에서 좌우회전하려는 자동차를 위해서 직진 차로와는 별도로 설치하는 차로를 말하며, 좌회전차로와 우회전차로가 있다. 회전차로는 직진하는 자동차를 위한 차로와 인접하여 설치되는 차로도 있으나 교통섬 등으로 분리하여 설치되는 차로도 있다.

13. 변속차로

변속차로란 고속 주행하는 자동차가 감속해서 다른 도로로 진입할 경우 또는 저속 주행하는 자동차가 고속 주행하고 있는 자동차군으로 유입할 경우에 본선의 다른 고속 자동차의 주행을 방해하지 않고 안전하게 감속 또는 가속하도록 설치하는 부가차로를 말한다.

일반적으로 전자를 감속차로, 후자를 가속차로라 한다.

14. 측대

측대란 길어깨 또는 중앙분리대의 일부분으로서, 차로와 같은 두께로 포장을 실시하며, 노면표시나 포장의 착색으로 구분될 수 있다.

측대는 포장 끝 부분 보호, 측방 여유 확보, 운전자의 시선 유도 기능을 갖는다.

15. 분리대

분리대란 그림 1-1에서 나타낸 바와 같이 차로를 왕복 방향으로 분리하거나 자전거도로와 같이 성질이 다른 도로와 분리하기 위하여 설치하는 띠 모양의 도로 부분으로서, 중앙분리대에서 측방 여유를 확보하기 위하여 설치하는 측대를 제외한 부분을 말한다.

16. 중앙분리대

중앙분리대란 안전하고 원활한 교통 흐름을 확보하기 위하여 차로를 왕복방향별로 분리시키고, 측방 여유를 확보하기 위하여 도로 중앙부에 설치하는 띠 모양의 부분을 말하며, 그림 1-1과 같이 분리대와 측대로 구성된다. 그러나 중앙분리대 개구부나 터널, 교량과 같은 구간 등에서 중앙분리대를 설치하지 않는 경우에는 차로의 좌측부에 길어깨를 설치한다.

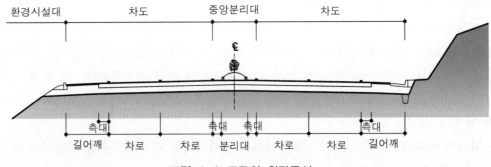

그림 1-1 도로의 횡단구성

17. 길어깨

길어깨란 도로의 주요 구조부를 보호하거나, 차도의 효율성을 증대시키기 위하여 차로에 접하여 설치하는 부분을 말한다.

길어깨의 설치 목적은 도로 본체의 보호 및 자동차의 주행에 필요한 측방 여유를 확보하여 차도의 효용성을 증대시키고, 고장 자동차 등의 비상주차 공간을 제공하는 것이다. 또한 도로의 유지관리를 위하여 유지관리용 자동차의 작업 공간으로 활용할 수 있는 공간이며, 보도가 없는 도로에서는 보행자의 통행 공간으로도 이용된다.

18. 정차대

정차대란 차도의 일부로서 자동차의 정차에 필요한 공간을 말하며, 도시지역 내 도로에서는 자동차가 도로에 정차하는 빈도가 매우 높다. 특히 2차로 도로에서는 1대의 자동차가 정차하면 다른 자동차의 주행이 불가능하여 도로용량을 저하시키고, 불안전하게 추월할 때에는 대향 자동차와 충돌하여 사고 원인이 되기 쉽다. 그러므로 도시지역에 있어서는 차도의 일부로서 정차에 필요한 정차대를 설치할 필요가 있다.

19. 노상시설

노상시설이란 도로의 부속물로서 보도, 자전거도로, 중앙분리대, 길어깨 또는 환경시설대(環境施設帶) 등에 설치하는 도로의 부속물을 말한다. 예를 들면, 도로표지 등과 같은 교통안전시설, 방재시설, 방음시설, 교통관제시설 등이 있다.

여기서 특히 도로의 부속물과는 별도로 보도나 분리대에 설치되는 것으로 전주, 신호등, 버스정류장 표지, 조명시설, 가로수, 그 밖에 점유물(모두 도로관리청이 설치한 것) 등이 있다. 이러한 것은 공공적인 성격을 가지고 있으므로 도로 점용이 불가피하나 원칙적으로 도로상에 이러한 것을 설치하는 것은 바람직하지 못하다. 다만 노상시설이라도 시설한계 내에 설치하는 것은 허용하지 않는다. 중앙분리대, 보도, 길어깨 등에 노상시설을 설치할 경우에는 시설한계를 고려하여 그 위치를 정해야 한다.

20. 자전거도로

자전거도로란 안전표지, 위험방지용 울타리나 그와 비슷한 공작물로 경계를 표시하거나, 노면표시 등으로 안내하여 자전거의 통행에 사용하도록 설치한 도로를 말한다.

21. 자전거 전용도로

자전거 전용도로란 자전거만 통행할 수 있도록 분리대, 연석, 그 밖에 유사한 시설물에 의하여 차도 및 보도와 구분되도록 설치한 도로를 말한다. 하천, 공원 등에 설치하여 자전거의 통행에 이용되는 경우와 도시지역에 연석, 녹지대 등을 설치하여 입체적으로 분리한 도로가 있다.

22. 자전거 · 보행자 겸용도로

자전거·보행자 겸용도로란 자전거 외에 보행자도 통행할 수 있도록 분리대, 연석, 그 밖에 이와 유사한 시설물에 의하여 차도와 구분하거나 별도로 설치된 자전거도로를 말하며, 도로교통안전상으로는 보행자 및 자전거를 각각 분리하는 것이 바람직하다. 그러나 교통상황에 따라 어느 쪽을 혼합교통으로 처리하더라도 교통상 지장이 없으면 자동차와 자전거를 혼합교통으로 하는 경우보다 보행자와 자전거를 혼합 교통으로 하는 편이 바람직하다. 따라서 이러한 혼합 교통을 목적으로 자전거도로와 마찬가지로 연석 또는 울타리 등의 공작물로서 자동차 교통과 구획 분리되는 부분을 말한다.

23. 자전거 전용차로

자전거 전용차로란 차도의 일정 부분을 자전거만 통행하도록 차선, 안전표지, 노면표시로 다른 자동차가 통행하는 차로와 구분한 차로를 말한다.

24. 자전거 우선도로

자전거 우선도로란 자동차의 통행량이 대통령령으로 정하는 기준보다 적은 도로의 일부 구간 및 차로를 정하여 자전거와 다른 자동차가 상호 안전하게 통행할 수 있도록 도로에 노면표시로 설치한 자전거도로를 말한다.

25. 보도

보도란 사람의 통행에만 사용하는 목적으로 설치되는 도로의 일부분이며, 차도 등 다른 부분과 연석이나 울타리 등의 공작물을 이용하여 물리적으로 분리시킨 부분 또는 노면표시로 평면적으로 차도와 분리한 부분을 말한다. 또한 보도 전체가 차도면 보다 높지 않더라도 공작물 또는 노면표시로서 분리되어 있으면 보도로 규정한다.

26. 정지시거

정지시거란 운전자가 같은 차로 위에 있는 고장자동차 등의 장애물을 인지하고 안전하게 정지하기 위하여 필요한 거리로서, 차로 중심선 위의 1미터 높이에서 그 차로의 중심선에 있는 높이 15센티미터의 물체의 맨 윗부분을 볼 수 있는 거리를 그 차로의 중심선에 따라 측정한 길이를 말한다.

시거의 종류에는 정지시거, 앞지르기시거, 평면교차로시거가 있다.

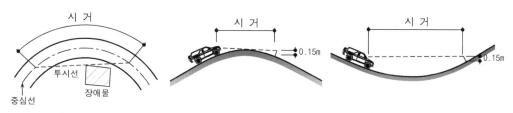

시 거

투시선

장애물

중심선

시 거

0.15m

시 거

0.15m

그림 1-2 시거

27. 교통섬

교통섬이란 상충하는 교통류를 분리하거나 보행자 대피를 위하여 설치된 차로 간의 특정구역을 말한다.

교통섬은 도류로를 설치하여 교통흐름을 안전하게 유도하고, 보행자가 도로를 횡단하는 경우 안전섬 역할을 하며, 신호등, 도로표지, 안전표지, 조명 등 노상시설의 활용장소로 제공하고, 교차로에서는 정지선 간격을 좁히는 역할 등을 한다. 보행자를 위한 안전섬과 교통유도를 위한 도류섬이 있으며, 양자를 총칭하여 교통섬이라 한다. 교통섬은 연석 등으로 주행차로와 물리적으로 분리 설치된다.

28. 연결로

연결로란 도로가 입체적으로 교차할 때 교차하는 도로를 서로 연결하거나 높이가 다른 도로를 서로 연결하여 주는 도로를 말한다.

29. 입체교차

입체교차란 도로가 상호 교차하거나 연결·접속할 경우 전부 또는 일부 교통이 동일 평면에서 교차상충이 발생하지 않도록 설치한 도로의 부분을 말한다.

30. 도로용량

도로용량이란 주어진 도로 조건에서 15분 동안 최대로 통과할 수 있는 승용차 교통량을 1시간 단위로 환산한 값이다.

31. 서비스수준

서비스수준이란 통행 속도, 통행 시간, 통행 자유도, 안락감 그리고 교통안전 등 도로의 운행 상태를 설명하는 개념이다. 서비스수준은 A~F까지 6등급으로 나눌 수 있으며, A수준은 가장 좋은 상태, F수준은 가장 나쁜 상태를 나타낸다. 일반적으로 서비스수준 E와 F 사이의 경계가 용량이 되며, 서비스수준을 판단하는 기준을 효과척도(MOE : measure of effectiveness)라고 한다.

32. 환경시설대

환경시설대란 도로 주변의 생활환경을 보전하기 위하여 도로 바깥쪽에 설치되는 녹지대 등의 시설이 설치된 범위 또는 구역을 말한다. 일반적으로 도로 환경문제는 소음, 진동, 배기가스에 의한 대기오염, 일조 및 경관 등 여러 가지가 있으나, 소음, 진동 및 배기가스 에 대해서는 환경시설대를 설치하여 감쇄 효과를 기대할 수 있다. 또한 도로와 인접한 주택의 일조 확보와 함께 적절한 식수를 하여 대기의 정화나 도로 경관의 향상도 도모한다.

33. 도로안전시설

도로안전시설이란 도로 교통의 안전하고 원활한 흐름을 확보하며, 도로의 안전성을 향상시켜 도로 이용자의 안전을 도모하기 위하여 설치하는 시설물을 말한다.

34. 교통약자

교통약자란 「교통약자의 이동편의 증진법」 제2조제1호에 따른 장애인, 고령자, 임산부, 영유아를 동반한 사람, 어린이 등 일상생활에서 이동에 불편을 느끼는 사람을 말한다.

35 이동편의시설

이동편의시설이란 「교통약자의 이동편의 증진법」 제2조제7호에 따른 휠체어 탑승설비, 장애인용 승강기, 장애인을 위한 보도 등 교통약자가 교통수단, 여객시설 또는 도로를 이용할 때 편리하게 이동할 수 있도록 하기 위한 시설과 설비를 말한다.

36. 보도의 유효폭

보도의 유효폭이란 보도폭에서 노상시설이 차지하는 폭을 제외한 공간으로 보행에 실질적으로 이용되는 폭을 말한다. 보도의 폭은 가로수, 가로등 등 노상시설의 설치에 필요한 폭과 보도의 유효폭을 디한 값으로 한다.

37. 접근관리

도로의 접근관리란 공공도로 주변에 신설이나 증축 등 개발 사업이 이루어져 새로운 도로를 접속하려고 할 때, 해당 도로를 계획, 설계, 운영 관리하는 각 기관들이 도로 간 접속을 잘 관리하여 도로를 주행하는 자동차와 보행자에 대한 안전을 확보하고 더불어 자동차 흐름의 효율성을 확보하는 것을 말한다.

38. 생활도로

생활도로란 주거지역이나 상업지역 내 국지도로 중 보행권 확보 및 안전하고 쾌적한 보행환경 조성이 필요한 도로로서, 속도 제어를 통하여 이동성 보다는 공간기능, 접근기능을 제공하는 보행이 우선되는 도로를 말한다.

39. 부체도로

부체도로란 도로의 신설·확장으로 편입되는 기존 농로, 마을 진입로 등의 통행 상태를 유지하기 위해 본 도로에 부수적으로 건설되는 비법정 도로를 말하며, 설계의 편의를 위하여 가능한 한 국지도로의 기준을 적용하도록 한다.

40. 교통정온화시설

보행자 안전 향상과 교통사고 감소를 위해 자동차의 통행량을 줄이고 낮은 속도로 운행이 필요한 구간에 교통정온화시설을 설치한다.

교통정온화시설은 도로의 폭, 차로수, 제한속도 등 도로의 규모, 현장여건에 따라 설치를 고려하며, 교통사고 발생현황, 교통량, 주행속도, 보행특성 등 도로 및 교통특성을 종합적으로 고려하여 계획을 수립한다.

또한, 설치구간의 특성에 맞게 적절한 시설을 선별하여 효과를 극대화할 수 있는 조합으로 설치한다.

교통정온화시설에 대한 상세한 내용은 「교통정온화시설 설치 및 관리지침(국토교통부)」을 참조한다.

1-4 설계기준자동차

제5조(설계기준자동차)

① 도로의 기능별 구분에 따른 설계기준자동차는 다음 표와 같다. 다만, 우회할 수 있는 도로(해당 도로 기능이나 그 상위 기능을 갖춘 도로만 해당한다)가 있는 경우에는 도로의 기능별 구분에 관계없이 대형자동차나 승용자동차 또는 소형자동차를 설계기준자동차로 할 수 있다.

도로의 기능별 구분	설계기준자동차
주간선도로	세미트레일러
보조간선도로 및 집산도로	세미트레일러 또는 대형자동차
국지도로	대형자동차 또는 승용자동차

② 제1항에 따른 설계기준자동차의 종류별 제원(諸元)은 다음 표와 같다.

제원(미터) 자동차 종류	폭	높이	길이	축간거리	앞내민 길이	뒷내민 길이	최소회전 반지름
승용자동차	1.7	2.0	4.7	2.7	0.8	1.2	6.0
소형자동차	2.0	2.8	6.0	3.7	1.0	1.3	7.0
대형자동차	2.5	4.0	13.0	6.5	2.5	4.0	12.0
세미트레일러	2.5	4.0	16.7	앞축간거리 4.2 뒤축간거리 9.0	1.3	2.2	12.0

비고)
1. 축간거리 : 앞바퀴 차축의 중심으로부터 뒷바퀴 차축의 중심까지의 길이를 말한다.
2. 앞내민길이 : 자동차의 앞면으로부터 앞바퀴 차축의 중심까지의 길이를 말한다.
3. 뒷내민길이 : 자동차의 뒷면으로부터 뒷바퀴 차축의 중심까지의 길이를 말한다.

1-4-1 설계기준자동차의 종류

도로를 주행하는 자동차에는 매우 다양한 형태가 있다. 이들 자동차의 각 형태별로 도로를 설계한다는 것은 매우 복잡하며 실제로 여러 형태의 자동차가 공존하므로 이들을 규모와 형식 등을 고려하여 각 범위를 대표할 수 있는 차종을 구분하여 설계기준자동차로 규정한다.

실제로 특정한 도로 구간을 설계할 경우 설계기준자동차의 선정은 그 도로에 상당한 빈도로 이용할 것으로 예측되는 가장 큰 규격의 자동차로 한다.

설계기준자동차의 치수, 성능 등은 도로의 폭, 곡선부의 확폭, 교차로의 설계, 종단경사, 시거 등에 큰 영향을 미친다. 이 규칙에서는 설계기준자동차를 승용자동차, 소형자동차, 대형자동차, 세미트레일러의 네 종류로 구분하고 이러한 제원을 정하고 있다(그림 1-3).

승용자동차 및 소형자동차는 폭, 시거, 종단경사 등의 기준을 정하기 위하여 필요하며, 대형자동차 및 세미트레일러는 폭, 곡선부의 확폭, 교차로의 설계, 종단경사 등의 기준을 정하기 위하여 필요하다. 설계기준자동차는 소형자동차에 있어서는 일반적인 국내 시판 운영 중인 자동차, 대형자동차는 뒷부분 2축 트럭, 세미트레일러는 4축을 갖는 자동차를 가정하여 정하고 있으며, 신설 또는 개량할 도로 설계의 기초가 된다.

1-4-2 설계기준자동차의 치수

설계기준자동차의 치수는 「자동차관리법 시행규칙」에 따른 종별 구분과 「자동차 및 자동차부품의 성능과 기준에 관한 규칙」에 따른 자동차의 제한 길이를 기준으로 국내에서 판매되고 있는 자동차의 제원을 참조하여 규정하였다.

「자동차관리법」 제3조에서는 자동차를 승용자동차, 승합자동차, 화물자동차, 특수자동차 및 이륜자동차로 구분하며, 「자동차관리법 시행규칙」 제2조에서는 이륜자동차를 제외한 4개 차종을 대상으로 세부적으로 경형, 소형, 중형, 대형으로 구분한다. 이 중 자동차의 길이, 너비, 높이로 구분하는 자동차의 종류는 표 1-1과 같다. 「자동차관리법」에서 규정하는 종별 제원 이외의 제원은 「자동차 및 자동차부품의 성능과 기준에 관한 규칙」에 규정되어 있다.

표 1-1 「자동차관리법 시행규칙」 제2조의 자동차 제원

(단위 : m)

구 분	길이	너비	높이	비 고
승용자동차	4.7	1.7	2.0	소형
승합자동차	4.7	1.7	2.0	소형
화물자동차	3.6	1.6	2.0	경형(배기량 1,000cc 미만)
특수자동차	3.6	1.6	2.0	경형(배기량 1,000cc 미만)

표 1-2 「자동차 및 자동차부품의 성능과 기준에 관한 규칙」

(단위 : m)

구 분	길이	너비	높이	최소 회전 반지름	비 고
일 반 기 준	13.0 (16.7)	2.5	4.0	12.0	( ) : 연결자동차 제4조, 제9조
특 례 기 준	19.0	2.75	없음	15.5	제114조 제1항

여기서 특례기준의 규정은 제한된 구간이나 목적을 위하여 운행이 필요한 자동차에 대한 규격의 제한 값으로서 보도용 자동차, 분리하여 운반할 수 없는 규격화된 물품을 운송하는 자동차, 2층 대형승합 자동차, 최고속도가 25km/h 미만인 자동차 및 그 밖의 특수용도에 사용하는 자동차 등이 해당한다. 또한, 관련법(「도로교통법」 제14조제3항, 「도로교통법 시행규칙」 제17조)에 따르면 자동차의 구조 또는 적재화물의 특수성으로 인해 운행제한 기준을 초과하는 경우 관리청의 허가를 받아 운행하도록 하고 있다. 따라서 공용 중인 도로의 구조와 운행 자동차의 안전, 관련법에 따른 운행의 제한 등을 고려하여 설계기준자동차의 제원은 일반기준 값을 초과하지 않는 것으로 한다.

설계기준자동차의 제원을 규정함에 있어 우선, 승용자동차의 길이는 「자동차관리법 시행규칙」에 따른 최대치 4.7m를 사용하였으며, 소형자동차의 길이는 국내에서 판매되고 있는 소형자동차의 제원을 참고하여 규정하였다. 대형자동차에 대해서는 수송 효율을 향상시키기 위하여 법정 제한 길이에 가까운 자동차가 많이 생산되고 있으며, 특히 우리나라의 경우 전체 길이가 13m에 가까운 대형자동차의 점유율이 앞으로 계속 증가할 것으로 예상되고 있다. 이러한 추세를 고려하여 설계기준자동차의 대형자동차의 길이를 법정 제한 길이인 13m로 결정하였다. 대형자동차에는 버스, 트럭 등이 포함되고 있으나 축간거리, 앞내민길이, 뒷내민길이에 대해서는 뒷부분 2축 트럭으로 정한 것이다.

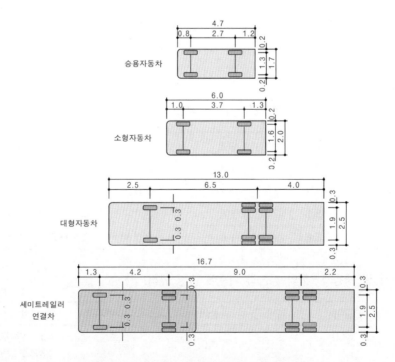

그림 1-3 설계기준자동차의 제원(단위 : m)

연결차에는 세미트레일러, 풀트레일러 및 중(重-doubles)트레일러 등이 있으며, 일반적으로 풀트레일러, 중트레일러가 세미트레일러에 비하여 운행 빈도 및 운행거리상 대표성을 결여하고 있어 설계기준자동차의 제원으로서는 채용하지 않았다.

연결차의 길이는 세미트레일러에서 16.7m, 풀트레일러에서 19m의 규제치가 있으나, 길이 19m 특례를 인정하는 트레일러는 분리 운송이 불가능한 건설 중장비 등 운송용 저상트레일러로 제한하고 있으며, 일반적으로 회전 시에는 세미트레일러가 큰 점유폭을 필요로 하므로 풀트레일러는 고려할 필요가 없다.

세미트레일러의 길이는 12m 형상의 컨테이너로 운송하기 위한 연결차의 길이로서, 필요한 길이는 16.7m를 사용하고 있다.

그 밖의 자동차로는 버스전용차로의 설계기준자동차인 일반버스, BRT 설계기준자동차인 굴절버스, 그 밖의 풀트레일러가 있다.

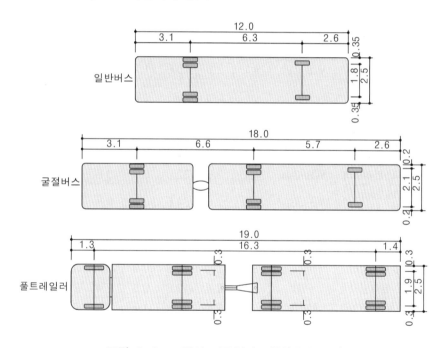

그림 1-4 그 밖의 자동차의 제원(단위 : m)

국외의 설계기준자동차 제원은 각국의 도로 및 교통 여건과 자동차 안전기준에 따라 다양한 차종을 설계기준자동차로 채용하고 있으며, 미국의 AASHTO에서는 설계기준자동차(design vehicle)를 일반적으로 승용자동차, 버스, 트럭 및 레크레이션 자동차 등 4가지로 분류하고, 이를 일반적인 차종 분류에 포함되는 자동차를 대표하여 19개 설계기준자동차로 구분하였다.

표 1-3 미국 AASHTO의 설계기준자동차

(단위 : m)

설계기준자동차 \ 제원	기호	높이	폭	길이	앞내민 길이	뒷내민 길이	축거 1	축거 2	축거 3	축거 4
승용차	P	1.3	2.1	5.8	0.9	1.5	3.4			
단축 트럭	SU	3.4~4.1	2.4	9.2	1.2	1.8	6.1			
버스										
주(州) 간 버스	BUS-12	3.7	2.6	12.2	1.8	1.9	7.3	1.1		
	BUS-14	3.7	2.6	13.7	1.8	2.6	8.1	1.2		
도시 통근버스	CITY-BUS	3.2	2.6	12.2	2.1	2.4	7.6			
일반 통학버스(65인승)	S-BUS 11	3.2	2.4	10.9	0.8	3.7	6.5			
대형 통학버스(84인승)	S-BUS 12	3.2	2.4	12.2	2.1	4.0	6.1			
분절버스	A-BUS	3.4	2.6	18.3	2.6	3.1	6.7	5.9		
트럭										
중형 세미트레일러	WB-12	4.1	2.4	13.9	0.9	0.8	3.8	8.4		
중형 세미트레일러	WB-15	4.1	2.6	16.8	0.9	0.6	4.5	10.8		
주간 세미트레일러	WB-19*	4.1	2.6	20.9	1.2	0.8	6.6	12.3		
주간 세미트레일러	WB-20"	4.1	2.6	22.4	1.2	1.4~0.8	6.6	13.2~13.8		
"Double-Bottom" 세미트레일러/트레일러	WB-20D	4.1	2.6	22.4	0.7	0.9	3.4	7.0	7.0	
삼단 세미트레일러/트레일러	WB-30T	4.1	2.6	32.0	0.7	0.9	3.4	6.9	7.0	7.0
Turnpike Double 세미트레일러/트레일러	WB-33D*	4.1	2.6	34.8	0.7	0.8	4.4	12.2	13.6	
레크레이션 자동차										
이동주택차	MH	3.7	2.4	9.2	1.2	1.8	6.1			
자동차 및 캠핑 트레일러	P/T	3.1	2.4	14.8	0.9	3.1	3.4			
자동차 및 보트 트레일러	P/B		2.4	12.8	0.9	2.4	3.4			
이동주택차 및 보트 트레일러	MH/B	3.7	2.4	16.2	1.2	2.4	6.1			

일본에서는 설계기준자동차를 보통도로와 소형도로로 구분하여 규정하고 있으며, 보통도로의 설계기준자동차는 소형자동차, 보통자동차, 세미트레일러로 구분하며, 소형도로의 설계기준자동차는 소형자동차 등으로 규정하고 있다. 독일의 설계기준자동차는 승용차, 화물차, 2축 및 3축 트럭, 일반버스 및 굴절 버스, 이중 트레일러로 구분하여 규정하고 있다.

표 1-4 일본 도로구조령의 설계기준자동차

(단위 : m)

제원 설계자동차	폭	높이	길이	축간거리	앞내민거리	뒷내민거리	최소 회전 반지름
소형자동차	1.7	2.0	4.7	2.7	0.8	1.2	6.0
소형자동차 등	2.0	2.8	6.0	3.7	1.0	1.3	7.0
보통자동차	2.5	3.8	12.0	6.5	1.5	4.0	12.0
세미트레일러	2.5	3.8	16.5	앞축간거리: 4.0 뒷축간거리: 9.0	1.3	2.2	12.0

표 1-5 독일 RAS-K의 설계기준자동차

(단위 : m)

제원 설계자동차	폭	높이	길이	축간거리	앞내민거리	뒷내민거리	최소 회전 반지름
승용차	1.75	1.5	4.7	2.7	0.8	1.2	5.8
화물차	2.1	2.2	6.0	3.5	0.7	1.8	6.1
2축 트럭	2.5	3.8	12.0	6.5	1.5	4.0	12.0
3축 트럭	2.5	3.3	9.5	4.9	1.6	3.0	9.8
일반버스	2.5	3.0	11.0	5.6	2.4	3.0	11.2
굴절버스	2.5	3.0	17.3	5.6 / 6.2	2.5	3.1	10.5~11.3
이중트레일러	2.5	4.0	18.0	5.0 / 5.3	1.1 / 1.3	1.2 / 2.9	12.5

1-4-3 설계기준자동차의 최소 회전반지름

설계기준자동차의 최소 회전반지름은 속도 15km/h 이하에서 측정한 값으로서, 바퀴 내측 반지름과 바퀴 외측 반지름이 다르다. 이 규칙에서 정의한 최소 회전반지름은 바깥쪽 앞바퀴 중심선의 최소 회전반지름을 말한다. 최소 회전반지름에 있어서 승용자동차의 최소 회전반지름은 현재 운행 중에 있거나 장래에 운영하리라고 예상되는 승용자동차의 회전반지름 중 최대치도 포함할 수 있도록 정하였다.

1-4-4 설계기준자동차의 적용

도로를 설계할 때 설계기준자동차는 주로 평면곡선 반지름, 확폭, 횡단구성 등 기하구조를 결정하는 중요한 요소이며, 시거, 오르막차로, 종단곡선, 포장 설계 등에서 별도로 설계기준자동차를 규정하는 경우에는 그 자동차를 설계기준자동차로 적용한다.

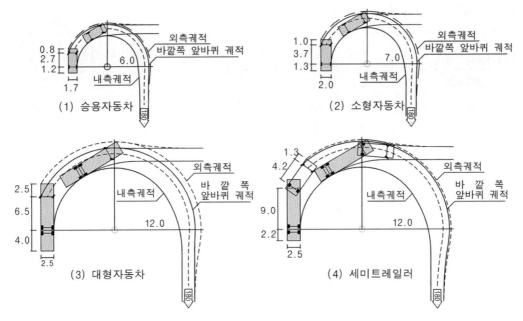

그림 1-5 설계기준자동차 회전궤적(단위 : m)

그 밖의 자동차에 대한 최소 회전반지름은 「자동차 및 자동차부품의 성능과 기준에 관한 규칙」 제9조에 따라 바깥쪽 앞바퀴자국의 중심선을 따라 측정할 때에 12m를 초과하여서는 안 된다.

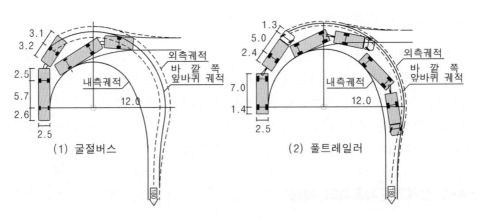

그림 1-6 그 밖의 자동차 회전궤적(단위 : m)

1-4-5 자전거 및 보행자

자전거도로의 설계기준자전거 제원은 「자전거 이용시설 설치 및 관리 지침(행정자치부, 국토교통부)」에 따라 폭 0.7m, 길이 1.9m, 높이는 1.0m으로 한다. 그리고, 노면으로부터 자전거운전자가 장애물을 인지하고 안전하게 정지하기 위하여 필요한 자전거운전자의 눈높이는 1.4m이다.

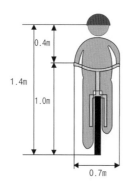
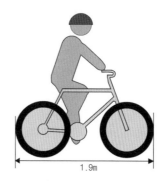

그림 1-7 설계기준자전거의 제원

「도로용량편람」에서는 한국인의 표준체형을 근거로 하여 한 사람이 차지하는 점유 공간을 산정하고 있으며, 한 사람이 차지하는 점유 공간은 어깨 폭과 가슴 폭을 곱한 면적으로 그림 1-8과 같다.

한국인의 표준체형은 한국표준과학연구원에서 제시한 95백분위(95-percentile)의 어깨 폭 및 가슴 폭을 기준으로 여유 폭을 포함한 면적은 약 0.2㎡이다.

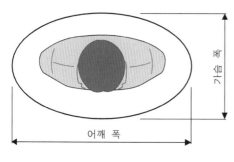

그림 1-8 인체타원

표 1-6 한국인의 표준체형(한국표준과학연구원, 1999)

(단위 : cm)

구 분	어깨 폭	가슴 폭
평 균	39.0	32.7
90-percentile	39.5	33.5
95-percentile	39.9	37.2

제2장 도로의 구분과 접근관리

2-1 도로의 구분
2-1-1 도로 기능 구분의 개념
2-1-2 도로 기능에 따른 도로 구분
2-1-3 도로의 기능별 구분에 따른 도로의 종류
2-1-4 자동차전용도로
2-1-5 소형차도로
2-1-6 지역 구분

2-2 지방지역도로의 구분
2-2-1 기능별 특성
2-2-2 관할권에 따른 분류와의 연계
2-2-3 지방지역도로의 기능별 구분
2-2-4 지방지역도로의 배치 개념도

2-3 도시지역도로의 구분
2-3-1 기능별 특성
2-3-2 도시·군계획도로 기준에 따른 분류
2-3-3 도시지역도로의 기능별 구분
2-3-4 도시지역 도로망의 배치 개념도

2-4 도로의 접근관리
2-4-1 접근관리의 개요
2-4-2 접근관리 필요성
2-4-3 접근관리의 원칙
2-4-4 도로 기능에 따른 접근관리

2-5 보행자 및 자전거의 분리
2-5-1 혼합 교통의 문제점
2-5-2 보도
2-5-3 자전거도로

제2장 도로의 구분과 접근관리

2-1 도로의 구분

제3조(도로의 기능별 구분)

① 도로는 기능에 따라 주간선도로(主幹線道路), 보조간선도로, 집산도로(集散道路) 및 국지도로(局地道路)로 구분한다.

② 도로는 지역 상황에 따라 지방지역도로와 도시지역도로로 구분한다.

③ 제1항에 따른 도로의 기능별 구분과 「도로법」 제10조에 따른 도로의 종류의 상응 관계는 다음 표와 같다. 다만, 계획교통량, 지역 상황 등을 고려하여 필요하다고 인정되는 경우에는 도로의 종류를 다음 표에 따른 기능별 구분의 상위 기능의 도로로 할 수 있다.

도로의 기능별 구분	도로의 종류
주간선도로	고속국도, 일반국도, 특별시도·광역시도
보조간선도로	일반국도, 특별시도·광역시도, 지방도, 시도
집산도로	지방도, 시도, 군도, 구도
국지도로	군도, 구도

도로를 설계할 때 모든 도로에 대하여 동일한 설계기준을 적용하는 것보다는 유사한 특성을 갖는 도로들을 몇 개 유형으로 묶은 후, 각 유형에 대해 동일한 설계기준을 적용하는 것이 해당 도로의 효율성, 안전성, 경제성을 확보하는 측면에서 유리하다. 이때 몇 개 유형으로 묶어서 산출한 결과를 도로의 구분이라고 할 수 있으며, 일단 도로를 구분하고 나면 같은 도로 구분을 갖는 도로끼리는 대체적인 도로 기하구조 수준이 같아지게 되므로 도로 구분 단계에서 국가 도로망 구축, 지역 균형 발전, 그리고 교통 특성 등을 종합적으로 감안해서 합리적으로 도로를 구분하는 것이 필요하다.

도로를 몇 개 유형으로 묶는 기준은 여러 가지가 있겠지만 도로 설계단계에서는 통상적으로 도로의 기능을 사용한다. 도로의 기능은 우리나라 전체 도로망에서 해당 도로가 제공하는 서비스, 도로 이용자들이 해당 도로에 대하여 기대하는 기능, 도로가 통과하는 지역 및 지형, 그리고 교통수요에 따라 해당 도로가 갖는 속성에 따라 정해야 한다. 참고로 도로를 기능으로 구분하는 방법 외에 다른 구분 방법으로는 도시계획기준, 도로 관할권, 기하구조 형태 등이 있으며, 도로를 구분할 때 기능에 따라 구분하지 않고 다른 방법을 사용해서 도로를 구분하면 도로교통기술인, 도로교통 담당 공무원, 운전자, 주민들이 해당 도로를 쉽게 인식할 수 있는 장점이 있다.

그러나 현실적으로는 만약 적절한 도로 구분 방법을 사용하지 않으면 다양한 문제점이 발생할 수 있다. 예를 들어, 도로를 도시계획기준으로 분류하면 광로, 대로, 중로, 소로와 같이 도로 폭을 몇 개 유형으로 나누어 결정하기 때문에 교통수요를 정확히 반영한 차로 수를 결정하기 어려워 차도의 폭이 남거나 부족한 경우가 생긴다. 또한 도로 관할권에 따른 분류는 행정적인 편익은 존재하나 관할 관청의 재정 형편에 따라 도로 계획이나 유지 관리 상태가 바뀌게 되어, 재정 형편이 좋지 않은 관청에서 맡은 도로 구간에서는 도로 이용자가 기대하는 서비스가 충족되지 않을 수 있다. 끝으로 기하구조 형태에 따른 분류는 도로를 설계하는 기술인들은 기술 용어들을 쉽게 이해하지만, 일반인들은 기술 용어들을 이해하지 못할 수 있기 때문에 주민들을 참여시켜 도로 시설에 관하여 논의할 때 의사 소통이 잘 안 될 수 있다.

이런 점들을 모두 고려하여 이 해설에서는 도로 기능에 따른 구분 방법을 사용하기로 한다. 아울러, 예전에 고속국도(前 고속도로)를 주간선도로와 별도로 구분하였으나, 고속 국도 또한 주간선도로의 역할을 하므로 개정된 도로의 구조·시설 기준에 관한 규칙(이하 규칙)에 따라 주간선도로에 포함하여 구분하기로 한다.

2-1-1 도로 기능 구분의 개념

다음은 도로 기능 구분 방법에 대한 주요 개념이다. 도로는 통행의 시점과 종점을 연결해 주는 통행로이므로 통행에서 발생하는 특성과 기능을 도로의 구분에 반영해야 한다. 비록 단계마다 통행시간 길이 차이는 있겠지만, 대체로 한 개 통행은 그림 2-1과 같이 6개 단계를 갖고 있다.

① 이동 단계　　② 변환 단계
③ 분산 단계　　④ 집합 단계
⑤ 접근 단계
⑥ 시점 또는 종점 단계

이론적으로 볼 때, 도로 기능은 도로마다 위

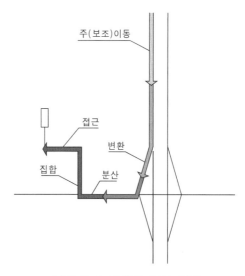

그림 2-1 통행의 구성 단계

6가지 통행 단계 중 한 개 통행 단계만을 선택하여 그 통행 단계에 맞게 정하여주는 것이 좋으나, 모든 도로 이용자들이 항상 같은 통행 단계에 있는 것이 아니기 때문에, 도로의 기능이 너무 다양해져서 국가나 도시별로 도로망을 구성할 때 체계적인 도로망을 구성하기 어렵다. 따라서 지금 사용하고 있는 방법은 해당 도로를 사용하게 될 도로 이용자들의 6가지 통행 단계를 충분히 고려하되, 도로의 기능을 6가지로 구분하지 않고 이동성과 접근성 두 가지로만 나타내어 사용한다.

2-1-2 도로 기능에 따른 도로 구분

도로의 기능은 이동성과 접근성 두 가지 기능을 통하여 구분하며, 이동성이 높은 도로가 도로 기능이 높은 도로가 된다. 여기서 이동성은 통행 시점과 통행 종점 간을 얼마나 빠르게 통행하는가 하는 통행 속도와 관련이 깊고, 접근성은 주거단지나 도심 업무단지와 같은 대규모 교통유발지역에 얼마나 가까이 위치하고 있는가 하는 통행 단계와 관련이 깊다.

그림 2-2는 이러한 도로가 제공하는 2가지 기능의 배분과 도로 기능에 따라 도로를 구분한 결과이다. 이 그림을 보면, 주간선도로와 보조간선도로는 이동성이 가장 높은 구역에 위치하고, 반대로 국지도로는 이동성이 가장 낮은 구역에 위치한다. 또한 집산도로는 그 중간에 위치한다.

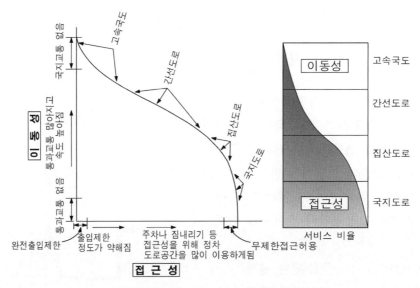

그림 2-2 도로 기능에 따른 도로 구분도

다음 항목들은 접근성과 이동성에 따라 도로를 구분할 때 감안해야 할 몇 가지 관련 사항들이다.

① 평균 통행거리　　　　　② 평균 주행속도

③ 출입제한의 정도　　　　④ 동일한 기능을 갖는 도로와의 간격

⑤ 다른 기능을 갖는 도로와의 연결성　　⑥ 교통량

⑦ 교통제어 형태

　도로 기하구조 설계 절차를 통해 볼 때, 일단 설계대상 도로에 대한 기능 구분이 이루어지고 나면, 곧이어 설계속도를 결정하게 되는데, 도로 기능구분 결과는 이 단계에서 매우 중요한 입력요소가 된다. 그리고 설계속도는 도로 기하구조 설계과정에 포함되는 모든 설계기준 결정에 지대한 영향을 미친다. 따라서 도로 기능 구분을 합리적으로 수행했는지 여부는 곧 도로 기하구조 설계수준에 결정적 영향력을 미치게 되므로, 도로 기능에 대해 충분히 이해하고 있어야 한다.

2-1-3 도로의 기능별 구분에 따른 도로의 종류

　도로가 위치하는 지역과 지형 상황, 계획교통량에 따라 동일한 설계기준을 적용해야 하는 구간을 도로의 기능적 측면에서 분류하면 크게 주간선도로, 보조간선도로, 집산도로 및 국지도로로 구분된다. 이 구분에 따라 「도로법」 제10조에 따른 도로의 종류를 열거하면 아래의 표 2-1과 같다.

표 2-1 도로의 기능별 구분에 따른 도로의 종류

기능별 구분	도로의 종류
주간선도로	고속국도, 일반국도, 특별시도·광역시도
보조간선도로	일반국도, 특별시도·광역시도, 지방도, 시도
집산도로	지방도, 시도, 군도, 구도
국지도로	군도, 구도

　고속국도 및 일반국도의 경우 국가의 장기적인 계획을 바탕으로 노선이 선정되므로, 그 기능에 대하여 충분한 검토가 이뤄져 설계 단계에서 그 기능을 바꿀 수는 없다. 만일, 그 기능이 현저히 떨어지거나 높아져야 한다면 장기적인 계획을 갖고 전체적인 간선도로의 기능 측면에서 수정되어야 한다.

　그러나, 지방자치단체에서 관리하는 도로 중 지역 상황, 계획교통량 등에 따라 설계기준을 동일하게 적용되어야 한다는 필요성이 인정되는 경우에는 하위 기능의 도로를 상위 기능의 도로로 할 수 있다(예를 들면, 지방도와 시도가 위의 경우에 해당할 경우 주간선도로로 할 수 있음).

2-1-4 자동차전용도로

일반국도, 주요 지방도 및 시가지 간선도로 등은 통행의 이동성을 확보하기 위한 간선도로로서, 자동차의 원활한 흐름에 기여되어야 하나 자동차 이외에 사람, 자전거, 경운기 등이 통행하고 신호등과 횡단보도의 설치가 적절히 관리되지 못하여 본선의 원활한 흐름을 크게 저해하고, 빈번한 교통사고가 발생하고 있으므로 이러한 도로의 일정 구간을 자동차전용도로로 지정하여 간선도로의 기능을 제고하고 자동차 운행의 효율성을 확보할 필요가 있다.

자동차전용도로는 「도로법」 제48조에 따라 지정된 도로로서 다음과 같은 지정 기준 및 구조·시설 기준 등을 갖는다.

1. 자동차전용도로의 지정 기준

일반적으로 도로관리청이 자동차전용도로로 지정할 수 있는 도로는 다음과 같다.

① 교통의 원활한 흐름을 위하여 도로용량의 증대가 필요한 경우
② 도로의 이동성과 안전성을 향상시켜 자동차의 고속주행이 필요한 기존도로 및 개량도로와 신설되는 도로구간
③ 그 밖에 도로관리청이 필요하다고 인정하는 도로

자동차전용도로의 연장은 5km 이상이 되어야 한다. 다만, 도로관리청은 현지 교통여건 등을 고려하여 필요하다고 인정하는 경우 자동차전용도로의 연장을 2km 이상으로 할 수 있다.

2. 자동차전용도로의 구조·시설 기준

자동차전용도로의 구조는 이 규칙의 설계 요소별로 해당하는 설계속도에 맞는 시설 기준을 만족해야 한다.

자동차전용도로의 지정, 구조·시설 기준에 대한 상세한 내용은 「자동차전용도로 지정에 관한 지침(국토교통부)」을 참조한다.

2-1-5 소형차도로

대도시 및 도시 근교에서는 상습 지·정체 해소를 위하여 교통수요 증대에 대응하여 도로 구조 개선이 요구되고 있으나 건설 비용 문제, 도로 공간의 제약, 환경 보전 등의 문제로 인하여 어려움이 큰 실정이다.

이러한 문제점의 대안으로 대도시 교통량 중 대부분을 차지하고 있는 승용자동차, 소

형 화물자동차 등 소형자동차만의 통행을 허용하는 소형차도로를 적용할 수 있다.

소형차도로는 설계기준자동차 중 승용자동차, 소형자동차만의 통행을 허용하여 동적 특성상 횡단구성 요소, 시설한계, 종단경사 등에 대하여 특례값 적용이 가능하며, 중량 특성 및 제원 특성상 일반적인 도로의 규격과 비교하여 단면이 작은 도로의 건설이 가능하다.

따라서 소형차도로는 도로의 기하구조에 대한 특례값의 적용을 통하여 표준 규격보다 작은 도로 구조를 채택하여 도심부 혼잡 해소와 순환 도로의 정비, 도로의 확장, 교차로의 개량 등이 용이하게 된다.

소형차도로는 도로의 기능 이외에 지역의 교통 특성과 현황, 확장 여건 등에 따라 주간선도로 및 보조간선도로 등에서 전용도로의 형태로 적용이 가능하다. 기존 도로의 지상부 또는 지하공간을 이용하여 소형차 전용도로를 구성하고, 기존 도로는 대중교통중심의 도로 또는 대형자동차 및 주변 접근을 위한 혼합형 도로로의 운영을 기대할 수 있다. 또한 지상부 도로의 용량 감소에 따른 녹지 공간 등 주변 생활환경으로의 활용도 가능하다.

그 밖에 도심부 교차로나 병목구간 해소 대책으로 소형차도로의 도입(고가·지하차도)을 검토할 필요가 있다.

이러한 소형차도로의 건설에 따른 기대 효과는 간선도로망의 체계화가 용이하고, 도로망의 기능적 연계성 확보 및 광역화에 따른 장거리 통과 교통의 처리, 적정 간격을 유지한 입체적 간선망 체계화 등에 유리할 것이다.

소형차도로를 도입할 때에는 구난, 방재 및 유지관리 등을 위한 긴급차량의 통행 공간을 확보해야 하며, 대형 화물차나 버스 등과 같은 일반 대형자동차의 이용 불편 및 혼란을 고려하여 대형자동차가 우회할 수 있는 우회도로를 확보해야 한다.

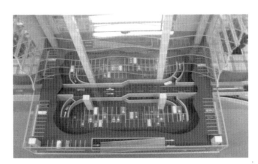
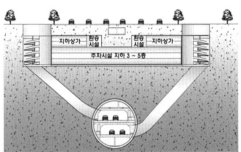

그림 2-3 도시지역 지하도로와 주차장 연계(예시)

(a) 대중교통 중심의 도로(상부 도로)

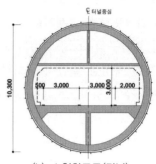

(b) 소형차도로(터널)

그림 2-4 도시지역 지하도로와 지상 교통시설 연계(예시)

2-1-6 지역 구분

어떤 도로가 갖는 설계 특성을 충분히 파악하려면, 그 도로가 통과하는 지역 특성을 잘 반영하는 것 또한 중요하다. 이 규칙에서는 도로가 통과하는 지역을 도시지역과 지방지역으로 구분한다. 도시지역과 지방지역의 근본적인 차이는 토지 이용 형태와 개발 밀도, 도로망과 도로 밀도, 평균 통행거리, 평균 주행속도 등이다. 따라서 도로를 기능에 따라 구분한 후, 그 도로가 통과하는 지역에 따라 도시지역과 지방지역으로 구분하는데, 이는 도로 기하구조 설계에 유연성을 부여할 수 있고, 또 도시 안에 위치한 도로의 건설비가 지방지역도로 건설비에 비하여 급격히 증가하기 때문에 경제성을 확보하기 위해 필요한 절차다.

일반적으로 도시지역이란 현재 시가지를 형성하고 있는 지역 또는 그 지역의 발전추세로 보아 도로의 설계목표연도에 시가지로 형성될 가능성이 있는 지역을 말하고, 지방지역은 도시지역 외의 지역을 말한다. 그러나 이 구분 방법이 다소 모호하기 때문에 도로의 설계 과정에서는 발주자의 지침이나 설계자의 판단에 재량이 주어지며, 그 지역의 조건이나 도로의 연계성 등을 고려하여 결정해야 한다.

2-2   지방지역도로의 구분

2-2-1 기능별 특성

1. 자동차전용도로

도로의 기능은 고속국도와 유사하지만, 고속국도에 비하여 통행거리가 짧고 고속국도 기능을 보완하기 위하여 대도시 간 연결보다는 대도시와 인접 중도시 혹은 중도시 간을 연결하는 기능을 담당한다. 고속국도를 제외한 그 밖의 도로에 비하여 접근성을 최소화하여 구간 내 중·장거리 통행을 빠른 시간 내에 안전하고 효율적으로 이동시키기 위한 도로로서, 다음과 같은 특성을 갖는다.

① 도시 내 주요 지역 간 혹은 도시 간에 발생하는 대량 교통량을 처리하기 위한 도로로서 자동차만 통행할 수 있도록 지정된 도로이다.

② 주로 도시권역 내의 순환도로, 시·읍·면급 국도 우회도로와 주요 물류산업시설과의 연결도로에 적용되는 도로이다.

③ 교통의 원활한 흐름을 위하여 도로변 점용시설 허가는 금지하고, 중앙분리대를 설치하며, 도로와 다른 도로, 철도, 궤도, 교통용으로 사용하는 통로나 그 밖의 시설을 교차시키려는 경우에는 특별한 사유가 없으면 입체교차시설로 해야 한다.

2. 주간선도로

주간선도로는 우리나라 도로망의 주 골격을 형성하는 도로로서, 다음과 같은 특성을 갖는다.

① 지역 상호 간의 주요 도시를 연결하는 도로로서, 인구 50,000명 이상의 도시를 연결하는 도로가 해당한다. 장래 우리나라 도로망 구축을 위하여 인구 25,000명 이상의 도시를 연결하는 일부 도로도 포함시킨다.

② 지역 간 이동의 골격을 형성하는 도로로서, 통행 길이가 비교적 길고 통행 밀도도 비교적 높다.

③ 지역 간 통과 교통이 위주이며, 장래 우리나라 도로망 구축을 위하여 4차로 이상의 도로로 확장하는 것이 필요한 도로가 해당한다.

④ 「도로법」 제10조의 고속국도 및 일반국도의 대부분이 여기에 해당한다.

고속국도는 다른 일반국도와는 구별된 가장 높은 도로 기하구조 기준을 갖는 특징이 있으며, 다음과 같은 특성을 갖는다.

① 국가 간선도로망을 형성하는 도로이다.

② 지방지역에 존재하는 자동차전용의 고속 교통을 제공하는 도로이다.

③ 다른 도로와 접속하는 지점에서 강도 높은 도로 접근관리인 완전 출입제한을 적용한다.

3. 보조간선도로

보조간선도로는 주간선도로에 연결시켜 구성하며, 다음과 같은 특성을 갖는다.

① 주간선도로를 보완하는 도로이다.

② 주간선도로에 비하여 통행거리가 다소 짧으며, 간선기능이 다소 약한 도로이다.

③ 시·군 상호 간의 주요 지점을 연결하는 도로로서, 「도로법」 제12조의 일반국도 중 주간선도로에 해당하지 않는 나머지 도로와 「도로법」 제15조의 지방도가 여기에 해당한다.

4. 집산도로

지역 내의 통행을 담당하는 도로로서 광역기능을 갖지 않는 도로다. 다음과 같은 특성을 갖는다.

① 보조간선도로를 보완하는 도로이다.

② 시·군 내부 주요지점을 연결하는 도로이다.

③ 시·군 내부의 주거 단위에서 발생하는 교통을 받아 보조간선도로에 연결시키는 기능을 갖는다.

④ 「도로법」 제15조 지방도 중 보조간선도로에 해당하지 않는 나머지 도로와 제17조의 군도 대부분이 여기에 해당한다.

5. 국지도로

「도로법」 제17조 군도 중 집산도로에 해당하지 않는 나머지 도로와 농어촌 도로 등 기능이 매우 낮은 도로가 여기에 해당한다. 국지도로는 군 내에 위치한 주거 단위에 접근하기 위해 제공하며, 통행 거리도 짧고, 우리나라 도로망 중에서 도로 기능이 가장 낮은 도로이다.

2-2-2 관할권에 따른 분류와의 연계

일반국도는 고속국도를 보완해서 전국적인 도로망의 골격이 되는 노선을 지칭하며, 중앙정부가 직접 도로의 계획 및 설계와 유지보수를 담당하는 매우 중요한 도로다. 일반국도는 주로 지방지역의 주요 지점을 연결하는 도로로서, 그 주요 기능이 해당 지역 주민에 대한 도로 접근성을 높이기 위한 도로라기보다는, 주요 지역들을 광역적으로 연결하는 도로이므로, 일반국도는 주간선도로로 분류하고 있다. 그렇지만 일반국도 중에서 교통량이 비교적 적고, 양방향 2차로이며, 주변에 다른 국도가 있어 그 국도를 보완하는 정도 역할만 하는 경우에는 그 기능을 한 단계 낮추어 보조간선도로로 구분할 수도 있다.

지방도는 일반국도에 비하여 노선의 전체 길이가 짧다. 또한 지방도는 일반국도에 비하여 간선기능이 약해지고, 접근성이 다소 높아진다. 따라서 지방도는 대개 보조간선도로로 분류하고 있다. 또한 지방도 중에서 일부 도로는 기능이 더 떨어지기도 하므로 여기에 해당하는 지방도는 집산도로로 분류하고 있다.

한편, 군도와 그 밖의 농어촌 도로는 주로 국지도로로 분류하고 있다.

2-2-3 지방지역도로의 기능별 구분

지방지역도로들의 기능별 특성, 관할권에 따른 분류, 도로의 기하구조 특성, 교통류의 특성, 교통량 규모 등에 대한 개략적 특성을 요약하면 표 2-2와 같다.

이 표에 포함한 항목 중 주요 서비스 형태는 주로 국가 도로망 체계와 깊은 관련성이 있으며 도로의 설계속도 산정에 매우 중요한 요소로 작용한다. 즉, 도로는 개별적으로 보면 한 개의 구간에 불과하나, 이들 개별적 도로 구간들이 합쳐져 국가 도로망을 구축하게 되므로 국가 도로망 전체에서 각 도로가 어떤 역할을 하는지에 대해서도 거시적 검토가 필요하다.

표 2-2 지방지역도로의 개략적 특성

구 분	주간선도로	보조간선도로	집산도로	국지도로
도로의 종류	일반국도 이상	일반국도 일부와 지방도 대부분	지방도 일부	군도 대부분과 농어촌 도로
평균 통행거리(km)	5 이상	5 미만	3 미만	1 미만
유출입 지점 간 평균 간격(m)	700	500	300	100
동일 기능 도로 간 평균 간격(m)	3,000	1,500	500	200
설계속도(km/h)	80~60	70~50	60~40	50~0
계획교통량(대/일)	10,000 이상	2,000~10,000	500~2,000	500 미만

이 개념을 도로의 서비스 형태라고 할 수 있는데, 그림 2-5와 같이 중앙 정부의 국가 간선도로망 체계가 곧 도로의 서비스 형태를 나타내는 좋은 예이다.

그러나 국가 간선도로망 체계는 간선도로에 대해서만 서비스 형태를 나타낸 것이고, 이를 보완하여 집산도로와 국지도로를 이 체계 안에 포함시킬 때 우리나라 안에 있는 모든 도로에 대한 완전한 형태의 도로 서비스 형태를 알 수 있게 된다. 한편 도로 서비스 구분체계는 장래 교통특성이나 그 밖의 특성 변화를 반영하기 위해 매년 지속적으로 개정 보완해야 한다. 이론적으로 볼 때, 도로 서비스 형태에 영향을 미치는 요소는 다음과 같다.

① 통행 목적 : 출퇴근, 업무, 관광   ② 통행 길이
③ 연결 도시의 인구 규모와 도시 특성   ④ 교통 특성
⑤ 도로망 구성에서 본 해당 도로의 위계

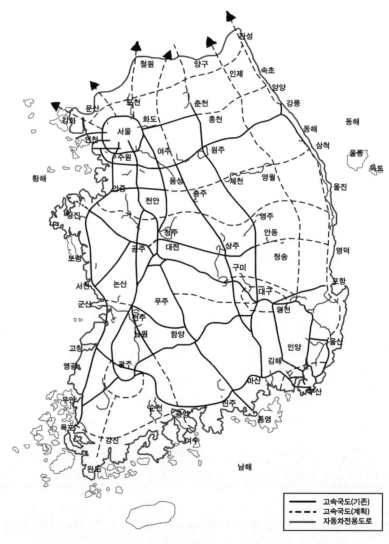

그림 2-5 우리나라 국가 간선도로망 계획(2000~2020)

2-2-4 지방지역도로의 배치 개념도

실제 지방지역 도로망을 구성할 때는 위의 해설 내용을 충분히 감안하여 구성해야 하며, 그림 2-6은 그 배치 개념도다.

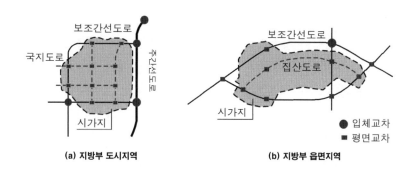

(a) 지방부 도시지역 **(b) 지방부 읍면지역**

그림 2-6 지방지역도로의 배치 개념도

2-3 도시지역도로의 구분

2-3-1 기능별 특성

1. 자동차전용도로

자동차전용도로는 도시의 상습적인 교통난을 해소하고 통과교통을 배제하기 위하여 주요 지점을 연결하는 내부 순환망이나 시가지 간선도로 중에서 통행의 이동성이 높은 구간에 건설하고 있다. 도시지역 자동차전용도로는 기능적으로 도시고속국도와 유사하나, 상대적으로 주행거리가 짧고, 이동성에 대한 중요도가 도시고속국도에 비하여 낮으며, 다음과 같은 특성을 갖는다.

① 도시지역 자동차전용도로는 많은 경우 이미 개발된 지역을 통과해야 하기 때문에 고가(高架)도로 및 지하도로의 형태로 건설되어 도로 건설에 막대한 건설비가 소요된다.

② 도시고속국도에 비하여 주변 토지 이용과 접속도로망에 더 많은 영향을 받는다.

③ 설계속도는 도시고속국도보다는 낮은 속도인 60km/h 이상으로 적용할 수 있다.

④ 기본적으로 완전 입체교차로 하며, 교차도로의 등급, 교통량, 주변 여건 등을 고려하여 자동차전용도로의 교통 흐름을 방해하지 않는 경우 불완전 입체교차로 할 수 있다.

2. 주간선도로

도시지역 주간선도로는 도시지역 도로망의 골격을 형성하는 주요 도로로서, 다음과 같은 특성을 갖는다.

① 시·군 내 주요지역을 연결하거나 시·군 상호 간을 연결하여 대량의 통과교통을 처리하는 도로로서 시·군의 골격을 형성하는 도로이다.

② 교통량이 많고, 통행 길이가 비교적 길다.

③ 지방지역 주간선도로가 도시지역을 통과할 때, 도시지역 통과구간 역할을 담당한다.

④ 설계속도 60~80km/h 이다.

⑤ 평균 주행거리는 3.0km 이상이며, 간선도로끼리의 배치간격은 1.5~3.0km 내외이다.

⑥ 「도로법」 제14조의 특별시도·광역시도의 대부분이 포함된다.

고속국도 노선이 도시지역 안으로 들어오게 되면 도시고속국도라고 하는데, 도시지역을 통과하는 교통량이 빠르고 안전하게 주행할 수 있도록 하여 지방지역 고속국도에 연결하거나 도시지역 주간선도로에 연결하는 역할을 하고 있다. 또한, 도시 규모가 매우 큰 경우에는 해당 도시 도로망에서 주요 간선도로 축을 선택하여 이를 도시고속국도로 건설하기도 한다.

도시고속국도는 지방지역 고속국도에 비하여 교통량이 매우 많으며, 다음과 같은 특성을 갖는다.

① 도시 외곽에 위치한 지방지역 고속국도들을 서로 연결하거나, 도심지, 부도심지 또는 도시 주요 교통 유발시설들을 직접 연결시켜 도시 도로망 내부에 존재하는 통과교통량을 제거한다.

② 도시지역에 존재하는 자동차전용도로로서, 접근관리를 위하여 완전 출입제한을 적용하며, 높은 수준의 도로 설계기준을 갖는다.

③ 4차로 이상으로 건설한다.

④ 설계속도는 80~100km/h이다.

3. 보조간선도로

도시지역 보조간선도로는 도시지역 주간선도로에 연결하여 주간선도로 기능을 보완하는 도로로서 다음과 같은 특성을 갖는다.

① 주간선도로를 집산도로 또는 주요 교통발생원과 연결하여 시·군 교통의 집산기능을 하는 도로로서 근린주거구역의 외곽을 형성하는 도로이다.

② 평균 주행거리는 1~3km, 설계속도는 50~60km/h 정도이다.

③ 「도로법」제14조의 특별시도·광역시도 중 주간선도로에 해당하지 않는 나머지 도로와 「도로법」제16조의 시도가 여기에 해당한다.

4. 집산도로

집산도로는 생활권 내 주요 도로로서, 다음의 특성을 갖는다.

① 근린주거구역의 교통을 보조간선도로에 연결하여 근린주거구역 내 교통의 집산기능을 하는 도로로서 근린주거구역의 내부를 구획하는 도로이다.

② 생활권 내에 위치한 주요 시설물을 연결한다.

③ 이동성보다는 접근성을 위주로 한다.

④ 설계속도는 40~50km/h 정도이다.

⑤ 「도로법」제16조 시도 중 보조간선도로에 해당하지 않는 나머지 도로와 「도로법」제18조 구도 대부분이 여기에 해당한다.

5. 국지도로

도시지역에서 가장 기능이 낮은 도로이며, 동시에 접근성은 가장 좋은 도로이다. 따라서 도시지역에 위치한 각종 주요 교통유발시설 주변에 위치하며, 다음과 같은 특성을 갖는다.

① 가구(街區 : 도로로 둘러싸인 일단의 지역을 말한다.)를 구획하는 도로이다.

② 대중교통수단을 배려한다.

③ 가능한 차로수는 줄이고 보도 폭은 넓게 하여 지역을 통과하는 자동차가 진입하는 것을 억제한다.

④ 「도로법」 제18조의 구도 중 집산도로에 해당하지 않는 나머지 도로와 생활도로 등 이 대부분 해당한다.

여기서 생활도로는 「도로법」에 정의되어 있지 않지만 도시지역도로의 주간선도로 기능 이나 구역을 구획하는 도로가 아닌 지구 내 위치한 대부분의 도로를 생활도로라고 볼 수 있으며, 이 규칙에서 기능별로 구분하고 있는 도로 중 도시지역의 국지도로 대부분이 생 활도로의 성격을 갖는다고 할 수 있다.

생활도로는 보행 통행이 편리하고 안전한 도로의 개념을 갖는 도로로서, 그 기능은 다 음과 같다.

① 기능적 측면

접근성이 가장 높은 도로로서 통학·통근·놀이 등 일상생활과 직결되는 도로

② 운영적 측면

비신호 도로로서 버스 통행이 없는 도로(마을버스 제외)

③ 공간적 측면

폭 9m 미만 도로로서, 지구의 구획 내 위치한 도로, 대중교통시설(버스정류장, 지 하철역)로 도보 접근이 가능한 도로(반지름 500m 이내)

생활권 교통안전의 패러다임이 자동차 우위의 시대 → 보·차 공존의 시대 → 보행자 우 위의 시대로 변화하고 있고, 위에서 기술한 생활도로의 기능을 고려할 때 도로 이용자의 보행권 확보 및 안전하고 쾌적한 보행 환경 조성을 위한 교통정온화기법(traffic calming techniques)을 적극적으로 사용하는 것이 바람직하다.

유럽, 일본 등 국외에서는 생활권 교통안전을 위하여 도로 특성에 따라 최고속도를 제 한하거나 지구 현황에 따라 지역 범위를 설정(생활존, 스쿨존, 커뮤니티존 등)하는 방식을 채택하고 있다.

국내의 생활권 교통안전을 위하여 적용할 수 있는 생활도로의 구조 및 기능·이용 형태 별 정비 방안은 표 2-3과 같다.

교통정온화시설에 대한 상세한 내용은 「교통정온화시설 설치 및 관리지침(국토교통부)」 을 참조한다.

표 2-3 국내 생활도로의 유형별 정비 방안

도로 이용 형태	도로의 성격	정비 방안
보·차 분리도로 (도로 폭 6~9m)	– 간선도로와 접하는 도로 – 지하철, 버스정류장 보행 　동선 유도 – 학교 및 편의시설 　연계도로 – 마을버스 진입 가능 도로	– 속도규제 : 30km/h – 통행규제 : 대형자동차 진입금지 – 보도확보 　• 보행자 도로 폭 확보(녹지대 및 자전거 전용도로 　　포함) 　• 보행장애물(이륜차, 상업광고 등) 단속
보·차 공존도로 (도로 폭 3~6m)	– 보·차 분리도로로 　교통 유도 – 대중교통을 위한 　접근 도로	– 속도규제 : 15km/h 또는 보행 우선 – 통행규제 : 대형자동차 진입금지 – 일방통행 – 물리적시설 강화 　• 차도폭 좁힘, 지그재그 선형, 볼라드 설치, 　　이미지 험프, 노면마킹, 요철포장, 고원식교차로 등
보행 전용 도로 (도로 폭 3m 미만)	– 집 앞 도로, 생활·놀이 　가능 도로 – 최하위 도로	– 자동차통행차단 : 대형자동차 통행금지 – 보행우선 : 노면칼라포장, 진입부 볼라드 설치 등

자료 : 「도시부 생활도로 안전도 제고 방안, 삼성교통안전문화연구소」

2-3-2 도시·군계획도로 기준에 따른 분류

우리나라에서 도시지역도로에 대한 설계는 주로 「도시·군계획시설의 결정·구조 및 설치 기준에 관한 규칙(국토교통부)」에 따라 이루어진다. 이 규칙에 따라 도로는 폭에 따라 광로, 대로, 중로, 소로로 구분한다. 도로의 기능과 폭이 모든 경우에 있어서 일치하고 있지는 않으나, 일반적인 경우 연계성이 높으므로 도시계획도로 기준과 연계하여 도로를 구분하면 다음과 같다.

표 2-4 도로의 기능별 구분과 규모의 관계

도로의 기능별 구분	도시·군계획도로 분류 기준
주간선도로	광 로, 대 로
보조간선도로	대 로, 중 로
집산도로	중　　로
국지도로	소　　로

2-3-3 도시지역도로의 기능별 구분

도시지역도로들의 기능별 특성, 도로의 기하구조 특성, 교통류의 특성, 교통량 규모, 주차 설계 특성 등에 대한 개략적 특성을 요약하면 표 2-5와 같다.

표 2-5 도시지역도로의 개략적 특성

분류 구 분	주간선도로		보조간선도로	집산도로	국지도로
	도시고속국도	그 밖의 주간선도로			
주 기 능	우리나라 간선도로망 연결	해당 도시의 간선도로망 구축	주간선도로를 보완	해당 도시 안 생활권 주요 도로망 구축	시점과 종점
도로 전체 길이에 대한 백분율(%)	5~10		10~15	5~10	60~80
도시 전체 교통량에 대한 백분율(%)	0~40	40~60		5~10	10~30
배치 간격(km)	3.00~6.00	1.50~3.00	0.75~1.50	0.75 이하	–
교차로 최소 간격(km)	1.00	0.50~1.00	0.25~0.50	0.10~0.25	0.03~0.10
설계속도(km/h)	100	80	60	50	40
노상주차 여부	불허	원칙적 불허	제한적 허용	허용	허용
접근관리 수준	출입제한	강함	보통	약함	적용 안 함
도로 최소 폭(m)		35	25	15	8
중앙 분리 유형	분리	분리	분리 또는 비분리	비분리	비분리
보도 설치 여부	설치 안 함	설치 또는 비설치	설치	설치	설치
최소 차로폭(m)	3.50	3.50~3.25	3.25~3.00	3.00	3.00

주) 설계속도가 40km/h 이하인 도시지역도로는 최소 차로폭을 2.75m 까지 적용 가능

2-3-4 도시지역 도로망의 배치 개념도

도시지역 도로망을 구성할 때도 지방지역 도로망 구성처럼 위의 해설 내용을 충분히 감안하여 구성하는 것이 필요하며, 그림 2-7은 그 배치 개념도다.

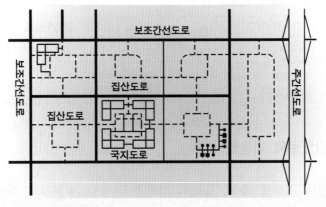

그림 2-7 도시지역 도로망의 배치 개념도

2-4 도로의 접근관리

> **제4조(도로의 출입 등의 기준)**
> ① 주도로와 부도로가 접속하는 도로에는 접근관리를 실시해야 한다.
> ② 고속국도와 자동차전용도로는 다음 각 호의 기준에 적합해야 한다.
> 1. 특별한 사유가 없으면 교차하는 모든 도로와 입체교차가 될 것
> 2. 지정된 곳에 한정하여 자동차만 출입이 허용되도록 할 것

2-4-1 접근관리의 개요

도로의 접근관리는 도로 주변에 신설이나 증축 등 개발 사업이 이루어져 새로운 도로를 접속하려고 할 때, 해당 도로를 계획, 설계, 운영 관리하는 각 기관들이 도로 간 접속을 잘 관리하여 도로를 주행하는 자동차와 보행자에 대한 안전을 확보하고 더불어 자동차 흐름의 효율성을 확보하기 위하여 주도로에 접속하는 부도로의 접속 위치, 간격, 기하구조 설계, 교통제어방식 등을 합리적으로 관리하는 것을 말한다.

도로 설계 분야에서 접근관리에 대한 용어는 '출입제한'과 '접근관리' 두 개를 같이 사용하고 있다. 그러나 사실상 출입제한은 접근관리의 한 유형으로서, 가장 강한 접근관리이다. 접근관리 개념은 최근에 중요성이 강조되고 있다. 그 이유로는 예전에는 도로망이 지금처럼 조밀하게 발달되지 않았기에 해당 도로 구간 자체의 설계 합리성만 확보하면 되었지만, 그동안 도로를 많이 건설하여 이제는 도로와 도로끼리 접속할 필요성도 많아지고, 이에 따라 도로 상호 간 접속에 대한 체계적 이론이 긴요해졌고 준공된 공로에 사적인 연결, 도로 주변 개발 수요가 계속 증가하고 있기 때문이다. 이 점은 주간선도로처럼 기능이 높은 도로에서 더욱 중요하며, 특히 고속국도 출입은 오직 입체화 도로시설을 통해서만 가능하기 때문에 이를 '출입제한'이라고 구별해서 부르고 있다.

다시 설명하면 '출입제한'이란 도로 인접 토지의 소유자, 임대자 등이 가진 자동차가 해당 도로로 유출입 하는 것이 공공의 이익을 위해 완전 또는 부분적으로 제한되는 상태를 말하는데, '완전 출입제한'은 클로버형 인터체인지와 같이 그 출입 정도를 완전하게 제한하는 상태를 말한다. '출입제한'을 적용하는 경우 간선도로를 주행하는 자동차들을 먼저 처리하기 위하여 그 도로로 출입하는 것을 고속국도 연결로와 같은 특정 형태 도로로만 출입 하도록 엄격히 제한한다. 또한 '불완전 출입제한'이란 그 출입제한 정도를 '출입제한'에 비해 다소 완화시킨 것으로서 일부 구간에서 평면교차를 통해 출입을 허용하는 것을 말한다.

2-4-2 접근관리 필요성

대도시와 같이 도로 주변 토지 이용 변화가 급격히 일어나는 곳에서는 주변 도로망에 대한 접속을 합리적으로 관리하지 않으면, 다음과 같은 다양한 문제가 발생할 수 있다.

① 도로 주변 토지의 무분별한 개발

② 도로 주변 토지 유발 교통량에 따른 과다한 출입 발생으로 기존 도로에 심각한 교통 혼잡이 발생하고 교통사고의 급격한 증가

③ 교통 혼잡 발생에 따라 자동차 소음, 진동, 배기가스 등의 급격한 증가

④ 도로 경관 훼손

기존 간선도로를 주행하던 자동차들이 도시지역도로 구간을 통과할 때 그 도로에 적절한 접근관리를 적용하지 않았다면 주행하는 자동차들에 대한 도로의 서비스수준이 급격히 떨어질 수 있다.

도로 접근관리의 필요성을 개념적으로 설명하려면 도로 주변 토지 이용 변화를 설명하는 것도 좋다. 이론적으로 볼 때, 도로 주변은 도심이나 주요 교통유발시설물에 대한 접근성이 좋기 때문에 항상 주택단지나 상가 등을 건설하려는 개발 압력이 존재한다.

이러한 개발 압력은 자연히 주변 도로에 대한 접속도로 설치 요구로 이어지고, 만약 이 요구를 접근관리 개념을 무시하고 다 받아들인다면 도로망 전체의 효율성은 쉽게 떨어진다. 반대로 기존 도로망 효율성만을 보존하기 위하여 접속도로 설치 요구를 모두 거부한

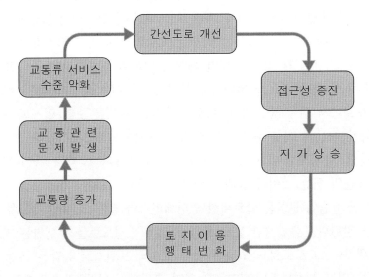

그림 2-8 교통시설 공급과 토지이용 간 관계

주) Transportation Research Board(2003), 「Access Management Manual」

다면, 이 또한 자연스런 토지 이용 변화를 탄력적으로 수용하지 못하는 결과가 되어 도시 전체로 볼 때 바람직하지 않게 된다. 요약하면, 도로를 처음 계획할 때 생각했던 도로 본연의 기능과 도로 건설 이후에 반드시 나타나는 다른 도로의 접속 요구를 합리적으로 조정하기 위하여 접근관리가 필요하다. 그림 2-8은 토지 이용 변화와 도로 건설 간의 유기적 관계를 나타낸 것이다.

한편, 해당 도로에 대해 가장 적절한 접근관리를 결정하는 권한은 도로를 통하여 공공의 안전과 경제 활동을 보장해야 하는 도로관리청이 갖고 있다. 또한 각 지역적 특성에 따라 적정 도로 접근관리 수준을 달리해야 한다.

2-4-3 접근관리의 원칙

다음은 도로의 접근관리에서 지켜야 할 주요 원칙들이다.

① 고속국도와 자동차전용도로에는 가장 강한 형태의 접근관리를 적용해야 한다. 고속국도에 대해서는 「도로법」 제51조에 도로와 다른 시설의 교차 방법은 입체교차시설로 하도록 규정되어 있어 당연히 완전 출입제한으로 해야 한다. 자동차전용도로에 대해서도 「도로법」 제52조에 도로와 다른 시설의 연결은 도로관리청의 허가를 받도록 하고 있어 완전 출입제한이 필요하다. 한편, 도시고속국도에 대해서는 도시지역의 대량 교통을 원활히 처리하기 위하여 원칙적으로는 완전 출입제한을 해야 하지만, 노선의 성격과 자동차 교통 등의 상황에 따라 극히 예외적인 경우에 한하여 불완전 출입제한을 할 수 있다.

② 합리적인 도로 접근관리를 위해서는 다음과 같은 방법을 적용할 수 있다.

- 접근관리를 배려한 도로 계획 및 설계 - 도시지역에 위치한 주요 간선도로 설계에서 측도를 설치하는 것이 대표적인 기법이며, 국외 국가에서도 많은 효과를 보고 있는 좋은 기법이다. 측도는 간선도로 자동차 흐름과 같은 방향으로 설치하며, 간선도로 주변에 위치한 개발지에서 발생하는 교통량들을 일단 받아들인 후 간선도로 자동차 흐름을 방해하지 않는 범위 안에서, 적절한 방법으로 간선도로에 연결해주는 기능을 수행한다. 측도를 사용하지 않고 두 도로를 직접 연결시켰을 경우, 간선도로 자동차 흐름과 주변 개발지 자동차 흐름이 서로 확연히 달라서 그 연결 지점에서 교통 혼잡이 발생하고 교통사고가 많아지는 등 다양한 문제가 발생하지만, 측도를 사용하면 측도가 완충지대 역할을 하므로 이런 문제점을 많이 줄일 수 있다. 그림 2-9는 측도 설치 유형이다.

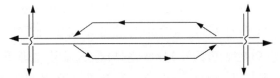

(a) 교차로 사이구간을 일방통행으로 운영하는 방법

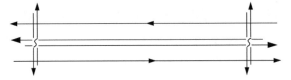

(b) 주변도로 전체를 일방통행으로 운영하는 방법

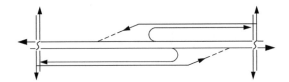

(c) 교차로 사이구간을 양방통행으로 운영하는 방법

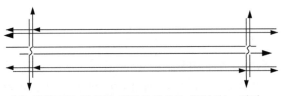

(d) 주변도로 전체를 양방통행으로 운영하는 방법

그림 2-9 측도 설치 유형(예시)

주) Transportation Research Board(2003), 「Access Management Manual」

- 도로 주변의 토지 취득 – 도로의 신설이나 확장을 위한 소요 부지 외에 추가적으로 도로 주변의 토지를 취득하여 장래 토지 이용 변화에 대비한다.
- 토지 이용 제한 – 도로 주변 건축을 「국토의 계획 및 이용에 관한 법률」이나 「건축법」 등에 따라 토지 이용을 합리적으로 규제하기 위하여 관련 부서와 협의한다.
- 도로 주변 개발권의 취득 - 새로 건설한 도로를 포함한 모든 도로에 대해서도 도로에 인접한 토지에 대하여 그 개발 계획을 수립하는 권리를 국가 또는 공공기관이 취득하여 합리적인 접근관리 계획을 수립한다. 그림 2-10에서 음영으로 표시한 부분이 도로 주변 개발권 해당 부분이다.

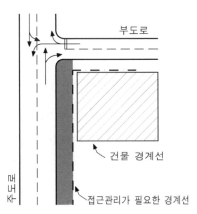

부도로

건물 경계선

접근관리가 필요한 경계선

간선도로

그림 2-10 건물 인접 지역에서 접근관리권 수립 구간

- 도로 주변 시가 발전의 제한 – 도로 주변 시가지를 지나치게 고밀화하거나 무질서하게 개발하는 것을 합리적인 방향으로 유도한다. 이를 위해서 도로 접근관리 관점에서 사용할 수 있는 방법은 기존+도로에 대한 출입시설 설치를 적절히 규제하거나 기존 도로에 교통 혼잡이 발생하지 않는 범위를 미리 고려하여 직접 출입(구체적으로는 다른 도로의 직접 접속)을 허용한다. 이를 위해 도로 밀도가 높은 도시지역이나 장래 토지 이용의 고도화가 예상되는 지역 등에서 간선도로 주변에 측도를 설치하는 것은 매우 바람직하다.
- 접속도로에 대한 출입 교통량을 합리적으로 처리할 수 있는 방법을 강구한다. 접속도로에 대한 좌회전이나 직진을 허용하지 않고 우회전만 허용하는 것은 이를 위한 효과적인 설계 유형이다.
- 비록 접근관리를 하는 주목적이 교통 흐름 상충을 최소화해서 도로망 효율성과 안전성을 확보하는 것이기는 하나, 해당 도로들을 이용하는 보행자와 자전거 통행에 대한 배려 또한 매우 중요하다. 보행자와 자전거 통행자는 도로 주변 개발지에 대하여 항상 안전하게 접근할 수 있어야 하고, 그 동선이 간선도로와 같이 기능이 높고 자동차 속도가 높은 도로를 포함한다면 반드시 자동차와 교통약자 간 동선을 조화되게 하여 교통약자에 대한 안전성을 확보해야 한다.

2-4-4 도로 기능에 따른 접근관리

도로를 접속할 때, 어느 도로를 우선적으로 배려할 것이지 또 접속도로에 대해서는 어느 정도 접근성을 부여할 지는 원칙적으로 도로의 기능별 구분에 따르는 것이 바람직하다. 또한 도로 기능별 구분에서 적용한 이동성과 접근성 개념을 도로의 접근관리에도 그대로 적용해야 한다. 이 과정에서 핵심 개념은 이동성이 높은 고속국도 등 주간선도로에 대한 다른 도로의 접근은 억제해야 하고, 반대로 접근성이 높은 국지도로에 대한 다른 도로의 접근은 가급적 허용하는 것이다. 도로의 기능별 구분에 따라 고속국도에는 신호교차로가 없고, 주간선도로에는 주차 공간이 없으며, 집산도로에는 중앙분리대가 없고, 국지도로에는 보도가 없는 경우가 많은 등, 각 도로 기능별 특성을 갖고 있기 때문에 이러한 도로 특성을 반영한 도로 접근관리를 위해서는 도로의 기능에 따른 접근관리를 정립해야 한다. 이 절에서는 각 도로별로 가장 대표적인 도로 접근관리를 한가지씩 소개한다.

1. 고속국도

고속국도를 출입하는 자동차들은 대부분 인터체인지를 이용해야 하기 때문에, 고속국도 자체에 대한 접근관리는 다른 도로에 비하여 합리적으로 이루어지고 있다. 문제는 고속국도 인터체인지 주변 토지는 도심이나 대규모 교통유발시설에 대한 접근성이 매우 좋기 때문에 개발 압력이 상존하고, 이에 따라 고속국도 주변에 위치한 도시지역 내 도로에서 신호교차로나 접속도로가 많아지게 되어, 이러한 주변 도로에서 발생하는 교통 혼잡으로 인하여 고속국도까지 교통 혼잡을 겪는 경우가 많다. 따라서 고속국도 접근관리는 주변 도로들과의 연관성을 미리 잘 계획한 후 수립하는 것이 필요하다. 한 예로, 고속

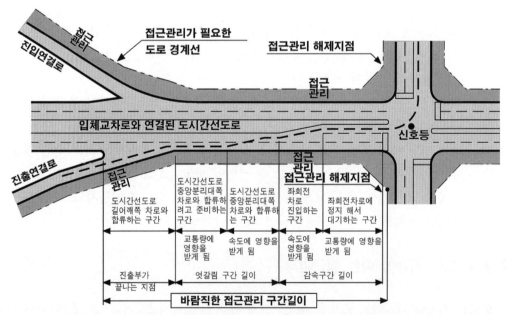

그림 2-11 고속국도 진출 교통에 대한 도로 접근관리 설계 요소(예시)

주) AASHTO(2004), 「A Policy on Geometric Design of Highways and Streets」

국도 인접 신호 교차로에서 신호 대기 중인 직진 또는 회전 자동차들이 고속국도 출입 자동차의 흐름을 막지 않도록 고속국도 주변의 신호교차로는 가능한 한 멀리 위치하도록 해야 한다. 또한 고속국도 교통량과 도시지역 내 도로 교통 흐름 간에 발생하는 엇갈림, 합류 및 분류 상충을 원활하게 하기 위하여 감속차로나 가속차로 길이를 적정하게 확보하는 것도 필요하다.

그림 2-11은 앞에서 기술한 고속국도 접근관리를 위한 설계 요소들이다. 이 그림에서 알 수 있듯이, 고속국도에서 진출한 교통에 대해서는 설계를 통하여 배려하고 있으며, 고속국도로 진입하는 교통량에 대해서는 특별한 배려가 없다. 이는 고속국도 접근관리의 가장 중요한 설계 개념이다.

2. 자동차전용도로

자동차전용도로는 연속류 통행을 위한 도로로서, 교차되는 도로와의 접근관리는 입체교차로의 진·출입 연결로를 이용하여 관리하고, 고속국도와 같은 접근관리를 사용한다. 또한, 자동차전용도로와 같은 노선대로 지역 내 통행을 위한 도로가 필요한 경우에는 측도나 접근 교통류 처리를 위한 도로 설치 등의 접근관리가 필요하다. 자동차전용도로 접근관리는 계획단계에서 주변 도로와의 접속 및 교차방식을 합리적으로 수립해야 한다. 기본적으로 완전 출입제한을 위하여 완전 입체교차시설을 설치하지만, 교차도로의 등급 및 교통량 그리고 서비스수준에 따라 전반적으로 자동차전용도로 교통 흐름을 방해하지 않는 경우에 한하여 불완전 입체교차를 선정할 수 있다. 그림 2-12는 측도 설치에 따른 접근관리의 개념을 설명하고 있다.

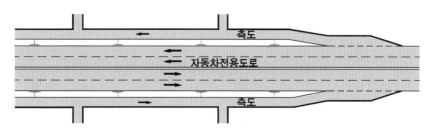

그림 2-12 자동차전용도로에서의 측도에 의한 접근관리

- 지역 주민의 경제 활동을 위한 자동차 이외의 통행이 있는 경우에는 이에 대한 지장이 없도록 측도를 설치하되 주변 토지의 접근을 용이하게 하고, 자동차전용도로와 다른 도로의 접속 횟수를 최소화되도록 설치해야 한다.
- 자동차전용도로 내 접속 시설 간격은 2km 이상이어야 한다. 다만, 도시지역에서 부득이한 경우에는 최소 간격을 1km로 할 수도 있다.

• 자동차전용도로와 연결되는 다른 도로는 자동차전용도로를 주행하는 자동차 운행에 지장을 받지 않는 구조로 연결해야 하며, 필요한 가·감속차로 등을 설치해야 한다.

3. 간선도로

간선도로 주요 기능은 자동차의 이동성을 확보하는 것이고, 주변 토지에 대한 접근성은 상대적으로 중요하지 않다. 따라서 주변 도로에서 간선도로로 직접 접속하는 것은 최대한 억제해야 한다. 간선도로에 대한 접근관리는 계획, 설계, 운영 관점에 따라 구분할 수 있는데, 계획에서는 주변 도로와 어떻게 접속할지 그 계획을 합리적으로 수립하는 것이고, 설계는 간선도로 자체에 대한 기하구조 설계, 그리고 운영은 교통 흐름 효율화를 위한 기법들을 사용하는 것을 말한다. 이 해설에서는 간선도로의 접근관리에 대하여 이세 가지 관점에 따라 설명한다.

① 간선도로 계획

그림 2-13은 간선도로에서 접근관리를 적용하여 간선도로와 주변 도로망을 연결한 형태이다.

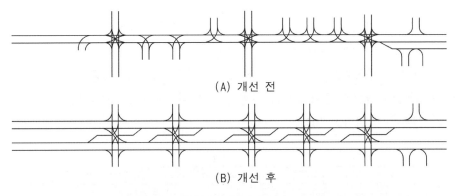

(A) 개선 전

(B) 개선 후

그림 2-13 간선도로의 접근관리 계획

② 간선도로 기하구조 설계

접근관리 관점으로 볼 때, 간선도로 자체의 기하구조 설계에서는 중앙 분리를 어떻게 할 것인지가 가장 중요한 사항이다. 그 이유는 간선도로 접근관리는 간선도로 주변 개발지를 위한 접속도로를 간선도로에 적절히 연결하는 기법에 관한 것인데, 그 연결은 곧 회전 교통량 처리 기법에 관한 것이고, 회전 교통량 중에서도 접근관리에서는 특히 좌회전 교통량 처리가 중요하므로 좌회전 처리를 위해서는 간선도로 중앙 분리 구역을 어떤 방식으로든 분리시켜야 하기 때문이다. 따라서 간선도로 기하구조 설계에서 중앙 분리 형식 결정은 매우 중요한 문제이다. 다음은 간선도로에서 사용 가능한 중앙 분리 형식이고, 그림 2-14는 그 의사결정 과정이다.

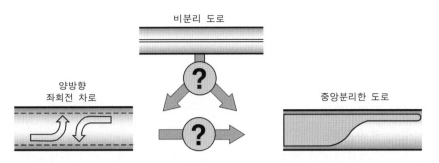

그림 2-14 중앙 분리 형식 의사결정 과정

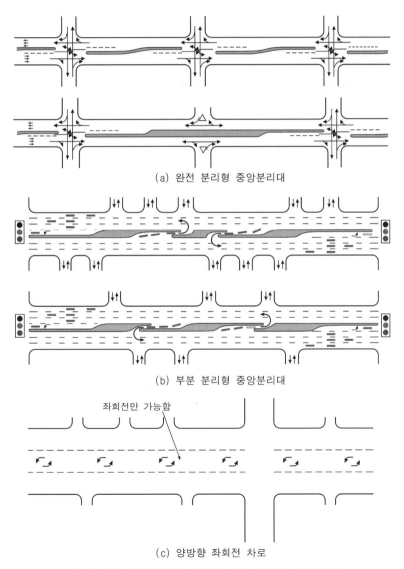

(a) 완전 분리형 중앙분리대

(b) 부분 분리형 중앙분리대

(c) 양방향 좌회전 차로

그림 2-15 접근관리를 감안한 중앙분리대 유형(예시)

그림 2-15는 접근관리를 감안하여 간선도로에 사용할 수 있는 중앙분리대 3개 유형에 대한 예시이다.

- 완전 분리형 중앙분리대
- 부분 분리형 중앙분리대
- 양방향 좌회전차로

③ 간선도로 교통운영

간선도로 접근관리에서 계획이나 설계 못지 않게 중요한 것이 교통운영 기법이다. 간선도로 설계가 매우 잘 된 경우에도 간선도로에 밀착해서 개발한 상업시설 등에서 발생하는 출입 자동차를 잘 관리하지 않는다면 간선도로 전체 기능은 쉽게 떨어진다. 따라서 간선도로에 인접한 건물 출입로에 대하여 매우 엄격한 접근관리를 시행해야 한다. 그림 2-16은 간선도로 인접 도로에 대한 접근관리를 강화하기 위하여 간선도로 길어깨 쪽 차로에 대한 교통운영을 우회전 전용으로 지정한 예시이다.

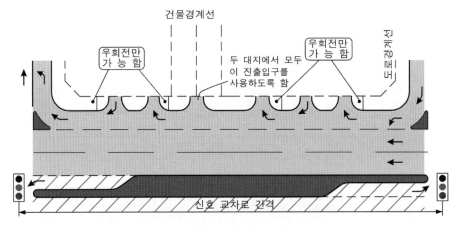

그림 2-16 간선도로 접근관리 강화 유형(예시)

주) Transportation Research Board(2003), 「Access Management Manual」

4. 집산도로

집산도로는 간선도로로 향하거나 간선도로로부터 나오는 자동차들을 위한 도로로서, 이동성과 접근성이 적절히 균형을 이루어야 한다. 또한 집산도로는 간선도로보다 기능적으로 바로 한 단계 낮은 도로이기 때문에 간선도로에 대한 접속 요구가 가장 높다. 따라서 간선도로에 어떻게 접속할 것인지에 대한 원칙이 있어야 하는데, 다음은 그 원칙들을 기술하고 있다.

- 만약 어떤 개발 사업이 있고 그 개발 사업으로 인하여 새로이 도로를 건설하며, 새로운 도로를 접속시킬 주변 도로로 간선도로와 집산도로가 있다면, 새로운 도로는 집산도로에 연결시켜야 한다.
- 집산도로로 접속하는 지점들은 인접 접속지점으로부터 최소 100m 간격을 확보하고 있어야 한다.
- 집산도로를 따라 신호교차로를 설치했을 경우, 이 신호교차로부터 인접 접속지점까지 거리는 최소한 100m를 유지해야 한다.
- 평면교차로에서 감속차로와 가속차로를 설계하는 기법은 주도로에 우선권이 있는 점을 고려하여 설계해야 한다. 즉, 주도로에서 부도로로 회전하기 위한 감속차로 길이는 대기 자동차 길이까지 고려하여 비교적 길게 확보하는 것이 좋으나, 반대로 부도로에서 주도로로 회전하기 위한 가속차로는 설치하지 말아야 한다. 그림 2-17은 그 설치 예시이다.

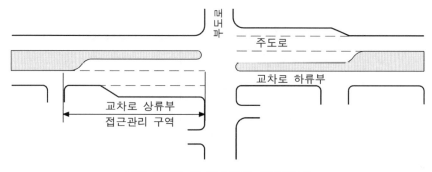

그림 2-17 가·감속차로 설계(예시)

5. 국지도로

국지도로가 갖는 주요 기능은 높은 접근성이며, 국지도로를 통하여 모든 자동차 통행이 시작되고 또 끝난다. 즉, 국지도로는 도시 통행 마지막 지점인 주택, 아파트 단지, 백화점, 도심 빌딩, 학교 등에 연결하는 단계이다. 따라서 국지도로를 접근관리 할 필요성은 높지 않으나 대신 국지도로에 접속하는 도로 형태인 건물 출입로(driveway)에 대한 설계에 대하여 일정한 설계 기준을 확보하고 있어야 한다.

① 건물 출입로 배치

기존 도로에 접속하여 설치하게 되는 건물 출입로는 일정한 간격을 확보하고 설치해야 한다. 동시에 주변 도로 교통 흐름에 대한 영향을 억제하기 위하여 되도록 건물 출입로 지점수를 줄여야 한다. 그림 2-18은 건물 출입로 배치에 대한 바람직한 예시와 그렇지 않은 예시이다.

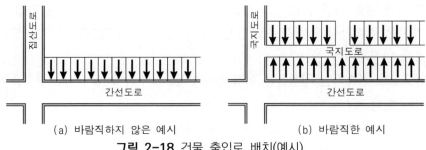

(a) 바람직하지 않은 예시   (b) 바람직한 예시

그림 2-18 건물 출입로 배치(예시)

② 건물 출입로 설계 요소

건물 출입로를 설계할 때는 건물 출입로 길이, 폭, 건물 출입 분리방식, 길모퉁이의 곡선반지름 등이 중요하다. 그림 2-19는 건물 출입로를 설계할 때 고려해야 할 설계 요소들이다.

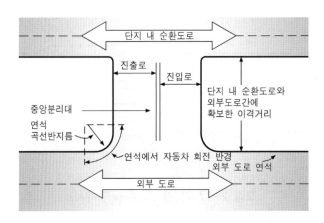

그림 2-19 건물 출입로를 설계할 때 고려해야 할 설계 요소

③ 건물 출입로 길이

건물 출입로를 설계할 때 일정한 길이를 확보하는 것이 매우 중요하나. 건물 출입로 길이를 제대로 확보하지 않으면 그림 2-20에서 보는 것처럼 주변 도로는 물론 단지 내부 동선도 매우 혼잡해진다.

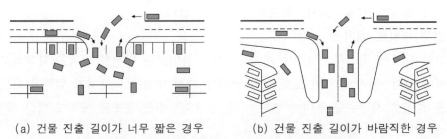

(a) 건물 진출 길이가 너무 짧은 경우   (b) 건물 진출 길이가 바람직한 경우

그림 2-20 건물 출입로 길이 확보의 중요성

2-5 보행자 및 자전거의 분리

2-5-1 혼합 교통의 문제점

도로를 계획하고 설계할 때에는 자동차 교통의 안전, 원활한 흐름과 이에 부가하여 보행자 및 자전거의 안전을 배려하고, 필요에 따라서는 자동차 교통으로부터 분리되도록 한다.

혼합 교통에 따른 피해는 주로 사고 위험성 증대와 자동차 교통 처리 능력 저하의 두 가지로 대별된다.

1. 혼합 교통에 따른 사고 위험성 증대

우리나라의 보행자 사망사고는 교통사고 사망사고의 약 40%를 차지(2018년 기준)하고 있으며, 특히 서울과 부산 등 대도시의 경우 보행자 사망수가 전체 사망자 수의 50% 내외를 차지하고 있다. 이는 아직도 보행자 보호문화가 근본적으로 바뀌지 않은 결과로, 혼합교통이 그 주요 원인으로 해석된다.

따라서 보행자 및 자전거를 차로로부터 분리하여 그 사망자 수를 격감시킬 수 있다는 것은 명백하므로 특히 유의할 필요가 있다. 또한 통계상으로 표현하기는 어렵지만 보행자 및 자전거가 차로로 뛰어드는 것을 피하기 위한 자동차의 급격한 회피 동작이 추돌이나 충돌의 원인이 되는 경우도 많을 것이므로 보행자와 자전거를 차로로부터 분리하는 것은 자동차 상호 간의 사고와도 연관이 되는 것이다.

또한 보행자와 자전거가 많은 도로에서 자동차 주행은 속도의 저하를 초래함과 동시에 운전자의 주의를 분산시켜 사고 발생의 원인이 될 수도 있다.

일반적으로 자전거는 노면의 자갈 등 장애물, 전주, 기둥, 방호울타리, 통행자, 자전거, 자동차 등과 가볍게 접촉하거나 뒤에 많은 짐을 실은 경우 전도의 우려가 있다. 이렇듯 전도되는 곳에 자동차가 통과하게 되면 교통사고로 이어질 우려가 있다. 또 주행 중 주차하고 있는 자동차나 노상을 점유하고 있는 물건을 피해서 자전거가 차로 측으로 나오게 되면 후방에 있는 자동차는 갑자기 뛰어든 자전거를 충돌 혹은 접촉하여 교통사고로 연결될 수도 있다.

2. 혼합 교통에 따른 자동차 교통의 처리 능력 저하

2차로 도로에서는 교통량의 증가와 함께 자동차 주행에 주는 자전거의 영향은 커진다. 도로의 폭이 좁은 2차로 도로에서는 자동차가 자전거에 바짝 붙어서 주행하는 경우마저 생기게 되어 속도 저하의 원인이 될 수 있다. 또 넓은 폭의 2차로 도로에서도 자전거에 대한 자동차의 회피 주행 등이 도로용량에 영향을 주게 된다. 이 때문에 도로의 기능을 향상시키기 위해서도 보행자와 자전거가 많은 도로에서는 이들의 분리를 고려해야 한다.

2-5-2 보도

그 동안 우리나라는 자동차 소통에 중점을 둔 도로 정책으로 인하여 보행자 및 자전거 이용자 등의 통행권이 상대적으로 위축되었다. 반면, 도로안전에 대한 사회적 인식 확대 및 여가 활동을 위한 보행 및 자전거 이용에 대한 수요 증가를 감안할 때, 보도 등 보행자 통행시설의 근본적인 개선이 필요하다.

1. 보도의 기능

보도는 보행자의 안전하고 쾌적한 통행을 보장하는 구조 및 시설이 되도록 하고, 보행자의 통행 경로를 따라 연속성을 유지하며, 산책, 공원 연결 도로 등 휴식 공간으로 활용되는 장소에는 편의시설 등을 설치할 수 있다.

① 안전성 : 보행자 통행시설은 가능한 차도로부터 이격하여 설치하는 것이 바람직하며, 그렇지 못한 경우에는 연석 등을 활용하여 충분히 인지할 수 있도록 한다. 또한 보행자를 쉽게 식별할 수 있도록 조명시설 설치 등의 안전 대책을 강구한다.

② 쾌적감 : 보도는 안전과 더불어 보행자에게 쾌적한 통행 환경을 제공하는 구조이어야 한다. 특히 비가 오는 조건에서 보도에 빗물이 고여 튀거나 미끄러운 보도 면으로 인한 보행 사고가 발생하지 않도록 한다.

③ 연속성 : 보도는 보행자의 통행 경로를 따라 연속적으로 설치되도록 한다.

④ 휴식공간 : 보행자의 산책 및 공원 등으로 연결되는 곳에는 휴식을 위한 공간 및 편의시설을 설치한다.

2. 보도의 종류

보행자 통행시설은 보도, 자전거·보행자 겸용도로, 횡단시설로 구분 할 수 있다. 지방지역도로 등에서 보행자 통행로로 이용되는 확·포장된 길어깨도 광의의 보행자 통행시설에 포함된다.

① 보도 : 보도의 설치 장소는 정확하게 조사 또는 예측된 보행자 교통량 및 교통사고 이력을 토대로 결정하며, 일반적으로 보행자 수가 150인/일 이상이고, 자동차 교통량이 2,000대/일 이상인 경우에 보도 설치를 고려한다.

② 자전거·보행자 겸용도로 : 자전거·보행자 겸용도로는 자전거 교통량이 적은 구간에서 자전거 외에 보행자도 통행할 수 있도록 설치된 도로이다. 자전거·보행자 겸용

도로는 자전거 교통량이 500~700대/일 이상이면 자전거와 보행자 사이에 잦은 통행마찰이 예상되므로 이 경우에는 별도의 자전거도로와 보도의 설치가 바람직하다.

③ 횡단시설 : 횡단시설은 보행자가 도로를 횡단할 때 이용하는 횡단보도, 횡단보도육교 등을 말한다. 횡단보도는 보행자 교통사고 발생비율이 높은 구간으로 안전 대책 마련에 세심한 주의를 필요로 한다.

보도에 대한 상세한 내용은 「보도 설치 및 관리지침(국토교통부)」을 참조한다.

2-5-3 자전거도로

자전거도로는 안전표지, 위험방지용 울타리나 그와 비슷한 공작물로 경계를 표시하거나, 노면표시 등으로 안내하여 보행자, 자동차와 함께 또는 독립적으로 자전거의 통행에 사용하도록 설치한 도로를 말한다.

자전거도로를 설계함에 있어 이용자들이 쉽게 갈 수 있고 이용자들만의 공간을 만들기 위해서는 다음과 같은 사항들을 고려해야 한다.

① 자전거 교통 특성을 고려하여 설계한다.

② 지역 특성을 반영한 설계를 하되 지역 간의 연결이 자연스럽게 이루어지도록 설계한다.

③ 일정 속도를 유지할 수 있도록 서행이나 멈춤을 최소화하고 연속적인 주행이 되도록 설계한다.

④ 설치되는 위치별로 자전거, 보행자의 안전을 도모할 수 있도록 설계한다.

⑤ 타 교통수단과의 연계성을 고려하여 설계한다.

⑥ 환경친화적으로 설계한다.

자전거도로에 대한 상세한 내용은 「자전거 이용시설 설치 및 관리 지침(행정자치부, 국토교통부)」을 참조한다.

제3장 계획교통량 및 설계속도

3-1 도로의 계획목표연도
3-1-1 계획목표연도의 정의
3-1-2 계획목표연도 설정기준
3-1-3 계획목표연도 기준
3-1-4 공용개시 계획연도

3-2 계획교통량 산정
3-2-1 개요
3-2-2 교통수요예측

3-3 설계서비스수준
3-3-1 설계시간교통량
3-3-2 도로용량 산정 절차
3-3-3 서비스수준
3-3-4 설계서비스교통량

3-4 설계속도
3-4-1 설계속도의 정의
3-4-2 지형 구분
3-4-3 설계속도의 적용
3-4-4 속도의 종류

3-5 설계구간
3-5-1 설계구간의 정의
3-5-2 설계구간의 길이
3-5-3 설계구간의 변경점

제3장 계획교통량 및 설계속도

3-1 도로의 계획목표연도

제6조(도로의 계획목표연도)

① 도로를 계획하거나 설계할 때에는 예측된 교통량에 맞추어 도로를 적절하게 유지·관리함으로써 도로의 기능이 원활하게 유지될 수 있도록 하기 위하여 도로의 계획목표연도를 설정하여야 한다.

② 도로의 계획목표연도는 공용개시 계획연도를 기준으로 20년 이내로 정하되, 그 기간을 설정할 때에는 도로의 종류, 도로의 기능별 구분, 교통량 예측의 신뢰성, 투자의 효율성, 단계적인 건설의 가능성, 주변 여건, 주변 지역의 사회·경제계획 및 도시·군계획 등을 고려해야 한다.

3-1-1 계획목표연도의 정의

도로의 계획목표연도를 정의하면 다음과 같다.

「도로를 계획하거나 설계할 때 예측된 교통량에 따라 도로를 건설하여 적절하게 유지·관리하는 경우 적정한 수준 이상의 기능이 유지될 수 있을 것으로 보는 기간(도로의 공용개시 계획연도를 시점으로 한다)」으로 정의한다.

3-1-2 계획목표연도 설정기준

(1) 교통량 예측의 정확성을 신뢰할 수 있는 범위

계획목표연도의 설정은 적정한 정확도로 신뢰할 수 있는 교통량 예측의 범위를 기준으로 한다. 도로의 영향권 범위 내에서 지역 경제, 인구, 토지 이용 등의 변화를 고려하여 예측을 신뢰할 수 있는 범위 내로 결정해야 한다.

대체로 신뢰할 수 있는 범위로 장래 교통량이 현재 교통량에 대해 세 배 이하일 때로 보고 있다.

국외(미국)의 경우, 신뢰할 수 있는 교통량의 예측 가능한 범위로 15~20년의 범위를 최대치로 보고 있으며, 요금소의 규모 등 단계건설이 용이한 경우는 10년 정도로 보고 있다.

(2) 자본의 효율적 투자 측면(경제성)

계획도로 건설 사업에 대한 계획목표연도와 시설 규모를 설정하여 적정 할인율을 적용한 경제성 분석 결과에 따라 단계건설을 고려한 가장 유리한 최종 목표연도를 산정한다.

(3) 도로의 기능별 구분

도로의 계획목표연도는 도로의 기능별 구분(주간선도로, 보조간선도로, 집산도로, 국지도로)에 따라 다르게 적용한다. 기능이 높은 도로의 경우 시설의 확장이 어렵고, 도로 건설에 장기간이 소요되며, 교통 체증에 대한 영향이 매우 크므로 기능이 낮은 도로에 비하여 계획목표연도를 보다 길게 정해야 한다.

(4) 도로의 시설 종류별 구분

시설의 확장이 곤란한 터널이나 장대 교량이 많은 도로와 상대적으로 확장이 용이한 토공 구간의 도로는 구분이 될 수 있다. 따라서 터널 및 교량이 많은 도로는 계획목표연도를 가급적 20년 정도로 길게 하고, 토공으로 이루어진 도로는 10년 정도까지 축소가 가능하다.

(5) 계획도로의 위치(지역 여건)에 따른 검토

계획도로 위치가 도시지역이냐 지방지역이냐에 따라 계획목표연도를 달리할 수 있다. 이는 도시지역의 경우 교통량의 증가가 심하거나 토지 이용의 변화가 크게 예상될 수가 있고, 지방지역에서도 관광도로의 경우는 계절별 교통량의 차이가 크고 변동이 심할 수 있기 때문이다.

이런 경우에는 계획목표연도를 다소 짧게 잡아 불확실한 장래에 대한 오차를 줄여야 한다.

(6) 도시·군계획 등 다른 계획과의 관계

도시 내 도로는 도시·군계획시설로서 도시·군계획상에 도로 폭이 명기되어 있어 실제로 20년 후의 예측 교통량에 맞추기는 불가능한 경우가 많다. 그러나 최소한의 계획목표연도(예를 들어 개통 후 10년 후 등)는 만족을 시킬 수 있도록 도시·군계획 변경을 고려해야 한다.

이러한 변경을 최소화하기 위하여 도시교통정비기본계획에서는 계획목표연도(20년 후)

에 대한 정확한 교통수요예측을 통하여 교통 계획을 수립해야 하며, 이 계획은 20년 목표의 도시·군기본계획 및 10년 목표의 도시·군계획(재정비)에 빠짐없이 반영하여 계획의 일관성은 물론이고 법적 뒷받침으로 시행해야 한다.

3-1-3 계획목표연도 기준

1. 기본 개념

계획목표연도는 공용개시 계획연도를 기준으로 20년을 넘지 않는 범위 내에서 교통량 예측의 신뢰성, 자본 투자의 효율성, 도로의 기능 및 주변 여건을 감안하되 주변 지역의 사회·경제계획 및 도시·군계획 등의 계획목표연도를 고려하여 가급적 사회·경제 5개년 계획의 5년 단위 계획목표연도와 일치토록 한다.

2. 도로의 기능별 구분에 따른 계획목표연도

도로의 기능별 구분에 따른 계획목표연도를 개략 제시하면 표 3-1과 같다.

표 3-1 도로의 기능별 구분에 따른 계획목표연도

도로의 기능별 구분		계획목표연도	
		도시지역	지방지역
간선도로	고속국도	15~20년	20년
	그 밖의 도로	10~20년	15~20년
집산도로		10~15년	10~15년
국지도로		5~10년	10~15년

주) 1. 터널, 교량 등으로 확장이 어려운 노선은 큰 값, 토공 등으로 확장이 용이한 노선은 작은 값을 적용
  2. 토지 이용 변화가 심한 곳은 작은 값을 적용
  3. 광역계획에 포함된 노선일 경우는 광역계획상의 계획목표연도 적용
  4. 도시·군계획 등의 제약을 받을 경우 도시·군계획상의 계획목표연도 적용, 필요 시 도시·군계획 변경
  5. 단계건설일 경우 경제성 분석 후 결정
  6. 도로의 부분 개량일 경우 작은 값 적용

3-1-4 공용개시 계획연도

도로의 계획목표연도를 결정하는 공용개시 계획연도는 도로 설계 시점에 예상하는 도로 준공 후 이용자에게 도로가 공용(개방)되는 연도를 말한다. 경우에 따라서 해당 도로의 예상 준공 시점이 애초 계획보다 늦어질 경우는 시설 규모에 대한 조정을 검토해야 한다. 이 경우, 계획되는 시설 규모가 변경되는 계획교통량을 평균 일교통량(ADT : average daily traffic) 수준으로 비교하였을 경우 계획한 시설 규모에서 수용할 수 있는 정도라면

기존 설계 내용을 수용할 수 있다.

　도로를 계획한 경험에 비추어 보면, 많은 도로들이 계획목표연도 이전에 도로용량에 도달하는 경우가 있었다. 만약 계획한 도로의 교통량이 급격히 증가하여 지나치게 많은 차로수의 확장이 검토될 경우라면, 차로수의 과다 증설보다는 새로운 노선 선택을 먼저 고려하여 도로 간의 간격을 좁혀 접근성 제고에 노력해야 한다.

3-2　　계획교통량 산정

3-2-1 개요

　계획 도로의 교통수요를 정확하게 예측하는 것은 그 도로에 대한 투자 사업의 경제적 타당성 검토에 실질적인 도움을 준다. 즉, 수요 예측 결과에 따라 대상 투자 사업의 실시 여부가 판가름 날 정도로 수요 예측은 도로 계획의 중요한 부분을 차지하고 있다.

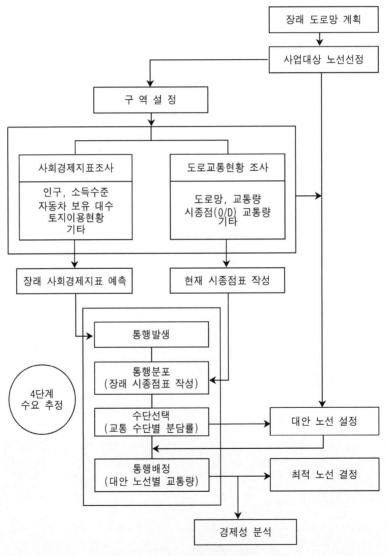

그림 3-1 장래 교통수요예측 과정

실제로 예측된 교통수요는 계획 대상 도로의 제공으로 기대할 수 있는 여러 가지 편익의 산출에 기본 자료로 이용된다.

일반적으로 교통수요예측 방법에는, 계획 대상 도로가 포괄하는 지역적 범위가 넓은 대규모의 경우에 사용되는 단계적인 수요 추정 방법(예 : 4단계 예측방법)과 해당 사업이 소규모이거나 영향 범위가 좁을 경우에 사용되는 보다 간편한 방법(예 : 대상노선 분석방법)이 있다.

그림 3-1은 고속국도 건설과 같은 광역적인 투자 사업의 수요 예측 과정에 일반적으로 사용되는 4단계 교통수요예측 과정을 나타낸 것이다. 그림에서 분포 교통량 예측과 교통수단별 교통량 예측은 순서가 바뀔 수 있다.

교통수요를 예측할 때는 국가교통데이터베이스에서 제공한 장래의 수단별 기종점 통행량을 활용하여 분석하므로 각 사업별로 모든 단계의 데이터를 새롭게 구축할 필요는 없으나, 장래 개발계획 및 존 세분화 등 추가적인 O/D의 보완 작업이 필요한 사업의 경우 4단계 교통수요예측 방법에 따라 통행발생 및 통행분포를 예측해야 하며, 대규모 기간교통망사업(고속국도사업, 고속철도사업 등을 말한다) 및 네트워크에 큰 영향을 미치는 사업의 경우 다른 수단에서 전환되는 수요가 클 수 있으므로 이와 같은 사업의 경우 수단분담모형을 적용하여 수단분담과정을 수행해야 한다.

3-2-2 교통수요예측

교통수요예측 방법 중 가장 많이 사용되어 오면서 대표적인 수요예측 과정의 위상을 갖고 있는 4단계 예측방법을 적용한다.

4단계 교통수요예측 방법은 통행발생, 통행분포, 수단선택, 통행배정의 4단계로 나누어 순차적으로 교통수요를 예측하는 방법이다.

(1) 통행발생

통행발생은 토지 이용 관련 자료를 토대로 구분된 각 교통 존(zone)에 대해 사람 통행과 화물 통행의 유출 및 유입 교통량을 예측하는 단계이다. 통행발생의 예측 방법에는 원단위에 의한 방법, 증가율에 의한 방법, 모형식을 이용하는 방법 등이 있다. 「교통시설 투자평가지침(국토교통부)」에서는 원단위에 의한 방법으로 예측한다.

통행발생 단계에서는 각 교통 존에서 만들어지는 유출 교통량과 각 존으로 들어오는 유입 교통량을 구한다.

유출 교통량이 생기는 대표적인 예로는 주거지역을 들 수 있으며, 유입 교통량이 생기는 대표적인 예로는 학교, 업무지역 등을 들 수 있다.

(2) 통행분포

통행분포는 통행발생에서 예측한 각 존의 발생 교통량이 각 존 간에 어떻게 분포되는가를 예측하는 단계이며, 이를 토대로 장래 시종점표가 작성된다. 예측 방법에는, 현재의 통행 경향이 앞으로도 계속될 것이라는 가정 아래에서 장래의 시종점표를 구하는 성장률 방법과 모형식을 이용하는 방법 등이 있다.

교통시설 투자평가지침(국토교통부)에서 국가교통DB는 중력모형을 사용하였으며, 저항함수의 형태는 수정혼합모형을 적용하였다.

계획목표연도별 통행분포 예측 결과를 직접 영향권과 간접 영향권을 구분하여 지역별로 제시해야 한다.

(3) 수단선택

각 존 간에 분포된 예측 교통량이 어떤 교통수단을 이용하여 통행할 것인가를 예측하는 과정이 수단분담 단계이다. 수단분담 단계는 다른 예측 단계에 포함될 수 있고, 독립적으로 시행될 수도 있다.

수단분담 단계는 전체 4단계 중에서 놓이는 위치가 달라질 수 있고, 또 다른 예측 단계에 포함할 수도 있다. 우선 첫 번째로, 통행발생 단계에서 아예 수단분담을 예측하는 방법이 있는데, 이 방법을 이용하면 전체 예측 과정은 세 단계로 줄어들게 된다. 두 번째로는 통행발생을 예측하고 난 뒤 전환곡선(diversion curve)을 이용하여 수단분담을 구하는 방법이 있다. 세 번째로 통행분포를 예측할 때 수단분담을 예측하는 방법이 있다. 마지막으로 통행분포를 예측하고 예측된 통행분포를 교통수단별로 나누는 방법이 있다.

교통시설 투자평가지침(국토교통부)에서는 개개인의 통행행태 특성을 파악하여 수단분담률을 예측하는 개별 통행행태모형 중 로짓모형을 제시하고 있다.

(4) 통행배정

통행배정은 목적에 따라 수요 배분 교통량 예측, 실제 배분 교통량 예측 및 최적 배분 교통량 예측의 3가지가 있으며, 계획 존 내의 각 노선별 배분 교통량을 예측하는 방법에는 전량 배분법, 용량 제약 배분법, 다중경로 배분법, 확률적 노선 배분법 등이 있으며, 그 밖에 컴퓨터를 이용하여 최적의 해를 구하는 방법이 계속 개발되고 있다.

교통수요예측에 대한 상세한 내용은 「교통시설 투자평가지침(국토교통부)」을 참조한다.

설계서비스수준

제7조(도로의 설계서비스수준)

도로를 계획하거나 설계할 때에는 도로의 설계서비스수준이 국토교통부장관이 정하는 기준에 적합하도록 하여야 한다.

3-3-1 설계시간교통량

1. 설계시간교통량의 정의

설계시간교통량(DHV : design hourly volume)이란 도로의 계획목표연도에 그 도로를 통행할 것으로 예상되는 1시간 교통량을 말한다.

2. 설계시간교통량 산출 방법

설계시간교통량을 산출하기 위하여 일반적으로 사용하는 방법은 대상 도로구간의 교통량 변화 특성을 반영하기 위하여 평균 일교통량(ADT : average daily traffic)에 대한 비율을 결정하는 것이다. 평균 일교통량은 어느 주어진 시간 동안에 도로의 한 지점을 통과한 교통량을 주어진 시간으로 나눈 값이며, 여기서 주어진 시간은 일반적으로 하루보다는 길고 1년보다는 작은 시간을 사용한다. 보통은 도로의 한 지점에 대한 평균 일교통량을 산출할 때 상시 교통량 조사를 이용하게 되지만, 만약 지속적인 교통량 조사 결과가 아니라면 교통량 조사 결과를 계절, 월, 요일에 따라 보정해서 사용하게 된다. 평균 일교통량은 도로의 타당성 조사 등에서 유용하게 사용되는 반면에 도로의 시설 선정단계에는 직접적으로 사용되기 곤란하다. 왜냐하면, 하루의 전체 교통량으로는 하루에 변화하는 교통량 추이를 판단하기 곤란하여, 특히 첨두시간(peak hour)의 교통량 정도를 고려해야 하는 차로수의 결정과 같은 주요 결정 과정에서 사용할 수 없다.

도로 시설의 규모를 결정할 때에는 하루보다 짧은 시간대를 사용해야 교통수요를 정확히 표시할 수 있으며, 특히 매일 반복되는 첨두시간교통량을 설계에 반영하기 위해서는 설계시간교통량 개념 도입이 필수적이다.

평균 일교통량의 주어진 시간을 1년으로 사용할 경우 연평균 일교통량을 결정할 수 있으며, 여기서 연평균 일교통량(AADT : annual average daily traffic)은 1년 동안 도로의 어느 지점 또는 구간을 통행한 양방향의 총 자동차 대수를 1년 동안의 일수로 나눈 교통량으로 대상 도로를 통과하는 자동차들의 24시간 교통량을 파악하여 교통수요를 알기 위함일 뿐이며, 이는 도로의 설계에서 고려해야 할 지역적 특성 및 시간적 특성을 충분히 포함하지 않은 수치이다. 보통 출·퇴근 시의 첨두시간에는 교통량이 증가하여 연평균 일교통량을 하루 동안의 총 시간수인 24로 균등 배분한 수치보다는 큰 값을 나타낼 것이 분명하지만 그 값이 어느 정도인지 분명치 않으며, 계절에 따라 그 값이 변화할 수 있기 때문에 일반적으로 많이 쓰이는 방법은 다음과 같은 절차에 따른다.

① 연중 조사된 8,760시간(=365일×24시간/일)의 시간 교통량을 교통량이 많은 순서부터 내림차순으로 정렬한다.

② 이를 시간 교통량-순위 관계곡선으로 부드럽게 연결한다.

③ 이 곡선이 급격히 변하는 지점의 시간교통량을 선정하여 활용하며, 설계대상 도로 주변의 유사 교통수요 변동 특성을 가지는 도로 구간을 대상으로 교통량 상시조사 자료(국토교통부, 도로교통량 통계연보, 각 연도) 등을 활용하여 해당 사업에 맞게 도출하여 적용한다. 국내에서는 일반적으로 연평균 일교통량에 대한 30번째 시간 교통량에 대한 비(K_{30})를 설계시간계수로 적용하고 있다.

④ 표 3-2는 우리나라의 평균적인 설계시간계수 분석 사례를 제시한 것으로 주변 도로 구간의 교통량 상시조사 자료 등을 통하여 설계시간계수를 산출할 수 없는 경우에 참조할 수 있으며, 이를 적용하고자 할 때에는 장래 교통수요 변동 특성을 충분히 고려하여 계획목표연도에 적합한 지역 구분이 선택될 수 있도록 해야 한다.

표 3-2 설계시간계수(K)

도로 구분		지역 구분		
		도시지역도로	지방지역도로	관광지역 도로
일반 국도	2차로	0.12* (0.10~0.14)**	0.16 (0.13~0.20)	0.23 (0.18~0.28)
	4차로 이상	0.10 (0.07~0.12)	0.12 (0.09~0.15)	0.14 (0.12~0.17)
고속국도 (4차로 이상)		0.10 (0.07~0.13)	0.14 (0.09~0.19)	

주) *설계시간계수 적용범위 중 상한값과 하한값의 산술 평균
　　**설계시간계수의 범위

설계시간계수는 도로의 효율성 면에서 상당히 중요한 변수이므로 설계시간계수를 너무 높게 설정할 경우 설계시간교통량이 과다하게 산출되어 비경제적인 도로건설을 초래할 우려가 있고, 반대로 설계시간계수를 너무 낮게 설정할 경우 교통량이 설계시간교통량보다 많은 시간대가 자주 발생하여 잦은 교통 혼잡을 일으킬 수 있다. 이러한 관점에서 볼 때, 도로를 계획할 때 합리적인 연평균 일교통량의 예측과 더

불어 도로가 통과·연결하는 지역의 특성 및 이로 인한 교통수요 변동 특성을 반영한 설계시간계수를 산출하는 것이 가장 중요하다.

그림 3-2는 시간당 교통량 순위와 시간당 교통량의 연평균 일교통량에 대한 백분율의 일반적인 관계를 나타내고 있다. 그림 3-2는 국외(미국)에서 얻어진 교통량 조사 자료에 따른 것이다.

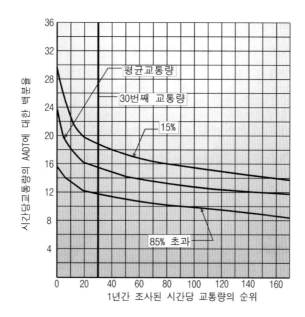

그림 3-2 지방지역 간선도로의 시간당 교통량 순위(30번째)와 AADT에 대한 백분율의 관계

주) A Policy on Geometric Design of Highways and Streets(AASHTO, 2004)

다음은 설계시간계수(K_{30})의 일반적인 특성이다.

① 연평균 일교통량이 증가할수록 해당 도로의 설계시간계수는 감소한다.

② 설계시간계수가 클수록 교통수요 변동이 크다.

③ 해당 도로 구간 인접지역의 개발이 많이 이루어질수록 설계시간계수는 감소한다.

④ 설계시간계수는 관광지역 도로에서 가장 크고 지방지역도로, 도시지역도로의 순으로 감소하는 경향을 보인다. 관광지역 도로는 휴가지 및 관광지와 인접하여 휴가·관광철에 통행이 집중되는 교통수요 특성을 보이며, 지방지역도로는 평일보다는 주말과 휴가·관광철에 교통수요가 집중되나 관광지역 도로에 비해서는 집중 정도가 적은 교통수요 특성을 보이고, 도시지역도로는 출퇴근 등 평일 교통수요가 꾸준히 발생하고 주말 교통수요가 상대적으로 적은 특성을 보인다.

일단 대상도로 구간의 설계시간계수가 결정되고 나면 다음 식에 따라 설계시간교통량을 정한다.

$$DHV = AADT \times K$$

여기서, DHV : 설계시간교통량(대/시/양방향)

AADT : 연평균 일교통량(대/일)

K : 설계시간계수

한편 첨두시간과 같이 교통량의 방향별 분포가 뚜렷한 차이를 나타내는 경우 교통량이 많은 방향(중방향)을 도로의 설계 대상 방향으로 설정해야 한다.

방향별 분포를 고려했을 경우 중방향설계시간교통량(DDHV : directional design hourly volume)을 산출하는 식은 다음과 같다.

$$DDHV = AADT \times K \times D$$

여기서, DDHV : 중방향설계시간교통량(대/시/중방향)

D : 중방향계수

표 3-3 중방향계수(D)

도시지역도로	지방지역도로
0.60 (0.55~0.65)	0.65 (0.60~0.70)

3-3-2 도로용량 산정 절차

1. 도로용량의 정의

도로용량이란 주어진 도로 조건에서 15분 동안 무리 없이 최대로 통과할 수 있는 승용자동차 교통량을 1시간 단위로 환산한 값이다.

도로용량을 분석하는 목적은 도로의 운행 상태를 평가하여 기존 도로의 개선 방안을 세우거나 도로 계획할 때 도로 시설의 적정 규모를 결정하는 데 있다.

2. 도로용량 산정 방법

도로용량 산정 방법은 크게 두 가지 연속되는 절차를 통하여 수행된다.

첫째로, 주어진 도로가 수용할 수 있는 최대 교통량을 추정하는 것이다. 일반적으로 도로는 용량 상태 또는 용량에 근접한 상태가 발생하지 않도록 적절하게 조치해야 한다.

다음으로, 도로에서 일정한 서비스수준을 유지하기 위한 도로의 교통운행 상태를 평가하는 것이다.

도로용량에 영향을 미치는 요소는 각 도로 유형별로 다양하다. 도로용량을 산정할 때 해당 도로가 어떤 유형의 도로인지에 따라 적절한 요소를 반영하여 도로용량을 산정할 수 있다. 도로용량 산정에 대한 상세한 내용은 「도로용량편람(국토교통부)」을 참조한다.

3. 효과척도

효과척도(MOE : measure of effectiveness)는 자동차 통행 상태의 질을 나타내는 기준을 말한다.

도로용량편람(국토교통부)에서는 도로 시설 유형을 총 13개로 분류하여 용량 및 서비스수준 분석 방법을 제시하고 있다. 그 중 대표적인 유형에 대한 효과척도는 아래의 표와 같다.

표 3-4 도로 시설 유형별 효과척도(MOE)

교통 흐름	도로의 구분		효과척도(MOE)
연속류	고속국도	기본구간	• 밀도(승용차/km/차로) • 교통량 대 용량비(V/C)
		엇갈림구간	• 평균 밀도(승용차/km/차로)
		연결로 접속부	• 영향권의 밀도(승용차/km/차로)
	다차로 도로		• 평균통행속도(km/h) • 교통량 대 용량비(V/C)
	2차로 도로		• 총지체율(%) • 평균통행속도(km/h)
단속류	신호교차로		• 평균제어지체(초/대)
	연결로-접속도로		• 평균제어지체(초/대)
	비신호교차로	양방향정지	• 평균운영지체(초/대)
		무통제	• 방향별 교차로 진입 교통량(대/시) • 시간당 상충횟수(회/시)
	회전교차로		• 평균지체(초/대)
	도시 및 교외 간선도로		• 평균통행속도(km/h)

① 밀도는 고속국도의 운영 상태를 설명하는 데 있어 가장 중요한 척도로서, 특정 시각, 단위 구간에 들어 있는 자동차의 대수를 말한다. 밀도는 운전자들이 원하는 대로 움직일 수 있는지의 여부 또는 도로 통행의 안전 측면에서 매우 중요한 앞뒤 자동차와의 거리를 나타낸다.

② 교통량 대 용량 비(V/C)는 통과 교통량 대 용량의 비를 말하며, 해당 시설을 이용하는 교통류의 상태를 설명하여 주는 또 다른 효과척도로서 계획 및 설계 단계에서 유용하게 이용된다.

③ 평균통행속도(단위 시간당 통행할 수 있는 거리의 평균값)는 주어진 도로 및 교통조건에서 자동차들이 나타내는 평균속도의 평균으로 다음의 식으로 구할 수 있다. 다만, 고속국도에서 교통량의 변화에 따른 속도의 변화가 거의 없으므로 속도를 효과척도로 사용하지 않는다.

$$S = \frac{L}{\sum\limits_{1}^{n} \dfrac{L_n}{S_n}}$$

여기서, S : 전체 구간의 평균통행속도(km/h)

　　　　L : 전체 구간 길이(km)

　　　　n : 분할된 구간의 개수

　　　　L_n : 구간 n의 길이(km)

　　　　S_n : 구간 n의 평균통행속도(km/h)

④ 총지체율이란 일정 구간을 주행하는 자동차 무리 내에서 자동차가 평균적으로 지체하는 비율을 말하며, 운전자가 희망하는 속도에 대한 지체 정도를 표현하는 척도이다. 교통량이 적을 때에는 자동차들은 거의 지체되지 않으며, 평균 자동차 간격도 커지므로 앞지르기 가능성이 높아진다. 교통량이 적은 조건에서 총지체율은 낮지만 용량에 가까워질수록 앞지르기 기회가 줄어들어 거의 모든 자동차들이 무리를 형성하게 되고, 총지체율은 높아진다. 총지체율은 다음의 식으로 구할 수 있다.

$$총지체율 = \frac{\sum\limits_{i=1}^{n}\left(\dfrac{실제통행시간 - 희망통행시간}{실제통행시간}\right)}{교통량} \times 100(\%)$$

⑤ 자동차당 평균제어지체란 분석 기간에 도착한 자동차들이 교차로에 진입하면서부터 교차로를 벗어나서 제 속도를 낼 때까지 걸린 추가적인 시간 손실의 평균값을 말한다. 또 여기에는 분석기간 이전에 교차로를 다 통과하지 못한 자동차로 인해서 분석기간 동안에 도착한 자동차가 받는 추가지체도 포함된다.

3-3-3 서비스수준

교통 운행 상태의 질을 정의한 서비스수준(LOS : level of service)은 일반적으로 표 3-5와 같이 A~F의 6단계로 구분된다.

이 중에서 설계서비스수준으로는 서비스수준 C와 D가 사용된다.

특히, 표 3-5의 서비스수준 F는 자동차 행렬(queue) 또는 와해(breakdown) 발생의 운행 상태를 설명하는데 사용된다. 도착 교통량이 통과되는 교통량보다 많으면 자동차 대기 행렬이 형성되며, 서비스수준 F는 이러한 상태를 나타낸다. 그러나 와해가 발생한 지점을 벗어난 자동차의 운행 상태는 대부분의 경우 매우 좋다.

서비스수준에 대한 상세한 내용은 도로용량편람(국토교통부)을 참조한다.

표 3-5 서비스수준별 교통류의 상태

서비스 수준	구분	교통류의 상태
A	자유 교통류	사용자 개개인들은 교통류 내의 다른 사용자의 출현에 실질적으로 영향을 받지 않는다. 교통류 내에서 원하는 속도 선택 및 방향 조작 자유도는 아주 높고, 운전자와 승객이 느끼는 안락감이 매우 우수하다.
B	안정된 교통류	교통류 내에서 다른 사용자가 나타나면 주위를 기울이게 된다. 원하는 속도 선택의 자유도는 비교적 높으나 통행 자유도는 서비스수준 A보다 어느 정도 떨어진다. 이는 교통류 내의 다른 사용자의 출현으로 각 개인의 행동이 다소 영향을 받기 때문이다.
C	안정된 교통류	교통류 내의 다른 자동차와의 상호작용으로 인하여 통행에 상당한 영향을 받기 시작한다. 속도의 선택도 다른 자동차의 출현에 영향을 받으며, 교통류 내의 운전자가 주위를 기울여야 한다. 이 수준에서 안락감은 상당히 떨어진다.
D	안정된 교통류 높은 밀도	속도 및 방향 조작 자유도 모두 상당히 제한되며, 운전자가 느끼는 안락감은 일반적으로 나쁜 수준으로 떨어진다. 이 수준에서는 교통량이 조금만 증가하여도 운행 상태에 문제가 발생한다.
E	용량 상태 불안정 교통류	교통류 내의 방향 조작 자유도는 매우 제한되며, 방향을 바꾸기 위해서는 자동차가 길을 양보하는 강제적인 방법을 필요로 한다. 교통량이 조금 증가하거나 작은 혼란이 발생하여도 와해 상태가 발생한다.
F	강제류 또는 와해 상태	도착 교통량이 그 지점 또는 구간 용량을 넘어선 상태이다. 이러한 상태에서 자동차는 자주 멈추며, 도로의 기능은 거의 상실된 상태이다.

3-3-4 설계서비스교통량

설계서비스교통량은 앞에서 설명한 서비스수준의 A~F 중에서 어느 수준을 선택해서 해당 도로의 기준을 정할 것인가를 결정한 후 그 결정된 서비스수준에서의 교통량을 말한다.

먼저 설계서비스수준을 결정할 때 생각할 점은 도로 설계자는 가능한 한 가장 좋은 서비스수준을 설계서비스수준으로 해야 한다는 것이다.

그러나, 현실적으로 조건에 따라 도시지역 간선도로의 경우 C 혹은 D, 그 밖의 도로의 경우 D가 현실적으로 선택 가능하다. 이론적으로 볼 때는 설계서비스교통량보다 교통량이 많은 경우 그 도로는 교통 혼잡을 겪게 될 것이 분명하다. 따라서 설계서비스수준은 상당히 신중히 결정되어야 할 설계 요소이다.

설계서비스수준이란 설계 대상 도로의 서비스수준(혼잡 상태)을 어느 수준까지 허용할 것인가 하는 상황과 관련된 것이다. 이 수준은 해당 도로의 기능과 특성, 입지, 교통 특성 등을 고려하여 결정한다.

설계 대상 도로가 도시지역에 위치하는 경우 운전자들이 도로이 혼잡 상태에 비교적 익숙해 있고 도로 부지의 확보가 어려운 점 등을 감안하여 설계서비스수준을 낮게 잡을 수 있다.

반면, 지방지역에 위치하는 지역 간 고속국도의 경우 장거리 통행이 많은 교통 특성과 부지 확보가 상대적으로 쉽다는 점 등을 고려하면 도시지역도로보다는 나은 서비스수준으로 설계한다.

따라서, 이 수준에 따라 차로수도 다르게 결정될 수 있다. 표 3-6은 도로를 설계할 때 일반적으로 사용하는 설계서비스수준이다.

표 3-6 도로별 설계서비스수준

도로 구분 \ 지역 구분	지방지역	도시지역
고속국도	C	D
고속국도 제외한 그 밖의 도로	D	D

국외(미국 A Policy on Geometric Design of Highways and Streets, AASHTO, 2004)에서 제시하는 도로별 설계서비스수준은 표 3-7과 같다. 우리나라의 경우 사회적 여건 변화가 안정된 국외 국가보다는 장래 사회·경제의 변화가 심하기 때문에 교통량 변화를 20년 후까지 정확히 예측한다는 것은 쉽지 않다. 따라서 설계서비스수준에 근접하는 규모를 제시하는 것이 도로 투자와 운영 체계에서 더 합리적이라 보는 것이다.

표 3-7 국외의 도로별 설계서비스수준(미국, AASHTO, 2004)

도로 구분 \ 지역 구분	지방지역			도시지역
	평지	구릉지	산지	
고속도로	B	B	C	C
간선도로	B	B	C	C
집산도로	C	C	D	D
국지도로	D	D	D	D

3-4 설계속도

제8조(설계속도)

① 설계속도는 도로의 기능별 구분 및 지역별 구분(제2조제16호 및 제17호에 따른 도시지역 및 지방지역의 구분을 말한다)에 따라 다음 표의 속도 이상으로 한다. 다만, 지형 상황 및 경제성 등을 고려하여 필요한 경우에는 다음 표의 속도에서 시속 20킬로미터 이내의 속도를 뺀 속도를 설계속도로 할 수 있다.

도로의 기능별 구분		설계속도(킬로미터/시간)			
		지방지역			도시지역
		평지	구릉지	산지	
주간선도로	고속국도	120	110	100	100
	그 밖의 도로	80	70	60	80
보조간선도로		70	60	50	60
집산도로		60	50	40	50
국지도로		50	40	40	40

② 제1항에도 불구하고 자동차전용도로의 설계속도는 시속 80킬로미터 이상으로 한다. 다만, 자동차전용도로가 도시지역에 있거나 소형차도로일 경우에는 시속 60킬로미터 이상으로 할 수 있다.

3-4-1 설계속도의 정의

설계속도는 도로의 기하구조를 결정하는데 기본이 되는 속도이다. 이 규칙에서는 설계속도를 "도로 설계의 기초가 되는 자동차의 속도를 말한다."로 정의하고 있다.

평면곡선 반지름, 편경사, 시거와 같은 선형 요소는 설계속도와 직접적인 관계를 갖는다. 또 차로, 길어깨, 방호울타리 및 측방여유폭 같은 그 밖의 요소들은 설계속도와 직접적으로 관계가 없지만 자동차의 주행속도에 영향을 미친다.

3-4-2 지형 구분

자연지형은 크게 평지, 구릉지, 산지로 구분할 수 있다. 도로 설계와 자연지형 간의 관계를 보면, 평지는 자연지형 조건의 변화가 심하지 않으며 설계기준을 충족하는 도로선형 구현에 어려움이 없는 지형을 말한다. 구릉지란 도로를 따라 자연지반고와 도로계획고간 차이가 일정하게 반복적으로 변화되며, 간헐적인 경사면으로 인해 일반적인 도로선형 구현에 제한적인 지형을 말한다. 산지란 도로를 따라 자연지반고와 도로계획고의 차이가 크게 변화되며, 선형 기준을 충족하기 위해 대규모 지반굴착이 빈번하게 발생되어 공사비가 현저하게 발생하는 지형을 말한다.

도로 설계는 도로의 기능, 지역, 지형 조건 등을 종합적으로 고려하여 이루어지므로 자연지형을 그대로 설계에 반영할 수는 없다. 따라서 지형 구분에 대한 최종 판정은 설계 대상 구간의 도로 기능, 자연환경, 경관, 경제성 등 다양한 요소에 대한 종합적 검토를 토대로 도로 설계자가 합리적으로 결정하는 것이 바람직하다. 이 해설에서는 도로 설계자를 위한 자연지형 구분에 대한 참고자료로써 표고와 경사도를 고려한 지형 분류로 표 3-8을, 자연지반고의 변화량에 기반하여 표 3-9를 제시하였다. 앞서 언급한 바와 같이, 표 3-8 및 표 3-9는 도로 설계자가 대상 구간의 지형 구분을 위한 참고적인 목적으로만 제시된 것이며, 표에 제시된 값에 지나치게 얽매이는 경우는 오히려 바람직한 도로 설계에 역행하는 결과를 초래할 수 있음에 주의해야 한다.

표 3-8 지형 정의 분류 -Ⅰ-

경사도 \ 표고	100m 미만	100m 이상~400m 미만	400m 이상
8.75%(5°) 미만	평지	평지	산지
8.75~17.6%(10°)	평지	구릉지	산지
17.6%(10°) 초과	구릉지	산지	산지

자료 : 김상엽, 최재성, 이승용, 한형관, 도로설계 적정화를 위한 새로운 지형구분에 관한 연구, 2006, 한국도로학회

표 3-9 지형 정의 분류 -Ⅱ-

지형 구분	지형 정의
평지	1Km 내 지반 최고점과 최저점 차이가 40m 미만
구릉지	1Km 내 지반 최고점과 최저점 차이가 40m~60m
산지	1Km 내 지반 최고점과 최저점 차이가 60m 초과

3-4-3 설계속도의 적용

설계속도는 노면 습윤 상태에서 교통밀도가 낮으며, 자동차의 주행 조건이 도로의 구조적인 조건만으로 지배되고 있는 경우에 평균적인 운전 기술을 가진 운전자가 안전하고도 쾌적성을 잃지 않고 주행할 수 있는 적정 속도인 것이다.

따라서, 가령 설계속도가 80km/h인 도로에서는 교통 밀도가 낮아지면 보통인 운전자는 적어도 80km/h인 속도로 안전하고도 쾌적하게 주행할 수가 있다. 그러나 기하구조의 요소는 자동차의 주행 안전성에 대해서는 여유가 있으므로 선형 등의 조건이 양호하면 80km/h가 넘는 속도로 주행하는 것도 가능하다. 다만, 운전자는 그 도로의 설계속도로 주행하는 것이 아니고, 지형이나 도로 주변 상황 및 도로의 실제 선형 등에 따라서 자기의 주행속도를 선택하는 경향이 있으므로 주의해야 한다. 한편, 설계속도가 40km/h인 도로라 하더라도 교통량이 적으며 직선부나 평면곡선 반지름이 큰 곡선부에서는 40km/h를 초과하는 속도로도 안전하게 주행할 수가 있는 것이다. 이러한 경향은 설계속도가 낮은 경우에 특히 현저하다.

그러나 설계속도가 낮은 도로의 시설 요소는 설계속도가 높은 경우보다 상대적으로 열악하기 때문에 설계속도가 현저히 다른 도로를 이어서 접속시킬 경우에는 속도 변이구간 설치에 특별히 주의를 기울여야 한다.

이 규칙에서는 도로의 기능에 따라 운전자가 기대하는 속도를 해당 도로의 표준설계속도로 정하는 원칙 하에서, 다만 지형 상황으로 인하여 표준 설계속도에서 20km/h 까지 낮춘 속도를 설계속도로 할 수 있도록 하였다.

이에 따라 가령, 표준 설계속도가 60km/h인 경우, 평면곡선 반지름이 크고 시거가 적정하게 확보된 구간에서는 그 정도에 따라 설계속도를 60km/h로 설계하며, 평면곡선 반지름이 작고 시거가 적정하지 않은 구간에서는 50km/h 또는 40km/h로 설계할 수 있도록 허용하고 있다. 그러나 설계속도를 하나의 설계구간 내에서 변화시킨다는 것은 주행상 문제가 많으므로 변경지점에 대해서는 특별한 주의가 필요하다.

고속국도의 경우 설계속도의 최고값인 120km/h는 자동차의 성능, 국외의 경험 및 인간의 감각적 기능의 한계 등을 고려할 때 타당한 값으로 인정되어 왔으나 지속적인 자동차 기술의 발전, 운전자들의 고속 운전 적응, 도로 설계 기술의 발전 등을 고려할 때 그 이상의 설계속도를 지향하는 것도 바람직하다 할 것이다. 이미 오스트리아 일부 구간에서는 설계속도 140km/h인 고속국도를 설계한 예가 있으며, 독일 고속국도는 원거리 고속국도인 경우는 130km/h를 권장속도(Richtgeschwindigkeit-도로 설계에서 기준이 되는 속도로 이 속도에서는 노면 습윤 상태에서 자동차의 안전한 주행을 보장함. 다만 실제 도로운영상 대부분의 구간에서는 통행속도 단속을 하지 않아 높은 통행속도로 주행할 수 있으나 권장속도보다 높은 통행속도는 운전자의 책임 아래 운영됨)로 제시하고 있고, 고속국도의 기능이나 도시지역에서는 권장속도를 80km/h까지 제안하고 있다(RAA 2008).

우리나라의 경우 산지나 도시지역의 지형 조건, 토지 이용 여건 및 경제성 등을 고려하여 부득이한 경우 80km/h까지 적용할 수 있도록 하였다.

고속국도를 제외한 그 밖의 도로의 설계속도에 대해서는 일반적으로 출입제한을 위배하지 않는 교통 제어를 시행하는 것이 전제가 되므로 그 최고값은 80km/h로 제한하도록 한 것이다. 다만, 지형 상황 등을 참작하여 부득이하다고 인정하는 경우에는 예외적으로 짧은 구간에 한하여 10km/h 또는 20km/h까지 낮춘 설계속도를 적용할 수 있도록 하고 있다(단, 20km/h보다 더 낮춰서는 안 된다).

이는 우리나라 지형의 복잡성 및 고도의 토지 이용 등으로 소정의 설계속도를 긴 구간에 걸쳐 유지하려면 산지나 도시지역에 있어서 짧은 구간에 막대한 건설비가 소요되므로 사실상 사업이 불가능한 경우가 생길 수도 있으며, 또 그 구간 때문에 전체 노선의 설계속도를 낮춘다는 것도 바람직하지 않으므로 이와 같은 규정을 설정하고 있지만 안전한 교통 처리 면에서 볼 때 권장할 것은 못된다.

이러한 의미에서 이 예외 규정을 적용할 때에는 신중을 기해야 하며, 이러한 지점이 몇 군데 있는 경우에는 오히려 전체의 설계속도를 낮추는 등의 배려가 필요하다.

자동차전용도로는 주간선도로로 구분하며, 통행의 이동성 확보를 통한 자동차의 원활한 흐름을 주 기능으로 하기 때문에 설계속도를 80km/h 이상으로 하도록 하였으며, 도시지역이나 소형차도로 계획에 따라 부득이하다고 인정되는 경우에는 예외적으로 60km/h로 적용할 수 있도록 하였다.

3-4-4 속도의 종류

도로설계 상태와 건설 후 운영 상태에서 적용할 수 있는 속도의 종류는 개별 자동차(또는 통행량이 많지 않아 자유로운 교통 흐름이 유지될 때) 관점과 자동차군이 형성될 만한 많은 교통량이 있을 경우의 관점에서 볼 때 다음과 같은 구분을 할 수 있다(독일 RAS 참조).

표 3-10 도로설계 운영단계와 교통상태별 기준 속도

구 분	개별 자동차의 관점	전체 자동차의 관점
도로 시설 규모 결정용 속도	설계속도(V_D)	설계확인속도(V_B)
도로 운영 차원의 검증 속도	85백분위속도(V_{85})	평균주행속도(V_R)

(1) 설계속도(V_D, design speed)

설계속도는 선형을 설계하는 경우에 선형 요소의 한계값 결정에 직접적인 의미를 가지는 것으로 도로 설계의 기초가 되는 자동차의 속도를 말한다.

(2) 운영속도(V_{85}, Operating Speed, 85백분위속도)

운영속도는 자유로운 교통 흐름 상태에서 운전자가 자신의 자동차를 운영할 때 관찰되는 속도이다(A Policy on Geometric Design of Highways and Streets, AASHTO, 2004). 85백분위속도는 자유로운 교통 흐름이나 노면 습윤 상태에서 주행하는 승용자동차의 속도를 측정하여 측정치를 오름차순으로 정리하여 85%째에 해당하는 속도(주행 승용자동차의 85%가 초과하지 않는 속도)이다. 85백분위속도는 도로의 굴곡도(평면곡선의 변화량/km)와 차로폭에 따라 변화하는 것으로 알려져 있다.

독일의 경우 방향별로 분리된 도로에서의 85백분위속도는 다음과 같다

$$V_{85} = V_D + 10km/h(설계속도\ 100km/h\ 이상)$$
$$V_{85} = V_D + 20km/h(설계속도\ 100km/h\ 미만)$$
$$V_{85} = V_D + 20km/h(2+1차로도로,\ 단,\ 최고\ 속도\ 100km/h)$$
$$V_{85} = 최고\ 제한속도(도시지역\ 외곽\ 또는\ 연계\ 기능이\ 있는\ 도시지역도로)$$

또한 설계속도와 85백분위속도는 설계의 검증에서 좋은 비교 지표로 활용할 수도 있다. 이는 설계속도가 도로의 시설 규모 및 기하구조를 결정하는 필요한 기초가 되는 반면에, 85백분위속도는 설계된 도로가 도로 운영 단계에서 나타나는 운전 행태를 예측할 수 있는 지표이기 때문에 설계된 도로의 구간 특성을 운전자가 어떻게 받아들였는지를 가늠할 수 있다. 현장에서 관측된 85백분위속도를 토대로 설계속도와 관련 기준 설정에도 활용할 수 있다. 85백분위속도는 이웃한 도로 구간과 비교하여 85백분위속도가 10km/h 이상 차이가 나면 도로 안전 점검 차원에서 설계 여건 변화 구간을 검토해 보아야 한다.

(3) 평균주행속도(V_R, average running speed)

구간 평균속도(space mean speed)라고도 하는데, 이는 일정한 도로 구간을 주행하는 자동차에 대한 통과 시간의 관측을 통하여 교통류의 속도를 측정하는 방법으로서, 구간 거리를 평균 주행시간으로 나누어 구한다. 주행시간이란 자동차가 움직이고 있는 시간만을 의미하며, 멈춤으로 인한 지체시간은 포함하지 않는다. 이 속도는 서비스수준을 측정하거나 도로 이용자 비용을 산출하는 데 사용된다. 또 평균주행속도는 날씨, 시간, 교통량에 따라 편차가 큰 것으로 알려져 있다. 따라서 평균주행속도를 제시할 때는 첨두 또는 비첨두 시간인지(이 속도는 도로 설계나 도로 운영에 사용), 하루 평균인지(도로 경제성 분석에 이용)를 분명히 밝히는 것이 좋다.

(4) 설계확인속도(V_B)

독일 RAS-Q(1996)에 따른 속도 정의로 교통 흐름의 품질 평가 지표로 사용된다. 이

속도는 설계된 도로에서 허용되는 교통량(설계 교통량보다는 많고 최대 교통량보다는 적은)이 주행할 때 승용차가 나타내는 평균주행속도를 나타낸다. 설계확인속도는 독일의 도로망 형성 지침(RAS-N)에 기준 값을 제시하고 있다. 이 속도는 적용하는 도로 표준 단면의 크기에 따라 변화하며, 최고 제한속도보다는 작은 값을 나타낸다.

(5) 평균운행속도(average travel speed)

도로 일정 구간을 주행하는 자동차 통과시간 관측에 따른 교통류의 속도 측정 방법의 하나이며, 구간 거리를 지체 시간을 포함한 자동차 운행시간으로 나누어 얻어진다. 또한 평균운행속도는 일정 구간을 통과하는 자동차들의 평균운행시간을 이용하여 구해지기 때문에 이 역시 구간 평균속도이다.

(6) 시간평균속도(time mean speed)

도로의 한 지점을 통과하는 자동차들의 속도를 산술 평균한 것을 의미하며, 평균순간속도라고 하기도 한다.

교통의 흐름에 관련된 대부분의 분석 방법에 사용되어지는 속도의 효율적인 척도는 위에서 정의한 평균운행속도(average travel speed)를 사용한다. 서비스수준 F의 상태로 운행되는 등의 통행 방해가 없거나 휴게소 정차를 하지 않을 경우 평균운행속도와 평균주행속도는 서로 같게 나타난다.

3-5 설계구간

제9조(설계구간)

① 동일한 설계기준이 적용되어야 하는 도로의 설계구간은 주요 교차로(인터체인지를 포함한다)나 도로의 주요 시설물 사이의 구간으로 한다.

② 인접한 설계구간과의 설계속도의 차이는 시속 20킬로미터 이하가 되도록 하여야 한다.

3-5-1 설계구간의 정의

설계구간이란 도로의 계획교통량, 지역 및 지형 상황에 따라 동일한 설계기준을 적용하는 구간을 말한다.

지나치게 짧은 구간에서 설계속도가 변화되는 새로운 설계구간을 설정하거나 혹은 운전자가 예상하지 못한 장소에서 새로운 설계구간을 설정하는 것은 운전자를 혼란시켜 교통안전에 좋지 못하며 쾌적성도 저하시킨다.

도로의 기하구조는 가능한 한 연속적인 것이 바람직하므로 설계구간을 설정하는 경우에는 그 길이나 변경점의 선정 방법 등에 대해 신중한 배려가 필요하다.

도로의 설계구간은 노선의 성격이나 중요성, 교통량, 지형 조건 및 지역 조건이 비슷한 구간에서는 같은 설계구간으로 하는 것이 바람직하다. 그러므로 도로의 기하구조가 짧은 구간마다 변화하게 되면 운전자를 혼란시켜 교통안전에 좋지 않으므로 설계구간의 길이는 가능한 한 긴 것이 바람직하다.

3-5-2 설계구간의 길이

설계구간의 길이는 가급적 크게 설정하는 것이 바람직하지만 지형 상황 등으로 부득이한 경우의 개략 지침은 표 3-11과 같다.

표 3-11 설계구간 길이의 개략 지침

(단위 : km)

도 로 의 구 분	바람직한 설계구간 길이	최소 설계구간 길이
지방지역 간선도로, 도시고속국도	30~20	5
지방지역도로(집산도로, 국지도로)	15~10	2
도시지역도로(도시고속국도 제외)	주요한 교차점의 간격	

최소 설계구간 길이란 지형의 상황 등으로 부득이한 경우에 설계속도를 20km/h 내지 10km/h를 낮춘 구간이 하나의 설계구간 중에 1~2군데 정도라면 허용할 수 있다는 취지인 것이다.

또한 설계속도를 20km/h 낮출 필요가 있는 경우에는 10km/h씩 점차적으로 낮추도록 하며(그림 3-3 참조), 이러한 구간에 대해서는 교통안전시설 설치에 대한 각별한 주의가 필요하다.

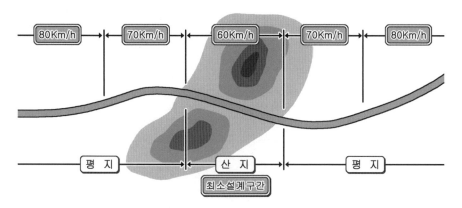

그림 3-3 설계구간 접속(예시)

특히 설계속도의 변화로 인하여 횡단면을 부득이하게 변경할 필요가 있는 경우에는 횡단면의 변이구간을 테이퍼로 연결하되, 도시지역에서는 10 : 1 이상, 지방지역에서는 20 : 1 이상을 유지하도록 한다.

도시고속국도를 제외한 도시지역도로에 대해서는 주요한 교차점에서 설계구간을 변경하는 것이 좋다

3-5-3 설계구간의 변경점

설계구간의 변경점은 지형, 지역, 주요한 교차점, 인터체인지 등 교통량이 변화하는 지점, 장대 교량과 같은 구조물이 있는 지점 등으로 할 수 있으나, 해당 구간의 기하구조 등의 변화에 대한 정보를 제고하여 여유 있는 거리를 두고 운전자의 사전 인지가 가능하도록 주의를 기울여야 한다.

특히, 지형 조건, 지역 조건 등의 제한으로 인하여 설계속도에 따른 기하구조 조건을 다르게 적용하기 어려운 구간에서 설계구간의 변경점을 두는 것은 바람직한 설계라고 볼 수 없다.

따라서 지형 조건, 지역 조건 등이 유사한 구간이나 교통량이 거의 동일한 구간은 하나의 설계구간으로 하는 것이 바람직하다.

제4장 횡단구성

4-1 개요
    4-1-1 적용범위
    4-1-2 기본사항
    4-1-3 횡단구성 요소와
         표준 폭의 적용
    4-1-4 단계건설을 고려한
         횡단구성

4-2 차로수 및 차로폭
    4-2-1 차로의 분류
    4-2-2 차로수 결정 요령
    4-2-3 차로폭

4-3 차로 운영
    4-3-1 홀수 차로
    4-3-2 버스전용차로
    4-3-3 가변차로
    4-3-4 양보차로
    4-3-5 앞지르기차로
    4-3-6 2+1차로도로

4-4 중앙분리대
    4-4-1 중앙분리대의 구성
    4-4-2 중앙분리대의 폭
    4-4-3 중앙분리대폭의
         접속설치
    4-4-4 중앙분리대 형식과 구조
    4-4-5 중앙분리대 개구부

4-5 길어깨
    4-5-1 개요
    4-5-2 길어깨의 기능과
         형식 분류
    4-5-3 오른쪽 길어깨의 폭
    4-5-4 왼쪽 길어깨의 폭
    4-5-5 길어깨의 확폭
    4-5-6 길어깨폭의 접속설치
    4-5-7 길어깨의 구조
    4-5-8 길어깨의 측대
    4-5-9 보호 길어깨

4-6 적설지역에 있는 도로의
    중앙분리대 및 길어깨의 폭

4-7 주정차대
    4-7-1 주정차대의 설치
    4-7-2 주정차대 폭과 구조
    4-7-3 주정차대 운용

4-8 자전거도로
    4-8-1 개요
    4-8-2 자전거도로의 구분
    4-8-3 자전거도로 등의 설치 기준

4-9 보도
    4-9-1 개요
    4-9-2 보도의 폭
    4-9-3 보도의 폭 결정 방법
    4-9-4 보도의 횡단구성
    4-9-5 횡단보도 및 육교
    4-9-6 연 석

4-10 횡단경사
    4-10-1 차도부의 횡단경사
    4-10-2 길어깨의 횡단경사
    4-10-3 보도 등의 횡단경사

4-11 환경시설대
    4-11-1 환경시설대의 설치
    4-11-2 녹지대의 설치
    4-11-3 도로 녹화

4-12 측도
    4-12-1 개요
    4-12-2 측도의 설치
    4-12-3 측도의 구조

4-13 도로 공간기능의 활용
    4-13-1 도로의 공간기능
    4-13-2 교통정온화시설

4-14 경관도로

4-15 시설한계

제4장 횡단구성

4-1 개요

4-1-1 적용범위

이 장은 도로의 일반적인 횡단구성에 대해서 적용한다. 도로의 본선에 대한 횡단구성 규정이나 평면교차, 입체교차(연결로 포함), 오르막차로 등에 대한 횡단구성도 여기에 준한다.

4-1-2 기본사항

도로의 횡단구성을 결정할 때에는 도로의 통행 기능과 공간 기능에 따라 필요한 횡단구성 요소를 조합시키는 방안과 총 폭에서 확보할 수 있는 방안 등을 함께 검토해야 하며, 주요 검토사항은 다음과 같다.

① 계획도로의 기능에 따라 횡단을 구성하며, 설계속도가 높고 계획교통량이 많은 노선에 대해서는 높은 규격의 횡단구성 요소를 갖출 것
② 계획목표연도의 교통수요와 요구되는 계획 수준에 적응할 수 있는 교통처리 능력을 가질 것
③ 교통의 안전성과 효율성을 검토하여 구성할 것
④ 교통 상황을 고려하고, 필요한 경우 자전거 및 보행자 도로를 분리할 것
⑤ 접근관리방식, 교차 접속부의 교통처리능력과 교통처리방식도 연계하여 검토할 것
⑥ 인접 지역의 토지이용 실태 및 계획을 고려하여 도로 주변에 대한 양호한 생활환경이 보전될 수 있도록 할 것
⑦ 도로의 횡단구성 표준화를 도모하여 도로의 유지관리, 양호한 도시 경관 확보, 유연한 도로 기능을 확보할 것
⑧ 경관 형성 및 도로 주변의 환경보전을 위한 환경친화적인 녹화공간을 확보할 것
⑨ 도로 주변으로 용이하게 출입할 수 있는 접근기능, 자동차나 보행자가 안전하게 체류할 수 있는 체류기능을 확보할 것

⑩ 승용차 이외에 대중교통 및 자전거도로 등의 대중교통의 수용이 가능할 것

⑪ 전기, 통신, 가스, 상하수도 및 지하철 등 공공시설 등의 수용이 가능할 것

⑫ 도시의 골격 형성, 녹화, 통풍, 채광 등 양호한 주거 환경의 형성이 가능할 것

⑬ 피난로, 소방 활동, 화재 방지 등 방재기능을 확보할 것

(1) 횡단구성의 계획

일반적으로 도로는 통행, 접근, 체류 등의 교통기능과 조경, 녹화, 방재, 통풍, 채광, 공공시설 수용 등의 공간기능을 갖는다.

따라서 도로의 횡단구성과 폭은 교통 현황(설계속도, 자동차 교통량, 보행자, 자전거 등)과 공간 현황(보행, 만남과 문화, 정보 교류, 사회 활동과 여가 활동, 도시 녹화, 공공시설의 수용) 등을 검토한 후 계획 노선의 기능을 고려하여 결정해야 한다.

도로는 설계속도에 따라 평면곡선 반지름, 편경사, 시거 등이 정해지며, 설계속도가 높고 계획교통량이 많은 도로는 일반적으로 기능면에서 중요한 노선으로 지정되므로 차로, 길어깨, 중앙분리대와 같은 횡단구성 요소를 넓은 규격의 폭으로 횡단구성을 이루어야 한다.

다만, 차도의 폭을 넓게 하면 자동차 통행에 있어서 쾌적성이 향상되기도 하나, 차로의 폭을 넓게 하면 두 대의 자동차가 통행하는 경우가 발생하여 안전성에 문제가 될 수 있다. 따라서 횡단구성 요소의 폭을 결정하는데 있어서는 해당 노선의 기능 및 교통 현황을 감안하여 교통의 안전성과 효율성을 고려해야 한다.

(2) 보도 및 자전거도로의 계획

고속국도를 제외한 그 밖의 도로에 대한 계획과 설계를 할 때에는 보행자, 자전거 등의 교통안전을 고려해야 하며, 필요에 따라서는 보행자 또는 자전거의 통행을 자동차의 통행과 분리시킬 필요가 있다.

도시지역이나 도로 주변에 자전거나 보행자가 있는 지방지역은 녹지대, 보도 등을 설치하여 자동차로부터 분리시켜 안전성이나 쾌적성 향상을 도모할 필요가 있다.

특히 자전거 이용자가 많은 도시지역 등에서는 보도와 자전거도로를 별도로 설치하여 보행자와 자전거를 분리시키는 것도 바람직하다. 그러나 산지 등과 같이 보행자나 자전거 이용자가 거의 없는 경우에는 분리된 도로를 설치할 필요가 없이 보행자와 자전거를 혼합교통으로 하는 것이 바람직하나 도로의 연속성, 주행의 연속성 등을 감안하여 보행자 등의 안전성을 고려해야 한다.

(3) 교차로의 교통 처리 능력과 안전성

도로 구간 중 교차로는 지방지역보다 도시지역에서 교통을 원활하고 안전하게 처리하는데 어려움이 있을 수 있다. 교차로의 횡단구성은 용량 및 안전성 확보 측면에서 교차로에 접속하는 도로의 횡단구성과 조화를 이루는 것이 이상적이다. 또한 교차로의 횡단구성을 검토할 경우에는 출입제한방식 등 교차접속방식을 함께 고려할 필요가 있다.

(4) 환경 보호

택지 현황과 장래 토지이용계획 등을 감안하여 양호한 생활 환경을 유지할 필요가 있는 지역에 대해서는 녹지대나 환경시설대를 설치하여 소음, 진동, 대기오염 등 자동차의 통행에 따라 발생하는 환경저해요소를 경감시킬 필요가 있다.

4-1-3 횡단구성 요소와 표준 폭의 적용

1. 횡단구성 요소와 조합

도로의 횡단구성 요소는 다음과 같다.
① 차도(차로 등으로 구성되는 도로의 부분)
② 중앙분리대
③ 길어깨
④ 정차대(차도의 일부)
⑤ 자전거 전용도로
⑥ 자전거·보행자 겸용도로
⑦ 보도
⑧ 녹지대
⑨ 측도
⑩ 전용차로

횡단면의 구성 요소에 대한 조합의 예시는 그림 4-1과 같다.

차도는 차로와 길어깨로 구성되며, 차로의 너비는 교통안전과 관련된 다년간의 경험을 통하여 설계기준자동차의 폭과 이동 여유 공간의 너비에 따라 결정된다.

횡단구성 요소 중 정차대, 녹지대, 중앙분리대 등은 지역적인 특성이나 도로의 기능에 따라 설치 위치, 형태 및 규모 등이 달라질 수 있으며, 횡단구성 요소를 결정할 때에는 반드시 안전성이나 주행성을 고려해야 한다.

자전거 전용도로, 자전거·보행자 겸용도로 및 보도는 각각의 통행량을 고려하여 설치해야 하며, 부득이한 경우 최솟값 이상으로 해야 하고, 차도부와는 별도로 설치해야 한다.

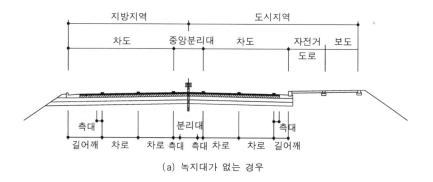

（a）녹지대가 없는 경우

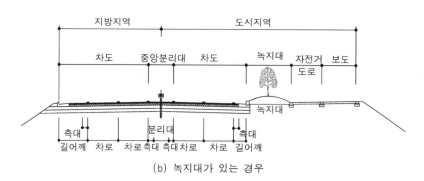

（b）녹지대가 있는 경우

그림 4-1 횡단구성 요소와 그 조합(예시)

　도시지역의 경우 차로는 대중교통을 수용하기 위하여 전용차로로 운영할 수 있으며, 운영 특성에 따라 분리대를 설치할 수 있다. 대중교통의 수용 기법으로는 다인승 자동차를 위한 전용차로, 버스의 통행을 위한 버스전용차로, BRT, 바이모달트램 시스템 등 신교통수단의 수용을 위한 전용로 등이 있다.

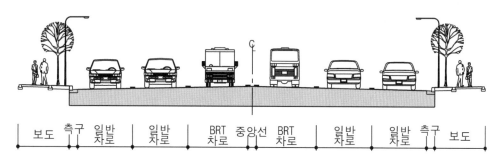

그림 4-2 BRT전용차로를 수용한 횡단구성

2. 표준 폭의 적용

횡단구성 요소의 폭은 이 규칙에 정한 최솟값은 아니며 바람직한 값이 확보되도록 정한 것이고, 또한 도로의 총 폭에 대해서는 합리성과 양호한 도시 경관이 확보되도록 도로의 종류 및 지역에 따라 정량화하는 것이 좋다. 도로 구조의 기술적 기준을 규정한 목적은 안전하고 원활한 교통을 확보하기 위하여 도로로서 구비해야 할 요건을 정하되, 도로법에 따른 도로에 대하여 기본적으로 구비해야 할 기준을 정하는 데 있다. 따라서 횡단구성 요소의 기준 폭은 최소한 확보되어야 할 값일 뿐 항상 바람직한 값을 표시하는 것은 아니다.

중앙분리대나 길어깨 또는 보도 등의 폭원을 최솟값 보다 넓게 적용하는 경우가 있는데 이는 도로관리청이 판단하여 적절하게 운용한다는 것을 전제로 한다. 또한, 이러한 최소 폭은 필요하고 최소한의 값일 뿐 항상 바람직한 값을 표시하는 것은 아니다.

그러나 도로관리청은 이용자의 혼선을 방지하고 합리적인 도로 관리와 양호한 도시 경관의 확보라는 관점에서 가급적 표준화된 도로폭을 적용함이 필요하다. 이를 위하여 가능한 한 도로의 기능별 구분에 따라 표준적인 횡단구성 및 폭을 정하여 준용하는 것이 여러 가지 측면에서 합리적이라 판단된다.

표 4-1 도로 횡단구성면의 표준

도로 구분		해당 도로	설계속도 (km/h)	차로폭 (m)	중앙분리대 (m)	길어깨(m)		측대 (m)
						오른쪽	왼쪽	
지방지역	고속국도	고속국도	100~120	3.50~3.60	3.00	3.00	1.00	0.50
	주간선도로	일반국도	60~ 80	3.25~3.50	1.50~2.00	2.00	0.75	0.50
	보조간선도로	일반국도, 지방도	50~ 70	3.00~3.25		1.50	0.50	0.50
	집산도로	지방도, 군도	50~ 60	3.00		1.25	0.50	0.25
	국지도로	군도	40~ 50	3.00		1.00	0.50	0.25
도시지역	도시고속국도		80~100	3.50	2.00	2.00	1.00	0.50
	주간선도로		80	3.25~3.50	1.00~2.00	1.50	0.75	0.50
	보조간선도로		60	3.00~3.25		1.00	0.50	0.25
	집산도로		50	3.00		0.50	0.50	0.25
	국지도로		40	3.00~2.75		0.50	0.50	0.25

횡단면 구성 요소의 적용은 일률적으로 정하거나 도로의 성격이나 지역의 상황에 따라 탄력적으로 정하는 등 다양한 적용 방법이 있을 수 있다. 이 규칙에서는 기본이 되는 값을 최솟값으로 정하고 있으나 부득이한 경우에는 축소 규정을 적용할 수 있도록 하고 있다. 이와 같이 규정을 탄력적으로 운용할 때 유의할 사항은 다음과 같다.

① 지역 현황이나 교통 현황에 따라 부득이하다고 인정되는 경우 탄력적으로 적용해야 하며, 단순히 사업집행을 쉽게 하는 것을 목적으로 해서는 안 된다.

② 안전성에 관련된 규정에 대해서는 쉽게 규격을 낮춰서는 안 된다.

4-1-4 단계건설을 고려한 횡단구성

1. 일반사항

도로가 건설되어 통행이 개시된 후 초기에는 교통량이 많지 않은 구간이 있으므로, 이러한 구간에 대해서는 일반적으로 단계건설 여부를 검토하여 투자의 효율성을 제고할 필요가 있다. 여기서 단계건설이란 초기 투자비를 절약할 목적으로 계획목표연도의 교통수요에 대비하여 계획도로 전체를 완공하지 않고 단계적으로 건설하는 것을 말하며, 단계건설의 종류는 다음과 같다.

① 횡방향 단계건설 : 도로의 횡단 폭을 몇 개의 단계로 나누어 시공, 운영
② 종방향 단계건설 : 도로의 전체 구간을 몇 개의 구간으로 나누어 시공, 운영

2. 단계건설 성립조건

단계건설의 적용이 필요한 구간은 사회적, 경제적, 기술적 조건을 충족시킬 필요가 있으며, 주요 조건은 다음과 같다.

① 향후 20년 이내에 전체 구간의 건설이 필요하나, 경제성이 부족하여 단계건설을 통한 초기 비용의 축소로 경제성 확보가 가능한 구간
② 국토종합계획, 도시기본계획, 도로관리계획 등 상위 계획에 따라 정책적으로 건설이 필요한 구간
③ 산업단지 개발, 자동차 이용 패턴, 네트워크 효과, 도로 기능 향상 등을 위하여 향후 다차로 건설이 필요한 구간
④ 계획목표연도에는 4차로 건설이 필요하나, 경제성이 부족하고 교통량이 적은 구간
⑤ 지역이 낙후되고 교통량이 적으므로 4차로 확장은 곤란하나, 장래 개발 수요가 높으므로 4차로 단계건설이 필요한 구간

단계건설은 기본적으로 비용-편익비(B/C ratio)가 완성 시공의 비용-편익비보다 크도록 계획되어야 하며, 단계건설의 건설비 관계식은 다음과 같다.

$$C > S_1 + S_2 \frac{1}{(1+i)^n}$$

여기서, C : 전체 시공할 때 건설비
S_1 : 초기 시공할 때 건설비
S_2 : 추가 시공할 때 건설비
i : 할인율
n : 추가 시공할 때까지의 연수(年數)

3. 횡방향 단계건설

횡방향 단계건설을 할 때 횡단구성의 유형을 결정하기 위해서는 앞서 언급한 바와 같이 신설할 때 건설비와 확장할 때 건설비를 비교하고, 확장할 때 공용 중인 도로의 교통에 미치는 영향 등을 고려해야 한다. 고속국도 및 간선도로와 같은 고규격의 도로에서는 일정한 서비스수준과 안전성 확보 측면을 고려해야 하고, 그 밖의 도로에서는 도로 인접 지역과의 접근성 확보 측면을 고려해야 한다.

횡방향 단계건설의 경우 운용 차로에 따라 도로의 횡단구성을 다음과 같은 형태로 고려할 수 있다.

(1) 4차로 전제 2차로의 단계건설

4차로 전제 2차로의 횡방향 단계건설은 전체 차로에서 편측 2차로를 우선 건설하여 운용하는 방식과 중앙부 2차로를 우선 건설하여 운용하는 방식, 바깥쪽 2차로를 우선 건설하여 운용하는 방식을 생각할 수 있다.

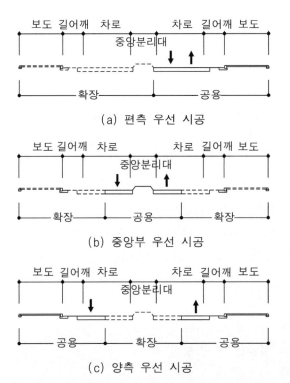

(a) 편측 우선 시공

(b) 중앙부 우선 시공

(c) 양측 우선 시공

그림 4-3 4차로 전제 2차로의 단계건설을 고려한 횡단구성(예시)

(2) 6차로 전제 4차로의 단계건설

　장래 6차로 계획의 도로는 비교적 많은 교통량이 예상되고, 높은 시설 규모를 요구하기 때문에 단계건설 방안을 수립할 때 교통운용 및 처리 방안, 장래 시공성, 도로 주변의 생활환경에 미치는 영향 등을 고려해야 한다. 6차로 전제 4차로의 단계건설 방안은 전체 차로에 대한 토공부를 우선 시공한 후 포장부에서 단계 건설하여 운용하는 방안과 4차로를 우선 시공하여 운용한 후 나머지 차로를 단계건설하는 방안으로 구분할 수 있다.

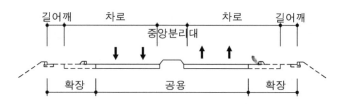

(a) 6차로 토공 완성, 포장 내측 4차로 운용

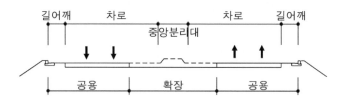

(b) 6차로 토공 완성, 포장 바깥쪽 4차로 운용

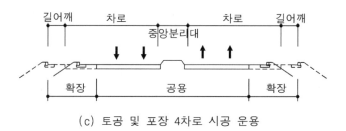

(c) 토공 및 포장 4차로 시공 운용

그림 4-4 6차로 전제 4차로의 단계건설을 고려한 횡단구성(예시)

4. 단계건설을 할 때 유의사항

　단계건설을 할 때 횡단구성은 교통안전과 도로용량 증대에 따른 적정 교통운용계획을 수립하여 반영해야 하며, 유의해야 할 사항은 다음과 같다.

(1) 계획할 때

　① 초기 건설비가 적게 소요되는 도로 구조로 계획한다.

② 2단계 건설할 때 확장이 용이하고 교통에 지장이 없도록 교통운용계획을 충분히 고려하여 합리적인 도로 구조로 계획한다.

③ 횡단면의 구성 폭, 가감속차로, 오르막차로 등은 최종 완성단계의 계획에 따른다.

④ 기준이 되는 최종 완성단계의 설계속도를 적용한다.

⑤ 1차 시공이 용이한 방향으로 계획한다.

(2) 설계 및 시공할 때

① 설계는 전체를 일괄 시행하고, 시공만을 단계건설 한다.

② 차로폭과 길어깨폭 등은 측방여유를 감안하여 여유를 두어 계획한다.

③ 연약지반이나 깎기부 비탈면 높이가 높은 구간은 장래 확장할 때의 시공성을 고려하여 가능한 한 전체 폭을 시공한다.

④ 구조물이 적은 방향을 1차 시공 구간으로 한다.

⑤ 구조물 하부공은 가능하면 전체 폭을 시공하고, 상부공은 접속부만 시공한다.

⑥ 암거 및 배수관은 가능한 한 전체 길이를 시공한다.

⑦ 터널은 분리 시공한다.

⑧ 용지는 전체 폭을 취득하는 것을 원칙으로 한다.

(3) 횡단경사 처리 방안

횡단면의 편측, 내측, 외측 단계건설에 따라 횡단경사는 완성 단면을 고려하여 공사비가 최소가 되도록 계획한다.

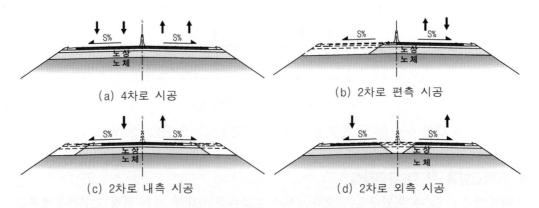

그림 4-5 단계건설을 할 때 토공부 횡단경사 처리 방안(예시)

그림 4-5에서 2차로 편측 시공의 경우의 횡단경사 설치는 장래 확장 시기, 교통안전성, 교통 처리의 적정성, 중복투자 방지 등을 고려하여 일방향 또는 양방향 횡단경사를

적용한다. 특히, 편경사가 설치되는 곡선부에서 편경사 접속설치 구간의 길이를 산정할 때에는 최종 도로 폭을 고려하여 편경사 접속설치 구간의 길이를 결정해야 1차 시공할 때와 최종 단계 시공할 때의 횡단면 단차를 방지할 수 있다.

또한, 터널 및 교량 구간에서도 단계건설에 따른 구조물 변경이 최소화 될 수 있도록 최종 완성 단면을 고려하여 횡단경사를 설치한다.

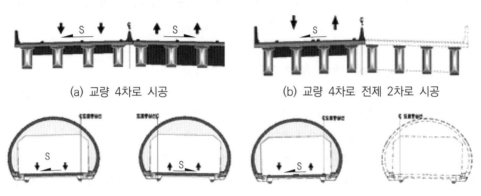

(a) 교량 4차로 시공   (b) 교량 4차로 전제 2차로 시공

(c) 터널 4차로 시공   (d) 터널 4차로 전제 2차로 시공

그림 4-6 단계건설을 할 때 구조물 횡단경사 처리 방안(예시)

4-2 　차로수 및 차로폭

제10조(차로)

① 도로의 차로수는 도로의 종류, 도로의 기능별 구분, 설계시간교통량, 도로의 계획목표연도의 설계서비스수준, 지형 상황, 나눠지거나 합해지는 도로의 차로수 등을 고려하여 정해야 한다.

② 도로의 차로수는 교통흐름의 형태, 교통량의 시간별·방향별 분포, 그 밖의 교통 특성 및 지역 여건에 따라 홀수 차로로 할 수 있다.

③ 차로의 폭은 차선의 중심선에서 인접한 차선의 중심선까지로 하며, 설계속도 및 지역에 따라 다음 표의 폭 이상으로 한다. 다만, 다음 각 호의 어느 하나에 해당하는 경우에는 각 호의 구분에 따른 차로폭 이상으로 해야 한다.

1. 설계기준자동차 및 경제성을 고려하여 필요한 경우 : 3미터

2. 「접경지역 지원 특별법」 제2조제1호에 따른 접경지역에서 전차, 장갑차 등 군용차량의 통행에 따른 교통사고의 위험성을 고려하여 필요한 경우 : 3.5미터

설계속도 (킬로미터/시간)	차로의 최소 폭(미터)		
	지방지역	도시지역	소형차도로
100 이상	3.50	3.50	3.25
80 이상	3.50	3.25	3.25
70 이상	3.25	3.25	3.00
60 이상	3.25	3.00	3.00
60 미만	3.00	3.00	3.00

④ 제3항에도 불구하고 통행하는 자동차의 종류·교통량, 그 밖의 교통 특성과 지역 여건 등을 고려하여 불가피한 경우에는 회전차로의 폭과 설계속도가 시속 40킬로미터 이하인 도시지역 차로의 폭은 2.75미터 이상으로 할 수 있다.

⑤ 도로에는 「도로교통법」 제15조에 따라 자동차의 종류 등에 따른 전용차로를 설치할 수 있다. 이 경우 간선급행버스체계 전용차로의 차로폭은 3.25미터 이상으로 하되, 정류장의 추월차로 등 부득이한 경우에는 3미터 이상으로 할 수 있다.

4-2-1 차로의 분류

차로는 자동차 통행에 이용하려는 목적으로 설치된 도로의 부분(자전거 전용도로 제외)으로서, 직진차로, 회전차로, 변속차로, 오르막차로, 양보차로 등이 이에 포함되며 기능별로 분류하면 다음과 같다.

① 한 줄로 주행하는 자동차를 안전하고 원활하게 주행시키기 위하여 설치된 띠 모양의 도로 부분 : 「도로의 구조·시설 기준에 관한 규칙」 제2조제19호에 규정한 차로이며, 제2조제23호~제25호에 규정한 오르막차로, 회전차로, 변속차로 및 제37조에 규정한 양보차로를 포함한다. 제10조는 차로에 대하여 설계속도에 따라 그 폭을 규정하고 있다.

② 자동차의 정차, 비상주차를 위하여 설치된 도로 부분 : 주정차대(제14조), 주차장(제40조)에 있어서 정차 및 주차의 수요를 위한 기능을 가진 부분이다.

③ 그 밖의 도로 부분 : 제3조에 규정한 도로 중 상기 ①항 및 이외의 부분으로서 교차로, 부가차로 구간, 차로수 증감 또는 도로가 접속되는 부분이다.

4-2-2 차로수 결정

차로수는 연평균 일교통량, 설계시간교통량, 중방향계수 등을 고려한 첨두설계시간교통량과 도로용량과 서비스수준 등을 고려한 설계서비스교통량을 비교하여 결정할 수 있으며, 차로수의 결정에 대한 상세한 내용은 「도로용량편람(국토교통부)」을 참조한다.

4-2-3 차로폭

1. 일반사항

도로의 주요한 횡단구성 요소인 차로의 폭은 교통안전 측면에서 설계기준자동차의 폭을 수용할 수 있도록 충분히 여유가 있어야 하고, 엇갈림이나 앞지르기 등에 필요한 여유폭을 확보하며, 핸들 조작에 따른 부정확한 운전을 고려해야 한다. 차로의 폭은 설계기준자동차의 폭을 기준으로 설계속도에 따라 적용해야 한다. 더불어 인접한 반대 방향으로 주행하는 차로에 대한 시설한계를 제공할 수 있어야 한다. 일반적으로 자동차의 통행기능상 설계속도가 높거나 대형자동차의 혼입률이 높을수록 차로폭도 크게 요구되고 있다.

도로의 횡단면을 구성하는 요소 가운데에서 차로의 폭은 주행속도나 쾌적성 등에 가장 큰 영향을 끼친다. 간선도로와 같이 이동 기능을 담당하는 도로는 높은 속도 환경으로 인하여 자동차와 자동차, 자동차와 시설물 간의 적합한 안전공간을 확보해야 하며, 국지도로와 같이 접근기능을 갖는 낮은 속도환경의 도로는 보다 작은 도로의 폭으로 계획할 수 있다.

차로의 폭은 국가별로 자동차의 특성, 지역 및 교통 특성에 따라 차이가 있으나 국지도로는 2.70m에서 3.60m, 주요 간선도로는 3.00m에서 3.75m, 그리고 고속국도는 3.50m에서 3.75m로 운영하고 있다(표 4-2 참조).

우리나라의 고속국도는 1968년 완공한 경인고속도로를 시작으로 일부 도심지를 제외한 고속국도에서 차로폭을 3.60m로 운영하고 있으며, 이는 도로 관리의 일관성과 연계성을 높이기 위함이다. 일반국도의 차로폭은 도로의 기능, 연결·접속도로와의 연계성, 대형자동차 혼입률, 주행속도 등을 고려하여 3.50m를 표준으로 적용하고 있다. 그 밖의 도로의 경우 설계속도 및 지역구분에 따라 3.00m에서 3.50m로 적용한다.

표 4-2 여러 나라의 차로폭

(단위 : m)

국 가	도로의 구분		
	고속국도(고속도로)	간선도로	국지도로
우리나라	3.50~3.60	3.00~3.50	3.00
미국	3.60	3.30~3.60	2.70~3.60
캐나다	–	3.00~3.70	3.00~3.30
독일	3.50~3.75	3.25~3.50	2.75~3.25
프랑스	3.50	3.50	3.50
덴마크	3.50	3.00	3.00~3.25
헝가리	3.75	3.50	3.00~3.50
체코	3.50~3.75	3.00~3.50	3.00
네델란드	3.50	3.10~3.25	2.75~3.25
스페인	3.50~3.75	3.00~3.50	3.00~3.25
남아프리카	3.70	3.10~3.70	2.25~3.00
일본	3.50~3.75	3.25~3.50	2.75~3.25
중국	3.50~3.75	3.75	3.50

2. 자동차전용도로의 차로폭

자동차전용도로의 차로폭은 3.5m를 표준으로 하나 자동차전용도로가 도시지역에 있거나 소형차도로일 경우에는 「도로의 구조·시설 기준에 관한 규칙」 제10조 제3항의 규정에 따른 차로폭 이상으로 한다.

3. 소형차도로의 차로폭

소형차도로의 차로폭은 설계기준자동차의 폭을 고려하여 결정한다. 소형자동차의 설계기준 폭은 2.00m로 대형자동차 및 세미트레일러의 설계 기준폭인 2.50m보다 0.50m가 작으므로 소형차도로의 폭을 결정할 때 일반 차로의 폭에서 0.25m까지 축소하여 적용한다.

다만, 설계속도 80km/h 이상의 소형차도로는 안전을 고려하여 일반 도로의 폭에서 0.25m를 축소하여 3.25m를 적용하고, 설계속도가 70km/h 이하의 소형차도로는 3.00m를 기준 폭으로 규정하였다. 또한 설계속도가 40km/h 이하의 도시지역의 소형차도로는 2.75m 까지 적용이 가능하다.

4. 그 밖의 도로의 차로폭

도시지역에서는 상업지역, 공업지역, 공원지역, 녹지지역 등 지역 특성과 교통운영 관점에 맞추어 차로폭을 결정할 수 있다. 특히 일반자동차 이외의 BRT, 바이모달트램 시스템과 같은 첨단 대중교통수단을 도입할 때 이를 수용하기 위한 공간을 마련해야 한다.

이러한 첨단 대중교통수단을 수용하기 위한 차로의 폭은 일반 도로의 차로와 마찬가지로 해당 자동차의 폭에 좌우 안전 폭을 합한 값으로 결정하며, 대표적인 대중교통수단인 BRT차로의 폭은 표 4-3과 같다.

표 4-3 BRT차로의 최소 폭

(단위 : m)

구 분			차로의 최소 폭	
			지방지역	도시지역
고속국도			3.60	3.60
고속국도를 제외한 그 밖의 도로	설계속도 (km/h)	80 이상	3.50	3.50
		80 미만	3.50	3.25

BRT차로 중 가감속차로는 최소 3.25m 까지 적용하며, 회전차로는 3.25m를 표준으로 한다. 다만 정류장의 앞지르기차로 등 용지의 제약이나 부득이한 경우에는 3.00m 까지 줄일 수 있는 방안을 권장한다.

5. 차로폭의 축소

도시지역의 도로에서 대형자동차의 비율이 현저히 낮고, 설계속도가 40km/h 이하이며, 일상생활공간과 연결되는 도로에서는 보행자나 자전거 등의 안전과 이용 활성화, 체류 공간의 형성 등이 가능하도록 차로폭을 2.75m 까지 축소하여 적용할 수 있다. 이것은 도시지역도로와 같이 도로 용지의 추가 확보가 어려운 구간에 대하여 보도 등 보행환경의 확충을 위하여 일부 차로폭을 축소한 후 부족한 보도의 폭을 확보하거나 자전거 도로의 확충을 고려한 것으로서, 노선버스가 다니지 않거나 화물차 등 대형자동차의 통행이 현저히 적은 도로, 소형차가 주로 통행하는 도로, 교통정온화사업 적용 도로, 생활도로 등에 적용이 가능하다.

가속차로 및 감속차로의 폭은 본선의 차로폭과 같게 하거나 최소 3.00m 까지 줄일 수 있다. 회전차로(좌회전차로, 우회전차로)의 폭은 3.00m로 해야 하며, 대형자동차의 이용이 현저히 적고 용지의 제약 등으로 부득이한 경우에는 2.75m 까지 줄일 수 있다.

4-3 차로 운영

4-3-1 홀수 차로

1. 도시지역

도시지역도로의 차로수는 그 도로의 여건에 따라 홀수 차로로 할 수 있다. 실제로 차로의 수에 회전차로는 제외되므로 홀수는 아니다. 홀수 차로는 그림 4-7에 예시하는 바와 같이 첫째, 교차로와 교차로 사이구간에서 좌회전 진입을 위한 대기차로로 사용할 수 있으며 둘째, 좌회전 전용차로(또는 유턴)로 이용할 수 있으며 셋째, 중앙 차로를 양방향 모두 좌회전차로로 이용할 수 있다.

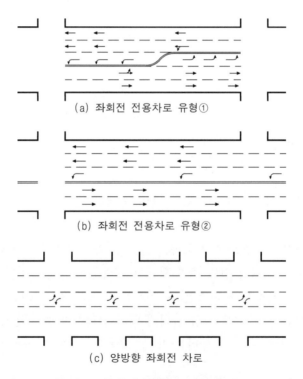

(a) 좌회전 전용차로 유형①

(b) 좌회전 전용차로 유형②

(c) 양방향 좌회전 차로

그림 4-7 도시지역의 홀수 차로(예시)

특히 양방향 좌회전차로는 좌회전하려는 자동차와 대향차로의 직진 자동차 사이에 상충이 예상되는 지역, 즉, 도로 주변 토지나 시설물에 접근을 하려는 도로 주변 이용자들의 출입 요구 민원이 많고, 직진 자동차와 회전 자동차의 충돌사고가 빈번한 구간에 설치할 수 있다.

국외(미국)의 여러 주에서 연구된 양방향 좌회전차로의 장점은 다음과 같다.

① 직진 자동차로부터 좌회전 자동차를 분리하여 도로용량과 통행 속도를 증가시킬 수 있고, 후미 및 측면 충돌 사고를 줄일 수 있다.

② 도로 주변 개발에 따른 주변 토지나 시설물에 대하여 접근하려는 요구 민원이 많을 경우 적합하다.

③ 분리된 공간을 확보하여 정면 충돌 사고율을 낮출 수 있다.

④ 위급한 상황에 처한 자동차들의 대피장소로 활용이 가능하다.

양방향 좌회전차로는 위와 같은 장점을 갖고 있지만, 일반적으로 다음과 같은 지역은 설치가 곤란하다.

① 주행속도가 매우 높은 도로. 즉, 높은 속도로 인하여 주행 안전성이 각별히 요구되는 지역(예 : 설계속도 80km/h 이상의 도로)

② 중심 상업지역과 같이 교통 혼잡이 예상되는 지역(좌회전 교통이 너무 많은 지역)

③ 교통량이 너무 적을 경우(양방향 좌회전차로가 주행차로로 오인될 소지가 있음)

그림 4-8은 양방향 좌회전차로의 일반적인 운영 예시를 나타낸 것이다. 즉, 직진 자동차가 도로 반대 측 시설물로 접근하기 위하여 양방향 좌회전차로에서 잠시 대기하다가 대향자동차가 오지 않을 경우(고속국도를 제외한 그 밖의 도로의 경우 각 교차로에 신호등을 설치하여 교통흐름을 단속류로 운영함) 좌회전하는 운영 형태이다.

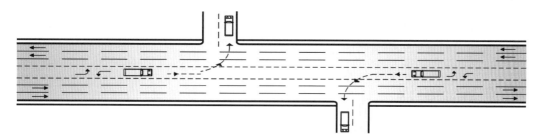

그림 4-8 양방향 좌회전차로 설치(예시)

도시지역은 회전 자동차가 많이 존재하고, 시간대별, 방향별로 교통량의 변화가 크므로 홀수 차로가 바람직하다. 다만, 국지도로와 같이 회전차로가 적은 도로는 짝수 차로로 한다.

평면교차로의 차로수는 회전차로 및 교차점의 도로용량을 고려하여 결정해야 한다.

2. 지방지역

지방지역의 차로수도 교통 여건, 교차로 및 지역 여건, 장래 확장 여건 등을 고려하여 홀수 차로로 할 수 있다.

지금까지의 지방지역에서의 홀수 차로는 좌회전차로, 앞지르기차로 및 오르막차로 등 특정 구간에서 운영되어 왔으나 국외의 경우 이러한 앞지르기차로 및 오르막차로를 효율적으로 이용하여 양방향 2차로 도로의 용량을 극대화시키고 있다.

즉, 양방향 2차로 도로에 별도의 앞지르기차로를 연속적으로 운영하는 것으로 중앙차로 부분에 방향별로 앞지르기차로를 교대로 제공하는 연속적인 3차로 도로이며, 이러한 도로를 2+1차로도로라 한다.

2+1차로도로는 양방향 2차로 도로의 용량을 높이고, 앞지르기 자동차 간에 발생할 수 있는 대형자동차와의 충돌 가능성을 줄여 도로의 안전성을 높이고자 하는 새로운 도로의 유형이다.

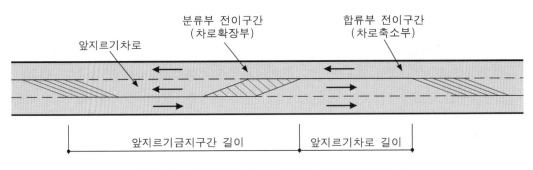

그림 4-9 지방지역의 홀수 차로(2+1차로도로)(예시)

위의 언급한 지방지역의 홀수 차로에 대하여는 '4-3-4 양보차로, 4-3-5 앞지르기차로, 4-3-6 2+1차로도로'를 참조한다.

4-3-2 버스전용차로

최근 교통량의 증가에 따라 대중교통의 중요성이 인식되면서 대중교통 우선처리기법이 적용되고 있다. 이 장에서는 대중교통 우선처리기법 중 일반 자동차와 혼합되어 운행하면서 횡단구성에 영향을 주는 버스전용차로에 대하여 기술한다.

버스전용차로는 고속국도 및 그 밖의 다른 도로에서 버스에게 특정 차로에 대한 통행의 우선권을 부여하는 것으로서, 통행방향과 차로의 위치에 따라 도로변 버스전용차로(dedicated curb bus lane), 역류 버스전용차로(dedicated contra-flow bus lane), 중앙 버스전용차로(dedicated median bus lane)로 구분할 수 있다.

1. 도로변 버스전용차로
도로변 버스전용차로는 그림 4-10과 같이 일방 혹은 양방향 통행로에서 도로변 측 차로를 버스에게 제공해 주는 것으로서, 시행이 간편하고, 비교적 적은 비용으로 기존의 도로망 형태에 대한 변화를 최소화 할 수 있는 기법이다. 이 기법은 세계적으로 널리 실시되고 있으며, 우리나라에서도 이미 도입한 사례가 있다.

그림 4-10 도로변 버스전용차로(예시)

도로변 버스전용차로의 시행은 대개 버스 운행시간 단축을 가져 오며, 일반 자동차의 운행시간은 증가한다. 그러나 국외(영국)의 사례를 보면, 예상과는 달리 일반 자동차의 운행시간도 단축된 사례가 있다. 이는 전용차로로 인하여 교통류 내부의 마찰이 감소되어 나타난 결과로 보인다.

도로변 버스전용차로의 운용시간은 전일 혹은 첨두시로 할 수 있으며, 작업 자동차 주차와 택시들의 도로변 이용을 어떻게 처리하느냐가 중요한 관건이다. 일반적으로 일반 차로의 수가 일방향 기준으로 2차로 이상이어야 하고, 버스전용차로를 시행할 경우 도로변의 주정차가 금지되어야 하며, 시행 구간의 버스 이용자수가 승용차 이용자수보다 많아야 한다.

표 4-4 도로변 버스전용차로의 장·단점

장 점	단 점
• 시행이 매우 간편함	• 시행 효과가 적음
• 적은 비용으로 운행 가능	• 도로변 상업 활동과의 상충이 불가피함
• 기존의 도로망 체계에 영향이 적음	• 위반 자동차가 많이 발생함
• 시행 후 문제점 발생될 때 수정 혹은 원상 복귀가 용이	• 교차로에서 우회전 자동차와의 마찰 발생

2. 역류 버스전용차로

역류 버스전용차로는 일반 교통류와 반대 방향으로 1~2차로를 버스에 제공하는 기법으로서 그림 4-11과 같다. 이 기법은 대개 일방통행로에 적용하는데, 그 이유는 일방통행로에 양방향 버스 서비스를 유지시켜주기 위함이다. 따라서, 원래 양방향 통행이었던 도로운영체계를 일방향으로 바꿀 때 도입되는 경우가 많다. 운행시간은 도로변 전용차로와 동일한 기법으로 운행될 수 있으며, 나머지 시간에는 다른 자동차의 진행도 허용할 수 있다. 그러나, 일반 교통류와 반대방향으로 운행하기 때문에 차로분리시설과 안내시설 등의 설치로 도로변 버스전용차로에 비하여 시행 비용이 높다.

이 기법의 장점은 일반 자동차와의 분리가 도로변 버스전용차로보다 확실하며, 내부 마찰(intra-system conflict)이 감소된다는 것이다.

그림 4-11 국외 역류 버스전용차로(예시)

역류 버스전용차로를 도입할 때에는 전체 도로변의 연속성이 유지되도록 설계되어야 한다. 특히 특정 도로에 이 기법의 도입이 여타 방향의 용량과 통행로 등에 영향을 주게 될 때 그 보완 작업이 필수적이다. 따라서 이 기법은 버스노선체계상 일방통행로에 버스노선이 필요한 경우에 적용하며, 도로변 상업 활동의 방해를 최소화 할 수 있는 곳에 적용한다.

표 4-5 역류 버스전용차로의 장·단점

장 점	단 점
• 버스 서비스를 유지시키면서 도로변에 도입된 일방통행의 장점을 살릴 수 있다.	• 보행자 사고가 증대될 수 있다.(일방통행로인 경우 횡단 보행자가 버스전용차로의 정상 방향만 신경 쓰는 경향이 있기 때문)
• 버스 서비스를 좀 더 확실히 하여 정시성이 제고된다.	• 전용차로에 승용차 및 화물차의 출입을 제한하여 재산권 문제가 야기될 수 있다. • 잘못 진입한 자동차로 인한 혼잡이 야기될 수 있다.

3. 중앙 버스전용차로

중앙 버스전용차로란 편도 4차로 이상 되는 기존 도로의 중앙차로에 전용차로를 제공하고, 전용차로의 통행이 허가되지 않는 자동차의 진입을 막기 위하여 방호울타리, 연석 등 분리시설이나 완충지역 등을 설치하여 적용하는 기법이다. 이 기법은 타 기법에 비하여 효과가 확실할 뿐만 아니라 일반 자동차에 대한 도로변 접근성을 유지시킬 수 있다. 또한 차로가 많을수록 도입이 용이하고, 만성적인 교통 혼잡이 일어나는 경우와 도심 도로와 같이 좌회전하는 버스노선이 많은 지점에 설치하면 큰 효과를 얻을 수 있다.

이와 같이 중앙 버스전용차로는 그 효과 면에서 매우 우수하나, 출입부에 대한 설계가 완벽해야 하고, 적정한 정류장의 설치가 필요하다. 또한 기존 도로에 도입할 때에는 일반 자동차의 영향이 최소화되는 대책을 설정해야 한다.

표 4-6 중앙 버스전용차로의 장·단점

장 점	단 점
• 일반 자동차와의 마찰을 없앨 수 있다.	• 도로 중앙에 설치된 버스정류장으로 인하여 안전문제가 대두 된다
• 정체가 심한 구역에서 더욱 효과적이다	• 여러 가지 안전시설 및 추가로 설치되는 신호기로 인하여 비용이 많이 든다.
• 버스의 속도 제고와 정시성이 확실히 보장된다.	• 전용차로에서 우회전하는 버스나 일반차로에서의 좌회전 자동차에 대한 세심한 처리가 필요하다.
• 버스 이용자의 증가를 기대할 수 있다.	• 일반차로의 용량이 버스 승차대로 인하여 타 기법보다 많이 감소된다.
• 도로변 활동이 보장된다.	• 승하차 안전섬 접근거리가 길어진다.

그림 4-12 중앙 버스전용차로(예시)

4. 버스전용차로 설치 기준

버스전용차로를 설치할 수 있는 전제 조건으로서, 첫째, 설치하고자 하는 도로 또는 특정 구간의 교통정체가 심하고, 둘째, 버스 통행량이 일정 수준 이상이고, 승차인원이 한 명인 승용차의 비율이 높으며, 셋째, 도로의 구조가 버스전용차로를 수용할 만한 수준이어야 하며, 넷째, 시민들이 지지해야 하는 점 등을 들 수 있다.

그 중에서 일반적으로 버스전용차로를 설치할 때 가장 먼저 고려대상으로 삼는 것은 버스교통량이다. 첨두시 버스 교통량이 정해진 기준 이상이 되면 전용차로 도입을 검토하게 된다. 그런데 이러한 버스 교통량에 따른 기준은 국외(미국, 영국)에서 그 중요성이 줄어들고 있으며, 실제 적용할 때는 매우 탄력적으로 운용된다. 따라서 최근에는 승객 수송 측면을 버스 교통량과 동시에 고려하는 것이 일반적이다.

표 4-7 버스전용차로 국외 설치 기준(미국, 영국)

구 분	전용차로 유형	최소 설치 기준(첨두시)	
		버스 자동차 대수	버스 승객 수
미국 (UMTA)	도로변	30~40 대/시	1,200~1,600 인/시
	역류 방향	40~60 대/시	1,600~2,400 인/시
	중앙	60~90 대/시	2,400~3,600 인/시
영국(TRRL)	-	50 대/시	2,000 인/시

국외 도시(미국 볼티모어시)에서는 버스전용차로 설치기준을 승객의 수송 측면에서 설정하고 있다. 버스전용차로를 도입할 때 첨두시 버스 승객수가 일반 차로마다 일반 자동차로 수송되는 승객 수 이상이면 타당성이 있다고 규정하고 있다. 이를 식으로 표현하면 다음과 같다.

$$G_b \geq \frac{G_a}{N - 1} \cdot X$$

여기서, G_b : 시간당 버스 통행량(대/시/차로)

G_a : 시간당 일반 자동차 통행량(대/시/차로)

N : 일방향 차로수

X : (일반 자동차 평균 승차인원) / (버스 평균 승차인원)`

여기서, X의 값은 시간과 장소에 따라 다르나, 일반적으로 0.02~0.10의 값을 가진다. 평균 승차인원은 승용차의 경우 첨두시와 비첨두시에 큰 차이가 없으나, 버스는 첨두시에 상당히 많으므로 첨두시의 X값은 비첨두시보다 작다. 이 기준을 서울특별시에 적용할 경우 일반 자동차 1,000대일 때 버스 통행량이 50대 정도면 버스전용차로 설치의 근거가 성립된다(버스 평균 승차인원 : 30명, 일반 자동차 평균 승차인원 2명 가정). 국외 도시(미국, 볼티모어시)의 기준이 그 가치를 인정받고 있는 이유는 원래 도로가 자동차 통행을 목적으로 하기 보다는 사람의 통행을 근본 목적으로 한다는 개념에서 찾을 수 있다. 버스전용차로의 설치에 대한 상세한 내용은 「버스전용차로 설치 및 운영지침(국토교통부)」을 참조한다.

5. 버스전용차로 설치 방안

버스전용차로의 설치 및 운영은 설치할 도로 또는 특정 구간의 교통수요와 통행 형태를 고려해야 한다.

버스전용차로의 설치 방안은 버스전용차로와 일반차로의 분리 방안, 버스전용차로 진출입 교통처리, 버스전용차로의 운영에 따른 교통안내시설의 설치, 버스정류장의 설치 등이 있다. 각각의 방안은 도로의 구분(도시 내 도로, 고속국도 등)에 따라 다른 기준으로 설치될 수 있으므로 여기서는 기본사항만 기술한다. 또한 대형자동차인 버스를 위한 설계요건은 나머지 대형자동차의 요건도 충분히 만족시키므로 여기서는 대형자동차 중 버스를 기준으로 설명한다.

(1) 버스전용차로와 일반차로의 횡방향 분리 방안

버스전용차로와 일반차로를 분리하는 방안에는 일반적으로 전용차로와 일반차로 사이에 분리대(barrier)를 설치하는 방안과, 분리대와 같은 구조물과는 달리 일정한 폭의 완충지역(buffer)을 설치하는 방안, 그리고 차로로 구분하는 방안으로 나눌 수 있다. 안전과 운영 문제 및 접근 통제상 앞의 두 경우는 주로 고속국도의 버스전용차로에, 뒤의 경우는 도심 도로의 버스전용차로에 각각 적용한다.

버스전용차로와 일반차로를 분리할 때는 다음과 같은 사항을 고려해야 한다.

- 도로 폭
- 버스전용차로 운영 시간(종일, 첨두시간대)
- 버스전용차로 형태(가변, 역방향)
- 주변 출입구 통제여부
- 단속 여부

여기서, 도로 폭은 전체 차로수와 관계되며, 필요로 하는 버스전용차로의 차로수와 전체 차로수를 고려하여 분리 방안을 결정해야 한다. 버스전용차로의 폭은 국외의 경우 대개 3.60m에서 3.00m 정도이나 2.60m 까지도 적용한 사례가 있다. 우리나라의 경우 버스 너비가 2.50m 내외인 점을 감안하여 도시지역도로 구간에는 3.00m를 그 기준으로 하되, 교차로 부근이나 부득이한 곳(교각 사이 등)에서는 2.75m 까지 허용하며, 고속국도에는 해당 고속국도의 일반차로 차로폭과 같게 한다.

① 분리대(barrier) 설치 방안

분리대를 설치하는 방안은 버스전용차로와 일반차로 사이에 콘크리트 분리대(폭 1.80~3.00m)를 설치하여 교통류를 완전히 분리하는 방안이다. 이 방안에는 양방향 모두에 대하여 전용차로와 일반차로 사이에 분리대를 설치하는 방안과 중앙에 전용차로를 설치하고, 양옆에 분리대를 설치하는 방안이 있다.

(a) 프랑스   (b) 콜럼비아   (c) 멕시코

그림 4-13 국외 버스전용차로의 분리대(예시)

이와 같이 분리대를 설치할 경우 버스전용차로와 일반차로를 물리적으로 완전히 분리할 수 있어 자동차의 통행이 편리하나 분리대 설치로 도로 폭이 증가하고, 전용차로 내에서 자동차의 고장이나 사고가 발생될 경우 버스전용차로에 교통 장애가 발생할 수도 있다.

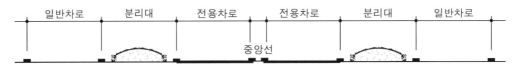

그림 4-14 버스 전용차로의 분리대(예시)

② 완충지역(buffer) 설치 방안
버스전용차로 사이에 폭 0.2~2.0m의 완충지역을 설치하여 전용차로를 분리하는 방안을 말한다(그림 4-15 참조).

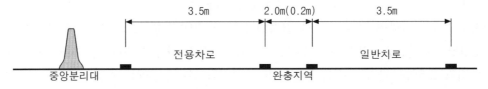

그림 4-15 완충지역 설치 방안(고속국도)(예시)

완충지역 내에는 야간에 시인성을 증진하기 위하여 표지병을 15~30m 간격으로 두 줄로 배열하거나 폭이 좁은 경우에는 한 줄로 배열하여 차로 분리효과를 높일 수 있다.
버스전용차로에 완충지역을 설치하면 버스전용차로와 일반차로를 분리하기 위한 폭이 비교적 작게 소요되고, 분리대를 설치하는 경우보다 유고 자동차의 처리가 용이하나 일반 자동차의 통행금지 위반이 발생할 가능성이 있다.

③ 차로 표시 방안

버스전용차로는 지정된 자동차만 통행할 수 있도록 버스전용차로와 일반차로 사이에 청색 실선의 차선 표시로 구분하는 방안을 말한다.

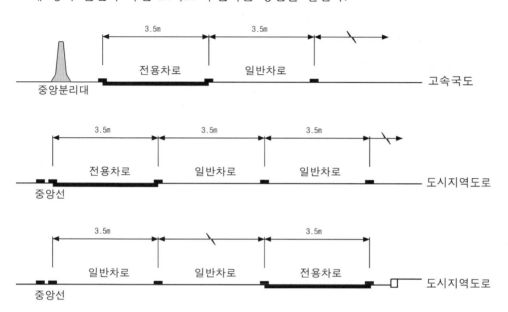

그림 4-16 버스전용차로 설치 방안(예시)

차로 표시 방안은 분리대 설치 방안보다 버스전용차로의 운영시간을 조정하기 용이하며, 출입부에서 통제만 가능하다면 효과적일 수 있다. 또한, 별도의 분리대 폭이 필요하지 않기 때문에 기존의 도로에 적용할 수 있으나 위반 자동차의 비율이 높아지므로 시행할 때에는 규제가 필요하다. 도시 내 도로 구간에서는 차로폭 제한과 운영상의 어려움 때문에 도로변 버스전용차로를 주로 설치하는데, 이 경우 대부분 차선표시로 버스전용차로를 설치한다.

(2) 버스전용차로와 일반차로의 종방향 분리 방안

버스전용차로를 기존 도시지역도로나 고속국도에 설치할 경우 주의해야 할 곳은 전용차로가 시작되고 끝나는 지점과 자동차 진·출입지점이다. 일반적으로 고속국도에 전용차로를 설치할 경우 버스전용차로의 시·종점부와 인터체인지, 분기점, 휴게소 등에서 버스전용차로의 교통류와 일반차로의 교통류 사이의 엇갈림이 발생하며, 특히 인터체인지 등 고속국도에 진·출입하는 시설물 사이의 간격이 가까울수록 엇갈림으로 인한 문제가 발생할 수 있다. 도시지역도로의 도로변에 버스전용차로를 설치할 경우 도로변에 접속된 도로로 진·출입하려는 일반 자동차와 버스전용차로를 통행하는 버스 사이에서 상충 문제가 발생하며, 교차로부에서는 전용차로의 설치 위치에 따라 일반 자동차와 버스 사이에서 상충 문제가 발생할 수 있다.

다음은 고속국도와 일반 도시지역도로에 설치된 버스전용차로 구간에서 발생할 수 있는 엇갈림으로 인한 상충 문제를 완화하기 위한 교통처리 방안이다.

① 고속국도에 버스전용차로를 설치할 때 일반차로와의 분리 방안

버스전용차로가 시작되는 구간은 버스가 일반차로에서부터 전용차로로 안전하게 진입하도록 안내표지와 노면표시를 버스전용차로 시점에서부터 적정한 거리를 두고 설치하여 유도해야 한다. 또한 버스전용차로 시점과 종점부에 최소한 400m 길이의 청색 점선으로 차선표시를 하여 버스전용차로에 진·출입하는 교통류를 안전하게 유도해야 한다. 특히, 버스전용차로 종점에서는 버스전용차로의 자동차와 일반차로의 자동차가 일반적인 차로별 통행 원칙에 따라 원활히 자기 차로로 진입하도록 배려해야 하며, 이를 위해서 전용차로를 시내 교통류가 시작되기 1~2km 전방에서 끊어주어 적정한 엇갈림 구간을 확보하여 주어야 한다. 교통량이 많거나 차로가 갑자기 좁아지는 병목구간의 경우는 버스전용차로 쪽의 자동차를 먼저 통행시킨다.

인터체인지, 분기점, 휴게소 등이 설치되어 있는 구간은 연결로의 진·출입 영향권에 대하여 청색 점선으로 차선을 표시한다. 연결로의 영향권은 연결로에서 버스전용차로로 진입하려는 자동차나 버스전용차로에서 연결로로 진출하려는 자동차가 안전하고 원활하게 차로를 바꿀 수 있도록 본선의 한 차로 마다 최소 150m의 차로 변경 거리를 확보하도록 한다.

고속국도의 버스전용차로에서 발생할 수 있는 엇갈림 문제를 완화하기 위한 방법은 다음과 같다.

• 차로 변경 소요거리 : 버스전용차로로 진입 또는 진출하기 위하여 차로를 변경하는 경우 1개 차로를 변경하는 데 소요되는 최소거리는 150m이다.

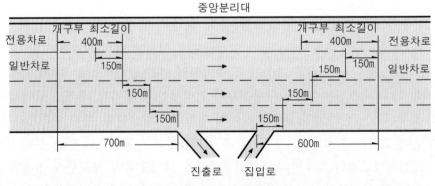

그림 4-17 인터체인지 엇갈림 구간 출입교통 처리 방안(예시)

- 전용차로 개구부 거리 : 버스전용차로로 진입 또는 진출하는 자동차를 위한 버스
  전용차로 개구부의 최소길이는 400m이다.

그림 4-17은 인터체인지 엇갈림 구간 출입교통 처리 방안의 예시이다.

② 도시지역도로의 출입 및 회전교통 처리

우리나라의 도시지역 도로망의 체계는 기능에 따른 구성이 미흡하여 주간선도로에 소로(국지도로)가 무질서하게 접속·연결되어 있다. 이로 인한 교통 상충은 교통의 흐름을 빈번히 차단하여 전용차로 도입과는 상관없이 교통의 흐름을 악화시키고 있다. 현재 우리나라 지방자치단체에서 시행하고 있는 가로변 버스전용차로제에서는 소로의 영향을 최소화시키고, 자동차의 소로 출입을 위한 우회전 진입 공간(이하 셋백이라 한다)을 제공하지 않으나, 「도로교통법 시행규칙」의 노면표시 중 하나인 "정차금지지대 표시"로 설계한 사례가 있다(그림 4-18 참조).

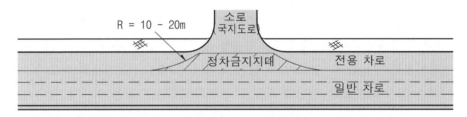

그림 4-18 도시지역의 소로(국지도로) 출입교통 처리(예시)

가로변 버스전용차로가 도입된 교차로에서 우회전하려는 일반 자동차와 직진 버스를 분리하여 처리하기는 매우 어렵다. 버스 게이트로 이론적인 분리 처리가 가능하나 용량이 포화상태를 보이고 있는 우리나라 대도시 교통축에 적용하기에는 그 효과가 미지수이므로 아직까지는 버스전용차로의 셋백이 가장 현실적인 문제 해결 방안이라고 할 수 있다.

셋백이란 교차로 접근부에 우회전 자동차가 진입할 수 있도록 설치한 공간으로서, 그림 4-19에 그 개념을 나타냈다. 셋백 적정거리는 접근로의 각 차로들이 비슷한 교통량 대 용량비(V/C)로 운영되도록 정한 거리로 해야 한다. 표 4-8은 녹색신호 1초당 거리로서, 셋백 기준을 정리한 것이다.

표 4-8 적정 셋백 거리(녹색신호 1초당 거리)

(단위 : m)

전용차로 V/C비 \ 일반차로 V/C비	0.50	0.75	1.00
0.60	0.70	1.60	3.50
0.90	0.60	1.20	2.40

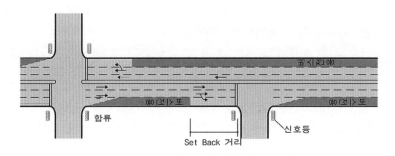

그림 4-19 전용차로와 셋백(예시)

6. BRT(bus rapid transit : 간선급행버스체계)

BRT란 BRT 전용차로, 편리한 환승시설, 교차로에서의 BRT 우선통행권 및 그 밖의 국토교통부령이 정하는 사항을 갖추어 급행으로 운행하는 교통체계를 말하며, 기본적으로 버스전용차로에 대용량의 버스를 운행하여 빠른 운행속도와 서비스의 신뢰성, 그리고 편리함으로 도시철도 수준의 서비스를 제공할 수 있다. BRT 주행로는 BRT 전용도로와 BRT 전용차로로 구분할 수 있으며, 혼잡한 지역에서 BRT 전용차로의 확보가 어려운 경우에는 기존 양방향 도로를 일방향 도로로 전환하고, BRT 전용 역류형 차로 설치 등을 통하여 BRT 자동차가 혼잡 구간에서도 일정한 속도를 유지할 수 있는 여건을 갖추도록 주의를 기울여야 한다.

BRT 전용도로의 설치 형식은 일반 도로와 분리하여 전용도로를 설치하는 선형 분리형 식과 선형 비분리 형식으로 구분할 수 있다.

(a) 분리형식   (b) 비분리형식

그림 4-20 BRT 전용도로 설치 형식

BRT 전용차로는 일반 버스전용차로와 같이 다른 교통류와의 물리적 분리와 차선 이용 분리로 구분할 수 있으며, 세부적인 분리 기법은 버스전용차로의 분리 방안 기법을 따른다.

BRT 기반시설의 설계에 대한 상세한 내용은 「간선급행버스체계(BRT) 설계지침(국토교통부)」을 참조한다.

7. 신개념 대중교통수단

신개념 대중교통수단이란 독립된 전용주행로를 설치하고 궤도 또는 자동차 바닥 높이로 승·하차가 가능하며, 1량 또는 다량 편성이 가능한 운영상의 특징을 갖춘 도시교통시스템으로서 바이모달, 트램 등이 있다.

이러한 신개념 대중교통수단은 경제성, 유선성, 철도교통의 정시성을 결합한 첨단 대중교통 시스템으로 일반 도로를 운행하는 버스의 특성과 전용 선로를 운행하는 철도의 특성을 가지는 교통수단으로서, 도로에 설치할 때에는 일반 자동차와 분리하여 별도로 설치하며, 교통수단별 특성을 고려하여 추가적인 기반시설의 설치를 고려해야 한다.

4-3-3 가변차로

1. 필요성

도심부 양방향 통행 도로에서 시간대에 따라 방향별 교통량이 현저하게 다른 경우 교통량이 많은 쪽으로 차로의 수가 확대될 수 있도록 신호기로 진행방향을 지시하는 가변차로를 설치할 수 있다.

가변차로제는 특정시간대에 방향별 교통량이 현저하게 차이가 나는 도로에 대하여 신호에 따라 하나 또는 그 이상의 차로를 교통량이 많은 쪽으로 전환시켜 자동차를 통행시키는 것으로서, 유입과 유출 교통량이 많은 도심지역에 있어서는 효과적인 통행 방안 중의 하나이다. 가변차로제는 기존의 차로에 이용되지만 현재 교통의 흐름을 파악하여 신설되는 도로에 적용되기도 한다. 특히 초과 교통량에 대한 시설 확장이 용이하지 못한 교량이나 터널 등에 적용되기도 하나 교통안전상의 문제점을 고려하여 설계해야 한다.

2. 도입 효과 및 설치 기준

가변차로제는 첨두시간(peak hour)에 교통류가 포화상태에 있을 때 자동차의 운행속도를 향상시켜 구간 통행시간을 단축시킬 수 있다. 또한 도입 구간의 지체도 감소로 인하여 에너지 소비량과 배기가스 배출량의 감소도 기대할 수 있다. 다만, 설치구간의 길이에 따라 단축되는 자동차의 통행시간은 달라지며, 일부 짧은 혼잡구간에서도 효과적인 경우가 있다.

가변차로의 설치는 홀수 차로로 운영하는 것이 효과적이며, 짝수 차로의 경우 차로의 폭이 여유가 있을 경우 차로 조정을 통하여 가변차로제를 시행할 수 있다. 가변차로제를 시행할 때 첨두시간대의 도로변 주·정차 금지, 좌회전의 제한, 적정한 신호시설의 설치, 차선 도색 등 노면표시의 개선이 요구된다.

가변차로제는 한쪽 방향으로만 교통 지정체가 지속하여 발생하는 구간 중 방향별 교통량의 분포가 6 : 4 이상인 경우에 적용 가능하다. 또한 양방향 도로용량이 교통수요를 처리할 수 있는 구간을 확보해야 하며, 도로의 폭과 차로수가 일정해야 한다.

4-3-4 양보차로

> **제37조(양보차로)**
> ① 2차로 도로에서 앞지르기시거가 확보되지 않은 구간으로서, 도로용량 및 안전성 등을 검토하여 필요하다고 인정되는 경우에는 저속자동차가 다른 자동차에게 통행을 양보할 수 있는 차로(이하 "양보차로"라 한다)를 설치해야 한다.
> ② 양보차로를 설치하는 구간에는 운전자가 양보차로에 진입하기 전에 이를 충분히 인식할 수 있도록 노면표시 및 표지판 등을 설치하여야 한다.
> ③ 양보차로는 도로용량 및 안전성 등을 검토하여 적절한 길이 및 간격이 유지되도록 해야 한다.

현재 군도(郡道) 이상 도로의 신설 및 개량사업에는 차로를 왕복 2차로 또는 그 이상으로 설치하여 자동차의 엇갈림에 따른 문제점이 없어 저속 자동차 대피공간의 설치 필요성은 없어졌으나, 저속 자동차로 인하여 동일 진행방향 후속 자동차의 속도 감소가 유발되고, 대향차로를 이용한 앞지르기가 불가능할 경우 원활한 교통 흐름을 위해 양보차로의 설치가 필요하게 된다.

우리나라의 지형조건은 산악지형이 많고, 도로를 설계할 때 앞지르기 가능 구간을 확보하기가 실질적으로 곤란한 경우가 많으며, 또한 우리나라의 교통류 특성 중 대형자동차가 상당히 많은 부분을 차지하고 있다는 점을 감안할 때 국외에서 오래 전부터 활용되고 있는 양보차로 설치를 적극 도입하는 것이 바람직하다.

양보차로란, 양방향 2차로의 앞지르기 금지 구간에서 자동차의 원활한 흐름을 도모하고, 동시에 도로 안전성을 제고하기 위하여 길어깨 쪽으로 설치하는 저속 자동차의 주행차로를 말하며, 소요 길이와 테이퍼 및 설치 간격 등 제반 이론은 교통류의 특성과 관련되어 분석된다. 양보차로를 설치하게 되면 비교적 적은 공사비를 투입하여 도로의 용량을 증대시킬 수 있을 뿐 아니라 교통사고의 위험성을 현저히 감소시킬 수 있기 때문에 2차로 도로의 운영 개선 기법이라고 할 수 있다.

국외(미국)에서는 다음과 같은 도로 조건에서 양보차로를 설치할 것을 권장하고 있다.

앞지르기거리가 확보되지 않는 구간은 앞지르기 금지 구간을 설정해야 하므로 저속 자동차 때문에 발생하는 지체는 매우 커지게 된다. 따라서, 앞지르기를 금지하였더라도 저속 자동차를 양보차로로 유도하여 정상 흐름을 유지하기 위한 목적으로 설치한다.

그러나 양보차로의 설치에 관한 세부사항은 동 설계 지침에 상세히 제시되어 있지 않으므로 도로 설계자들의 판단에 따라 결정된다. 국외(미국)의 도로설계지침에 따르면 앞지르기 거리가 확보되지 않는 도로 구간에는 양보차로를 설치하는 것이 바람직하나 그 상세한 설치 방법은 대상 도로의 시설 현황과 도로 기술인의 판단에 따르도록 하고 있다.

또한 국외(TRB : transportation research board, 미국)에서 발간한 도로교통용량편람(HCM : highway capacity manual)에서도 2차로 도로에서의 서비스수준이 앞지르기 거리의 확보 유무에 지대한 영향을 받는 것으로 되어 있으며, 앞지르기시거가 확보되지 않는 경우 양보차로를 설치할 것을 권장하고 있다. 양보차로를 설치하는 방법은 차로 수를 3차로로 하여 가운데 차로를 양방향 교통류에 어느 구간만큼 씩 할당하는 것이다. 이렇게 상당한 길이에 걸쳐서 반복적으로 양방향에 양보차로를 할당할 경우, 두 가지 차로 운영방법이 있는 바, 그림 4-21 (a), (b)와 같이 1차로 방향에서도 앞지르기시거가 확보되는 구간에 앞지르기를 허용하는 방법과 1차로 방향에서는 앞지르기를 허용하지 않는 방법이 있을 수 있다. 상기 참고 문헌에 따르면 연평균 일교통량(AADT)이 3,000대를 넘을 경우 1차로 방향에서의 앞지르기를 금지하도록 권장하고 있다. 이와 같이 양보차로를 연속적으로 설치하는 방법 외에 지형에 따라 간헐적으로 3차로를 설치하여 운용할 수도 있으며, 그 구체적인 설치 위치 및 길이는 "3. 양보차로 설치"의 내용을 참조한다.

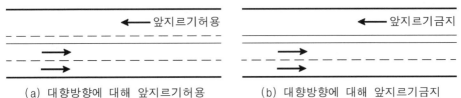

(a) 대향방향에 대해 앞지르기허용   (b) 대향방향에 대해 앞지르기금지

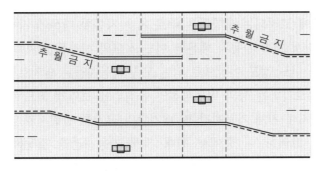

(c) 전형적인 전이구간 노면표시

그림 4-21 양보차로의 설치(예시)

한편 국외(미국의 서부) 산간지형 도로에서는 2차로 도로에서의 서비스수준을 향상시키기 위하여 앞지르기 금지 구간에서 양보차로의 일종인 턴아웃(turnout)을 사용하고 있다. 턴아웃은 2차로 도로의 한쪽 차로에 설치하여 저속 자동차의 양보를 유도하기 위한 시설물로서, 오르막 경사 구간 및 내리막 경사 구간은 물론 평지에서도 교통류의 서비스수준을 높이기 위하여 설치되고 있다(그림 4-22). 이 방법을 적절히 사용한 경우 자동차 지체시간이 많이 감소되며, 이에 대한 안전성도 인정되고 있다.

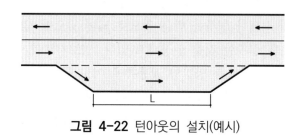

그림 4-22 턴아웃의 설치(예시)

여기에서 턴아웃의 최소 길이(L)는 접근속도에 따라 달라지게 되며, 국외(미국)의 도로교통용량편람에 따르면 표 4-9와 같다.

표 4-9 2차로 도로에서의 턴아웃(turnout) 최소 길이

(단위 : m)

접근속도(km/h)	> 40	> 48	> 64	> 80	> 88	> 96
최소 길이	60	60	75	115	130	160

오르막차로와의 차이는 오르막차로가 양보차로보다 그 길이가 길며, 통행방법도 오르막차로는 저속 자동차가 오르막차로로 계속 주행하는 반면 양보차로의 통행방법은 4항과 같다.

1. 앞지르기 요구 횟수의 산정 방법

양보차로의 설계에 고려되는 사항들은 주로 저속 자동차 때문에 지체되는 시간과 대기열의 크기이다. 따라서 저속 자동차 때문에 어느 정도의 시간동안 지속적으로 지체되었거나 대기열의 크기가 어느 정도 이상으로 되면 고속 자동차들은 앞지르기 금지 구간에서도 중앙선을 넘어 앞지르기하는 등의 비정상적인 움직임을 보이게 되므로 교통류의 도착률, 도로의 시설 현황, 최대 지체 가능시간 및 대기열의 크기를 관련시켜 앞지르기 요구 횟수를 분석해야 한다. 그러나 이 중에서 최대 지체 가능시간을 결정하기란 매우 어렵고 1988년 서울에서 열린 「도로교통용량편람 워크숍 결과 보고서」에 따르면 "2차로 도로에서 저속 자동차 때문에 지체되는 운전자가 어느 정도까지 견딜 수 있는가 하는 것은 각 운전자의 특성에 따르며, 도로의 수준이 높을수록 견디는 시간이 적어진다." 라고만 밝혀

져 있을 뿐이다.

2. 앞지르기 기회의 산정

일반적으로 앞지르기 기회는 앞지르기 금지 구간 백분율로 표시되나, 이는 반대편 교통량의 영향을 무시하기 때문에 실제적으로는 앞지르기 기회의 산출은 앞지르기시거와 반대편 차로의 교통량을 고려해야 하며, 다음과 같은 특성이 반영되어야 한다.

① 반대편 차로에 교통량이 없는 경우 앞지르기 기회는 자동차군(自動車群) 맨 앞 자동차의 속도와 앞지르기시거에 따라 결정된다.

② 도로의 선형이 앞지르기 기회에 대하여 미치는 영향은 자동차군 맨 앞 자동차의 속도와 앞지르기시거에 비하여 매우 작거나 무시할 만하다.

③ 앞지르기하고자 하는 자동차가 자동차군 맨 앞 자동차로부터 세 번째 뒤 이후에 위치하면 앞지르기 기회는 급격히 감소한다.

④ 트럭이나 위락관광용 자동차 등은 앞지르기 횟수가 상당히 적다.

⑤ 대체적으로 앞지르기 금지 구간이 끝나는 지점 직후에는 앞지르기 기회가 많다.

자동차군 맨 앞 자동차의 속도가 낮은 경우 앞지르기시거 확보 구간 길이가 비록 짧다 하더라도 어느 정도의 앞지르기가 이루어지지만 속도가 높거나 앞지르기시거 확보 구간 길이가 길지 않으면 앞지르기가 이루어지지 않는다.

또한 앞지르기시거가 여유 있게 확보되더라도 자동차 속도가 높으면 거의 앞지르기하지 않는 것을 알 수 있다. 이러한 결과는 실제로 도로에서 발생하는 상황을 매우 적절히 설명하는 것으로서, 앞지르기 기회의 산정에 이론적 근거가 될 수 있다.

국외(미국)의 한 연구기관에서 보고한 바에 따르면 자동차군 맨 앞에서 세 번째 이후에 위치한 자동차들에 대한 앞지르기 횟수는 두 번째 자동차 앞지르기 횟수의 52%를 적용할 수 있다고 한다. 그러나 이론적으로 볼 때 이 수치는 고정될 수 없으며, 실제 상황에서 앞지르기 횟수는 앞지르기하려는 자동차와 자동차군의 맨 앞 자동차 사이에 존재하는 자동차 대수와 반비례적인 관계를 유지할 것으로 판단된다.

이와 같은 사항을 통하여 볼 때 앞지르기 가능 구간을 여유 있게 확보한다고 하더라도 실제 운전자들은 반대편 차로에서 진행하는 교통량들을 인식하기 때문에 어느 정도 앞지르기에 지장을 받게 된다. 따라서 도로공학적 관점에서는 앞지르기 가능 구간의 확충보다는 양보차로를 설치하여 저속 자동차로 인하여 발생하는 교통운영의 비효율성을 줄이는 것이 더욱 바람직하다. 우리나라의 경우 양보차로에 관한 연구가 정립되지 않고 있으므로 당분간은 국외의 기준을 참고로 하고, 우리나라 2차로 도로의 시설 현황을 고려하여 앞지르기 기회의 백분율 30%가 확보되지 않는 도로 구간에 양보차로를 설치하는 것이 적정하다고 본다.

제4장

표 4-10 앞지르기 기회 백분율과 교통 흐름 상태와의 관계

교통 흐름 상태	앞지르기 기회 백분율(%)	연평균 일교통량(AADT)		
		5[a]	10	20
매우 양호	70~100	5,670	5,000	4,330
양 호	30~ 70	4,530	4,000	3,470
보 통	10~ 30	3,330	3,000	2,670
부분 제한	5~ 10	2,270	2,000	1,730
제 한	0~ 5	1,530	1,330	1,130
완전 제한	0	930	800	670

(a) 대형자동차 비율
자료 : C.J. Haban, "Evaluation of Traffic Capacity and Improvements to Road Geometry"

3. 양보차로 설치

이상과 같이 검토한 앞지르기 요구 횟수 및 앞지르기 기회 등을 고려하여 앞지르기 기회 백분율이 적정 수준을 미달하게 되면 양보차로를 설치해야 한다. 양보차로의 설치에 있어서는 앞지르기 금지 구간의 시점으로부터 양보차로까지의 거리를 결정하는 것이 무엇보다 중요하며, 이 외에도 양보차로의 길이 및 테이퍼(taper) 등을 결정하여 저속 자동차의 효과적인 진입을 유도해야 한다.

(1) 양보차로의 위치

양보차로의 결정에 가장 중요한 것은 앞지르기 금지 구간으로부터 어느 정도 거리를 지나면 앞지르기 요구 횟수가 한계에 이르는 지를 분석하는 것이다. 이 외에도 운전자들이 느끼는 위치의 타당성과 양보차로 설치에 소요되는 공사비, 그리고 전후의 도로 상황 등이 고려되어야 한다. 국외의 경우에 있어서도 일정한 기준을 설정하여 놓고 있지는 않으나, 이론적으로 볼 때는 저속 자동차 때문에 지체되는 교통류의 지연시간을 양보차로를 설치하여 최대한 감소시킨다는 점이 중요하며, 이러한 관점에서 양보차로의 위치를 선정하기 위해서는 우선 자동차군의 최대 길이(maximum platoon length)를 결정해야 한다. 자동차군의 최대 길이를 결정하면 앞지르기 금지 구간의 시점으로부터 최대 길이를 형성하기까지 소요된 시간을 알 수 있게 되고, 자동차군의 평균 주행속도를 기준으로 해서 그곳의 위치를 산정할 수 있게 된다.

자동차군의 최대 길이는 일반적으로 도로 시설의 수준과 교통량에 따라 변화한다. 즉, 고속국도에서 교통량이 적은 경우에 자동차군 최대 길이는 고속국도는 제외한 그 밖의 다른 도로의 교통량이 많은 경우의 최대 길이보다 짧다. 여기서는 2차로 도로를 대상으로

하고 있으므로 자동차군의 최대 길이가 비교적 길다고 볼 수 있는데 그림 4-23에는 앞지르기 기회가 80%일 때 국외(미국)에서의 교통량에 대한 자동차군 평균 크기가 도시되어 있다. 이는 2차로 도로의 용량에 기준한 것으로 볼 수 있다.

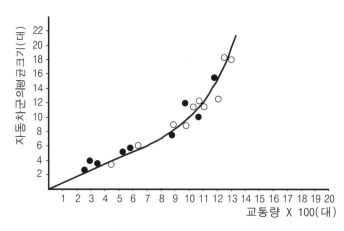

그림 4-23 앞지르기 기회가 80%일 때 교통량과 자동차군 길이와의 관계

자료 : C.J. Messer, Two-Lane Two-Way Rural Capacity, 1983

(2) 양보차로의 길이

양보차로는 원칙적으로 자동차군을 형성하고 있는 자동차들이 모두 지나갈 수 있는 만큼의 길이를 갖도록 설계되어야 한다. 그러나 2차로 도로에서 너무 긴 구간을 양보차로로 설치하는 경우, 운전자들은 양보차로를 4차로 도로로 착각하여 교통사고 발생의 위험을 유발시키게 되므로 적정한 길이를 설치하는 것이 매우 중요하다.

현재 국외(미국)의 도로교통용량편람에서 규정하고 있는 양보차로의 길이는 접근속도와 관련시켜 결정한 것으로서, 약 4~5초 간의 주행거리를 최소 길이로 하고 있다. 실제 도로 기술인들의 입장에서는 최소 길이도 중요하지만 저속 자동차 때문에 지연되고 있는 자동차군들의 원활한 주행을 도모하기 위해서 자동차군을 구성하고 있는 자동차들이 지나갈 동안에 저속 자동차가 양보차로에서 주행할 수 있는 길이를 산정할 필요가 있다.

국외(캐나다의 온타리오 주)에서 조사한 양보차로의 설치효과 분석에 따르면 양보차로 길이는 약 1,200~2,000m 범위에 있어야 한다고 주장한다. 이 길이는 운전자들로 하여금 양보차로가 설치된 구간이 마치 4차로 도로인 것 같은 착각을 일으키지 않으며, 자동차군을 분산하기에 적절한 길이를 제공함과 동시에 적절한 테이퍼(taper)를 설치할 수 있게 한다. 이와 같은 관점을 고려하여 실무자들이 적용할 수 있는 양보차로의 길이를 표 4-11에 제시하였다.

표 4-11 양보차로의 길이

(단위 : m)

한 방향 교통량 (대/시간)	계산값	적용값
100	731	800
200	898	800~1,200
400	1,316	1,200~1,600
700	2,220	1,600~2,000

(3) 양보차로의 설치 간격

양보차로의 설치 간격을 결정하는 데 중요한 것은 교통류의 원활한 흐름을 이루기 위하여 필요한 개선의 정도이다. 일반적으로 양보차로를 설치하게 되면 5~13km 정도는 자동차군 크기가 감소하게 되며, 감소의 정도는 교통량과 앞지르기 기회의 크기에 따라 정해지게 된다.

저속 자동차 때문에 발생하는 교통류의 지연시간이 많지 않은 경우, 양보차로 간격을 16~24km 정도로 크게 하는 것이 바람직하나 운전자들의 조급한 마음을 완화시키기 위한 방법으로 다음 양보차로의 위치를 표지로 표시할 수도 있다. 한편, 교통량이 많고 앞지르기 기회가 확보되지 않은 경우에는 양보차로 설치 간격을 5~8km 까지 감소시킬 수 있다.

(4) 양보차로의 테이퍼

양보차로의 테이퍼는 차로폭과 길어깨폭을 고려하여 결정하며, 일반적으로 차로수를 증감할 때 사용하는 테이퍼 기준을 그대로 적용하는 것이 좋다. 대체적으로 양보차로가 시작되는 부분에서의 테이퍼보다는 양보차로가 끝나는 부분에서의 테이퍼가 더욱 중요하다. 이것은 양보차로로 진입할 때의 분류 움직임보다 양보차로에서 원래 주행차로로 진입할 때의 합류 움직임에서 더 많은 시간이 소요되기 때문이다. 이와 같은 관점에서 양보차로의 시작 부분에 대한 테이퍼는 양보차로의 끝 부분에 대한 테이퍼의 약 2/3 정도를 사용한다. 비록 양보차로를 설치했다 할지라도 많은 자동차들이 양보차로를 사용하지 않는다면 양보차로 설치 효과는 감소하게 되므로 양보차로의 시작 부분에 적정한 시거를 확보하고, 그 외에도 주변 시설의 확충을 통하여 저속 자동차로 하여금 양보차로를 많이 이용하도록 유도해야 한다.

4. 양보차로가 설치된 구간의 통행방법

국외의 경우 양보차로에 대한 법규를 살펴보면, 일반적으로 저속 자동차를 뒤따르고 있는 자동차의 수에 따라 양보 여부를 정하고 있다. 국외(미국 오레곤주)는 만약 한 대의 자동차라도 저속 자동차를 뒤따를 때는 저속 자동차는 양보차로로 양보해야 할 법적 책임을 가진다. 국외(미국 아이다호주)에서는 3대 이상일 경우에는 양보해야 하며, 국외(미국 캘리포니아주와 워싱턴주)에서는 5대 이상의 자동차가 지체군을 형성할 때는 양보하도록 제도화하고 있다. 그러나 교통량이 적을 경우에는 지체군을 형성하는 자동차 수가 적어지기 때문에 양보차로의 실효성이 감소되므로 양보차로가 효과적이기 위해서는 한 대의 자동차라도 저속 자동차를 뒤따를 때는 양보하도록 하는 제도가 효율적이다.

5. 양보차로가 설치된 구간의 표지판 설치

양보차로를 설치할 경우 양보차로 진입 전에 운전자들이 충분히 인지할 수 있도록 표지판을 설치해야 하며, 규격 및 설치 위치 등에 대한 상세한 내용은 「도로표지 규칙(국토교통부)」을 참조한다.

4-3-5 앞지르기차로

저속 자동차로 인하여 동일 진행방향 후속 자동차의 속도 감소가 유발되고, 반대 차로를 이용한 앞지르기가 불가능할 경우 원활한 흐름을 도모하고 동시에 도로 안전성을 제고하기 위하여 도로 중앙 측에 설치하는 고속 자동차의 주행차로를 말하며, 앞지르기차로의 설치로 비교적 적은 공사비를 투입하여 도로용량을 증대시킬 수 있을 뿐만 아니라 교통사고의 위험성을 현저히 감소시킬 수 있기 때문에 2차로 도로에서 도로용량을 증대시킬 수 있는 대안으로 적극적인 검토가 필요하다. 앞지르기차로의 설치 장소 및 운영 방법은 다음과 같다.

(1) 설치 장소

① 2차로 도로에서 적절한 도로용량 및 주행속도를 확보하기 위하여 오르막차로, 교량 및 터널 구간을 제외한 토공부에 설치한다.

② 앞지르기차로의 설치는 기본적으로 상·하행선 대칭 위치에 설치하며, 토공부가 비교적 긴 구간이나 용지 제약을 받는 구간 등에서는 상·하행선을 엇갈리게 설치하는 방법이 현실적일 수 있으며, 지형 조건, 전후 구간의 설치 간격, 경제성 등을 검토하여 결정해야 한다.

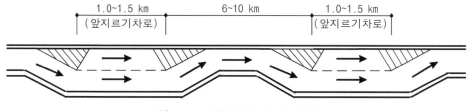

그림 4-24 앞지르기차로의 개요도

표 4-12 앞지르기차로의 길이

(단위 : km)

구 분		표준 간격 및 길이	
앞지르기차로 설치 간격		6~10	
앞지르기차로 설치 길이		1.0~1.5	
앞지르기차로 완화구간 길이	종 점 부	L = 0.6 × w × s	L : 길이(m) w : 차로폭(m) s : 속도(km/h)
	시 점 부	종점부의 1/2~2/3 길이	

주) 계획교통량이 적은 경우 지형 여건 등으로 인하여 부득이한 경우에는 교통의 안전성 및 흐름의
   원활성을 충분히 고려하여 필요에 따라 설치 간격 및 연장을 증감할 수 있다.

(2) 앞지르기차로의 운영 방법 및 구조

① 도로의 바깥쪽을 본선으로, 안쪽을 앞지르기차로로 활용한다.

② 설계속도 및 차로폭은 본선과 동일하게 계획한다.

(3) 앞지르기차로를 계획할 때 고려사항

앞지르기차로는 종점(합류부)의 시인성 확보가 중요하며, 교통의 안전성 및 원활성을
제고할 수 있으므로 종점 위치를 선정할 때 평면선형이 급변하는 구간, 종단선형의 볼록
부, 오목부 및 터널 갱구 부근 등은 피하되, 부득이하게 설치할 경우에는 시야 확보 및
교통안전대책을 마련해야 한다.

4-3-6 2+1차로도로

2+1차로도로는 2차로 도로의 교통량이 용량 기준을 초과하고, 4차로 용량 기준에는
미치지 못하는 일정 구간에서 지형 여건 및 예산 제약, 환경적 관심 증가 등으로 인하여
4차로 도로 설치가 용이하지 않을 때 설치하기에 적합한 형태의 도로로서, 중앙 차로 부
분에 앞지르기차로를 교대로 제공하는 연속적인 3차로 도로를 말한다.

그림 4-25 2+1차로도로의 개요도

2+1차로도로의 계획과 설계에 대한 상세한 내용은 「2+1차로도로 설계 지침(국토교통
부)」을 참조한다.

4-4 중앙분리대

제11조(차로의 분리 등)

① 도로에는 차로를 통행의 방향별로 분리하기 위하여 중앙선을 표시하거나 중앙분리대를 설치하여야 한다. 다만, 4차로 이상인 도로에는 도로 기능과 교통 상황에 따라 안전하고 원활한 교통을 확보하기 위하여 필요한 경우 중앙분리대를 설치하여야 한다.

② 중앙분리대의 분리대 내에는 노상시설을 설치할 수 있으며 중앙분리대의 폭은 설계속도 및 지역에 따라 다음 표의 값 이상으로 한다. 다만, 자동차전용도로의 경우는 2미터 이상으로 한다.

설계속도 (킬로미터/시간)	중앙분리대의 최소 폭(미터)		
	지방지역	도시지역	소형차도로
100 이상	3.0	2.0	2.0
100 미만	1.5	1.0	1.0

③ 중앙분리대에는 측대를 설치하여야 한다. 이 경우 측대의 폭은 설계속도가 시속 80킬로미터 이상인 경우는 0.5미터 이상으로 하고, 시속 80킬로미터 미만인 경우는 0.25미터 이상으로 한다.

④ 중앙분리대의 분리대 부분에 노상시설을 설치하는 경우 중앙분리대의 폭은 제18조에 따른 시설한계가 확보되도록 정하여야 한다.

⑤ 차로를 왕복 방향별로 분리하기 위하여 중앙선을 두 줄로 표시하는 경우 각 중앙선의 중심 사이의 간격은 0.5미터 이상으로 한다.

차로수가 4차로 이상인 고속국도는 반드시 중앙분리대를 설치하며, 그 밖의 다른 도로는 차로수가 4차로 이상인 경우 필요에 따라 설치하는 것으로 한다.

중앙분리대는 고속국도나 설계속도가 높은 도로 등에서 특히 필요하며, 그 밖의 다른 도로에서는 경제성이나 용지 문제 등을 고려할 때 반드시 필요한 것은 아니다. 그러나 4차로 이상의 그 밖의 다른 도로에도 중앙분리대의 기능과 교통 상황, 도로 주변 상황 등을 고려하여 안전하고 원활한 교통을 확보하기 위하여 필요하다고 판단되는 경우에는 중앙분리대를 설치한다.

중앙분리대의 기능은 다음과 같다.

① 왕복의 교통류를 분리하여 자동차의 중앙선 침범에 따른 치명적인 정면 충돌사고를 방지하고, 동시에 도로 중심선 쪽의 교통 마찰을 감소시켜 도로용량을 증대시킨다.

② 광폭분리대일 경우 사고 및 고장 자동차가 정지할 수 있는 여유 공간을 제공한다.

③ 비분리 다차로 도로에 있어서 대향차로의 오인을 방지한다.

④ 필요에 따라 불법 유턴(u-turn) 등을 방지하여 교통류의 혼잡이 발생되지 않도록 하여 안전성을 높인다.

⑤ 도로표지, 그 밖의 교통관제시설 등을 설치할 수 있는 장소로 제공된다.

⑥ 특히, 평면교차로가 있는 도로에서 폭이 충분한 경우 좌회전차로로 활용할 수가 있으므로 교통 처리가 유리하다.

⑦ 보행자에 대한 안전섬이 되므로 횡단 보행자의 안전성이 향상된다.

⑧ 폭이 넓은 중앙분리대를 설치할 경우 야간에 자동차 전조등(head light)의 불빛으로 발생하는 눈부심을 방지할 수 있다. 폭이 넓지 않은 중앙분리대의 경우도 식수나 현광방지망을 설치하여 전조등의 불빛을 차단할 수가 있다.

⑨ 방재·경관 기능을 갖는 장소로 제공된다.

⑩ 수용공간으로서 지하주차장의 출입구나 평면주차장을 설치할 수 있다.

⑪ 공간 확보로 인한 소음 감소, 식목으로 인한 대기 정화 등 생활환경 보전기능과 식목으로 인한 녹화공간을 제공한다.

⑫ 도시 주변 지역에서는 장래 확장될 차로의 공간을 제공한다.

4-4-1 중앙분리대의 구성

중앙분리대(中央分離帶)는 분리대와 측대로 구성된다(그림 4-26).

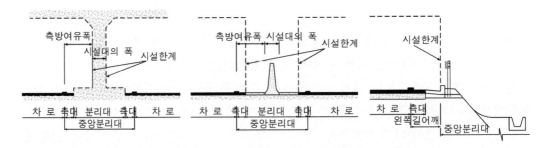

그림 4-26 중앙분리대 구성 및 측방여유폭(예시)

분리대는 중앙분리대 중 측대를 제외한 부분을 말한다. 분리대에는 왕복교통을 명확하게 분리해야 하기 때문에 분리대용 방호울타리 등을 설치하며, 분리대에 녹지대를 설치하는 경우 측대에 접속하여 연석을 설치한다.

4-4-2 중앙분리대의 폭

1. 일반사항

중앙분리대는 폭이 넓을수록 그 기능이 높아진다. 예를 들면, 자동차가 주행차로를 이탈하여 중앙분리대로 진입할 경우 분리대의 폭이 크면 원래 주행차로로 복귀할 여지가 크므로 대형 사고를 방지할 수 있고, 유지관리 작업을 할 때 기계화 작업에도 편리하다. 광폭분리대일 경우 분리대의 폭은 12m 이상이 바람직하고, 최소 10m는 확보해야 한다. 그러나 식재를 통한 분리대의 조경을 고려한다면 18m 정도의 폭이 필요할 것이다. 이때 분리대의 횡단경사는 1 : 4 이상의 완만한 경사가 되도록 해야 한다.

표 4-13 국외 여러 나라의 광폭 중앙분리대

(단위 : m)

국 가	도로의 구분		
	고속국도(고속도로)	간선도로	국지도로
미국	최소 3.00	1.20~20	–
프랑스	12	12	12
네델란드	12	3.00~4.50	–
스페인	10~12	–	–

우리나라에서 광폭의 중앙분리대를 설치하는 경우에는 도로 용지의 취득이 어렵고, 지형, 토지 이용 상황 등으로 인하여 도로 건설비가 높아지기 때문에 중앙분리대 폭을 넓게만 하는 것은 문제가 있다. 그러므로 중앙분리대의 폭은 일반적으로 폭을 좁게 하고, 차도 면보다 높게 분리대를 설치하는 것을 기본으로 하고 있다. 그러나 고속국도나 자동차전용도로에서는 중앙분리대를 차도 면과 동일하게 하고 중앙부에 분리용 방호시설 등을 설치하여 측대를 여유 있게 두는 형식의 분리대가 일반화 되어있다.

중앙분리대의 표준 폭은 고속국도는 지방지역인 경우 3.00m 이상, 도시지역인 경우 2.00m 이상, 자동차전용도로는 2.00m 이상, 고속국도를 제외한 그 밖의 도로의 경우 지방지역에서는 1.50m 이상, 도시지역에서는 1.00m 이상으로 한다. 고속국도 및 자동차전용도로와 자동차의 대향차로 이탈 방지가 필요한 도로에는 중앙분리대에 차량방호안전시설을 설치한다. 단, 주변 경관 및 환경을 고려하여 중앙분리대를 녹지로 계획할 경우 폭원을 별도 검토할 수 있다.

중앙분리대에 방호울타리 등의 차량방호안전시설을 설치할 경우에는 이러한 시설물의 수용에 지장을 주지 않는 분리대 폭을 확보해야 한다. 이때 중앙분리대 폭은 최소한의 측대 폭을 확보해야 하며, 측대 폭을 확보하기 어려운 경우 시설물은 설치할 수 없다.

표 4-14 여러 나라의 중앙분리대 폭

(단위 : m)

국 가	도로의 구분		
	고속국도(고속도로)	간선도로	국지도로
우리나라	2.00~3.00	1.00~2.00	0.50
미국	최소 3.00	1.20~20	–
독일	3.00~3.50	2.00~3.00	–
덴마크	3.00	2.00	–
헝가리	3.00	1.52~3.00	–
폴란드	3.50~5.00	3.00~5.00	–
일본	3.00~4.50	1.75	1.00
중국	1.50~3.00	1.50~3.00	–

2. 소형차도로의 중앙분리대 폭

소형차도로의 중앙분리대 폭은 설계속도가 100km/h 이상일 때 2.0m, 100km/h 미만일 경우 1.0m를 표준 폭으로 한다. 소형차도로의 중앙분리대 폭은 통행에 필요한 최소한의 측대 폭을 확보해야 하며, 곡선부에서 시설물 설치로 인하여 시거 확보가 어려운 경우에는 중앙분리대의 폭을 확폭해야 한다.

3. 그 밖의 다른 도로의 중앙분리대 폭

지방지역 2차로 도로 등에서 부득이하게 중앙선을 두 줄로 표시하여 왕복차로별로 분리할 때에는 대향차로 침범 가능성이 있으므로 분리대의 폭을 추가로 확보할 필요가 있다. 이것은 종단곡선 변화구간에서 앞지르기시거를 확보하지 못하거나 평면곡선부 등에서 급격한 선형 변화에 따른 대향 자동차 간의 안전을 확보하기 위한 조치이다.

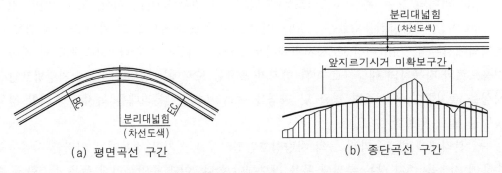

(a) 평면곡선 구간   (b) 종단곡선 구간

그림 4-27 중앙분리대 폭의 추가 확보(예시)

4. 중앙분리대의 측대

도로에 중앙분리대를 설치하는 경우 측대를 설치하며, 중앙분리대와 접하는 차로 바깥쪽에 차로와 동일한 포장 구조와 편경사를 갖도록 설치한다.

측대는 차로 바깥쪽을 일정한 폭으로 명확하게 나타내어 운전자의 시선을 유도하고, 운전자에 대한 안정성을 증진시키며, 주행에 필요한 측방 여유폭의 일부를 확보하여 차도의 효율성을 높이는 기능을 한다.

일반적으로 중앙분리대에 설치하는 측대의 폭은 양쪽 면에 각각 0.50m 이상을 원칙으로 한다. 단, 설계속도가 80km/h 미만의 고속국도를 제외한 그 밖의 도로에서 부득이한 경우 0.25m 까지 축소할 수 있다.

5. 중앙분리대의 활용

(1) 녹지 활용

중앙분리대에는 필요하다고 인정되는 경우 주변 경관 및 환경을 고려하여 중앙분리대를 녹지로 계획할 수 있다. 이때 필요한 폭원을 별도로 검토할 수 있으며, 녹지에 수목을 식재할 경우 시설한계를 고려한 식재 계획과 녹지대의 토사가 도로로 유입되지 않도록 방지대책을 마련해야 한다.

(2) 중앙교통섬 활용

도시지역도로에서는 횡단보도 구간의 차로 중앙에 교통섬을 설치하여 보행자의 피난처를 제공하므로 보행의 안전성과 접근성을 향상시킬 수 있다. 또한 도로를 좁히고, 자동차의 속도를 줄이기 위하여 중앙교통섬을 사용할 수 있다. 중앙교통섬을 식재로 구성하는 경우 배수가 원활하게 이루어지도록 설계해야 하며, 유지관리도 고려하여 식재 종류를 선택해야 한다.

(3) 좌회전차로로 활용

평면교차로에서 중앙분리대를 좌회전차로로 활용할 경우에는 중앙분리대의 폭은 4.0m 정도 확보하는 것이 바람직하나 부득이한 경우 최소 3.25m까지 축소할 수 있다. 이는 중앙분리대를 좌회전차로로 활용할 경우 좌회전차로의 폭을 2.75m, 중앙선 표시 0.50m로 하면 중앙분리대의 필요 폭은 3.25m가 된다.

4-4-3 중앙분리대 폭의 접속설치

중앙분리대의 접속설치는 중앙분리대의 폭이 변하거나 분리대가 확폭되는 경우에 적용하며, 이러한 접속설치는 상·하행선이 분리된 터널과 같은 곳에서 자주 발생한다.

도로 중심선의 선형 변화가 원활하게 보이게 하기 위하여 중앙분리대 폭의 접속설치는 완화구간에서 하는 것이 좋다. 접속설치 구간의 길이는 원칙적으로 완화곡선 길이(KA~KE 사이)로 하고, 접속설치율은 일정하게 유지시킨다(그림 4-28 참조).

단, 중앙분리대 폭의 차가 커서 위와 같은 방법으로 원활하게 접속설치를 할 수 없는 경우 분리대의 양단에 클로소이드 곡선을 설치하는 등 별도의 접속설치 방법을 고려한다.

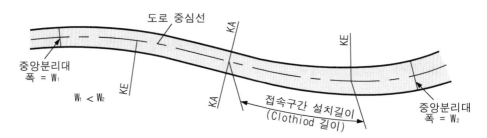

그림 4-28 중앙분리대 폭의 접속설치(예시)

4-4-4 중앙분리대 형식과 구조

중앙분리대의 설계는 그 형식과 구조의 조합에 따라 매우 다양하다.

연석의 형식, 분리대 표면의 형상, 분리대 표면의 처리방식 이 세 가지가 중앙분리대 설계에 있어서 기본 요소이다. 연석에는 자동차가 넘어갈 수 있는 형식과 넘어갈 수 없는 형식의 두 가지 형식이 있으며, 대체로 전자는 넓은 중앙분리대, 후자는 좁은 중앙분리대에 사용된다. 중앙분리대에 사용되는 분리대의 표면 형상은 오목형(凹型) 또는 볼록형(凸型)으로서, 전자는 배수조건상 넓은 중앙분리대에, 후자는 좁은 중앙분리대에 사용되고 있다. 분리대의 표면처리는 잔디를 입히거나 또는 포장을 하는데 잔디는 넓은 분리대에, 포장은 좁은 분리대에 사용되는 것이 일반적이다.

우리나라에서는 중앙분리대를 넓게 확보하는 것이 어렵기 때문에 연석으로 형성된 볼록형 분리대나 잔디 분리대를 많이 사용해 왔으나 진행 방향을 이탈하여 분리대 진입으로 발생되는 대형사고와 잔디나 수목의 유지관리에 대한 어려움 등으로 측대를 여유 있게 활용할 수 있는 시설물을 이용한 중앙분리대 쪽으로 바뀌어 가고 있다. 그러나 도시지역도로에서는 도시의 환경 개선과 경관의 조화를 고려하여 연석을 사용한 녹지형 분리대를 사용하고 있다.

분리대의 형식이나 구조는 설계속도, 도시화의 정도, 경제성, 도로의 기능별 구분 등에 따라 적합한 형식과 구조를 선택해야 한다.

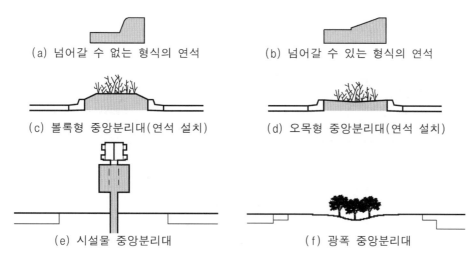

(a) 넘어갈 수 없는 형식의 연석

(b) 넘어갈 수 있는 형식의 연석

(c) 볼록형 중앙분리대(연석 설치)

(d) 오목형 중앙분리대(연석 설치)

(e) 시설물 중앙분리대

(f) 광폭 중앙분리대

그림 4-29 연석 및 중앙분리대의 형식(예시)

그림 4-29에서 (a)는 도시지역 등에서 분리대를 넓게 하기 어려울 때 자동차가 넘어갈 수 없는 형태의 연석을 사용한 볼록형 분리대의 경우가 많고, (b)는 분리대의 폭이 넓고 대형자동차의의 이탈 위험성을 방지하기 위하여 방호시설을 설치하는 경우가 많다.

(c)형과 (d)형은 고속국도를 제외한 그 밖의 도로나 도시지역도로의 측대에 접속하여 연석을 설치하며 볼록형 또는 오목형으로 설치한다.

(e)형은 연석을 설치하지 않은 중앙분리대의 예시로서, 고규격 도로나 자동차전용도로에 이용되며. (f)형은 국외(미국, 캐나다)의 용지가 넓은 나라에서 중앙분리대 구조로 적합한 형이다.

중앙분리대의 분리대로 연석을 사용할 경우 자동차의 전복을 방지하기 위하여 넘어갈 수 있는 형식이 바람직하다. 그러나 설계속도 60km/h 이하의 도로에서는 넘어갈 수 없는 형식도 사용할 수 있다.

터널의 접속부에서 터널의 분리를 위하여 넓은 폭의 차도 분리가 생기는 경우 등에 적용되며, 우리나라에서 이러한 경우는 (e). (f)형 분리대를 적용하기도 한다.

분리대는 도로 관리나 긴급자동차의 출동을 위하여 필요한 경우 외에는 단절되어서는 안 되며, 연속적으로 설치하는 것이 바람직하다.

특히 교차로의 가운데서 중앙분리대를 끊어 놓으면 교통류가 혼잡하게 될 가능성이 있으므로 위험하다.

또한, 평면교차가 많은 도로에서는 중앙분리대를 설치하는 대신 노면표시 등으로 분리하는 것이 기능면에서 좋은 점도 있다.

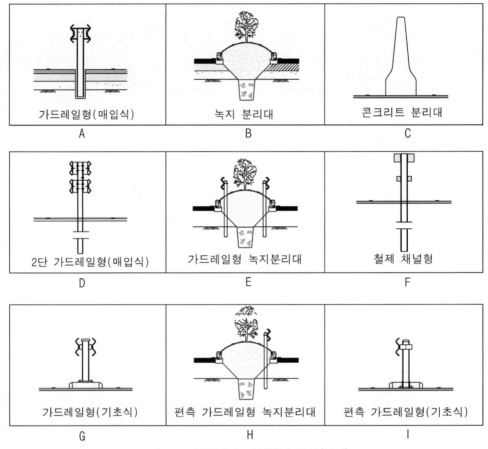

그림 4-30 분리대 시설물의 종류(예시)

분리대가 있는 도로 중 다음에 해당하는 구간에서는 자동차가 대향 차로로 이탈하는 것을 방지하기 위하여 도로 및 교통 상황에 따라 원칙적으로 방호울타리를 설치한다.

① 4차로 이상인 고속국도 및 자동차전용도로 구간

② 일반국도 및 지방지역의 도로에서 선형 조건이 위험하여 설치가 필요하다고 인정되는 구간

③ 도시 내 도로에 있어서는 주행 속도가 높거나 중앙선 침범이 우려되는 위험한 구간 또는 불법 U턴 등을 막기 위하여 설치가 필요한 구간

그림 4-30은 분리대 시설물의 여러 가지 종류를 나타낸 것이다.

그림 4-31은 우리나라 고속국도, 도시고속국도 및 자동차전용도로 등의 중앙분리대 형식별 폭 규격을 예시한 것이다.

형 식	형 상	중앙분리대		비 고
		분리대(a)	측방여유폭 (b, 측대 포함)	
녹지대		2.00 이상	0.50	고속국도
		1.00 이상	0.50	도시고속국도
		1.00 이상	0.50	자동차전용도로
		1.00 이상	0.25	그 밖의 도로
방호울타리		0.60	1.20	고속국도
			0.70	도시고속국도
			0.70	자동차전용도로
콘크리트 방 호 벽		0.60	1.20	고속국도
			0.70	도시고속국도
			0.70	자동차전용도로
콘크리트 연석		1.00(0.5)	0.75(0.50)	고속국도 연결로
		1.00(0.5)	0.50(0.25)	주간선도로
		1.00(0.5)	0.25(0.25)	보조간선도로

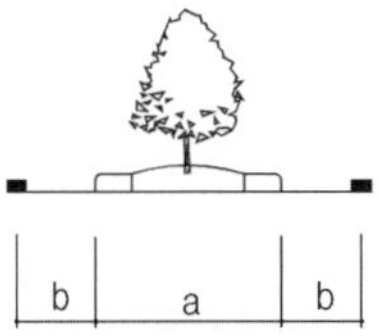

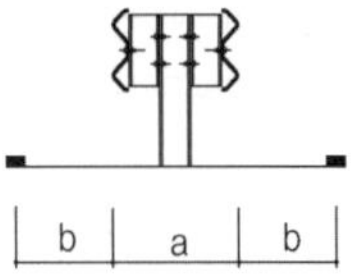

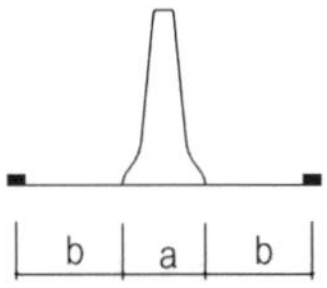

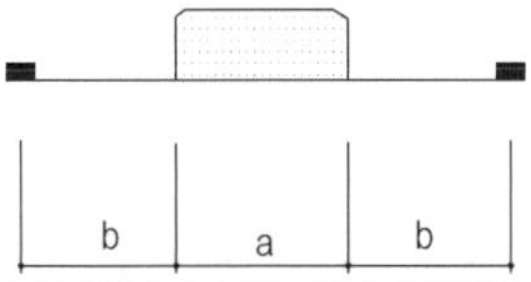

주) ( )내의 값은 터널 등의 구조물을 설치할 때 부득이한 경우

그림 4-31 중앙분리대 형식별 폭 규격(예시)

4-4-5 중앙분리대 개구부

1. 개구부 설치의 필요성

고속국도나 자동차전용도로와 같이 중앙분리대로 양방향 차로가 분리된 도로에서는 교통사고나 자연재해 등과 같은 사고 처리 또는 유지·보수 공사와 같은 도로 관리 등을 위하여 중앙분리대 개구부를 설치할 필요가 있다. 그 밖의 도로를 방향별로 연속적으로 분리한 경우에는 인접한 평면교차로에서 출입이 가능하므로 개구부 설치는 가급적 피하는 것이 교통안전상 바람직하다. 다만, 긴급자동차의 출입 등을 위하여 필요한 경우 부득이하게 중앙분리대 개구부를 설치하는 경우 교통안전성을 고려해야 한다.

2. 개구부의 설치 위치

중앙분리대 개구부의 설치 위치는 원칙적으로 다음과 같다.
① 평면곡선 반지름이 600m 이상이고, 시거가 양호한 토공부에 설치

② 터널, 버스정류장, 휴게소, 장대교(연장 100m 이상)의 앞·뒤에 설치

③ 인터체인지의 간격이 5~20km 인 경우 중간 적정 위치에 1개소 설치, 20km 이상
   인 경우 중간 적정 위치에 2개소 설치, 5km 이내인 경우에는 미설치

④ ②항의 시설물에 따른 설치 위치와 인터체인지 간격에 따른 설치 위치에 따라 중복
   이 되는 경우를 고려하여 설치 간격을 조정한다.

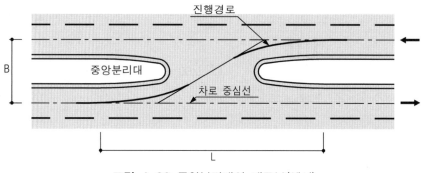

그림 4-32 중앙분리대의 개구부(예시)

3. 개구부의 설치 길이

중앙분리대 개구부의 설치 길이는 자동차는 진행 방향의 중앙분리대측 차로 중심선에
서 개구부를 지나 대향 방향의 중앙분리대측 차로 중심선으로 진행 경로를 바꾸어 진행한
다는 가정하에 개구부의 길이를 결정하며, 산정식은 다음과 같다.

$$L = (\frac{V_p}{3.6}) \times \frac{B}{H}$$

여기서, L : 개구부의 길이(m)

　　　　V_p : 개구부의 통과속도(km/h)

　　　　B : 수평 이동거리

　　　　H : 수평 이동속도(1.0m/sec)

표 4-15 설계속도에 따른 개구부 길이

(단위 : m)

설계속도(km/h)	120	100	80	70 이하
통과속도(km/h)	60	50	40	30
개구부 길이	110	90	80	60

제12조(길어깨)

① 도로에는 가장 바깥쪽 차로와 접속하여 길어깨를 설치해야 한다. 다만, 보도 또는 주정차대가 설치되어 있는 경우에는 설치하지 않을 수 있다.

② 차로의 오른쪽에 설치하는 길어깨의 폭은 설계속도 및 지역에 따라 다음 표의 폭 이상으로 해야 한다. 다만, 오르막차로 또는 변속차로 등의 차로와 길어깨가 접속되는 구간에서는 0.5미터 이상으로 할 수 있다.

설계속도 (킬로미터/시간)	오른쪽 길어깨의 최소 폭(미터)		
	지방지역	도시지역	소형차도로
100 이상	3.00	2.00	2.00
80 이상 100 미만	2.00	1.50	1.00
60 이상 80 미만	1.50	1.00	0.75
60 미만	1.00	0.75	0.75

③ 일방통행도로 등 분리도로의 차로 왼쪽에 설치하는 길어깨의 폭은 설계속도 및 지역에 따라 다음 표의 폭 이상으로 한다.

설계속도 (킬로미터/시간)	왼쪽 길어깨의 최소 폭(미터)	
	지방지역 및 도시지역	소형차도로
100 이상	1.00	0.75
80 이상 100 미만	0.75	0.75
80 미만	0.50	0.50

④ 제2항 및 제3항에도 불구하고 터널, 교량, 고가도로 또는 지하차도에 설치하는 길어깨의 폭은 설계속도가 시속 100킬로미터 이상인 경우에는 1미터 이상으로, 그 밖의 경우에는 0.5미터 이상으로 할 수 있다. 다만, 길이 1천미터 이상의 터널 또는 지하차도에서 오른쪽 길어깨의 폭을 2미터 미만으로 하는 경우에는 750미터 이내의 간격으로 비상주차대를 설치해야 한다.

⑤ 길어깨에는 측대를 설치하여야 한다. 이 경우 측대의 폭은 설계속도가 시속 80킬로미터 이상인 경우에는 0.5미터 이상으로 하고, 80킬로미터 미만이거나 터널인 경우에는 0.25미터 이상으로 한다.

⑥ 길어깨에 접속하여 노상시설을 설치하는 경우 노상시설의 폭은 길어깨의 폭에 포함하지 않는다.

⑦ 길어깨에는 긴급구난차량의 주행 및 활동의 안전성 향상을 위한 시설의 설치를 고려해야 한다.

> **제12조의2(차로로 활용되는 길어깨)**
> ① 주간선도로의 기능을 하는 도로의 교통량이 일시적으로 증가하는 경우에 차로로 활용되는 길어깨의 폭은 해당 도로의 차로폭과 동일한 폭으로 한다. 이 경우 길어깨 바깥쪽에는 비상주차대를 설치해야 한다.
> ② 제1항 전단에 따라 길어깨를 차로로 활용하는 구간에는 운전자가 길어깨에 진입하기 전에 이를 인식할 수 있도록 신호, 표지판 및 노면표시 등을 설치해야 한다.

4-5-1 개요

「도로교통법」 제60조에서는 길어깨를 갓길(「도로법」에 따른 길어깨를 말한다)로 규정하고 있으나, 이 규칙에서는 길어깨로 부르기로 한다.

길어깨는 기능상 자동차 하중을 견딜 수 있어야 하며, 보행자, 자전거, 경운기 등이 쉽게 통행할 수 있도록 포장하는 것이 바람직하다. 특히 흙쌓기 구간에서는 도로 노면수의 집수를 길어깨에서 하게 되므로 길어깨 끝에 연석 등을 설치하는 것이 바람직하며, 2차로 도로에서 노면수의 영향이 크지 않은 경우에는 연석 등을 설치하지 않을 수도 있다.

길어깨는 원칙적으로 차로 면과 높이가 같거나 조금 낮게 설치하지만 보도가 없는 터널이나 장대교량(100m 이상) 또는 고가(高架)도로에서는 그 일부(보호 길어깨)를 한 단계 높은 구조로 하여 턱을 두는 것이 일반적이다.

4-5-2 길어깨의 기능과 형식 분류

길어깨의 기능은 다음과 같다.
① 사고 자동차나 고장 자동차가 본선 차로에서 길어깨로 대피할 수 있어 교통의 혼잡을 방지하는 역할을 한다.
② 측방 여유폭을 제공하므로 교통의 안전성과 쾌적성 확보에 기여한다.
③ 차로, 보도, 자전거·보행자도로에 접속하여 도로의 주요 구조부를 보호한다.
④ 유지관리 작업 공간이나 지하매설물의 설치 공간을 제공한다.
⑤ 깎기부 등에서는 곡선부의 시거가 증대되므로 교통의 안전성이 확보된다.
⑥ 강우 시 차로의 노면수를 길어깨에서 집수하는 것은 포장 끝단으로 배수하는 것보다 우수가 차로의 포장 내부로 침투하는 것이 감소되므로 배수 측면에서도 양호하다.
⑦ 유지관리가 양호한 길어깨는 도로의 미관을 높인다.
⑧ 보도 등이 없는 도로에서는 보행자 등의 통행 장소를 제공한다.

앞에서 기술한 길어깨 기능 중 제일 중요한 것은 ①, ② 및 ③이며, 길어깨의 형식과 폭의 결정할 때 길어깨의 기능을 고려하여 결정하는 것이 합리적이다.

ⓐ 전폭 길어깨 S=2.50~3.25m : 모든 자동차가 일시정지 가능

ⓑ 반폭 길어깨 S=1.25~1.75m : 자동차의 주행에 있어 큰 지장을 주지 않는 측방여유폭이 확보되며, 승용차만 정차 가능

ⓒ 협폭 길어깨 S=0.50~0.75m : 주행상 필요한 최소한의 측방 여유폭이 확보됨.

ⓓ 보호 길어깨 : 노상시설 중 방호울타리, 도로표지 등을 도로 바깥쪽 끝에 설치하기 위한 장소가 되며, 보도, 자전거도로 또는 자전거 보행자도로(이하 '보도 등'이라 한다)를 설치할 경우 이를 보호하며, 시설한계 내에는 포함되지 않는다.

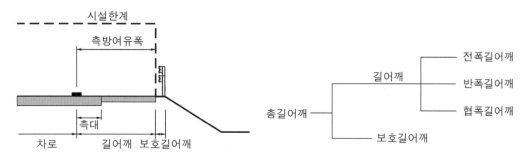

그림 4-33 길어깨의 기능상 분류

중앙분리대가 설치되어 있는 경우 중앙분리대에 접해 있는 쪽에는 길어깨를 설치하지 않지만 중앙분리대를 설치하지 않은 분리도로일 경우에는 주행방향의 왼쪽에 길어깨를 설치해야 한다.

단, 중앙분리대가 설치되어 있는 왕복 8차로 이상의 자동차전용도로에서는 고장 자동차의 대피, 도로의 유지관리 등을 고려하여 필요하다고 인정되는 경우 중앙분리대 측에 차로 왼쪽 길어깨를 설치할 수 있다.

4-5-3 오른쪽 길어깨의 폭

1. 일반사항

이 규칙 제12조에서 규정한 설계속도에 따른 길어깨폭의 값은 최소치를 말하며, 보호 길어깨를 제외한 유효 길어깨를 의미한다.

바람직한 길어깨의 폭은 고장 자동차가 차로에서 벗어나 길어깨에 비상주차할 때 본선 차로를 통행하는 자동차의 흐름에 지장을 주지 않도록 적정한 폭을 확보해야 하며, 일반 적으로 길어깨에 비상주차한 자동차와 차로 간의 사이는 최소 0.3m를 확보하도록 해야

한다. 이는 「자동차관리법 시행규칙」에서 규정하고 있는 자동차의 후사경이나 환기장치 등의 제한폭 0.3m을 고려한 것이다.

길어깨의 폭은 중앙분리대 부분에서 서술한 바와 같이 도로 용지 취득의 어려움과 높은 건설비 등의 이유로 여유 있는 길어깨의 폭을 확보하는 것은 문제가 있다. 이를 고려하여 지방지역 고속국도는 대형자동차를, 도시지역 고속국도는 승용자동차를 주차할 수 있도록 최소 폭의 기준을 규정하였으며, 일반국도의 경우는 긴급 상황, 저속 자동차(농기계, 이륜자동차 등 포함), 보행자 등을 위한 공간 확보 및 교통안전을 고려하여 2.0m를 적용하고 있다. 그 밖의 도로는 설계속도에 따라 차등 적용하도록 하였다.

2. 자동차전용도로의 길어깨의 폭

자동차전용도로의 오른쪽 길어깨는 본선 운행 자동차의 이동성과 주행 안전성, 경제성 등을 고려하여 승용자동차가 주차할 수 있도록 최소 폭을 2.0m로 하는 것이 바람직하다. 다만, 도시지역의 오른쪽 길어깨의 폭은 1.5m 이상으로 한다.

3. 소형차도로의 길어깨의 폭

소형차도로가 고속 이동기능을 갖는 간선도로급 이상인 경우 그 길어깨는 긴급자동차 및 구난자동차 등이 대피할 수 있는 폭을 확보하도록 하고, 일반 소형차도로인 경우 그 길어깨는 설계속도에 따라 차등 적용하도록 하였다. 다만, 방향별로 분리된 일방향 1차로의 소형차도로에서는 교통량이 많을 경우 고장 자동차의 대피 또는 긴급자동차 등의 길어깨 통행을 고려하여 적정한 길어깨의 폭을 확보하는 것이 바람직하다.

4. 길어깨의 측방 여유

길어깨에 접하여 담장 등의 수직구조물이 설치될 경우에는 그림 4-34에서와 같이 길어깨 바깥쪽으로 0.5m 이상의 측방 여유를 확보하여 충돌에 따른 방호울타리의 변형에 대한 공간을 확보해야 한다.

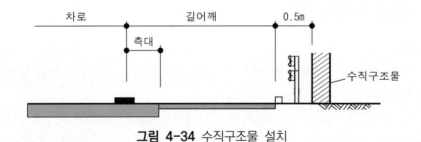

그림 4-34 수직구조물 설치

5. 길어깨의 축소 또는 생략

길어깨는 기능상 이 규칙 제12조에서 규정한 폭 이상으로 설치해야 하며, 지역 특성, 경제성, 통행 특성에 따라 그 폭을 축소 또는 생략할 수 있다. 그러나 길어깨를 축소 또는 생략하는 경우에도 최소한의 측대에 해당하는 폭 0.5m와 배수를 위한 측구의 설치가 가능한 폭원을 확보하는 것이 바람직하고, 필요할 경우 고장 자동차의 구난을 위한 비상주차대를 확보하는 것이 바람직하다.

오른쪽 길어깨를 축소 또는 생략할 수 있는 경우는 다음과 같다.

(1) 경제성 등을 고려한 길어깨의 축소

길어깨는 도로를 따라 일정한 폭으로 연속하여 설치해야 한다. 다만, 지역 여건, 용지 제약, 경제적 측면을 고려하여 터널, 교량, 지하차도를 설치하는 구간이나 오르막차로를 설치하는 구간, 변속차로를 설치하는 구간에서는 제한적으로 길어깨폭을 축소할 수 있도록 하였다.

이러한 경우 길어깨폭을 축소할 수 있는 범위는 고속국도와 같이 설계속도가 100km/h 이상인 주간선도로는 길어깨폭을 1.0m 이상 확보해야 하고, 설계속도가 100km/h 미만인 도로는 길어깨폭을 0.5m 이상 확보해야 한다.

또한 길어깨폭을 축소할 경우 고장 자동차, 비상 자동차의 대피 공간을 확보하기 위하여 비상주차대를 설치해야 하며, 100m 미만의 교량이나 터널 구간에서의 길어깨폭은 운전자의 교통안전을 고려하여 토공부의 길어깨폭과 같게 하는 것이 바람직하다.

비상주차대는 운전자가 육안으로 확인할 수 있는 위치에 설치해야 하며, 그 설치 간격은 750m 이내로 해야 한다. 비상주차대를 설치하는 구간 중에 짧은 연장의 교량 및 터널이 포함되는 경우 그 설치 간격을 조정할 수 있으나 평균 설치 간격은 750m를 초과할수 없다. 비상주차대의 구조는 10-1-3 비상주차대를 참조한다.

장대 교량 또는 터널에서 공사비 관계로 길어깨를 축소하는 경우가 있으나 본선의 차로수, 유지관리 여건, 도로용량 감소에 따른 교통정체 유발 가능성, 교통안전 측면 등을 고려해야 하며, 특히, 고속국도나 자동차전용도로에서는 길어깨폭을 축소하는 것에 신중해야 한다.

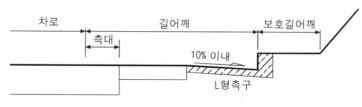

그림 4-35 L형 측구 저판 폭

길어깨폭에는 L형 측구의 저판 폭을 포함하도록 하며, 이때 L형 측구의 횡단경사는 10% 이내로 한다.

(2) 고속국도를 제외한 그 밖의 도로 또는 도시지역도로에서의 길어깨 축소

고속국도를 제외한 그 밖의 도로 및 도시지역도로 등에 보도가 설치되어 있어 도로의 주요 구조부를 보호하고 차도의 기능을 유지하는데 지장이 없는 경우 차로에 접속하는 길어깨를 생략 또는 축소할 수 있다. 또한 도로변에 차로와 접하여 주정차대 또는 자전거도로가 설치된 경우에도 길어깨폭을 축소하거나 생략할 수 있다.

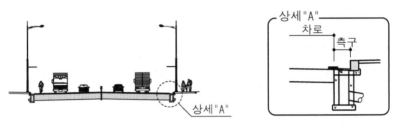

그림 4-36 길어깨의 생략(예시)

6. 일시적으로 길어깨를 차로로 활용하는 경우

최근에는 공용 중인 고속국도 또는 자동차전용도로 등 주간선도로의 특정한 구간에서 첨두시와 같이 특정한 시간대에 일시적인 교통량 증가로 교통 지정체가 반복적으로 발생하는 경우 이를 효율적으로 처리하기 위하여 일시적으로 길어깨를 차로로 활용할 수 있다.

길어깨를 차로로 활용하는 경우, 그 폭은 해당 도로의 차로폭과 동일한 폭으로 해야 한다. 다만, 터널, 교량, 옹벽 등 설치된 구조물로 인하여 부득이하게 길어깨폭이 차로폭과 다를 경우 속도 제한 또는 소형차전용과 통행 제한을 통하여 길어깨폭을 차로와 달리 결정할 수 있으며, 이 경우에도 이 규칙 제5조제2항의 설계기준자동차의 종류별 제원과 제10조제3항의 차로의 최소 폭 규정을 적용해야 한다.

길어깨를 차로로 활용하는 경우, 길어깨의 횡단경사는 본선 차로의 횡단경사와 일치시키고, 원활한 배수처리를 위한 시설계획을 검토해야 하며, 폭설 등 기상 악화, 교통사고 발생 등 비상 상황에 대비하여 비상주차대를 설치해야 한다.

차로별 이용 방법 안내를 위하여 차로 제어용 가변 전광표지판, 노면표시 등 교통안전시설 및 도로 안내표지판을 병행 설치한다.

차로 제어의 전달 방법으로는 차로제어시스템(LCS : lane control system), 가변전광표지(VMS : variable message sign)가 있으며, 안정적인 교통류의 흐름을 유지하기 위하여 규제, 지시, 경고 등의 목적으로 교통표지를 사용한다.

대체 도로 또는 우회 도로의 건설, 도로의 확장 등으로 길어깨를 차로로 운영하는 구간의 첨두시 서비스수준이 현저히 향상되었을 경우 길어깨의 차로 운영을 중단해야 한다.

그림 4-37 경부고속국도의 차로제어시스템 운영 전경

7. 길어깨의 안전성 향상

길어깨는 본선 차로를 주행하는 자동차가 유고 시 차로에서부터 대피할 수 있는 공간이며, 도로 시설물의 유지관리를 위한 자동차가 임시로 정차하여 작업할 수 있는 공간이다.

또한, 「도로교통법」에 따라 긴급자동차와 고속국도 등의 유지·보수 등을 위해 작업을 하는 자동차가 이동하는 공간이다. 특히, 고속국도 또는 자동차전용도로와 같이 자동차가 고속으로 주행하는 도로에서는 길어깨를 유고된 자동차나 유지관리 작업을 위한 자동차가 차로로부터 안전하게 분리되도록 공간을 제공하고, 일반 자동차의 불법 진입이나 운전자의 부주의 등으로 인하여 자동차가 주행차로에서 이탈하였을 때 안전하게 본래 주행하던 차로로 유도할 수 있도록 노면요철포장, 돌출형 차선도색, 표지판 등 안전성 향상을 위한 시설을 설치할 수 있다.

4-5-4 왼쪽 길어깨의 폭

1. 일반사항

차도가 분리된 분리도로 또는 일방통행 도로에서는 주행에 필요한 측방 여유를 확보하기 위하여 왼쪽 길어깨를 설치한다. 왼쪽 길어깨는 오른쪽 길어깨와 달리 긴급자동차의 통행이나 고장 자동차의 대피에 이용되기 보다는 측방 여유를 확보하는데 의미가 있으므로 오른쪽 길어깨 보다 좁은 폭으로도 목적을 달성할 수 있다.

2. 길어깨의 축소 또는 생략

(1) 중앙분리대에 접한 길어깨의 생략

일반적으로 중앙분리대가 설치되어 있는 도로에서는 원칙적으로 왼쪽 길어깨는 필요하지 않으며, 이 경우 중앙분리대 내에는 측대를 확보한다. 그러나 왕복 8차로 이상의 교통량이 많은 도로에서 중앙분리대 측에서 발생하는 고장 자동차의 대피 또는 도로의 유지관리를 위하여 중앙분리대 측에 왼쪽 길어깨를 설치할 수 있다. 특히 왕복 8차로 이상의 고속국도에서는 중앙분리대 측에 2.0m 폭 정도의 왼쪽 길어깨를 확보하여 고장 자동차의 대피 및 유지관리에 대비해야 할 필요가 있다.

(2) 경제성 등을 고려한 길어깨의 축소 또는 생략

왼쪽 길어깨는 오른쪽 길어깨와 같이 지역 여건, 용지 제약, 경제적 측면을 고려하여 터널, 교량, 지하차도를 설치하는 구간에서 제한적으로 길어깨폭을 축소할 수 있도록 하였다.

설계속도가 100km/h 미만의 도로에서 길어깨를 축소할 때 최소 측대 폭 0.5m 이상 확보해야 하며, 보도가 설치되어 있는 도로나 자전거도로 또는 주정차대가 차로와 접하여 있는 경우에는 길어깨를 축소 또는 생략할 수 있다.

4-5-5 길어깨의 확폭

땅깎기 구간에 L형 측구를 설치할 경우, L형 측구의 저판 폭도 길어깨에 포함시키도록 규정하였다. L형 측구를 설치할 때 옹벽 벽체 또는 비탈면으로 인하여 평면곡선부에서 시거가 부족한 경우가 있을 수 있으므로 이를 고려하여 길어깨의 확폭 여부를 신중히 검토할 필요가 있다. 특히 터널과 장대교의 전후 100m 구간에는 고장 자동차의 비상 주차를 위한 공간 확보를 위하여 길어깨의 폭을 넓히는 것이 바람직하다.

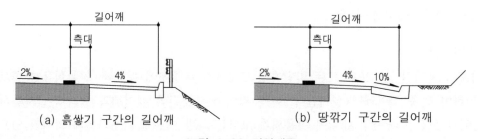

그림 4-38 길어깨폭

4-5-6 길어깨폭의 접속설치

길어깨폭이 변하는 곳에서는 길어깨폭 변화에 따른 접속설치를 해야 하며, 접속설치율을 1/30 이하로 하는 것을 원칙으로 한다. 단, 주변 여건 등이 여의치 않을 경우, 최대 접속설치율을 도시지역에서는 1/10, 지방지역에서는 1/20로 할 수 있다.

4-5-7 길어깨의 구조

길어깨는 기능상 자동차의 하중을 견딜 수 있도록 하고, 차로의 노면수를 측구까지 원활한 배수처리가 가능하게 하며, 보도나 자전거도로가 설치되지 않은 구간은 보행자, 자전거, 경운기 등이 통행할 수 있도록 길어깨를 포장 하는 것이 바람직하다.

차로와 접하는 길어깨는 차로에서 이탈하는 자동차가 원활히 차로로 복귀할 수 있도록 차로의 노면과 단차가 생기지 않도록 해야 한다. 또한 길어깨를 쇄석이나 보조기층 재료로 할 경우에도 차로와의 단차가 생기지 않도록 유지관리를 해야 한다.

길어깨의 폭이 넓거나 보행자 또는 자전거 통행이 많을 경우에는 반드시 길어깨 포장을 해야 한다. 따라서, 4차로 이상의 도로에서는 반드시 길어깨 포장을 해야 하며 연석, 다이크 등의 노면 측구를 통한 노면 배수가 되도록 해야 한다.

길어깨를 포장할 경우 다음과 같은 장점이 있다.

① 긴급자동차의 주행이 가능하다.

② 차로 포장 끝의 처짐이나 이탈을 방지한다.

③ 노면 배수 시 길어깨 노면 패임을 방지한다.

④ 강우 시 노면 배수의 집수 역할을 하며, 노면의 조도(粗度)계수가 낮아진다.

⑤ 차로 포장의 측방을 지지한다.

⑥ 보도가 별도로 없을 경우 보행에 편의를 제공한다.

만일 2차로 지방도, 군도 등에서 길어깨 포장을 하지 않을 경우 포장 대신 길어깨에 잔디식재를 하여 길어깨를 보호하는 방법도 고려할 수 있다. 이때 길어깨는 잡초 등으로 덮이거나 눈, 비 등으로 노면이 패여 실질적으로 길어깨 기능을 발휘하지 못하는 경우가 없도록 해야 한다. 특히, 평면곡선구간인 도로에서는 주행 중인 자동차가 평면곡선부 내측 길어깨로 주행하는 경우가 있으므로 이런 경우 평면곡선구간의 내측 길어깨를 차로 포장과 같게 포장하는 방법도 고려할 수 있다.

도시지역에서 길어깨가 좁을 경우 길어깨를 포함한 차도 전체를 같은 포장 두께로 적용하는 것을 검토한다.

길어깨의 포장 색깔은 차로와 구분하여 다른 색깔로 하는 것이 바람직하다. 이런 경우

차로와 길어깨가 식별에 용이하고, 특히 야간이나 날씨가 나쁠 경우 교통안전에 도움이
될 것이다. 시멘트콘크리트 포장의 차로에 아스팔트콘크리트 포장의 길어깨 등은 좋은 대
조가 된다. 길어깨부에 접속하여 자전거도로 등을 포장하는 경우 자동차 이용자와 자전거
이용자 간의 식별이 용이하도록 길어깨를 유색 포장으로 하는 것도 고려할 수 있다.

4-5-8 길어깨의 측대

(1) 길어깨 중 측대의 기능

측대의 기능은 다음과 같다.

① 차로와의 경계를 노면표시 등으로 일정 폭 만큼 명확하게 나타내고, 운전자의 시선
을 유도하여 안전성을 증대시킨다.

② 주행상 필요한 측방 여유폭의 일부를 확보하여 차로의 효용을 유지한다.

③ 차로를 이탈한 자동차에 대한 안전성을 향상시킨다.

④ 차로와 같은 강도의 포장 구조로 차로의 포장을 보호한다.

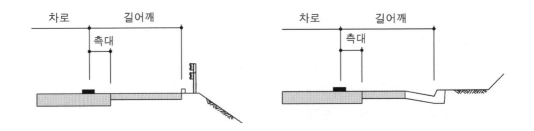

그림 4-39 길어깨의 측대

(2) 측대의 구조

측대는 모든 구간에 걸쳐 차로의 동일 평면에 일정한 폭으로 설치하는 것이 필요하고,
차로의 포장과 동일한 강도를 가져야 한다. 그러나 터널구간에서 길어깨의 측대 내에 배
수구조물의 설치가 불가피할 경우 배수구조물의 강도는 자동차의 주행에 의한 파손이 발
생되지 않도록 적정한 강도를 보유해야 한다.

국외 여러 나라에서는 콘크리트 벽돌(또는 돌)을 사용하여 표면에 돌출되거나 반사체를
설치하여 소리나 빛을 이용하여 운전자의 경각심을 유도하는 설치 사례도 있다.

우리나라에서는 차로와 동일한 구조로 하며, 차로 바깥쪽에 차선으로 표시하거나 노면
요철포장을 설치하고 있다.

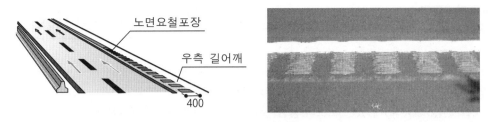

그림 4-40 노면요철포장

4-5-9 보호 길어깨

보호 길어깨는 도로의 가장 바깥쪽에 위치하며, 포장 구조 및 노체를 보호하고 시설한 계에는 포함되지 않는다. 보호 길어깨는 노상시설물을 설치하기 위한 것과 보도 등에 접속하여 도로 끝에 설치하는 것의 두 종류가 있다. 보호 길어깨의 폭은 0.5m로 한다.

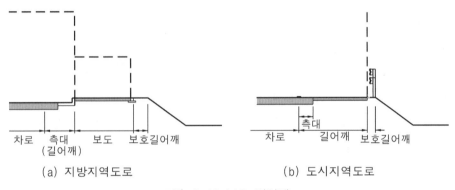

(a) 지방지역도로　　　　　　　(b) 도시지역도로

그림 4-41 보호 길어깨

4-6 　 적설지역에 있는 도로의 중앙분리대 및 길어깨의 폭

> **제13조(적설지역 도로의 중앙분리대 및 길어깨의 폭)**
> 적설지역(積雪地域)에 있는 도로의 중앙분리대 및 길어깨의 폭은 제설작업을 고려하여 정하여야 한다.

적설지역(積雪地域)이란 최근 5년 이상의 최대 적설깊이의 평균이 50cm 이상인 지역 또는 이에 준하는 지역을 말한다. 적설지역에서는 강설 시 교통의 흐름을 유지하기 위하여 일반적으로 장비를 이용한 제설작업이 이루어진다.

제설작업은 도로의 구분, 교통량 및 지역을 고려하여 제설 목표 수준을 설정하며 A~D의 4개 등급으로 아래와 같은 수준의 제설 작업을 요구한다.

(1) 제설 목표의 설정

① 제설 수준 A : 강설 시 고속국도 및 주요 간선도로 등에서 신속하게 제설 작업을 수행하여 전(全) 차로의 도로 표면이 상당히 드러난 정도의 제설 수준을 말하며, 제설 수준에 도달하기 위한 목표 도달 시간은 2시간이다.

② 제설 수준 B : 강설 시 제설 작업을 수행하여 전체 차로로 자동차 통행이 가능하도록 하는 제설 수준을 말하며, 제설 수준에 도달하기 위한 목표 도달 시간은 3시간이다.

표 4-16 도로의 등급에 따른 각 제설 수준

제설 수준	목표 도달시간	지방지역	도시지역	적용 수준
A	2시간	• 고속국도 • 고속국도를 제외한 4차로 이상의 도로(20,000대/일 이상)	• 도시고속국도 • 주간선도로	평시 운행 수준의 50~60%
B	3시간	• 고속국도를 제외한 4차로 이상의 도로(20,000대/일 미만) • 고속국도를 제외한 2차로의 도로(5,000대/일 이상)	• 보조간선도로 • 집산도로	평시 운행 수준의 40~50%
C	5시간	• 고속국도를 제외한 2차로의 도로(5,000대/일 미만)	• 집산도로 • 국지도로	통행로 확보
D	–	• 고속국도를 제외한 2차로의 도로(500대/일)	• 국지도로	추후 제설

주) 도로 제설업무 수행요령(국토해양부)

③ 제설 수준 C : 전 차로 제설이 아닌 부분 차로 제설로 강설 후 일단 자동차가 통행할 수 있는 상태를 제공하는 제설 수준을 말하며, 제설 수준에 도달하기 위한 목표 도달 시간은 5시간이다.

④ 제설 수준 D : 통행량이 적은 도로에 상응하는 제설 수준을 말하며, 제설 수준 A~C까지의 제설 작업이 수행된 후 여유 장비와 인력으로 제설 작업을 수행하는 것을 말하며, 경우에 따라서는 일시적인 도로 폐쇄도 가능한 수준이다.

제설 방법은 제설제를 사용하는 방법과 제설장비를 사용하는 방법이 있으며, 제설장비를 사용하는 작업에는 적설이 통행 자동차로부터 압설되어 흐트러지지 않은 상태로 제거되는 것을 "신설 제설", 내려 쌓이는 눈을 길 밖으로 제설하는 것을 "확폭 제설", 자동차의 안전한 주행을 도모하기 위하여 압설층을 적재하여 노면상의 눈을 평탄하게 도로 밖으로 배제하는 것을 "노면 제설", 계속해서 노면 또는 도로 옆의 눈을 운반 제거하는 "운반 제설" 등이 있다. 제설장비를 사용하는 제설 작업을 고려한 적설지역의 도로 폭 구성 개념은 그림 4-42와 같다.

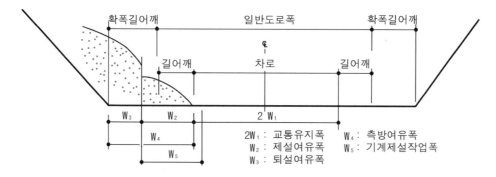

그림 4-42 적설지역 도로 폭의 구성 개념(예시)

(단위 : m)

최대 적설깊이	제설 여유폭(W_2)	퇴설 여유폭(W_3)	노측 여유폭(W_4)
0.5 미만	1.5	–	1.5
0.5~1.0 미만	1.5	1.0	2.5
1.0~2.0 미만	1.5	2.0	3.5
2.0~3.0 미만	1.5	2.5	4.0
3.0 이상	1.5	3.0	4.5

(2) 계획 최대 적설깊이

눈사태 방지시설 등은 연중 사용하는 것이 아니고 동절기에 한하여 사용하므로 비용을 고려하여 적절하게 계획되어야 한다.

국외의 경우 30년 재현 확률의 최대 적설깊이를 설계값으로 적용하고 있다. 그러나 적설된 눈을 퇴설하기 위한 노측 여유폭에 대해서는

① 최대 적설깊이가 설계깊이를 초과할 경우에 대해서는 제설장비를 다수 투입하든가 많은 시간을 소비하여 작업하는 방법으로 도로 교통을 유지한다.

② 그 밖의 방법으로 제설장비의 능력을 보충한다.

③ 주어진 여유폭 내에서 퇴설높이가 설계값보다 높더라도 상호 보완방법으로 처리한다.

이러한 점을 고려하여 설계 최대 적설깊이를 10년 재현 확률값을 기준으로 한다. 그러나 교통량이 적은 도로 등에 대해서는 노선의 성격, 교통량, 경제성 등을 고려하여 적절하게 계획한다.

(3) 교통 확보

적설지역 도로에서 자동차의 통행이 유지될 수 있도록 확보해야 할 폭은 도로의 기능별 구분에 따른 차로폭 확보를 원칙으로 한다. 단, 적설량이 많고 제설이나 퇴설에 대하여 자동차 통행이 방해가 될 경우에 대해서 운영상의 효용성을 고려하여 2차로를 1차로로 기준 차로보다 좁게 할애하여 효과적으로 운용할 수 있다.

도로의 조건에 따라 제설 장비 운용 방법은 차로수와 장비군의 제설 가능 여부 등에 따라 다르며, 차로수 및 제설 장비군의 조합에 따른 제설방법은 다음과 같다.

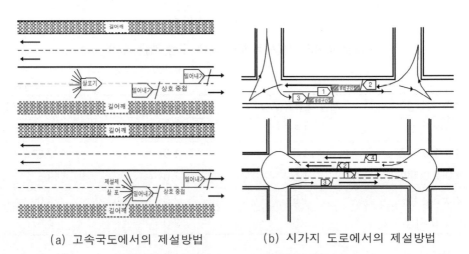

(a) 고속국도에서의 제설방법   (b) 시가지 도로에서의 제설방법

그림 4-43 장비 운영 여건별 제설작업방법(예시)

(4) 제설 여유폭

강설 초기에는 일반적으로 제설장비를 사용하여 고속 제설로 노면의 적설을 길어깨 방향으로 배제한다. 이와 같이 일시적으로 노면의 적설을 퇴설하기 위한 장소를 제설 여유폭이라 한다.

그리고 이 퇴설된 눈은 필요에 따라 다음에 있을 적설에 대비하여 다시 측방으로 배제하든가 덤프트럭으로 퇴설장으로 운반한다.

2차적으로 측방에 배제한 눈을 퇴설하기 위한 장소를 퇴설 여유폭이라고 한다.

눈이 오는 지역의 필요에 따라 이 제설 여유폭과 퇴설 여유폭을 둘 수 있으며, 이 양자를 합하여 측방 여유폭이라 한다.

고속 제설로 차로 측방에 모은 눈을 일시적으로 퇴설하기 위하여 필요한 폭은 그림 4-44와 같다.

(a)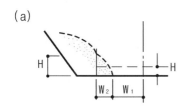

(b)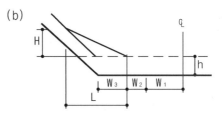

$$(W_1 + W_2 + L) \cdot h \cdot \rho_1 = (h \cdot L + 0.5HW_1)\rho_2 에서$$

$$L = W_1 \cdot \cos\alpha \frac{\sin\beta}{\sin(\beta-\alpha)} \fallingdotseq 2.5W_1$$

$$H = W_1 \cdot \sin\alpha \frac{\sin\beta}{\sin(\beta-\alpha)} \fallingdotseq 1.5W_1$$

여기서,

W_1 : 편측 교통 확보폭(3.0m)

W_2 : 길어깨(1.5m)

h : 강설높이(m)

H : 퇴설높이(m)

W_3 : 퇴설여유폭(m)

ρ_1, ρ_2 : 신설밀도(0.3), 퇴설밀도(0.4)

α, β : 퇴보면의 각도(α=30°, β=45°)

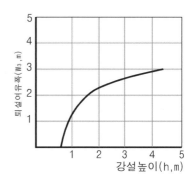

그림 4-44 제설 측방 여유폭

(5) 중앙분리대의 확폭

길어깨에 여유 폭을 두는 것이 일반적인 방법이지만 도시지역에서는 중앙분리대를 확폭하여 여유 폭을 확보할 수가 있다.

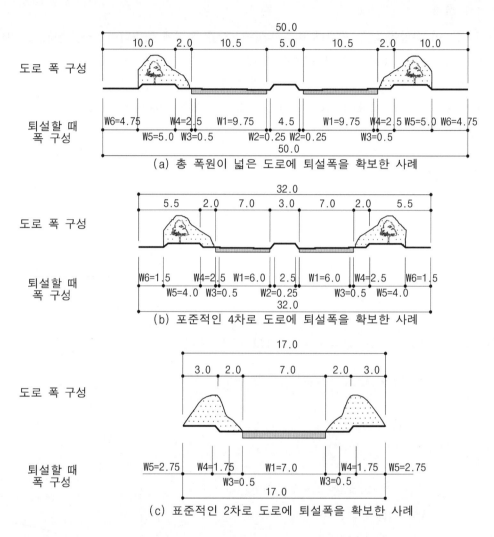

그림 4-45 퇴설폭을 고려한 폭 구성(예시)(단위 : m)

4-7 주정차대

> **제14조(주정차대)**
> ① 설계속도가 시속 80킬로미터 이하인 도시지역도로에 주정차대를 설치하는 경우에는 그 폭이 2.5미터 이상이 되도록 해야 한다. 다만, 소형자동차를 대상으로 하는 주정차대의 경우에는 그 폭이 2미터 이상이 되도록 할 수 있다.
> ② 주간선도로에 설치하는 버스정류장은 차로와 분리하여 별도로 설치해야 한다.

4-7-1 주정차대의 설치

도시 간 도로 및 도시 내 도로에서는 도로상의 정차 수요가 항상 존재하며, 정차 수요는 도로의 여건에 따라 다르다. 모든 고속국도 또는 지방지역에 위치한 간선도로, 집산도로, 국지도로에서는 사고나 고장 등 비상시에만 길어깨나 차로 오른쪽 가장자리에 정차하는 것을 허용해야 한다. 또한 도시지역에 위치한 간선도로의 기능을 갖는 도로는 통과 교통을 위한 것이고, 도로의 통행 능력이 중요한 요소이므로 정차나 주차를 허용하지 않아야 한다. 그러나 도시지역의 보조간선도로 이하에서는 주변의 토지이용에 따라 정차대의 필요성이 증가하게 된다. 지방지역에서도 마을이 밀집하여 있는 곳에서는 도시지역과 마찬가지로 정차대가 필요한 곳도 있다. 간혹 도시지역 내 간선도로에서 정차대를 설치하거나 주정차를 허용하는 경우가 있는데, 도로용량을 증대시키기 위하여 정차대를 제거하는 것이 바람직하다.

특히, 도시지역 집산도로에 있어서는 정차로 인한 본선 교통의 지체에 미치는 영향이 크므로 정차대를 별도로 설치하는 것이 바람직하다. 그러나 버스나 택시와 같은 대중교통은 이용자의 안전과 일반 자동차의 원활한 흐름을 위하여 정차대를 별도로 설치할 필요가 있다. 마을 앞이나 노선 시외버스 정류장에는 가능하면 버스정차대를 설치하는 것이 바람직하다.

4-7-2 주정차대 폭과 구조

주정차대의 폭은 2.5m로 한다. 그러나 통과교통량이 많을 경우 안전을 고려하여 3.0m 이상이 바람직하다. 이는 설계기준자동차의 폭(2.5m)에 차로를 통행하는 자동차와 주정차한 자동차 사이의 여유 폭(0.3m), 그리고 주정차한 자동차의 바퀴가 연석으로 부터 떨어진 거리(0.15~0.30m)를 고려한 것이다.

소형자동차를 대상으로 주정차대를 설치할 경우 도시지역의 구획도로에서는 주정차대 폭을 2.0m 까지 줄일 수 있도록 하였으나 이 경우도 안전을 고려하여 3.0m 이상이 바람직하다.

① 주정차대 : 블록에 연속적으로 설치하는 것으로서, 측구는 주정차대에 포함한다.

② 버스정차대 : 버스정차대의 폭과 구조는 '10-1-2 버스정류시설'을 따른다. 버스정차대는 버스 정차에 따른 본선의 교통 장애를 줄이기 위하여 본선 차로에서 분리하여 설치하는 지대를 말한다. 버스정차대를 설치할 경우 건축선의 굴절(set back)과 보도 폭의 연속성 등을 고려해야 한다. 정차대의 구조는 차로 면과 동일한 평면으로 하며, 측구는 정차대에 포함한다.

4-7-3 주정차대 운용

주정차대는 주차 또는 정차를 목적으로 운용하지만 상황에 따라 여러 목적으로 운용할 수 있다. 일시적인 정차만을 허용하는 경우 자전거, 이륜자동차 등이 정차대로 이용할 수 있다. 일방향 통행구간에 주정차대를 설치하는 경우 교차로 부근에 차로폭을 좁혀 자동차의 주행속도를 억제하고 교차로 구간에서의 운전자와 보행자의 상호 확인을 용이하게 하여 교통사고 감소 효과를 기대할 수 있다. 그러나 양방향 도로의 경우 주차는 물론 정차 행위가 교통 흐름에 지장을 주므로 교차로 유입부와 유출부에서는 주정차대 폭을 이용하여 부가차로를 설치하는 것이 바람직하다.

그림 4-46 주정차대(예시)

4-8 자전거도로

> **제15조(자전거도로)**
> ① 안전하고 원활한 교통을 확보하기 위하여 자전거, 자동차 및 보행자의 통행을 분리할 필요가 있는 경우에는 자전거도로를 설치하여야 한다. 다만, 지형 상황 등으로 인하여 부득이하다고 인정되는 경우에는 예외로 한다.
> ② 자전거도로의 구조와 시설기준에 관하여는 「자전거 이용시설의 구조·시설 기준에 관한 규칙」에서 정하는 바에 따른다.

4-8-1 개요

자전거도로의 설치 목적은 자동차, 자전거, 보행자의 복잡한 혼합교통을 배제하기 위하여 자전거 및 보행자가 안전하게 통행할 수 있도록 전용 도로를 설치하는 것으로서, 자전거 이용자의 안전과 편의를 도모하고, 도로 교통안전에 기여하도록 하는 것이다. 뿐만 아니라 보도, 자전거도로, 자전거보행자 겸용도로 등은 보행자 및 자전거의 안전한 통행공간을 제공하며, 모든 자동차 교통의 안전성과 원활성을 높인다. 아울러 도로 주변에 대해서는 통풍, 채광 등의 공간을 확대하여 자전거 교통에 기인하는 장애를 경감하며, 생활환경을 보전하는 역할 외에 공공적인 점유시설을 수용하는 장소의 일부로서 도시 기능의 유지에 도움을 준다.

4-8-2 자전거도로의 구분

자전거도로는 「자전거 이용 활성화에 관한 법률」제3조에 따라 다음과 같이 네 가지로 구분한다.
① 자전거 전용도로 : 자전거만 통행할 수 있도록 분리대, 경계석, 그 밖에 이와 유사한 시설물을 설치하여 차도 및 보도와 구분하여 설치한 자전거도로를 말한다. 도시지역의 횡단구성 내에서 차도부와 분리하여 설치하는 유형과 지방지역에 설치하는 유형, 공원과 하천 둔치 등에 설치하는 유형 등 3가지로 구분한다.
② 자전거·보행자 겸용도로 : 자전거 외에 보행자도 통행할 수 있도록 분리대, 경계석, 그 밖에 이와 유사한 시설물을 설치하여 차도와 구분하거나 별도로 설치한 자전거도로를 말한다. 설치 유형은 자전거와 보행자를 분리하거나 분리하지 않는 유형이 있다.

③ 자진거 진용차로 : 차도의 일정 부분을 자전거만 통행하도록 차선 및 안전표지나 노면표시로 다른 차가 통행하는 차로와 구분한 차로를 말한다. 교차로 부근 등 자동차와의 일부 공간 공유가 불가피한 구간을 제외하고 자전거 통행에만 이용되는 도로 공간이다.

④ 자전거 우선도로: 자동차의 통행량이 대통령령으로 정하는 기준보다 적은 도로의 일부 구간 및 차로를 정하여 자전거와 다른 차가 상호 안전하게 통행할 수 있도록 도로에 노면표시로 설치한 자전거도로를 말한다. 자동차가 상호 안전하게 통행할 수 있도록 「도로교통법 시행규칙」에 지정된 자전거 우선도로 노면표시를 설치하는 등 특별한 도로 운영기법을 적용한 자전거도로 유형으로서, 자동차와 자전거가 도로 공간을 항상 공유한다.

자전거도로의 종류 및 유형에 대한 상세한 내용은 「자전거 이용시설 설치 및 관리지침(국토교통부)」을 참조한다.

4-8-3 자전거도로 등의 설치 기준

자전거도로는 교통기능상 생활 동선과의 연계, 아파트 단지나 지하철, 버스 승강장 등 대중 교통수단과의 연계 등 독립적인 네트워크 기능을 구축해야 한다. 이러한 자전거도로의 네트워크는 간선과 지선의 병렬 네트워크화가 되어야 하는데, 도시지역의 경우 주간선도로와 보조간선도로, 지방지역은 일반국도와 지방도, 수변공간에서는 본류와 지류 하천의 연결 등이 있다. 또한 지형, 주민의 인적 구성, 도시 공간의 배치, 지역 교통체계 등 다양한 도시 특성을 고려한 자전거도로를 설치해야 한다. 자전거도로의 네트워크화는 종합적인 지구 교통계획 시 검토하며, 동시에 지방관계기관과 지역 주민 등의 합의가 중요하다.

자진거 이용시설의 구조와 시설 기준에 대한 상세한 내용은 「자전거 이용시설의 구조·시설 기준에 관한 규칙」 및 「자전거 이용시설 설치 및 관리지침(국토교통부)」을 참조한다.

4-9 보 도

> **제16조(보도)**
>
> ① 보행자의 안전과 자동차 등의 원활한 통행을 위하여 필요하다고 인정되는 경우에는 도로에 보도를 설치해야 한다. 이 경우 보도는 연석(緣石)이나 방호울타리 등의 시설물을 이용하여 차도와 물리적으로 분리해야 하고, 필요하다고 인정되는 지역에는 이동편의시설을 설치해야 한다.
>
> ② 제1항에 따라 차도와 보도를 구분하는 경우에는 다음 각 호의 기준에 따른다.
>
> 1. 차도에 접하여 연석을 설치하는 경우 그 높이는 25센티미터 이하로 할 것
>
> 2. 횡단보도에 접한 구간으로서 필요하다고 인정되는 지역에는 이동편의시설을 설치해야 하며, 자전거도로에 접한 구간은 자전거의 통행에 불편이 없도록 할 것
>
> ③ 보도의 유효폭은 보행자의 통행량과 주변 토지 이용 상황을 고려하여 결정하되, 최소 2미터 이상으로 하여야 한다. 다만, 지방지역의 도로와 도시지역의 국지도로는 지형상 불가능하거나 기존 도로의 증설·개설 시 불가피하다고 인정되는 경우에는 1.5미터 이상으로 할 수 있다.
>
> ④ 보도는 보행자의 통행 경로를 따라 연속성과 일관성이 유지되도록 설치하며, 보도에 가로수 등 노상시설을 설치하는 경우 노상시설 설치에 필요한 폭을 추가로 확보하여야 한다.

4-9-1 개요

보도는 오직 보행자의 통행을 위하여 연석 또는 방호울타리, 그 밖의 이와 유사한 시설물을 이용하여 차도와 분리하여 설치하는 도로의 부분으로서, 자동차로부터 분리된 보행자 전용 공간이다. 보도는 도시지역에서는 필수적으로 그 필요성이 인정되고 있으며, 지방지역도로에서도 보행자 교통이 많은 경우에는 보행자의 안전한 통행을 위하여 설치가 필요하다.

또, 보도의 효용은 보행자의 안전, 자동차의 원활한 통행의 확보, 도시시설로서의 도로 주변 서비스 등 여러 가지 효용성이 있으나 무엇보다도 안전하고 원활한 보행을 확보하기 위하여 원칙적으로 보행자의 통행은 자동차로부터 분리하고, 경제적 조건, 시설의 효용성, 교통안전시설 정비사업의 실시 상황 등을 고려하며, 대체로 보행자 수가 150인/일 이상, 자동차 교통량의 2,000대/일 이상인 경우 보도 설치의 기준으로 하고 있다.

그러나 보행자의 수가 적더라도 자동차 교통량이 아주 많거나 학생, 유치원 아동들의 통로가 되는 경우, 인구밀집지역 등 국부적으로 보행자가 많은 곳에는 보행자의 안전과 원활한 교통 흐름을 위하여 보도 등을 설치하여 보행자를 분리하는 것이 필요하다.

보도는 도로의 양 쪽에 설치하는 것이 일반적이나 장소에 따라서는 도로의 한 쪽에만 설치하거나 또는 보행자를 다른 도로로 우회시켜 본선은 보행자의 통행을 금지하는 경우도 있다. 보도 설치에 대한 계획 및 구조·시설 기준에 대한 상세한 내용은 「보도 설치 및 관리지침(국토교통부)」을 참조한다.

4-9-2 보도의 폭

보도의 폭은 주로 다음 요건을 구비하도록 결정하는 것으로 한다.
① 보행자가 안전하고 원활한 통행을 확보하기 위하여 적정한 폭을 가질 것.
② 특히 도시지역의 도로에서는 도시시설이므로 필요한 폭, 즉, 노상시설대의 폭, 도로의 미관, 도로 주변 환경과의 조화, 도로 주변 서비스 등을 도모하기 위하여 필요한 폭을 가질 것.
③ 보행자가 일반적으로 여유를 가지고 엇갈려 지나갈 수 있는 2.0m를 최소 유효폭으로 할 것.
④ 특히 교차로 간격이 조밀한 도시지역의 도로에서는 보행자의 통행이라고 하는 본래의 목적 외에 교차 도로에서 시거를 증대시켜 교통의 안전성에 기여하게 하는 등 부수적인 효과가 있을 것.

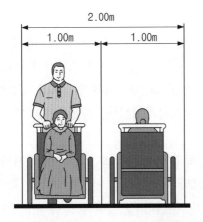 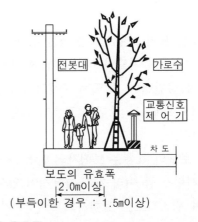

그림 4-47 보도의 유효폭

보도는 보행자의 안전하고 원활한 통행을 위하여 연속성, 평탄성 및 일직선 형태의 보행 경로를 유지하도록 한다. 보도의 폭은 보행자 교통량 및 목표 보행자 서비스수준에 따라 결정하되, 가능한 한 여유 있는 폭이 확보될 수 있도록 한다. 다만, 지방지역도로와 도시지역의 국지도로에서 기존 도로 확장 또는 개량하려고 할 때 또는 주변 지형여건, 지장물 등으로 유효 보도폭 2.0m 이상을 확보할 수 없는 부득이 한 경우에는 1.5m 까지 축소할 수 있다.

4-9-3 보도의 폭 결정

보행자가 이용 가능한 보행자 공간은 가로수, 전신주, 방호책, 건물 주차장 출입로 등 다양한 요인으로 방해를 받게 된다. 따라서, 보도 폭은 이러한 보행 방해 요소를 고려하여 결정해야 한다. 보도의 폭 결정에 대한 상세한 내용은 「보도 설치 및 관리 지침(국토교통부)」을 참조한다.

4-9-4 보도의 횡단구성

보도는 연석, 방호책, 그 밖의 이와 비슷한 공작물을 설치하여 차도로부터 반드시 분리해야 한다. 또한, 보도 면에 연석을 설치하여 차도 면보다 높게 하는 것이 바람직하다.

그러나 횡단보도와 연접한 보도는 노약자, 휠체어 이용자, 자전거 이용자 등의 편의 증진을 위하여 차도 경계부와의 높이 차가 발생하지 않도록 하고, 시각장애인의 이용 편의를 위한 시설을 설치하도록 한다.

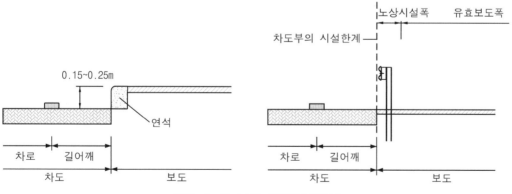

그림 4-48 보도 횡단구성(예시)

보도를 설치할 때 도로 구조상 제약이 있는 경우 또는 용지에 여유가 있을 경우에는 방호울타리, 둑, 그 밖의 방법으로 보도와 차도를 분리하도록 하며, 부득이한 경우에는 비탈면의 중간이나 비탈면의 선단에 보도의 설치를 검토할 수 있다. 또한, 지형 등의 제약으로 인해 보도를 설치하는 것이 어려운 경우에는 기존 길어깨를 최대한 정비하여 보행자의 통행공간을 확보하는 것을 고려하며, 가능한 한 차로와 다른 색상의 포장을 선택하여 시인성을 높이는 방안도 검토해야 한다.

보도의 높이는 그림 4-48과 같이 차도 면보다 0.15~0.25m 높은 구조로 하거나 방호울타리를 설치하여 구분하는 것이 일반적이다. 그러나 보도의 폭이 좁고 차도의 양측에 여유가 부족하여 부득이 한 경우에는 보도 면의 높이를 0.15m 정도로 하는 것이 바람직하다.

보도 면의 높이는 배수 등을 고려하여 차도 면 보다 높은 것이 일반적이나, 보도와 접한 건물 때문에 자동차의 진출입을 위한 경사로가 자주 설치되는 경우 보도를 이용하는 휠체어 사용자 및 자전거 이용자의 통행 안전과 편리를 고려하여 차도부와 보도 면의 높이 차이를 줄인 구조로 적용할 수 있다. 보도 면과 차도 면의 높이 차이에 따른 보도 면의 형식은 그림 4-49에 제시된 세 가지 형식으로 구분할 수 있다.

보도 면 형식	형식 1	형식 2	형식 3
단 면 도	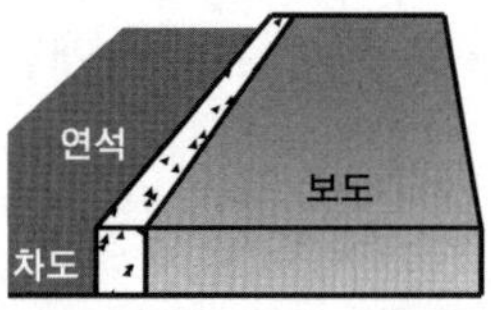	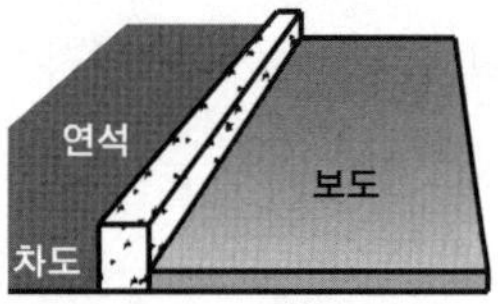	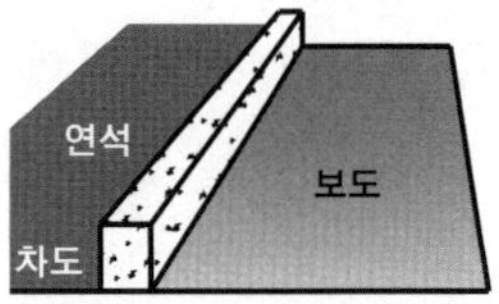
특 징	• 보도에 대한 인지성 우수 • 턱낮추기 구간 종단경사 커짐 • 보행자의 차도 진입이 쉬워 통행 안전대책 수립 필요 • 보도 면 높이 : 0.15m	• 턱 낮추기가 쉬움 • 형식 1에 비하여 배수 분리 • 보도 출입부 경사면 감소, 평탄성 우수 • 보도 면 높이 : 0.05m	• Barrier-Free 실현에 유리 • 배수 대책 필요 • 보도 면 높이가 차도 면과 동일하여 건물 진입로 등에서 종단경사 변화 불필요

그림 4-49 보도 면 형식

차도와 보도를 방호울타리로 구분할 때에는 차도의 시설한계 밖인 보도에 방호울타리를 설치한다. 이때 방호울타리의 설치를 위한 노상시설 폭과 유효 보도 폭은 「보도의 설치 및 관리 지침(국토교통부)」의 규정에 따라 확보해야 한다.

보도에 방호울타리, 가로등 등 노상시설을 설치하는 경우에는 유효 보도 폭 외에 노상시설에 필요한 폭을 더한 것으로 한다.

4-9-5 횡단보도육교 및 지하횡단보도

간선도로에서 자동차 교통량이 많으며, 상업중심지, 공장, 학교, 운동장 등 주변 여건으로 인하여 통행하는 보행자가 특히 많고, 간선도로의 기능을 보호하기 위하여 필요할 경우에는 횡단보도육교 또는 지하횡단보도를 설치하여 보행자를 자동차와 분리해야 한다.

횡단보도육교나 지하횡단보도를 설치할 경우 계단과 경사 1 : 18 정도의 경사로를 병행하여 설치하는 것이 바람직하나, 가까운 거리에 장애자가 안전하게 도로를 횡단할 수 있는 횡단보도 또는 경사로 시설이 있는 경우 계단만 설치할 수 있다.

횡단보도육교 등을 설치할 경우 보행자의 차도 무단횡단을 방지하기 위하여 횡단보도육교 전후 구간에는 무단횡단 방지시설을 설치할 수 있다.

4-9-6 연석

연석의 형식과 위치에 따라 운전자가 영향을 받게 되고 안전에도 관계가 된다.

연석은 주로 노면 배수, 시선유도, 도로 용지의 경계, 미관, 유지관리 및 청소 등의 편의를 위하여 설치된다.

연석은 도시지역도로에서는 필수적으로 설치해야 하지만 설계속도가 높은 지방지역도로에서는 연석의 설치에 신중을 기해야 하며, 지방지역의 설계속도 80km/h 이상인 도로에서는 일반적으로 경사형의 연석을 사용하는 것이 바람직하다.

연석의 종류와 주요 특징은 다음과 같다.

(1) 수직형 연석(barrier curb)
- 높이가 높고, 연석의 전면에 경사가 있으나 수직에 가깝다.
- 저속도로의 경우 자동차의 이탈을 방지한다.
- 고속으로 주행하는 자동차의 바퀴가 연석에 충돌할 경우 자동차가 전복될 수 있으므로 주행속도가 높은 도로에는 부적합하다.
- 주행속도가 낮은 도로에서도 자동차의 이탈을 방지할 목적으로 연석을 사용할 경우에는 방호울타리와 병행하여 설치한다.
- 방호울타리와 병행하여 설치할 경우 연석의 전면은 방호울타리의 전면과 일치시키거나 연석을 방호울타리보다 약간 후면에 설치하는 것이 바람직하다.
- 차도에 접하여 옹벽이 설치되거나 터널 내부에서 적정한 길어깨가 확보되지 못할 경우 연석을 설치하여 운전자의 경각심을 높일 수 있다.

- 수직형을 사용할 경우에도 연석의 앞면은 적절한 기울기를 가져야 하며, 연석의 높이는 지역 여건을 고려하여 25cm 이하가 되도록 한다.

(2) 경사형 연석(mountable curb)

- 경사형은 필요한 경우 자동차의 바퀴가 연석 위로 올라갈 수 있도록 한 것이다.
- 연석의 전면의 경사가 1 : 1 보다 큰 경사의 경우 포장 면으로부터의 높이는 10cm 이하이어야 한다.
- 전면의 경사가 1:1~1:1.2이면 포장 면으로부터의 높이는 15cm 이하이어야 한다.
- 연석 재료는 화강석과 시멘트콘크리트 등이 사용되며, 겨울철 제설제를 많이 사용하는 지역은 제설제 사용에 따른 영향을 고려해야 한다.

(3) 수직형과 경사형의 사용 위치

- 연석과 녹지분리대로 구성되는 중앙분리대에 설치할 경우는 경사형으로 한다.
- 평면교차로나 입체교차로에서 교통섬 또는 분리대에 설치되는 연석은 경사형으로 한다.
- 자전거도로가 연석으로 차도와 분리될 경우에는 낮은 경사형을 사용한다.
- 차로에 접속하여 적정한 길어깨가 설치되고, 길어깨 바깥쪽에 연석을 설치할 경우에는 경사형을 사용한다.
- 도시지역에서 자동차 주행속도가 저속이고 보도로 구분될 경우 수직형을 사용한다.

> **제28조(횡단경사)**
> ① 차로의 횡단경사는 배수를 위하여 포장의 종류에 따라 다음 표의 비율로 해야 한다. 다만, 편경사가 설치되는 구간은 제21조에 따른다.
>
> | 포장의 종류 | 횡단경사(퍼센트) |
> |---|---|
> | 아스팔트콘크리트 포장 및 시멘트콘크리트 포장 | 1.5 이상 2.0 이하 |
> | 간이 포장 | 2.0 이상 4.0 이하 |
> | 비포장 | 3.0 이상 6.0 이하 |
>
> ② 보도 또는 자전거도로의 횡단경사는 2퍼센트 이하로 한다. 다만, 지형 상황 및 주변 건축물 등으로 인하여 부득이 하다고 인정되는 경우에는 4퍼센트까지 할 수 있다.
> ③ 길어깨의 횡단경사와 차로의 횡단경사의 차이는 시공성, 경제성 및 교통안전을 고려하여 8퍼센트 이하로 해야 한다. 다만, 측대를 제외한 길어깨폭이 1.5미터 이하인 도로, 교량 및 터널 등의 구조물 구간에서는 그 차이를 두지 않을 수 있다.

4-10-1 차도부의 횡단경사

도로 노면의 횡단경사는 노면 위의 우수를 측구 등으로 배수시키기 위하여 필요하며, 그 횡단경사는 노면 배수에 적합하고, 자동차의 주행에 안전한 값이어야 한다.

배수를 고려할 때 노면에 물이 고이지 않게 하기 위해서는 일정 한도 내에서 횡단경사가 클수록 유리하지만, 자동차의 주행 안전 및 쾌적성을 고려할 때는 횡단경사가 작은 것이 바람직하다.

직선구간에서 차로의 횡단경사가 2% 이상 되면 자동차의 핸들이 한쪽으로 쏠리는 경향이 있고, 결빙되었거나 높은 습윤 상태의 노면에서는 횡방향으로 미끄러질 우려가 있으며, 건조한 노면에서도 급제동할 때 이와 같은 현상이 일어날 수가 있다.

바람이 많이 부는 경우 횡단경사가 자동차의 운전에 미치는 영향이 크게 작용할 수 있다. 땅깎기와 흙쌓기 반복되는 구릉지 또는 산지, 산지와 평지가 교대로 이어지는 지역에서는 횡방향으로 부는 바람이 도로를 주행하는 자동차에 간헐적인 충격을 주어 자동차의 운전에 영향을 끼친다. 이와 같은 조건의 지역은 경사가 큰 횡단경사는 피하는 것이 바람직하다.

또한, 양방향 2차로 도로에서는 앞지르기 자동차가 횡단경사가 반대 방향으로 설치된

제 **4** 장

대향차로를 주행하기 때문에 앞지르기할 때 횡단경사가 급격히 변화하는 조건이 되며, 이러한 이유로 주행속도가 높은 자동차나 중심이 높은 자동차일수록 핸들 조작이 곤란하여 위험하게 될 경우가 있다. 이와 같은 이유로 포장된 도로에서의 표준횡단경사는 2.0% 이하를 적용한다.

도로의 횡단경사를 결정할 때 도로의 종류, 기하구조, 차로수, 포장형식 등을 고려하며, 노면 배수에 가장 영향이 큰 포장 형식과 차로수에 따라 결정한다.

자갈 또는 쇄석을 포장재료로 사용하는 간이 포장이나 비포장도로의 횡단경사는 노면 우수가 신속하게 배수될 수 있도록 하기 위하여 아스팔트콘크리트 포장, 시멘트콘크리트 포장 보다 더 큰 횡단경사가 필요하게 된다.

차로 및 측대의 횡단경사 형상은 직선경사, 곡선경사 및 직선과 곡선이 조합된 경사가 있으며, 일반적으로 도로 중심선을 정점(頂點)으로 하여 양측으로 내리막 경사가 되도록 설치한다.

직선경사는 포장의 기계화 시공에 적합하기 때문에 현재 가장 일반적으로 쓰이고 있는 경사이며, 편경사 설치 및 교차로에서의 경사접속설치가 용이하다. 곡선경사 및 곡선과 직선이 조합된 경사는 바깥쪽 차로에서 경사가 커지게 되므로 배수상으로는 이상적이며, 도로 폭이 넓은 도로에 적합하지만 기계화 시공이 매우 어렵다.

따라서, 폭이 넓은 도로에서 바깥쪽 차로의 횡단경사를 크게 할 필요가 있는 경우에는 그림 4-50과 같이 2종류의 직선경사를 조합하는 방법을 사용할 수 있다.

이때, 노면 정점 부근의 횡단 형상을 원활하게 하고, 각각의 차로 경사의 차이를 1% 정도로 제한하여 앞지르기 자동차의 충격을 가능한 한 완화시켜야 한다.

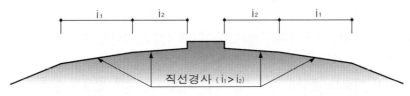

그림 4-50 두 종류의 직선경사를 조합하는 경우의 횡단경사(예시)

차도가 방향별로 분리되어 있지 아니한 경우에는 일반적으로 차도 중앙을 노면의 정점으로 하고 양측으로 내리막 경사를 설치하지만 차도가 방향별로 분리되어 있는 경우에는 그림 4-51과 같이 2종류의 단면을 고려할 수 있다. 그림 4-51에서 (a)는 가장 일반적인 단면으로서, 설계 및 시공이 용이하고 노면배수시설도 (b)에 비하여 단순하다.

(b)는 노면 우수의 유로 길이가 단축되고, 따라서 융설 시 노면의 결빙을 최소화할 수 있으며, 노면의 높은 점과 낮은 점의 고저차가 적으므로 편경사의 설치가 용이하다.

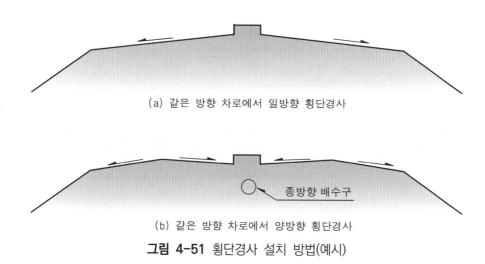

(a) 같은 방향 차로에서 일방향 횡단경사

종방향 배수구

(b) 같은 방향 차로에서 양방향 횡단경사

그림 4-51 횡단경사 설치 방법(예시)

그러나 중앙분리대에 종방향 배수구를 설치해야 하며, 평면교차로에서의 접속설치가 매우 어렵다. 따라서 (b)는 강우·강설이 많은 지역이나 일방향 3차로 이상의 도로에 적용하는 것을 검토할 수 있다.

4-10-2 길어깨의 횡단경사

길어깨에는 노면 배수를 위하여 적정한 횡단경사를 설치해야 한다. 길어깨의 표준횡단경사는 길어깨 노면의 종류에 따라 표 4-17에 나타낸 횡단경사를 설치하도록 한다. 일반적으로 길어깨는 차로에서 발생하는 노면수의 배수를 원활히 유도하기 위하여 별도의 횡단경사를 설치하나 측대를 제외한 길어깨폭이 1.5m 이하로 협소하여 길어깨 포장구간의 시공성이 저하되거나 주변 여건 등으로 길어깨에 별도의 횡단경사를 설치하는 것이 곤란한 경우에는 차로 면과 동일한 경사로 길어깨의 횡단경사를 설치할 수 있다. 평면곡선구간에서 횡단경사가 설치된 차로의 바깥쪽 길어깨에는 차로 면과 동일한 횡단경사가 바람직하나 노면 배수를 고려하여 그림 4-52와 같이 차로의 횡단경사와 반대로 길어깨의 횡단경사를 설치할 수 있다. 이 경우 본선 차로의 최대 횡단경사가 6%인 경우에는 그림 4-52와 같이 차로와 길어깨의 횡단경사 차이를 7%로 하며, 지방지역의 적설한랭 지역을 제외한 그 밖의 지역 및 연결로의 경우처럼 차로의 최대 횡단경사가 6%를 초과할 경우는 그림 4-53과 같이 차로와 길어깨의 횡단경사 차이를 8% 이하로 적용한다.

표 4-17 길어깨의 표준횡단경사

포장의 종류	표준횡단경사
아스팔트콘크리트 포장 길어깨, 시멘트콘크리트 포장 길어깨 및 간이 포장 길어깨	4%

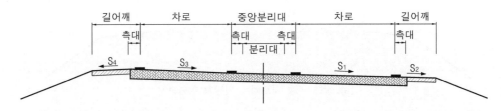

길어깨(S_4)	본선 차로(S_3)	본선 차로(S_1)	길어깨(S_2)
-4	-2	-2	-4
-4	+2	-2	-4
-4	+3	-3	-4
-3	+4	-4	-4
-2	+5	-5	-5
-1	+6	-6	-6

주) 본선 최대 편경사가 6%인 경우에는 차로와 길어깨의 경사차를 7%로 한다.

그림 4-52 차로와 길어깨 편경사 조합(경사 차 7%)

또한, 교량, 터널 등과 같이 차로와 길어깨를 동등한 포장 구조로 하는 경우에는 시공성을 고려하여 길어깨의 횡단경사를 차로의 횡단경사와 동일한 경사로 한다.

평면선형이 곡선인 구간 중 교량이나 터널과 같은 구조물 사이에 100m 미만의 짧은 토공 구간이 위치하는 경우 또는 구조물과 토공이 연속하여 구조물 길이 비율이 500m 단위를 기준으로 대략 60% 이상인 경우(예를 들면, 교량 350m+토공 150m)에는 길어깨의 횡단경사를 차로의 횡단경사와 동일한 경사로 적용할 수 있다.

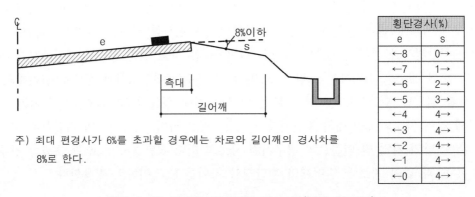

횡단경사(%)	
e	s
←8	0→
←7	1→
←6	2→
←5	3→
←4	4→
←3	4→
←2	4→
←1	4→
←0	4→

주) 최대 편경사가 6%를 초과할 경우에는 차로와 길어깨의 경사차를 8%로 한다.

그림 4-53 차로와 길어깨의 경사 차(경사 차 8%)

그리고 설계속도별 최소 평면곡선 반지름을 적용한 구간에서도 길어깨의 역횡단경사로 인하여 자동차가 주행차로를 벗어나면 원활한 주행과 교통안전에 불리한 영향을 미칠 수 있으므로 주행속도를 고려하여 자동차의 운전 조작이 용이하도록 최소 평면곡선 반지름과 바람직한 평면곡선 반지름 값까지의 구간에서 길어깨의 횡단경사를 차로 면과 동일하게 설치할 수 있다.

길어깨 횡단경사의 접속설치는 그림 4-54에 나타낸 바와 같이 길어깨 측대의 바깥쪽 끝에서 한다.

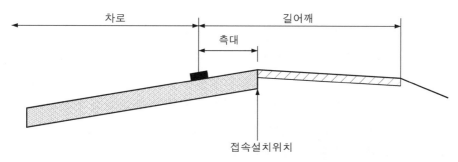

그림 4-54 길어깨 횡단경사의 접속설치

교량 구간의 경우 경제성 및 시공성을 고려하여 길어깨의 횡단경사를 차로 면 경사와 동일하게 적용하므로 토공 구간과 교량 구간의 접속부에서 길어깨 횡단경사의 차이로 인한 단차가 발생하게 된다. 발생된 단차는 노면 배수 불량과 긴급자동차가 주행할 때 충격 및 사고를 유발할 수 있으므로 접속부 전·후 구간의 횡단경사를 감안하여 원활하게 접속설치 해야 한다.

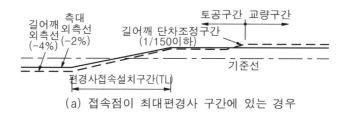

(a) 접속점이 최대편경사 구간에 있는 경우

(b) 접속지점이 편경사 접속설치구간(TL) 내에 있는 경우

그림 4-55 토공과 교량 구간 길어깨의 횡단경사 접속설치(단차 조정)

접속설치 방법은 포장 설계와 관련이 있으나, 일반적으로 교량 구간과 토공 구간의 접속지점을 시점으로 하고 토공 구간 내에 횡단경사 접속설치구간을 설정한다. 길어깨 횡단경사의 접속설치는 길어깨폭을 접속설치하는 구간 전체에 걸쳐서 원활하게 접속시키며, 이때 길어깨의 접속설치율은 1/150 이하로 한다.

4-10-3 보도 등의 횡단경사

보도 또는 자전거도로의 횡단경사는 교통약자의 통행 안전을 위하여 2% 이하로 한다. 다만, 지형 상황이나 도시지역 등에서 기존 건축물의 출입로 등으로 인하여 부득이한 경우에는 4% 이하로 설치할 수 있다. 도로에 설치된 보도 또는 자전거도로의 횡단경사는 원칙적으로 도로 중심선을 향하여 직선의 내리막 경사가 되도록 설치한다. 이는 도로 바깥쪽을 향하여 내리막 경사가 설치되면 도로에 접한 구조물 등에 빗물이 고여 별도의 측구가 필요하게 되어 비경제적이기 때문이다.

4-11 환경시설대

> **제43조(환경시설 등)**
> ① 도로건설로 인한 주변 환경피해를 최소화하기 위하여 필요한 경우에는 생태통로(生態通路) 및 비점오염 저감시설(非點汚染 低減施設) 등의 환경영향 저감시설을 설치해야 한다.
> ② 교통량이 많은 도로 주변의 주거지역, 조용한 환경 유지가 필요한 시설이나 공공시설 등이 위치한 지역과 환경보존을 위하여 필요한 지역에는 도로의 바깥쪽에 환경시설대나 방음시설을 설치해야 한다.

4-11-1 환경시설대의 설치

교통량이 많은 도로에서 도로 주변에 미치는 소음, 대기오염 등의 피해를 감소시키기 위하여 또는 공공시설 등의 환경보전을 위하여 필요한 경우 도로 바깥쪽에 녹지대, 둑 등의 환경시설대를 설치하며, 필요한 경우에는 「자연환경보전법」에 따른 생태통로(生態通路), 「수질 및 수생태계보전에 관한 법」에 따른 비점오염 저감시설(非點汚染 低減施設)과 「소음·진동관리법」에 따른 방음시설 등의 설치를 검토한다. 그 밖의 소음, 진동 및 대기오염 등에 대한 환경관련 기준은 「자연환경보전법」 및 「환경정책 기본법」등을 따르며, 상세한 내용은 「환경친화적 도로건설지침(국토교통부, 환경부)」, 「도로 비점오염저감시설 설치 및 관리 지침(국토교통부, 환경부)」을 참조한다.

1. 설치 요건

(1) 도로교통이 도로 주변 생활환경에 미치는 영향은 계획도로의 성격, 교통상황(교통량, 대형자동차 혼입률, 주행속도 등)과 밀접한 관계를 갖고 있으며, 이러한 것들을 고려하여 다음에 해당하는 4차로 이상 도로가 대상이 된다.
 ① 고속국도
 ② 일반국도 또는 지방도(시도 포함)
 ③ 자동차전용도로 또는 간선도로

(2) 도로 주변 토지이용에 대해서는 계획 시점에는 택지 예정지가 아니더라도 장래 택지로서 양호한 주거환경 보전이 필요하다고 인정되는 경우 다음 지역을 대상으로 한다.
 ① 주거 전용지역

② 그 밖의 지역으로 도로 주변 주택의 입지 상황, 그 밖의 토지 이용의 지정을 감안하여 양호한 주거 환경을 보전할 필요가 있는 지역

2. 환경시설대의 폭

① 도로 주변의 생활환경을 보전하기 위하여 거리 감쇠 효과를 고려하여 차도와 거리를 두어 도로의 양측 끝에서 폭 10m 정도의 환경시설대를 설치하는 것이 바람직하다.

② 자동차전용도로에서 도로의 구조가 흙쌓기, 땅깎기 또는 다른 도로의 위로 설치되는 고가(高架) 구조이며, 교통량이 많아지는 첨두시 교통상황에 따라 방음시설 등의 시설물 설치 폭을 고려하여 도로의 양측 차도 끝에서부터 폭 20m의 환경시설대를 설치하는 것으로 한다. 단, 도로 주변 건축물이 높게 지어져 차음 효과가 있거나 도시지역으로서 용지 취득이 어렵거나 지가가 높아 경제성이 문제될 경우에는 환경시설대의 폭을 10m 정도로 축소할 수 있다.

③ 하천, 철도 등의 지형상황으로 환경시설대의 폭을 10m 또는 20m를 설치하기가 매우 곤란한 경우에는 흙쌓기, 땅깎기 등의 경사면을 이용하여 적절한 폭을 취할 수 있다.

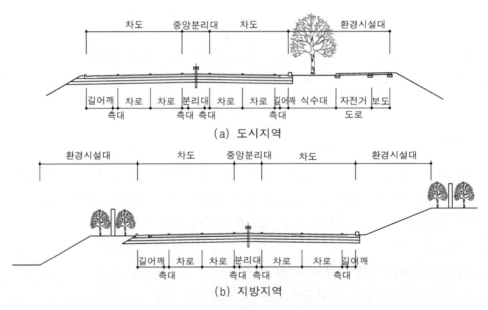

그림 4-56 환경시설대(예시)

4-11-2 녹지대의 설치

녹지대의 기능은 양호한 도로교통 환경의 정비, 도로 주변에 대한 양호한 생활환경 보전의 두 가지 기능으로 대별된다.

1. 양호한 도로 환경의 정비

녹지대를 설치하면 양호한 도로교통 환경이 정비되며, 효과는 다음과 같다.

① 다른 교통을 분리하여 교통의 안전성, 쾌적성 향상, 자동차와 혼합교통의 배제, 보행자와 자전거를 자동차 교통으로부터 분리
② 보행자나 자전거의 무단횡단을 억제
③ 운전자의 시선 유도
④ 도로 이용자의 쾌적성 증가, 차폐와 현광 방지
⑤ 운전 조작의 과실 및 차로 이탈 자동차의 충격 완화

2. 도로 주변에 대한 양호한 생활환경 보전

녹지대를 정비하면 도로 주변의 생활환경을 양호하게 증진시킬 수 있으며, 그 효과는 다음과 같다.

① 자동차 배기가스(CO_2, NO_X 등), 먼지, 매연 등을 흡착하여 대기가 정화된다.
② 자동차 교통을 시각적으로 차단하며, 보행자의 무단횡단을 방지한다.
③ 노면 복사열의 전달을 완화시키고, 가로수의 수분 증발로 주변의 대기온도 상승을 억제한다.
④ 도로에서 발생하는 소음을 흡수, 반사시켜 소음의 영향을 저감시킨다.

녹지대의 폭은 1.5m를 기준으로 하고, 부득이한 경우 최소 1.0m까지 줄일 수 있으며, 녹지대의 폭을 결정할 때에는 나무의 종류, 배치 및 횡단구성 요소와의 균형 등을 고려해야 한다.

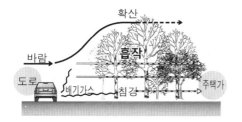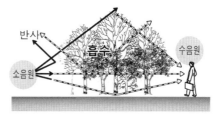

그림 4-57 녹지대의 대기오염 확산 및 소음에 미치는 영향

단, 장래에 차로 추가계획이 있을 경우 또는 경관지역 녹지대의 경우 그 폭을 상향 조정할 수 있으며, 특별한 목적으로 별도 규정이나 지침에 따라 녹지대를 설치할 경우에는 해당 기준에 따라 적정한 폭을 결정할 수 있다.

3. 녹지대의 종류

녹지대는 식재지가 조성되는 지역에 따라 도심지역, 경관지역, 주거지역 등으로 구분하여 식재 형태와 식재 수목의 종류, 녹지대 폭 등을 고려해야 한다.

도심 간선도로의 녹지대는 교통안전과 쾌적한 통행 환경을 확보하고, 양호한 경관을 형성하므로 그 역할이 중요하다. 따라서 녹지대 폭, 식재 형태와 수목의 종류 등도 대상 지역의 조건과 취지에 맞추어 배려해야 한다.

명승지, 유적지 등의 풍경을 배경으로 하는 경관지역에서 간선도로에 녹지대를 설치할 때에는 주변 지역 경관과 조화가 이루어지도록 도로 경관 관점에서 특별히 고려해야 한다.

주거지역에서 도로교통으로 인한 소음, 진동, 대기오염의 경감을 도모하기 위하여서는 도로 구조의 개선, 적절한 교통 규제, 교통관제의 강화, 도로 주변 토지이용의 적정화 등 각종 대책을 종합적으로 고려할 필요가 있다. 도로 구조를 검토할 때 광폭의 녹지대를 설치하여 차도와 도로 주변 건물을 격리할 수 있는 방음벽 등을 설치하거나 수목을 밀식하게 하는 등의 배려가 필요하다.

4-11-3 도로 녹화

도로에서의 자동차 통행은 소음, 대기오염 등의 발생으로 연도의 생활환경에 미치는 영향이 현저하므로 환경시설대의 식재 녹화로 소음 완화, 대기 정화, 쾌적성 향상, 도시열섬현상 완화 등의 효과를 도모해야 한다. 근래 들어 지구 온난화 현상에 따른 기상 이변은 대기 중 이산화탄소 농도의 증가에 의한 것으로 분석되고 있어 인간 생활과 연관되어 녹화 환경의 중요성이 대두되어 도시지역의 녹지 조성과 환경친화적 포장공법 등의 적극적인 적용이 시도되고 있다.

1. 도로 녹화와 환경보전

도로 녹화는 환경보전과 도로 기능의 향상을 목적으로 도로 구역 내의 기존 수목을 보존하거나 새로이 식재하고 관리하는 것으로서, 쾌적한 도로 환경의 정비를 통하여 도로 주변의 자연환경과 생활환경을 보전하는 것을 목적으로 한다. 도로 녹화는 도로 경관의 향상, 연도의 생활환경 보전을 도모하기 위하여 쾌적성과 안전성의 확보, 자연환경 보전에 투자하는 것으로서, 도로의 규격과 구조, 도로교통 특성 등 도로 계획에 관련되는 사항, 기상조건·연도조건·토지이용·역사·문화자연 등 지역 특성에 관련되는 사항을 파악하여 녹화의 목표를 설정해야 한다.

표 4-18 환경시설대를 포함한 식재지의 기본 배치 원칙

식재지	기 본 배 치
녹지대	녹지대를 설치할 경우 폭은 1.5m 이상을 기준으로 함
보도	보도 등에 가로수를 식재하고 식수 공간을 설치할 경우 도로의 구분에서 정하는 폭에 원칙적으로 최소 1.5m 이상을 더한 값을 확보함
분리대, 교통섬	분리대와 교통섬의 폭이 1.5m 이상인 경우에는 시거 확보에 장애가 되지 않는 범위에 식재지를 설치함
도로 비탈면	도로 비탈면에는 비탈면의 안정을 저해하지 않는 범위에 식재지를 설치하는 것이 바람직함
환경시설대	환경시설대에는 식재지로서 녹지대를 확보하고, 그 경우 녹지대의 폭은 환경시설대의 폭이 10m인 경우에는 3m 이상, 20m인 경우에는 7m 이상이 되도록 설치하는 것이 바람직함
인터체인지	인터체인지에는 시거 확보에 장애가 되지 않는 범위에 식재지를 설치하는 것이 바람직함
휴게소 주차지역	휴게소나 주차지역에는 시거 확보에 장애가 되지 않는 범위에 식재지를 설치하는 것이 바람직함

2. 도로 녹화의 기능

도로 녹화에 따른 기능은 경관 향상 기능과 녹음 형성 기능 등 여러 가지로 구분될 수 있다. 각각의 식재가 이들 기능 중 두 가지 이상을 갖출 수 있도록 녹화 기능이 복합적으로 발휘되어야 하며, 주변 환경과 조화를 통한 환경친화적인 도로 환경이 조성되어야 한다.

표 4-19 도로 녹화의 기능에 따른 배식 형태

녹화기능		배 식
경관향상 기 능	장식 기능	식재 형식은 주변 경관과 조화를 이루도록 결정하며, 규칙식 배식과 자연식 배식을 주변 환경과 조화되도록 나무의 높이를 조합하여 식재구성
	차폐 기능	자연식 식재로 주변 환경과의 조화를 이루도록 계획하며, 중간·높은 나무와 지피식물을 조합하여 식재 구성
	경관 통합 기능	규칙식 식재가 기본으로 규모가 클 경우에는 자연식 식재로 하며 높은 나무를 주축으로 단순한 식재구성
	경관 조화 기능	식재 형식은 자연식 식재로 하고, 식재 구성은 낮은 나무를 주축으로 하여 중간·높은 나무를 조합하고, 적절하게 지피식물을 반영
생활환경 보전기능	소음저감기능 대기정화기능	식재 형식은 주변 경관과 식재지의 폭에 맞도록 결정하고, 식재 구성은 높은 나무, 중간 나무와 낮은 나무 등에 따라 3층 이상으로 하는 것이 바람직하며, 형상이 다른 수종도 조합하여 다층 구조로 구성
녹음형성 기 능	생활 환경 향상 기능	식재 형식은 주변 경관과 식재지의 폭에 맞도록 결정하고, 식재 구성은 높은 나무와 낮은 나무로 1층, 2층 구조의 비교적 느슨한 상태로 구성
교통안전 기 능	차광 기능	식재 형식은 협소한 식재지에는 규칙식 식재를 일반적으로 적용하며, 비교적 넓은 식재지가 확보되어 있는 경우는 자연식 식재를 하고, 교차점 지점 등은 상황에 따라 높은 나무 등을 조성
	시선 유도 기능	식재 형식은 규칙식 식재가 일반적이며, 식재 구성은 중간 나무 다음에 높은 나무의 상태로 식재하여 연속성을 확보하고, 동일한 규격의 나무를 동일한 간격으로 식재
	교통 분리 기능	식재 형식은 규칙식 식재가 일반적이며, 자연 경관을 뛰어나게 하고자 하는 구간에 식재지의 폭이 넓을 경우에는 자연식 식재를 적용
	표식 기능	주변의 식재 수목이 대응되게 하는 것이 필요하며, 그 전후와 상이한 식재 형식일 경우 큰 형상 치수의 수목을 독립 수목으로 식재
	충격 완화 기능	식재 형식은 주변 경관과 식재지의 폭에 맞게 결정하며, 식재 구성은 중간 나무와 낮은 나무의 2층 구조가 바람직하고, 자동차의 주행속도가 높아지는 지점에는 대규모로 배식
자연 환경 보전 기능		식재 형식은 주변 자연 경관과의 조화를 고려한 자연식 식재가 바람직하며, 식재 구성은 산림 보전의 관점에서 마운드 식재, 중간 나무와 낮은 나무의 2층 구조로 구성
방재 기능		식재 형식은 자연식 식재가 바람직하며, 식재 구성은 모래나 눈이 날리는 것을 방지하는 것을 목적으로 할 경우 수림의 효과가 기대될 수 있도록 구성

3. 도로 녹화와 식재 조건

도로 녹화의 설계는 계획의 기본이 되는 식재 기반 등 식재지에 관련되는 기온, 강우량, 바람 등 기상조건을 파악하여 도로 식재의 양호한 생육을 도모하기 위한 조건을 정비하는 것이 중요하며, 식재 형태, 장소, 범위, 수종 및 녹지대의 토사 유출 가능성 등을 종합적으로 고려하여 결정해야 한다. 또한 식재는 도로표지, 교통안전표지, 신호등, 시선유도시설 및 조명시설 등의 도로교통안전시설의 기능을 저해하지 않도록 해야 하며, 특히

교차로에서 도로 이용자의 시거가 차단되지 않아야 하며, 도로의 시설한계 밖으로 식재되도록 계획을 수립해야 한다.

표 4-20 도로를 녹화할 때 고려되어야 할 식재조건

도로녹화의 조건	고려되어야 할 식재조건
지상공간에 관련된 조건	도로의 횡단구성, 포장 구조, 도로교통안전시설, 도로점용물, 연도 조건, 교통상황 등
지하공간에 관련된 조건	식재지의 규모, 유효토층의 깊이, 지하수위, 전력·통신·상하수도 등 지하매설물
지역특성에 관련된 조건	기온, 바람, 강수량, 강설 등 지역의 기상조건
유지관리에 관련된 조건	병충해 발생, 수종의 종류, 유지관리의 용이성 등

4-12 측도

4-12-1 개요

측도(frontage road)란 도로를 계획할 때 지형 또는 지역 여건에 따라 자동차가 본 도로와 주변 도로 간의 자유로운 진출입이 불가능한 경우 본 도로와 병행하게 도로를 설치하여 자유로운 진출입을 가능하게 하는 도로를 말한다. 고속국도 또는 자동차전용도로의 경우에는 유출입이 특정지역에 제한되므로 도로 주변의 토지 이용을 높이기 위해서 일방향 통행의 측도를 설치 운영하여 본선을 통행하는 자동차의 원활한 주행과 함께 토지이용 효율을 높일 수 있다. 특히 고속국도가 도시지역을 통과할 경우에는 교통의 분산이나 합류의 목적으로 측도를 설치하는 것이 바람직하다.

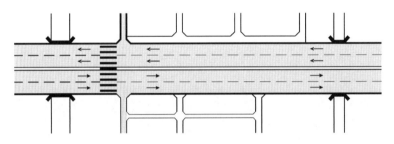

(a) 도시지역 고속국도에 설치되는 측도

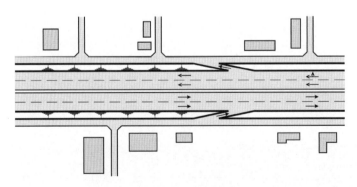

(b) 흙쌓기 구간에 설치되는 측도

그림 4-58 측도의 설치(예시)

4-12-2 측도의 설치

측도는 4차로 이상 지방지역도로 또는 도시지역도로에서 도로 주변으로 출입이 제한되는 경우에 필요에 따라 설치된다. 측도는 일반적으로 선형, 경사 등이 제한된 높은 규격의 도로에 필요로 하는 경우가 많으므로 계획교통량이 비교적 많은 4차로 이상의 주간선도로, 자동차전용도로 등에 필요하다고 인정되는 경우 설치한다.

2차로 도로에 있어서도 철도와 입체교차 교량의 접속 등으로 측도를 설치하는 경우가 있다.

측도의 필요성은 출입이 제한되는 정도(고저 차, 구간 전체 길이 등)에 따라 도로 주변의 교통수요 및 자동차의 도로 주변으로의 출입을 확보하기 위한 다른 방법 등을 종합적으로 고려하여 판단해야 한다.

4-12-3 측도 구조

(1) 차로폭

측도의 차로폭은 원칙적으로 4.0m 이상을 표준으로 하되 자동차의 안전과 원활한 통행, 정차 수요, 대형자동차의 통행 현황 등을 고려하여 결정해야 한다.

(2) 길어깨와 시설한계

차로와 접속하여 설치하는 길어깨의 폭에 대해서는 원칙적으로 규칙 제12조 규정에 따라 설계속도를 기준으로 결정한다.

그러나 측도는 주로 도시지역에서 고려되므로 길어깨를 설치할 경우와 보도를 설치할 경우에 대해서는 해당 도로의 필요에 따라 정할 필요가 있다.

측도에 대한 시설한계 역시 규칙 제18조 규정에 따른다.

(3) 측도의 선형

측도는 주간선도로와 주변 도로를 연결하는 기능을 가지며, 이에 따라 설계속도는 20km/h에서 60km/h 범위에서 결정한다. 측도는 결정된 설계속도에 따라 본선과의 원활한 접속으로 안전하며 원활한 통행이 가능하도록 평면선형 및 종단선형 계획을 수립해야 한다. 주변 도로의 접속부에서도 안전하고 원활한 교통이 보장되도록 적절한 접속 위치, 선형, 폭 등을 고려해야 한다.

4-13 도로 공간기능의 활용

> **제17조(도로 공간기능의 활용)**
> ① 주민의 삶의 질 향상을 위하여 도로를 보행환경 개선공간 및 문화정보 교류공간, 대중교통의 수용공간, 환경친화적 녹화공간(綠化空間) 등으로 계획할 수 있다.
> ② 보행환경 개선이 필요한 지역에는 제2조제35호에 따른 보행시설물을 설치할 수 있다.

지금까지 우리나라 도로 공간은 자동차를 우선하고 신속한 이동 기능을 중시하여 지역주민과 이용자의 편의성을 증진할 수 있는 공간 제공이 미흡하였다. 따라서 사람과 환경을 위한 공간 활용이 매우 제한적이며, 대중교통 및 보행환경 개선사업에도 불구하고 지역주민이나 이용자의 인식과 편의성은 크게 향상되지 않고 있다.

이 절에서는 사람과 환경 그리고 삶의 질을 우선하는 패러다임 전환과 지역주민과 이용자의 편의성을 증진하기 위한 다양한 도로 공간기능의 활성화 방안과 교통약자 등을 위한 보행시설물 설치에 대하여 설명한다.

4-13-1 도로의 공간기능

도로의 기능에는 크게 통행기능과 공간기능이 있으며 지금까지는 통행기능을 중요시하였으나 최근에는 도로의 공간기능에 대한 인식이 새롭게 대두되고 있다.

통행기능은 도로가 갖는 가장 중요한 기능이며, 자동차나 보행자, 자전거 각각에 대해서 안전하고, 원활하며, 쾌적하게 통행할 수 있는 이동기능, 주변 도로시설이나 건물에 쉽게 출입할 수 있는 접근기능, 자동차가 주차하거나 보행자가 체류할 수 있는 체류기능 등이 있다.

공간기능은 교통약자, 일반인, 장애인과 전동 차량 등의 이동 편의성 향상을 위한 보행환경 개선공간, 승용차 이외의 대중교통 및 자전거도로 등의 대중교통 수용공간, 도시와 마을의 축제, 정보 교환 등 문화 및 정보교류의 공간, 교통시설과 공공 기반시설(전기, 통신, 전력, 가스, 상하수도 등)의 수용공간, 녹화와 경관형성, 주변 도로 환경보전을 위한 환경친화적인 녹화공간으로서의 기능이 있다.

도로의 공간기능은 지역주민과 이용자의 통행 편의성을 증진하고 건전한 도시 주거환경을 도모하기 위하여 기존 도로환경의 개선과 함께 신도시계획을 수립할 때에도 적극 검토해야 하며, 도로의 공간기능은 자동차의 이동과 접근 등 최소한의 통행기능을 확보하되 이용자와 인접 주민 등의 일상생활에서 요구되는 생활의 편의성을 우선 고려해야 한다.

도로 공간의 활성화는 대중교통 수용공간, 보행환경 개선공간 이외에 공공녹지와 공공 디자인 등을 고려하여 도시 미관, 경관 개선과 연계한 품격 높은 도시환경을 조성하는데 기여하는 것으로 이용자와 지역주민의 요구를 적극적으로 반영해야 한다. 또한, 기존 도로 공간의 활성화는 지속가능한 도시재생기법을 도입하는 관점에서 접근하는 것이 바람직하다.

표 4-21 도로 위계별 · 용도지역별 공간 기능 적용범위

구 분	주 요 기 능	간선도로	집산도로	국지도로
보행공간	• 교통약자를 고려한 설계(universal design)	주거/상업	주거/상업	주거/상업
	• 생활도로 개념 적용(거주 편의성 증진)	근린상업	근린상업	–
	• 교차로의 모퉁이 처리 등	중심·일반상업	중심·일반상업	–
교통수단 수용	• 대중교통	주거/상업	주거/상업	–
	• 녹색교통(도보, 자전거)	–	주거/상업	주거/상업
만남과 문화	• 도시·마을 축제	중심·일반상업	중심·일반상업	–
	• 오픈카페 수용	–	상업	상업
	• 건물(민간 토지) 일부를 이용한 만남의 공간	–	근린상업	근린상업
정보·교류	• 정보안내 및 각종 정보교환의 장	중심·일반상업	중심·일반상업	중심·일반상업
사회활동과 여가활동	• 도로 주변 환경정화, 화단 가꾸기 등 사회참여 프로그램	–	주거	주거
	• 도로 공간에서 여가활동(전원형 공간조성 등)	–	주거	주거
도시녹화	• 가로수 식재, 냇가, 수변공간 등 도시 미관 향상, 바람길, 경관	주거/상업	중심·일반상업	–
기반시설 수용	• 통신, 전력, 상하수도, 가스 등 공동구	주거/상업	중심·일반상업	–
그 밖의 공익 향상	• 대기환경 개선을 위한 자동차 이용 제한 프로그램	주거/상업	상업	상업

자료) 이춘용, 류재영, 이우진, 「도로 공간의 복합적 기능 활성화 방안 연구」, 국토연구원(2007)

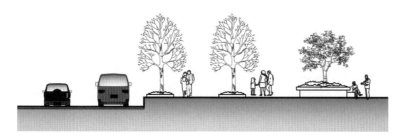

그림 4-59 도시녹화와 만남의 공간기능

(1) 보행공간

도로 공간에서의 보행공간은 건물과 토지로의 접근과 교통약자, 일반인, 장애인과 전동차량 등의 보행 편의성을 향상시키며, 근린생활과 지구단위 생활도로의 조성, 자동차로부터 간섭을 최소화 한 지역주민 중심의 공간 확충 기능 등을 가지고 있으며, 모든 도로가 적용 대상이 된다.

보행공간은 모든 사람들이 안심하고 이용할 수 있는 공간이 되어야 하므로 사람들이 걷기에 걸림돌이 되는 요소와 불편한 요소들이 제거된 거리, 사람들에게 꼭 필요한 것들이 충분히 설치되어 있으며 차량이나 지장물로부터 안전하고 편안한 공간으로 조성되어야 한다.

그림 4-60 국외(프랑스 파리)의 도로 보행공간 확보 사례

(2) 문화정보 교류공간

만남과 문화의 공간기능은 도시와 마을의 축제, 오픈 카페 등의 확보를 위하여 도로의 일부를 만남의 공간으로 조성한다. 만남의 공간은 보행자전용도로와 연계하여 지역주민들의 만남의 광장, 휴식 등의 기능으로 활용하며 교차로, 광장 등의 쉼터 등을 고려한다.

(a) 국외(미국 시애틀시)의 녹색도로 디자인 사례

그림 4-61 문화정보 교류공간 사례(그림 계속)

(b) 국외(일본)의 도로공간 활용 사례　　　(c) 국외(뉴욕시)의 도로 활성화

그림 4-61 문화정보 교류공간 사례

적용 대상도로는 간선도로를 중심으로 하되, 집산도로를 포함할 수 있으며, 정보와 교류의 공간기능은 도시와 마을의 안내, 각종 정보교환, 탐방자 안내 등으로 조성하고, 버스정류장, 지역정보 안내소 등을 인접한 공공건물과 연계하여 검토한다.

(3) 대중교통 수용공간

교통수단 수용공간은 승용차 이외의 대중교통과 이의 운행에 필요한 버스전용차로, 첨단교통수단 신규 배치 등 물리적 시설 정비를 고려한다.

(a) 국외(미국 메사추세츠주)의 노면전차　　　(b) 청량리역 대중교통 환승센터(예시)

그림 4-62 대중교통 수용공간 사례

자전거도로, 자전거전용도로 공간을 조성하며, 적용 대상 도로는 대중교통의 경우 간선 및 집산도로를 고려하고, 자전거도로는 전용 구간을 구축하되 집산도로, 국지도로를 우선으로 고려한다.

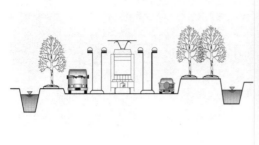

(a) 녹색교통·녹색도로의 횡단구성　　　　(b) 시애틀시의 녹색도로 조성 사례

그림 4-63 대중교통 수용 횡단구성 사례

(4) 환경친화적 녹화공간

도시 녹화에 따른 공간 기능은 가로수 식재, 녹지대 형성 등 도시의 녹지 비율을 향상시키는 것으로서, 도시 미관과 이미지 기능을 강화시킨다.

경관 형성, 녹음의 확보, 소음 감소, 대기 정화 등의 효과가 있는 녹화공간을 확보하기 위해서는 도시지역도로에서 보도와 중앙분리대의 공간을 활용하여 식재 등 녹화를 적극적으로 실시하여 친환경적 요소를 조성해야 한다.

(a) 국외(일본 롯본기힐스)의 도로변 녹화　　　(b) 국외(일본 도쿄 외곽)의 중앙분리대 식재

그림 4-64 환경친화적 녹화공간 사례

중요한 경관 형성 요소인 도로는 주변 경관과 조화되도록 해야 하며, 이를 위하여 주변 경관과 조화된 포장 소재와 수종 선정, 도로 시설물의 형상이나 색채 등에 대한 배려가 필요하다.

(a) 식재 녹화와 조화된 방음벽 구간　　　　　(b) 녹화된 옹벽 구조물 구간

그림 4-65 도로시설물 녹화사업 사례

주변 환경 보전을 위하여 소음이나 대기오염 등의 영향을 최소화시키기 위해서는 환경을 배려한 공간의 확보와 동일한 목적물에 여러 가지 기능을 부여한 가로수 그늘을 이용한 벤치, 볼라드(bollard) 기능을 갖는 도로변 화분, 벽면 녹화 등 다기능 녹화공간을 확보할 필요가 있다.

(5) 도로 공간기능 활성화 방안

도로 공간기능 활성화 주체는 지역주민·상인·이용자 등이며, 공공 및 계획자는 이를 적극 지원하는 등 그림 4-66과 같은 상호 협력형 체계가 필요하다.

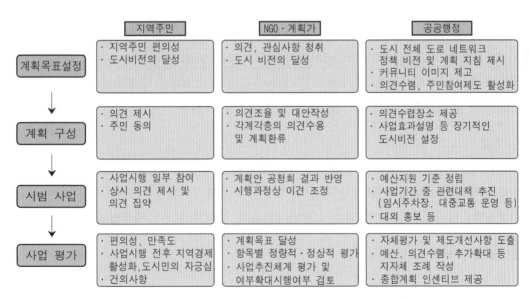

주) 굵게 표시된 부분은 중앙 정부가 우선적으로 구축하여야 되는 프로그램임.

그림 4-66 도로 공간기능 활성화 추진 과정 및 추진주체별 역할

4-13-2 교통정온화시설

1. 개요

교통정온화(traffic calming)기법은 1960년대에 유럽에서 주거지의 환경 개선과 보행자 안전을 위한 글래스루츠(Grassroot) 운동으로부터 시작되었으며, 교통개선사업의 실질적인 원조는 네덜란드에서 시작된 본에르프(Woonerf)라 할 수 있다. 본에르프는 Living yard란 의미로 주거지 도로에 자동차와 승용차의 공존의 방법을 제시한 사례로서, 통과 교통의 저속 운행을 위한 운행 조처를 시행하였고, 1970년대에는 생활도로의 자동차를 서행시키는 것뿐만 아니라 적용범위를 넓혀 기능이 높은 도로도 포함시켜 일정 구역을 30km/h(혹은 20mile/h)로 제한하는 교통정온화기법이 독일과 네덜란드를 중심으로 시작되었다.

교통정온화기법이란 용어는 Verkehrsberuhigung에서 유래한 것으로서, 진정 시킴, 부드럽게 함 등의 의미를 가지고 있으며, 우리나라에서는 일본에서 사용하고 있는 교통정온화 또는 교통평온화로 통용되고 있다.

미국에서는 교통정온화기법을 자동차의 나쁜 영향을 감소시키고, 자동차 운전자의 통행 행태를 변화시키며, 보행자 및 자전거 이용자들의 통행 환경을 개선시키기 위한 여러 가지 물리적인 대책이라 정의하고 있다.

우리나라에서는 주거지 생활도로를 이용하는 사람들에게 안전하고 쾌적한 생활공간을 제공하기 위하여 물리적 시설의 설치, 통행 규제를 통한 교통 흐름의 조절과 주차시설 통제와 조정을 통한 생활공간의 확보 등 생활환경을 개선하는 것을 의미한다.

교통정온화기법은 교통약자가 안전하고 편리하게 이동할 수 있도록 도로에 이동편의시설을 확충하고 보행환경을 개선하는 등 인간중심의 교통체계를 구축하기 위하여 제정된 「교통약자의 이동편의 증진법」 및 동법 시행규칙을 따른다.

2. 종류

어린이보호구역 등 자동차의 속도를 감속시킬 필요가 있는 구간에는 교통정온화기법을 적극 활용하여 보행자의 통행 안전성이 최대한 확보될 수 있도록 한다.

교통정온화기법은 규제에 의한 교통억제기법과 물리적 교통억제기법이 있다.

(1) 규제에 의한 교통억제기법

① 30km/h 최고속도 구역 규제
② 보행자 도로(보행자 전용도로, 보차공존도로) 조성
③ 일방통행제 실시

④ 진행방향 지정

⑤ 주차금지 규제 / 주차허가제

⑥ 일시정지 규제

(2) 물리적 교통억제기법

① 속도 저감 시설

- 고원식 교차로
- 지그재그 형태의 도로
- 차도폭 좁힘
- 노면요철포장
- 과속방지턱

② 횡단시설

- 고원식 횡단보도
- 보행섬식 횡단보도
- 대중교통정보 알림시설 등 교통안내시설
- 보행자 우선통행을 위한 교통신호기
- 보도용 방호울타리
- 자동차 진입억제 말뚝

표 4-22 물리적 교통억제 및 교통규제 방법의 효과 비교

구 분		통과교통억제	속도억제	노상주차억제	보행환경개선
물리적 교통억제	과속방지턱	○	◎	-	△
	노면요철포장	○	○	-	-
	차도폭 좁힘	○	◎	△	△
	지그재그 형태 도로	○	◎	△	-
	소형회전교차로	○	○	-	-
	통행 차단	◎	-	-	△
	자동차 진입억제 말뚝	-	-	◎	△
교통규제	최고속도 규제	◎	○	-	◎
	일방통행제	◎	-	-	○
	주차금지	-	-	◎	○
	교차점 마크	-	◎	-	○

주 : ◎ 효과 큼   ○ 효과 보통   △ 효과 적음

교통정온화시설 설치에 대한 상세한 내용은 「교통정온화시설 설치 및 관리 지침」을 참조한다.

4-14 경관도로

최근 삶의 질 향상에 따라 경관적으로 우수한 도로에 대한 요구가 높아져 과거의 도로가 가졌던 기본적인 기능에 더하여 심리적으로 편안하고, 경관이 우수한 도로의 구현이 현실적인 과제로 제기되고 있다. 그러한 시대적 흐름에 따라 국가 차원에서 사회간접자본 시설의 시행에 따른 자연환경 훼손 여부 및 주변 자연경관과의 조화 등을 심의하기 위하여 2006년부터 자연경관영향심의제도를 도입하고 있으며, 삶의 질 향상에 부응하고 국토의 체계적 경관 관리를 목적으로 하는 「경관법」이 2007년에 제정되어 경관이 현실적 공공재로 부각되고 있다.

기존 도로의 경우 단순한 이동 통로가 아닌 노선별, 지역별 특성을 반영한 휴식 공간, 조망 공간, 문화 공간으로서 새로운 도로를 구현하기 위한 테마가 있는 아름다운 도로를 조성하는 것을 목표로 정비하며, 신설 도로의 경우 노선선정 단계부터 경관 자원을 고려한 노선선정을 수행하여 선형 계획에서부터 구조물 계획, 비탈면 계획, 연도시설 계획까지 경관을 고려한 경관도로를 조성하는 것을 목표로 한다.

1. 경관 자원에 따른 경관도로의 유형

경관 요소에 따른 경관의 분류는 경관 자원의 특성에 따라 크게 자연 경관, 인공 경관으로 구분하며, 자연 경관은 녹지경관과 수변경관으로, 인공 경관은 역사문화경관과 생활경관으로 구분한다.

녹지경관은 산, 능선 등의 산림·계곡 경관과 전원지경관 등으로 구분되며, 수변경관은 하천, 강 등의 하천 경관, 호수 등 호수경관, 바다, 섬 등의 해안경관으로, 역사문화경관은 사적지경관과 전통취락지경관, 문화경관으로 구분하며, 생활경관은 마을(주거지)경관과 위락지경관으로 구분한다.

표 4-23 경관 자원 요소에 따른 경관도로 유형

구 분		세 부 요 소		
자연 경관	녹지경관	• 산악지역(산림·계곡)	• 전원지역	
	수변경관	• 하천지역	• 호수지역	• 해안지역
인공 경관	역사문화경관	• 사적지역	• 전통취락지역	• 문화지역
	생활경관	• 마을(주거)지역	• 위락지역	

그림 4-67 산악지역의 녹지경관과 수변지역의 수변경관(예시)

2. 도로 특성에 따른 경관도로의 유형

도로의 성격은 도로의 규격, 지역의 특성, 주변 환경, 교통의 질과 양 등에 따라 서로 다르지만 경관적 관점에서는 경관이 수려한 도로, 지역을 대표하는 도로, 도시적 이미지의 도로, 역사문화의 도로, 고풍스러운 도로 등과 같이 지역 환경과 그것을 이용하는 사람의 성격 등에 따라 파악한다.

경관이 수려한 지역의 도로나 지역을 대표하는 거리, 경승지의 도로는 해당되는 도로와 지역의 개성을 표현할 필요가 있으므로 적극적인 경관 창출을 시도한다.

도로의 경관 설계를 수행할 때에는 대상 도로가 가지고 있는 개성을 고려하여 그 개성을 표현하는 것에 대해서 생각해야 하며, 도로의 성격에 따라 다음과 같이 구분할 수 있다.

표 4-24 도로의 특성에 따른 구분

지역 구분	특성 구분		비 고
지방지역	• 산악지역 도로 • 수변지역 도로 • 일반지역 도로	• 전원지역 도로 • 역사·문화지역 도로	하천, 호수, 해안
도시지역	• 지역을 대표하는 거리 • 도시의 중심거리	• 역사·문화의 거리 • 일반적인 거리	번화가

그림 4-68 지역 특성을 나타내는 경관이 수려한 도로(예시)

4-15 시설한계

제18조(시설한계)

① 차도의 시설한계 높이는 4.5미터 이상으로 한다. 다만, 다음 각 호의 구분에 따라 시설한계 높이의 하한을 낮출 수 있다.

1. 집산도로 또는 국지도로로서 지형 상황 등으로 인하여 부득이하다고 인정되는 경우 : 4.2미터 이상

2. 소형차도로인 경우 : 3.0미터 이상

3. 대형자동차의 교통량이 현저히 적고, 그 도로의 부근에 대형자동차가 우회할 수 있는 도로가 있는 경우 : 3.0미터 이상

② 차도, 보도 및 자전거도로의 시설한계는 별표와 같다. 이 경우 도로의 종단경사 및 횡단경사를 고려하여 시설한계를 확보하여야 한다.

[별표]

차도 및 보도 등의 시설한계(제18조제2항 관련)

1. 차도의 시설한계

가. 차로에 접속하여 길어깨가 설치되어 있는 도로		나. 차로에 접속하여 길어깨가 설치되어 있지 않은 도로	다. 차도 또는 중앙분리대 안에 분리대 또는 교통섬이 있는 도로
(1) 터널 또는 길이가 100미터 이상인 교량을 제외한 도로의 차도	(2) 터널 또는 길이가 100미터 이상인 교량의 차도		

비고)
1. 가목부터 다까지의 규정에서 "H"는 차도의 시설한계 높이를 말한다.
2. 가목(1)의 "a"는 시설한계 모서리의 폭으로, 차로에 접속하는 길어깨에서 측대의 폭을 뺀 값을 말한다. 다만, 길어깨에서 측대의 폭을 뺀 값이 1미터를 초과하는 경우 a는 1미터로 한다.
3. 가목(1) 및 다목의 "b"는 시설한계 모서리의 높이로, H에서 4미터를 뺀 값을 말한다. 다만, 해당 도로가 제18조제1항제2호 및 제3호에 해당하는 경우 b는 H에서 2.8미터를 뺀 값으로 한다.
4. 다목의 "c"는 노상시설 등의 보호를 위한 시설한계 폭을, "d"는 시설한계 모서리의 폭을 각각 말하며, c 및 d는 분리대와 관계가 있는 것이면 도로의 구분에 따라 각각 다음 표에서 정하는 값으로 하고, 교통섬과 관계가 있는 것이면 c는 0.25미터로, d는 0.5미터로 한다.

구분		c	d
고속국도	지방지역	0.25 이상 0.5 이하	0.75 이상 1.00 이하
	도시지역	0.25	0.75
그 밖의 도로		0.25	0.50

(단위 : 미터)

2. 보도 및 자전거도로의 시설한계

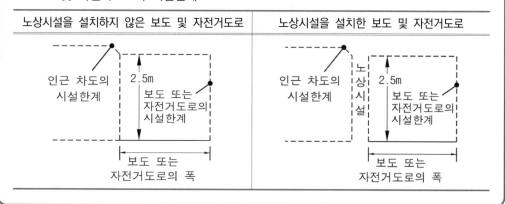

노상시설을 설치하지 않은 보도 및 자전거도로	노상시설을 설치한 보도 및 자전거도로

1. 개요

시설한계란 도로 위에서 자동차나 보행자 등의 교통안전을 확보하기 위하여 어느 일정한 폭과 일정한 높이 범위 내에서 장애가 될 만한 시설물을 설치하지 못하게 하는 공간 확보의 한계를 말한다.

따라서 자동차, 자전거, 보행자 등이 통행하는 도로의 시설한계 범위 내에서는 교각이나 교대는 물론 조명시설, 방호울타리, 신호기, 도로표지, 가로수, 전주 등의 모든 시설을 설치할 수 없다. 도로의 폭 구성을 결정할 경우에는 각종 시설의 설치 계획에 대해서도 검토해야 한다.

2. 차도의 시설한계

도로의 시설한계는 차로와 길어깨를 포함한 차도의 일정한 폭과 높이에 대하여 시설한계를 설정한다. 차도의 시설한계 높이 H에 대해서는 설계기준자동차의 높이 4.0m에 동절기 적설에 의한 한계높이의 감소 또는 포장 덧씌우기 등이 예상되는 경우에는 4.5m 이상으로 한다. 그러나 집산도로나 국지도로의 경우 지형 상황이나 부득이한 경우 도로관리청과의 적합한 협의를 거쳐 시설한계의 높이를 낮출 수 있으며, 그 높이는 최소 4.2m 까지 낮추는 것이 가능하다. 또한 대형자동차의 교통량이 현저히 적은 도로의 경우 시설한계의 높이를 최소 3.0m 까지 낮출 수 있으나 반드시 대형자동차가 우회할 수 있는 도로가 가깝게 있어야 하며, 이러한 경우 통과높이를 제한하는 도로표지와 우회도로를 안내하기 위한 안내표지를 설치하여 적재 높이가 제한높이를 초과하는 자동차를 우회하도록 해야 한다. 소형차도로의 시설한계 높이(H)는 설계기준자동차의 높이 2.8m와 자동차가 주행 중 튀어 오르는 경우를 고려하여 3.0m로 한다. 또한 장래 포장 덧씌우기가 예상되는 경우, 동절기 노면 적설 때문에 통과 높이의 감소 등이 예상되는 경우에는 추가로 0.2m를 확보하여 3.2m 이상으로 하는 것이 바람직하다.

교량, 지하차도, 터널과 같은 구조물 등에 있어 설계 또는 시공상 부득이한 경우 시설한계를 결정할 때 길어깨에 대하여 제한적으로 시설한계 높이를 낮출 수 있도록 하였다. 「차로에 접속하여 길어깨가 설치되어 있는 도로」와 「중앙분리대 또는 교통섬을 설치하는 도로」의 「a」 및 「b」, 「d」는 길어깨 밖에 구조물 또는 시설물을 설치 시 경제성 등을 고려하여 시설한계를 낮추기 위한 모서리의 높이와 폭이다. 길어깨의 시설한계는 다음 내용을 따른다.

(1) 길어깨를 설치하는 도로

도로는 원칙적으로 양측에 길어깨를 설치해야 하며, 길어깨를 설치하는 도로는 길어깨까지 시설한계로 결정하고, 도로표지, 방호울타리 등과 같은 노상시설은 길어깨의 시설한계 밖에 설치해야 한다. 규칙 제18조제1항에 따라 차도의 시설한계 높이는 4.5m를 기준으로 하며, 터널, 교량, 고가도로 또는 지하차도와 같은 구조물 구간의 길어깨는 경제성을 고려하여 시설한계의 모서리를 그림 4-69의 (b)와 같이 낮출 수 있도록 하였다.

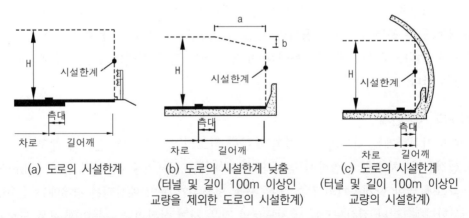

(a) 도로의 시설한계   (b) 도로의 시설한계 낮춤   (c) 도로의 시설한계
　　　　　　　　　　　(터널 및 길이 100m 이상인   (터널 및 길이 100m 이상인
　　　　　　　　　　　교량을 제외한 도로의 시설한계)   교량의 시설한계)

그림 4-69 차로에 접속하여 길어깨가 설치되어 있는 도로의 시설한계

(2) 길어깨를 축소하거나 설치하지 않은 도로

정차대 또는 보도, 자전거도로 또는 자전거·보행자 겸용도로가 설치된 경우는 길어깨폭을 축소하거나 혹은 길어깨를 설치하지 않을 수 있다.

길어깨를 축소할 때 그 폭은 규칙 제12조제4항에 따르며, 길어깨를 축소하거나 생략하더라도 차로의 바깥쪽에는 규칙 제12조제5항에 따라 측대를 설치하고, 더불어 노면배수시설을 설치할 수 있는 최소한의 폭원을 형성할 수 있도록 한다.

길어깨를 축소하거나 설치하지 않은 도로의 시설한계의 높이는 그림 4-70에 따른다.

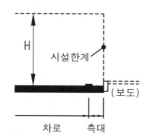

그림 4-70 차로에 접속하여 길어깨가 설치되어 있는 않은 도로의 시설한계

(3) 중앙분리대 또는 교통섬을 설치하는 도로

차도의 중앙에 분리대 또는 교통섬을 설치하는 경우는 경제성을 고려하여 시설한계의 모서리를 그림 4-71과 같이 낮출 수 있도록 하였다.

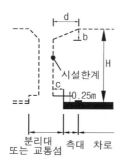

그림 4-71 중앙분리대 또는 교통섬이 있는 도로의 시설한계

b : H (4m 미만인 경우에는 4m)에서 4m를 뺀 값.
　　다만, 소형차도로는 H(2.8m 미만인 경우에는 2.8m)에서 2.8m를 뺀 값
c 및 d : 분리대와 관계가 있는 것이면 도로의 구분에 따라 각각 다음 표에서 정하는 값으로 하고,
　　　　교통섬과 관계가 있는 것이면 c는 0.25m, d는 0.5m로 한다.

(단위 : m)

구 분		c	d
고속국도	지방지역	0.25 이상 0.5 이하	0.75 이상 1.00 이하
	도시지역	0.25	0.75
그 밖의 도로		0.25	0.5

H : 시설한계 높이

3. 보도 및 자전거도로의 시설한계

보도 및 자전거도로의 시설한계 높이는 2.5m 이상으로 하며, 폭은 보도나 자전거도로의 폭만큼 확보하도록 한다. 도로에 노상시설을 설치할 경우에는 노상시설 설치에 필요한 부분을 제외하고 보도 및 자전거 도로의 폭을 확보하도록 한다.

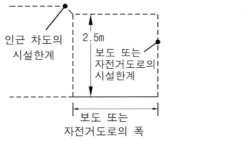 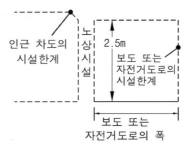

(a) 노상시설을 설치하지 않은 보도 및 자전거도로   (b) 노상시설을 설치한 보도 및 자전거도로

그림 4-72 보도 및 자전거도로의 시설한계

4. 시설한계 확보 방법

시설한계의 상한선은 노면과 평행하게 확보한다. 또한, 양측 면은 그림 4-73에서 보여주는 바와 같다.

① 횡단경사 설치 구간은 연직으로 확보한다.

② 편경사 설치 구간은 노면에 직각으로 확보한다.

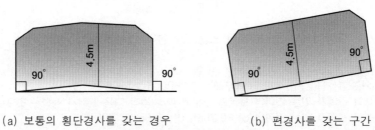

(a) 보통의 횡단경사를 갖는 경우   (b) 편경사를 갖는 구간

그림 4-73 횡단경사구간의 시설한계

5. 자동차 높이 제한 표지판 설치

도로 이용자와 도로 구조물 또는 도로 시설물을 보호하기 위하여 통행 자동차 높이를 제한할 필요가 있는 장소나 지점 또는 시설물에는 자동차의 높이 제한 표지를 설치해야 한다.

① 차도의 노면으로부터 상단 여유 폭이 4.7m 미만인 구조물에 설치하되, 해당 구조물 높이에서 0.20m를 뺀 수치를 표시해야 한다.

② 자동차 진행방향의 도로 우측 또는 해당 도로 구조물의 전면에 설치하는 것을 원칙으로 한다.

③ 우회로 전방에 자동차의 높이 제한을 위한 예고와 우회로를 함께 안내해야 한다.

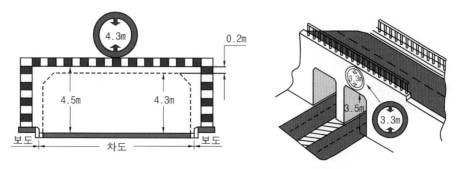

그림 4-74 자동차의 높이 제한 표지 설치(예시)

자동차 높이 제한 표지 설치에 대한 상세한 내용은 「교통안전표지 설치·관리 매뉴얼(경찰청)」을 참조한다.

제5장 도로의 선형

5-1 평면선형
    5-1-1 평면선형의 구성 요소
    5-1-2 평면곡선 반지름
    5-1-3 평면곡선의 길이
    5-1-4 평면곡선부의 편경사
    5-1-5 평면곡선부의 확폭
    5-1-6 완화곡선 및 완화구간

5-2 시 거
    5-2-1 정지시거
    5-2-2 앞지르기시거
    5-2-3 시거의 확보
    5-2-4 평면교차로 시거

5-3 종단선형
    5-3-1 종단경사
    5-3-2 오르막차로
    5-3-3 종단곡선

5-4 선형 설계의 운용
    5-4-1 개요
    5-4-2 선형 설계의 기본방침
    5-4-3 도로 선형 설계 일관성
    5-4-4 도시지역도로의 선형 설계
    5-4-5 평면선형의 설계
    5-4-6 종단선형의 설계
    5-4-7 평면선형과 종단선형과의 조합

제5장 도로의 선형

5-1 평면선형

5-1-1 평면선형의 구성 요소

도로의 평면선형은 경제적 여건이 허락하는 한도 내에서 주행의 안전성, 쾌적성 및 연속성을 고려해야 하며, 그 도로의 설계속도에 따라 자동차가 주행하는데 무리가 없도록 직선, 원곡선, 완화곡선으로 구성되어야 한다. 이 세 가지 요소는 적절한 길이 및 크기로 연속적이며 일관성 있는 흐름을 가져야 하며, 특히 평면곡선부인 원곡선과 완화곡선 구간에서는 설계속도와 평면곡선 반지름의 관계는 물론이고, 횡방향미끄럼마찰계수, 편경사, 확폭 등의 설계 요소들이 조화를 이루어야 한다.

5-1- 2 평면곡선 반지름

자동차는 평면곡선부를 주행할 때 발생하는 원심력에 따라 곡선 바깥쪽으로 힘을 받게 되며, 이때 원심력은 자동차의 속도 및 중량, 평면곡선 반지름, 타이어와 포장면의 횡방향 마찰력 및 편경사와 관련하여 자동차에 작용하게 된다.

이와 같이 평면곡선부를 주행하는 자동차에 작용하는 힘의 요소들에 대하여 주행의 안전성과 쾌적성을 확보할 수 있도록 횡방향미끄럼마찰계수와 편경사의 값으로 설계속도에 따른 최소 평면곡선 반지름을 산정하게 된다. 이때 직선부에서와 같이 안전하고 쾌적한 주행이 가능하도록 횡방향미끄럼마찰계수와 편경사의 값을 결정하게 되므로 두 요소는 주행의 안전성과 쾌적성에 가장 큰 영향을 미치는 기본적인 요소라 할 수 있다.

1. 횡방향미끄럼마찰계수(side friction factor : f)

자동차는 평면곡선부를 주행할 때 편경사의 설치 여부와 관계없이 곡선 바깥쪽으로 원심력이 작용하게 되며, 그 힘에 반하여 노면에 수직으로 작용하는 힘이 횡방향력으로 작용하게 되며, 타이어와 포장면 사이에 횡방향 마찰력이 발생하게 된다. 이때 포장면에 작용하게 되는 수직력이 횡방향 마찰력으로 변환되는 정도를 나타내는 것이 횡방향미끄럼마찰계수로서, 그 값은 자동차의 속도, 타이어와 포장면의 형태 및 조건에 따라 달라진다. 횡방향미끄럼마찰계수의 성질을 살펴보면 다음과 같다.

① 속도가 증가하면 횡방향미끄럼마찰계수 값은 감소한다.

② 습윤, 빙설상태의 포장면에서 횡방향미끄럼마찰계수 값은 감소한다.

③ 타이어의 마모 정도에 따라 횡방향미끄럼마찰계수 값은 감소한다.

이러한 성질의 횡방향미끄럼마찰계수 적용값을 정하는 과정에서 고려해야 할 것은 모든 조건을 고려할 때 노면과 타이어간의 마찰 저항을 어느 정도로 가정하는 것이 안전할 것인가 이며, 그 값은 실측하여 구한 값에 사람이 자동차 주행 중에 느낄 수 있는 쾌적성을 고려하여 결정하게 된다.

(1) 실측하여 구한 값

자동차는 평면곡선부를 주행할 때 횡방향력이 작용하게 되며, 바퀴의 회전 방향과 자동차의 진행 방향이 일치하지 않으므로 두 방향이 각을 이루게 된다. 이때 이 각을 횡방향 미끄럼각이라 한다. 횡방향력에 따라 횡방향 미끄럼각이 증가할 때 횡방향미끄럼마찰계수도 증가하게 되며, 어느 각에 이르면 횡방향미끄럼마찰계수의 값이 일정하게 된다. 이때 횡방향미끄럼마찰계수는 최댓값을 갖게 되며, 이 값은 노면의 재질에 따른 횡방향미끄럼마찰계수값으로 정하고 있다.

횡방향미끄럼마찰계수의 실측치는 조사·연구자료에 따르면 노면의 재질 및 상태에 따라 다음과 같은 값을 나타내고 있다.

- 아스팔트콘크리트 포장 : 0.4 ~ 0.8
- 시멘트콘크리트 포장 : 0.4 ~ 0.6
- 노면이 결빙된 경우 : 0.2 ~ 0.3

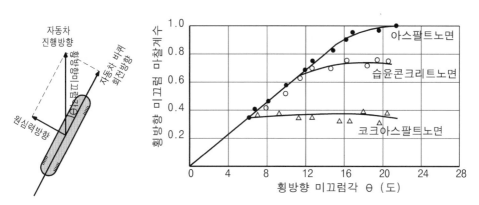

그림 5-1 횡방향 미끄럼각과 재질에 따른 횡방향미끄럼마찰계수

위의 값에서 보듯이 실측하여 구한 값은 노면이 결빙된 경우의 값이 가장 작게 나타나고 있으며, 안전을 고려할 때 횡방향미끄럼마찰계수의 값은 노면이 결빙된 경우에도 안전할 수 있도록 결정되어야 한다.

(2) 쾌적성을 고려한 값

평면곡선부를 주행할 때 운전자는 원심력 때문에 불쾌감을 느끼게 되며, 주행의 방향을 바로 잡기 위하여 속도를 줄이거나 핸들 조작에 주의를 기울이게 된다.

따라서, 횡방향미끄럼마찰계수의 값은 운전자가 안전하고, 동시에 주행의 쾌적함을 만족할 수 있도록 결정되어야 한다.

운전자는 안전하고 쾌적한 주행을 위하여 노면의 요철이 심한 곳에서는 속도를 낮추고, 평면곡선 반지름이 작은 구간에서는 가능한 한 크게 회전하려고 한다.

이와 같은 운전자의 조작에 따른 자동차의 적응 능력 및 기동성을 볼 때 도로에서는 철도에서 요구하고 있는 횡방향 가속도의 범위인 0.3~0.6m/sec² 보다 큰 값이 종래부터 허용되고 있다.

그러나 횡방향미끄럼마찰계수의 값을 너무 크게 결정하면 안전한 주행이 보장되지 않아 사고의 위험이 커지며, 이때 운전자는 안전을 위하여 속도를 낮추게 되어 원활한 교통흐름에 방해가 된다.

이러한 횡방향미끄럼마찰계수의 한계값을 구하기 위하여 많은 조사 연구가 있었으며, 대체적으로 쾌적성을 고려할 경우 그 값은 속도에 따라 0.10~0.16 정도가 타당한 것으로 알려져 있다.

(3) 설계에 적용되는 값

횡방향미끄럼마찰계수의 값은 주행의 안전성과 쾌적성을 동시에 만족하는 값이어야 하므로 주어진 조건의 최댓값이 아닌 허용할 수 있는 범위 내에서의 최댓값을 적용해야 한다.

이 해설에서는 AASHTO(American Association of State Highway and Transportation Officials)의 연구 실적을 참고하여 그 값을 결정하였다.

그림 5-2에서 보듯이 횡방향미끄럼마찰계수(f)는 속도에 따라 주행의 쾌적성

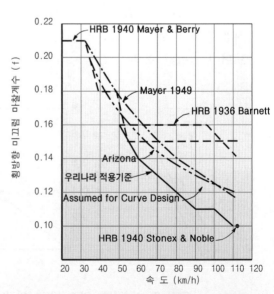

그림 5-2 속도에 따른 횡방향미끄럼마찰계수

을 고려하여 f = 0.10~0.16을 적용하도록 하였으며, 이 값은 실측하여 구한 값과 비교하여 보면 안전성 측면에서도 적합한 값이라고 판단된다.

그러므로 횡방향미끄럼마찰계수는 설계속도별로 표 5-1의 값을 적용해야 한다.

표 5-1 설계속도에 따른 횡방향미끄럼마찰계수

설계속도(km/h)	120	110	100	90	80	70	60	50	40	30	20
횡방향미끄럼마찰계수	0.10	0.10	0.11	0.11	0.12	0.13	0.14	0.16	0.16	0.16	0.16

2. 편경사

자동차가 평면곡선부를 주행할 때 작용하는 원심력에 저항하는 힘은 횡방향 마찰력과 설치된 편경사에 따른 포장면에 수직으로 작용하는 분력이다. 원심력 가운데 운전자에 불쾌감을 주는 횡방향력을 작게 하기 위해서는 가능한 한 편경사를 크게 해야 하지만 편경사가 너무 클 경우 저속으로 주행하는 자동차가 횡방향으로 미끄러지려 하기 때문에 운전자가 주행방향을 유지하기 위하여 부자연스러운 핸들조작을 해야 한다. 또한 포장면이 결빙되었을 때 자동차의 정지 및 출발할 때 횡방향으로 미끄러질 우려가 있어 최대 편경사를 제한하고 있다.

최대 편경사를 결정할 때 고려해야 할 요소는 다음과 같다.

① 주행의 쾌적성 및 안전성
② 적설, 결빙 등의 기상조건
③ 지역 구분
④ 저속 주행자동차의 빈도
⑤ 시공성 및 유지관리

이러한 요소들을 고려할 때 모든 도로에 획일적으로 최대 편경사를 적용하는 것은 비합리적이므로 그 도로가 갖는 조건들을 감안하여 최대 편경사를 6~8%로 결정하였으며, 도시지역도로에서는 교차로의 접속, 횡단보도, 연도 이용 및 자동차의 빈번한 정지 등을 고려하여 편경사를 설치하지 않거나 작은 편경사를 두도록 하였다.

미국 등 국외(미국, A Policy on Geometric Design of Highways and Streets, AASHTO)에서는 일반적으로 최대 편경사 8%를 바람직한 값으로 추천하고 있다.

3. 평면곡선 반지름

(1) 최소 평면곡선 반지름의 산정

평면곡선부를 주행하는 운전자의 안전성과 쾌적성을 확보하기 위해서는 설계속도에 따

제19조(평면곡선 반지름)

차도의 평면곡선 반지름은 설계속도와 편경사에 따라 다음 표의 크기 이상으로 한다.

설계속도 (킬로미터/시간)	최소 평면곡선 반지름(미터)		
	적용 최대 편경사		
	6퍼센트	7퍼센트	8퍼센트
120	710	670	630
110	600	560	530
100	460	440	420
90	380	360	340
80	280	265	250
70	200	190	180
60	140	135	130
50	90	85	80
40	60	55	50
30	30	30	30
20	15	15	15

른 최소 평면곡선 반지름을 적용하여 직선부에서와 같이 자동차의 주행이 연속성을 갖도록 할 필요가 있다. 그러므로 최소 평면곡선 반지름은 평면곡선부를 주행할 때 발생하는 원심력으로 인하여 곡선부의 바깥쪽으로 미끄러지거나 전도할 위험을 방지할 수 있도록 타이어와 포장면 사이의 횡방향마찰력이 원심력보다 크도록 해야 하며, 동시에 주행 쾌적성을 확보할 수 있도록 하여 크기를 산정해야 한다.

평면곡선부를 주행하는 자동차는 원운동을 하기 위하여 구심력이 필요하며, 그에 반하여 평면곡선 반지름과 속도에 따라 다음과 같은 크기의 원심력이 작용하게 된다.

$$F = \frac{W}{g} \times \frac{v^2}{R}$$

(식 5-1)

여기서, F : 원심력(kg)

W : 자동차의 총중량(kg)

g : 중력가속도(≒9.8m/sec²)

v : 자동차의 속도(m/sec)

R : 평면곡선 반지름(m)

그림 5-3에서 보듯이 평면곡선부를 주행하는 자동차는 노면에 수평방향으로 원심력(F)과 수직방향으로 자동차의 총중량(W)이 작용하게

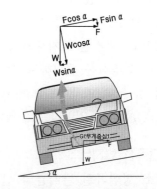

그림 5-3 평면곡선부 주행 시의 자동차에 미치는 힘의 분력

되며, 경사각 α에 따라 원심력(F)과 자동차의 총중량(W)은 그 분력이 발생하게 된다. 이때 자동차가 미끄러지지 않기 위해서는 원심력 방향의 힘이 타이어와 포장면 사이의 횡방향마찰력보다 작아야 한다.

횡방향마찰력에 따른 횡방향미끄럼마찰계수를 f라 하면 자동차의 안전을 위해서는 다음의 식을 만족해야 한다.

$$(F\cos\alpha - W\sin\alpha) \leq f(F\sin\alpha + W\cos\alpha)$$

양변을 $\cos\alpha$로 나누어 정리하면

$$(F - W\tan\alpha) \leq f(F\tan\alpha + W)$$

$\tan\alpha = i$(편경사)를 대입하면

$$(F - Wi) \leq f(Fi + W)$$

위의 식에 식 5-1을 대입하면

$$\left(\frac{W \cdot v^2}{g \cdot R} - Wi\right) \leq f\left(\frac{W \cdot v^2}{g \cdot R}i + W\right)$$

양변을 W로 나누어 정리하면

$$\frac{v^2}{g \cdot R} - i \leq f\left(\frac{v^2}{g \cdot R}i + 1\right)$$

위의 식을 평면곡선 반지름 R의 식으로 정리하면

$$R \geq \frac{v^2}{g} \cdot \frac{1 - fi}{i + f}$$

fi는 매우 작으므로 생략하여 정리하면

$$R \geq \frac{v^2}{g(i + f)} \tag{식 5-2}$$

위의 식에서 속도(v : m/sec)를 설계속도(V : km/h)로 정리하면

$$R \geq \frac{V^2}{(3.6)^2 \times 9.8 \times (i + f)} \geq \frac{V^2}{127(i + f)} \tag{식 5-3}$$

식 5-3은 평면곡선부를 주행하는 자동차가 횡방향으로 미끄러지지 않을 조건의 평면곡선 반지름, 설계속도, 횡방향미끄럼마찰계수 및 편경사의 관련식이다.

일반적으로 원심력에 의하여 자동차는 전도보다는 횡방향미끄럼의 영향을 먼저 받게 되므로 횡방향미끄럼에 안전할 수 있는 한계치의 평면곡선 반지름을 최소 평면곡선 반지름으로 결정하게 되며, 식 5-3에 따른 최소 평면곡선 반지름은 다음 식으로 구한다.

$$R = \frac{V^2}{127(i + f)} \tag{식 5-4}$$

표 5-2 최소 평면곡선 반지름의 값

(단위 : m)

설계속도 (km/h)	횡방향미끄럼 마찰계수	최소 평면곡선 반지름					
		최대 편경사 6%		최대 편경사 7%		최대 편경사 8%	
		계산값	규정값	계산값	규정값	계산값	규정값
120	0.10	709	710	667	670	630	630
110	0.10	596	600	560	560	529	530
100	0.11	463	460	437	440	414	420
90	0.11	375	380	354	360	336	340
80	0.12	280	280	265	265	252	250
70	0.13	203	200	193	190	184	180
60	0.14	142	140	135	135	129	130
50	0.16	89	90	86	85	82	80
40	0.16	57	60	55	55	52	50
30	0.16	32	30	31	30	30	30
20	0.16	14	15	14	15	13	15

식 5-4와 표 5-1에 따라 설계속도와 최대 편경사별로 최소 평면곡선 반지름을 구하면 표 5-2와 같다.

(2) 평면곡선 반지름의 적용

최소 평면곡선 반지름의 규정값은 평면곡선부를 주행하는 운전자의 안전성과 쾌적성을 확보하기 위한 최소한의 값이며 각 차로의 중심선에 적용되는 값이므로 설계속도 60km/h 이상의 도로나 6차로 이상의 다차로 도로에서 평면선형을 차도 중심선을 따라 설계할 경우 최소 평면곡선 반지름 적용 구간에서는 곡선의 안쪽 차로에 대한 평면곡선 반지름에 세심한 주의를 기울여야 한다.

또한, 평면선형을 설계할 때 최소 평면곡선 반지름의 규정값에 얽매여 지형상 상당히 여유있는 평면곡선 반지름을 적용할 수 있음에도 불구하고 최소 평면곡선 반지름에 가까운 값을 적용히는 것은 바람직하지 못하며, 그 구간 앞뒤의 조건과 균형을 고려하여 지형 조건에 순응할 수 있는 평면곡선 반지름을 적용해야 한다.

① 지방지역도로의 경우

어떠한 설계속도를 정하여 규정된 최소 평면곡선 반지름을 적용하려면 토공 등 공사비의 증가로 막대한 공사비의 증액을 초래하여 사실상 공사시행이 불가능하게 되는 경우도 있다.

이와 같은 경우에는 설계속도를 한 단계 낮추어 설계하는 것이 타당할 것이며, 설계속도를 낮추어 도로에서 얻어지는 편익에는 다소 손실이 있다 하더라도 막대한 건설비가 절약된다면, 비용-편익비(B/C ratio)가 커지므로 경제적 측면에서 볼 때 합리적이라 할 수 있다.

그러나 이 경우, 극히 한정된 구간에 대해서만 낮은 설계속도를 적용하는 방법은 피해야 한다. 운전자가 갑자기 속도를 낮출 경우 교통사고 발생위험이 높아지므로 적당한 구간에 걸쳐서 설계속도를 낮추어 운전자가 자연스럽게 속도를 조정할 수 있도록 설계하는 것이 바람직하다.

또한, 선형의 계획단계에서 서서히 평면곡선 반지름을 작게 설계하여 배치하거나, 평면곡선 반지름이 작은 평면곡선부를 운전자가 인지할 수 있도록 평면곡선 반지름을 배치하도록 하는 것이 바람직하다.

이와 같이 평면곡선 반지름이 작은 곡선부의 앞뒤에는 교통안전표지를 활용하여 경고하도록 함과 아울러 방호울타리 등 도로안전시설을 설치해야 한다.

② 도시지역도로의 경우

도시지역도로에서는 주변 여건으로 인하여 편경사를 설치할 수 없는 경우가 많다. 이 경우, 평면곡선 반지름의 최솟값은 직선부의 횡단경사를 편경사로 설정하고 횡방향 미끄럼마찰계수의 값은 설계속도에 따라 0.14~0.15까지 적용하여 산정해야 한다. 이보다 더 작은 최소 평면곡선 반지름을 쓰는 경우는 원심력의 증가분에 대하여는 약간의 편경사를 설치하여 안전성을 확보해야 한다.

5-1-3 평면곡선의 길이

제20조(평면곡선의 길이)

평면곡선부의 차도 중심선 길이(완화곡선이 있는 경우에는 그 길이를 포함한다)는 다음 표의 길이 이상으로 한다.

설계속도 (킬로미터/시간)	평면곡선의 최소 길이(미터)	
	도로의 교각이 5도 미만인 경우	도로의 교각이 5도 이상인 경우
120	$700 / \theta$	140
110	$650 / \theta$	130
100	$550 / \theta$	110
90	$500 / \theta$	100
80	$450 / \theta$	90
70	$400 / \theta$	80
60	$350 / \theta$	70
50	$300 / \theta$	60
40	$250 / \theta$	50
30	$200 / \theta$	40
20	$150 / \theta$	30

1. 일반사항

자동차가 평면곡선부를 주행할 때 평면곡선의 길이가 짧으면 운전자는 평면곡선 방향으로 핸들을 조작하였다가 직선부로 진입하기 위하여 즉시 핸들을 반대 방향으로 조작해야 하기 때문에, 이로 인하여 운전자는 횡방향의 힘을 받게 되어 불쾌감을 느낄 뿐만 아니라 고속으로 주행할 때 안전에 좋지 않은 영향을 주게 된다.

또한, 평면곡선의 길이가 짧으며, 도로 교각마저 작은 경우에 운전자에게는 평면곡선의 길이가 더욱더 짧아 보이거나, 심한 경우 도로가 꺾여 있는 것처럼 보이며, 평면곡선 반지름이 실제의 크기보다 작게 느껴져 운전자는 속도를 줄이게 되고, 속도를 줄이지 않는 경우에는 곡선부를 크게 회전하려는 운전자의 경향으로 인하여 주행의 궤적이 다른 차로로 넘어갈 우려가 있어 사고의 위험이 있다.

그러므로 평면곡선의 최소 길이는 다음의 조건을 고려하여 결정해야 한다.

① 운전자가 핸들 조작에 곤란을 느끼지 않을 것.

② 도로 교각이 작은 경우에는 평면곡선 반지름이 실제의 크기보다 작게 보이는 착각을 피할 수 있도록 할 것.

2. 평면곡선의 최소 길이 산정

(1) 운전자가 핸들 조작에 곤란을 느끼지 않을 길이

평면곡선부를 주행하는 운전자가 핸들 조작에 곤란을 느끼지 않고 그 구간을 통과하기 위해서는 경험적으로 한 방향으로 핸들 조작을 할 때 2~3초가 필요한 것으로 알려져 있으나 평면곡선의 길이는 보다 안전하고 쾌적한 주행을 위하여 경험적인 값의 2배인 약 4~6초 간 주행할 수 있는 길이 이상 확보하는 것이 좋은 것으로 알려져 있다. 이 규칙에서는 평면곡선의 최소 길이를 4초 간 주행할 수 있는 길이 이상을 확보하도록 결정하였으며, 이 값은 최소 완화곡선 길이의 2배의 값이다.

평면곡선의 최소 길이는 식 5-5에 따라 산정하며, 설계속도별로 그 길이를 구하면 표 5-3과 같다.

$$L = t \cdot v = \frac{t}{3.6} \cdot V \tag{식 5-5}$$

여기서, L : 평면곡선의 길이
 t : 주행시간(4초)
 v, V : 자동차 속도(m/sec, km/h)

표 5-3 평면곡선의 최소 길이의 계산값 및 규정값

(단위 : m)

설계속도(km/h)	평면곡선의 최소 길이	
	계산값	규정값
120	133.3	140.0
110	122.2	130.0
100	111.1	110.0
90	100.0	100.0
80	88.9	90.0
70	77.8	80.0
60	66.7	70.0
50	55.6	60.0
40	44.4	50.0
30	33.3	40.0
20	22.2	30.0

(2) 도로 교각이 5° 미만인 경우의 길이

도로 교각이 매우 작은 경우에는 평면곡선의 길이가 운전자에게 실제보다 짧게 보이므로 도로가 급하게 꺾여져 있는 것 같은 착각을 일으키며, 이 경향은 교각이 작을수록 현저히 높아진다.

따라서 교각이 작을수록 긴 평면곡선부를 삽입하여 도로의 평면곡선부가 완만히 진행되고 있는 것이 운전자에게 느껴지도록 해야 한다.

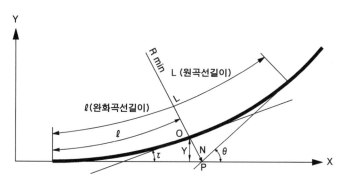

그림 5-4 도로 교각 5도 미만인 경우의 외선 길이

도로 교각이 작은 구간에서 운전자가 평면곡선부를 주행해야 한다는 것을 인식하기 위해서는 그림 5-4에 나타낸 외선 길이(N, secant length)가 어느 정도 이상이 되어야 한다. 그러므로 완화곡선을 클로소이드로 생각하고 도로 교각이 5° 미만인 경우(2° 미만인 경우에는 2°로 한다.)의 외선 길이가 도로 교각이 5°인 경우의 외선 길이 값과 같은 값이 되는 평면곡선의 길이를 평면곡선의 최소 길이로 한다.

클로소이드의 파라미터를 A라 할 때 클로소이드의 식에서

$$Y = \frac{A}{\sqrt{2}} \cdot \frac{2}{3} \tau \sqrt{\tau} \left(1 - \frac{\tau^2}{14} + \frac{\tau^4}{440} \cdots \right) \qquad \text{(식 5-6)}$$

$$\ell = A\sqrt{2\tau} \qquad \text{(식 5-7)}$$

$$N = \frac{Y}{\cos\tau} (=\overline{PO}) \qquad \text{(식 5-8)}$$

식 5-6, 식 5-7, 식 5-8에서

$$N = \frac{1}{\cos\tau} \cdot \frac{\tau\,\ell}{3} \left(1 - \frac{\tau^2}{14} + \frac{\tau^4}{440} \cdots\cdots \right) \qquad \text{(식 5-9)}$$

식 5-9에서 τ의 값이 매우 적은 경우는 τ^2, $\tau^4 \cdots \fallingdotseq 0$, $\cos\tau \fallingdotseq 1$로 간주할 수 있으므로

$$N \fallingdotseq \frac{\tau\ell}{3} \qquad\qquad \therefore \quad \ell = \frac{3N}{\tau}$$

τ(radian) 대신에 도로 교각 θ(도)를 쓰면

$$\text{완화곡선 길이 } \ell = 344\frac{N}{\theta}, \text{ 원곡선 길이 } L = 2\ell = 688\frac{N}{\theta} \qquad \text{(식 5-10)}$$

완화곡선구간에서 규정하고 있는 완화곡선의 최소 길이를 이용하여 도로 교각 5°일 때의 외선 길이(N)를 구하고, θ를 함수로 한 식 5-10을 이용하여 평면곡선의 길이(L)를 구하면, 표 5-4와 같다. 또, 그 길이를 그래프로 나타내면 그림 5-5와 같다.

표 5-4 도로 교각(θ)과 평면곡선의 최소 길이의 관계

(단위 : m)

설계속도(km/h)	완화곡선의 최소 길이	외선 길이	평면곡선의 최소 길이
120	70	1.02	700/θ
110	65	0.94	650/θ
100	55	0.80	550/θ
90	50	0.73	500/θ
80	45	0.65	450/θ
70	40	0.58	400/θ
60	35	0.51	350/θ
50	30	0.44	300/θ
40	25	0.36	250/θ
30	20	0.29	200/θ
20	15	0.22	150/θ

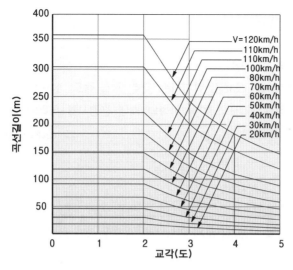

그림 5-5 도로 교각과 평면곡선 최소 길이의 관계

3. 평면곡선의 최소 길이를 적용할 때 주의사항

규정된 평면곡선의 최소 길이는 최소 완화구간 길이의 두 배로 되어 있다. 즉, 완화곡선만으로도 평면곡선의 최소 길이를 만족할 수 있으나, 이 경우에 핸들 조작에 곤란을 느끼지 않을 길이를 만족하고 있다 하여도 운전자가 평면곡선 반지름이 가장 작은 곳에서는 급히 핸들을 돌려야 하기 때문에 원활한 핸들 조작이라고 할 수 없다. 또한, 편경사의 설치에 주의하지 않으면 꺾어져 보이는 일이 많아 운전자에게 원활한 주행감을 주지 못하는 곡선이 된다. 따라서, 이 두 완화곡선 사이에 어느 정도 길이의 원곡선을 삽입하는 것이 바람직하다.

이 원곡선의 길이는 설계속도로 약 4초 간 주행할 수 있는 길이 이상을 삽입하는 것이 바람직하다.

경험상으로는 원곡선 반지름 R에 대해서 클로소이드의 파라미터(clothoid parameter, A)와 원곡선 반지름(R) 간에 R≥A≥R/3되는 관계에 있을 때 원활한 평면곡선의 조화가 이루어지며, 그 가운데서도 A>R/2가 바람직하다고 알려져 있으나, 도로 교각의 크기, 지형 및 지장물 등의 주변 여건에 따라 운전자의 핸들 조작 시간, 편경사 등을 고려하여 원곡선과 완화곡선의 길이를 적절히 설치해야 한다.

5-1-4 평면곡선부의 편경사

제21조(평면곡선부의 편경사)

① 차도의 평면곡선부에는 도로가 위치하는 지역, 적설 정도, 설계속도, 평면곡선 반지름 및 지형 상황 등에 따라 다음 표의 비율 이하의 최대 편경사를 두어야 한다.

구	분	최대 편경사(퍼센트)
지방지역	적설·한랭 지역	6
	그 밖의 지역	8
도시지역		6
연결로		8

② 제1항에도 불구하고 다음 각 호의 어느 하나에 해당하는 경우에는 편경사를 두지 아니할 수 있다.

1. 평면곡선 반지름을 고려하여 편경사가 필요 없는 경우
2. 설계속도가 시속 60킬로미터 이하인 도시지역도로에서 도로 주변과의 접근과 다른 도로와의 접속을 위하여 부득이하다고 인정되는 경우

③ 편경사의 회전축으로부터 편경사가 설치되는 차로수가 2개 이하인 경우의 편경사의 접속설치길이는 설계속도에 따라 다음 표의 편경사 최대 접속설치율에 따라 산정된 길이 이상이 되어야 한다.

설계속도(킬로미터/시간)	편경사 최대 접속설치율
120	1 / 200
110	1 / 185
100	1 / 175
90	1 / 160
80	1 / 150
70	1 / 135
60	1 / 125
50	1 / 115
40	1 / 105
30	1 / 95
20	1 / 85

④ 편경사의 회전축으로부터 편경사가 설치되는 차로수가 2개를 초과하는 경우의 편경사 접속설치길이는 제3항에 따라 산정된 길이에 다음 표의 보정계수를 곱한 길이 이상이 되어야 하며, 노면의 배수가 고려되어야 한다.

편경사가 설치되는 차로수	접속설치길이의 보정계수
3	1.25
4	1.50
5	1.75
6	2.00

1. 일반사항

도로의 평면곡선부에서 원심력을 받으며 주행하는 자동차는 노면에 설치된 편경사와 노면과 타이어 간의 마찰에 의하여 안정된 주행을 할 수 있으며, 이때 자동차가 받는 원심가속도를 식 5-2를 이용하여 편경사와 횡방향미끄럼마찰력과의 관계로 나타내면 다음 식과 같다.

$$\frac{v^2}{R} = gf + gi \qquad\qquad (식\ 5\text{-}11)$$

식 5-11에서 알 수 있듯이, 자동차가 받는 원심가속도는 편경사와 횡방향미끄럼마찰력이 분담하게 되는데, 편경사가 분담하는 gi는 노면에 수직으로 작용하는 성분이며, 횡방향미끄럼마찰력이 분담하는 gf는 운전자에게 횡방향으로 작용하는 성분이다.

그러므로 운전자에게 불쾌감을 주는 것은 gf 이므로, 이 힘을 감소시키기 위해서는 편경사를 크게 설치하는 것이 필요하나, 5-1-2의 (2)에서 기술한 바와 같이 편경사를 너무 크게 설치할 수는 없으므로 원심력 중 운전자가 불쾌감을 느끼지 않을 정도의 힘만 횡방향미끄럼마찰력으로 분담하도록 하고, 나머지 부분은 편경사가 분담할 수 있도록 최대 편경사의 크기를 6~8%의 범위로 결정하였으므로 그 도로가 설치되는 지역 조건과 기상 조건에 따라 최대 편경사의 크기를 적정하게 적용해야 한다.

또한, 설계속도가 낮은 연결로는 길이가 짧은 구간이므로 경제적 측면과 교통안전 등을 고려하여 최대 편경사의 크기를 8% 까지 적용할 수 있도록 하였다.

한편, 도시지역도로에서는 교통 밀도가 높고, 신호등에 의한 정차가 많으며, 도로의 주변 상황 등으로 인하여 편경사를 지방지역도로와 같이 크게 설치하는 것이 곤란하다. 특히, 평면교차로에서는 편경사가 본선에 설치된 경우 좌·우회전 자동차가 이로 인하여 주행이 어려워 각 방향의 교통 흐름이 불편하게 된다. 따라서 설계속도가 60km/h 이하인 도시지역도로에서는 부득이한 경우에 편경사를 설치하지 않을 수 있다.

2. 평면곡선 반지름과 편경사의 값

선형을 설계할 때 평면곡선 반지름의 크기가 결정되면 그 도로의 설계속도와 평면곡선 반지름에 따른 적절한 편경사를 결정해야 한다.

설계속도와 평면곡선 반지름에 대하여 자동차가 안전하게 주행할 수 있는 편경사와 횡방향미끄럼마찰계수의 크기는 식 5-4에 따라 다음과 같이 나타낼 수 있다.

$$i + f = \frac{V^2}{127R} \qquad\qquad (식\ 5\text{-}12)$$

위의 식에서 편경사와 횡방향 마찰력이 각각 어느 정도의 원심력을 분담하도록 할 것인가에 따라 i와 f의 값이 상관 관계를 갖게 되며 i, f의 두 값을 각각 어떠한 비율로 결정하는 것이 타당할 것인가를 판단해야 한다.

식 5-12에 따라 평면곡선 반지름과 (i+f)의 관계를 설계속도별로 나타내면 그림 5-6과 같다.

어느 평면곡선 반지름에 대해서 편경사의 값(i)을 정하면 횡방향미끄럼마찰계수의 값(f), 즉, 운전자가 느끼는 횡방향의 가속도를 알 수 있으며, 그림 5-6에서 알 수 있는 바와 같이 평면곡선 반지름이 작아짐에 따라 (i+f)의 값은 급격히 증가함을 알 수 있다. 또, 설계속도가 높아지면 (i+f)의 값이 커지게 되며, 평면곡선 반지름이 작을 경우 속도 증가에 대한 (i+f)값의 증가량이 커짐을 알 수 있다.

이와 같이 평면곡선 반지름이 작은 경우에는 약간의 속도 증가로도 쾌적성에 큰 영향이 있게 되며, 평면곡선 반지름이 큰 경우에는 쾌적성을 저해하지 않는 속도의 범위가 넓어진다는 것을 알 수 있다.

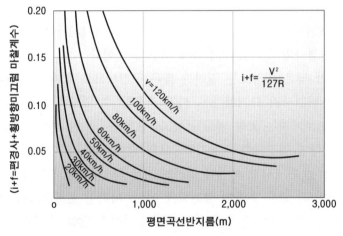

그림 5-6 (i+f)와 평면곡선 반지름의 관계

(1) 편경사와 횡방향미끄럼마찰계수의 분배

평면곡선부에서 원심력에 대하여 운전자가 불쾌감을 느끼지 않고 안전하게 주행하도록 하기 위해서는 설계속도와 평면곡선 반지름의 크기에 따라 편경사와 횡방향미끄럼마찰력이 균형있게 분배되어야 하며, 이 분배로부터 그 평면곡선부에 편경사를 어느 정도로 설치할 것인가를 결정해야 한다.

편경사와 횡방향 마찰력을 분배하여 원심력을 상쇄시킬 수 있는 방법은 다음의 5가지가 있다.

① 방법 1 : 편경사와 횡방향미끄럼마찰력을 평면곡선 반지름의 곡률(1/R)에 직선 비례로 증가시키는 방법(평면곡선 반지름에 반비례)

편경사와 평면곡선 반지름의 곡률과의 관계, 횡방향미끄럼마찰력과 평면곡선 반지름의 곡률과의 관계를 직선식으로 나타낸 이 방법은 횡방향미끄럼마찰계수가 이상적으로 분배되어져야 하므로 어떠한 구간에서도 자동차의 속도가 일정해야 한다. 그러나 운전자는 도로 조건 및 교통 조건에 따라 자동차의 속도를 변화시키게 되므로 이 방법을 사용한 경우에는 직선식의 중간 정도에 해당되는 평면곡선 반지름의 구간에서는 편경사를 상향 조정하는 것이 바람직하다.

② 방법 2 : 자동차가 설계속도로 주행할 때, 먼저 횡방향미끄럼마찰계수를 평면곡선 반지름의 곡률에 직선 비례하여 최대 횡방향미끄럼마찰력까지 증가시키고 난 후 편경사를 평면곡선 반지름의 곡률에 직선 비례로 증가시키는 방법

자동차가 설계속도로 주행할 때, 최대 횡방향미끄럼마찰력으로 원심력에 대응할 수 있는 평면곡선 반지름까지는 횡방향미끄럼마찰계수를 평면곡선 반지름의 곡률에 직선비례로 분배시키고, 더 작은 평면곡선 반지름에서는 최대 횡방향미끄럼마찰력보다 더 큰 원심력의 나머지 부분을 편경사가 분담하도록 편경사를 최대 편경사까지 평면곡선 반지름의 곡률에 직선 비례로 분배하는 방법으로, 최대 횡방향미끄럼마찰력에 도달한 후 편경사를 설치하므로 편경사가 급격하게 변화된다.

또한, 이 방법은 횡방향미끄럼마찰계수의 분배에 의존되므로 일반적으로 도심에서와 같이 일정한 속도가 유지되기 어려운 도로와 편경사를 자주 변화시키기 어려운 도로에서 사용한다.

③ 방법 3 : 자동차가 설계속도로 주행할 때, 먼저 편경사를 평면곡선 반지름의 곡률에 직선 비례로 최대 편경사까지 증가시키고 난 후 횡방향미끄럼마찰계수를 평면곡선 반지름의 곡률에 직선비례로 증가시키는 방법.

자동차가 설계속도로 주행할 때 최대 편경사로 원심력에 대응할 수 있는 평면곡선 반지름까지는 편경사를 평면곡선 반지름의 곡률에 직선 비례로 분배시키고, 더 작은 평면곡선 반지름에서는 최대 편경사로 분담할 수 있는 원심력보다 더 큰 나머지 부분을 횡방향미끄럼마찰력이 분담하도록 최대 횡방향미끄럼마찰력까지 횡방향미끄럼마찰계수를 평면곡선 반지름의 곡률에 직선 비례로 분배하는 방법으로, 횡방향미끄럼마찰계수의 변화가 심하게 되어 평면곡선부마다 횡방향미끄럼마찰계수의 분배가 서로 다르게 되며, 주행하는 자동차의 속도 변화가 다양하게 되는 단점이 있다.

또한, 일부 구간에서 편경사가 과다하게 설치되며, 평면곡선 반지름이 큰 구간에서 설계속도보다 낮은 속도로 주행하는 자동차에는 (−)의 횡방향미끄럼마찰계수가 적용된다.

④ 방법 4 : ③의 방법에서 설계속도를 평균 주행속도로 적용하는 방법

설계속도보다 느린 속도로 주행하는 자동차를 고려하여 방법 ③에서 자동차의 속도를 낮추어 평균 주행속도를 적용한 방법으로, 설계속도보다 낮은 속도로 주행하는 자동차에는 과다하게 편경사가 설치되는 방법 ③의 단점은 해소되나, 우리나라 운전자의 주행 습관에 맞지 않으며, 최대 편경사에 이른 후에는 방법 ③과 같은 결과가 나타난다. 특히, 설계속도가 낮은 도로에서는 횡방향미끄럼마찰계수가 급격히 변화하게 된다.

⑤ 방법 5 : ①과 ③의 방법에서 얻어진 값들을 이용하여 포물선 식으로 편경사와 횡방향미끄럼마찰계수를 결정하는 방법

운전자가 평면곡선 반지름의 크기에 따라 속도를 다양하게 변화시키므로 횡방향미끄럼마찰계수와 편경사의 직선적인 변화는 운전자의 행태와는 조화되지 않는다. 그러므로 설계속도에 대응하는 횡방향력을 편경사가 받도록 한다는 것을 고려하여 평면곡선 반지름이 작아짐에 따라 서서히 편경사와 횡방향미끄럼마찰계수를 포물선으로 변화시키는 방법으로, 편경사와 횡방향마찰력을 가장 합리적으로 만족시킬 수 있는 방법이다.

이상의 방법을 도식화하여 보면 그림 5-7과 같다.

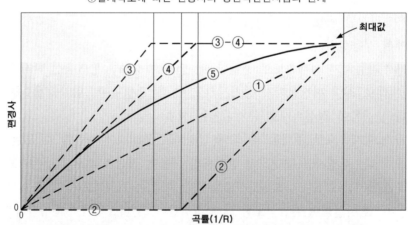

그림 5-7 편경사와 횡방향미끄럼마찰계수의 분배방법(계속)

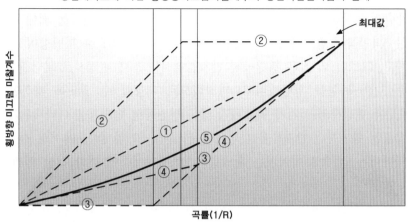

②설계속도에 따른 횡방향미끄럼마찰계수와 평면곡선반지름의 관계

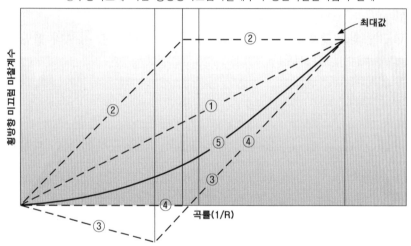

③주행속도에 따른 횡방향미끄럼마찰계수와 평면곡선반지름의 관계

그림 5-7 편경사와 횡방향미끄럼마찰계수의 분배방법

(2) 편경사의 계산

편경사와 횡방향미끄럼마찰계수의 분배는 방법 5에 따르며, 이것으로 설계속도, 평면곡선 반지름에 적당한 편경사를 다음과 같은 순서로 산정한다.

① 방법 3의 직선식에서 유추한 포물선 식으로 평면곡선 반지름에 따른 횡방향미끄럼마찰계수(f) 산정

② 방법 1에서 그 평면곡선 반지름에 따른 원심력에 대응할 수 있는 편경사와 횡방향미끄럼마찰계수의 전체 값(i+f)을 산정

③ 방법 1의 (i+f)에서 방법 3의 횡방향미끄럼마찰계수 f의 값을 뺀 값을 그 평면곡선 반지름에 필요한 편경사로 결정

(가) 포물선 식의 산정

평면곡선부를 설계속도로 주행할 때 운전자에게 작용하는 원심력을 최대 편경사로 대응할 수 있는 평면곡선 반지름까지는 횡방향력이 작용하지 않도록 횡방향미끄럼마찰계수 f = 0으로 하고, 그보다 더 작은 평면곡선 반지름에서는 최대 편경사로 분담할 수 있는 원심력보다 큰 나머지 힘을 횡방향미끄럼마찰력으로 대응할 수 있도록 가정할 때, 그림 5-8에서 보듯이 편경사의 설치가 필요하지 않은 평면곡선 반지름을 나타내는 점 O, 최대 편경사가 필요한 평면곡선 반지름을 나타내는 점 A 및 그 설계속도에서의 최소 평면곡선 반지름을 나타내는 점 B로 이어지는 횡방향미끄럼마찰계수에 대한 직선 비례식(O - A - B)을 얻을 수 있다.

이 직선식에서 직선 OA의 중점을 d, 직선 AB의 중점을 e, 직선 de와 점 A의 수선과의 교점을 a라 할 때 각각의 직선에 접하는 포물선 식을 횡방향미끄럼마찰계수의 분배를 위한 포물선 식으로 한다.

여기서 점 B는 최소 평면곡선 반지름(최대 곡률)을 나타내며, 점 A의 평면곡선 반지름의 크기는 다음 식으로 나타낼 수 있다.

$$R_a = \frac{V^2}{127 \times i_{max}}$$
(식 5-13)

각각의 직선(O - d - a, a - e - B)에 접하는 포물선 식을 구하여 보면 다음과 같다.

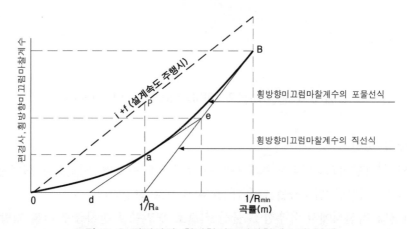

그림 5-8 편경사와 횡방향미끄럼마찰계수의 분배

① 직선 od, da에 접하는 포물선 식(R > R_a일 때의 포물선 식)

$$f_1 = \frac{1}{2} \times f_{max} \times R_{min} \times R_a \times \left(\frac{1}{R}\right)^2$$
(식 5-14)

여기서, f_{max} : 설계속도에 따른 최대 횡방향미끄럼마찰계수

R_{min} : 설계속도에 따른 최소 평면곡선 반지름

R : 설계에 적용한 평면곡선 반지름

f_1 : $R > R_a$일 때 R에 대응하는 횡방향미끄럼마찰계수

② 직선 ae, eB에 접하는 포물선 식($R \leqq R_a$일 때의 포물선 식)

$$f_2 = \frac{f_{max}}{\left(\dfrac{1}{R_{min}} - \dfrac{1}{R_a}\right)^2} \times \left\{ \frac{R_{min}}{2R_a} \times \left(\frac{1}{R}\right)^2 + \left(\frac{1}{R_{min}} - \frac{2}{R_a}\right) \right.$$

$$\left. \times \frac{1}{R} + \frac{1}{2} \times \frac{1}{R_a}\left(\frac{2}{R_a} - \frac{1}{R_{min}}\right) \right\} \qquad \text{(식 5-15)}$$

여기서, f_2 : $R \leqq R_a$일 때 R에 대응하는 횡방향미끄럼마찰계수

(나) (i+f)의 산정

정하여진 설계속도와 평면곡선 반지름에 따라 식 5-12를 이용하여 (i+f)의 값을 산정한다.

(다) 편경사 산정

(i+f)의 산정 결과와 평면곡선 반지름의 크기에 따라 식 5-14, 식 5-15를 이용하여 f_1, f_2를 산정하고, (i+f) - (f_1 혹은 f_2)로 편경사를 산정한다.

(1), (2), (3)의 방법에 따르며, 산정한 평면곡선 반지름에 따른 편경사의 값은 표 5-5, 표 5-6, 표 5-7과 같다.

표 5-5 평면곡선 반지름에 따른 편경사(최대 편경사 = 6%)

(단위 : m)

설계속도 (km/h)	평면곡선 반지름에 따른 편경사					
	NC	2%	3%	4%	5%	6%
120	6,900 이상	6,900~3,840	3,840~2,470	2,470~1,610	1,610~1,050	1,050~710
110	5,800 이상	5,800~3,230	3,230~2,070	2,070~1,360	1,360~880	880~600
100	4,800 이상	4,800~2,650	2,650~1,690	1,690~1,070	1,070~690	690~460
90	3,900 이상	3,900~2,150	2,150~1,370	1,370~880	880~560	560~380
80	3,100 이상	3,100~1,680	1,680~1,060	1,060~670	670~420	420~280
70	2,300 이상	2,300~1,280	1,280~800	800~490	490~310	310~200
60	1,700 이상	1,700~940	940~580	580~350	350~220	220~140
50	1,200 이상	1,200~650	650~400	400~230	230~140	140~90
40	800 이상	800~420	420~260	260~150	150~90	90~60
30	400 이상	400~240	240~150	150~85	85~50	50~30
20	200 이상	200~110	110~65	65~35	35~25	25~15

주) NC(normal cross slope) : 표준횡단경사 적용(편경사 생략)

표 5-6 평면곡선 반지름에 따른 편경사(최대 편경사 = 7%)

(단위 : m)

설계속도 (km/h)	평면곡선 반지름에 따른 편경사						
	NC	2%	3%	4%	5%	6%	7%
120	7,100 이상	7,100~4,000	4,000~2,660	2,660~1,890	1,890~1,340	1,340~940	940~670
110	5,900 이상	5,900~3,360	3,360~2,240	2,240~1,590	1,590~1,130	1,130~790	790~560
100	4,900 이상	4,900~2,760	2,760~1,830	1,830~1,280	1,280~900	900~630	630~440
90	4,000 이상	4,000~2,240	2,240~1,480	1,480~1,040	1,040~730	730~480	480~360
80	3,100 이상	3,100~1,760	1,760~1,160	1,160~810	810~560	560~380	380~265
70	2,400 이상	2,400~1,340	1,340~880	880~610	610~410	410~280	280~190
60	1,800 이상	1,800~980	980~640	640~440	440~290	290~200	200~135
50	1,200 이상	1,200~680	680~440	440~290	290~190	190~130	130~85
40	800 이상	800~440	440~280	280~190	190~130	130~80	80~55
30	450 이상	450~250	250~160	160~110	110~70	70~45	45~30
20	200 이상	200~110	110~70	70~45	45~30	30~20	20~15

주) NC(normal cross slope) : 표준횡단경사 적용(편경사 생략)

표 5-7 평면곡선 반지름에 따른 편경사(최대 편경사 = 8%)

(단위 : m)

설계속도 (km/h)	평면곡선 반지름에 따른 편경사						
	NC	2%	3%	4%	5%	6%	7%	8%
120	7,200 이상	7,200~4,110	4,110~2,790	2,790~2,040	2,040~1,540	1,540~1,160	1,160~860	860~630
110	6,000 이상	6,000~3,450	3,450~2,340	2,340~1,710	1,710~1,290	1,290~980	980~720	720~530
100	5,000 이상	5,000~2,840	2,840~1,920	1,920~1,400	1,400~1,040	1,040~780	780~570	570~420
90	4,000 이상	4,000~2,300	2,300~1,560	1,560~1,130	1,130~850	850~630	630~460	460~340
80	3,200 이상	3,200~1,810	1,810~1,220	1,220~880	880~650	650~480	480~350	350~250
70	2,400 이상	2,400~1,380	1,380~930	930~670	670~490	490~360	360~260	260~180
60	1,800 이상	1,800~1,010	1,010~680	680~490	490~350	350~260	260~180	180~130
50	1,200 이상	1,200~700	700~470	470~330	330~240	240~170	170~120	120~80
40	800 이상	800~450	450~300	300~210	210~150	150~110	110~75	75~50
30	500 이상	500~250	250~170	170~120	120~85	85~60	60~40	40~30
20	200 이상	200~120	120~75	75~55	55~40	40~25	25~20	20~15

주) NC(normal cross slope) : 표준횡단경사 적용(편경사 생략)

(3) 편경사를 생략할 수 있는 평면곡선 반지름

도로의 횡단경사는 노면 배수를 원활하게 처리할 수 있는 크기를 확보해야 하나 편경사가 너무 작은 경우에 노면 배수의 처리가 원활하게 이루어지지 못하는 경우가 발생하게 된다.

그러므로 편경사를 생략할 수 있는 평면곡선 반지름은 편경사의 값이 1.5% 이하인 평면곡선 반지름의 크기로 설정하였다.

이렇게 설정된 평면곡선 반지름 구간에 대하여 편경사를 설치하지 않았을 때 이 구간을 주행하는 자동차가 원심력에 안전한가는 원심력에 대항하기 위한 횡방향미끄럼마찰계수의 값의 크기에 좌우된다.

표 5-5, 표 5-6, 표 5-7에서 제시하고 있는 편경사를 생략할 수 있는 최소의 평면곡선 반지름에 대하여 표준횡단경사를 적용하여 횡방향미끄럼마찰계수의 값을 산정하여 보면 표 5-8과 같다.

표 5-8에서 보듯이 설계속도에 따라 편경사를 생략할 수 있는 평면곡선 반지름의 횡방향미끄럼마찰계수의 값은 f = 0.0342~0.0368의 범위로 원심력에 대항하여 주행의 안전성과 쾌적성을 확보할 수 있음을 알 수 있다.

표 5-8 편경사를 생략할 수 있는 평면곡선 반지름(R)과 횡방향미끄럼마찰계수(f)의 관계
  (표준횡단경사 − 2% 적용할 때)

설계속도 (km/h)	최대 편경사 6%		최대 편경사 7%		최대 편경사 8%	
	R(m)	f	R(m)	f	R(m)	f
120	6,900	0.0364	7,100	0.0360	7,200	0.0357
110	5,800	0.0364	5,900	0.0361	6,000	0.0359
100	4,800	0.0364	4,900	0.0361	5,000	0.0357
90	3,900	0.0364	4,000	0.0359	4,000	0.0359
80	3,100	0.0363	3,100	0.0363	3,200	0.0357
70	2,300	0.0368	2,400	0.0361	2,400	0.0361
60	1,700	0.0367	1,800	0.0357	1,800	0.0357
50	1,200	0.0364	1,200	0.0364	1,200	0.0364
40	800	0.0357	800	0.0357	800	0.0357
30	400	0.0377	450	0.0357	500	0.0342
20	200	0.0357	200	0.0357	200	0.0342

그러므로 표 5-5, 표 5-6, 표 5-7의 표준횡단경사 적용 평면곡선 반지름을 편경사를 생략할 수 있는 값으로 설정하였다. 또한, 표준횡단경사가 1.5%인 경우에는 횡방향미끄럼마찰계수의 값은 더 작게 나타나게 되므로 표 5-8의 평면곡선 반지름을 편경사를 생략할 수 있는 평면곡선 반지름으로 적용하여도 자동차의 주행에 안전성과 쾌적성을 확보할 수 있다.

3. 편경사를 적용할 때 주의사항

(1) 일반사항

적설·한랭지역의 도로를 제외하고는 최대 편경사를 8% 까지 적용할 수 있으며, 이는 고속 자동차의 경우에는 더욱 안전성을 증가시킬 수 있으나, 저속 자동차의 혼입률이 많은 경우에는 횡방향 미끄러짐 등을 고려하여 적용하는 것이 바람직하다.

따라서 6%를 초과하는 편경사를 적용하는 경우는 순간적인 쾌적성의 증대보다는 안전성의 측면을 고려하여 적용하는 것이 좋을 것이다.

편경사를 너무 높게 하면 겨울철에 도로 노면이 결빙되었을 때 또는 자동차가 정지하게 될 때 곡선의 안쪽으로 자동차가 미끄러지거나 치우치게 된다. 특히, 도시지역에서는 교통량의 영향으로 자동차가 정지하는 횟수가 많으므로 지나치게 높은 편경사를 적용하는 것은 신중하게 결정되어야 한다. 따라서 이러한 지역에서는 최대 편경사를 6%로 제한하는 것이 도로의 안전성 증진에 도움이 된다.

그러나 지형 상황 등으로 인하여 평면곡선 반지름을 작게 설치해야 할 경우 안전에 대한 특별한 대책을 수립한 경우나 연결로와 같이 길이가 짧은 구간 통행이 이루어지는 경우에는 최대 편경사의 값을 8%까지 적용할 수 있다.

(2) 도시지역(특히, 시가지역)

평면곡선부를 주행하는 자동차 주행의 특성을 고려할 때 안전성과 쾌적성 측면에서 도로에 편경사를 설치하는 것이 원칙이나 도시지역도로에서는 도로 주변의 상황, 교차점에서 도로 상호 간의 관계, 노면 배수 등의 문제로 때때로 편경사를 설치할 수 없는 경우가 많다.

그러므로 도시지역 내 도로에서는 편경사를 생략할 수 있는 평면곡선 반지름으로 설계하는 것이 바람직하며, 이때 횡방향미끄럼마찰계수는 설계속도 60km/h 이상인 도로에서는 0.14, 설계속도 60km/h 미만 도로에서는 0.15를 넘지 않도록 해야 한다.

그러나 도시고속국도, 도시지역 내 우회도로 등 설계속도가 70km/h 이상의 도로, 입체교차 구간 및 도로의 주변 상황에 제약 조건이 없는 경우에는 지방지역도로의 기준으로 편경사를 설치한다.

지방지역도로와는 달리 도시지역도로에서 편경사를 설치하기 어려운 경우, 편경사를 생략할 수 있는 평면곡선 반지름 및 평면곡선 반지름에 따른 편경사는 다음 식으로 산정하도록 한다.

$$i = \frac{V^2}{127R} - (0.14 \sim 0.15) \hspace{3cm} \text{(식 5-16)}$$

위 식에 따라 편경사와 평면곡선 반지름의 관계를 구하여 보면 표 5-9와 같다.

따라서 편경사를 작게 설치하는 경우에는 표 5-9의 관계를 적용해야 하며, 편경사를 생략할 수 있는 평면곡선 반지름은 표준횡단경사(NC, normal cross slope)를 적용하면 된다.

표 5-9는 설계속도 및 평면곡선 반지름의 크고 작음에 관계없이 횡방향미끄럼마찰계수의 값을 0.14~0.15로 적용하고 있으므로 실제로 적용할 때에는 주변 여건에 맞추어 횡방향미끄럼마찰계수의 값을 가능한 한 상향 조정하여 편경사를 적용하는 것이 바람직하다.

앞서 기술한 표준값을 편경사로 적용하고 있는 도로에서 갑자기 표 5-9에 따른 편경사를 적용하면 안전성의 균형을 깨뜨리게 되어 사고의 위험성이 높아지게 되므로 편경사 적용은 같은 설계구간에서 그 기준을 다르게 적용하는 것은 피하도록 하는 것이 바람직하다.

표 5-9 도시지역도로의 편경사와 평면곡선 반지름의 관계

편경사 (%)	평면곡선 반지름(m)				
	60km/h	50km/h	40km/h	30km/h	20km/h
6	140 이상 145 미만	90 이상 95 미만	60 이상 63 미만	30 이상 32 미만	15 이상 16 미만
5	145 이상 155 미만	95 이상 100 미만	63 이상 65 미만	32 이상 35 미만	16 이상 17 미만
4	155 이상 165 미만	100 이상 110 미만	65 이상 70 미만	35 이상 38 미만	17 이상 18 미만
3	165 이상 175 미만	110 이상 115 미만	70 이상 75 미만	38 이상 40 미만	18 이상 19 미만
2	175 이상 240 미만	115 이상 155 미만	75 이상 90 미만	40 이상 55 미만	19 이상 25 미만
NC	240 이상	155 이상	90 이상	55 이상	25 이상

주) NC(normal cross slope) : 표준횡단경사 적용(편경사 생략)

(3) 비포장도로 등의 편경사

노면 배수를 목적으로 설치하는 횡단경사는 노면의 종류에 따라 1.5~4.0%의 배수 경사가 필요하다. 예를 들면 비포장도로에서는 3.0~5.0%의 배수 경사가 적당한데 그 이상의 완만한 편경사를 사용한다는 것은 바람직한 것이 못된다.

이와 같은 경우, 앞서 기술한 표준값을 적용하려면 배수 경사보다 완만한 편경사가 요구되는 평면곡선 반지름에 대하여는 모두 직선부의 횡단경사와 같은 편경사를 설치하고, 평면곡선 반지름이 이보다도 작을 때에는 표준값을 적용하면 된다.

그러나 이와 같은 조치는 포장할 때까지 배수를 고려한 잠정적인 것이므로 포장을 하는 경우에는 표준값에 따른 편경사를 설치한다.

(4) 중앙분리대 및 길어깨의 편경사

중앙분리대 중 분리대를 제외한 측대 부분 및 길어깨의 측대 부분도 차로와 동일한 편경사를 설치한다.

그러나 측대를 제외한 나머지 부분은 노면 배수처리 문제 등으로 차로와 동일한 편경사를 설치하는 것이 매우 비경제적인 경우에는 어느 정도 상이한 편경사를 설치할 수 있다. 다만, 이 경우에도 가능한 한 그 차이가 작아지도록 해야 하며, 길어깨의 횡단경사를 차로 횡단경사와 차이를 둘 경우 그 경사차를 8% 이하로 해야 한다.

4. 편경사의 접속설치

(1) 편경사 접속설치율

편경사를 설치하는 경우 또는 편경사의 값이 변화하는 경우에는 완화구간 내에서 이를 접속설치해야 하며, 이때 접속설치길이는 편경사 접속설치율의 값 이하가 되는 길이로 하는 것이 바람직하다.

편경사의 접속설치에 대하여 고려할 것은 차도 노면의 상승 속도 및 차도 노면이 진행방향을 축으로 하는 회전각속도를 일정 한도 이하로 제한하도록 하는 것이며, 운전자에게 미치는 영향은 일반적으로 상승 속도보다 회전각속도 쪽이 크다.

편경사를 접속설치할 경우의 회전각속도는 다음 식으로 나타낼 수 있다.

$$w = \frac{h}{B} \cdot \frac{1}{\dfrac{L}{v}} = \frac{v}{B} \cdot \frac{h}{L} = \frac{V}{3.6B} q \qquad \text{(식 5-17)}$$

여기서,　　w : 자동차가 받는 회전각속도(radian/초)

　　　　v, V : 주행속도(m/sec, km/h)

　　　　　B : 회전축(기준선)에서 편경사가 설치되는 차도 부분까지의 거리(m)

　　　　　q : 편경사 접속설치율(m/m)

　　　　　h : 기준선과 편경사 끝선의 높이 차(m)

　　　　　L : 주행거리(m)

회전각속도 w는 V와 q가 정해지면 B의 함수로 된다. 따라서, 차도폭이 같다고 하더라도 편경사의 회전을 위한 기준선을 결정하는 위치에 따라 w는 변하게 되고, 차로수가 변하게 되면 w도 변화하는 것에 주의해야 하므로 이 해설에서는 차로수의 증가에 따라 설치 길이를 보정하도록 하였다.

또한, 같은 편경사 접속설치율에 따른 차도 노면 끝단의 상승 속도는 다음과 같으며, 이 방법은 기준선의 위치와는 관계가 없다.

편경사 접속설치길이 $L = \dfrac{h}{q}$ 이므로

상승 속도 $\dfrac{h}{t} = \dfrac{\dfrac{h}{L}}{v} = \dfrac{h}{L} \cdot \dfrac{V}{3.6} = \dfrac{q}{3.6} V$ (식 5-18)

표 5-10 국내외 편경사 접속설치율의 비교

나라별 \ 설계속도 (km/h)	120	110	100	90	80	70	60	50
우리나라	1/200	1/185	1/175	1/160	1/150	1/135	1/125	1/115
미국(AASHTO)	1/250	1/238	1/222	1/210	1/200	1/182	1/167	1/150
일본(도로 구조령)	1/200	–	1/175	–	1/150	–	1/125	1/115

편경사 접속설치는 이상과 같이 편경사 접속설치율 산정 방법에 따라 주행 쾌적성에 문제가 없는 범위 내에서 규정된 편경사 접속설치율 이하가 되도록 설치해야 한다.

편경사 접속설치율의 규정은 편경사의 설치 기준점인 회전축으로부터 편경사가 설치되어야 하는 차로수가 2차로 이하인 경우로, 편경사의 회전축으로부터 편경사가 설치되어야 하는 차로수가 2차로를 넘게 되면, 편경사 접속설치율로부터 산정한 접속설치 길이로 편경사를 설치할 경우에 경사 변화구간 길이가 너무 길어 노면 배수가 원활하지 못하게 되며, 또한 완화곡선과의 상관관계를 고려할 때 그 길이를 제한할 필요가 있다. 그러므로 회전축으로부터 편경사가 설치되어야 하는 차로수가 3, 4, 5, 6차로가 될 때 편경사의 접속설치 길이는 2차로인 경우의 편경사 접속설치 길이에 각각 1.25, 1.50, 1.75, 2.00의 보정계수를 곱한 길이 이상이 되도록 하였다.

(2) 편경사의 접속설치길이와 완화구간의 길이

편경사는 원칙적으로 완화곡선 전체 길이에 걸쳐서 접속설치 해야 한다. 반대로 말하면 완화곡선의 길이는 편경사를 완전하게 변화시켜 설치할 수 있는 길이 이상이어야 하며, 그 길이는 다음 식으로 결정한다.

$$Ls = \dfrac{B \triangle i}{q}$$ (식 5-19)

여기서,   Ls : 편경사의 접속설치길이(m)

       B : 기준선에서 편경사가 설치되는 곳까지의 폭(m)

    △i : 횡단경사 값의 변화량(%/100)

     q : 편경사 접속설치율(m/m)

필요한 완화구간의 길이는 편경사의 접속설치를 위한 길이와 밀접한 관계가 있으므로 편경사 접속설치길이와 최소 완화구간 길이를 비교하여 큰 쪽으로 정해야 한다.

5. 편경사의 설치 방법

(1) 일반사항

(가) 4차로 이하의 도로

편경사의 설치 방법은 일반적으로 그림 5-9에 나타낸 바와 같이 도로 또는 차도의 중심을 회전축으로 잡는 경우와 차도의 끝단을 회전축으로 잡는 경우의 두 가지 방법이 있다.

그림 5-9에서 ①은 비분리도로, ②는 분리도로를 나타낸 것으로서, 비분리도로의 경우 (a)는 도로의 중심선을 회전축으로 잡은 것이며, (b)는 차도 끝단을 회전축으로 하고 있다.

또, 분리대로 분리되고 있는 도로의 경우, (c)는 상·하행 차도의 중심선을 회전축으로 잡은 것이며, (d)는 분리대의 양 끝단을 회전축으로 하고 있다. 일반적으로 그 우열을 비교하면 (a) 또는 (c)가 직선부와 곡선부의 차도 끝단의 높이 차가 작게 되므로 (b) 또는 (d)의 경우보다 좋다고 생각되지만, 분리도로의 폭이 좁거나 지형이 평탄한 경우 및 시공성 측면에서 (d)가 (c)보다 좋다.

그러나 비분리도로에서는 (b)의 방법은 차도의 내측선의 높이를 인근 하천 또는 저수지 등의 최고 수위와의 관계 등으로 부득이 낮출 수 없는 경우나 최대 편경사의 제한이 있는 경우에 한정하고, 일반적으로 쓰지 않는 편이 좋다.

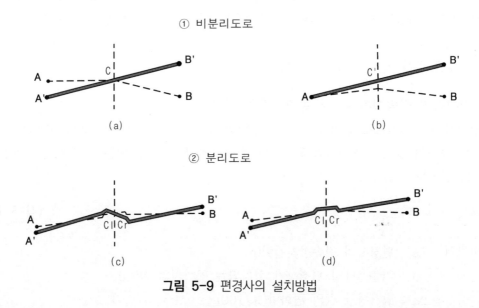

그림 5-9 편경사의 설치방법

(나) 6차로 이상의 도로

다차로 도로의 경우 횡단경사의 설치는 노면 배수를 위하여 차도 끝단 방향으로 단일 경사 또는 중앙분리대 측과 도로 끝단 방향으로 양분하여 횡단을 구성하기도 한다. 양분하여 횡단을 구성하게 되면 도로 중앙과 도로 끝단부의 높이 차를 줄일 수 있으며, 집중적으로 강우가 내릴 때 배수시켜야 할 우수량을 분산시킬 수 있어 그 효율성은 증대하게 되나 시공할 때 번잡함을 피할 수 없다. 다차로 도로의 편경사 설치는 이상과 같은 경우를 감안하여 4차로의 경우 단일 경사 적용을 원칙으로 하고, 6차로 이상의 다차로 도로에서는 단일 경사 및 복합 경사 적용을 함께 고려하여 장·단점을 확인하여 적용하도록 한다.

(2) 설치 방법

편경사를 설치하는 방법은 평면곡선부의 구성 조건에 따라 달라지나 일반적으로 다음의 순서로 설치하게 된다.

① 설계속도와 평면곡선 반지름에 따른 편경사(i)의 크기 선정
② 설계속도에 따른 편경사 접속설치율(q) 선정
③ 표준횡단경사와 편경사를 더한 값이 변화해야 할 총길이(TL) 산정
④ 편경사가 변화해야 할 길이(L) 산정
⑤ 변화 길이 전체에 설치될 최대 편경사를 보간법으로 변화시켜 설치
　이때 설계 및 시공의 편의를 위하여 편경사 접속설치 변화구간의 변곡점은 정수 (예 : 5m 단위)가 되는 측점으로 하도록 한다.

위의 순서에 따라 편경사를 평면곡선부에 설치하게 되나, 평면곡선부의 구성 조건에 따라 그 특성에 맞도록 하며, 교통안전과 노면 배수가 고려된 설계가 되어야 한다.

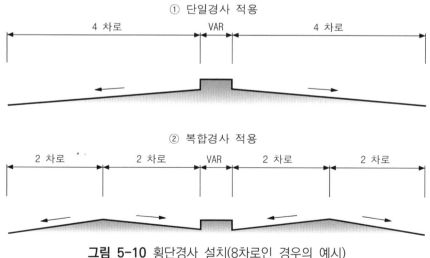

그림 5-10 횡단경사 설치(8차로인 경우의 예시)

편경사 설치 방법을 그림 5-11의 표준횡단구성에 따라 평면곡선부의 구성 조건에 맞게 예시한다.

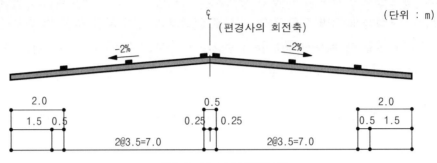

그림 5-11 표준횡단구성

(가) 평면곡선부가 완화곡선과 원곡선으로 구성된 경우(완화곡선～원곡선～완화곡선)

완화곡선의 길이는 자동차의 주행과 관련하여 확보해야 할 길이 외에 편경사의 변화를 수용할 수 있는 길이를 확보해야 한다.

그러므로 선형을 설계할 때 완화곡선은 편경사 접속설치구간(TL)을 만족할 수 있도록 그 길이를 반영하도록 하며, 주변 지장물이나 확장 설계로 인하여 부득이한 경우에도 가능한 한 편경사 변화구간(L)의 길이는 확보해야 한다.

또한, 원곡선과 완화곡선의 조합상 완화곡선 길이가 상당히 길어질 경우 편경사의 변화 속도가 낮아 경사가 작은 구간(표준횡단경사 구간~역표준횡단경사 구간)의 노면 배수가 원활하지 못하게 되므로 그 구간의 편경사 변화 속도를 높여야 한다. 즉, 편경사 접속설치 구간 중 경사가 적은 구간의 길이는 편경사의 회전축으로부터 편경사가 설치되는 차로수에 따라 다음의 길이 이하가 되도록 한다. 또한, 이 길이는 편경사 접속설치율이 개략 1/250이므로 설치된 완화곡선의 길이가 편경사 접속설치율 1/250으로 산정한 길이보다 긴 경우에 석용한다.

ⓐ 2차로인 경우
- 표준횡단경사 1.5%일 때   60m
- 표준횡단경사 2.0%일 때   80m

ⓑ 3차로인 경우
- 표준횡단경사 1.5%일 때   75m
- 표준횡단경사 2.0%일 때   100m

ⓒ 4차로인 경우
- 표준횡단경사 1.5%일 때   90m

- 표준횡단경사 2.0%일 때 120m

① TL ≤ 완화곡선 길이 ≤ TL' 인 경우
- TL : 필요한 편경사 접속설치길이
- TL' : 노면 배수를 고려한 편경사 접속설치길이(편경사 접속설치율 1/250)

이 경우, 편경사 접속설치는 완화곡선 전체 구간에 걸쳐 일률적으로 변화시키도록 한다.

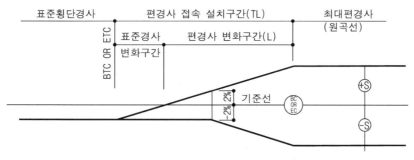

그림 5-12 완화곡선~원곡선의 편경사 설치도(I)

〔예제1〕 그림 5-11의 횡단구성을 갖춘 설계속도 80km/h의 4차로 도로에서 평면
곡선 반지름 R = 400m이며, 원곡선의 시종점부에 길이가 120m인 완화곡
선이 설치된 경우 편경사 설치방법

ⅰ) 표 5-5에서 설치될 최대 편경사를 6%로 한다.
ⅱ) 편경사 접속설치율 q = 1/150 적용
ⅲ) 편경사 접속설치율 검토
   - 편경사 설치 폭 : B = 7.0 + 0.5 + 0.25 = 7.75m
   - 횡단경사의 변화량 : -2% → 6%이므로 △i = 8%
   - 편경사 접속설치를 위한 변화구간 총길이(TL)

$$TL = \frac{B \cdot \triangle i}{q} = 7.75 \times 0.08 \div \frac{1}{150} = 93m$$

   - 노면 배수를 고려한 편경사 접속설치율(1/250)에 따른 변화구간 총 길이
   (TL')

$$TL = \frac{B \cdot \triangle i}{q} = 7.75 \times 0.08 \div \frac{1}{250} = 155m$$

완화곡선의 길이가 120m이며, 편경사 접속설치율 1/150과 1/250에 따
른 길이 사이에 있으므로 편경사를 완화곡선부 전체 구간에 걸쳐 일률적
으로 설치한다.

ⅳ) 완화곡선의 시종점부에서부터 횡단경사를 변화시켜 원곡선의 시종점부에

서 최대 편경사가 되도록 설치한다.

② 완화곡선 길이 ≥ TL'인 경우

- TL' : 노면 배수를 고려한 편경사 접속설치길이(편경사 접속설치율 1/250)

설치된 완화곡선의 길이가 낮은 경사 구간에서 노면 배수를 원활하도록 해야 할 필요가 있는 경우에는 낮은 경사 구간의 편경사 변화 속도를 높여야 한다.

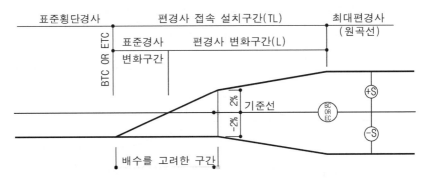

그림 5-13 완화곡선~원곡선의 편경사 설치도(Ⅱ)

[예제2] 그림 5-11의 표준횡단구성을 갖춘 설계속도 80km/h의 4차로 도로에서 평면곡선 반지름이 R = 1,000m, 완화곡선 길이가 180m일 때의 편경사 설치방법

ⅰ) 표 5-5에서 설치될 최대 편경사를 4%로 한다.

ⅱ) 편경사 접속설치율 q = 1/150 적용

ⅲ) 편경사 접속설치율 검토

- 편경사 설치 폭 : B = 7.75m

- 횡단경사의 변화량 : △i = 6%

- 완화곡선 전체 길이에 걸쳐 일률적으로 편경사를 설치할 경우의 편경사 접속설치율

$$q = \frac{B \cdot \triangle i}{TL} = \frac{7.75 \times 0.06}{180} = 1/387$$

- 노면 배수를 고려할 때 낮은 경사구간(표준횡단경사에서 역표준횡단경사까지)의 편경사 접속설치율에 대한 보정이 필요함.

ⅳ) 낮은 경사구간의 편경사 변화길이를 80m로 제한하여 변화시킨다.

ⅴ) 나머지 100m구간에서 역표준횡단경사에서 최대 편경사까지 일률적으로 변화시키도록 한다.

③ 완화곡선 길이 ≤ TL인 경우

- TL : 필요한 편경사 접속설치길이

이 경우 주변 지장물이나 확장 설계로 부득이하게 완화곡선의 길이가 편경사 접속
설치구간(TL)보다 짧게 설치되는 경우로서, 직선구간에 부족한 만큼의 길이를 확보
하여 직선구간과 완화곡선구간에서 편경사를 변화시키며, 원곡선 시점부터는 최대
편경사가 설치되도록 한다. 이 경우에 편경사 변화구간(L)은 완화곡선구간에 설치
되도록 하는 것이 바람직하며, 부득이한 경우에도 역표준횡단경사가 되는 지점은
완화곡선구간 내에 위치하도록 해야 한다.

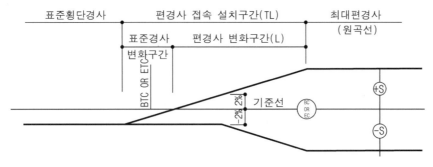

그림 5-14 완화곡선~원곡선의 편경사 설치도(Ⅲ)

[예제3] 그림 5-11의 횡단구성을 갖춘 설계속도 80km/h의 4차로 도로에서 평면
곡선 반지름 R = 400m이며, 원곡선의 시종점부에 길이가 80m인 완화곡
선이 설치된 경우 편경사 설치방법

ⅰ) 표 5-5에서 설치될 최대 편경사를 6%로 한다.

ⅱ) 편경사 접속설치율 q = 1/150 적용

ⅲ) 편경사 접속설치구간 산정

- 편경사 설치 폭 : B = 7.75m
- 횡단경사의 변화량 : △i = 8%
- 편경사 접속설치를 위한 변화구간의 총 길이(TL)

$$TL = \frac{B \cdot \triangle i}{q} = 7.75 \times 0.08 \div \frac{1}{150} = 93m$$

완화곡선 길이가 80m이므로 편경사 접속설치율을 직선부에서도 확보해
야 한다.

- 편경사 변화구간 길이(L)

$$L = \frac{B \cdot \triangle i}{q} = 7.75 \times 0.06 \div \frac{1}{150} = 69.75m = 70m$$

ⅳ) 완화곡선의 길이가 TL보다 작고 L보다는 크므로 횡단경사 변화량에 대한 접속설치의 변화구간 총 길이(TL)가 부족한 만큼 직선구간에 확보하여 편경사를 설치해야 한다.

즉, 편경사 접속설치길이는 직선구간 길이 13m와 완화곡선 길이 80m를 합한 총 93m로 하며, 보간법에 따라 일률적으로 편경사를 설치한다.

(나) 평면곡선부가 원곡선만으로 구성된 경우(직선~원곡선~직선)

원곡선만으로 평면곡선부를 구성하는 경우는 원곡선이 상당히 커서 완화곡선을 설치할 필요가 없거나 설계속도 60km/h 미만인 낮은 설계속도의 도로일 경우이다.

이 경우 완화곡선이 설치되지 않으므로 부득이 편경사의 변화는 직선구간에서부터 시작하게 되며, 편경사 변화구간 길이(L) 중 1/3은 원곡선 구간에 두어 최대 편경사가 원곡선 시종점부를 지나 설치되도록 한다.

이 경우 원곡선부에도 편경사의 변화구간을 두는 이유는 완화곡선을 생략할 수 있는 원곡선의 크기에 대한 최대 편경사는 2% 정도로 편경사의 크기가 작아 원곡선부를 주행하는 자동차의 안전에 지장이 없으며, 설계속도가 낮은 도로에서는 최대 편경사에 가까운 값이 직선구간에서 설치되는 것이 사고의 위험이 더 크기 때문이다.

그러므로 설계속도가 낮은 도로에서 평면곡선의 길이가 짧아 최대 편경사가 설치되는 구간이 짧은 경우에는 교통안전을 위하여 미끄럼방지포장 등 세심한 배려가 필요하다.

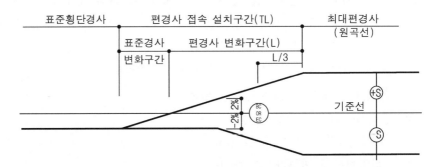

그림 5-15 직선~원곡선~직선의 편경사 설치

〔예제4〕 그림 5-11의 횡단구성을 갖춘 설계속도 80km/h의 4차로 도로에서 평면곡선 반지름 R = 1,800m이며, 평면곡선의 길이 300m일 때 편경사 설치방법

ⅰ) 표 5-5에서 설치될 최대 편경사를 2%로 한다.

ⅱ) 편경사 접속설치율 q = 1/150 적용

ⅲ) 편경사 접속설치구간 산정

- 편경사 설치 폭 : B = 7.75m
- 횡단경사의 변화량 : △i = 4%
- 편경사 접속설치를 위한 변화구간 총길이(TL)

$$TL = \frac{B \cdot \triangle i}{q} = 7.75 \times 0.04 \div \frac{1}{150} = 46.5 ≒ 47m$$

ⅳ) 편경사 변화구간 길이 산정(L)

- 편경사 변화크기 : △i = 2%
- 편경사 변화구간

$$L = \frac{B \cdot \triangle i}{q} = 7.75 \times 0.02 \div \frac{1}{150} = 23.25 ≒ 24m$$

- 평면곡선 내의 편경사 접속설치구간

L/3 = 24 ÷ 3 = 8m

ⅴ) 편경사 접속설치길이는 직선구간에서 39m, 평면곡선부에서 8m, 총 47m
로 하며, 보간법에 따라 일률적으로 편경사 설치

(다) 평면곡선부가 배향곡선으로 구성된 경우

평면곡선이 배향하는 경우 편경사가 반대방향으로 급격하게 변화하게 되므로 자동차
주행의 안전성을 위하여 배향하는 두 곡선의 편경사 차이에 대하여 적용할 접속설치율에
따른 길이를 확보하여 연속적으로 변화시켜야 한다.

① 원곡선과 완화곡선이 배향인 경우(원곡선∼완화곡선∼원곡선)

- a : 원곡선의 편경사를 설치할 때 편경사 변화구간 길이(L)의 1/3
- b : 완화곡선 길이
- L : 편경사를 설치할 때 필요한 변화구간 길이, $(i_1 + i_2) \times B \times \frac{1}{q}$

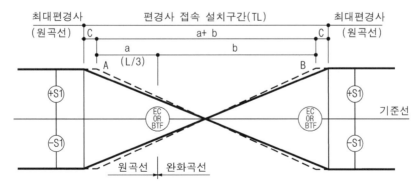

그림 5-16 원곡선과 완화곡선의 배향인 경우 편경사 설치

ⓐ a + b ≥ L 인 경우(그림 5-16의 점선)

원곡선구간에는 원곡선의 편경사를 설치할 때 편경사 변화구간 길이(L)의 1/3을 확보하고, 이 길이와 완화곡선 길이를 합한 구간에서 편경사를 설치한다.

ⓑ a + b < L 인 경우(그림 5-16의 실선)

원곡선구간에 설치되는 a{원곡선의 편경사를 설치할 때 편경사 변화구간 길이(L)의 1/3}와 b(완화곡선의 길이)가 편경사를 설치할 때 필요한 변화구간 길이보다 작은 경우 부족한 길이의 절반씩을 원곡선부 및 완화곡선이 설치된 이후의 원곡선구간에 합하여 편경사 접속설치길이를 확보하고 편경사를 설치한다.

〔예제5〕 그림 5-11의 횡단구성을 갖춘 설계속도 80km/h의 4차로 도로에서 평면곡선 반지름 R = 1,500m 원곡선구간과 R = 500m인 원곡선의 시점에 설치된 완화곡선이 배향하는 경우 편경사 설치방법

ⅰ) 표 5-5에서 설치될 최대 편경사는 다음과 같다.

R = 1,500m일 때 : 3%

R = 500m일 때 : 5%

ⅱ) 편경사 접속설치율 q = 1/150 적용

ⅲ) 편경사 접속설치구간 산정

- 편경사 설치 폭 : B = 7.75m
- 횡단경사의 변화량 : △i = 8%
- 편경사 접속설치 필요 구간

$$L = (i_1 + i_2) \times B \times \frac{1}{q} = (0.03 + 0.05) \times 7.75 \div \frac{1}{150} = 93m$$

ⅳ) 원곡선의 편경사 변화구간 길이(L)의 1/3인 a값 계산

$$a = \frac{1}{3} \times \frac{B\triangle i}{q} = \frac{1}{3} \times 7.75 \times 0.03 \div \frac{1}{150} = 11.6 ≒ 12m$$

- 평면곡선 반지름 R = 500m인 곡선의 시점에 길이 90m의 완화곡선이 설치된 경우

ⅴ) a+b = 102m로 편경사 접속설치 필요 구간(L = 93m)보다 크므로 편경사 접속설치길이는 R = 1,500m 원곡선구간에서 12m 완화곡선구간에서 90m, 총 102m로 하며, 보간법에 따라 일률적으로 편경사 설치

- 평면곡선 반지름 R = 500m인 원곡선의 시점에 길이 70m의 완화곡선이 설치된 경우

vi) a+b=82m로 편경사 접속설치 필요 구간(L=93m)보다 짧으므로 R=1,500m인 원곡선부와 R=500m인 원곡선부에 편경사 접속설치를 위한 길이의 부족분(c)을 확보해야 한다.

$$c = \frac{L-(a+b)}{2} = \frac{93-82}{2} = 5.5 ≒ 6m$$

vii) 편경사 접속설치길이는 R=1,500m인 원곡선구간에 18m(12+6m), 완화곡선구간에 70m, R=500m인 원곡선구간에 6m를 합한 총 94m구간으로 하며, 보간법에 따라 일률적으로 편경사 설치

② 원곡선과 원곡선이 배향하는 경우(원곡선~원곡선)

배향하는 지점 앞 구간의 곡선반지름에 R_1에 해당하는 편경사를 설치할 때 필요한 변화구간 길이를 확보하고 배향하는 지점 뒷 구간의 곡선반지름에 R_2에 해당하는 편경사를 설치할 때 필요한 변화구간 길이를 확보하여 두 길이를 합한 구간에 편경사를 설치한다.

• L_1 : 평면곡선 반지름 R_1에 해당하는 편경사를 설치할 때 필요한 변화구간 길이

$$L_1 = i_1 \times B \times \frac{1}{q}$$

• L_2 : 평면곡선 반지름 R_2에 해당하는 편경사를 설치할 때 필요한 변화구간 길이

$$L_2 = i_2 \times B \times \frac{1}{q}$$

• L : 편경사 설치를 설치할 때 필요한 변화구간 길이

$$(i_1 + i_2) \times B \times \frac{1}{q}$$

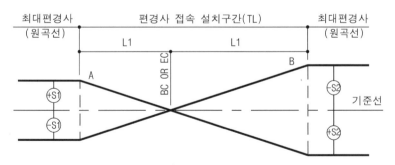

그림 5-17 원곡선과 원곡선의 배향인 경우 편경사 설치

[예제6] 그림 5-11의 횡단구성을 갖춘 설계속도 80km/h의 4차로 도로에서 평면곡선 반지름 R=1,500m인 곡선과 R=1,000m인 곡선이 배향하는 경우 편경사 설치방법

i) 표 5-5에서 설치될 최대 편경사

R = 1,500m일 때 : 3%

R = 1,000m일 때 : 4%

ii) 편경사 접속설치율 q = 1/150 적용

iii) 편경사 접속설치구간 산정

- 편경사 설치 폭 : B = 7.75m

- R = 1,500일 때의 $L_1 = 0.03 \times 7.75 \div \dfrac{1}{150} = 34.9 ≒ 35m$

- R = 1,000일 때의 $L_2 = 0.04 \times 7.75 \div \dfrac{1}{150} = 46.5 ≒ 47m$

- $L = (0.03 + 0.04) \times 7.75 \div \dfrac{1}{150} = 81.4 ≒ 82m$

iv) 편경사 접속설치길이는 R = 1,500m인 곡선에 35m, R = 1,000m인 곡선에 47m를 합한 총 82m로 하며, 보간법에 따라 일률직으로 편경사 설치

5-1-5 평면곡선부의 확폭

제22조(평면곡선부의 확폭)

① 차도 평면곡선부의 각 차로는 평면곡선 반지름 및 설계기준자동차에 따라 다음 표의 폭 이상을 확보하여야 한다.

세미트레일러		대형자동차		소형자동차	
평면곡선 반지름 (미터)	최소 확폭량 (미터)	평면곡선 반지름 (미터)	최소 확폭량 (미터)	평면곡선 반지름 (미터)	최소 확폭량 (미터)
150 이상~280 미만	0.25	110 이상~200 미만	0.25	45 이상~55 미만	0.25
90 이상~150 미만	0.50	65 이상~110 미민	0.50	25 이상~45 미만	0.50
65 이상~ 90 미만	0.75	45 이상~ 65 미만	0.75	15 이상~25 미만	0.75
50 이상~ 65 미만	1.00	35 이상~ 45 미만	1.00		
40 이상~ 50 미만	1.25	25 이상~ 35 미만	1.25		
35 이상~ 40 미만	1.50	20 이상~ 25 미만	1.50		
30 이상~ 35 미만	1.75	18 이상~ 20 미만	1.75		
20 이상~ 30 미만	2.00	15 이상~ 18 미만	2.00		

② 제1항에도 불구하고 차도 평면곡선부의 각 차로가 다음 각 호의 어느 하나에 해당하는 경우에는 확폭을 하지 않을 수 있다.

1. 도시지역도로(고속국도는 제외한다)에서 도시 · 군관리계획이나 주변 지장물(支障物) 등으로 인하여 부득이하다고 인정되는 경우

2. 설계기준자동차가 승용자동차인 경우

1. 일반사항

도로의 차로폭은 도로의 구분, 설계속도 및 설계기준자동차에 따라 결정하게 되나, 평면곡선 반지름이 작은 곡선부에서 설계기준자동차의 회전에 따라 궤적이 그 차로를 넘어서는 경우가 발생하게 되어 교통안전에 큰 영향을 미치게 된다.

그러므로 이러한 구간에서는 설계기준자동차의 주행궤적이 정하여진 차로로 통행할 수 있도록 차로의 폭을 넓혀야 한다.

우리나라에서는 그 도로에 적용하는 설계기준자동차에 따라 확폭량을 산정하도록 하고 있다. 다만, 도시지역도로(고속국도는 제외)에서 도시·군계획, 도로 주변 상황 등으로 부득이한 경우에 확폭하지 않을 수 있다.

2. 자동차의 회전반지름

일반적으로 자동차의 뒷바퀴는 뒤 차축에 직각으로 장치되어 있어 자동차가 주행 중에 방향 전환을 할 경우에는 앞바퀴로 회전하게 된다.

이 경우, 그림 5-18에서 알 수 있듯이 자동차 앞바퀴 각각의 중심은 자동차가 회전하려하는 평면곡선의 중심점과 뒤 차축의 연장선이 만나는 각도 α, β로 회전하여 방향을 전환하는 것으로 되어 있다. 즉, 앞바퀴의 차축이 각각 상이한 각도로 회전하여 방향을 전환하게 된다.

그 결과 앞 차축과 연결봉이 이루는 사변형은 평행사변형이 되지 않고 사다리꼴이 되며, 핸들을 조작하면 점선과 같은 사변형이 되어 곡선 안쪽의 차축이 바깥쪽의 차축보다 더 많이 방향이 전환되어 자동차의 회전이 원활하게 된다.

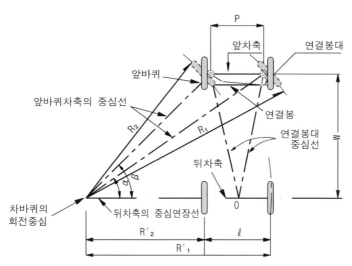

그림 5-18 자동차의 방향전환조작과 회전반지름

그림 5-18에서

  ℓ : 바퀴 간 길이 　　　　　　　　R_1 : 바깥 앞바퀴의 회전반지름

  P : 차축의 길이 　　　　　　　　R'_1 : 바깥 뒷바퀴의 회전반지름

  w : 앞바퀴축과 뒷바퀴축 간의 길이 　R_2 : 안쪽 앞바퀴의 회전반지름

  α : 외측 앞바퀴의 방향 전환 각도 　R'_2 : 안쪽 뒷바퀴의 회전반지름

  β : 내측 앞바퀴의 방향 전환 각도

일 때 자동차의 회전에 따른 각 바퀴의 회전반지름은 다음 식으로 나타낼 수 있다.

$$R_1 = w \ \mathrm{cosec}\,\alpha + \frac{\ell - P}{2} \quad R_1' = w \ \cot\alpha + \frac{\ell - P}{2} \tag{식 5-20}$$

$$R_2 = w \ \mathrm{cosec}\,\beta - \frac{\ell - P}{2} \quad R_2' = w \ \cot\beta - \frac{\ell - P}{2}$$

3. 평면곡선부에서의 차바퀴 및 차체의 궤적

　자동차가 평면곡선부를 주행하는 경우에는 식 5-20에서 나타낸 바와 같이 앞바퀴와 뒷바퀴는 서로 다른 궤적을 그린다. 따라서, 평면곡선에서 앞·뒷바퀴가 차로를 벗어나지 않기 위해서는 직선부에서 주행하기 위한 폭에 어느 정도의 여분을 고려하지 않으면 안 된다.

　그림 5-19에서

  ℓ 　 : 바퀴 간의 길이

  L 　 : 차체의 길이 - 앞내민길이

  w 　 : 차축 간의 길이

  w_o 　: 앞바퀴와 뒷바퀴의 회전반지름의 차

  R_m 　: 바깥쪽 차체의 회전반지름

  R_i 　: 안쪽 차체의 회전반지름

  B 　 : 차체의 폭

  P 　 : 차축의 길이

  $w_o{}'$: 차체의 회전반지름의 차이

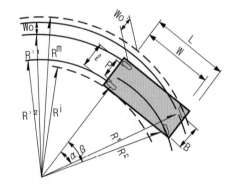

그림 5-19 차바퀴 및 차체의 궤적

라고 하면 앞바퀴와 뒷바퀴의 회전반지름이 달라지게 되므로 그에 따라 확보해야 할 폭은 그림 5-19에서 $w_o = R_1 - R_1'$이 되며, 여기에 식 5-20을 대입하면 $w_o = w(\mathrm{cosec}\,\alpha - \cot\alpha)$가 된다.

　또한, 차체의 회전반지름에 따라 확보해야 할 폭은 w_o'이므로 차로폭은 자동차의 궤적을 고려하여 평면곡선부에서는 $B + w_o'$를 설치하지 않으면 안 된다.

　그림 5-19에서 차체의 바깥쪽과 안쪽의 회전반지름은 다음 식으로 나타낼 수 있다.

$$w_o' = R_m - \sqrt{R_m^2 - L^2} \quad \text{또는} \quad w_o' = R_m - (R_i + B)$$

여기서, R_m, R_i는 그림 5-19 및 식 5-20에서 다음과 같이 구할 수 있다.

$$R_m = \sqrt{L^2 + (B + R_i)^2} \qquad\qquad (\text{식 } 5\text{-}21)$$

$$R_i = R_2' - \frac{B - \ell}{2} = w\,\cot\beta - \frac{B - P}{2} \qquad\qquad (\text{식 } 5\text{-}22)$$

4. 확폭량의 산정

(1) 확폭량 산정식

차로의 폭은 설계기준자동차의 최대 폭 2.5m에 설계속도에 따라 어느 정도의 여유 폭을 더한 폭으로 정하고 있는데, 평면곡선부에서는 그림 5-19에서 나타낸 바와 같이 자동차의 앞바퀴와 뒷바퀴는 서로 다른 궤적을 그리기 때문에 작은 평면곡선 반지름의 구간에서는 직선부의 폭보다도 넓은 차로폭이 필요하다. 이로 인한 확폭량 w_o'는 다음과 같이 구한다.

평면곡선부를 주행하는 경우도 자동차는 앞면의 중심점이 항상 차로의 중심선상에 있도록 주행하는 것으로 하여, 자동차의 안쪽과 바깥쪽에 여유 폭이 있도록 확폭량을 정한다.

① 대형자동차의 확폭량

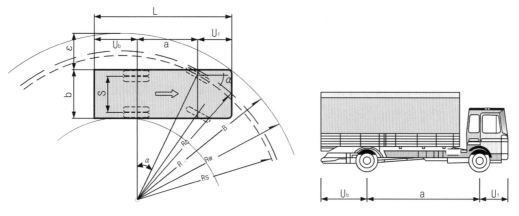

그림 5-20 대형자동차의 확폭량

그림 5-20에서

L : 자동차의 길이	R_w : 바깥쪽 평면곡선 반지름
b : 자동차의 폭	R_s : 바깥쪽 앞바퀴의 회전반지름

s : 바퀴 간격	R_c : 차로중심선의 반지름
a : 차축 간 거리	R_i : 안쪽 평면곡선 반지름
B : 자동차의 주행 폭	α : 바깥쪽 앞바퀴의 회전각도
U_f : 앞내민길이	U_b : 뒷내민길이

일 때, 한 차로당 확폭량 $\varepsilon = B - b$로 구해진다.

한편, 자동차의 주행 폭 B는 $B = Rw - Ri$ 이므로

$$Ri + b = \sqrt{Rw^2 - (a + U_f)^2}\ \text{에서}\ \ B = Rw + b - \sqrt{Rw^2 - (a + U_f)^2}$$

또, 그림 5-21에서 $R_c^2 = \left(Ri + \dfrac{b}{2}\right)^2 + (a + U_f)^2$의 관계로부터

$$Ri = -\frac{b}{2} + \sqrt{R_c^2 - (a + U_f)^2}$$

$$Rw = \sqrt{\left(\sqrt{R_c^2 - (a + U_f)^2} + \frac{b}{2}\right)^2 + (a + U_f)^2}\ \text{를 구하여 위 식에 대입하면}$$

$$B = \sqrt{\left(\sqrt{R_c^2 - (a + U_f)^2} + \frac{b}{2}\right)^2 + (a + U_f)^2} + \frac{b}{2} - \sqrt{R_c{}^2 - (a + U_f)^2}\ \ \text{(식 5-23)}$$

으로 된다. 대형자동차의 제원인 a = 6.5m, b = 2.5m, U_f = 2.5m를 식 5-23에 대입하면 다음식과 같다.

$$B = \sqrt{\left(\sqrt{R_c^2 - 81} + 1.25\right)^2 + 81} + 1.25 - \sqrt{R_c^2 - 81} \qquad \text{(식 5-24)}$$

② 세미트레일러의 확폭량

그림 5-21에서

a : 견인차의 축간거리	a_2 : 피견인차의 축간거리
a_s : 연결판에서 견인차의 뒤축까지의 거리	b : 견인차의 폭
b_2 : 피견인차의 폭	

일 때, $B = R_w - R_i$ 이므로 $\left(X_1 + \dfrac{b}{2}\right)^2 = R_w^2 - (a + U_f)^2$

$$X_2{}^2 = a_s{}^2 + X_1{}^2$$
$$X_3{}^2 = X_2{}^2 - a_2{}^2 = X_1{}^2 + a_s{}^2 - a_2{}^2$$

이므로 자동차의 주행 폭 B는

$$B = R_W - X_3 + \frac{b_2}{2} = R_w + \frac{b_2}{2} - \sqrt{\left(\sqrt{R_w^2 - (a + U_f)^2} - \frac{b}{2}\right)^2 - a_2^2 + a_s^2}\ \text{가 된다.}$$

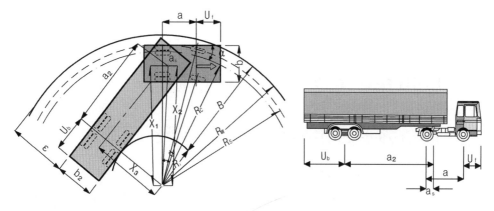

그림 5-21 세미트레일러의 확폭량

$R_c^2 = X_1^2 + (a + U_f)^2$와 $R_w = \sqrt{\left(\sqrt{R_c^2 - (a + U_f)^2} + \dfrac{b}{2}\right)^2 + (a + U_f)^2}$ 의 관계를 위 식에 대입하면

$$B = \sqrt{\left(\sqrt{R_c^2 - (a + U_f)^2} + \frac{b}{2}\right)^2 + (a + U_f)^2} + \frac{b_2}{2} - \sqrt{R_c^2 - (a + U_f)^2 - a_2^2 + a_s^2}$$

로 된다. 한 차로당 확폭량은 $\varepsilon = B - b$ 이며, 세미트레일러의 제원을 대입하면 $a = 4.2$, $b = b_2 = 2.5$, $U_f = 1.3$, $a_2 = 9.0$, $a_s = 0$ 이므로 주행폭 B는 다음 식과 같다.

$$B = R_w + 1.25 - \sqrt{R_c^2 - 111.25} \qquad \qquad \text{(식 5-25)}$$

여기서, $R_w = \sqrt{\left(\sqrt{R_c^2 - 30.25} + 1.25\right)^2 + 30.25}$ 이다.

③ 소형자동차의 확폭량

그림 5-22에서

   B : 자동차의 주행 폭

   R_c : 차로중심선의 반지름

   b : 자동차의 폭

   S : 바퀴간격

   a : 차축 간 거리

   R_w : 바깥쪽 평면곡선 반지름

   R_s : 바깥쪽 앞바퀴의 회전반지름

   R_i : 안쪽 평면곡선 반지름

   U_f : 앞내민길이

   U_b : 뒷내민길이

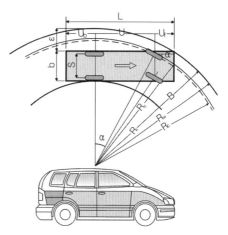

그림 5-22 소형자동차의 확폭량

일 때,

자동차의 주행 폭 B는 B= R_w - R_i가 되므로 대형자동차의 확폭량 산정방식과 동일하게 구할 수 있다.

소형자동차의 제원인 a=3.7m, b=2.0m, U_f=1.0m를 식 5-23에 대입하면 다음 식과 같다.

$$B= \sqrt{(\sqrt{Rc^2-22.09}+1.0)^2+22.09}+1.0-\sqrt{Rc^2-22.09}$$

(2) 설계기준자동차에 대한 확폭량의 산정

예전까지 평면곡선 반지름이 작은 곡선부에 대한 확폭량의 산정은 그 도로에 적용하는 설계기준자동차를 도로의 구분에 따라 주간선도로와 보조간선도로에 대하여는 세미트레일러를 대상으로 하고, 그 밖의 도로에 대해서는 중·대형자동차를 대상으로 해서 확폭량을 산정하였다. 그러나 도로의 구분 및 평면곡선 반지름에 따라 일률적으로 확폭량을 적용하기 보다는 설계할 때 그 도로에 적용할 설계기준자동차와 평면곡선 반지름의 관계를 고려하여 확폭량을 산정하는 것이 보다 합리적이므로 설계기준자동차의 폭과 평면곡선 반지름에 따라 확폭량을 산정하도록 하였다.

또, 확폭을 필요로 하는 최소 평면곡선 반지름은 계산으로 구한 확폭량이 0.20m 이상이 되는 평면곡선 반지름을 기준으로 하여 그보다 큰 평면곡선 반지름의 경우에는 확폭하지 않는 것으로 하였으며, 차로당 최소 확폭량은 설계 및 시공의 편의를 고려하여 0.25m 단위로 확폭량을 결정하였다.

(3) 그 밖의 자동차에 대한 확폭량 계산

(가) 풀트레일러의 확폭량

그림 5-23에서

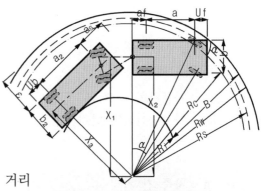

a : 견인차의 축간거리

a_2 : 피견인차의 축간거리

a_s : 연결판에서 피견인차의
뒤축까지의 거리

a_f : 연결판에서 견인차의 뒤축까지의 거리

b : 견인차의 폭

b_2 : 피견인차의 폭

U_f : 앞내민길이

R_c : 차로중심선의 반지름

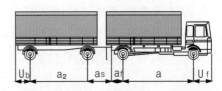

그림 5-23 풀트레일러의 확폭량

일 때, $B = R_w - R_i$ 이므로

$$\left(X_1 + \frac{b}{2}\right)^2 = R_w^2 - (a + a_f + U_f)^2$$

$$X_2{}^2 = a_s{}^2 + X_1{}^2$$

$$X_3{}^2 = X_2{}^2 - a_2{}^2 = X_1{}^2 + a_s{}^2 - a_2{}^2$$

이므로 자동차의 주행 폭원 B는

$$B = R_w - X_3 + \frac{b_2}{2} = R_{w+}\frac{b^2}{2} - \sqrt{(\sqrt{R_w{}^2 - (a+af+U_f)^2} - \frac{b}{2})^2 - a_2{}^2 + a_s{}^2}$$

가 된다. $R_c{}^2 = X_1{}^2 + (a + a_f + U_f)^2$와

$$= R_w = \sqrt{(\sqrt{R_c{}^2 - (a+a_f+U_f)^2} + \frac{b}{2})^2 + (a+a_f+U_f)^2}$$ 의 관계를 위 식에 대입하면

$$B = \sqrt{(\sqrt{R_c{}^2 - (a+a_f+U_f)^2} + \frac{b}{2})^2 + (a+a_f+U_f)^2 + \frac{b^2}{2}}$$
$$- \sqrt{R_c{}^2 - (a+a_f+U_f)^2 - a_2{}^2 + a_s{}^2}$$

로 된다. 한 차로당 확폭량은 $\varepsilon = B - b$ 이며, 풀트레일러의 제원을 대입하면 a = 5.0, b = b_2 = 2.5, U_f = 1.3, a_2 = 6.2, a_s = 2.8, a_f=2.3이므로 주행 폭원 B는 다음 식과 같다.

$$B = R_w + 1.25 - \sqrt{R_c{}^2 - 104.56}$$

(식 5-26)

여기서, $R_w = \sqrt{(\sqrt{R_c{}^2 - 73.96} + 1.25)^2 + 73.96}$ 이다.

(나) 특례자동차(굴절버스)의 확폭량

그림 5-24에서

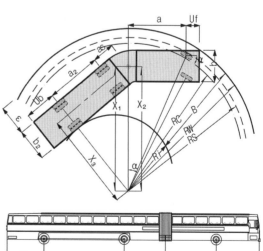

    a : 앞쪽의 축과 연결판까지의 거리

    a_2 : 중간축과 뒷축의 축간거리

    a_s : 연결판에서 중간축까지의 거리

    b : 앞차량의 폭

    b_2 : 뒷차량의 폭

    U_f : 앞내민길이

    R_c : 차로중심선의 반지름

일 때, $B = R_w - R_i$ 이므로

$$\left(X_1 + \frac{b}{2}\right)^2 = R_w^2 - (a + U_f)^2$$

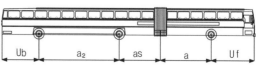

그림 5-24 특례자동차(굴절버스)의 확폭량

$$X_2{}^2 = a_s{}^2 + X_1{}^2$$

$$X_3{}^2 = X_2{}^2 - a_2{}^2 = X_1{}^2 + a_s{}^2 - a_2{}^2$$

이므로 자동차의 주행 폭원 B는

$$B = R_w - X_3 + \frac{b^2}{2} = R_w + \frac{b^2}{2} - \sqrt{(\sqrt{R_w{}^2 - (a + a_f + U_f)^2} - \frac{b}{2})^2 - a_2{}^2 + a_s{}^2} \ \text{가 된다.}$$

$R_c{}^2 = X_1{}^2 + (a + U_f)^2$ 와 $R_w = \sqrt{(\sqrt{R_c{}^2 - (a + U_f)^2} - \frac{b}{2})^2 + (a + U_f)^2}$ 의 관계를 위 식에 대입하면

$$B = \sqrt{(\sqrt{R_c{}^2 - (a + U_f)^2} + \frac{b}{2})^2 + (a + U_f)^2}$$
$$+ \frac{b_2}{2} - \sqrt{R_c{}^2 - (a + U_f)^2 - a_2{}^2 + a_s{}^2}$$

로 된다. 한 차로당 확폭량은 $\varepsilon = B - b$ 이며, 굴절버스의 제원을 대입하면 a = 3.65, b = b_2 = 2.5, U_f = 3.1, a_2 = 5.7, a_s = 2.95 이므로 주행 폭원 B는 다음 식과 같다.

$$B = R_w + 1.25 - \sqrt{R_c{}^2 - 69.35} \tag{식 5-27}$$

여기서, $R_w = \sqrt{(\sqrt{R_c{}^2 - 45.56} + 1.25)^2 + 45.56}$ 이다.

5. 확폭할 때 주의사항

자동차가 평면곡선부를 주행하는 경우에는 뒷바퀴가 앞바퀴의 안쪽을 통과하게 되므로 원칙적으로 차로의 안쪽으로 확폭하는 것으로 하며, 다른 차로를 침범하지 않도록 하기 위하여 차로마다 확폭해야 한다.

표 5-11 평면곡선 반지름에 따른 확폭량

(단위 : m)

설계기준자동차					
세미트레일러			대형자동차		
평면곡선 반지름	계산값	한 차로당 최소 확폭량	평면곡선 반지름	계산값	한 차로당 최소 확폭량
150 이상 280 미만	0.20~0.37	0.25	110 이상 200 미만	0.20~0.36	0.25
90 이상 150 미만	0.37~0.62	0.50	65 이상 110 미만	0.36~0.61	0.50
65 이상 90 미만	0.62~0.86	0.75	45 이상 65 미만	0.61~0.88	0.75
50 이상 65 미만	0.86~1.12	1.00	35 이상 45 미만	0.88~1.14	1.00
40 이상 50 미만	1.40~1.12	1.25	25 이상 35 미만	1.14~1.60	1.25
35 이상 40 미만	1.61~1.40	1.50	20 이상 25 미만	1.60~2.01	1.50
30 이상 35 미만	1.89~1.61	1.75	18 이상 20 미만	2.01~2.25	1.75
20 이상 30 미만	2.96~1.89	2.00	15 이상 18 미만	2.25~2.77	2.00

소형자동차		
평면곡선 반지름	계산값	한 차로당 최소 확폭량
45 이상 55 미만	0.20~0.24	0.25
25 이상 45 미만	0.24~0.43	0.50
15 이상 25 미만	0.43~0.71	0.75

그 밖의 자동차(특례 자동차)			
풀트레일러		굴절버스	
평면곡선 반지름	계산값	평면곡선 반지름	계산값
140 이상 260 미만	0.20~0.37	95 이상 175 미만	0.20~0.36
85 이상 140 미만	0.37~0.61	55 이상 95 미만	0.36~0.62
60 이상 85 미만	0.61~0.87	40 이상 55 미만	0.62~0.86
45 이상 60 미만	0.87~1.16	30 이상 40 미만	0.86~1.15
40 이상 45 미만	1.16~1.30	25 이상 30 미만	1.15~1.38
35 이상 40 미만	1.30~1.49	20 이상 25 미만	1.38~1.75
30 이상 35 미만	1.49~1.75	15 이상 20 미만	1.75~2.88
25 이상 30 미만	1.75~2.11		
20 이상 25 미만	2.11~2.70		

차로별 확폭량은 차로의 평면곡선 반지름에 따라 서로 다른 값이므로 차로 중심의 평면곡선 반지름에 따라 확폭량을 0.25m 단위로 규정한 것이나, 평면선형을 결정할 때 차로의 평면곡선 반지름을 각각 구하여 확폭량을 결정하는 수고를 덜기 위하여 도로 중심선(또는 차도 중심선)의 평면곡선 반지름이 35m 이상인 경우에는 원칙적으로 도로 중심선의 평면곡선 반지름에 따른 차로의 확폭량을 구하는 것으로 한다.

(1) 도로 중심선의 평면곡선 반지름이 작은 경우의 확폭

도로 중심선의 평면곡선 반지름이 35m 미만의 경우로서, 특히 차로수가 많을 때에는 도로 중심선의 평면곡선 반지름을 따라 구한 확폭량이 각각의 차로에 필요한 확폭량과 크게 다를 경우가 있으므로 차로마다 확폭량을 구하는 것으로 한다.

(2) 도시지역도로의 확폭

도시지역에 위치하는 도로에 대해서는 지형의 상황, 그 밖의 특별한 이유로 부득이한 경우에는 확폭량의 축소나 확폭을 생략할 수 있으나 이를 남용해서는 안 되며, 교통안전과 원활한 흐름을 위하여 확폭량 설치를 최대한 노력해야 한다. 부득이하게 확폭량을 축소하거나 확폭을 생략할 경우에도 대형자동차의 통행이 예상되는 도로에 대해서는 차로폭을 대형자동차의 폭(B = 2.5m)이 적용된 확폭량을 더한 폭 이상으로 설치해야 한다.

6. 확폭의 설치

평면곡선부에 확폭을 하는 경우에, 이를 편경사의 설치와 같은 변화 비율을 갖추어 반드시 완화곡선의 전체 길이에 걸쳐서 확폭할 필요는 없지만 본래 확폭을 필요로 하는 것은 작은 평면곡선 반지름부이므로 이러한 경우에는 큰 완화곡선이 사용될 기회는 좀처럼 없다고 생각해도 되므로 원칙적으로는 완화곡선 전체 길이에 걸쳐서 설치되도록 하는 것이 좋다.

확폭을 설치하는 경우에 그 접속설치의 형상은 설치구간이 완화곡선의 설치 여부에 따라 달라진다. 이 해설에서는 완화곡선으로 구성된 구간의 확폭 설치와 완화절선으로 구성된 완화구간에서의 설치 두 가지로 나누어서 설명한다.

(1) 완화곡선에서의 확폭 설치

도로 중심선에 완화곡선이 설치되어 있는 경우, 확폭의 설치는 다음과 같은 방법을 사용한다.

① 완화곡선구간에서 같은 평면선형으로 설치하는 방법
② 접속설치 지점이 원활하게 되도록 고차의 포물선을 사용하는 방법
③ 차도 끝단에도 확폭의 변화를 위한 완화곡선을 삽입하는 방법

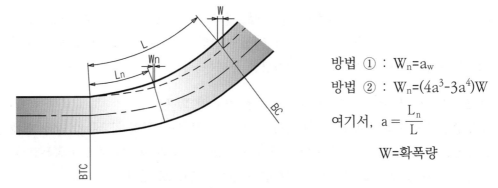

방법 ① : $W_n = a_W$

방법 ② : $W_n = (4a^3 - 3a^4)W$

여기서, $a = \dfrac{L_n}{L}$

W = 확폭량

그림 5-25 확폭의 접속설치(방법①, 방법②)

설계속도 60km/h 미만의 도로 혹은 인터체인지의 연결로 등에서는 확폭의 설치는 ①의 방법으로 하며, ①의 방법에 의한 확폭을 설치할 때 접속설치 지점이 원활하지 않는 경우에는 ②의 방법을 사용한다. 또, 확폭량은 차로 또는 차도 중심선의 법선 방향으로 설치하는 것으로 한다.

설계속도가 60km/h 이상의 도로에서는 차도 끝 확폭에 따른 완화곡선을 삽입하는 ③의 방법이 자동차의 주행에 바람직하다.

이와 같은 도로에서는 차도 끝단에 다음과 같이 완화곡선을 사용하여 자동차 주행이

한층 원활하도록 시각적 유도효과를 높일 수 있다.

ⓐ 확폭량을 기존에 설정한 도로 중심선에 따라 평면곡선의 중심 측으로 확폭할 때 발생되는 이정량을 가진 클로소이드를 선정하여, 그에 따른 도로 중심선을 새로 설정하는 방법

ⓑ 도로 중심선의 길이에 비례해서 확폭량을 배분하여, 평면곡선 안쪽으로 설치한 후 도로 중심선을 새로 설정하는 방법

ⓒ 확폭 후에 설정하는 새로운 도로 중심선을 처음부터 확폭량의 영향을 고려한 클로소이드로 설정한 후 도로 양측으로 각 차로의 확폭량을 비례 배분하는 방법.

ⓑ의 방법은 좋은 방법이라고는 할 수 없지만, 설계속도 60km/h 미만의 도로에서는 비교적 실용적이며, ⓒ의 방법은 평면곡선의 중심측으로 확폭량을 고려하여 도로 중심선을 처음부터 확폭을 고려하지 않은 파라미터보다 큰 클로소이드를 사용하여 도로 중심선을 결정하여 도로 양측으로 확폭하는 것으로, 주의할 것은 도로 끝단이 절곡되어 보이는 등 시각적으로 원활하지 못한 상태가 되지 않도록 해야 한다. 세 가지 방법 중 ⓐ의 방법에 따라 확폭을 하는 것이 도로의 평면선형이 원활하며, 다음과 같이 확폭을 설치하면 된다.

그림 5-26과 같이 기존 도로 중심선 중 원곡선에서 총 확폭량 △R을 분배하여 △R$_c$, △R$_i$를 갖도록 한 후 그 이정량을 갖는 완화곡선으로 새로운 도로 중심선을 정하면 된다.

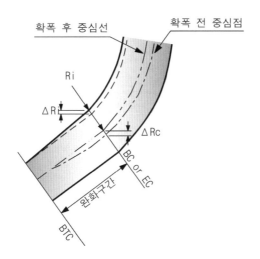

그림 5-26 확폭 후의 도로 중심선

이때, 이정량 △R$_c$, △R$_i$는 △R$_c$ = △R$_i$ = $\dfrac{\triangle R}{2}$ 로 하여도 무방하다.

이 경우, 엄밀한 계산을 하면 완화곡선의 시종점이 그림과 같이 기존 완화곡선의 시종점과 일치하지 않으므로 그 차를 줄이도록 해야 한다.

완화곡선과 원곡선과의 접속점에서 평면곡선 반지름을 일치시킬 수 없으므로 이 평면곡선 반지름의 차이는 가능하면 20% 이하가 되도록 하는 것이 도로 선형상 유리하다.

(2) 설계속도 60km/h 미만의 도로에서 완화곡선을 설치하지 않는 경우의 완화절선에 의한 설치

자동차는 차로 위의 임의의 지점을 주행할 것이므로 차도의 형상이 완전한 완화곡선이 아니더라도 설계속도 60km/h 미만의 도로에서는 무방하다고 생각하여, 그림 5-27과 같이 평면곡선의 중심측으로 차도의 폭을 확폭하여 그에 따른 원곡선을 선정한 후 확폭량의 변화를 직선식으로 비례 배분하여 직선부에 설치하는 것으로서, 이 직선을 완화절선이라 부른다.

그림 5-27에서 점 C를 기존 도로 중심선에 따른 평면곡선 중심선의 시점 또는 종점, 점 B를 완화절선 설치 전의 안쪽 평면곡선의 시점 또는 종점, 점 A를 완화절선과 직선부와의 교점, 점 D를 완화절선의 절점으로 확폭한 평면곡선의 시점 또는 종점, 점 O를 평면곡선의 중심, 점 E를 AB를 연장하여 점 D에서 AB에 내린 곡선의 교점이라 할 때 다음의 여러 식으로 완화절선을 설치할 수 있다.

점 B는 확정된 위치이므로 다음 식으로 AB의 길이를 정한다.

$$AB = \sqrt{w^2 + L^2 - 2wRi} \qquad \text{(식 5-28)}$$

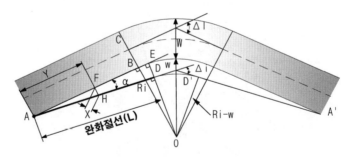

그림 5-27 완화절선의 설치

또, 다음 식으로 점 E와 점 D를 구한다.

$$\tan\alpha = \frac{R_i L - (AB)(R_i - w)}{(AB)L + R_i(R_i - w)} \qquad \text{(식 5-29)}$$

$$AE = L\cos\alpha = \frac{L\{(AB)L + R_i(R_i - w)\}}{L^2 + (R_i - w)^2} \qquad \text{(식 5-30)}$$

$$DE = AE \tan\alpha$$

또, 완화절선의 임의점 H는 다음 식으로 구해진다.

$$X = Y \cdot \tan\alpha$$

여기서, w : 확폭하는 폭(m)

R_i : 곡선부를 확대하기 전의 안쪽 곡선의 반지름(m)

L : 완화절선의 길이(m)

Y : AE상의 임의의 점 F와 A의 거리(m)

X : FH의 거리(m)

α : AB와 AD가 이루는 각

그림 5-27에서 AD 및 A'D'를 완화절선이라 하고, 그 교각을 △i, 중심선의 교각을 △I 라 하면, △i = △I - 2α 이며 DD'의 반지름은 $(R_i - w)$이므로 전술한 방법에 따라 D 및 D' 를 결정하여 안쪽의 평면곡선 DD'를 설치할 수 있다.

5-1-6 완화곡선 및 완화구간

제23조(완화곡선 및 완화구간)

① 설계속도가 시속 60킬로미터 이상인 도로의 평면곡선부에는 완화곡선을 설치하여야 한다.

② 완화곡선의 길이는 설계속도에 따라 다음 표의 값 이상으로 하여야 한다.

설계속도(킬로미터/시간)	완화곡선의 최소 길이(미터)
120	70
110	65
100	60
90	55
80	50
70	40
60	35

③ 설계속도가 시속 60킬로미터 미만인 도로의 평면곡선부에는 다음 표의 길이 이상의 완화구간을 두고 편경사를 설치하거나 확폭을 하여야 한다.

설계속도(킬로미터/시간)	완화구간의 최소 길이(미터)
50	30
40	25
30	20
20	15

1. 일반사항

자동차가 평면선형의 직선부에서 곡선부로, 곡선부에서 직선부로 또는 다른 곡선부로 원활하게 주행하도록 하기 위하여 주행궤적의 변화에 따라 운전자가 쉽게 적응할 수 있도록 이러한 구간에는 변이구간을 설치해야 한다. 완화곡선은 이러한 변이구간에 적용하게 되며, 완화구간은 편경사의 변화 또는 확폭량을 설치하기 위한 변이구간이다.

규칙에서는 이러한 변이구간을 설계속도 60km/h 이상의 도로에서는 완화곡선을 설치, 설계속도 60km/h 미만의 도로에서는 완화구간으로 설치하도록 하였으며, 지형여건상 헤어핀 설치 등으로 부득이한 경우 외에는 완화구간을 완화곡선으로 설치하는 것이 바람직하다.

자동차의 원활한 주행을 위하여 평면곡선부에 완화곡선을 설치하면 다음과 같은 이점을 얻을 수 있다.

① 평면곡선부를 주행하는 자동차에 대한 원심력을 점차적으로 변화시켜 일정한 주행속도 및 주행궤적을 유지시킨다.

② 직선구간의 표준횡단경사구간에서 원곡선부에 설치되는 최대 편경사까지의 변화를 주행속도와 평면곡선 반지름에 따라 적절하게 접속시킬 수 있도록 한다.

③ 평면곡선부에서 확폭이 필요한 경우 평면곡선부의 확폭된 폭과 표준횡단의 폭을 자연스럽게 접속시킬 수 있도록 한다.

④ 원곡선의 시작점과 끝점에서 꺾어진 형상을 시각적으로 원활하게 보이도록 한다.

①~④에서 완화곡선 길이를 결정하는 주요소는 ①과 ②이며, ③의 경우는 결정된 완화곡선 길이 내에서 접속설치하게 된다.

이러한 완화곡선은 여러 종류가 있으나 그 중 자동차의 완화주행궤적과 가장 비슷한 클로소이드 곡선(clothoid spiral)을 사용하도록 한다.

2. 자동차의 완화주행궤적

자동차의 운전자는 직선부에서 평면곡선부로 주행할 때 그 회전반지름이 무한대(직선)에서 차츰 일정한 반지름이 되도록 핸들을 조작하게 된다. 즉, 직선 구간에서 평면의 원곡선구간으로 주행하기 위하여 직선과 평면의 원곡선부 사이에서 어떠한 특별한 형태의 곡선 주행을 하게 되는데 이를 완화주행이라 하며, 그 궤적의 형상은 다음과 같다.

그림 5-28에서 자동차의 회전각속도는 다음 식으로 나타낼 수 있다.

$$w = \frac{d\theta}{dt} = \frac{d\theta}{ds} \cdot \frac{ds}{dt} = \frac{v}{R} \qquad \text{(식 5-31)}$$

여기서, w : 자동차의 회전각속도

v : 자동차의 주행속도(m/sec)

R : 주행궤적상의 임의의 점에서의 평면곡선 반지름

θ : 회전각

지금 자동차의 주행속도 v가 일정하다고 하면, 회전각 가속도 w'는 다음 식으로 나타낼 수 있다.

$$w' = \frac{d}{dt}\left(\frac{d\theta}{dt}\right) = \frac{v}{s}\sec^2 \theta \ \frac{d\theta}{dt}$$ (식 5-32)

단, $R = \dfrac{s}{\tan\theta}$ (그림 5-28 참조)

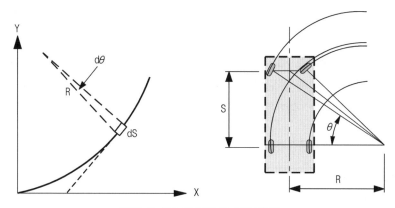

그림 5-28 자동차의 완화주행

직선부에서 평면곡선부로 또는 평면곡선부에서 직선부로 주행하는 회전각 가속도 w'가 일정하게 될 때 운전자가 안전하고 쾌적하게 주행할 수 있으며, 그 궤적을 구하여 보면 다음과 같다.

식 5-32에서 회전각 가속도 w'가 일정하다고 가정할 때

$$\frac{v}{s}\sec^2 \theta \cdot \frac{d\theta}{dt} = k$$

이를 풀면, $\tan\theta = \dfrac{k \cdot s}{v} \cdot t + c$ t = 0일 때 $\tan\theta = 0$ 이므로 c = 0   따라서, $R = \dfrac{v}{k \cdot t}$

완화곡선의 길이를 L이라 하면, $t = \dfrac{L}{v}$ 이므로 $R = \dfrac{v^2}{k \cdot L}$ 그러므로

$$R \cdot L = \frac{v^2}{k} = A^2 \ \left(A^2 = \frac{v^2}{k} = 일정\right)$$ (식 5-33)

식 5-33은 클로소이드(clothoid)의 일반식이다.

즉, 자동차가 일정한 회전각 가속도로 주행하는 경우에는, 완화주행궤적은 클로소이드를 그린다는 것을 알 수가 있다.

자동차의 구조상 θ는 0~30°이므로 $\sec^2\theta$는 거의 일정한 값이 되며, 따라서 $\dfrac{d\theta}{dt}$도 거의 일정하며, θ가 핸들 회전각과 비례한다고 생각하면 이 주행은 회전속도가 거의 일정한 주행이라고 할 수 있다.

3. 완화곡선 및 완화구간의 길이

설계속도 60km/h 이상의 도로에서는 운전자가 미숙한 핸들 조작과 사소한 착오를 일으키더라도 원상 복귀가 가능한 주행시간의 길이만큼 반드시 완화곡선을 설치하여 운전자의 시선 및 주행궤적을 자연스럽게 유도할 수 있어야 하며, 설계속도 60km/h 미만의 도로에서 완화곡선을 설치하지 않을 경우에는 직선부와 원곡선부를 직접 연결하고, 평면곡선부의 편경사 및 확폭을 접속설치할 수 있도록 완화구간을 설치해야 한다.

앞서 언급한 핸들 조작에 곤란을 느끼지 않을 주행시간을 2초로 하여 다음 식으로 완화곡선 길이 및 완화구간 길이를 산정하면 표 5-12와 같다.

표 5-12 완화곡선 및 완화구간의 길이

(단위 : m)

설계속도(km/h)	계산값	규정값
120	66.7	70
100	55.6	60
80	44.4	50
70	38.9	40
60	33.3	35
50	27.8	30
40	22.2	25
30	16.7	20
20	11.1	15

$$L = v \cdot t = \frac{V}{3.6} \cdot t \qquad \text{(식 5-34)}$$

여기서, L : 완화곡선 및 완화구간 길이

　　　　t : 주행시간(t = 2초)

　　　　v, V : 주행속도(m/sec, km/h)

4. 완화곡선의 생략

설계속도 60km/h 이상의 도로에서는 운전자에게 원활한 주행 조건을 제공하기 위하여 평면곡선부에 완화곡선을 설치하는 것이 바람직하지만 원곡선이 상당히 큰 경우는 완화곡선을 생략할 수 있으며, 완화곡선을 생략할 수 있는 평면곡선 반지름 크기의 한계는 다음과 같이 산정한다.

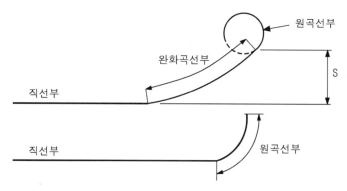

그림 5-29 완화곡선의 이정량

즉, 그림 5-29와 같이 직선과 원곡선 사이에 완화곡선을 설치할 경우에는 직선과 원곡선을 직접 접속하는 경우에 비하여 S만큼 이정량이 생기게 되는데, 이 이정량이 차로폭에 포함된 여유 폭에 비하여 매우 작은 경우에는 직선과 원곡선을 직접 접속시켜도 실제의 주행은 직선부에서도 완화곡선의 주행궤적의 형태로 주행할 수 있다.

또한, 완화곡선을 설치할 것인가 혹은 생략할 것인가의 여부에 대한 한계 이정량은 0.20m 정도이면 물리적으로 적합한 것으로 생각되므로 완화곡선이 클로소이드라고 할 때, 그림 5-29에서 완화곡선의 이정량은 식 5-35로 산정할 수 있으며, 산정된 이정량이 0.20m 이상 되는 경우에 대해서만 완화곡선을 설치하는 것으로 한다.

$$S = \frac{1}{24} \cdot \frac{L^2}{R}$$

(식 5-35)

여기서, S : 이정량(m)

L : 완화곡선의 길이(m)

R : 평면곡선 반지름(m)

따라서, $S = \frac{1}{24} \cdot \frac{L^2}{R} = 0.2\text{m}$ 인 평면곡선 반지름을 완화곡선 설치의 한계 평면곡선 반지름으로 할 수 있다.

식 5-34와 식 5-35의 관계에서 완화곡선의 길이 L을 소거하면 $4.8R = \left(\frac{V}{1.8}\right)^2$

$$\therefore R = 0.064V^2$$

(식 5-36)

식 5-36으로 설계속도에 따라 완화곡선을 설치해야 할 한계 평면곡선 반지름을 계산하면 표 5-13의 계산값과 같다.

표 5-13 완화곡선을 생략할 수 있는 평면곡선 반지름

(단위 : m)

설계속도(km/h)	계산값	적용값
120	921.6	3,000
100	640.0	2,000
80	409.6	1,300
70	313.6	1,000
60	230.4	700

표 5-13의 계산값보다 큰 평면곡선 반지름에 대해서는 완화곡선을 설치하지 않아도 된다는 것이지만 이렇게 계산된 한계 평면곡선 반지름의 값은 완화구간의 길이를 최소로 하여 계산된 것이므로 여유가 필요하다. 따라서, 시각적으로나 주행상으로 또는 운전자의 쾌적성을 저하시키지 않기 위해서는 표 5-13의 계산값에 3배 정도까지는 완화곡선을 생략하지 않는 것이 바람직하다.

경험에 따르면, 클로소이드 곡선을 완화곡선으로 사용하는 경우 평면곡선 반지름(R)과 클로소이드 파라미터(A)의 관계는 다음의 범위에 들어가도록 권장하고 있다.

$$\frac{R}{3} \leq A \leq R \tag{식 5-37}$$

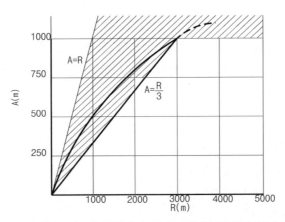

그림 5-30 평면곡선 반지름(R)과 클로소이드 파라미터(A)의 관계

이와 같은 관계에 있을 때 원곡선과 완화곡선의 조화가 이루어지고 시각적으로도 원활한 평면선형이 이루어진다는 것이 경험적으로 알려져 있다. 다만, 이 원칙이 적용되는 것은 접속하는 원곡선 반지름이 어느 일정 범위에 들어가 있을 때이므로 원곡선 반지름 R이 작게 되면 A는 그 반지름보다도 커지고 원곡선 반지름 R이 크면 A는 R/3보다 작게 되므로 부득이한 경우 도로 교각의 크기, 지형 및 지장물 등을 고려하여 원곡선과 완화곡선의 길이가 적절히 조화되도록 설치해야 한다.

시거에는 운전자의 안전을 위하여 도로의 설계속도에 따라 필요한 길이를 전 구간에 걸쳐서 확보해야 하는 정지시거와 양방향 2차로 도로의 효율적인 운영을 위하여 설계속도에 따라 필요한 길이를 적정한 간격으로 확보해야 하는 앞지르기시거가 있다.

제24조(시거)

① 도로에는 그 도로의 설계속도에 따라 다음 표의 길이 이상의 정지시거를 확보해야 한다.

설계속도(킬로미터/시간)	최소 정지시거(미터)
120	215
110	185
100	155
90	130
80	110
70	95
60	75
50	55
40	40
30	30
20	20

② 2차로 도로에서 앞지르기를 허용하는 구간에서는 설계속도에 따라 다음 표의 길이 이상의 앞지르기시거를 확보해야 한다.

설계속도(킬로미터/시간)	최소 앞지르기시거(미터)
80	540
70	480
60	400
50	350
40	280
30	200
20	150

5-2-1 정지시거

정지시거는 운전자가 같은 차로 상에 있는 고장차 등의 장애물 또는 위험 요소를 알아차리고 제동을 걸어서 안전하게 정지하기 위하여 필요한 길이를 주행속도에 따라 산정한 것이다. 이때 도로의 확보된 정지시거는 운전자의 위치를 진행하는 차로의 중심선상으로 가정하고, 운전자의 눈높이는 도로 노면으로부터 1.00m로 하여, 장애물 또는 물체의 높이 0.15m를 볼 수 있는 거리를 같은 차로의 중심선상으로 측정한 것을 말한다.

이러한 정지시거는 다음의 두 가지 거리를 산정하여 각각의 거리를 합한 값이다.

① 운전자가 앞쪽의 장애물을 인지하고 위험하다고 판단하여 제동장치를 작동시키기까지의 주행거리(반응시간 동안의 주행거리)

② 운전자가 브레이크를 밟기 시작하여 자동차가 정지할 때까지의 거리(제동거리)

이때 정지시거를 산정하기 위하여 적용하는 속도는 주행속도이며, 노면습윤상태일 때의 주행속도는 설계속도가 120~80km/h 일 때 설계속도의 85%, 설계속도가 70~40 km/h 일때 설계속도의 90%, 설계속도가 30km/h 이하일 때 설계속도와 같다고 보고 계산한다.

1. 반응시간 동안의 주행거리

운전자는 개개인에 따라 운전의 경험 및 숙련 정도, 위기대처능력 등이 다양하여 운전자가 장애물을 발견한 후 브레이크를 밟을 것인가를 판단하고 나서 브레이크를 밟을 때까지의 동작시간에 대하여 각종 실험이 실시되었지만, 그 결과는 매우 다양하다. 따라서, 운전자가 장애물을 발견하고 브레이크를 밟을 때까지의 반응시간(braking reaction time)은 위험 요소를 판단하는 시간 1.5초, 제동장치를 작동시키기까지의 1.0초, 총 2.5초로 하여 주행거리를 산정한다. 운전자 반응시간의 범위는 일정하지는 않지만 보통 0.4~0.7초 정도이며, 혼잡한 도로 상황 및 예기치 못한 상황 등을 고려하여 2.5초를 반응시간으로 잡을 경우 90% 이상의 운전자가 위기에 대응할 수 있는 적당한 시간으로 판단된다.

이러한 반응시간 동안에 자동차가 주행하는 거리는 다음 식으로 나타낼 수 있다.

$$d_1 = v \cdot t = \frac{V}{3.6}t \qquad \qquad \text{(식 5-38)}$$

여기서, d_1 : 반응시간 동안의 주행거리

   v, V : 주행속도(m/sec, km/h)

   t : 반응시간(2.5초)

2. 제동거리

운전자가 브레이크를 밟아 자동차를 정지시킬 때 필요한 거리는 그 자동차의 브레이크 장치의 성능, 포장의 종류, 노면 상태, 타이어의 재질 및 상태 등 다양한 조건에 따라 달라지나 타이어와 노면 간의 종방향미끄럼마찰력에 의하여 자동차가 정지하게 되는 거리를 표준식으로 나타내면 다음과 같다.

$$d_2 = \frac{v^2}{2gf} = \frac{V^2}{254f} \qquad \qquad \text{(식 5-39)}$$

여기서,　　d₂ : 제동거리

　　　　　v, V : 주행속도(m/sec, km/h)

　　　　　　g : 중력가속도(m/sec²)

　　　　　　f : 노면과 타이어 간의 종방향미끄럼마찰계수

　자동차가 정지할 때 노면과 타이어 간에 작용하게 되는 종방향미끄럼마찰계수(f)는 속도에 따라 그 값이 변화하며, 그로 인하여 운전자가 브레이크를 밟고 있는 동안 자동차의 속도도 변화하게 되나, 이때 종방향미끄럼마찰계수의 값은 안전을 고려하여 브레이크를 밟기 직전의 속도 및 노면의 습윤상태의 값을 적용하여 계산한다.

3. 정지시거의 계산

　정지시거는 운전자의 안전한 주행에 큰 영향을 미치므로 안전한 값이 되도록 결정해야 한다. 그러므로 종방향미끄럼마찰계수는 노면습윤상태로 하며, 속도는 주행속도로 하여 식 5-40에 따라 산정하면 표 5-14와 같다.

$$D = d_1 + d_2 = \frac{V}{3.6}t + \frac{V^2}{254f} = 0.694V + \frac{V^2}{254f} \qquad \text{(식 5-40)}$$

여기서,　D : 정지시거(m)　　　　　　d₁ : 반응시간 동안의 주행거리

　　　　 d₂ : 제동거리　　　　　　　　V : 주행속도(km/h)

　　　　　t : 반응시간(2.5초)　　　　　f : 노면습윤상태의 종방향미끄럼마찰계수

표 5-14 노면습윤상태일 때 정지시거

(단위 : m)

설계속도 (km/h)	주행속도 (km/h)	f	0.694V	$\frac{V^2}{254f}$	주행속도에 따른 정지시거	정지시거 규정값
120	102	0.29	70.8	141.2	212.0	215
110	93.5	0.29	64.9	118.7	183.6	185
100	85	0.30	59.0	94.8	153.8	155
90	76.5	0.30	53.1	76.8	129.9	130
80	68	0.31	47.2	58.7	105.9	110
70	63	0.32	43.7	48.8	92.5	95
60	54	0.33	37.5	34.8	72.3	75
50	45	0.36	31.2	22.1	53.3	55
40	36	0.40	25.0	12.8	37.8	40
30	30	0.44	20.8	8.1	28.9	30
20	20	0.44	13.9	3.6	17.5	20

4. 도로의 종단경사를 고려한 정지시거

운전자가 앞쪽의 장애물을 발견하고 브레이크를 밟아 자동차를 정지시키려 할 때 정지하는 거리는 그 도로의 종단경사에 따라 변화하게 된다. 즉, 제동거리가 오르막 경사 구간에서는 감소하고 내리막 경사 구간에서는 증가하게 된다.

종단경사에 따른 정지시거의 계산식은 다음의 식 5-41과 같다.

$$D = 0.694V + \frac{V^2}{254(f \pm s/100)}$$ (식 5-41)

여기서, D : 정지시거(m)

　　　　V : 주행속도(km/h)

　　　　f : 타이어와 노면의 종방향미끄럼마찰계수

　　　　s : 종단경사(%)

표 5-15 오르막 경사를 고려한 징지시거

(단위 : m)

구 분		설계속도(km/h)										
		120	110	100	90	80	70	60	50	40	30	20
종단경사(%)	0	215	185	155	130	110	95	75	55	40	30	20
	+1	210	180	155	130	105	95	75	55	40	30	20
	+2	205	180	150	130	105	90	75	55	40	30	20
	+3	200	175	150	125	105	90	70	55	40	30	20
	+4	195	170	145	125	100	90	70	55	40	30	20
	+5		170	145	120	100	90	70	55	40	30	20
	+6			140	120	100	85	70	55	40	30	20
	+7					100	85	70	50	40	30	20
	+8					95	85	70	50	40	30	20
	+9					95	85	65	50	40	30	20
	+10						85	65	50	40	30	20
	+11							65	50	35	30	20
	+12							65	50	35	30	20
	+13							65	50	35	30	20
	+14								50	35	30	20
	+15									35	30	20
	+16										30	20

표 5-16 내리막 경사를 고려한 정지시거

(단위 : m)

구 분		설계속도(km/h)										
		120	110	100	90	80	70	60	50	40	30	20
종단경사(%)	0	215	185	155	130	110	95	75	55	40	30	20
	−1	220	190	160	135	110	95	75	55	40	30	20
	−2	225	195	165	135	110	100	75	55	40	30	20
	−3	230	200	165	140	115	100	80	55	40	30	20
	−4	235	205	170	145	115	100	80	60	40	30	20
	−5		210	175	150	120	105	80	60	40	30	20
	−6			180	150	125	105	85	60	40	30	20
	−7					125	110	85	60	40	30	20
	−8					130	110	85	60	40	30	20
	−9					130	115	90	60	45	30	20
	−10						115	90	65	45	35	20
	−11							90	65	45	35	20
	−12							95	65	45	35	20
	−13							95	70	45	35	20
	−14								70	45	35	20
	−15									45	35	20
	−16										35	20

각 설계속도에서 종단경사에 따른 정지시거의 증감량은 오르막 구간에서는 정지시거 기준치보다 감소하게 되므로 안전하고, 내리막 구간의 경우는 기준치보다 증가하게 되나 규칙에서 규정한 값은 경사의 영향을 고려치 않고 규정한 것이므로 내리막 구간의 경우에는 설계할 때 세심한 주의를 기울여야 한다.

5. 노면 동결·적설을 고려한 정지시거

노면이 동결·적설된 경우에 운전자는 스노우타이어 또는 체인을 장착하거나 설계속도보다 어느 정도 제한된 속도로 주행하게 되며, 종방향미끄럼마찰계수의 값은 감소하게 된다. 종방향미끄럼마찰계수(f)의 값을 0.15로 하여 정지시거를 계산하면, 표 5-17과 같다.

표 5-17 노면 동결·적설을 고려한 정지시거

(단위 : m)

설계속도 (km/h)	주행속도 (km/h)	f	0.694V	$\dfrac{V^2}{254f}$	주행속도에 따른 정지시거	정지시거 채택
70 이상	60	0.15	41.6	94.5	136.1	140
60	50	0.15	34.7	65.6	100.3	100
50	40	0.15	27.8	42.0	69.8	70
40	30	0.15	20.8	23.6	44.4	45
30	20	0.15	13.9	10.5	24.4	25
20	20	0.15	13.9	10.5	24.4	25

※ f는 스노우타이어, 체인 등을 사용할 때의 종방향미끄럼마찰계수

그러나 동결·적설된 노면에서 급제동을 할 경우 옆으로 회전하게 되어 정지시거의 확보만으로 안전이 해결될 수 없으므로 동결·적설의 영향이 큰 지역에서는 미끄럼방지시설의 설치 등 그 대책을 강구해야 한다.

6. 터널 내 정지시거

일반 구간(토공 구간, 교량 구간)의 정지시거는 주행하는 자동차의 안전을 고려하여 노면습윤상태의 종방향미끄럼마찰계수를 적용하여 계산하고 있으나, 터널 구간의 실제 노면 상황은 대부분 건조한 상태이므로 터널 내 정지시거를 계산할 때는 노면건조상태의 종방향미끄럼마찰계수(f)를 적용하도록 하며, 이때의 정지시거를 계산하면 표 5-18과 같다.

표 5-18 터널 내 정지시거

(단위 : m)

설계속도 (km/h)	주행속도 (km/h)	f	0.694V	$\dfrac{V^2}{254f}$	주행속도에 따른 정지시거	정지시거 채택
120	120	0.54	83.3	105.0	188.3	190
110	110	0.55	76.3	86.6	162.9	165
100	100	0.56	69.4	70.3	139.7	140
90	90	0.57	62.5	55.9	118.4	120
80	80	0.58	55.5	43.4	98.9	100
70	70	0.59	48.6	32.7	81.3	85
60	60	0.60	41.6	23.6	65.2	70
50	50	0.61	34.7	16.1	50.8	55
40	40	0.63	27.8	10.0	37.8	40
30	30	0.64	20.8	5.5	26.3	30
20	20	0.65	13.9	2.4	16.3	20

※ f는 노면건조상태의 종방향미끄럼마찰계수

5-2-2 앞지르기시거

앞지르기시거는 차로 중심선 위의 1.00m 높이에서 대향차로의 중심선상에 있는 높이 1.20m의 대향 자동차를 발견하고, 안전하게 앞지를 수 있는 거리를 도로 중심선을 따라 측정한 길이를 말한다.

양방향 2차로 도로에서는 앞쪽에 저속 자동차가 주행하는 경우, 뒤따르는 자동차가 저속 자동차를 앞지르기 위하여 고속 주행을 하게 되나, 실제로 반대방향 차로의 교통량이 많거나 곡선반지름이 작은 평면곡선부 등 선형의 변화가 큰 구간에서 서행하는 자동차를 앞지르기가 불가능한 경우가 많으며, 이때 고속 자동차가 저속 자동차의 뒤를 계속 따라가게 되어 비효율적인 도로 운영이 되기도 한다.

그러므로 양방향 2차로 도로에서는 고속 자동차가 저속 자동차를 안전하게 앞지를 수 있도록 앞지르기시거가 확보되는 구간을 적정한 간격으로 두어야 한다.

1. 앞지르기시거의 계산

양방향 2차로 도로에서 앞지르기를 하기 위해서는 충분한 시거가 확보되어야 하나 경제적인 측면에서 전체 구간에서 앞지르기시거를 확보할 수 없기 때문에 필요한 앞지르기시거를 적정한 간격으로 확보하게 된다. 이러한 앞지르기시거는 다음과 같은 가정 아래 계산하게 된다.

① 앞지르기 당하는 자동차는 일정한 속도로 주행한다.

② 앞지르기 하는 자동차는 앞지르기를 하기 전까지는 앞지르기 당하는 자동차와 같은 속도로 주행한다.

③ 앞지르기가 가능하다는 것을 인지한다.

④ 앞지르기 할 때에는 최대 가속도로 주행하여 앞지르기 당하는 자동차보다 빠른 속도로 주행한다.

⑤ 반대편 차로의 마주 오는 자동차는 설계속도로 주행하는 것으로 하고, 앞지르기가 완료되었을 때 반대편 차로의 자동차와 앞지르기한 자동차 사이에는 적절한 여유거리가 있으며 서로 엇갈려 지나간다.

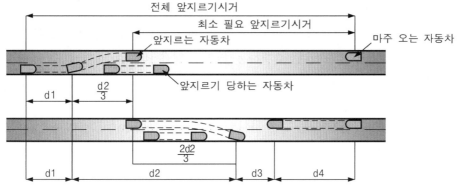

그림 5-31 앞지르기시거의 산정

이러한 가정 아래 양방향 2차로 도로에서는 최소한 다음의 4가지 거리를 합한 총거리를 확보해야 한다.

① 고속 자동차가 앞지르기가 가능하다고 판단하고 가속하여 반대편 차로로 진입하기 직전까지 주행한 거리(반대편 차로 진입거리 : d_1)

② 고속 자동차가 반대편 차로로 진입하여 앞지르기할 때까지 주행하는 거리(앞지르기 주행거리 : d_2)

③ 고속 자동차가 앞지르기를 완료한 후 반대편 차로의 자동차와의 여유거리(마주 오는 자동차와의 여유거리 : d_3)

④ 고속 자동차가 앞지르기를 완료할 때까지 마주 오는 자동차가 주행한 거리(마주 오는 자동차의 주행거리 : d_4)

(1) 반대편 차로 진입거리(d_1)

고속 자동차가 앞지르기를 하기 위하여 반대편 차로로 진입하려면 우선 앞지르기가 가능한지 여부를 판단하고, 가능한 경우 가속하여 반대편 차로로 진입하게 된다. 이때 반대편 차로로 진입하는 데 걸리는 시간은 설계속도에 따라 일반적으로 2.7~4.3초를 나타내고 있으며, 고속 자동차가 반대편 차로로 진입하는 데 필요한 거리는 다음 식으로 나타낼 수 있다.

$$d_1 = \frac{V_0}{3.6} t_1 + \frac{1}{2} a t_1^2 \qquad \text{(식 5-42)}$$

여기서, V_0 : 앞지르기 당하는 자동차의 속도(km/h)

　　　 a : 평균가속도(m/sec^2)

　　　 t_1 : 가속시간(sec)

(2) 앞지르기 주행거리(d_2)

고속 자동차가 반대편 차로로 진입한 후 저속 자동차를 앞지르기 위하여 주행하는 시간은 대개 8.2~10.4초 정도이며, 주행하는 거리는 다음 식으로 나타낼 수 있다.

$$d_2 = \frac{V}{3.6} t_2 \qquad \text{(식 5-43)}$$

여기서, V : 고속 자동차의 반대편 차로에서의 주행속도(km/h) = 설계속도

　　　 t_2 : 앞지르기를 시작하여 완료하기까지의 시간(sec)

(3) 마주 오는 자동차와의 여유거리(d_3)

앞지르기를 완료하였을 때 반대편 차로에 있는 자동차도 그동안 주행하여 앞지르기한 자동차와 근접하게 된다. 이때 앞지르기한 자동차와 마주 오는 자동차와의 간격은 설계속도에 따라 15~70m를 적용하도록 한다.

(4) 마주 오는 자동차의 주행거리(d_4)

앞지르기하는 자동차가 반대편 차로에 진입하여 앞지르기를 완료할 때까지 마주 오는 자동차가 주행하는 거리는 고속 자동차가 앞지르기한 거리의 2/3 정도이며, 이때 마주 오는 자동차의 속도는 앞지르기하는 자동차와 같은 설계속도이다.

$$d_4 = \frac{2}{3}d_2 = \frac{2}{3} \cdot \frac{V}{3.6} \cdot t_2 = \frac{V}{5.4}t_2 \qquad \text{(식 5-44)}$$

이러한 앞지르기시거는 양방향 2차로 도로에서만 적용하게 되며, 현재 우리나라에서 양방향 2차로 도로의 설계속도를 80km/h 이하로 하고 있으므로 앞지르기시거는 설계속도 80km/h 이하의 도로에 대하여 규정하고 있다. 이에 따라 앞지르기시거를 계산하면 표 5-19와 같다. 또한, 앞지르기하는 자동차의 속도는 주행특성상 설계속도보다 높은 속도로 앞지르기를 하게 되므로 이를 고려하여 앞지르기시거를 산정하였다.

표 5-19 앞지르기시거

(단위 : m)

설계속도 (km/h)	V (km/h)	V_0 (km/h)	d_1			d_2		d_3 (m)	d_4 (m)	앞지르기시거	
			a (m/sec^2)	t_1 (sec)	d_1 (m)	t_2 (sec)	d_2 (m)			계산값	규정값
80	80	65	0.65	4.3	83.6	10.4	231.1	70	154.1	538.8	540
70	75	60	0.64	4.0	71.8	10.0	208.3	60	138.9	479.0	480
60	65	50	0.63	3.7	55.7	9.6	173.3	50	115.6	394.6	400
50	60	45	0.62	3.4	46.1	9.2	153.3	40	102.2	341.6	350
40	50	35	0.61	3.1	33.1	8.8	122.2	35	81.5	275.6	280
30	40	25	0.60	2.9	20.1	8.5	94.4	20	63.0	197.5	200
20	30	15	0.60	2.7	13.4	8.2	68.3	15	45.6	142.3	150

2. 앞지르기시거의 적용

양방향 2차로 도로에서 앞지르기시거가 확보되어 있지 않은 경우에는 앞지르기 행동에 제약을 받으므로 주행속도는 저하된다.

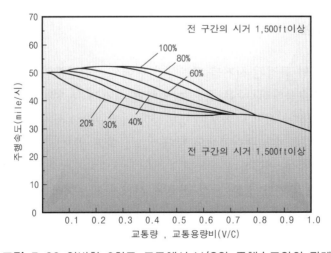

그림 5-32 양방향 2차로 도로에서 V/C와 주행속도와의 관계

따라서, 앞지르기시거를 확보하여 주행속도의 저하 현상을 막아야 하나, 앞지르기시거는 매우 길기 때문에 도로의 모든 구간에서 이를 확보한다는 것은 매우 어려우며, 또한 비경제적인 설계가 된다.

그러므로 지형, 설계속도, 공사비 등을 고려하고, 앞지르기 구간의 길이와 빈도를 적절히 정하여 운전자가 불쾌하지 않으며 경제적 타당성을 확보할 수 있는 설계를 해야 한다.

앞지르기 구간이 그 도로의 전 구간에 걸쳐 얼마만큼 존재하는가를 앞지르기시거 확보 구간의 존재율이라 하며, 이 존재율에 따라 도로에 앞지르기 구간을 분배하고 있다.

우리나라는 국외(일본)의 경우와 마찬가지로 양방향 2차로 도로에서 최저 1분 간 주행하는 사이에 1회 또는 부득이한 경우에도 3분 간 주행하는 사이에 1회의 앞지르기 구간을 확보하도록 하였으며, 이를 전 구간에 대한 앞지르기시거 확보 구간의 존재율로 나타내면 일반적인 경우 30% 이상, 부득이한 경우에도 10% 이상의 구간을 확보하도록 하고 있다.

노선 중 앞지르기시거가 확보되지 않은 구간이 한 지역에 편중되어 있다고 하는 것은 바람직하지 않으며, 표 5-20에 따른 비율로 노선 전체에 균등하게 분포되어 있도록 설계하는 것이 바람직하다.

표 5-20 앞지르기시거 확보 구간의 존재율

설계속도(km/h)	1분 간 주행거리(km)	앞지르기 거리(m)	1분 간 1회(%)	3분 간 1회(%)
80	1.33	550	38	13
60	1.00	350	35	12
50	0.83	250	30	10
40	0.67	200	30	10
30	0.50	150	30	10

5-2-3 시거의 확보

안전의 필수 요건인 규정된 시거를 확보하기 위해서는 중앙분리대와 도로의 좌측 또는 우측에 설치되는 방호울타리, 수목 등으로 인하여 시거가 부족해지지 않도록 설계할 때 세심한 주의가 필요하다. 시거의 확보는 평면선형 외에 종단경사가 변화하는 곳에서도 문제가 되는데, 이에 대하여는 종단곡선의 항에서 언급하고 있으므로 여기에서는 평면선형에서의 문제점에 대하여 언급한다.

도로를 설계할 때 주의할 점은 건설 직후에 시거가 확보되어 있다고 하여도 장래 도로 주변의 개발 등에 따라 시거가 계속 확보되지 못하는 우려가 있는 경우는 평면곡선 반지름을 크게 설치하든가, 필요한 범위를 도로부지로 확보하는 등의 배려가 필요하다는 것이다.

(1) 원곡선의 안쪽에 두는 공간의 한계선

이 경우 그림 5-33에서 나타낸 바와 같이 차로 중심선부터 장애물까지의 거리, 즉, 중앙 종거는

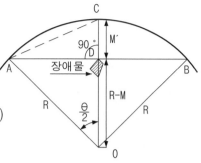

$$M(=\overline{CD})=R(1-\cos\frac{\theta}{2})=R(1-\cos\frac{D}{2R})$$

여기서,　D : 시거(ACB)

　　　　　R : 반지름

그림 5-33 원곡선에서의 시거

우변을 Tailer의 급수로 전개하면

$$M=\frac{D^2}{8R}-\frac{D^4}{384R^3}\cdots\cdots=\frac{D^2}{8R}(1-\frac{D^2}{78R^2}\cdots\cdots)\fallingdotseq\frac{D^2}{8R}\qquad\text{(식 5-45)}$$

이것을 양대수 그래프로 나타낸 것이 그림 5-34이다. 예를 들어, 설계속도 80km/h에서 시거 110m를 확보하려 할 경우 설치된 평면곡선 반지름이 250m라 하면 그림에서 알 수 있듯이, 안쪽 차로의 중심선에서 6.1m 까지는 공지로 확보해야 한다.

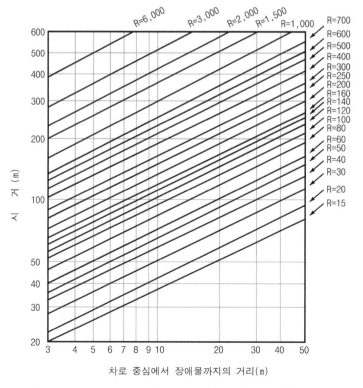

그림 5-34 원곡선상에서 평면곡선 반지름에 따른 시거 및 장애물까지의 거리

그러나 이 경우는 원곡선 구간이 길어 시거가 평면곡선 사이에 존재할 때이며, 완화구간 등에서 시선에 양끝이 걸리는 경우에는 약간 적은 값이 된다.

(2) 직선과 원 또는 클로소이드가 연결되는 경우

원곡선만의 경우는 (1)의 방법으로 차로 중심선에서 장애물까지의 거리를 구하면 되지만, 직선과 곡선이 연결되어 있는 경우에는 도면상에 실제로 나타낸 후 시거 확보를 위하여 비탈면을 어느 정도 절취해야 할 것인가를 구할 수 있다.

(3) 평면곡선과 종단곡선이 겹쳐지고 있는 경우

① 투시선의 양끝이 평면상으로는 원곡선 내에, 종단상으로는 종단곡선 내에 들어 있는 경우

그림 5-35에서 투시선의 비탈면을 끊어 a와 h를 조합하여 구할 수 있는 a의 최댓값에 대한 평면곡선 반지름을 R이라 하고, 운전자의 눈높이 및 장애물의 높이를 각각 he 및 hc, 시거를 D라 할 때 a의 최댓값은 다음 식으로 나타낼 수 있다.

$$a_{max} = \frac{D^2}{8R} \cdot \frac{K-NR}{K} + \frac{N^2(he-hc)^2}{2D^2} \cdot R \frac{K}{K-NR} - \frac{N(he+hc)}{C} - C \quad \text{(식 5-46)}$$

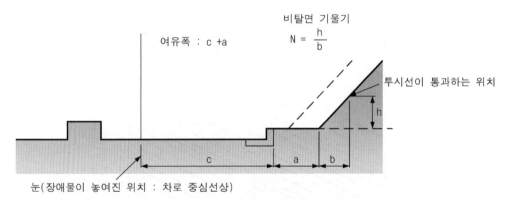

그림 5-35 시거 확보를 위한 절취선

식 5-46에서 N 이외의 제원 단위는 m이며, K는 종단곡선의 반지름으로 오목형이면 양의 부호, 볼록형이면 음의 부호를 갖는 것으로 한다.

② 투시선의 양단이 평면상으로는 원곡선 가운데에 들어 있고, 종단상으로는 직선경사 내에 들어 있는 경우는 다음 식으로 나타낼 수 있다.

$$a_{max} = \frac{D^2}{8R} + \frac{N^2(he-hc)^2}{D^2} \cdot R - \frac{N(he-hc)}{2} - C \quad \text{(식 5-47)}$$

③ 선형과 투시선의 위치 관계가 더욱 복잡한 경우에는 도면에 직접 나타내어 그 값을 구하는 편이 용이하다.

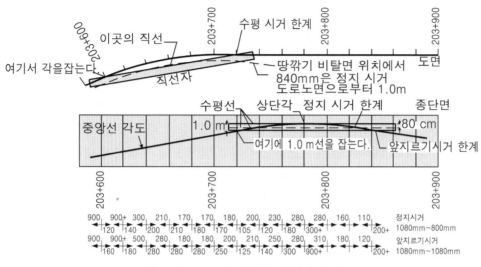

그림 5-36 도면을 이용한 시거 산정(예시)

5-2-4 평면교차로 시거

평면교차로에서는 도로의 전 구간에서 반드시 확보되어야 하는 정지시거는 물론 운전자가 감지하기 어려운 정보나 예상치 못했던 환경의 인지, 잠재적 위험성의 인지, 적절한 속도와 주행경로의 선택, 선택한 경로의 대처에 필요한 판단시거(decision sight distance)가 필요하게 된다. 그러나 판단시거를 정지시거와 분리하여 별도로 구분하는 것은 다소 무리가 있으므로 정지시거와 판단시거를 함께 고려하여 평면교차로의 시거를 검토한다.

또한, 교차로 내에 진입하려는 자동차는 교차 도로의 상황을 인지하는데 필요한 시거를 필요로 하게 되며, 이는 교차하는 도로를 인지할 수 있는 범위가 되므로 이를 교차로의 시계 또는 시거 삼각형(sight distance triangle) 이라 부르기도 한다.

시거 산정 등 평면교차로 시거에 대한 자세한 내용은 '6-2-6 평면교차로의 시거'를 참조한다.

5-3   종단선형

　도로의 형상을 구성하는 요소인 종단선형은 직선과 곡선으로 구성되며, 설계 요소로는 종단경사와 종단곡선이 있다. 종단선형을 직선으로 할 때에는 종단경사의 기준을 적용하며, 종단선형을 곡선으로 설계하는 경우 2차 포물선으로 설계하여 종단곡선 변화비율에 대한 기준과 종단곡선의 최소 길이 기준을 적용한다. 도로는 같은 설계속도 구간에서 동일한 주행 상태가 유지될 수 있도록 하는 것이 바람직하나, 종단선형은 같은 설계속도 구간이라 할지라도 지형 조건 및 자동차의 오르막 능력 등에 따라 모든 자동차에게 동일한 주행 상태를 유지시켜줄 수 없는 요소를 포함하고 있어 모든 자동차에 대하여 설계속도를 확보할 수 있도록 설계하는 것은 경제적 타당성을 확보할 수 없다.

　최근 자동차의 오르막 능력은 상당히 향상되어 특히 승용자동차와 소형자동차는 오르막경사의 영향을 크게 받는 일이 적어졌지만, 대형자동차는 오르막 경사의 크기에 따라 주행속도의 차이가 심하게 변화한다.

　오르막 구간에서 대형자동차의 속도 저하는 다른 자동차의 고속주행을 방해하여 교통의 혼란을 야기시키고, 교통 지체 등으로 도로용량을 저하시키는 요인이 된다. 또한 고속으로 주행하는 자동차와 저속으로 주행하는 자동차의 속도 차이가 증가함에 따라 앞지르기 등의 행동이 늘어나서 교통사고의 요인이 되기도 한다.

　따라서, 오르막 구간에서는 자동차의 오르막 능력 차이로 인하여 일정한 속도 이하로 주행하는 자동차로 인한 서비스수준의 저하를 방지하고, 안전성 향상을 위하여 오르막차로의 설치를 경제적 측면과 비교 검토하여 판단해야 한다.

5-3-1 종단경사

제25조(종단경사)

① 차도의 종단경사는 도로의 기능별 구분, 지형 상황과 설계속도에 따라 다음 표의 비율 이하로 해야 한다. 다만, 지형 상황, 주변 지장물 및 경제성을 고려하여 필요하다고 인정되는 경우에는 다음 표의 비율에 1퍼센트를 더한 값 이하로 할 수 있다.

최대 종단경사(퍼센트)

설계속도 (킬로미터/시간)	주간선도로 및 보조간선도로				집산도로 및 연결로		국지도로	
	고속국도		그 밖의 도로					
	평지	산지등	평지	산지등	평지	산지등	평지	산지등
120	3	4						
110	3	5						
100	3	5	3	6				
90	4	6	4	6				
80	4	6	4	7	6	9		
70			5	7	7	10		
60			5	8	7	10	7	13
50			5	8	7	10	7	14
40			6	9	7	11	7	15
30					7	12	8	16
20							8	16

비고) 산지등이란 산지, 구릉지 및 평지(지하차도 및 고가도로의 설치가 필요한 경우만 해당한다)를 말한다. 이하 이 조에서 같다.

② 소형차도로의 종단경사는 도로의 기능별 구분, 지형 상황과 설계속도에 따라 다음 표의 비율 이하로 해야 한다. 다만, 지형 상황, 주변 지장물 및 경제성을 고려하여 필요하다고 인정되는 경우에는 다음 표의 비율에 1퍼센트를 더한 값 이하로 할 수 있다.

최대 종단경사(퍼센트)

설계속도 (킬로미터/시간)	주간선도로 및 보조간선도로				집산도로 및 연결로		국지도로	
	고속국도		그 밖의 도로					
	평지	산지등	평지	산지등	평지	산지등	평지	산지등
120	4	5						
110	4	6						
100	4	6	4	7				
90	6	7	6	7				
80	6	7	6	8	8	10		
70			7	8	9	11		
60			7	9	9	11	9	14
50			7	9	9	11	9	15
40			8	10	9	12	9	16
30					9	13	10	17
20							10	17

1. 일반사항

도로를 설계하기 위하여 결정된 설계속도는 도로를 구성하는 다양한 기하구조 요소를 상호 연관시킨다. 이는 도로를 설계할 때 같은 설계속도 구간에서는 도로의 형상을 일정하게 해야 하며, 동일한 주행 상태를 유지할 수 있도록 해야 하는 도로설계의 근본적 개념을 만족시키기 위한 것이다. 그러나 설계속도에 따라 일정하게 정하여지는 도로의 기하구조 요소 중 종단경사는 경사구간의 오르막 특성이 자동차에 따라 크게 다르므로 모든 자동차가 설계속도와 같은 주행속도를 확보할 수 있도록 하는 것은 경제적인 측면에서 타당하지 못하다. 그러므로 종단경사의 값은 경제적인 측면에서 허용할 수 있는 범위 내에서 가능한 한 속도 저하가 작아지도록 하여 도로용량의 감소 및 안전성 저하를 방지하도록 결정하게 되므로 이 규칙에서는 도로의 구분과 지형조건에 따라 종단경사의 적용값을 구분하였으며, 평지에서도 지하차도 및 고가(高架)도로를 설계할 때에는 산지의 값을 적용할 수 있다. 주변 상황 등으로 산지의 종단경사 적용이 부득이한 경우에는 새로운 설계구간을 설정하여 적용할 수 있다.

2. 자동차의 오르막 특성

(1) 승용차

종단경사 구간에서 승용차의 움직임은 다양하게 나타나지만 대부분의 승용차는 4~5% 종단경사에서도 평지와 거의 비슷한 속도로 주행할 수 있으며, 3% 종단경사에서는 거의 영향을 받지 않는다. 그러나 승용차도 오르막 경사가 증가함에 따라 속도가 점차적으로 감속되며, 내리막 경사에서는 평지보다 속도가 증가하게 된다.

(2) 트럭

평지에서는 트럭의 평균 주행속도는 승용차와 거의 동일하나 오르막 구간에서는 많은 영향을 받는다. 오르막 구간에서 트럭이 유지할 수 있는 최고 속도는 종단경사의 크기, 경사의 길이, 총중량/엔진 성능(중량/마력)비와 그 구간에 진입할 때의 속도에 따라 크게

표 5-21 표준트럭 및 설치 조건

국 가	표준트럭(lb/hp)	설 치 조 건
미 국	200	주행속도가 15km/h 이상 감소
캐 나 다	300	주행속도가 15km/h 이상 감소
호 주	170	주행속도가 40km/h 이하
일 본	225	주행속도가 설계속도의 1/2 이하
한 국	170	주행속도가 60km/h 이하

영향을 받으므로 오르막 구간의 설계에서는 특히 트럭의 오르막 능력 및 특성을 감안해야 한다.

국토교통부에서 제정한 도로용량편람에서는 100kg/kw(170lb/hp), 일본의 도로구조령에서는 135kg/kw(225lb/hp), 캐나다는 180kg/kw(300lb/hp), 호주는 100kg/kw (170lb/hp)를 적용하였고, 미국은 120kg/kw(200lb/hp)를 표준트럭으로 사용하나 구간별 특성을 반영하도록 권장하고 있다.

이상과 같은 적용 사례와 트럭의 오르막 성능의 향상 정도를 감안하여 오르막차로를 설계할 때의 표준트럭의 오르막 성능은 총중량/엔진 성능 100kg/kw(170lb/hp)를 적용하도록 한다.

3. 종단경사의 설계기준

(1) 일반사항

오르막 구간에서의 속도 저하는 다른 고속 자동차의 주행을 방해하여 도로용량을 감소시키는 요인이 되며, 또한 앞지르기 등의 행동이 늘어나 교통안전성의 저하를 가져온다는 것은 이미 기술한바 있으나, 우리나라와 같이 산지가 많은 지형에서는 경제적인 측면과 속도 저하의 측면을 동시에 고려하여 합리적으로 종단경사의 설계가 이루어지도록 해야 한다.

그러므로 종단경사의 규정은 설계속도, 지형 여건 및 오르막 구간에서 가장 영향을 많이 받는 트럭의 오르막 능력을 감안하여 결정하였으며, 도로의 구분 및 주변 여건을 고려하고 평지와 산지로 구분하여 경제적 측면과 그 도로의 조건에 만족할 수 있는 경사를 적용하도록 하였다.

종단경사는 오르막 구간의 주행속도가 가능한 한 설계속도와 가까운 속도를 유지하도록 하는 것이 이상적이지만, 경제적인 측면에서 제약을 받으므로 어느 정도의 속도 저하를 허용하도록 하고, 필요하다면 오르막차로를 설치할 수 있도록 하였다.

참고적으로 현재 국외(미국)에서 통용되고 있는 종단경사 기준(AASHTO)을 살펴보면 표 5-22와 같다.

(2) 소형차도로의 종단경사

소형차도로는 승용자동차와 소형자동차 등 일정 규모 이하의 자동차만 주행하므로 그 밖의 도로에 비하여 오르막길을 오르는 성능이 뛰어난 자동차가 대상이 된다.

또한, 소형차도로의 종단경사는 소형차가 일정한 주행속도에서 균일하게 오르막 경사를 오를 수 있는 종단경사를 적용하도록 하였다.

표 5-22 AASHTO 종단경사 기준

(단위 : %)

구 분			설계속도(km/h)												비 고
			20	30	40	50	60	70	80	90	100	110	120	130	
자동차전용도로		평 지1)							4	4	3	3	3	3	• 도시지역에서는 부득이한 경우 1% 더함 (산지 제외)
		구릉지2)							5	5	4	4	4	4	
		산 지3)							6	6	6	5			
간선도로	지방지역	평 지					5	5	4	4	3	3	3	3	
		구릉지					6	6	5	5	4	4	4	4	
		산 지					8	7	7	6	6	5	5	5	
	도시지역	평 지				8	7	6	6	5	5				
		구릉지				9	8	7	7	6	6				
		산 지				11	10	9	9	8	8				
집산도로	지방지역	평 지		7	7	7	7	7	6	6	5				• 지방지역과 도시지역의 짧은 구간(150m 이하), 일방향 내리막 경사와 교통량이 적은 지방지역에서는 2% 더함
		구릉지		10	10	9	8	8	7	7	6				
		산 지		12	11	10	10	10	9	9	8				
	도시지역	평 지		9	9	9	9	8	7	7	6				
		구릉지		12	12	11	10	9	8	8	7				
		산 지		14	13	12	12	11	10	10	9				
국지도로	지방지역	평 지	9	8	7	7	7	7	6	6	5				
		구릉지	12	11	11	10	10	9	8	7	6				
		산 지	17	16	15	14	13	12	10	10					
	도시지역	• 주거지역 : 주변 지역과 일치하는 경사 적용(최대 15%)													
		• 상업지역, 산업지역 : 5% 이하(부득이한 경우 8%)													
		• 최소 경사 0.3%(부득이한 경우 0.2%)													

주1) 평면선형 및 종단선형의 제한에 따라 지배되는 도로의 시거가 일반적으로 길거나 시공상의 어려움이나 많은 비용이 없이도 시거를 연장할 수 있는 조건

주2) 자연 상태의 경사가 연속적으로 도로나 가로의 계획고와 교차하며 간혹 경사가 급한 비탈면이 정성적인 평면과 종단선형에 얼마간 제약을 가하는 지형

주3) 도로와 가로가 통과하는 지반고가 종방향과 횡방향으로 급작스럽게 변화하며, 허용될 수 있는 평면선형과 종단선형을 얻기 위해 지반의 절취가 빈번하게 필요한 지형

4. 종단경사 구간의 제한 길이

최대 종단경사는 그 자체로는 설계의 완전한 통제요인이 아니다. 바람직한 주행상태에 대한 특정 경사구간의 길이도 고려해야 할 필요가 있다.

종단경사 구간의 제한 길이는 트럭이 오르막 구간에 진입하여 허용된 최저 속도까지 유지하며 주행할 수 있는 구간의 최대 길이이며, 설계된 오르막 구간의 길이가 제한 길이를 초과할 경우에는 표준트럭이 허용된 최저속도로 주행할 수 있도록 종단경사를 조정하거나 고속으로 주행하는 다른 자동차와 분리할 수 있도록 오르막차로의 설치를 검토해야 한다.

종단경사 구간의 제한길이는 주어진 조건에 따라 총중량/엔진 성능(중량/마력)비가 100kg/kw(170lb/hp)인 트럭을 표준으로 하며, 다음과 같은 가정 아래 감속인 경우에는 그림 5-37을, 가속인 경우에는 그림 5-38의 속도-경사길이를 이용하여 산정한다. 그림 5-37과 그림 5-38은 국토교통부에서 제정한 도로용량편람의 오르막차로 설치 구간길이를 참조하였다.

① 오르막 구간의 진입 속도는 다음 두 속도 중 작은 값을 적용한다.
　- 설계속도가 80km/h 이상인 경우는 모두 80km/h로 하며, 설계속도가 80km/h 미만인 경우는 설계속도와 같은 속도
　- 앞쪽 경사의 영향에 따른 오르막 구간의 진입속도

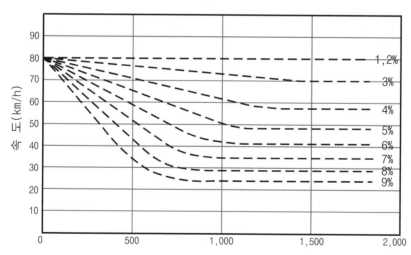

그림 5-37 경사 길이에 따른 속도변화{100kg/kw(170lb/hp) 표준트럭 : 감속인 경우}

② 대형자동차의 허용 최저속도는 다음 값 이상의 속도를 유지하도록 한다.
- 설계속도 100km/h 이하~80km/h 이상인 경우 : 60km/h
- 설계속도 80km/h 미만인 경우 : 설계속도 - 20km/h

단, 설계속도가 높은 도로의 오르막차로 시종점부는 본선 자동차와 오르막차로 이용 트럭의 속도 차이가 커서 교통사고의 위험이 크다. 따라서, 설계속도 120km/h인 경우에는 오르막차로 시점부는 65km/h, 종점부는 75km/h를 허용 최저속도로 한다.

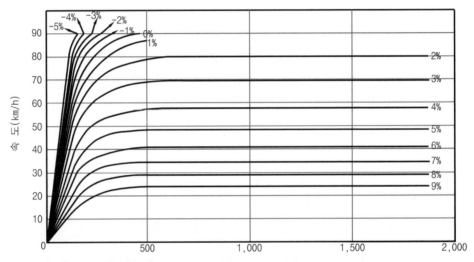

그림 5-38 경사 길이에 따른 속도변화{100kg/kw(170lb/hp) 표준트럭 : 가속인 경우}

5. 산지 종단경사의 적용

긴 구간에 걸쳐 종단경사를 평지나 산지로만 유지하려면 경제적인 측면 및 교통안전측면에서 타당하지 못하므로 사실상 사업이 불가능한 경우가 생길 수도 있으며, 또 그 구간 때문에 전 노선의 설계속도를 낮춘다는 것도 바람직하지 않다. 현실적으로 산지 종단경사를 적용하는데 있어서는 노선의 성격이나 중요성, 교통량, 지형 및 지역 등 복잡성을 가지고 있기 때문에 명확한 근거를 가지고 적용하기에는 어려움이 있다.

산지 종단경사를 적용하는 데는 '3-5 설계구간'과 연계하여 일관성이 있고 교통운영상 효율성이 확보될 수 있어야 한다. 따라서, 설계구간 길이가 확보되지 않는 구간에 대해서는 투자 효율성을 감안하여 그림 5-39와 같은 설치 방법을 적용한다. 다만, 교통특성상 안전에 악영향이 미칠 것으로 판단되는 경우에는 산지 종단경사의 적용을 배제할 수 있다.

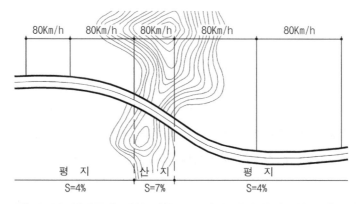

그림 5-39 설계구간 길이 미확보 구간의 산지 종단경사 적용방법

설계구간 길이가 확보되는 구간에 대해서는 교통안전성을 향상시키기 위하여 그림 5-40과 같이 설계구간을 설정한 후 구간별 종단경사 값을 적용하여 설치한다.

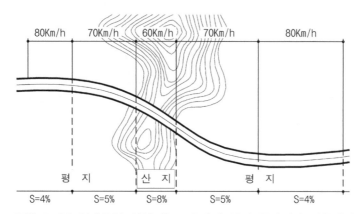

그림 5-40 설계구간 길이 확보 구간의 산지 종단경사 적용방법

5-3-2 오르막차로

제26조(오르막차로)

① 종단경사가 있는 구간에서 자동차의 오르막 능력 등을 검토하여 필요하다고 인정되는 경우에는 오르막차로를 설치하여야 한다. 다만, 설계속도가 시속 40킬로미터 이하인 경우에는 오르막차로를 설치하지 아니할 수 있다.

② 오르막차로의 폭은 본선의 차로폭과 같게 설치하여야 한다.

1. 일반사항

오르막 구간에서 속도 감소가 큰 대형자동차의 혼입률이 커서 도로용량의 감소가 크게 예상되는 경우나 대형자동차가 허용된 최저 속도 이상으로 주행할 수 있도록 하기 위해서는 도로의 노선 선정 및 구조적 형상면에서 경제성이 없거나 불합리한 경우 또는 고속 자동차의 안전하고 원활한 주행을 확보시켜 주어야만 도로의 성격상 합리적인 경우에는 부가차로로 오르막차로의 설치를 검토하여 필요한 경우 주행차로에 붙여 설치해야 한다.

오르막차로를 설치할 때 검토할 유의사항은 다음과 같다.

① 도로용량
 - 도로용량과 교통량의 관계
 - 고속 자동차와 저속 자동차의 구성비
② 경제성
 - 오르막 경사의 낮춤과 오르막차로 설치의 경제성
 - 고속 주행에 따른 편의 및 쾌적성 향상과 사업비 절감에 따른 경제성 증가
③ 교통안전
 - 오르막차로 설치에 따른 교통사고 예방효과

그러나 우리나라와 같이 산지가 많은 지역적 조건을 감안할 때 설계속도 40km/h 이하의 도로에서는 설계속도와 주행속도의 차가 심하지 않으므로 그 필요성을 검토하여 설치하지 않을 수 있다.

2. 오르막차로 설치 기준

(1) 양방향 2차로 도로

양방향 2차로 도로에서는 고속 자동차를 위한 앞지르기시거의 확보 정도와 현저한 속도 저하를 초래하는 긴 오르막 구간에서의 오르막차로의 설치 여부가 교통의 원활하고 안전한 주행에 큰 영향을 미친다.

그러므로 양방향 2차로 도로에서는 오르막 구간의 속도 저하 및 경제성을 검토하여 서비스수준이 "E" 이하가 되지 않을 경우 또는 2단계 이상의 서비스수준 저하가 되지 않을 경우에는 설치하지 않을 수 있다.

(2) 다차로 도로

다차로 도로에서 오르막차로의 설치 여부는 다음과 같은 사유로 양방향 2차로 도로보다 신중한 검토가 필요하다.

① 양방향 2차로 도로에서는 고속 자동차가 저속 자동차를 앞지르기할 경우 반대편 방향의 차로를 이용해야 하나, 다차로 도로에서는 같은 방향의 다른 차로를 이용하게

되어 교통안전 측면에서 유리하다.

② 양방향 2차로 도로의 오르막차로는 늘 이용될 수 있으나 다차로 도로에서는 교통량이 많은 시간대 외에는 이용이 많지 않다.

③ 도로는 통산 20년의 장래 교통량을 이용하여 설계하므로 양방향 2차로 도로에서는 확장 시기를 고려하여 오르막차로의 단계건설을 검토할 필요가 있다.

이와 같은 점을 고려할 때 4차로 이상의 도로에서는 오르막차로 설치는 양방향 2차로 도로에서의 오르막차로 설치의 필요성만큼 요구되지는 않으나 오르막차로의 설치여부를 대형자동차의 속도 저하, 도로용량, 경제성 등을 검토하여 결정하도록 하고, 6차로 이상의 도로에서는 고속 자동차가 저속 자동차를 앞지를 수 있는 공간적인 여유가 2~4차로보다 많으므로 오르막차로를 설치하지 않을 수 있다.

(3) 소형차도로

소형차도로를 이용하는 자동차는 오르막 능력이 우수하여 오르막 구간의 서비스수준 저하가 미미하며, 이용하는 자동차 간 속도 차이가 적어 원활한 주행이 예상되므로 오르막차로를 설치하지 않는다.

3. 오르막차로의 설치구간 설정

(1) 설치구간 설정의 전제 조건

오르막차로 설치 구간은 오르막 구간을 주행해야 하는 대형자동차에 대하여 다음과 같이 가정하여 그 구간을 결정해야 한다.

① 오르막 구간에서 대형자동차의 오르막 성능은 총중량/엔진 성능(중량/마력)비 100 kg/kw(170lb/hp)를 표준으로 하며, 사업대상지역의 화물차 구성비를 관측한 자료가 있을 경우에는 지역별 특성을 감안하여 표준트럭을 달리 적용할 수 있다.

② 오르막 구간의 진입속도는 다음 두 속도 중 작은 값을 적용한다.
   - 설계속도가 80km/h 이상인 경우는 모두 80km/h로 하며, 설계속도가 80km/h 미만인 경우는 설계속도와 같은 속도
   - 앞쪽 경사의 영향에 따른 오르막 구간의 진입속도

③ 대형자동차의 허용 최저속도는 다음 값 이상의 속도를 유지하도록 한다.
   - 설계속도 100km/h~80km/h 인 경우 : 60km/h
   - 설계속도 80km/h 미만인 경우 : 설계속도 - 20km/h

단, 설계속도가 높은 도로의 오르막차로 시종점부는 본선 이용 자동차와 오르막차로 이용 트럭의 속도 차이가 커서 교통사고의 위험이 크다. 따라서, 설계속도 120km/h인 경우에는 오르막차로 시점부는 65km/h, 종점부는 75km/h를 허용 최저속도로 한다.

(2) 속도 - 경사도의 작성

종단경사 구간에서 경사 길이에 대한 대형자동차의 속도 변화가 감속인 경우에는 그림 5-37을, 가속인 경우에는 그림 5-38을 이용하여 속도 - 경사도를 작성하고, 허용 최저속도 보다 낮은 속도의 주행 구간을 오르막차로의 설치 구간으로 정한다.

속도 - 경사도를 작성할 때 종단곡선 구간은 다음과 같이 직선경사 구간이 연속된 것으로 가정한다.

① 종단곡선 길이가 200m 미만인 경우는 종단곡선 길이를 반으로 나누어 앞뒤의 경사로 한다.

② 종단곡선 길이가 200m 이상이며, 앞뒤의 경사차가 0.5% 미만인 경우에는 종단곡선 길이를 반으로 나누어 앞뒤의 경사로 한다.

③ 종단곡선 길이가 200m 이상이며, 경사 차이가 0.5% 이상인 경우는 종단곡선 길이를 4등분하여, 양끝의 1/4 구간은 앞뒤 경사로 하고, 가운데 1/2 구간은 앞뒤 경사의 평균값으로 한다.

4. 오르막차로의 설치

(1) 토공 구간의 오르막차로 설치 방법

속도 - 경사도를 작성하여 허용 최저 속도 이하로 주행하는 구간이 200m 이상일 경우 오르막차로를 설치한다. 단, 계산된 길이가 200~500m 일 경우 그 길이는 최소 500m로 연장하여 설치한다. 오르막차로를 설치할 때는 그 도로의 교통특성 및 지역여건에 따라 다음의 방법을 비교하여 설치한다.

방법 ① : 오르막차로를 주행차로에 변이구간으로 접속시키는 방법

방법 ② : 오르막차로를 주행차로와 독립하여 접속시키는 방법

방법 ③ : 오르막차로를 주행차로와 연속하여 접속시키며 변이구간을 늘이고 종점부 합류구간의 차선을 삭제하는 방법

오르막차로를 본선에 직접 붙여서 평면곡선부에 설치하는 경우 오르막차로 이용 자동차의 속도가 본선 구간 이용 자동차의 속도보다 낮고 본선에서의 차로 변경 및 합류 등을 고려하여 본선 구간과 오르막차로의 편경사 차는 3% 이내로 설치하도록 한다.

① 오르막차로를 주행차로에 변이구간으로 접속시키는 방법

종래 오르막차로를 설치할 때 사용되던 방법으로 저속 자동차가 차로를 바꾸도록 유도하여 저속 자동차와 고속 자동차를 분리시키는 형태로 오르막차로를 설치한다.

이 방법은 속도 - 경사도에서 산정된 오르막차로의 본선길이에 접속하여 본선으로 주행하던 저속 자동차가 원활하게 차로를 바꿀 수 있도록 변이구간을 다음과 같이 설치한다.

- 시점부 변이구간은 설계속도에 따라 변이율을 1/15~1/25 사이로 한다.
- 종점부 변이구간은 설계속도에 따라 변이율을 1/20~1/30 사이로 한다.

이 방법은 저속 자동차가 연속된 주행이 아닌 차로 변경에 의하여 주행하게 되나, 속도가 낮은 자동차의 주행을 유도하는 것이므로 주행차로의 변이구간 접속부에 특별히 평면곡선을 설치하지 않아도 좋다.

또한, 이 방법은 고속자동차의 연속된 주행을 확보할 수 있어 일방향 2차로 이상인 도로에서 효과적이나 양방향 2차로의 도로에서는 운전자의 주행특성상 불리한 점이 있다.

② 오르막차로를 주행차로와 독립하여 접속시키는 방법

오르막차로를 설치할 때 사용하고 있는 방법 중 그림 5-41은 우리나라 운전자의 특성상 여러 가지 문제점이 발견되고 있다. 그 중 가장 큰 문제점으로 운전자의 심리상 저속 자동차가 오르막차로 구간에서도 본선차로를 그대로 주행함에 따라 교통지체가 발생하는 요인이 되고 있으며, 이로 인하여 고속 자동차가 오르막차로를 이용한 앞지르기 등으로 교통사고를 야기시키는 경우가 있다.

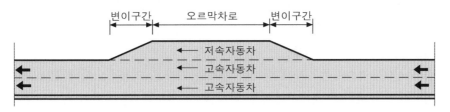

그림 5-41 오르막차로 설치방법 ①

또한, 시·종점부 오르막차로 이용 자동차의 차로 변경을 위한 변이구간 길이부족으로 저속 자동차와 고속 자동차 간의 주행속도차로 인해 합류가 곤란한 단점이 발견되었다.

그림 5-42는 속도 차이가 작은 1차로 승용차와 2차로 승용차 간의 분합류를 수행하는 오르막차로 설치 방법으로 표 5-24와 같이 1차로 승용차와 2차로 승용차 간의 속도 차이가 적음을 알 수 있다.

그림 5-42 오르막차로 설치방법 ②

표 5-23 2차로 승용차와 오르막차로 화물차 간의 속도 차

구 분	오르막차로 시점	오르막차로 종점
속도 차	12.78~42.40km/h	11.25~45.41km/h
속도 차가 20km/h 이상 지점 비율	70%	83%

표 5-24 1차로 승용차와 2차로 승용차 간의 속도 차

구 분	오르막차로 시점	오르막차로 종점
속도 차	1.03~18.60km/h	0.27~17.00km/h
속도 차가 20km/h 이상 지점 비율	0%	0%

아직은 우리나라 운전자가 첫 번째 방법으로 설치된 오르막차로의 주행방법에 익숙해져 있으므로 그림 5-42의 방법은 고속 자동차가 오르막차로의 시종점부에서 변이구간의 통과에 따른 세심한 배려가 필요하다. 즉, 오르막차로의 변이구간 시작 전에 노면표시 등으로 고속 자동차가 미리 차로를 바꿀 수 있도록 해야 한다. 이 방법은 양방향 2차로인 도로에서 사용할 때 그 효과가 발휘될 수 있다.

③ 오르막차로를 주행차로와 연속하여 접속시키며 변이구간을 늘이고 종점부 합류구간의 차선을 삭제하는 방법

그림 5-43은 저속자동차가 주행하던 차로를 그대로 이용하도록 하고 고속자동차가 변이구간을 통과하여 저속자동차를 앞지를 수 있도록 한 방법이다. 이 방법은 외측 차로를 주행차로와 연속하여 접속시키는 방안으로서, 종점부 합류 구간의 차선을 삭제하고 시·종점부의 변이구간 길이 및 접속방법을 변경한 방법으로 영업소 차로 합류방식과 동일하여 운전자에 유리한 측면이 있다. 또한, 저속 자동차의 외측 차로 유도에 따른 본선부 지정체 해소가 가능하여 도로용량 증대 및 서비스수준 개선이 기대된다. 저속 자동차와 고속 자동차 간의 상충에 따른 사고 위험을 감소시키기 위하여 시·종점부 변이구간은 다음의 방법으로 그 길이를 산정하여 도로의 교통특성과 주변 지역 여건에 맞도록 설치한다.

그림 5-43 오르막차로 설치방법 ③

ⓐ 시점부 변이구간의 변이율은 설계속도에 따라 1/35~1/70 사이로 한다.

ⓑ 종점부 변이구간의 변이율은 설계속도에 따라 1/45~1/85 사이로 한다.

ⓒ 변이구간의 변이율에 따른 도로교각 산정

ⓓ 변이구간과 주행차로, 변이구간과 오르막차로의 접속을 위한 평면곡선 설치

이때 오르막차로의 접속을 위하여 평면곡선이 설치되는 구간의 기하구조 조건은 설계속도에 맞도록 해야 하며, 차로와 차로의 접속이므로 설계속도에 상관없이 완화곡선의 설치는 고려하지 않아도 좋다.

아직은 우리나라 운전자가 첫 번째 방법으로 설치된 오르막차로의 주행방법에 익숙해져 있으므로 그림 5-43의 방법은 고속 자동차가 오르막차로의 시종점부에서 변이구간의 통과에 따른 세심한 배려가 필요하다. 즉, 오르막차로의 변이구간 시작 전에 노면표시 등으로 고속자동차가 미리 차로를 바꿀 수 있도록 해야 한다. 이 방법은 고속자동차의 주행속도를 기준으로 변이구간을 설치하므로 양방향 2차로 도로에서 효과적일 뿐만 아니라 일방향 2차로 이상의 도로에서도 그 효과가 발휘될 수 있다.

(2) 터널 및 터널 전후 구간의 오르막차로 설치방법

터널 전후 구간은 종단선형이 완만하지 않고 시거 제약이나 운전자 심리 위축 등 교통사고 위험이 큰 구간이므로 주의가 필요하다.

오르막차로의 터널부 안으로 연장 여부는 구체적인 경제성분석 실시 후 결정하며, 터널 입구부에 오르막차로의 종점부를 두어서는 안 되며, 터널 내에 오르막차로가 설치되는 경우의 터널 내공단면은 3차로 터널의 표준단면을 적용한다.

오르막차로와 터널이 연속될 가능성이 있을 때는 종단선형 조정안과 터널 길이 전체에 걸친 오르막차로 설치 방안을 비교 검토해야 한다.

(3) 오르막차로의 설치 길이

일반적으로 오르막차로는 오르막차로의 본선 길이와 그 시종점부에 변이구간의 길이로 구성되며, 오르막차로의 본선 길이는 대형자동차의 속도가 허용 최저 속도 이하로 되는 구간부터 허용 최저 속도로 복귀되는 길이까지로 한다.

대형자동차의 허용 최저속도는 다음 값 이상의 속도를 유지하도록 한다.

- 설계속도 100km/h~80km/h 인 경우 : 60km/h
- 설계속도 80km/h 미만인 경우 : 설계속도 - 20km/h

단, 설계속도가 높은 도로의 오르막차로 시종점부는 본선 자동차와 오르막차로 이용 트럭의 속도 차이가 커 교통사고의 위험이 크다. 따라서, 설계속도 120km/h인 경우에는 오르막차로 시점부는 65km/h, 종점부는 75km/h로 허용최저속도로 한다.

참고적으로 미국에서 적용 중인 AASHTO기준을 보면, 오르막차로의 시점부는 트럭의 주행속도와 도로상의 모든 자동차의 평균 주행속도와의 속도 차이 15km/h를 감속기준으로 사용하였다. 이 15km/h 이상의 속도 차이가 발생되는 지점이 오르막차로의 시점부이다. 오르막차로의 종점부는 오르막 경사 정점 너머 다른 자동차와의 속도 차이를 15km/h 이내로 줄일 수 있는 지점까지 연장시키는 것이 이상적이나 상당히 긴 거리가 필요하기 때문에 트럭이 다른 자동차와의 과도한 간섭 없이 주행차로로 돌아올 수 있는 지점까지 오르막차로를 설치한다. 특히, 다가오는 자동차가 없을 때에는 안전하게 앞지르기를 할 수 있을 정도로 시거가 확보되는 지점까지 또는 되도록 그 지점에서 최소 60m 지점까지 오르막차로를 설치한다. 예를 들어 오르막 경사 정점으로부터 30m 떨어진 곳에서 안전한 앞지르기를 위한 시거가 확보되는 도로에서 오르막 경사의 정점에서부터 30m에 60m를 더하여, 즉, 90m 까지 연장하여 설치한다.

터널 및 터널 전후 구간의 오르막차로 설치는 다음과 같다.

오르막차로 종점과 터널 시점간의 최소 이격거리는 표 5-25에서 제시한 최소 정지시거만큼 확보되어야 하고, 교통류의 상충이 있으므로 최소 이격거리 내 또는 터널 내부에 오르막차로 종점부를 둘 수 없다.

표 5-25 오르막차로 종점과 터널 시점 간의 최소 이격거리 기준

(단위 : m)

설계속도(km/h)	120	100	80	60
최소 정지시거	215	155	110	75

또한, 오르막차로 종점부 산정은 다음에 따른다.
- 오르막차로 종점부는 합류 속도를 회복하는 지점으로 한다.
- 합류속도는 가속차로의 본선 유입시 도달속도로 하며 표 5-26과 같다.
- 터널 후 '우측차로 없어짐 표지' 설치를 위하여 이격거리는 최소 200m 이상으로 한다.
- 오르막차로 종점 테이퍼 끝부분이 평면곡선, 종단곡선, 땅깎기부, 수목, 방호울타리 등으로 인하여 시거가 제약될 때는 오르막차로를 정지시거가 확보될 때까지 연장한다.

표 5-26 가속할 때 본선 설계속도에 따른 도달속도

(단위 : km/h)

설계속도	120	100	80	60
도달속도	88	75	60	45

[예제 1] 종단경사에 따른 오르막차로 설치 검토

     (도로 조건)

       - 설계속도 : 100km/h

       - 차 로 수 : 양방향 4차로

       - 종단경사와 종단곡선 길이

측점	0+000	0+500	1+500	3+000	4+000
종단경사 길이(m)	–	180	140	300	–
종단경사(%)		–1.0	+3.0	+5.0	–1.0	
종단경사 적용구간 길이(m)		500	1,000	1,500	1,000	

ⅰ) 그림 5-44와 같이 종단경사도를 종단곡선구간 설치 방법을 적용하여 작성

ⅱ) 속도-경사도 작성은 표준트럭(170lb/hp)이 80km/h의 속도를 유지하는 지점부터 작성

ⅲ) 그림 5-37과 그림 5-38을 이용하여 종단경사와 연장에 따른 속도산정

    ⓐ 첫 번째 종단경사 –1.0% 적용구간은 설계속도(100km/h)가 80km/h 이상이므로 80km/h 적용한다.

    ⓑ 종단경사 +3.0% 적용구간의 시점속도는 80km/h이며, 종점속도는 그림 5-37을 이용하여 y축 거리(L=1,000m)까지 이동하여 속도(74km/h)를 찾는다.

    ⓒ 종단경사 +5.0% 적용구간은 적용구간 길이(1,500m)가 길어 오르막차로 설치가 예상되므로 오르막차로의 허용최저속도인 60km/h가 되는 지점을 찾는다. 그림 5-37의 5% 속도변화선을 이용하며 시점속도는 74km/h이고 종점속도는 60km/h인 지점까지의 거리(L=440m)를 산정한다.

    ⓓ 종단경사 +5.0% 적용구간의 마지막 지점 종점속도(49km/h)를 찾는다.

    ⓔ 그림 5-44의 종단경사 +2.0% 구간은 종단경사길이 200m 이상이며, 경사차가 0.5% 이상인 구간으로 앞뒤 경사의 평균값으로 가정한 경사 구간이며, 그 길이(종단곡선 길이의 1/2)는 150m로 그림 5-38을 참조하여 시점속도(49km/h)에서 150m 이동지점의 종점속도(70km/h)를 찾는다.

    ⓕ 위에서 종점속도가 오르막차로의 허용 최저속도(60km/h) 이상이므로 그림 5-38을 이용해 종단경사 2%의 속도변화선을 이용하여 오르막차로의 종점(L=50m)을 찾는다.

    ⓖ 종단경사 –1.0% 적용의 나머지 구간에서 오르막 구간의 진입속도 최댓값인 80km/h 지점(L=50m)을 찾는다.

ⅳ) 산정된 속도를 연결하여 속도-경사도 완성

ⅴ) 완성된 속도-경사도에서 속도가 60km/h 이하가 되는 구간에 오르막차로 설치

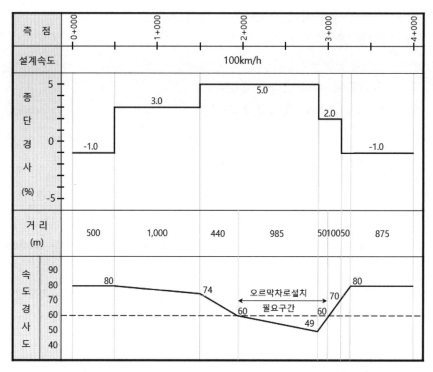

그림 5-44 속도 – 경사도에 따른 오르막차로의 설치(예시)

[예제 2] 도로용량에 따른 오르막차로 설치 검토

① 오르막차로 설치가 필요한 경우

　(도로 조건)

　　- 설계속도 : 100km/h

　　- 차 로 수 : 양방향 4차로

　　- 종단경사 : 예제 1과 동일

　　- 교 통 량 : 목표연도 설계시간교통량 4,000대/시, 중방향계수(D) 55%,
　　　　　　　중차량 구성비 40%

　　- 지 　 역 : 지방지역{서비스수준 "C" (V/C≤0.7) 기준}

ⅰ) 중방향설계시간교통량 산정

　　DDHV = 4,000대/시 × 0.55 = 2,200대/시/일방향

ⅱ) 승용차환산교통량 산정

　　- 중차량 보정계수(fw) - 특정경사구간(4%, L = 1.5km)

　　　fhv = 1/{1 + 0.4(2.3 - 1)} = 0.658

- 승용차환산교통량

  2,200(대/시/일방향)÷0.658 = 3,343승용차/시/일방향
- 서비스수준 산정(1차로 용량 2,200승용차/시/차로)

  V/C = 3,343÷4,400 = 0.76(서비스수준 "D")

iii) 도로용량 저하로 오르막차로를 설치하여 용량을 증대하는 것이 타당함.

   V/C = 3,343÷6,600 = 0.51(서비스수준 "B")

② 오르막차로 설치가 필요하지 않은 경우

   (도로 조건)

- 설계속도 : 100km/h
- 차 로 수 : 왕복 4차로
- 종단경사 : 예제 1과 동일
- 교 통 량 : 목표연도 설계시간교통량 3,500대/시, 중방향계수(D) 55%,

              중차량 구성비 30%
- 지   역 : 지방지역{서비스수준 "C" (V/C≤0.7) 기준}

ⅰ) 중방향설계시간교통량 산정

   DDHV = 3,500대/시×0.55 = 1,925대/시/일방향

ⅱ) 승용차환산교통량 산정

- 중차량보정계수(fw) - 특정경사구간(4%, L = 1.5km)

  $f_{hv} = 1/\{1 + 0.3(2.7 - 1)\} = 0.662$
- 승용차환산교통량

  1,925(대/시/일방향)÷0.662 = 2,908승용차/시/일방향
- 서비스수준 산정(1차로 용량 2,200승용차/시/차로)

  V/C = 2,908÷4,400 = 0.66(서비스수준 "C")

iii) 이러한 경우 중차량으로 인한 교통 혼잡이 적으므로 오르막차로를 설치하지 않아도 된다.

5-3-3 종단곡선

제27조(종단곡선)

① 차도의 종단경사가 변경되는 부분에는 종단곡선을 설치하여야 한다. 이 경우 종단곡선의 길이는 제2항에 따른 종단곡선의 변화 비율에 따라 산정한 길이와 제3항에 따른 종단곡선의 길이 중 큰 값의 길이 이상이어야 한다.

② 종단곡선의 변화 비율은 설계속도 및 종단곡선의 형태에 따라 다음 표의 비율 이상으로 한다.

설계속도 (킬로미터/시간)	종단곡선의 형태	종단곡선 최소 변화 비율 (미터/퍼센트)
120	볼록곡선	120
120	오목곡선	55
110	볼록곡선	90
110	오목곡선	45
100	볼록곡선	60
100	오목곡선	35
90	볼록곡선	45
90	오목곡선	30
80	볼록곡선	30
80	오목곡선	25
70	볼록곡선	25
70	오목곡선	20
60	볼록곡선	15
60	오목곡선	15
50	볼록곡선	8
50	오목곡선	10
40	볼록곡선	4
40	오목곡선	6
30	볼록곡선	3
30	오목곡선	4
20	볼록곡선	1
20	오목곡선	2

③ 종단곡선의 길이는 설계속도에 따라 다음 표의 길이 이상이어야 한다.

설계속도(킬로미터/시간)	종단곡선의 최소 길이(미터)
120	100
110	90
100	85
90	75
80	70
70	60
60	50
50	40
40	35
30	25
20	20

1. 일반사항

두 개의 다른 종단경사가 접속될 때는 접속 지점을 통과하는 자동차의 운동량 변화에 따른 충격 완화와 정지시거를 확보할 수 있도록 서로 다른 두 종단경사를 적당한 변화율로 접속시켜야 하며, 이러한 종단곡선은 그 형태에 따라 볼록형과 오목형으로 구분한다.

종단곡선은 2차 포물선으로 설치하며, 주행의 안전성과 쾌적성을 확보하고, 도로의 배수를 원활히 할 수 있도록 설치해야 한다.

2. 종단곡선의 크기 표시

종단곡선 크기의 표시방법에는 종단곡선반지름으로 나타내는 방법과 종단곡선 변화비율로 나타내는 방법이 있다.

그림 5-45에서 S_1, S_2를 종단경사라 하면 S_1, S_2는 2차 포물선인 종단곡선의 접선이 된다. 이 2차 포물선의 방정식은 다음 식으로 나타낼 수 있다.

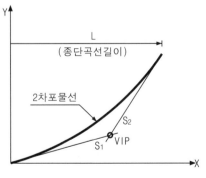

그림 5-45 종단곡선의 크기 표시

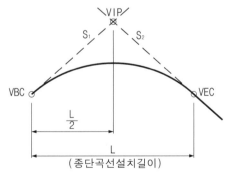

그림 5-46 종단곡선의 접속

$$Y = \frac{1}{2K_r} x^2 + S_1 x \quad (K_r \text{은 정수})$$ (식 5-48)

경사 S_2 는

$$S_2 = \frac{x}{K_r} + S_1$$ (식 5-49)

임의점의 곡선반지름을 R_v 라 하면

$$R_v = \frac{\left[1 + \left(\dfrac{dy}{dx} \right)^2 \right]^{\frac{3}{2}}}{\dfrac{d^2y}{dx^2}} = K_r \left(1 + s^2 \right)^{\frac{3}{2}}$$

종단경사로 S_1 은 매우 작으므로 $R_v \fallingdotseq K_r$ 또, 식 5-49에서

$$\frac{x}{S_2 - S_1} = K_r \fallingdotseq R_v$$ (식 5-50)

이로부터 종단곡선상의 2점에서의 접속 경사의 차이로 2점 간의 거리를 나눈 값은 일정하며, 이 값은 또 근사적으로 곡선반지름이 된다는 것을 알 수 있다.

실제 종단곡선에 있어서는 x의 값으로 종단곡선의 곡선길이 L을 결정하면 S_1 및 S_2는 종단경사가 되므로 종단곡선반지름 R_v은 다음과 같이 표시된다.

$$R_v = \frac{L}{S_2 - S_1}$$

여기서, 종단곡선 변화비율은 접속되는 두 종단경사의 차이가 1% 변화하는 데 확보해야 하는 수평거리이므로 다음의 식으로 나타낼 수 있다.

$$K = \frac{K_r (= R_v)}{100} = \frac{L}{(s_2 - s_1) \times 100} = \frac{L}{S}$$ (식 5-51)

여기서, K : 종단곡선 변화비율(m/%)

　　　　L : 종단곡선 길이(m)

　　　　S : 종단경사의 차이($| S_1 - S_2 |$)(%)

종단곡선의 크기는 식 5-51과 같은 종단곡선 변화비율로 규정하여 표시하기로 한다.

3. 충격 완화를 위한 종단곡선 길이

다른 두 경사 구간이 접하는 지점에는 주행하는 자동차의 운동량 변화로 인한 충격을 완화하고, 주행 쾌적성을 확보하기 위하여 종단곡선을 설치하며, 이때 필요한 종단곡선의 길이는 볼록형과 오목형 모두 다음 식으로 산정한다.

$$L = \frac{V^2 S}{360} \qquad \text{(식 5-52)}$$

식 5-52를 종단곡선 변화비율로 나타내면 식 5-53과 같다.

$$K_r = \frac{V^2}{360} \qquad \text{(식 5-53)}$$

4. 정지시거 확보를 위한 종단곡선 길이

정지시거를 확보할 수 있는 종단곡선 길이는 종단곡선의 형태상 오목형에서는 문제가 되지 않으며, 볼록형으로 그 길이가 결정된다.

그림 5-47에서 종단곡선의 2차 포물선방정식은 다음과 같이 나타낼 수 있다

$$Y = \frac{1}{K_r}X^2 + S_1 X + y_0 = \frac{S_2 - S_1}{2L}X^2 + S_1 X + y_0 \qquad \text{(식 5-54)}$$

여기서,   K : 정수

S_1, S_2 : 종단경사(%)

L_1, L_2 : S_1, S_2에 해당하는 종단곡선 길이

L : 전체 종단곡선 길이

또, 종단곡선으로 사용하는 2차 포물선에 대하여는 다음 식이 성립한다.

$$L_1 = L_2 = \frac{L}{2} \ \text{이므로} \ \triangle Y = \frac{L^2}{8K_r}\left(= \frac{L_1^2}{2K_r} = \frac{L_2^2}{2K_r}\right) \qquad \text{(식 5-55)}$$

이 종단곡선의 양측 2점에 대한 노면상의 연직높이를 각각 h_1, h_2라 하고 2점 간의 투시 거리를 D라 할 때 2점의 위치에 따라 다음과 같이 투시거리를 구할 수 있다.

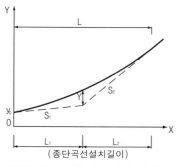

그림 5-47 종단곡선의 방정식

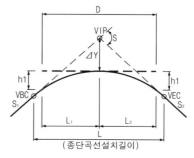

그림 5-48 종단곡선 상의 투시거리(Ⅰ)

(1) 2점이 모두 종단곡선 상에 있을 때($D \leqq L$)

그림 5-48에서 $h_1 = \dfrac{1}{2K_r}L_1^2$, $h_2 = \dfrac{1}{2K_r}L_2^2$, $L_1 = \sqrt{2K_r\,h_1}$, $L_2 = \sqrt{2K_r\,h_2}$

$$D = L_1 + L_2 = \sqrt{2K_r} \cdot (\sqrt{h_1} + \sqrt{h_2}) \qquad\qquad (\text{식 } 5\text{-}56)$$

(2) 1점이 종단곡선 상에 다른 1점은 종단 곡선 밖에 있는 경우

그림 5-49에서 $h_1 = \dfrac{1}{2K_r}L_1^2 - \dfrac{1}{2K_r}\ell^2$ 이므로 $L = \sqrt{2K_r\,h_1 + \ell^2}$ 이 된다.

또한, $D = \ell + L_1 + L_2 = \sqrt{\ell^2} + \sqrt{2K_r h_1} + \sqrt{2K_r h_2}$ 가 된다.

이때 투시거리 D가 최소로 되는 것은 $\ell = 0$ 일 때이므로

$$D_{min} = \sqrt{2K_r\,h_1} + \sqrt{2K_r\,h_2} = \sqrt{2K_r}\,(\sqrt{h_1} + \sqrt{h_2})$$

이며 2점이 모두 종단곡선 상에 있는 경우와 같다.

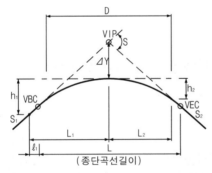

그림 5-49 종단곡선 상의 투시거리(Ⅱ)

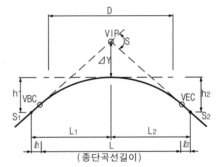

그림 5-50 종단곡선 상의 투시거리(Ⅲ)

(3) 2점이 모두 종단곡선 밖에 있을 때

그림 5-50에서

$$L_1 = \sqrt{2K_r\,h_1 + {\ell_1}^2} \quad L_2 = \sqrt{2K_r\,h_2 + {\ell_2}^2}$$

또, $x = L_1 - \ell$, $L_2 = L - x + \ell_2$ 이므로

$$\ell_1 = \dfrac{K_r\,h_1}{d} - \dfrac{x}{2} \qquad \ell_2 = \dfrac{K_r\,h_2}{L-d} - \dfrac{L-x}{2}$$

또한, $D = \ell_1 + \ell_2 + L = \dfrac{L}{2} + \dfrac{K_r\,h_1}{x} + \dfrac{K_r\,h_2}{L-x}$ 가 된다.

D를 최소로 하는 x를 구하면

$$\frac{dD}{dx} = K_r \ h_1(-x^{-2}) + K_r \ h_2 \frac{1}{(L-x)^2}$$

$\dfrac{dD}{dx} = 0$ 일 때 $x = \dfrac{\sqrt{h_1}}{\sqrt{h_1} + \sqrt{h_2}}$ 가 된다. 그러므로

$$D_{min} = \frac{L}{2} + \frac{K_r}{L}(\sqrt{h_1} + \sqrt{h_2})^2 \tag{식 5-57}$$

이때

$$\ell_1 = \frac{K_r \ \sqrt{h_1} \ (\sqrt{h_1} + \sqrt{h_2})}{L} - \frac{\sqrt{h_1}}{2(\sqrt{h_1} + \sqrt{h_2})} \ L$$

$$\ell_2 = \frac{K_r \ \sqrt{h_2} \ (\sqrt{h_1} + \sqrt{h_2})}{L} - \frac{\sqrt{h_2}}{2(\sqrt{h_1} + \sqrt{h_2})} \ L$$

이상의 (1), (2), (3) 세 가지의 경우 모두 정지시거를 확보해야 한다.

식 5-56은 $K_r = \dfrac{L}{S_2 - S_1}$ 이므로 다음과 같이 나타낼 수 있다.

$$D = \sqrt{\frac{2L}{S_2 - S_1}} \ (\sqrt{h_1} + \sqrt{h_2})$$

그러므로

$$L = \frac{D^2(S_2 - S_1)}{2(\sqrt{h_1} + \sqrt{h_2})^2} \tag{식 5-58}$$

또한, 식 5-57은 다음과 같이 나타낼 수 있다.

$$D = \frac{L}{2} + \frac{1}{S_2 - S_1}(\sqrt{h_1} + \sqrt{h_2})^2$$

$$L = 2\left(D - \frac{(\sqrt{h_1} + \sqrt{h_2})^2}{S_2 - S_1}\right)$$

따라서, 정지시거 정의에 따라 $h_1 = 1.00$m, $h_2 = 0.15$m를 대입하고, 경사의 차 $S_2 - S_1$을 백분율로 하여 계산하면 다음과 같다.

① 두 점이 종단곡선 상에 위치할 때

$$L = \frac{D^2(S_2 - S_1)}{385} \tag{식 5-59}$$

② 두 점이 종단곡선의 밖에 위치할 때

$$L = 2D - \frac{385}{S_2 - S_1}$$ (식 5-60)

위의 식 5-59와 식 5-60으로 산정된 값을 비교하여 보면, 항상 식 5-59의 값이 크다. 그러므로 설계속도에 따른 정지시거를 확보하기 위해서는 식 5-59의 값을 만족해야 한다. 식 5-59를 종단곡선 변화비율로 나타내면 다음과 같다.

$$K_r = \frac{D^2}{385}$$ (식 5-61)

5. 전조등의 야간 투시에 따른 종단곡선 길이

오목형 종단곡선에서는 야간 주행 시 전조등을 비출 때 정지시거의 확보가 가능하도록 종단곡선 길이가 설치되면, 충격 완화 및 주간 정지시거 확보에 문제가 없다. 이때 전조등에 따른 종단곡선 길이의 신정 기준으로는 전조등의 높이는 0.60m, 전조등이 비쳐지는 각도는 상향각 1°로 한다.

① 2점이 종단곡선 상에 있는 경우

그림 5-51에서 전조등 높이는 h, 상향각은 θ라 하면 $h = \frac{1}{2K_r}D^2 - D\tan\theta$

$$K_r = \frac{D^2}{2(h + D\tan\theta)}$$ (식 5-62)

식 5-62에 h=0.6m θ=1°로 하여 이를 대입하면

$K_r = \frac{L}{S_1 - S_2}$ 이므로 경사의 차를 백분율로 하여 종단곡선 길이를 산정하면

$$L = \frac{(S_1 - S_2)D^2}{120 + 3.5D}$$ (식 5-63)

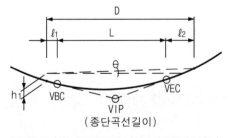

그림 5-51 종단곡선 상의 야간투시(Ⅰ)

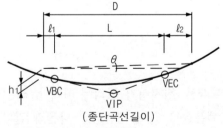

그림 5-52 종단곡선 상의 야간투시(Ⅱ)

② 2점이 종단곡선 밖에 있는 경우

그림 5-52에서

$$h = \frac{(L+\ell_2)^2}{2K_r} - \frac{\ell_2^2}{2K_r - D\tan\theta} = \frac{L}{2K_r}(L+2\ell_2) - D\tan\theta \qquad \text{(식 5-64)}$$

$\ell_2 = D - L - \ell_1$을 식 5-64에 대입하면

$$D = \frac{h + \dfrac{L}{2K_r}(L+2\ell_1)}{\dfrac{L}{K_r} - \tan\theta}$$

이때 투시거리가 최소가 되는 것은 $\ell_1 = 0$일 때이므로 이때 확보해야 할 시거를 산정하면

$$D_{min} = \frac{h + \dfrac{L^2}{2K_r}}{\dfrac{L}{K_r} - \tan\theta} \qquad \text{(식 5-65)}$$

L로 정리하여 $h = 0.6m$ $\theta = 1°$로 하여 위 식을 정리하면

$$L = 2D - \frac{2(h - D\tan\theta)}{S_1 - S_2} = 2D - \frac{120 + 3.5D}{S_1 - S_2} \qquad \text{(식 5-66)}$$

이상 두 가지 경우의 식 5-63과 식 5-66의 값을 비교하면 그 값은 항상 식 5-63의 값이 크다. 그러므로 오목형 종단곡선의 길이는 식 5-63으로 산정하며, 이 식을 종단곡선비율로 나타내면 다음 식과 같다.

$$K = \frac{D^2}{120 + 3.5D} \qquad \text{(식 5-67)}$$

6. 시각상 필요한 종단곡선 길이

경사차가 작은 경우 충격 완화나 시거 확보를 위하여 필요한 종단곡선의 길이는 매우 짧아진다. 이처럼 짧은 종단곡선을 설치한 경우에는 운전자에게 선형이 급하게 꺾어져 보이는 등 시각적으로 문제가 생길 수 있으므로 적어도 어느 한도 이상의 길이를 설정할 필요가 있다. 따라서, 필요한 최소종단곡선 길이는 식 5-68로 산정하며, 시각적인 원활성을 고려하여 경험상 설계속도에서 3초 간 주행한 거리를 적용하였다.

$$L_v = \frac{V}{3.6} \times 3 = \frac{V}{1.2}$$

(식 5-68)

여기서, L_v : 시각상 필요한 종단곡선 길이, V : 설계속도(km/h)

7. 종단곡선 길이

종단곡선의 형태별로 필요한 종단곡선 길이는 볼록형인 경우에는 두 종단경사의 접속으로 인한 정점부를 정지시거가 확보될 수 있도록 종단곡선 길이를 설치하도록 해야 하며, 오목형인 경우에는 야간에 전조등으로 비추어 정지시거를 확보할 수 있도록 표 5-27과 표 5-28 같이 종단곡선 길이를 설치해야 한다.

또한, 설계속도에 대한 최소 종단곡선 길이는 표 5-29와 같이 시각상 필요한 최소길이 이상으로 설치해야 한다.

표 5-27 볼록형 종단곡선의 종단곡선 변화비율

설계속도 (km/h)	최소 정지시거 (m)	볼록형 종단곡선의 종단곡선 변화비율(m/%)		
		충격 완화를 위한 K값	정지시거확보를 위한 K값	적용 K값
120	215	40.0	120.1	120.0
110	185	33.6	88.9	90.0
100	155	27.8	62.4	60.0
90	130	22.5	43.9	45.0
80	110	17.8	31.4	30.0
70	95	13.6	23.4	25.0
60	75	10.0	14.6	15.0
50	55	6.9	7.9	8.0
40	40	4.4	4.2	4.0
30	30	2.5	2.3	3.0
20	20	1.1	1.0	1.0

표 5-28 오목형 종단곡선의 종단곡선 변화비율

설계속도 (km/h)	최소 정지시거 (m)	오목형 종단곡선의 종단곡선 변화비율(m/%)		
		충격 완화를 위한 K값	전조등에 따른 정지시거 확보를 위한 K값	적용 K값
120	215	40.0	53.0	55.0
110	185	33.6	44.6	45.0
100	155	27.8	36.3	35.0
90	130	22.5	29.4	30.0
80	110	17.8	24.0	25.0
70	95	13.6	19.9	20.0
60	75	10.0	14.7	15.0
50	55	6.9	9.7	10.0
40	40	4.4	6.2	6.0
30	30	2.5	4.0	4.0
20	20	1.1	2.1	2.0

표 5-29 종단곡선 길이의 계산

(단위 : m)

설계속도(km/h)	최소 정지시거	종단곡선의 최소 길이
120	100.0	100
110	91.7	90
100	83.3	85
90	75.0	75
80	66.7	70
70	58.3	60
60	50.0	50
50	41.7	40
40	33.3	35
30	25.0	25
20	16.7	20

〔예제〕 종단곡선의 최소길이 검토

① 볼록형 종단곡선 구간의 종단곡선 길이 산정

(도로 조건)

 - 설계속도 : V = 100km/h

 - 종단경사 : S_1 = 2.0%, S_2 = -2.0%

볼록형 최소 종단곡선 길이는 충격 완화를 위한 종단곡선 길이, 정지시거 확보를 위한 종단곡선 길이, 시각상 필요한 종단곡선 길이의 산정식 식 5-52, 식 5-59, 식 5-68에 따라 산정한다.

 ⅰ) 충격 완화를 위한 종단곡선 길이

$$L = \frac{V^2 S}{360} = \frac{100^2 \times 4}{360} = 111.11 \qquad K_r = \frac{V^2}{360} = \frac{100^2}{360} = 27.78$$

 ⅱ) 정지시거 확보를 위한 종단곡선 길이

$$L = \frac{D^2(S_2 - S_1)}{385} = \frac{155^2(2 - (-2))}{385} = 249.61$$

$$K_r = \frac{D^2}{385} = \frac{155^2}{385} = 62.40$$

 ⅲ) 시각상 필요한 종단곡선 길이

$$L_v = \frac{V}{1.2} = \frac{100}{1.2} = 83.33$$

충격 완화를 위한 종단곡선 길이, 정지시거 확보를 위한 종단곡선 길이 및 시각상 필요한 종단곡선 길이를 비교하여 가장 큰 값인 정지시거 확보에 필요한 길이 249.61m를 최소 종단곡선 길이로 산정하고, 산정된 길이 값보다 큰 값을 종단곡선 길이로 적용해야 한다.

② 오목형 종단곡선

(도로 조건)

- 설계속도 : V = 100km/h
- 종단경사 : S_1 = -1.0%, S_2 = 0.5%

오목형 최소 종단곡선 길이는 충격 완화를 위한 종단곡선 길이, 전조등의 야간 투시에 따른 종단곡선 길이 그리고 시각상 필요한 종단곡선 길이 산정식 식 5-52, 식 5-63, 식 5-68에 따라 산정한다.

ⅰ) 충격 완화를 위한 종단곡선 길이

$$L = \frac{V^2 S}{360} = \frac{100^2 \times 1.5}{360} = 41.67 \qquad K_r = \frac{V^2}{360} = \frac{100^2}{360} = 27.78$$

ⅱ) 전조등의 야간 투시에 따른 종단곡선 길이

$$L = \frac{(S_1 \quad S_2)D^2}{120 + 3.5D} = \frac{(-0.5 - (1.0))(155)^2}{120 + 3.5(155)} = 54.40$$

$$K = \frac{D^2}{120 + 3.5D} = \frac{155^2}{120 + 3.5 \times 155} = 36.26$$

ⅲ) 시각상 필요한 종단곡선 길이

$$L_v = \frac{V}{1.2} = \frac{100}{1.2} = 83.33$$

충격 완화를 위한 종단곡선 길이, 전조등의 야간 투시에 따른 종단곡선 길이 및 시각상 필요한 종단곡선 길이를 비교하여 가장 큰 값인 시각상 필요한 종단곡선 길이 83.33m를 최소 종단곡선 길이로 산정하고, 산정된 길이 값보다 큰 값을 종단곡선 길이로 적용해야 한다.

8. 종단곡선의 중간값 계산

종단곡선 길이는 수평 거리와 이론적으로 같다고 가정한다. 즉, 그림 5-53과 같이 s_1, s_2의 경사 변이점에서 종단곡선의 시종점을 VBC 및 VEC라고 할 때 종단곡선 길이는 VBC, VEC 간의 수평거리 L과 같다고 본다. 이 경우, 종단 변곡점 VIP로부터 곡선까지의 거리는 다음과 같이 구할 수 있다.

그림 5-53에서 두 종단경사에 접하는 종단곡선의 포물선 식을 구하면 다음 식과 같다.

$$Y = \frac{s_2 - s_1}{2L}X^2 + \frac{s_1 + s_2}{2}X + \frac{L(s_2 - s_1)}{8} \qquad \text{(식 5-69)}$$

여기서, s_1, s_2 : 종단경사

　　　　　　L : 종단곡선 길이(m)

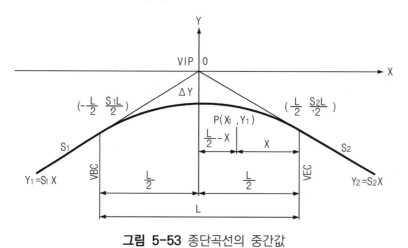

그림 5-53 종단곡선의 중간값

식 5-69에서 포물선 식의 최대 이정량을 구하여 백분율로 정리하면 다음 식과 같다.

$$\triangle Y = \frac{|s_1 - s_2|}{800} L \qquad\qquad (\text{식 } 5\text{-}70)$$

또한, 임의의 점 $P(X_1, Y_1)$에서의 이정량 y는 식 5-71과 종단경사의 관계에서

$$y = \frac{s_1 - s_2}{2L} (X_1 - \frac{L}{2})^2 \qquad\qquad (\text{식 } 5\text{-}71)$$

그림 5-53에서 $X_1 = \frac{L}{2} - X$ 이므로 식 5-71에 대입하여 백분율로 정리하면

$$y = \frac{|s_1 - s_2|}{200L} X^2 \qquad\qquad (\text{식 } 5\text{-}72)$$

여기서, X : VBC 혹은 VEC에서 임의의 점 P까지의 수평거리(m)

　　　　y : VBC 혹은 VEC에서 X의 거리에 있는 점의 종단곡선까지의 이정량(m)

　　　　s_1 : VBC상의 종단경사(%)

　　　　s_2 : VEC상의 종단경사(%)

　　　　L : 종단곡선 길이(m)

5-4 │ 선형 설계의 운용

5-4-1 개요

도로의 선형을 설계할 때에는 자동차 주행의 안전성과 쾌적성을 확보할 수 있도록 배려함과 동시에, 선형이 지형, 지물, 경관 등의 조건에 대해서 적응성을 가지며, 기술적, 경제적으로 타당해야 한다.

도로의 선형이란 도로 설계의 기준이 되는 기하학적인 선이 평면과 종단의 형상으로 그려지는 것은 물론 양자가 조화된 3차원적인 선의 형상을 총괄적으로 말하는 것으로서, 이들을 각각 평면선형, 종단선형, 입체선형이라고 한다. 다만, 일반적으로 선형이라 하는 경우는 평면선형을 가리키는 일이 많다.

도로의 선형은 그 도로의 골격을 형성하는 것이므로 도로의 계획, 설계, 시공의 전반을 지배하는 기준이 된다. 또한, 도로를 완성한 후에는 도로 선형의 변경은 거의 불가능하게 되며, 반영구적으로 자동차 주행을 규제하게 되므로 선형을 확정해야 하는 설계단계에서 선형의 좋음과 나쁨, 시공의 어려움과 쉬움 및 공사에 소요되는 비용에 대한 경제성 등을 고려하여 종합적인 판단을 바탕으로 설계해야 한다.

선형 설계는 도로의 생명이라고 할 수 있는 자동차 주행의 안전성, 쾌적성 및 경제성 외에 도로의 용량에 지배적인 영향을 미치게 된다.

또한, 도로 선형은 본선뿐만 아니라, 연도의 개발 및 토지 이용에 대하여도 적지 않은 영향을 미치므로 연도 주민의 이해와 관련하여 도로계획상의 쟁점으로 되는 경우가 종종 발생한다.

이와 같은 의미에서 도로의 선형은 완성 후의 도로가 발휘할 수 있는 안전성과 경제효과의 한계를 결정하며, 동시에 연도 개발의 가능성 등을 지배하는 요인이 된다.

이 때문에 선형 설계가 때때로 그 도로의 종합적인 설계 및 효용에 대한 주된 평가기준이 되므로 선형을 설계할 때에는 그 도로가 구비해야 할 기능과 효과에 대하여 충분하고 신중하게 검토해야 한다.

선형을 설계할 때 고려해야 할 기본적인 사항은 다음의 네 가지와 같다.

① 자동차가 주행할 때 주행역학적인 측면에서 안전하고 쾌적하며, 운행 경비 측면 등에서 경제성을 보장하는 것일 것.

② 운전자의 시각적 및 심리적 측면에서 보아 양호한 것일 것.

③ 도로 환경 및 주위 경관과의 조화와 융합이 이루어져 있을 것.

④ 지형, 지물, 토지이용계획 등의 자연 조건과 사회 조건에 적합하고, 공사비와 편익의 균형이 잡혀 경제적인 타당성을 갖출 것.

이들 기본적인 조건을 모두 이상적인 형태로 만족시키는 데는 극히 고도의 기술과 풍부한 경험을 필요로 하는데, 가능한 모든 검토를 하더라도 경우에 따라서는 어떤 종류의 요소에는 제약이 있어 이상적인 선형을 얻기 어려운 일이 있을 것이다. 이와 같은 구간에 대하여는 교통안전시설, 식재 등의 보조수단을 사용하여 어느 정도 선형의 결점을 보완하는 것도 가능하므로 부득이한 경우에는 이러한 시설 등을 종합적인 안목으로 검토하여 설치하는 것이 바람직하다.

선형을 설계할 때에는 도면상에서 설치 기준에 정하여진 최소 한도의 규정에 구애됨이 없이 설계조건, 지형조건 등에 순응할 수 있는 설계값을 적정하게 쓰도록 노력해야 하며, 종래의 선형 설계의 통상적인 방법이 되었던 평면선형, 종단선형의 개별적인 검토에서 탈피하고 양자를 종합한 입체적인 선형으로 충분한 검토를 해야 할 필요가 있다. 또한, 선형을 하나하나 소구간에 대하여 고려해야 할 뿐만 아니라 일련의 연속된 선형으로 검토하여 판단해야 한다.

5-4-2 선형 설계의 기본방침

좋은 도로 선형을 구성하기 위해서는 평면선형과 종단선형을 종합적으로 검토하는 일이 필요하며, 평면선형과 종단선형을 각각 별개로 설계하여서는 안 된다.

평면선형과 종단선형의 조합을 적절하게 조화시켜 건설비의 대폭적인 증가를 초래하지 않고, 이용의 효율과 안전성을 높여 안정된 속도로 주행하는 것이 가능하고 시각적으로도 쾌적한 좋은 선형이 될 수 있다.

그러므로 선형을 설계할 때에는 다음과 같은 기본방침을 갖고 검토를 통하여 선형을 결정해야 한다.

(1) 도로 선형은 지형과 조화를 이룰 것

도로 선형은 백지 위에 그려 넣은 것이 아니고 주어진 자연조건에 기초하여 설계해야 하므로 평면선형의 직선을 가능한 한 많이 삽입하는 편이 좋다든가 또는 도로 선형은 연속적인 곡선으로 구성하는 것이 좋다든가 하기 이전에 자연 지형에 조화된 선형으로 설계하는 것이 중요하다.

자연 지형에 따라 물이 흐르는 듯한 선형은 주로 직선으로 구성된 선형이나 땅깎기 및 흙쌓기가 많은 선형보다는 미관적으로 좋으며, 도로 건설에 따른 생활 환경의 분리를 피하고 자연을 보호한다는 점과 도로를 건설할 때의 시공성, 경제성, 유지관리 측면 등 여러

점에서 바람직하다.

한편, 의식적으로 평면곡선을 연속적으로 설치하여 도로 선형을 구성하게 하는 것은, 자동차의 주행을 위한 핸들 조작량이 늘어나 장거리 운전을 할 때 운전자의 피로를 누적시킬 수 있고, 작은 평면곡선부에서는 선형을 따라 주행하지 않는 불규칙한 운전이 종종 발생된다는 점 등을 종합적으로 고려해야 한다.

이와 같이 선형이 미관적인 가치는 있다고 하더라도 앞지르기시거 등을 확보해야 하는 2차로 도로 등에서는 오히려 비교적 긴 직선부가 일부 구간에서 필요하기 때문에 평면곡선을 의식적으로 삽입하는 것을 피하지 않으면 안 된다.

우리나라는 지형적으로도 복잡하고 인구 밀도도 높아 토지 이용이 고밀도화 되어 있어 지형, 지물의 제약이나 시공, 유지관리를 비롯한 여러 가지 측면을 고려하여 신중하게 선형을 검토하게 되면 극단적으로 긴 직선으로 구성되는 선형이 크게 발생하지 않아 의식적으로 평면곡선을 삽입해야 하는 경우가 많이 발생되지 않는다.

(2) 도로 선형의 연속성을 고려할 것

긴 직선의 끝에 작은 평면곡선 반지름의 곡선부를 두는 것은 좋지 않으며, 또 큰 평면곡선 반지름의 곡선부에서 작은 평면곡선 반지름의 곡선부로 급격히 변화시키는 것은 선형의 연속성을 상실한 것이라 할 수 있다.

여러 가지 제약으로 작은 평면곡선 반지름의 곡선부를 설치하지 않으면 안 되는 경우에는 직선부 또는 큰 평면곡선 반지름의 곡선부로부터 서서히, 그리고 연속적으로 작은 평면곡선 반지름의 곡선부로 변화하여 갈 수 있도록 미리 그 앞에 적당한 평면곡선 반지름의 곡선부를 삽입해야 한다.

(3) 도로의 선형과 부속시설의 관련성도 고려할 것

평면곡선 및 종단곡선 구간에서 도로의 구조와 도로 주변의 부속시설에 따라 운전자의 주행에 안정감을 주기도 하고 그렇지 못한 경우도 발생하게 된다. 그러므로 도로의 선형과 부속시설이 서로 보완되어 주행의 안전성과 쾌적성을 도모해야 한다.

예를 들어, 부득이 높은 흙쌓기 구간에 평면곡선을 설치해야 할 때는 큰 평면곡선 반지름을 설치함과 동시에 적정한 방호울타리, 조명의 설치 또는 식수 등으로 시선을 유도하도록 하는 것이 사고방지를 위해서도 필요하다.

(4) 평면선형과 종단선형이 조화를 이룰 것

도로는 그 위를 달리는 운전자에게 있어서 입체적인 선형 형상이 연속성을 가져야 함과 동시에 주행의 안전성뿐만 아니라 시각적, 심리적 쾌적성까지 갖추어야 한다. 그러므로 노선 선정에서 선형의 조화에 이르기까지의 일련의 설계 과정이 각각 독립적으로 이루어지는 것이 아니라 동시에 종합적으로 다루어져야 한다.

평면선형과 종단선형의 조화는 단순한 끝마무리를 위한 최후의 단독 작업이 아니므로 선형의 설정 단계에서 노선 선정의 문제와 연관하여 검토할 뿐만 아니라 자동차 주행의 안전성, 선형의 경제성, 지형, 지물, 지역과의 조화 등을 함께 고려하여 조화로운 선형이 되도록 다루어야 한다.

(5) 도로 선형 설계의 일관성을 유지할 것

도로의 설계 기술인이나 이용자의 입장에서 볼 때 무엇보다 중요한 것은 설계된 도로 선형이 도로의 서비스를 얼마만큼 만족시킬 수 있는지 또는 임의의 도로 지점에서 과연 안전한 주행이 가능한지를 검토하여 보는 것이다. 이는 단순히 도로의 최소 설계기준만을 만족시키는 것과는 다르다. 규정된 설계기준에 대하여 그 기준을 만족시킨다는 것은 주행 역학적 안전성은 확보되었다 할 수 있지만 교통안전성이 확보되었다고는 보기 어려우며, 이는 사실상 도로를 주행하는 운전자들의 욕구를 지나치게 단순화시킨 매우 소극적인 접근 방법이라 할 수 있다. 또한 개별적으로 선형 설계가 기준에 맞게 설정되었다고 하더라고 상호 간의 연결 관계가 부적절한 경우에는 도로 주행성 측면에서 바람직하지 못한 결과를 초래할 수 있다. 따라서 운전자들의 욕구를 반영할 수 있는 선형 설계를 하기 위해서는 선형 설계에 대한 훨씬 정밀하고 합리적인 설계 검토 과정이 필요하다.

도로 기하구조 등 설계의 적정성을 검토하기 위해서 많이 사용되는 기법은 설계 일관성을 평가하는 것이다. 설계 일관성이란 운전자들이 전방의 도로에 대하여 기대하는 조건이나 운전자들이 기꺼이 받아들일 것으로 생각되는 도로 조건을 감안하여 이에 조화를 이루는 도로 조건을 정립하여 주행 안전성 및 쾌적성 등을 확보할 수 있는 바람직한 상태로 정의할 수 있으며, 운전자들의 기대 심리를 확인시켜 주어 운전자들이 신속하고 정확하게 판단하도록 하는 기능을 한다.

설계속도를 기준으로 건설된 도로의 경우 도로 각 구간의 설계속도가 일정하므로 자동차의 속도가 일정하다고 가정한다. 그러나 실제로 도로 구간을 주행하는 자동차들은 각 구간마다 속도의 변화를 보인다. 이러한 속도의 변화는 주로 평면곡선부에서 발생하며, 종단곡선부에서는 트럭과 같은 대형자동차가 주행할 때 속도가 변화한다. 평면곡선부에서의 속도변화 원인은 다음과 같다.

① 직선 구간에서 운전자는 자신이 내고자 원하는 속도로 주행할 것이며, 이때 나타나는 속도는 설계속도 이상이 될 것이다.

② 평면곡선은 설계속도별 최소 평면곡선 반지름을 기준으로 그 이상의 평면곡선 반지름을 설치하도록 되어 있다. 만약 설계속도별 최소 평면곡선 반지름으로 평면곡선

을 설치한다면, 평면곡선에서의 설계속도는 원심력과 구심력이 평형을 이룬 상태로 자동차가 주행할 수 있는 최대 속도가 되지만, 운전자는 안전을 고려하여 설계속도 이하로 주행할 것이다.

따라서 직선 구간과 평면곡선 구간을 포함한 도로를 하나의 설계속도로 설계한다 하더라도 도로의 각 구간을 지나면서 자동차는 속도의 변화를 보이게 된다. 이 때문에 설계자가 정한 설계속도로는 실제 자동차의 주행속도를 반영할 수 없으므로 설계자가 의도했던 설계 일관성을 확보하지 못하게 되며, 이로써 설계 일관성에 대한 검토가 요구되어진다.

도로가 정해진 설계속도에 따라 평면곡선 반지름, 곡선길이, 편경사, 종단경사, 차로폭, 측방여유폭 및 마찰계수 등 도로 설계 요소의 적정한 값을 반영하여 설계되었다 할지라도 운전자는 도로 기하구조 조건을 정확히 파악하지 못하며, 오로지 자신의 감각에 의존하여 판단을 내리게 된다. 특히, 운전자는 자신의 감각 중 도로 기하구조 등의 변화를 가장 먼저 감지할 수 있는 시각에 크게 의존하게 되며, 이는 설계 요소 중 시거와 관련이 많다.

설계 일관성 평가 방법은 설계속도에 따라서 제시되는 선형 설계의 최소 기준을 적용하는 방법과는 다른 특징적인 개념을 적용한다. 즉, 설계속도를 적용한 경우에 평면곡선 반지름 등 설계변수가 최소 기준 이상으로 만족되더라도 연속적인 선형에서 나타나는 설계 조건(도로 기하구조 조건)이 각 구간마다 서로 큰 차이를 보일 수 있으며, 따라서 각 구간마다 허용되는 최대 안전주행속도 역시 큰 차이를 보일 수 있다. 또한, 설계속도 개념은 평면곡선에서 원심력에 대항하여 자동차가 주행궤적을 이탈하지 않고 유지할 수 있는 최대 안전주행속도 개념이므로 전방에 사고의 위험 요소(정지한 고장 자동차 또는 낙석 등)에 대처하여 피하거나 정지하여 사고의 위험으로부터 벗어날 수 있는 안전성을 담보하지 못한다. 따라서, 설계 일관성은 이러한 두 가지의 관점을 토대로 평가되어진다.

도로의 설계 일관성 평가는 도로 기하구조에 따라 결정되는 주행 안전성의 일관성을 평가하는 방법론이라 할 수 있다. 따라서, 설계 일관성 평가는 도로를 설계할 때에 검토되어야 할 중요한 사항이다. 이를 기존 도로 측면에서 부연하자면 필요 이상으로 과대 설계된 도로 구간과 최소 기준만을 만족한 도로 구간이 혼재하는 연속된 선형상에서는 설계 일관성의 결여는 물론 운전자의 기대치와도 상치된 구간이 상당수 존재한다고 볼 수 있다. 그러므로 주행의 안전성이 담보되어야 할 도로의 설계에 있어서 최소 설계기준만을 만족시키기 보다는 보다 적극적으로 설계 일관성에 대한 검토가 함께 이루어져야 할 것이다.

5-4-3 도로 선형 설계 일관성

전통적인 방법으로 설계되어진 도로의 경우 최소 설계기준만을 만족하므로 도로 노선 및 구간별로 주행과 관련된 안전성에서 큰 편차를 보이고, 이로 인하여 도로에서 많은 사고와 위험성이 내재하는 단점이 제기되어 왔다. 이러한 문제점을 해결하기 위해서는 도로의 설계 일관성을 확보 및 유지하는 것이 중요하다는 인식하에 국내외에서 도로의 선형 설계 일관성을 평가하는 여러 방법론이 제기되었다.

미국의 Glennon과 Harwood는 설계 일관성에 대하여 지적하기를 설계 일관성은 도로 설계에서 항상 가장 기본적인 항목이라고 강조되기는 하나, 실제로는 설계 요소가 조합적으로 나타나기 때문에 이런 경우에 적용할 수 있는 분명한 설계 일관성 검토 기준이 제시되지 않고 있다고 주장한다. 이는 매우 적절한 지적으로서, 이들의 주장에 부합할 수 있도록 설계 일관성 검토 기준 마련의 필요성이 대두되었다. 주요한 도로 선형 설계 일관성 검토 방법을 소개하면 다음과 같다.

(1) Ball-Bank Indicator

미국에서는 1930년대 Stonex 와 Noble, Moyer와 Berry 그리고 연방도로청에 근무하던 Barnett 등의 연구 성과에 따라 평면곡선에서 원심력에 대항하기 위하여 운전자에게 필요한 횡방향미끄럼마찰계수 값의 존재 범위를 개략적으로 찾아냈다. 그 방법으로는 도로의 설계속도 개념을 설정하여 설계속도별 최소 평면곡선 반지름을 정립해야 했는데 최소 평면곡선 반지름을 정립하기 위해서 횡방향미끄럼마찰계수의 최댓값을 결정하였다. 이를 위하여 Ball-Bank Indicator를 사용했고, 이 값은 현재도 AASHTO Green Book에 설정 근거로 제시되어 있으며, 설계속도가 20~110km/h의 범위를 가질 때 마찰계수는 0.10~0.21로 설정되어야 한다는 것이다.

(2) 10mile/hour rule

1970년대 들어서 J. Leisch를 필두로 하여 종전의 설계속도 개념의 모순점을 제기하며 이를 개선할 것을 주장하는 사람들이 나타났다. Leisch는 설계속도를 사용했을 때 특히 90km/h 이하 속도에서 운전자들은 직선과 곡선의 반복적 선형 조합 때문에 계속해서 속도를 바꾸어야 하며, 이는 결국 설계속도의 기본 가정인 균등한 속도의 확보라는 문제를 해결하지 못한다는 한계점을 지적하면서 소위 10mile/h 원칙에 따른 속도종단곡선 분석기법을 제시하였다. 그의 주장은 상당한 설득력을 가지게 되어 현재까지도 설계 일관성 분석의 주류를 이루게 되었고, 다음의 세 가지로 요약할 수 있는 10mile/h 원칙은 향후 안전성검토의 기준이 되었다.

① 가능하면 설계속도의 감소는 피하되, 불가피할 경우 10mile/h를 초과하지 않을 것
② 자동차의 잠재적 속도는 10mile/h 이내에서만 변할 것
③ 트럭 속도는 자동차의 속도보다 10mile/h 이내에서 낮게 나타날 것

(3) 평면곡선부 주행속도 반영 설계

설계속도 개념에 강한 반박을 가한 또 다른 한 사람은 호주 ARRB(australian road research board)의 J. McLean이었다. 그는 1974년 ARRB Proceeding에서 평면곡선에서의 운전자 행태분석 연구를 통하여 종전에 사용되던 설계속도 개념의 속도-횡방향미끄럼마찰계수 관계곡선보다는 속도-평면곡선 반지름 관계식이 보다 현실적이고, 설계속도와 주행속도는 별개의 문제라고 주장했다. 그는 또한 설계속도 대신 주행속도를 산정해서 설계에 반영해야 하며, 주행속도는 평면곡선의 설계조건에 따라 경험적으로 산정할 수 있다고 주장하였다.

(4) 운전부담량

설계 일관성의 분야에서 독특한 또 한 사람은 미국의 C. Messer 이다. 그는 FHWA의 연구를 수행하면서 운전자의 운전부담량을 통하여 설계 일관성 분석이 가능할 것으로 판단했다. 운전부담량은 운전자에게 부과되는 과제의 난이도와 빈도에 따라 달라지며, 부담량의 수준과 운전자에게 미치는 영향은 운전자의 기대 심리 및 능력에 따라 달라진다고 생각했다. 설계가 불합리한 도로는 운전자의 기대 심리를 위배하게 되며 이는 곧 운전자에게 많은 부담을 주게 된다. Messer는 운전부담량 산정 모형을 개발했는데, 이 모형은 운전자들이 주행 정보를 주로 도로 선형에서 얻으며, 도로의 선형이 복잡할수록 운전부담량이 높아지게 되고, 운전자가 전혀 예측하지 않은 도로 조건이 나타나면 그 양이 극도로 높아진다고 보았다. 그러나 Messer의 모형은 도로 상태에 대하여 운전자에 의한 주관적 평가에 기초하기 때문에 운전부담량을 객관적으로 측정하기 어려운 한계점을 지니고 있다.

이후 Shafer 등은 도로 기하구조에 기초한 운전부담량 산정모형을 개발하였다. 이 모형에서는 운전부담량이 커질수록 운전자가 눈을 뜨고 있는 시간이 길어지고, 정신적 작업 부하량이 커질 것이라는 가정하에 정상 상태와 비교한 운전자의 눈 깜박임 횟수와 눈을 감지 못하고 뜨고 있는 지속 시간을 측정하여 이를 곡률도의 함수로 나타내었다.

$$W_L = 0.193 + 0.016D$$

여기서, W_L : 곡선의 평균 운전부담량

D : 곡률도(degree of curvature)

(5) 곡률변화율

Lamm 등은 도로 구간에서 나타나는 곡률도를 통하여 85백분위(85th-%tile) 주행속도를 예측하여 곡선부의 설계 일관성을 평가하는 방법을 제시하였다. 이때 사용된 방법은 첫째로 연속한 도로의 인접한 두 구간의 예측 주행속도를 비교하는 방법과 둘째로 해당 구간의 예측 주행속도와 설계속도를 비교하는 방법 두 가지가 있다.

$$V_{85} = 34.7 - 1.005D_C + 2.081L_W + 0.174S_W + 0.004AADT$$

여기서, V_{85} : 85th-%tile 예측 주행속도(85th-%tile operating speed)

D_C : 곡률도(degree of curve)

L_W : 차로폭

S_W : 길어깨폭

표 5-30 설계안전기준(R. Lamm 등)

구분	설계안전도		
	양호	보통	불량
I	$\|V_{85_i} - V_{85_{i+1}}\| \leq 10km/h$	$10km/h < \|V_{85_i} - V_{85_{i+1}}\| \leq 20km/h$	$20km/h < \|V_{85_i} - V_{85_{i+1}}\|$
II	$\|V_{85} - V_d\| \leq 10km/h$	$10km/h < \|V_{85} - V_d\| \leq 20km/h$	$20km/h < \|V_{85} - V_d\|$

(6) 시거-최대 안전주행 속도

설계 일관성을 다룬 국내의 대표적 연구로는 도로 선형에 대한 설계 일관성 평가 모형 개발(최재성, 1998)을 들 수 있다. 또한 설계 일관성을 측정하고 평가하는 방법론 연구 (이승준, 이동민, 최재성, 1999, 2000)는 TRB 및 EASTS에 발표되었고, 이후 국내외에서 설계 일관성에 시거 모형을 다룬 많은 후속 연구가 진행되었다.

시거-최대 안전주행 속도 모형은 개념적으로 도로 기하구조에 따라 제공하는 시거를 최소 정지시거와 동일하게 적용하여 이때 나타나는 최대 안전주행 속도를 산정한다. 각 도로 구간은 각기 다른 기하구조 조건을 가지기 때문에 이에 상응하는 최대 안전주행 속도 역시 각 도로 구간마다 상이한 값을 가지게 되며, 설계 일관성 평가는 산출된 최대 안전주행 속도와 설계속도를 비교하여 결정한다. 이때 최대 안전주행 속도가 설계속도보다 낮은 구간이 발생하게 되면 설계 일관성이 결여되고, 해당 구간은 안전적으로 문제가 있는 구간으로 인식된다.

$$SD_H = MSSD = t{\cdot}V_H + \frac{V_H^2}{2g(f \pm G)}$$

$$\therefore V_H = -g(f \pm G)t + \sqrt{[g(f \pm G)t]^2 + 2g(f \pm G)SD_H}$$

여기서, SD_H : 평면곡선구간에서의 최소 시거(m)

MSSD : 최소 정지시거(m)

V_H : 평면곡선에서의 최대 안전주행 속도(m/s)

  t : 인지반응시간(2.5초)

  g : 중력가속도(9.8m/s²)

  f : 노면마찰계수

  G : 종단경사(%)

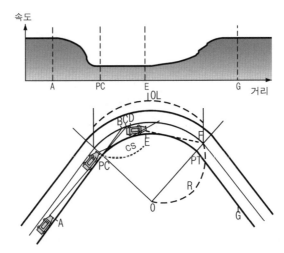

그림 5-54 평면곡선부에서 시거와 최대 안전주행 속도 산출 개념도

5-4-4 도시지역도로의 선형 설계

도시지역도로에서는 노선 선정이나 선형 설계에 대해서는 앞서 언급한 사항 외에 다음과 같은 문제점에 대해서도 주의해야 한다.

(1) 도로 주변 지역의 토지 이용과의 관련성을 고려할 것

도로가 도로 주변 주민의 생활권을 분단하는 경우에는 주민생활의 편리 및 관습 등을 해롭게 함은 물론이며, 안전성도 저하되어 도로의 본래 기능을 발휘하지 못하는 경우가 발생할 수 있다. 또한, 주변 지역의 토지 이용을 고려하지 못하면 그로 인한 피해로 도시지역의 발전을 저해하는 요인이 되기도 한다.

(2) 기존 도로망과의 관계를 고려할 것

기존 도로망과의 접속, 기존 교통 통행과의 연결 등을 고려하여 기존 교차로와의 관계를 명확히 하여 선형을 설계할 때 반영하여 한다.

(3) 보·차도가 함께 있는 생활도로에서의 선형 설계

인근 주민이 생활도로로 사용하고, 자동차의 속도를 제한하여 보행자나 자전거에 대한 사고를 방지하고, 쾌적한 생활환경을 만들어 낼 가능성을 가진 도로에 대해서는 자동차 통행 부분의 폭을 물리적으로 좁히거나 시각적으로 그렇게 보이게 하여 운전자로 하여금 속도를 줄이게끔 유도하여 보행자나 자전거가 안심하고 안전하게 다닐 수 있는 통행공간을 확보할 필요가 있다.

5-4-5 평면선형의 설계

1. 평면선형 구성 요소

평면선형의 구성 요소는 직선, 원곡선, 완화곡선의 3종류로 하고, 완화곡선으로는 클로소이드 곡선을 쓰도록 한다. 과거에는 도로의 주요 선형요소로서 직선이 최선의 것이고, 곡선은 부득이 지장물을 피해야 할 경우에만 적용시키는 것으로 생각되어 왔는데, 이는 직선이 현지에 설치하기 가장 쉽고, 또한 최단 거리로 지점 간을 연결할 수 있기 때문이었다.

매우 평탄한 지형이나 도로가 통과하는 지점의 경관이 시가지에서의 도로망과 같이 인공적으로 직선형을 이루고 있는 경우는 도로의 선형으로서 직선을 쓸 수밖에 없을 것이다. 그렇지만 직선도로는 운전자에게 자기가 향할 방향을 명료하게 제시해 주는 반면, 전방에 주위를 환기시킬 어떤 목표물이 존재하지 않으면 매우 단조로워 운전자에게 피로를 유발시키기 쉬우며, 운전자는 자기가 가고 있는 행선지가 어디까지인지 분명히 알고 있기 때문에 주의력이 산만해지고, 빨리 그곳에서 빠져나가려고 과도한 속도를 내기 쉽다. 또한, 차간거리의 계측을 잘못하여 오히려 사고다발 구간이 되는 경우가 있다.

특히, 우리나라와 같이 지형 변화가 격심한 산악부를 주체로 하는 지역에서는 직선의 선형은 지형과 조화되기 어렵고, 그 길이가 적정하지 않으면 일련의 선형에 대한 연결성을 깨뜨리게 된다. 또한, 긴 직선 뒤에 작은 평면곡선 반지름이 삽입되어 있으면 현저하게 위험한 선형이 된다는 점은 잘 알려진 사실이다. 그렇지만 이들 직선의 선형이 이와 같은 결점을 가졌다고 하여 곧바로 평면선형 요소로부터 배제해야 된다고 생각하는 것은 적절하지 못하나, 상당히 긴 구간에 걸친 직선을 설치하는 것은 선형의 조화에 불리하다는 것을 명심해야 한다. 또한, 빈번하게 작은 평면곡선 반지름을 쓰게 되면 운전자에게 과도한 정신적 부담을 주게 될 뿐만 아니라, 앞지르기의 가능성을 저하시켜 용량 저하의 요인이 되므로 이러한 경우에는 작은 평면곡선 반지름의 남용을 피하고 적당한 직선의 활용을 꾀하는 것이 바람직할 수 있다. 그러나 가장 중요한 것은 지형 등의 제약 조건에 따라 선택할 수 있는 평면곡선 반지름을 적절하게 선택하는 것인데, 부득이 최솟값에 가까운 작은 평면곡선 반지름의 사용이 불가피한 경우에는 때때로 완화곡선을 크게 설치하여 선형을 원활하게 만들 수 있다.

도로의 완화곡선으로서는 3차포물선(cubic parabola), 렘니스케이트(lem-niscate), 클로소이드(clothoid) 등의 각종 곡선이 개발되어 왔으나, 이론적으로 자동차의 완화주행에 클로소이드 곡선이 합치한다는 점, 즉, 곡선반지름이 무한대인 직선구간을 주행하던 자동차가 일정한 크기의 곡선반지름을 주행하기 위해서는 그에 상응하는 회전반지름에 적응해야 하므로 운전자가 핸들의 조향각을 순간적으로 바꾸어야하는데 이는 실제로 불가능하며 운전자가 핸들을 조작하는 동안 자동차의 주행궤적은 무한대의 직선에서 일정한 크기의 곡선반지름을 갖는 완화주행을 하게 된다. 따라서, 일반적으로 클로소이드 곡선이 자동차의 완화주행 특성을 잘 반영하며, 근래에는 클로소이드 곡선의 설계 계산, 현지에서의 설치 등 모두가 현저하게 간편화되어 주로 클로소이드 곡선을 완화곡선으로 사용하고 있다. 또한, 이 클로소이드 곡선은 시각적으로 원활하고 아름다운 선형을 얻을 수 있어 원곡선과 클로소이드 곡선을 주체로 한 선형 설계가 일반적으로 널리 쓰이고 있다. 과거 지형의 평탄성 때문에 직선을 수체로 한 선형 설계를 택하여 왔던 국외(미국)에서도 근래에는 그 효용을 인식하여 곡선을 주요 선형 요소로 한 설계로 전환되어 가고 있는 실정이다.

곡선을 주요 선형 요소로 설계하는 방법은 그것이 적정하게 실시된다면 지형 및 지역 조건에 대한 적응성이 높아져 선형 설계의 자유도가 증가할 뿐만 아니라, 운전자에게 적절한 자극과 리듬을 주어 안전하고 쾌적한 도로가 될 수 있다. 특히, 우리나라와 같이 지형이 험난하고 지장물 등의 제약 조건이 많이 존재하는 경우는 매우 유효한 선형 설계를 가능하게 할 수 있다.

(1) 원곡선의 구성

① 직선 사이 또는 완화곡선 사이에 설치되는 원곡선은 일반적으로 곡선반지름으로 표시하는데 원곡선의 각 요소와 기호는 다음과 같다.

R : 원곡선 반지름(m)
O : 원곡선의 중심
T_L : 접선 길이(m)
θ : 교각(°)
M : 중앙 종거(m)
E : 외선 길이(m)
BC : 곡선의 시점
EC : 곡선의 종점
IP : 접선의 교점

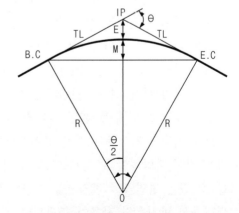

그림 5-55 원곡선의 구성

② 원곡선의 각 요소 값은 다음 식과 같다.

- 접선 길이(T_L) $T_L = R \cdot \tan\left(\dfrac{\theta}{2}\right)$

- 현의 길이(C) $C = 2R \cdot \sin\left(\dfrac{\theta}{2}\right)$

- 외선 길이(E) $E = R \cdot \sec\left(\dfrac{\theta}{2}\right) - R$

- 호의 길이(C_L) $C_L = R \cdot \theta \cdot \pi / 180$

(2) 클로소이드 곡선의 구성

① 클로소이드는 곡률(곡선반지름의 역수)이 곡선길이에 비례하여 증가하는 곡선이다. 즉, R을 곡선반지름, L = 곡선길이라고 하면, $\dfrac{1}{R} = C \cdot L$의 관계가 성립하는 곡선이다. 여기서 C는 상수이다. 위 식을 고치면 $R \cdot L = \dfrac{1}{C(일정)}$, $\dfrac{1}{C}$을 (A^2)이라고 하면 1개의 클로소이드 위의 모든 점은 다음과 같은 식이 성립하며, 이것을 클로소이드 기본식이라 한다.

$$R \cdot L = A^2$$

② 클로소이드 기본식과 그 요소는 다음과 같다.

$$R \cdot L = A^2$$

여기서,   R : 어떤 점의 곡선반지름(m)

L : 클로소이드의 원점부터 그 점까지의 곡선 길이(m)

A : 클로소이드 파라미터

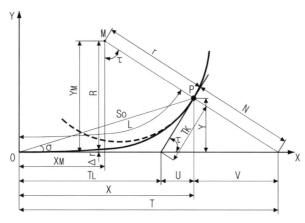

그림 5-56 클로소이드의 요소와 기호

O : 클로소이드 원점 X_M, Y_M : M점의 X좌표, Y좌표

M : 클로소이드 위의 P점에 대한 곡선의 중심 τ : P점에서의 접선각

OX : 주 접선(클로소이드 원점에 대한 접선) σ : P점에서의 극각

A : 클로소이드의 파라미터 T_K, T_L : 단접선 길이, 장접선 길이

X, Y : P점의 X, Y 좌표 S_O : 동경

L : 클로소이드 곡선 길이   N : 법선 길이

R : P점의 곡선반지름   U : TK의 주 접선에의 투영 길이

Δr : 이정량(shift)   V : N의 주 접선에의 투영 길이

(3) 자동차 주행과 관련된 원곡선 및 완화곡선의 특성

원곡선 및 완화곡선에서 자동차는 정속으로 주행하지만 표 5-31과 같이 곡선반지름, 각속도 및 각가속도에서 차이점을 갖는다.

표 5-31 원곡선 및 완화곡선의 특성

구 분 / 항 목	완화곡선	원곡선	비고
곡선반지름(R)	감소	일정	기하구조 특성
주행속도(V)	일정	일정	설계 기본 가정
각속도(ω)	증가	일정	R과 V에 따라 종속적으로 결정됨
각가속도(ωʻ)	일정	0	

2. 평면선형 설계의 일반 방침

평면선형을 설계할 때에는 다음에 기술하는 일반적 방침에 따라 연속적으로 원활한 선형이 얻어질 수 있도록 힘써야 하며, 동시에 주변 경관과의 조화에 대해서도 검토해야 한다.

평면선형 설계의 일반적 방침은 다음과 같다.

① 선형은 주변 지형 및 조건에 적합한 것이어야 한다.

원활한 평면곡선을 활용해서 지형에 부합시킨 선형은 주변 경관과의 조화도 좋고, 시각적으로도 아름다운 선형이 되므로 주위의 지형, 도시화의 상황 등 도로 주변의 환경에 따라 평면선형 설계를 해야 한다.

즉, 좁은 골짜기 사이를 통과하거나, 도로 주변이 도시화가 이루어져 있는 구간에서는 속도가 자연히 억제되어 작은 평면곡선 반지름을 적용하더라도 그다지 문제는 생기지 않는다.

② 선형은 연속적인 것이어야 한다.

선형이 급하게 변화되는 것은 피해야 한다. 예를 들면 긴 직선구간의 끝에 반지름이 작은 평면곡선을 설치한 선형, 큰 반지름의 평면곡선부에서 작은 반지름의 평면곡선부로 급격히 변화하는 선형 등은 피해야 한다. 반지름이 작은 평면곡선을 설치하지 않으면 안 될 때에는 그것을 인지하기 쉬운 위치에 설치하든지 또는 그보다 큰 평면곡선 반지름을 앞에 배치하여 작은 평면곡선 반지름의 곡선부로의 진입을 원활하게 하도록 배려해야 할 것이다.

③ 앞뒤의 선형이 비교적 좋은데 일부 구간에서 반지름이 작은 평면곡선을 설치하는 일은 피해야 한다. 또한, 반대로 작은 평면곡선 반지름 사이에서 아주 큰 평면곡선 반지름의 사용은 피해야 한다. 이와 같은 곳에서는 운전자가 선형의 급격한 변화에 대응할 수 없어 사고가 일어나게 된다. 지형 조건이 좋은 구간에서 나쁜 구간으로 들어가는 경우에는 선형의 질을 서서히 저하하도록 할 필요가 있다.

④ 종단선형과의 조화도 고려할 것.

앞뒤의 종단선형이 매우 양호한 곳에 반지름이 작거나 길이가 짧은 평면곡선을 설치하거나 또는 반대로 종단선형이 매우 나쁜 곳에 매우 양호한 평면곡선을 설치하는 것은 바람직하지 못하다.

⑤ 직선과 원곡선 사이에 클로소이드를 삽입할 때 클로소이드의 파라미터와 원곡선반지름과의 사이에는 가능한 한 다음과 같은 관계가 성립되도록 해야 한다.

$R \geq A \geq \dfrac{R}{2}$, $R = 1,500$m 이상으로 매우 클 경우에는 $R \geq A \geq \dfrac{R}{3}$의 조건을 지키면 직선에서 원곡선으로서의 선형의 변화가 점차적으로 원활한 것이 된다. 또한, 클로소이드⌒원곡선⌒클로소이드의 선형 구성인 경우에 두 클로소이드의 파라미터를 반드시 같게 취할 필요는 없고 지형조건 등에 따라서 비대칭의 곡선형으로 하는 것도 가능하다.

⑥ 두 클로소이드가 그 시점에서 반대 방향으로 접속된 선형인 경우에는 두 클로소이드의 파라미터는 같은 것이 바람직하다. 같지 않을 때에는 큰 파라미터가 작은 파라미터의 두 배 이하가 되도록 해야 한다.

⑦ 직선을 낀 두 평면곡선부가 반대방향으로 설치될 경우에 부득이 짧은 직선부를 두 곡선 사이에 설치해야 할 때에는 직선의 길이는 다음 조건을 만족하도록 해야 한다.

$$\ell \leq \frac{A_1 + A_2}{40}$$

여기서,　　ℓ : 두 평면곡선 사이의 직선 길이(m)

　　　　A_1, A_2 : 클로소이드의 파라미터

⑧ 같은 방향으로 굴곡하는 두 평면곡선 간에 짧은 직선을 설치해야 하는 선형은 가능하면 두 평면곡선을 포함하는 큰 원을 설치하는 것이 바람직하다.

⑨ 두 원곡선을 같은 방향으로 복합시킬 경우 두 원곡선 사이에 나선형 완화구간을 두는 것이 선형의 변화가 원활하며, 두 곡선을 직접 접속시킬 경우 큰 원의 반지름이 작은 원의 반지름의 1.5배 이하가 되도록 하는 것이 바람직하다. 참고로, 국외(독일의 경우, RAS-L)에서 제시하는 두 원곡선 간의 반지름 비 기준을 적용하고 있다. 이 기준에 따르면 두 원곡선 반지름비의 범위가 아주 양호, 양호, 사용 가능, 피해야 함의 네 영역으로 구분되어 있다. 독일 기준에 따른 구체적인 적용 예를 들어본다면, 한 쪽 원곡선의 반지름이 500m일 경우에 다른 원곡선의 적용 가능한 원곡선 반지름은 300~1300m가 된다. 또한, 이 기준에서 적용 가능한 최소 평면곡선 반지름은 300m 이상이다.

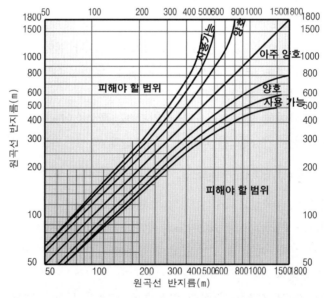

그림 5-57 인접한 두 원곡선 반지름의 조화(독일 RAS-L)

3. 직선의 적용

직선을 적용할 때에는 특히 지형과의 관계에 유의하고, 그 길이가 적당한 범위 내에서 다음과 같은 구간은 직선을 사용하는 것이 좋다.

ⓐ 평탄지 및 산과 산 사이에 존재하는 넓은 골짜기

ⓑ 시가지 또는 그 근교지대로서, 도로망 등이 직선적인 구성을 이루고 있는 지역

ⓒ 장대교 혹은 긴 고가구간

ⓓ 터널구간

직선은 일반적으로 융통성이 없는 기하학적 형태로 인하여 딱딱하며, 선형의 조화가 잘 이루어지지 않는 결점을 갖고 있으며, 더욱이 지형의 변화에 대하여 순응하기 어렵기 때문에 그 적용에는 자연히 제약이 있게 된다. 그리고 직선구간이 꽤 길게 연결되면 운전자는 도로의 단조로운 연속성에 권태를 느끼고 주의력을 집중하기가 어려워져서, 결국에 운전자의 지각반응이 저하를 일으켜 사고 발생의 원인이 될 수 있다.

그러나 지형의 제약이 전혀 없는 평탄지나 산과 산 사이를 통과하는 지역에서 경관의 변화가 수반되는 경우에는 긴 직선의 적용이 가능하다. 다만, 전자의 경우에는 통상 흙쌓기 구간이 직선적으로 연속되는 형태가 되므로 도로 환경의 단조로움을 피한다는 뜻에서 운전자의 주의를 끌 수 있는 목표물인 건축물, 수목 등을 시계에 들어오도록 배려하는 것이 좋은 설계라고 말할 수 있다. 후자의 경우에는 주로 지형에 알맞은 경제적인 종단선형으로 결정하기 때문에 산에서 골짜기로 향하여 상당히 경사가 급한 내리막 경사를 지닌 큰 오목곡선 구간이 되는 것이 일반적이다. 이러한 구간에서는 내리막 경사를 주행할 때 운전자의 착각 때문에 다음 오르막 구간이 실제 이상으로 급경사로 보이고, 전방의 자동차 주행상태가 한 눈에 인식되어 앞지르기를 시도하는 경향이 두드러진다. 그러나 일반적으로 내리막 경사를 주행할 때 설계속도 이상으로 과속하게 되는 경우가 많이 발생되어 사고의 위험성이 커지므로 종단선형을 적절하게 설계하여 상당히 긴 내리막 경사를 두지 않도록 할 필요가 있다.

그리고 시가지 등과 같이 토지 이용의 구성 단위가 직선형으로 구획되어 있는 지역에서는 그곳을 통과하는 도로 자체도 직선으로 설계하지 않으면 연도의 토지 이용 효율을 저하시키게 될 뿐만 아니라 인공적인 경관과의 조화를 이루지 못한다.

장대교 및 긴 고가교구간과 같이 건설비가 고가인 구조물이 연결되는 경우는 시공의 용이성도 고려하고 경제적으로도 유리한 직선으로 하는 것이 좋다.

터널구간은 지형, 경관과의 적응 관계 보다는 시공의 편리와 경제성 및 지질 등과의 관계를 더 고려하여 가능하다면 직선을 활용해야 할 것이다.

그러나 터널 내에서는 도로의 경관이 소멸되기 때문에 거리의 인식을 가능할 수 없게 되어 차간거리의 목측을 그르치는 경향이 있으며, 직선은 이 경향을 조장한다는 점에 대하여 유의하지 않으면 안 된다. 그리고 터널구간 전후의 곡선, 특히 출구 직후의 곡선은 운전자가 예측할 수 없는 것이므로 가능한 한 피해야 하며, 곡선을 설치해야 할 경우에는 터널과 원곡선과의 직접 연결을 피하고 완화곡선을 설치하여 원곡선과 접속할 수 있도록 해야 할 것이다.

직선을 적용하는 경우의 일반적인 한계 길이에 대하여는 이론적인 풀이를 하기는 곤란하나, 주로 운전자의 심리적인 부담 한계에 따라서 결정되는 것이라 생각하고 있으며, 직선의 길이는 앞뒤 선형조건, 지형지물의 상황, 경관의 변화 등에 따라 적절하게 설계자의 판단에 따라 결정하는 것이 중요하다.

4. 곡선의 적용

곡선을 적용할 때에는 지형에 맞도록 적절히 적용시키되, 가능한 한 큰 평면곡선 반지름을 쓰도록 하고, 전후의 선형요소와의 상관관계를 검토하여 일련의 선형으로서 전체적인 균형을 유지하도록 해야 한다. 그리고 평면곡선부에 있어서는 특히 종단경사와의 관계를 감안하여 작은 평면곡선 반지름과 급경사를 겹치지 않도록 한다.

곡선은 직선에 비하여 융통성이 있어 기하학적 형태가 유연하기 때문에 다양한 지형 변화에 대해서 순응시킬 수 있고, 또 원활한 선형이 얻어질 수 있기 때문에 그 적용범위는 광범위하다.

곡선은 지형 조건에 따라 가능한 한 크게 설치하는 것이 좋겠지만, 운전지가 직선과 구별하기 힘들 정도로 큰 반지름을 쓰는 것은 아무런 의미가 없다. 이와 같은 뜻에서 최대 평면곡선 반지름이 대략 10,000m 이상은 곡선의 의미가 상실되는 것으로 알려져 있다.

또한, 원곡선의 반지름은 크게 설치함과 동시에 지형, 지역의 조건에 적합한 크기의 것을 선정하는 것이 중요하다. 그러나 우리나라와 같이 산악지대가 많아 지형이 험준한 지역에서는 평면곡선 반지름을 크게 설치하기 곤란하므로 때때로 최소치에 가까운 값을 설치하지 않으면 안 되는 경우가 생긴다. 이와 같은 경우 일련의 선형 요소를 검토하여, 전체적으로 보아 특별한 구간이 짧게 산발적으로 존재하는 일이 없도록 하는 것이 중요하다. 그리고 이와 같은 작은 평면곡선 반지름의 적용이 부득이한 구간에는 점차적으로 평면곡선 반지름의 크기를 작게 하여 운전자를 자연스럽게 특별 구간으로 유도하는 선형을 유지하도록 주의를 기울여야 할 것이다.

평면곡선부를 설계할 때 잊어서는 안 될 것은 그 구간에서의 종단경사와의 관계이다.

작은 평면곡선 반지름과 급경사가 겹치게 되면 사고율은 높아지는 것이 명확하므로 선형을 설계할 때에는 평면곡선 반지름이 작은 구간과 급경사 구간을 겹치게 하지 않도록 각별한 배려가 필요하다.

5. 평면선형 설계의 방법

그림 5-58은 긴 직선~짧은 곡선, 긴 곡선~짧은 직선, 연속적인 곡선으로 이루어진 선형으로서, 곡선이 연속될수록 시각적으로 원활함의 정도가 증대함을 알 수 있다.

평면선형 설계의 전통적인 설계기법으로 기본이 되는 도로 선형의 직선을 먼저 설정하고, 이를 원호로 연결하는 그림 5-59 ①의 방법이 사용되어져 왔다.

이와는 반대로 연속적인 곡선을 설치한 선형 설계는 그림 5-59 ②와 같이 주어진 지형 조건 등에서 먼저 기본이 되는 원곡선을 실용상 가능한 범위에서 완만한 평면곡선 반지름으로 선정하고, 이들 원곡선 사이를 적절한 클로소이드 곡선으로 연결하는 것으로서, 이 방법에서 주의해야 하는 것은 이 설계 기법이 산이나 골짜기가 많은 지방지역의 선형 설계에 특히 알맞은 방법이므로 도시지역 내라든가, 평지와 같이 주위 환경이 주로 직선으로 구성되어 있는 지역에서는 주변 환경과 조화가 이루어지지 않을 수 있으므로 오히려 직선을 주요 선형요소로 설정하는 것을 고려해야 한다.

① 긴 직선 – 짧은 곡선에 의한 선형 구성

② 긴 곡선 – 짧은 직선에 의한 선형 구성

③ 연속적인 곡선에 의한 선형 구성

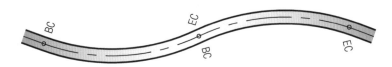

그림 5-58 평면선형 구성의 종류

① 먼저 직선을 설정하고 그것을 원곡선으로 연결한다.

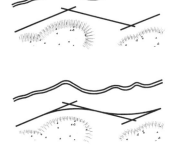

② 먼저 곡선을 설정하고, 그것을 완화곡선으로 연결한다.

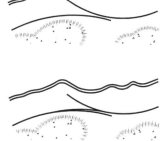

그림 5-59 평면선형 설정방법

5-4-6 종단선형의 설계

1. 종단선형 설계의 일반방침

종단선형을 설계할 때에는 건설비와의 관계를 고려하면서 자동차 주행의 안전성과 쾌적성을 도모하고 경제성을 갖도록 해야 하며, 평면선형과 관련해서는 시각적으로 연속적이면서 서로 조화된 선형으로 설계해야 한다.

종단경사의 선정에 있어서 제일 먼저 고려해야 할 제약 조건은 지형과 자동차의 성능이지만, 동시에 자동차의 주행 측면과 도로용량 등에 대하여도 동시에 고려해야 한다. 즉, 종단경사를 어떻게 설치할 것이냐에 따라 자동차의 주행속도는 크게 달라지며, 도로용량도 영향을 받는다.

일반적으로 내리막 경사는 사고로 연결되기 쉽고, 오르막 경사가 급하면 자동차, 특히 트럭의 속도 저하가 뚜렷하여 원활한 교통의 흐름을 저해하게 된다. 이 때문에 급한 오르막 경사가 있는 긴 구간에서는 오르막차로를 설치할 필요가 있다. 또한, 오르막 경사에서

① 짧은 돌출 - 이것은 평탄한 지형에서 짧은 교량 전후의 흙쌓기량을 절감시키려 할 때 자주 생긴다.

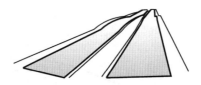

② 중간이 푹 패어 보이지 않는 선형

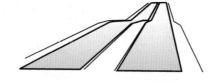

③ 종단의 짧은 절곡 - 이것은 소규모의 정점(Crest)인데, 정점을 넘어선 쪽의 노면이 보이게 된다.

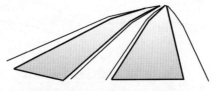

그림 5-60 종단선형의 부조화

는 대형자동차가 속도 저하 없이 그대로 오를 수 있는 경사와 내리막 경사에서 브레이크를 쓰지 않는 경사로 하는 것이 좋으나 경제적 비용에 따른 효과를 검토하여 결정해야 한다. 종단선형을 설계할 때에는 다음에 열거된 사항을 고려해야 한다.

① 지형에 적합하고 원활한 것이어야 한다.

짧은 거리에서 많은 오르내림을 반복하는 선형은 내리막 경사와 오르막 경사가 연속적으로 자주 반복되어 오목 구간이 볼록 구간에 가리어져 운전자는 시각적으로 볼록 구간만 연속적으로 보이는 선형이 된다.

② 앞쪽과 뒤 끝만이 보이고 중간이 푹 패어 보이지 않는 선형은 피해야 한다.

이와 같은 선형은 평면선형이 비교적 직선인 경우에 생기는 것이 보통인데, 일련의 선형이 중단되어 시각적으로 불쾌할 뿐만 아니라 푹 패인 정도가 작다고 하더라도 운전자는 앞지르기가 가능한 경우에도 앞지르기 시도를 포기하게 된다.

이를 개선하는 데는 평면선형을 변경하든가, 토공비가 다소 증가되더라도 종단선형을 수정해야 할 것이다.

③ 오르막 경사 앞에 내리막 경사를 설치할 경우 트럭 등이 오르막 경사에서의 속도 저하를 생각하여 내리막 경사에서 미리 가속하여 오르막 경사를 주행하려고 하므로 이러한 지형에서 내리막 경사를 너무 급하거나 길게 두어 트럭 등이 과도한 속도를 내게 되면 사고의 위험성이 있으므로 오르막 경사와 내리막 경사의 길이 산정에 주의해야 하며, 부득이한 경우 오목 부분에 삽입하는 종단곡선을 길게 잡아 시각적으로 원활한 선형을 얻을 수 있도록 힘써야 한다.

① 종단곡선길이 210m, 종단곡선 변화비율 42m/%

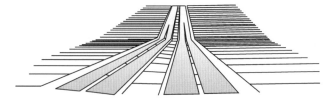

② 종단곡선길이 900m, 종단곡선 변화비율 180m/%

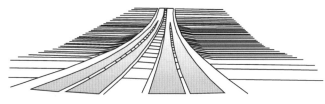

그림 5-61 오목부에서의 종단곡선의 변화(2%의 내리막 경사에서 3%의 오르막 경사)

그리고 내리막 경사가 계속되는 구간 앞에 작은 평면곡선 반지름이 설치되어 있는 경우는 도로에 설치하는 편경사를 표준보다 크게 하는 것도 고려할 필요가 있다.

④ 같은 방향으로 굴곡하는 두 종단곡선의 사이에 짧은 직선경사 구간을 두는 것은 피해야 한다. 특히, 오목형 종단곡선의 경우에는 이 선형 전체가 보여 도로가 꺾어져 있는 것으로 보이기 쉬우므로 주의하지 않으면 안 된다.

이를 개선하는 데는 두 종단곡선을 포괄하는 큰 종단곡선을 설치할 필요가 있다.

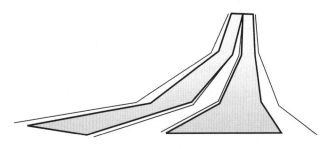

그림 5-62 오목부에서의 짧은 직선의 삽입

⑤ 길이가 긴 연속된 오르막 구간에서는 오르막 경사가 끝나는 정상 부근에서 경사를 비교적 완만하게 하는 것이 좋다.

⑥ 종단경사는 완만할수록 좋겠지만 노면의 배수를 고려할 때 최소 0.3%의 경사로 하는 것이 좋다.

⑦ 종단선형의 좋음과 나쁨은 평면선형과 관련하여 결정되는 수가 많으므로 평면선형과의 조화에 주의하고, 입체적인 선형으로 양호한 것이 되도록 해야 한다.

⑧ 환기시설 설치가 불필요한 길이가 짧은 터널에서의 종단경사는 지형조건에 맞추어 경사를 결정해야 하며, 환기시설이 필요한 장대터널에서는 환기시설의 비용을 절감시키기 위하여 터널 내의 오르막 경사를 완만하게 하여 자동차 배기가스량을 최소로 할 필요가 있다. 이를 위하여 상대터널 내에서는 오르막경사를 3%가 넘지 않도록 하는 것이 좋다. 그러나 지형상 특별한 사유로 급한 오르막경사를 적용한 경우는 자동차의 배기가스 배제에 지장이 없도록 환기시설을 설치해야 한다.

2. 종단선형 설계의 방법

종단선형 설계의 순서는 평면선형 설계의 경우와 마찬가지로, 먼저 지형의 변화에 맞추어서 제약받는 지점(control point)이나 땅깎기·흙쌓기 균형 등의 조건을 고려하여 직선형으로 종단경사를 설정하고, 이들을 연결하는 직선의 경사에 따라 종단형상의 기본형이 정해지며, 그 다음에 종단경사의 변화점에 종단곡선을 필요에 따라 적절한 길이로 삽입시키는 형태로 진행되고 있다.

이렇게 하여 이들 일련의 작업을 시행착오적으로 반복하여 자동차의 주행 조건과 건설비의 관계를 조정하여 종단선형이 최종적으로 정하여진다.

따라서, 이 과정에서 문제가 되는 것은 주어진 지형조건 등의 제약을 바탕으로 하여 어느 정도의 종단경사로 설치하는 것이 적당할 것인가 하는 문제와 자동차 주행에 지장이 없는 종단곡선 길이의 선정 등 두 가지이다.

한편 종단곡선 길이 혹은 종단곡선 변화비율은 자동차의 주행에 대하여 충격 완화 및 정지시거 확보에 필요한 길이를 산정하여 규정하고 있다. 그러나 이와 같이 정해진 최소 종단곡선 길이나 종단곡선 변화비율은 자동차의 주행 역학상의 요구를 만족하는 것이라 하여도 도로의 시각적인 연속성이나 운전자에 대한 심리적인 쾌적성을 보증하는 것은 아닐 것이다.

운전자의 시각은 본래 경사 그 자체를 인지하기에 그다지 민감하지는 않으나 경사 차이에 대한 인식은 매우 민감하게 인식하는 특성이 있다.

따라서, 종단곡선 길이가 너무 짧으면 그 점에서 도로가 부자연스럽게 절곡되어 있는 것처럼 보여 운전자에게 그 도로가 원활하게 흘러가는 것 같은 인상을 주지 못한다.

이와 같은 것은 설계속도가 낮은 도로에서는 그다지 큰 문제가 되지 않지만 고속국도와 같이 운전자의 시점이 300~600m나 되는 먼 곳에 집중되고 있는 도로에서는 시각적인 부자연스러움이 운전자의 지각 반응에 영향을 주게 되어 주행상 안전성의 문제와 결부될 가능성이 크다.

오래 전의 종단선형 설계 기법으로 건설된 도로에서 볼 수 있는 바와 같이, 규정에 정하여진 최소 종단곡선을 삽입한 선형은 멀리서 보면 부자연스럽기도 하고 딱딱한 판을 늘어놓은 것처럼 보이게 된다.

긴 직선~짧은 평면곡선형의 평면선형을 가진 도로에 있어서 종단곡선도 일반적으로 긴 직선~짧은 종단곡선형을 적용하여 짧은 종단곡선 길이를 적용하고 있는 것이 일반적인데, 이렇게 하면 종단곡선을 기계적으로 허용하는 한 짧게 설치하는 바람직하지 않은 설계를 하게 된다. 그런데 규정에 정하여진 종단곡선 길이와 종단곡선 변화비율의 값은 앞서 기술한 바와 같이 자동차의 주행 역학상의 요구를 최소 한도로 만족하도록 정해진 것으로서, 그 이상의 안전성과 운전자의 시각적 및 심리적인 측면에서 연속성과 쾌적성을 보증하는 것이 아니므로 시각적 원활성을 얻기 위해서는 기준치보다 크게 설치할 필요가 있다.

일반적으로 평면선형의 경우는 지형의 제약이나 장애물 때문에 어느 크기 이상의 곡선을 설정할 수 없는 경우가 때때로 생기지만, 종단선형의 경우는 약간의 토공량 증가나 구조물 설치 비용을 추가하여 종단곡선 길이를 크게 확보할 수 있는 경우가 많다.

이와 같이 종단곡선을 가능한 한 길게 잡는다는 것은 설계 및 시공의 양면에서 어려운 일이긴 하지만, 이러한 설계기법으로 완성된 도로는 지형에 잘 어울리고 연속적으로 흐르는 것 같은 인상을 주어 쾌적한 주행을 가능하게 한다.

이를 다시 발전시켜 가면 평면선형의 설계와 마찬가지로 종단선형의 설계도 연속된 곡선을 설치한 설계가 될 수 있다. 이와 같은 설계기법에서는 먼저 지형에 맞춰 종단곡선을 설정하고, 인접하는 종단곡선끼리 접선을 삽입하여 연결해 간다. 이렇게 하면 때로는 두 종단곡선을 포괄하는 하나의 종단곡선으로 치환되는 수도 있다.

5-4-7 평면선형과 종단선형과의 조합

평면선형과 종단선형의 조합은 자동차의 운동 역학적 요구뿐만이 아니라, 운전자의 시각적, 심리적 요구를 충분히 고려하여 설계할 때에는 다음 사항에 유의해야 한다.
① 선형이 시각적 연속성을 확보할 것.
② 평면곡선과 종단곡선의 크기가 균형을 이루도록 할 것.
③ 노면의 배수 및 자동차의 운동 역학적 요구에 적절히 조화된 경사가 설치될 수 있도록 조합할 것.
④ 도로 환경과의 조화를 고려할 것.

1. 일반사항

도로의 선형 설계는 노선 계획으로 시작하여 평면선형 설계, 종단선형 설계로 이어지고, 마지막으로 도로 환경과 조화될 수 있도록 평면선형과 종단선형의 조합으로 완료된다.

따라서, 평면선형과 종단선형의 조합은 실제로 도로를 주행하는 운전자의 시각으로 계획되지 않으면 안 되므로 3차원 투시도의 이용이 필요하며, 최근에는 시간을 포함한 4차원적 접근의 필요성도 대두되고 있다.

이러한 선형 조합의 문제는 도로 선형 설계의 최종적 단계이며, 이제까지는 자동차의 물리적 요구를 만족하는 안전성 측면에서만 설명되었지만 도로 설계에 있어서는 그와 동시에 주행하는 운전자의 시각적, 심리적 및 생리적 요소를 좌우하는 시간적 문제가 중요하게 고려되어야 한다.

이 시각적, 심리적 문제는 물리적 문제와는 달리 정량화하기 어렵고, 또 운전자 개개인의 차이 등으로 설계에 반영시키기 어렵다. 특히, 경제성과 관련지어서 그 도로가 목표한 바에 정량화시켜 반영하기도 어렵다. 그러므로 도로를 설계할 때 그 도로가 목표로 하는 설계수준에 따라 결정될 수밖에 없다.

물론 시각적인 문제는 도로의 선형 설계에 있어서 가장 어려운 분야이지만 최근 국외에서는 도로 환경이나 운전자의 심리적, 생리적 관계 등의 연구도 진행되고 있는 상태이다.

평면선형과 종단선형의 조합 문제는 그 도로의 시각 환경과의 조화라고 하는 관점에서 도로의 선형 설계에 있어서 언제나 고려되어야 할 것이며, 평면선형과 종단선형의 좋은 조합을 택한다는 것은 선형 설계가 물리적 요구와 인간적 요구를 모두 만족시키지 않으면 안 된다는 데에 그 어려움이 있다.

또, 여기에서 설명하는 조합의 사항도 현재까지의 경험 등을 바탕으로 한 일반적인 설계방향이므로 하나하나의 문제 해결은 설계자의 판단에 따라야 할 것이다.

2. 조합의 일반방침

(1) 선형이 시각적 연속성을 확보할 것

평면선형과 종단선형의 대응이 완전하게 되어 시각적 연속성이 확보된 선형은 운전자의 눈으로 보아서 미끈하고 아름다운 선형이다.

따라서, 이와 같은 선형을 설계하는 데에는 먼저 평면선형과 종단선형의 대응을 고려할 필요가 있다. 구체적으로는 평면선형과 종단선형을 겹쳐서 원곡선 부분에서 종단곡선을 포용하는 듯한 설계로 하는 것이 좋다.

또한, 종단곡선 구간을 클로소이드에 겹치는 일은 피하는 것이 좋으며, 가능한 한 원곡선 내에 들어가는 것이 필요하다.

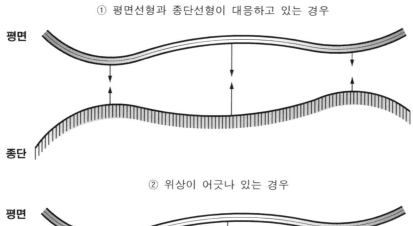

그림 5-63 평면선형과 종단선형의 대응

이는 종래 평면선형과 종단선형의 조합에 대하여 경험적으로 알려져 왔던 원칙과 일치하는 것이다.

평면선형과 종단선형이 대응하고 있지 않아 볼록형 종단곡선의 정점에서 평면곡선이 시작되면 운전자에게 원활한 시선유도를 하지 못하며, 또한 오목형에서는 가장 낮은 지점 부근에서 배수상의 문제와 도로가 뒤틀려 보이는 등의 시각적 문제가 생긴다.

그리고 하나의 평면곡선에 몇 개의 종단곡선이 있으면 운전자에게 도로가 꺾어져 있는 것처럼 보일 수도 있다. 이들은 어느 것이나 평면곡선과 종단곡선의 대응이 부적당한 데에서 기인되는 것이다.

① 정점에 이르기까지 선형의 시각적 유도가 되고 있지 않다.

② 정점에 이르기까지 평면선형의 진행 방향을 미리 앞에서 알 수가 있다.

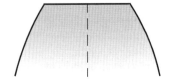
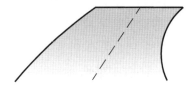

그림 5-64 정점(crest)부의 시선유도

각 경우별로 평면선형과 종단선형의 조화를 도식화하여 보면 다음과 같다.

① 평면직선부의 종단선형 - 긴 연장의 일정한 경사구간에서 국부적인 작은 굴곡을 피하도록 할 것.

평면상 직선 구간

바람직한 종단선형

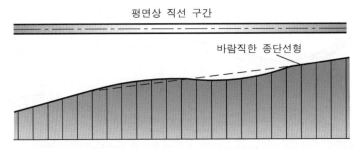

② 평면곡선부의 종단선형 - 짧은 구간의 둥근언덕 모양의 굴곡을 피하고 긴 구간에 걸쳐 종단경사를 일정하게 할 것.

바람직한 종단선형

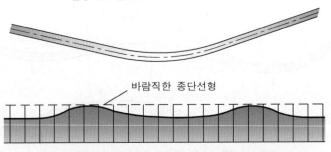

그림 5-65 평면선형과 종단선형의 조합(예시)(계속)

③ 두 평면곡선 사이의 짧은 직선구간과 종단선형의 정점부에서 반대 방향의 평면곡선 설치를 피할 것.

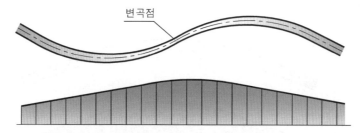

④ 오목형 종단곡선상의 저점부에 평면곡선의 변곡점 설치를 피할 것 - 노면배수가 원활치 못한 경우가 발생

⑤ 불연속 효과 - 언덕 등에 의하여 도로의 일부가 보이지 않아서 도로가 불연속된 것처럼 보인다.

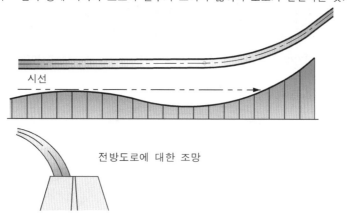

⑥ 긴 평면 직선부 구간에서 종단 곡선의 반복된 굴곡은 피하는 것이 바람직함.

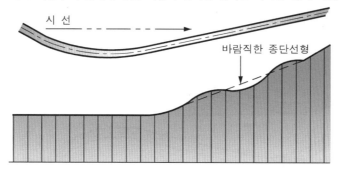

그림 5-65 평면선형과 종단선형의 조합(예시)(계속)

⑦ 평면곡선과 종단곡선이 같은 방향 또는 다른 방향으로 대응하여 균형된 도로의 경우에 시각적 효과가 좋음

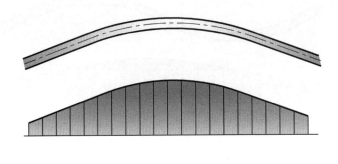

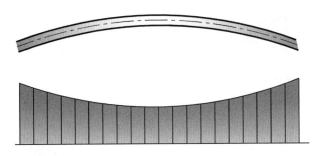

⑧ 평면곡선반지름의 교각이 작을 때에는 작은 평면곡선반지름보다 큰 평면곡선반지름을 설치하면 시거가 양호해 진다.

(작은 곡선반지름 적용)

⇓

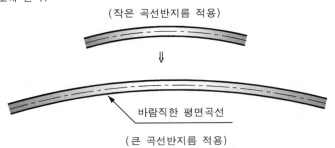

바람직한 평면곡선

(큰 곡선반지름 적용)

⑨ 원활한 평면선형 – 긴 길이의 평면 직선부와 평면곡선반지름이 작은 것의 조합은 원활하지 못하므로 직선부와 곡선부 사이에 완화구간을 설치하고 큰 평면곡선반지름을 적용하여 원활한 평면선형으로 설계한다.

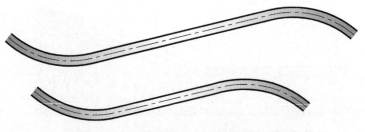

그림 5-65 평면선형과 종단선형의 조합(예시)

(2) 평면곡선과 종단곡선의 크기가 균형을 이룰 것.

평면곡선과 종단곡선은 그 크기가 서로 균형이 잡혀 있지 않으면 공사비 측면에서 낭비를 초래할 뿐만 아니라, 선형이 작은 쪽이 필요 이상으로 강조되어 보여 시각적인 균형을 잃게 되고 운전자에게도 심리적으로 불안감을 주게 된다. 그러나 양자의 균형에 대하여 구체적인 수치로 제시하기는 어려운 실정이므로 설계할 때 도로 주변 여건을 고려하여 세심한 주의를 기울여야 할 것이다.

(a) 긴 평면곡선상의 짧은 오목 구간

(b) 긴 평면곡선상의 긴 오목 구간

그림 5-66 평면선형과 종단곡선의 균형

(3) 노면 배수 및 자동차의 역학적 요구에 적절히 조화된 경사가 설치될 수 있도록 조합할 것.

산지 등에서 종단경사가 큰 구간에 작은 평면곡선이 삽입되어 있으면 종단경사가 급한 경사로 보이기 쉬워 주행상의 안전성이 확보되지 못하며, 또한 평지에서 종단경사가 거의 수평에 가까운 경우 평면곡선의 변곡점 부근의 종단경사가 매우 작게 되어 노면 배수 문제가 발생하므로 적합한 종단경사를 설치하여 평면곡선과 종단곡선이 적절히 조합되도록 하는 것이 필요하다.

(4) 도로 환경과의 조화를 고려할 것.

평면선형과 종단선형의 조합이 아무리 좋다 해도 그 선형이 통과하는 지역의 환경에 조화되고 있지 않으면 도로를 주행하는 운전자에게 안전하고 쾌적한 도로라고 할 수 없다.

낮은 설계수준인 도로에서는 지역 조건이나 공사비 등에서 선형의 시각적인 문제가 제약을 받게 된다. 이와 같은 경우에는 방호울타리, 식수, 땅깎기 비탈면 등으로 도로 환경을 개선하여 시선 유도를 보조할 수 있도록 고려할 필요가 있다.

(a) 내리막경사의 왼쪽방향으로 평면곡선이 설치되어 있어 도로 오른쪽의 식재는 고속 주행의 운전자에 불안감을 없애주고 시선유도 역할을 한다.

(b) 평면곡선부의 변곡점 부근에 종단곡선의 정점이 있을 때 중앙분리대 및 도로 오른쪽의 식재는 도로의 선형을 운전자에게 미리 알리는 역할을 한다.

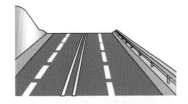 

(c) 비탈면의 진행 방향에 대한 처리에 식재를 쓰면 끝 부분이 가리게 되어 선형 그 자체를 좋게 하는 시작적인 효과가 있다.

(d) 평면곡선부의 변곡점 부근에 종단곡선의 장점이 있을 때 중앙준리대 및 도로 오른쪽의 식재는 도로의 선형을 운전자에게 미리 알려 주는 역할을 한다.

그림 5-67 식재에 의한 시각 환경

3. 피하는 것이 바람직한 조합

평면선형과 종단선형이 조화를 이루기 위하여 앞서 언급한 조합의 일반적인 방향뿐만 아니라 다음과 같은 선형의 조합을 피하는 것이 바람직하다.

그러나 우리나라의 지형조건상 그렇지 못한 경우가 종종 발생하므로 피해야 할 선형의 문제점을 확실히 파악하여 안전시설의 설치, 배수 조건의 개선 등으로 그것을 해결한다면 운전자에게 안전하고 쾌적한 주행을 확보하여 줄 수 있다.

(1) 볼록형 종단곡선의 정점부 또는 오목형 종단곡선의 저점부에 반지름이 작은 평면곡선의 삽입은 피할 것.

시선 유도나 자동차의 주행상 피하지 않으면 안 되는 예로서, 볼록형에서는 시선이 유도되지 않아 급한 핸들 조작을 하게 되며, 오목형에서는 자동차가 속도를 내다가 급한 핸들조작이 필요하게 되므로 어느 정도 위험한 상태를 야기시킬 가능성이 많다.

오목형의 경우에는 운전자에게 오목형 종단곡선의 저점부를 지나가면서부터 오르막경사이지만 앞의 내리막 경사 구간에서 오르막 경사를 보기 때문에 과도한 오르막 경사가 있는 것처럼 착각을 일으키며, 또한 내리막 경사를 주행하고 있는 운전자는 내리막 경사 구간 중에 있다는 것을 인지하지 못하고 과도한 속도로 주행하게 되는 경향을 보인다. 또한, 흙쌓기부에 반지름이 작은 평면곡선이 설치된 오목형 종단곡선구간에서는 착시로 인하여 내리막 경사를 오르막 경사로 착각하는 일이 종종 일어난다.

(2) 볼록형 종단곡선의 정점부 또는 오목형 종단곡선의 저점부에 배향곡선의 변곡점을 두는 것은 피할 것.

볼록형의 경우, 이러한 구간을 주행하는 자동차의 운전자는 시선유도시설이 없을 경우 공중에 떠서 주행하는 듯한 상태가 되어 운전자에게 불안감을 주게 된다. 더욱이 정점부에 가까이 왔을 때 비로소 선형이 반대방향으로 굴곡하고 있다는 것을 알게 되므로 핸들 조작에도 지극히 위험하다.

오목형 종단곡선의 저점부에 변곡점이 있는 경우에는 배수상의 문제가 된다. 그러나 이와 같은 경우에는 전체를 투시할 수 있어 시선 유도상의 문제는 없으므로 부득이 이러한 조합이 이루어질 경우 노면 배수에 각별히 신경을 써야 하며, 이와 같은 조합은 평면곡선과 종단곡선을 겹친다고 하는 원칙을 준수하면 피할 수 있다.

(3) 하나의 평면곡선 내에서 종단선형이 볼록과 오목을 반복하는 것은 피할 것.

하나의 평면곡선 내에서 종단선형이 볼록과 오목을 반복하는 것은 피하지 않으면 안 된다. 가능한 한 하나의 평면곡선에 하나의 종단곡선을 대응시키도록 하는 것이 좋다.

하나의 평면곡선 내에서 종단선형을 반복하는 경우 종종 생기는 문제로, 앞턱과 끝만이 보이고 그 중간은 푹 패어서 보이지 않는 선형이 되는 경우이다.

이러한 선형은 평면선형이 비교적 직선에 가까운 경우에 생기는 일이 많은데, 일련의 선형이 중단되어 시각적으로 불안하게 됨과 아울러, 푹 패임의 정도가 설령 작다 하더라도 운전자는 갑자기 속도를 줄이는 경우가 많다.

(4) 같은 방향으로 굴곡하는 두 곡선 사이에 짧은 직선의 삽입은 피할 것.

이는 평면선형과 종단선형의 조합이라기보다는 평면선형과 종단선형 개개의 문제인데, 이와 같은 선형(broken back curve)은 피하는 것이 좋다.

평면선형의 경우는 직선부가 양단의 곡선과 반대방향으로 굴곡되고 있는 것처럼 보이고, 또, 종단선형의 경우는 직선부가 떠오르듯이 보이기 때문에 시각적인 원활성이 결여된다. 따라서, 이러한 선형은 하나의 큰 곡선으로 설치하거나 복합곡선으로 설치하는 것이 바람직하다.

제6장 평면교차

6-1 개요
 6-1-1 기본 요소
 6-1-2 평면교차로의 상충
 6-1-3 평면교차로의 형태

6-2 평면교차로의 계획
 6-2-1 평면교차로의 설치 간격
 6-2-2 평면교차로의 설치 위치
 6-2-3 평면교차로의 형상
 6-2-4 차로 계획
 6-2-5 설계속도 및 선형
 6-2-6 평면교차로의 시거

6-3 평면교차로의 구성 요소
 6-3-1 도류화
 6-3-2 좌회전차로
 6-3-3 우회전차로
 6-3-4 도류로 및 변속차로
 6-3-5 도로 모퉁이 처리
 6-3-6 도류시설물
 6-3-7 안전시설

6-4 교통통제와 신호운영
 6-4-1 교통통제
 6-4-2 신호운영

6-5 도로와 다른 시설의 연결
 6-5-1 단순접속도로의 설치
 6-5-2 도로와 다른 시설의 연결

6-6 회전교차로
 6-6-1 개요
 6-6-2 회전교차로의 구성 요소
 6-6-3 회전교차로의 특징
 6-6-4 회전교차로의 유형

제6장 평면교차

6-1 개요

평면교차로(intersection)란 2개 이상의 도로가 교차 또는 접속되는 공간과 그 내부의 교통시설물을 말하는 것으로서, 평면교차로의 기하구조, 운영 방법 등에 따라 운전자가 진행 방향을 선정하는 의사결정 지점이 된다. 따라서 평면교차로는 정상적인 교통의 진행을 포함하여 횡단, 회전, 상충 등 교통안전을 위협하는 요소가 많은 곳으로 교통안전과 원활한 흐름이 될 수 있도록 고려해야 한다.

평면교차로는 교통사고가 빈번하게 발생하는 곳이며, 교통 정체 또한 대부분 평면교차로에서 일어나고 있다. 따라서 교통을 안전하고 원활하게 처리하기 위해서는 평면교차로를 어떻게 계획·설계하고 운영할 것인가 하는 것이 매우 중요한 과제이다. 특히, 평면교차로의 경우 기존 도로에 새로운 도로가 접속되어 자연발생적으로 형성되는 경우가 많아 정형화된 설계방법이 있는 것이 아니므로 기본 요소와 기본 원칙을 최대한 반영하여 주변 여건을 고려한 설계를 해야 한다.

흔히 평면교차로에서 발생되는 문제를 평면교차로 자체만의 문제로 파악하는 경우가 많으나, 그 파급 효과는 연계되는 노선 전체의 도로와 교통 여건에 중요한 영향을 미치게 된다. 만일 다차로의 넓은 도로를 계획하는 경우 잘못된 평면교차로 계획(설계 및 운영 포함)으로 인하여 교차로의 용량이 감소되어 통과하는 교통량이 적어졌다면 그 도로는 다차로의 기능을 발휘하지 못하게 되며, 나머지 넓은 도로의 공간은 교통을 통과시키는 도로로서의 역할보다는 대기와 주차의 기능으로 전락하여 계획도로가 제 역할을 다하지 못하게 될 것이다. 따라서 도로의 안전성, 효율성, 운행 비용, 용량 등은 평면교차로의 계획, 설계 및 운영에 따라 지배되므로 평면교차로의 좋고 나쁨은 해당 도로를 포함하여 도로망 전체에 커다란 영향을 미치게 되어 평면교차로 설치는 계획, 설계 및 운영에 특히 유의해야 한다.

평면교차 설계에 대한 상세한 내용은 「평면교차로 설계지침(국토교통부)」을 참조한다.

6-1-1 기본 요소

평면교차로를 설계할 때에는 평면교차로를 이용하는 모든 교통류(자동차, 보행자, 자전거 등)의 상충을 최소화하여 시설을 편리하고 안전하게 이용할 수 있도록 계획해야 하며, 이를 위한 기본 요소의 구성은 다음과 같다.

(1) 교통류의 요소

① 교통량
② 자동차 구성 비율
③ 첨두시간 교통류 특성
④ 보행자 수
⑤ 자전거 통행량
⑥ 교통사고 기록

(2) 운영 요소

① 차로 구성 형태
② 교통통제 방식
③ 보행자 통제 방식
④ 회전 금지
⑤ 교통신호 운영 특성(주기, 현시)
⑥ 접근성 특성

(3) 물리적 요소

① 종단선형
② 시거
③ 교차각
④ 상충지역
⑤ 교통관제 시설
⑥ 조명시설
⑦ 안전시설
⑧ 횡단보도 및 보도

(4) 환경 요소

① 도로 기능 분류
② 주변 토지 이용 현황 등의 사회·경제환경 요소
③ 인접 부지의 사용 특성

(5) 인적 요소

① 나이 및 성별
② 판단시간 및 반응시간
③ 운전자의 기대치
④ 자동차 주행경로에의 순응 정도
⑤ 보행자의 특성

(6) 경제적 요소

① 공사비 및 토지 보상비
② 지체 및 우회에 따른 연료 소비

6-1-2 평면교차로의 상충

상충(conflict)이란 2개 이상의 교통류가 동일한 도로 공간을 사용하려 할 때 발생되는 교통류의 교차, 합류 및 분류되는 현상을 말하며, 평면교차로 설계의 핵심은 상충을 효율적이고 안전하게 처리하는 것이다.

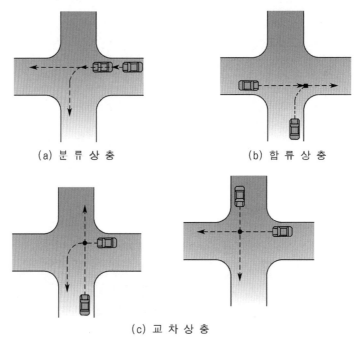

(a) 분 류 상 충   (b) 합 류 상 충

(c) 교 차 상 충

그림 6-1 상충의 유형

표 6-1 평면교차로 갈래 수에 따른 상충의 수

갈래 수	교차 상충(●)	합류 상충(■)	분류 상충(▲)	계
3	3	3	3	9
4	16	8	8	32
5	15	15	49	79
6	24	24	124	172

6-1-3 평면교차로의 형태

1. 평면교차로의 구분

평면교차는 교차하는 갈래의 수, 교차각 및 교차위치에 따라 구분된다. 여기서 갈래라고 하는 것은 평면교차로 중심을 기준으로 바깥 방향으로 뻗어나간 도로의 수를 말하며, 일반적으로 형태에 따른 구분은 그림 6-2와 같다.

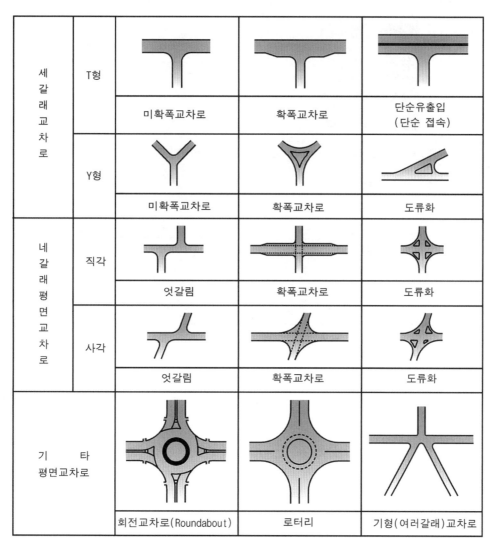

세갈래교차로	T형	미확폭교차로	확폭교차로	단순유출입 (단순 접속)
	Y형	미확폭교차로	확폭교차로	도류화
네갈래평면교차로	직각	엇갈림	확폭교차로	도류화
	사각	엇갈림	확폭교차로	도류화
기타 평면교차로		회전교차로(Roundabout)	로터리	기형(여러갈래)교차로

그림 6-2 평면교차로의 구분(예시)(그림 계속)

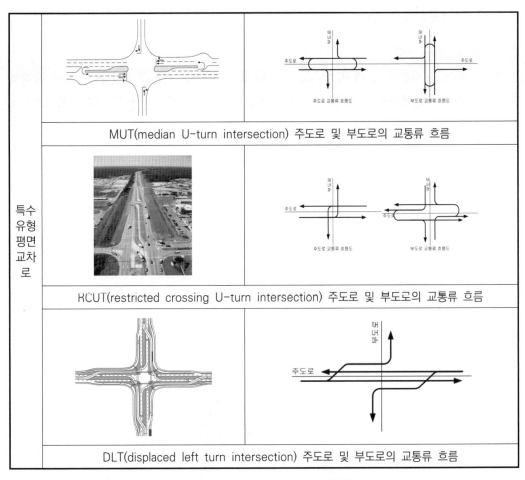

그림 6-2 평면교차로의 구분(예시)

2. 평면교차로의 갈래

> **제31조(도로의 교차)**
> 도로의 교차는 특별한 경우를 제외하고는 네 갈래 이하로 하여야 한다.

평면교차로는 일반적으로 신설 도로망 계획을 제외하면 기존 도로에 신설 도로가 접속 또는 교차되어 발생된다. 이 경우 접속 또는 교차되는 지점이 기존 평면교차로에 위치하게 된다면 갈래의 수가 증가하게 되고 앞에서 설명한 바와 같이 상충의 횟수가 기하급수적으로 늘어나게 되어 해당 교차로를 포함하여 노선 전체의 교통안전과 도로용량 측면에서 심각한 문제를 일으키게 된다. 이러한 문제는 주로 교차하는 갈래 수에 따라 영향을 받게 되는 것으로, 상충의 문제를 고려한다면 네 갈래 보다 많은 갈래수를 갖는 평면교차로를 설치하여서는 안 된다.

특히, 다섯 갈래 이상의 평면교차로는 상충 문제와 기하구조 측면에서도 교차각이 작아지고 시거가 불량하게 되며, 교통운영 측면에서 통행권의 분할로 인하여 교통 제어가 어려워져 안전성과 용량에 문제를 일으키게 된다. 따라서 세 갈래 및 네 갈래의 교차와 비교할 때 교통안전과 도로용량 측면에서 매우 심각한 문제를 일으키게 되어 평면교차의 갈래 수는 네 갈래 이하가 되도록 해야 한다.

만일, 이 원칙을 준수하지 못하고 부득이하게 다섯 갈래 이상의 형태로 설치하는 평면교차로는 정확한 교통분석을 수행한 후 교차로 개선과 교통규제 등을 적용하여 운영 단계에서는 네 갈래 이하 수준의 교통안전과 교통 흐름을 확보할 수 있도록 해야 한다.

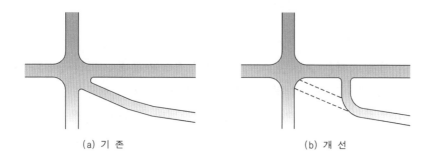

(a) 기 존   (b) 개 선

그림 6-3 다섯 갈래 평면교차로 개선(예시)

제
6
장

6-2 평면교차로의 계획

제32조(평면교차와 그 접속기준)
① 교차하는 도로의 교차각은 직각에 가깝게 하여야 한다.
② 교차로의 종단경사는 3퍼센트 이하이어야 한다. 다만, 주변 지장물과 경제성을 고려하여 필요하다고 인정되는 경우에는 6퍼센트 이하로 할 수 있다.

6-2-1 평면교차로의 설치 간격

1. 평면교차로 설치 간격

평면교차로 설치 간격은 교통 흐름과 교통안전 그리고 주변 지역의 생활환경에 미치는 영향이 매우 크다. 평면교차로 간격이 짧으면 주변 생활권에서 접근성은 향상되나 교통이 빈번히 차단되어 주행속도가 낮아지고 용량이 감소되어 교통정체를 일으키기 쉽고, 사고의 위험도 매우 커지게 된다. 따라서 일반적으로 평면교차로의 간격은 교통의 원활한 처리를 위하여 되도록 크게 확보하는 것이 유리하다. 그러나 지방지역에서 신호교차로의 간격이 지나치게 길거나 시가지 도로망에 지나치게 긴 평면교차로 간격(super block)은 운전자가 신호로 운영되는 교통관제방법을 인식하지 못하고 주행속도를 너무 높게 하여 사고의 위험이 증가되고, 신호연동화 등에 문제가 발생될 수 있는 점도 고려되어야 한다.

또한, 평면교차로 간의 간격을 결정하기 위해서는 해당 도로 및 접속 도로의 기능, 설계속도, 차로수, 접속 형태 등을 고려해야 하며, 인접한 평면교차로와 간격이 짧아서 원활한 교통운영을 기대하기 어려운 경우에는 일방통행, 출입금지 등 규제와 그것에 적합한 평면교차로 개선사업을 수행하여 혼란을 피해야 한다. 특히 신호교차로에서 직전 또는 직후의 좌회전은 교통안전과 도로용량에 가장 좋지 못하므로 이와 같은 좌회전 교통은 일방통행 처리 또는 분리대 설치 등으로 좌회전을 금지시켜 그 영향을 최소화시켜야 한다.

2. 평면교차로 설치 계획

평면교차로 간격과 관련하여 주도로를 계획할 때 주의해야 할 것은 기존 소로(부도로)와 너무 많은 접속으로 인하여 발생되는 평면교차의 처리 문제이며, 일반적으로 다음과 같은 사항을 고려하여 처리해야 한다.

① 간선도로를 계획할 때에는 기존 도로망과 교차로 인하여 발생되는 평면교차로는 형상을 포함하여 교통 흐름과 안전의 영향을 함께 검토하고, 기존 평면교차로와 통합

하는 개선방법과 교통규제방법 등을 고려해야 한다.

② 주간선도로와 접속되는 도시지역의 소로들은 주도로와의 직접 접속을 피하고, 보조 간선도로와 접속시키거나 몇 개의 도로를 모아서 주간선도로와 교차시킨다. 즉, 해 당 지역 내 도로를 직접 주간선도로에 접속하는 것보다는 몇 개의 도로를 모으는 집산로를 설치하여 집산로가 보조간선도로와 접속하도록 계획해야 한다.

③ 도시지역 도로망의 계획이나 신설 도로를 계획할 때 평면교차로 간의 설치 간격은 신호등 운영을 고려하여 그 간격을 일정하게 하고, 신호체계를 연동화시켜 교통 이 차단되는 횟수를 줄여 교통 흐름, 교통안전 및 환경 측면에서 유리하도록 해 야 한다.

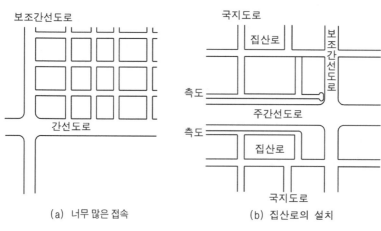

(a) 너무 많은 접속   (b) 집산로의 설치

그림 6-4 집산로 설치에 의한 접속 처리 방법(예시)

3. 평면교차로 간의 최소 간격 검토

평면교차로 간의 최소 간격은 주로 차로 변경에 필요한 길이, 대기 자동차 및 회전차로 의 길이, 다음 평면교차로에 대한 인지성 확보 등을 고려하여 결정하며, 이에 대해 다음과 같은 사항을 집중적으로 검토해야 한다.

① 차로 변경에 필요한 길이

평면교차로 간격이 매우 좁은 도로는 진입과 진출을 하려는 자동차로 인하여 위빙 이 발생한다. 주 교통량과 위빙 교통량이 적은 경우에는 큰 문제가 되지 않지만, 위 빙 교통의 한 방향이 주 교통류인 경우에는 안전성과 처리능력 측면에서 문제를 일 으키게 되므로 이 점에 특히 유의하여 차로변경 금지 등의 조치를 해야 한다. 일반 적으로 위빙 교통량이 적은 경우 상세 설계 전 개략적인 값을 검토하기 위하여 사 용되는 평면교차로 간의 최소 간격은 다음 식의 값을 적용할 수 있다.

$$L = a \times V \times N$$

여기서,　L : 최소 간격(m)(교차로 간 안쪽 길이)

　　　　a : 상수(시가지부 1, 지방지역 2~3)

　　　　V : 설계속도(km/h)

　　　　N : 설치 차로수(일방향)

② 회전차로의 길이에 따른 제약

일반적으로 근접한 2개 교차로의 신호는 동시 운영을 하는 경우가 많아 직진교통류의 대기 자동차 길이로 인하여 평면교차로 간격을 제약하는 경우는 적지만, 좌회전차로의 설치 길이가 부족하여 교차로 간격이 제약되는 경우가 많으므로 유의해야 한다. 특히 평면교차로가 신설되는 경우 인접한 평면교차로의 대기 자동차로 인하여 좌회전이 방해를 받게 되거나, 좌회전차로 각각의 길이를 산정하여 합한 길이가 평면교차로 간의 간격보다 긴 경우는 좌회전을 금지시키는 등의 교통관제 조치를 해야 한다.

③ 다음 평면교차로에 대한 인지성 확보

평면교차로가 인접해 있으면 하나의 교차로를 통과하고 나서 순간적으로 주의력이 낮아진 후 다음 교차로에 도착하거나, 혹은 다음 교차로에 대한 관찰이나 정보 수집을 위한 시간적 여유가 부족한 채로 다음 교차로에 도착하게 되면 매우 위험하게 된다. 특히 평면교차로가 많고 복잡할수록 인지성 확보에 영향을 미치므로 교차로의 간격에 유의해야 한다.

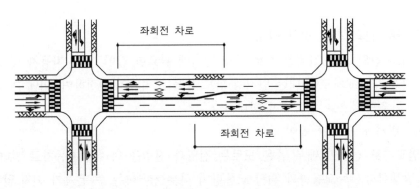

그림 6-5 회전차로 길이에 의한 제약

6-2-2 평면교차로의 설치 위치

1. 평면선형을 고려한 설치 위치

평면교차로는 도로의 평면선형이 직선부인 곳에 설치하는 것을 원칙으로 한다. 다만, 지형 상황 등으로 부득이하게 곡선부에 설치하는 경우에는 곡선부의 바깥쪽에 접속하는 것이 바람직하다. 즉, 곡선부 안쪽으로 접속하게 되면 교차각이 작아지며, 운전자가 평면교차로를 인지하기 어려워 사고의 위험성이 크게 되므로 곡선부의 바깥쪽이 안쪽보다 유리하기 때문이다.

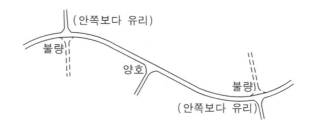

그림 6-6 평면선형을 고려한 평면고차로 설치 위치(예시)

2. 종단선형을 고려한 설치 위치

평면교차로는 본선 종단선형의 급경사 구간이나 종단곡선 구간에는 설치하지 않도록 한다. 급경사 구간은 정지와 출발에 문제가 있으며, 볼록형 종단곡선 구간은 시거 불량 등으로 위험하고, 오목형 종단곡선 구간은 제동거리가 길어지며, 배수 문제가 발생되기 쉽다. 그러나 지형 상황 등으로 부득이한 경우에는 볼록형 종단곡선부에 설치하는 것보다는 오목형 종단곡선부에 설치하는 것이 시거 확보 조건이 우수하여 교통안전 측면에서 다소 유리하다.

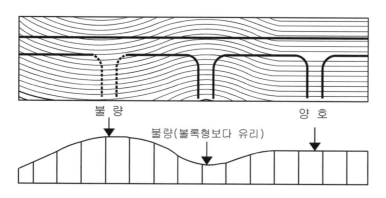

그림 6-7 종단선형을 고려한 평면교차로 설치 위치(예시)

6-2-3 평면교차로의 형상

1. 기본 원칙

평면교차로는 자동차, 보행자 및 시설물이 복잡하게 얽혀있는 지점이며, 교통사고의 위험이 높고, 교통운영 상태가 나빠질 우려가 많은 곳이다. 따라서 평면교차로와 교차하는 도로의 선형은 직선을 유지하도록 하며, 교차각은 직각에 가깝게 하여 평면교차로의 면적을 최소화시키고, 평면교차로 내부에 진입한 운전자나 보행자들이 최소한의 시간으로 신속하고 안전하게 통과할 수 있도록 직각교차로를 원칙으로 한다.

2. 예각 교차

예각의 평면교차로는 직각 교차로에 비하여 정지선 간의 거리가 멀고, 교차로 면적이 직각 교차로보다 넓어지게 된다. 따라서 자동차가 평면교차로 내부를 고속으로 통과하려는 현상이 발생되므로 좌·우회전 자동차와 횡단보행자 사이에 사고가 발생하기 쉽다. 또한 예각의 평면교차로는 시거도 나쁘게 되어 교통사고 위험 증대 등 문제가 될 수 있다.

예각 교차로의 개선은 일반적으로 부도로의 선형을 조정하며, 이때 현지의 지형과 자동차의 주행궤적 등을 고려해야 한다.

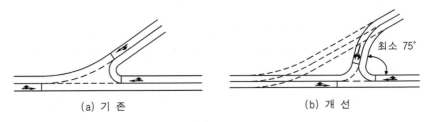

(a) 기 존   (b) 개 선

그림 6-8 세 갈래 평면교차로의 개선

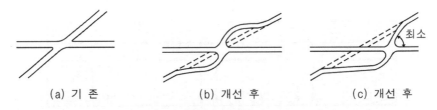

(a) 기 존   (b) 개선 후   (c) 개선 후

그림 6-9 네 갈래 평면교차로의 개선

3. 변형 교차 및 변칙 교차

엇갈림 교차나 굴절 교차와 같은 변형 평면교차로에서는 교통류가 복잡하게 교차하기 때문에 교통처리와 교통안전 측면에서 바람직한 형상이 아니다. 교통량이 많은 주도로가

직각으로 굽은 변칙 교차에 있어서도 교통처리나 안전상 문제가 많은 평면교차로가 되기 쉽다. 따라서, 이와 같은 평면교차로는 가능한 한 주교통을 고려하여 평면교차로의 형상을 개선해야 한다.

(a) 기 존   (b) 개선 후   (c) 개선 후

그림 6-10 엇갈림 평면교차로의 개선

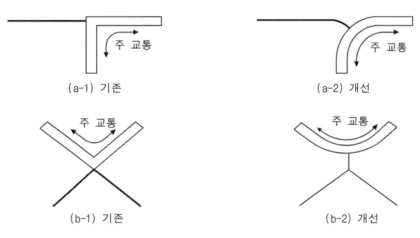

주 교통   주 교통

(a-1) 기존   (a-2) 개선

주 교통   주 교통

(b-1) 기존   (b-2) 개선

그림 6-11 변칙 평면교차로의 개선

6-2-4 차로 계획

평면교차로에서는 좌·우회전 자동차가 직진 자동차의 통행을 방해하지 않도록 하는 것이 교통안전과 교통 흐름에서 매우 중요하다. 특히, 고속주행일수록 회전 자동차로 인한 사고가 많아지며 사고의 피해도 크게 되어 직진차로를 침범하지 않고 회전할 수 있도록 계획하는 것이 중요하다. 이와 같이 평면교차로에서 좌·우회전 자동차가 본선에서 주행하는 직진 교통량에 미치는 영향을 최소화하기 위해서는 좌·우회전차로를 확보하기 위한 확폭이 요구된다. 즉, 평면교차로의 차로수는 평면교차로로 접근하는 도로의 차로수보다 많아야 한다.

좌회전을 허용하는 평면교차로에서는 좌회전을 직진과 분리할 수 있도록 좌회전차로를 설치해야 하며, 우회전 교통량이 많아 직진 교통량에 미치는 영향이 클 때는 우회전 전용 차로를 설치해야 한다. 이때 확폭이 요구되는 길이는 좌·우회전 교통량에 따라 다르나 속도 변화와 차로 변경에 충분히 대응할 수 있는 길이를 적용하는 것이 합리적이라 할 수 있다.

평면교차로에서는 한쪽 방향 도로의 자동차가 진행하고 있는 동안에는 다른 방향 도로의 자동차는 운행이 제한되며, 대기하고 있는 자동차의 정지 시간 등을 고려하면 도로의 일반 구간에 비하여 그 용량이 매우 작아지게 된다. 예를 들어 동일한 교통량을 갖는 2개의 도로가 교차하여 발생하는 네 갈래 평면교차로를 생각해 보자. 이 경우 회전교통류와 황색신호시간 등에 따른 영향을 무시한다고 가정하더라도 평면교차로에서 단로부와 동일한 교통처리를 하기 위해서는 소요 차로수가 증가하게 된다. 즉, 한쪽 방향 도로의 자동차가 진행하고 있는 동안 다른 방향 도로의 자동차는 대기해야 하며, 대기한 자동차는 다음 대기 전까지 일시에 진행하기 위하여 일반 구간과 동일한 교통처리능력을 갖도록 하는 것은 곤란하므로 그 영향을 최소화시키는 것이 필요하다.

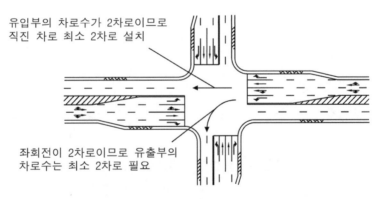

그림 6-12 평면교차로의 차로수 균형

또한, 유출부의 병목으로 인하여 직진하는 자동차나 회전하는 자동차가 평면교차로 내에서 정지하면 후속의 자동차 진행을 방해하게 된다. 그 결과로 평면교차로의 교통처리능력이 저하되고, 교통 정체가 생기거나 교통사고가 발생하게 된다. 따라서 유출부(평면교차로 후방)의 차로수는 유입부(평면교차로 전방)의 차로수보다 크거나 같아야 한다. 즉, 평면교차로 유입부의 직진 교통이 2개 차로 일 때 직진 방향 유출부에서는 2개 차로 이상의 차로수가 필요하다. 만일 2개의 좌회전차로를 설치할 필요가 있는 경우 좌회전 방향의 차로는 2개 차로 이상을 확보해야 하고, 2개 차로 이상 확보가 곤란한 경우에는 좌회전차로 축소를 검토해야 한다.

6-2-5 설계속도 및 선형

1. 설계속도

평면교차로에서 교차되는 도로의 설계속도는 원칙적으로 각 도로의 일반구간(단로부)의 설계속도와 동일하다. 그러나, 주도로와 부도로 간의 우선권이 명확한 경우에는 부도로 측 평면교차로 접속부 또는 연결부의 설계속도를 일반구간 보다 낮게 하는 경우도 있다. 특히, 교차각이 작은 곳에서는 빠른 설계속도를 유지한 상태로 교차시키는 것보다 설계속도를 낮추고 곡선을 삽입하여 교차각을 직각에 가깝도록 하는 것이 바람직하다. 또한, 평면교차로에서는 회전 차로나 분리대 등과 같은 부가적인 횡단구성 요소가 필요한 경우가 대부분이므로 이들 요소를 만족시키기 위하여 평면교차로의 설계속도를 낮추는 경우도 있다. 즉, 부가적인 횡단구성 요소가 부족한 상태로 높은 설계속도를 유지하는 것보다는 설계속도를 낮추어 필요한 요소를 갖추는 것이 교통안전 향상과 경제적(용지 확보) 측면에서도 바람직한 설계가 되기 때문이다.

이러한 경우에 한하여 10~20km/h를 낮춘 설계속도를 선택할 수 있다. 이러한 선택은 해당 도로를 지나가는 운전자들의 사전 인지가 어려워 의도적이지는 않다 하더라도 도로 이용자들을 위험에 빠뜨릴 가능성이 있다. 따라서, 안전하고 원활한 교통 흐름을 위해서는 직진 자동차의 설계속도는 각각 일반구간의 설계속도와 같게 설정해야 하며, 임의로 설계속도를 낮추는 행위는 피해야 한다.

평면교차로, 연결부 및 접속부에서 부득이하게 일반구간 보다 낮은 설계속도를 채택한 경우 그 속도차가 너무 크면 연결 구간에 문제가 발생하여 안전성을 해칠 우려가 있다. 따라서, 설계속도의 차이는 20km/h 이하로 제한해야 한다. 더욱이 평면교차로의 연결로 및 접속부와 일반구간 사이의 연결 구간 부분(차로폭의 변이 구간, 본선 차로의 이정, 곡선부의 완화구간과 시거 등)을 설계할 때는 운전자가 자연스럽게 감속할 수 있도록 신중한 고려가 필요하다.

평면교차로 구간이 일반구간과 크게 다른 것은 주행하는 자동차의 정지, 감속, 가속 등 다양한 속도 변화가 나타나는 점이며, 이러한 속도 변화를 정확히 산정하는 것은 자동차의 주행 속도, 성능 등 다양한 변수가 작용하기 때문에 매우 어려운 일이다. 설계 과정에서 평면교차로 부근의 가속 및 감속에 필요한 거리를 산정할 때에는 감속을 위한 가속도 값은 -2.0~-3.0m/sce², 가속을 위한 가속도 값은 1.5~2.5m/sec² 정도의 값을 사용한다.

2. 평면선형

평면교차로는 일반 구간보다 운전자의 시야가 충분히 확보되어야 하며, 평면교차로 내의 교통섬, 부가차로 등 제반시설의 설치가 용이해야 하므로 직선의 평면선형이 가장 바람직하다. 지형 및 지역 조건에 따라 부득이하게 평면곡선부에 위치하는 경우에도 그 평면곡선 반지름은 일반 구간의 최소 평면곡선 반지름 이상의 값이어야 한다.

3. 종단선형

평면교차로 구간에서는 항상 시거가 확보되어야 하며, 정지선에서 정지하고 있는 자동차의 안전을 위하여 종단경사는 기준을 초과하지 않아야 한다. 일반적으로 종단경사가 3%를 넘게 되면 제동거리를 포함하여 도로 설계에서 고려되었던 기준 값들이 현저히 달라지게 되나 운전자들은 이러한 상황을 인지하지 못하여 사고 위험에 노출되는 경우가 많다. 따라서, 평면교차로의 종단경사는 3% 이하가 되도록 유지하는 것이 바람직하며, 지형 상황, 공사비 등으로 인하여 개선이 곤란한 경우에도 평면교차로 구간의 종단경사는 6% 이하로 해야 하며, 종단경사의 증가와 관련된 제반 설계기준은 조정되어야 한다.

또한, 평면교차로에서의 종단경사 변화는 주도로를 그대로 두고, 접속도로를 조정하는 것이 바람직하나 속도가 그다지 높지 않을 경우 교차하는 두 도로의 횡단경사를 모두 평면으로 조정하여 교차시키는 수도 있다. 이때 평면교차로에서는 노면 배수가 중요하므로 정상적인 횡단경사에서 평면으로 변화하는 과정이 점진적으로 이루어지도록 해야 한다.

6-2-6 평면교차로의 시거

1. 개요

평면교차로에서는 도로의 일반 구간에 적용되는 정지시거는 물론이고, 운전자가 의사결정과 주변 상황에 대하여 인지하고 판단할 동안 주행하는데 필요한 시거가 추가로 필요하게 된다. 즉, 운전자가 감지하기 어려운 정보나 예상하지 못했던 환경의 인지, 잠재적 위험성의 인지, 적절한 속도와 주행경로의 선택, 선택한 경로의 대처에 필요한 시거가 필요하게 된다. 이러한 시거를 판단시거(decision sight distance)라 하기도 하나 이를 정지시거와 분리하여 별도로 구분하는 것은 다소 무리가 있으므로 정지시거와 판단시거를 함께 고려하여 평면교차로의 시거를 검토하기로 한다.

평면교차로에 진입한 자동차는 교차하는 도로에서의 자동차 진입과 회전하는 방향의 도로상황 및 교통상황도 매우 중요하다. 즉, 교차도로를 횡단하거나 회전하는 경우 모퉁이 지역의 건물, 담장, 나무 등으로 인한 시거의 제약이 발생하면 운전자는 이후의 상황을 예측하지 못하게 되어 매우 위험한 상황이 발생할 수 있다.

따라서 평면교차로 내에 진입한 자동차는 교차도로의 상황을 인지하는데 필요한 시거가 필요하며, 이는 정지시거를 말할 때 사용되는 도로 중심선을 말하는 것이 아니라 교차하는 도로를 인지할 수 있는 범위가 되므로 이를 교차로의 시계(視界) 또는 시거 삼각형 (sight distance triangle) 이라 부르기도 한다.

2. 평면교차로의 사전 인지를 위한 시거

① 신호교차로

신호교차로의 경우 평면교차로 전방에서 신호를 인지할 수 있는 최소 거리가 확보되어야 한다. 이 최소 거리는 운전자가 신호를 보고 나서부터 제동장치를 조작할 때까지 주행하는 거리와 제동장치를 조작하여 정지선 전방에 정지하기까지 주행하는 거리를 합한 것이다.

신호를 보고 브레이크를 밟을 때까지의 시간에는 브레이크를 밟을 것인지의 여부를 판단하는 시간과 브레이크를 밟아야 한다고 판단하고 나서부터 반응하기까지의 시간이 포함되어 있다. 이 반응시간에 대하여 국외(미국 AASHTO) 기준에서는 10초로 하고 있다.

이 해설에서는 경제적 측면을 고려하여 지방지역에서는 10초, 도시지역에서는 6초를 기준으로 한다. 도시지역은 교차로가 많고 신호의 존재를 어느 정도 인식하고 있으므로 반응시간을 지방지역보다는 짧게 할 수 있다.

$$S = \frac{V}{3.6} \cdot t + \frac{1}{2a} \cdot \left(\frac{V}{3.6}\right)^2$$

여기서, S : 최소 시거(m)

　　　　　V : 설계속도(km/h)

　　　　　a : 감속도(m/sec^2)

　　　　　t : 반응시간(sec)

표 6-2 신호교차로의 사전 인지를 위한 최소 시거(S)

(단위 : m)

설계속도(V) (km/h)	최소 시거		비 고 (정지시거)
	지방지역 (t = 10sec, a = 2.0m/sec^2)	도시지역 (t = 6sec, a = 3.0m/sec^2)	
20	65	45	20
30	100	65	30
40	145	90	40
50	190	120	55
60	240	150	75
70	290	180	95
80	350	220	110

② 신호 없는 교차로

평면교차로가 신호로 운영되지 않는 경우는 교차도로의 주도로와 부도로를 명확히 하고, 부도로에는 평면교차로 전방에 일시정지표지를 설치하는 것이 안전하다. 이러한 일시정지표지가 설치된 평면교차로에서도 신호교차로의 경우와 마찬가지로 운전자가 불쾌감이 없이 제동장치를 조작할 수 있는 위치에 일시정지표지를 설치해야 한다. 다만, 이 경우는 신호의 경우와 달리 판단하기 위한 시간은 불필요하므로 일시정지표지를 확인한 후 바로 제동장치를 조작하기 시작한다고 가정하여도 무방하다. 일시정지표지를 인지한 운전자가 제동장치를 조작하기까지의 반응시간은 운전자에 따라 다르겠지만 국외(미국 AASHTO) 기준에서는 2초로 하고 있으며, 이 해설에서도 동일한 기준을 적용한다. 이때 불쾌감을 주지 않을 정도의 감속도 $a = 2.0 \text{m/sce}^2$, 반응시간 $t = 2$초를 적용하면 설계속도별 신호 없는 교차로의 사전 인지를 위한 최소 시거는 표 6-3과 같다.

표 6-3 신호 없는 평면교차로의 사전 인지를 위한 최소 시거(S)

(단위 : m)

설계속도(km/h)	20	30	40	50	60
최소 시거	20	35	55	80	105

한편, 주도로에 대하여 운전자는 항상 교차로의 존재를 염두에 두지 않고 주행할 수 있고, 교차로가 있다 하더라도 일반구간과 마찬가지로 생각하게 되어 본선 설계에서 규정하고 있는 정지시거가 확보되고 있으면 충분하나, 이 경우 부도로보다 일반적으로 주행속도가 높고 운전자가 교차로 상황에 대하여 충분한 인지가 필요할 것으로 판단되어 최소 값을 상기의 값을 동일하게 적용하는 것이 바람직하다.

3. 평면교차로의 안전한 통과를 위한 시거

신호교차로에서는 모든 자동차들이 신호에 따라 주행하게 되어 교통을 원활하게 처리할 수 있지만 비신호교차로에서는 여러 방향에서 접근하는 자동차들과 충돌 없이 평면교차로를 통과하기 위해서는 모든 자동차의 운전자가 다른 자동차의 위치 및 속도를 파악할 수 있도록 시거가 확보되어야 한다. 이러한 시거 산출은 그림 6-13에서 도시한 것과 같은 시거 삼각형을 작성하여 검토한다. 비신호교차로에 접근하는 자동차의 운전자는 평면교차로에 이르기 전에 교차 대상이 되는 자동차를 인지할 수 있는 시간을 가져야 한다. 운전자가 교차하는 도로에서 자동차가 접근하는 것을 처음 볼 수 있는 지점의 위치는 인지·반응시간(2초)과 속도를 조절하는데 걸리는 시간(1초)을 합하여 총 3초 동안 이동한 거리로 가정하여 사용되고 있다.

그림 6-13에서, A도로에서 80km/h의 운행속도로 접근하는 자동차와 B도로에서 50km/h의 속도로 접근하는 자동차가 있는 평면교차로를 예를 들면, 두 도로의 교차점 (C)에서 각각의 도로변을 따라 65m(A), 40m(B) 전방에 위치한(시가지 내의 도로 모퉁이 처리 값) 세 점으로 하는 시거 삼각형이 확보되어야 한다.

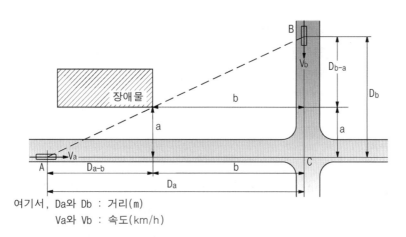

여기서, D_a와 D_b : 거리(m)
　　　 V_a와 V_b : 속도(km/h)

그림 6-13 시거 삼각형

표 6-4 3초 동안 이동한 평균거리

(단위 : m)

속도(km/h)	20	30	40	50	60	70	80
평균거리	20	25	35	40	50	60	65

그러나 교차로가 위에서 제시한 시거 삼각형을 만족하도록 설계되어 있다고 하더라도 충분히 안전하다고 할 수는 없는데 이는 B도로에서 서로 다른 운행 속도를 가진 자동차가 연속해서 교차로로 접근해 올 경우 A도로를 운행하는 운전자는 혼란의 소지가 있으며, 위에서 제시된 내용들은 모든 교차 도로에 대하여 단차가 없는 평지부를 기본 가정으로 하고 있으므로 교차 도로 간의 단차가 있는 경우 시거 삼각형이 달라질 수 있기 때문이다.

즉, 평면교차로를 통행하는 운전자들은 평면교차로에서 벌어지는 상황을 파악하여 대처할 수 있도록 안전한 통과를 위한 시거가 확보되어야 하며, 이를 위하여 시거 삼각형 안에는 장애물이 없도록 해야 한다.

6-3 평면교차로의 구성 요소

> **제32조(평면교차와 그 접속기준)**
> ③ 평면으로 교차하거나 접속하는 구간에서는 필요에 따라 회전차로, 변속차로, 교통섬 등의 도류화시설(導流化施設: 도로의 흐름을 원활하게 유도하는 시설)을 설치할 수 있다. 이 경우 도류화시설의 설치기준 등에 필요한 사항은 국토교통부장관이 따로 정한다.
> ④ 교차로에서 좌회전차로가 필요한 경우에는 직진차로와 분리하여 설치하여야 한다.

6-3-1 도류화

도류화(channelization)는 자동차와 보행자를 안전하고 질서 있게 이동시킬 목적으로 회전차로, 변속차로, 교통섬, 노면표시 등을 이용하여 상충하는 교통류를 분리시키거나 규제하여 명확한 통행 경로를 지시해주는 것을 말한다. 적절한 도류화는 도로용량 증대와 안전성을 높여주며, 쾌적성을 향상시켜 운전자에게 확신을 심어준다. 그러나 부적절한 도류화는 운전자가 혼동을 일으키기가 쉽고 운영상태가 나빠질 수 있으며, 나쁜 효과가 나타날 수 있어 적용에 주의해야 한다.

1. 도류화의 목적

도류화의 근본적인 목적은 평면교차로에서 주행경로를 명확히 하여 안전성과 쾌적성을 향상시키는 것으로서, 요소별 세부 목적은 다음과 같다.

① 두 개 이상의 자동차 주행 경로가 교차하지 않도록 통행 경로를 제공한다.
② 자동차의 합류, 분류 및 교차하는 위치와 각도를 조정한다.
③ 평면교차로 면적을 줄여 자동차 간의 상충 면적을 줄인다.
④ 자동차가 진행해야 할 경로를 명확히 제공한다.
⑤ 높은 속도의 주 이동류에게 통행우선권을 제공한다.
⑥ 보행자 안전지대를 설치하기 위한 장소를 제공한다.
⑦ 분리된 회전차로는 회전하는 자동차의 대기 장소를 제공한다.
⑧ 교통제어시설을 잘 보이는 곳에 설치하기 위한 장소를 제공한다.
⑨ 불합리한 교통류의 진행을 금지 또는 지정된 방향으로 통제한다.
⑩ 자동차의 통행속도를 안전한 정도로 통제한다.

2. 기본 원칙

평면교차로를 도류화시킬 때는 기본적인 원칙을 따라야 하나, 전체적인 설계특성을 무시하면서 이를 적용시켜서는 안 된다. 또한 독특한 조건하에 기본 원칙이 적용될 때는 이를 수정할 수도 있으나, 이때 그에 따른 결과를 충분히 예상할 수 있어야 하며, 이와 같은 기본 원칙을 무시하면 위험성을 내포한 설계가 되어 적용에 유의해야 한다. 평면교차로에서의 도류화 설계를 위한 기본 원칙은 다음과 같다.

① 운전자가 한 번에 한 가지 이상의 의사결정을 하지 않도록 해야 한다.

② 운전자에게 90도 이상 회전하거나 갑작스럽고 급격한 배향곡선(reverse curve)의 선형 등 부자연스런 경로를 제공하여서는 안 된다.

③ 운전자가 적절한 시인성과 인지성을 갖도록 시인성을 저하시키는 시설물을 설치해서는 안 된다. 교통섬의 폭이 1.5m 이상인 경우에는 시거 확보에 장애가 되지 않는 범위에 식재지를 설치한다.

④ 회전 자동차의 대기 장소는 직진 교통으로부터 잘 보이는 곳에 위치해야 한다.

⑤ 교통관제시설은 도류화의 일부분이므로 이를 고려하여 교통섬을 설계해야 한다.

⑥ 설계를 단순화하고 운전자의 혼돈을 막기 위해서 횡단지점 및 상충지점을 분리시킬 것인지 혹은 밀집시킬 것인지를 결정해야 한다.

⑦ 필요 이상의 교통섬을 설치하는 것은 피해야 하며, 원칙적으로 교통섬이 필요하다 하더라도 평면교차로의 면적이 좁은 경우에는 피해야 한다.

⑧ 교통섬은 자동차의 주행 경로를 편리하고 자연스럽게 만들 수 있도록 배치해야 한다.

⑨ 평면곡선부는 적절한 평면곡선 반지름과 차로폭을 가져야 한다.

⑩ 접근로의 단부는 자동차의 속도와 주행 경로를 점진적으로 변화시킬 수 있도록 처리해야 한다.

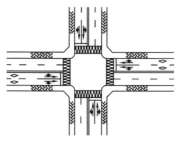

(a) 비도류화 평면교차로

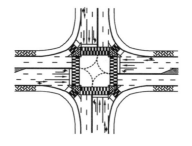

(b) 도류화된 평면교차로

그림 6-14 도류화 설계(예시)

6-3-2 좌회전차로

1. 개요

평면교차로에서 좌회전 자동차가 정지하고 있으면 직진하고자 하는 후속 자동차는 좌회전 대기 자동차를 피하여 진로를 변경해야만 하고, 이에 따라 평면교차로의 교통 처리 능력이 저하되어 교통 정체와 교통사고 위험이 매우 커진다. 이와 같이 좌회전 자동차의 영향을 제거하기 위한 기본적인 접근 방식은 좌회전 자동차와 직진 자동차를 분리하는 것이며, 구체적으로는 좌회전차로를 직진 차로와 분리하여 설치하는 것이다. 즉, 좌회전차로는 직진 차로와는 독립적으로 설치해야 하며, 좌회전차로에 들어가기 위한 충분한 시간적, 공간적 여유를 확보하여 주어야 한다.

이러한 좌회전차로는 좌회전 교통류를 다른 교통류와 분리시켜 평면교차로의 운영에 많은 영향을 미치는 좌회전 교통류에 따른 영향을 최소화시킬 수 있으며, 좌회전 자동차가 대기할 수 있는 공간이 확보되어 교통신호 운영의 적정화를 꾀할 수 있게 한다. 또한 좌회전 교통류의 감속을 원만하게 하며, 추돌사고를 줄이는 효과를 갖게 된다.

2. 세부 설치 기준

좌회전차로의 설계 요소로는 차로폭, 유출 테이퍼(접근로 테이퍼 및 차로 테이퍼), 좌회전차로 등으로 구성되며, 그 세부 사항은 다음과 같다.

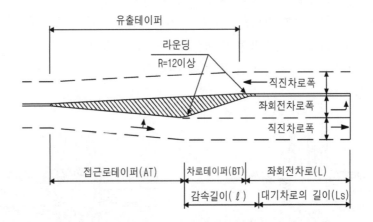

그림 6-15 좌회전차로의 구성

① 차로폭

평면교차로에서 안전한 주행을 확보하기 위해서는 모든 차로폭을 단로부와 동일하게 해야 하나 도시지역 등 용지에 제약이 있는 경우는 차로폭을 일반 구간보다 좁게 설치할 수 있다. 즉, 직진차로에 대해서는 접속 유입부의 차로폭과 같은 폭으로 하는 것이 원칙이나, 평면교차로에서 좌회전차로 등 부가차로를 설치하는 경우에는 전체 폭의 증가를 최대한 억제하기 위하여 직진 차로폭을 0.25m 정도 좁게 하는 것이 가능하며, 용지 등의 제약이 심한 경우는 그 폭을 3.00m 까지 좁게 할 수도 있다. 좌회전차로의 폭은 3.00m 이상을 표준으로 하지만 좌회전차로는 대기차로의 성격을 가지고 있고, 또 이 차로를 이용하는 자동차의 주행속도도 낮으므로 대형자동차의 구성비가 작고, 용지 등의 제약이 심한 기존 평면교차로의 개량인 경우에는 2.75m 까지 좁힐 수 있다.

② 접근로 테이퍼(approach taper)

좌회전차로를 설치하기 위한 접근로 테이퍼는 평면교차로로 접근하는 교통류를 자연스럽게 우측 방향으로 유도하여 직진 자동차들이 원만한 진행과 좌회전차로를 설치할 수 있는 공간을 확보하기 위한 것이다. 따라서 폭이 넓은 중앙분리대를 이용하여 좌회전차로를 설치하는 경우는 접근로 테이퍼 자체가 필요 없게 된다. 접근로 테이퍼의 설치는 우측으로 평행이동(shift)되는 값에 대한 거리의 비율이 되며, 이는 운전자가 평면교차로를 인지하고 우측으로 선형을 이동하는 동안의 주행으로 볼 수 있다.

표 6-5 접근로 테이퍼 최소 설치 기준

설계속도(km/h)		80	70	60	50	40	30
테이퍼	기 준 값	1/55	1/50	1/40	1/35	1/30	1/20
	최 소 값	1/25	1/20	1/20	1/15	1/10	1/8

일반적으로 평면교차로 부근에서는 좌회전차로를 설치하기 위하여 도로의 폭을 조정하는 경우가 많으므로 접근로 테이퍼를 지나치게 길게 하면 운전자에게 혼선을 초래하는 경우가 있어 주의해야 한다. 또한, 종단선형상 볼록형 종단곡선부에 접근로 테이퍼가 설치되는 경우 그 시점을 종단곡선부의 시점까지 연장하여 운전자가 전방에 평면교차로가 있는 것을 사전에 인지하고 자연스러운 운행을 하도록 하는 것이 교통안전에 매우 중요하다.

③ 차로 테이퍼(bay taper)

차로 테이퍼는 좌회전 교통류를 직진 차로에서 좌회전차로로 유도하는 기능을 갖는다. 테이퍼를 설치할 때는 좌회전 자동차가 좌회전차로로 진입할 때 갑작스러운 차로 변경이나 무리한 감속을 유발하지 않도록 해야 하며, 테이퍼가 너무 완만하여 운전자들이 직진 차로와 혼동하지 않도록 해야 한다.

이러한 차로 테이퍼는 포장면에 차선 도색으로 표현되는 구간으로, 그 최소 비율은 설계속도 50km/h 이하에서는 1 : 8, 설계속도 60km/h 이상에서는 1 : 15로 한다. 다만, 시가지 등에서 용지 폭의 제약이 심한 경우 등에는 그 값을 1 : 4까지 축소할 수 있다.

④ 좌회전차로의 길이

좌회전차로의 길이 산정은 좌회전차로의 설치 요소 중 가장 중요한 사항으로 그 길이의 산정 기초는 감속을 하는 길이와 자동차의 대기공간이 확보되도록 하는 것이다.

$$L_d = \ell - BT$$

여기서,　L_d : 좌회전차로의 감속을 위한 길이(m)

　　　　ℓ : 감속길이(m)

　　　　BT : 차로테이퍼 길이(m)

이때, 감속길이(ℓ)는 $\ell = \dfrac{1}{2a} \cdot (V/3.6)^2$ 식으로 계산된다. 여기서, V는 설계속도(km/h), a는 감속을 위한 가속도 값으로 $a = 2.0\text{m/sec}^2$을 적용하는 것이 바람직하다. 다만, 시가지 지역 등에서는 운전자가 좌회전차로의 인지는 용이하지만 용지 등의 제약으로 부득이한 경우는 $a = 3.0\text{m/sec}^2$을 적용할 수 있다.

표 6-6 감속길이(ℓ)

(단위 : m)

설계속도(km/h)		80	70	60	50	40	30	비　　고
감속길이	기준치	125	95	70	50	30	20	$a = 2.0\text{m/sec}^2$
	최소치	80	65	45	35	20	15	$a = 3.0\text{m/sec}^2$

대기 자동차를 위한 길이는 감속을 위한 길이보다 더 중요한 문제이며, 그 길이가 짧으면 대기 자동차가 직진 자동차를 방해하여 교통사고의 위험 증대와 함께 해당 교차로는 물론 노선 전체의 교통정체 요인이 된다.

좌회전차로의 대기 자동차를 위한 길이는 비신호교차로의 경우 좌회전 대기 자동차에 의한 영향을 최소화하기 위해 도착하는 좌회전 자동차 대수를 기준으로 하며, 그 값이 1대 미만의 경우에도 최소 2대의 자동차가 대기할 공간은 확보되어야 한다.

신호교차로의 경우에는 자동차 길이는 대부분 정확한 대형자동차 혼입률 산정이 곤란할 때 그 값을 7.0m(대형자동차 혼입률 15%로 가정)로 하여 계산하되, 화물차 진출입이 많은 지역에서는 그 비율을 산정하여 승용차는 6.0m, 화물차는 12m로 하여 길이를 산정한다.

$$L_s = \alpha \times N \times S$$

여기서,　　L_s : 좌회전 대기차로의 길이

α : 길이 계수(신호교차로 : 1.5, 비신호교차로 : 2.0)

N : 좌회전 자동차의 수

　　　(신호교차로 1주기 또는 비신호교차로 1분 간 도착하는 좌회전 자동차)

S : 대기하는 자동차의 길이

따라서, 좌회전차로의 최소 길이(L)는 대기를 위한 길이(L_s)와 감속을 위한 길이(L_d)의 합으로 구한다. 이와 같이 산출된 좌회전차로의 길이는 최소한 신호 1주기당 또는 비신호 1분 간 도착하는 좌회전 자동차 수에 두 배를 한 값보다 길어야 하며, 짧을 경우 후자의 값을 사용한다.

$$L = L_s + L_d = (1.5 \times N \times S) + (\ell - BT) \quad (\text{단, } L \geq 2.0 \times N \times S)$$

6-3-3 우회전차로

1. 설치 조건

우회전차로는 우회전 교통량이 많아 직진 교통에 지장을 초래한다고 판단되는 경우에 직진 차로와 분리하여 설치하며, 일반적으로 다음과 같은 조건을 고려하여 설치한다.

① 회전 교통류가 주교통이 되어 우회전 교통량이 상당히 많은 경우

주로 간선도로가 평면교차로에서 직각으로 굽은 경우에 나타나며, 이 경우는 평면 교차로 전체의 개선 등을 함께 고려하는 것이 바람직하다.

② 우회전 자동차의 속도가 높은 경우

지방지역에서 간선도로가 평면교차로에 연결 또는 접속된 경우에 주로 볼 수 있으며, 이 경우 평면교차로에서 우회전 자동차를 감속시킬 필요가 있을 때 감속차로 기능을 담당할 우회전차로를 설치하는 것이 바람직하다

③ 교차각이 120° 이상의 예각 평면교차로서, 우회전 교통량이 많은 경우

2. 세부 설치 기준

① 우회전차로의 형태

우회전차로는 평면교차로의 폭, 우회전 교통량, 우회전 자동차의 속도 등을 종합적으로 분석하여 적정한 형태를 구성해야 한다.

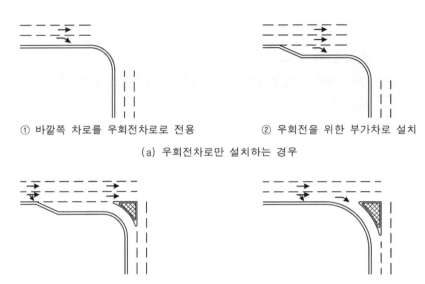

① 바깥쪽 차로를 우회전차로로 전용　　② 우회전을 위한 부가차로 설치

(a) 우회전차로만 설치하는 경우

③ 감속차로 기능의 부가차로 및 도류로 설치　　④ 우회전을 위한 도류로 설치

(b) 우회전 도류로를 설치하는 경우

그림 6-16 우회전차로의 설치(예시)

② 차로폭

평면교차로에서 안전한 주행을 확보하기 위해서는 모든 차로폭은 일반구간과 동일하게 해야 한다. 그러나 우회전 교통을 위한 부가차로를 설치하는 경우 평면교차로의 폭이 증가하여 도시지역과 같이 용지에 제약이 있는 경우는 차로폭을 일반구간보다 축소하여 적용할 수 있다. 즉, 직진차로는 그 폭을 0.25m 정도 축소하는 것이 가능하며 용지 등의 제약이 특히 심한 경우는 그 폭을 3.00m 까지 축소할 수도 있다. 또한, 부가차로의 폭은 3.00m 이상을 표준으로 하지만 이 차로를 이용하는 자동차의 주행속도가 낮고, 대형자동차의 구성비가 작으며, 용지 등의 제약이 심한 경우 2.75m 까지 축소할 수 있다.

6-3-4 도류로 및 변속차로

1. 도류로의 설치

도류로의 설계는 그 평면교차로의 형상, 교차각, 속도, 교통량 등을 고려하여 적절한 회전반지름, 폭, 합류각, 위치 등을 결정하는 것이 중요하다. 독립된 도류로를 설치하는 것은 방향이나 속도가 다른 교통을 분리하여 교통 흐름의 혼란을 감소시키는 효과를 가지며 또한, 회전반지름, 합류각을 조정할 수 있어 안전하게 자동차를 통과시킬 수 있게 된다. 좌회전차로와 같이 교통섬으로 분리되지 않은 도류로의 경우에도 중앙분리대의 형상 및 개구부 치수를 도류로와 같이 설계하여 위험한 경로를 통과하지 않게 할 수가 있다. 즉, 어느 도류로에 대해서나 그곳을 통과하는 자동차의 속도, 교통량, 교통관제 조건, 보행자 등의 각종 조건을 충분히 검토하여 도류로를 결정해야 한다.

도류로의 형태를 결정하는 요소는 이용할 수 있는 용지 폭, 평면교차로의 형태, 설계기준자동차, 설계속도 등이 있다. 도시지역에서는 일반적으로 교통량은 많은 반면 자동차의 주행속도가 그리 높지 않고 이용 가능한 용지가 제한되어 있는 경우가 많으므로 용지 및 교통량에 따라 도류로의 형태가 결정되며, 지방지역에서는 자동차의 주행속도가 높고 용지의 취득이 비교적 용이하여 도류로의 형태를 주행속도에 맞추어서 설계하는 일이 많다.

2. 도류로의 평면곡선 반지름

좌회전차로는 자동차가 일시 정지하여 매우 낮은 속도로 회전을 하게 되며, 대향 차로를 일부 이용하게 되어 교차각, 차도의 폭 등에 따라 평면곡선 반지름이 자연스럽게 결정된다. 일반적으로 교차각이 90도에 가까울 경우 도류로의 평면곡선 반지름은 15~30m 정도로 설계하면 무리가 없다. 평면곡선 반지름이 작은 경우에는 대기하고 있는 자동차와 접촉하는 것을 피하도록 해야 하며, 운전자의 주행궤적을 명확하게 하기 위해서는 유도차선을 함께 설치하는 것이 바람직하다.

우회전 도류로는 평면교차로가 위치하는 지역, 교차각, 도로의 기능 등에 따라 다른 평면곡선 반지름을 사용하게 된다. 도시지역과 같이 용지 및 주변 지장물 등에 따른 영향을 크게 받는 지역에서는 작은 평면곡선 반지름을 적용한다. 지방지역의 우회전 도류로의 경우 비교적 용지 등의 제약조건이 적으므로 평면곡선 반지름을 크게 잡는 것이 좋다.

3. 우회전 도류로의 폭

교통량에 비해서 우회전 도류로의 폭을 지나치게 넓게 하면 교통류가 복잡해지고, 그 운영이 어려워진다. 따라서, 도류로의 폭은 적정하게 해야 하며, 용지에 여유가 있다고 해서 불필요한 도류로를 만들거나 필요 이상으로 넓게 만드는 것은 좋지 않다. 또한, 도류로를 설치할 때 설계기준자동차의 제원을 충분히 고려해야 한다. 예를 들면 우회전 전용 2차로 도류로를 세미트레일러로 설계하는 경우 소형자동차 3대 또는 4대가 나란히 통행하는 것이 가능하므로 오히려 교통에 지장을 초래하는 경우가 있어 이 경우는 도류로의 폭을 좁게 하는 것이 바람직하다.

도류로의 폭은 설계기준자동차, 평면곡선 반지름, 도류로의 회전각에 따라 결정한다. 표 6-7은 도류로의 차로폭이며, 도류로가 교통섬 등으로 분리되어 있는 경우는 양측에 포장을 실시하여 0.5m 이상의 측대 및 길어깨의 여유 폭을 확보해야 하며, 확폭에 따른 차로폭의 접속설치는 원칙적으로 내측으로 한다. 이때 우회전이 주교통 방향이고 다차로인 경우를 제외하고는 기본 폭보다 확폭된 부분은 사선 표시를 하여 비정상적인 주행을 금지시켜야 한다.

표 6-7 도류로의 폭

(단위 : m)

곡선반지름	설계기준자동차의 조합				
	S	T	P	T+P	P+P
8 이하			3.5		
9 ~			3.0		
14	9.5	6.0		9.0	
15	8.5				
16	8.0	5.5		8.5	
17	7.5				
18	7.0	5.0			8.0
19 ~ 21	6.5				
22 23	6.0				
24 ~ 30	5.5	4.5		7.5	6.0
31 ~ 36	5.0	4.0		7.0	
37 ~ 50	4.5				
51 ~ 70	4.0				
71 ~ 100		3.5		6.5	
101 이상	3.5				

주) S : 세미트레일러, T : 대형자동차, P : 소형자동차

4. 변속차로

① 변속차로 길이의 산정

접근로에서 자동차 주행속도가 매우 높을 경우에는 감속하려는 자동차가 평면교차로의 정지선에 도달하기 전에 감속할 수 있도록 감속차로를 설치하는 것이 바람직하다. 감속차로는 교통량의 많고 적음보다는 감속 자동차의 속도 변화를 고려해야 하며, 본선에서 감속을 방지하여 교통사고를 예방할 수 있게 된다.

설계속도가 낮은 도로에서 설계속도가 높은 도로로 연결되는 평면교차로에서는 상대속도의 차이를 적게 하여 교통사고를 예방하고 교통 흐름에 도움이 되므로 낮은 속도에서 진입한 운전자들에게 가속시간을 확보하여 주기 위하여 가속차로를 설치한다. 일반적으로 변속차로를 설치하는 경우 그 길이는 $L = 1/2a \cdot (V/3.6)^2$으로 구하며

다음의 표 6-8과 같다. 이들 값들은 물리적인 속도 변화의 최솟값으로 산정된 수치이며, 교통량이나 설계속도의 변화에 따라 제시된 값들을 합리적으로 조정하여 사용할 수 있다.

표 6-8 가·감속차로의 길이

(단위 : m)

설계속도(km/h)		80	70	60	50	40	30	비 고
가속 차로 길이	지방지역 (a = 1.5m/sec²)	160	130	90	60	40	20	
	도시지역 (a = 2.5m/sec²)	100	80	60	40	30	–	
감속 차로 길이	지방지역 (a = 2.0m/sec²)	120	90	70	50	30	20	
	도시지역 (a = 3.0m/sec²)	80	60	40	30	20	10	

② 테이퍼

테이퍼(taper)는 나란히 이웃하는 2개의 차로를 변이 구간에 걸쳐서 연결하여 접속하는 부분으로 변속차로 길이에 포함되지 않는다. 자동차 주행 여건으로 볼 때 회전차로 및 교차각을 규정하는 테이퍼율을 크게 하면 좋으나, 이 경우 과다한 용지가 소요되기 때문에 다소 무리가 있다고 판단된다. 따라서, 설계속도 50km/h 이하는 그 비율을 1/8, 설계속도 60km/h 이상은 1/15의 접속 비율로 산정한 값 이상으로 설치하도록 한다. 다만, 도시지역 등에서 용지 제약, 지장물 편입 등이 많은 경우는 그 설치 비율을 1/4까지 할 수 있다.

6-3-5 도로 모퉁이 처리

1. 보·차도 경계선

평면교차로에서 도로 모퉁이 보·차도 경계선의 형상은 원곡선 또는 복합곡선을 사용하며, 이때 곡선반지름이 너무 작으면 회전 자동차가 대향 차로 또는 다른 차로를 침범하게 되어 그 값을 가급적 크게 하는 것이 바람직하다. 그러나 일반적으로 용지의 제약이 적은 경우는 별도의 우회전차로 및 도류로를 설치하여 적절한 곡선반지름을 적용할 수 있다. 일반적으로 시가지의 간선도로에서는 12m 이상, 집산도로는 10m 이상, 국지도로는 6m 이상의 곡선반지름을 적용해야 하며, 대형자동차의 통행이 극히 적고 주변 도로 상황 등으로 최소 기준 적용이 곤란한 경우는 자동차의 회전 가능 여부 등을 판단하여 그 값을 적용해야 한다.

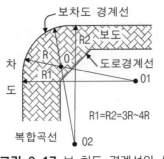

그림 6-17 보·차도 경계선의 설치

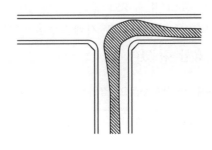

그림 6-18 회전에 따른 주행궤적

2. 도로 모퉁이의 설치

도로 모퉁이의 길이를 정하기 위해서는 대상으로 하는 평면교차로를 자동차, 보행자, 자전거 등이 안전하며 원활하게 통행할 수 있도록 상호 투시와 회전반지름 및 유효 보도 폭의 확보를 도모하는 것과 도로 녹화를 위한 공간의 확보 또는 시가지 경관 형성의 여러 가지 관점에서 종합적으로 검토할 필요가 있다. 특히, 도시지역도로는 보행자 교통이 상당히 많기 때문에 단순히 자동차의 원활한 통행뿐만 아니라 안전하며 쾌적한 보행 공간 조성 또는 양호한 도로 공간의 형성도 배려해야 한다.

원칙적으로 도로 모퉁이는 그림 6-19와 같이 평면교차의 안전한 통과를 위한 시거가 확보될 수 있도록 시거 삼각형의 투시선을 따라 설치하는 것이 원칙이다. 그러나 일반적으로 건물 등의 장애물은 도로 경계선에서 일정 이격거리를 유지하고 있으며, 시가지에서는 대부분의 도로가 도시계획에 따른 구획 정리를 하고 있어 도로 모퉁이 길이에 대하여 하나하나 계산을 하는 것은 실용적이지 않다. 따라서, 직각 평면교차로의 경우 다음의 표 6-9의 값을 기준으로 사용하고 있다. 단, 도로 폭이 8m 미만의 경우, 10m 미만의 도로와 25m 이상의 도로가 교차되는 경우, 12m 미만의 도로와 35m 이상의 도로가 교차되는 경우는 설치하지 않을 수 있다.

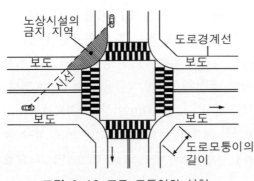

그림 6-19 도로 모퉁이의 설치

표 6-9 평면교차부 도로 모퉁이의 길이(m)

폭 원	40 이상	20 이상	15 이상	12 이상	8 이상
40 이상	12	10	8	6	5
20 이상	10	10	8	6	5
15 이상	8	8	8	6	5
12 이상	6	6	6	6	5
8 이상	5	5	5	5	5

표 6-9의 도로 모퉁이 길이 기준은 일반적인 경우이며, 특히 좌·우회전 교통량이 많은 경우, 설계기준자동차를 변경하는 경우, 광폭의 보도 등이나 정차대를 가진 경우, 제설 공간을 고려할 필요가 있는 경우, 도로의 교차각이 90°에서 상당히 다른 경우 등 주변 상황을 특별하게 고려해야 할 경우는 전술한 일반적인 고찰 방법(시거 삼각형)에 따라 각각 검토할 필요가 있다.

또한 단지 내 도로에서 단지 외곽부 모서리 부분에 도로 전체가 직각으로 꺾여지는 경우에는 도로 모퉁이 곡선반지름을 기준보다 더 큰 반지름으로 적용해야 하며, 다차로 도로인 경우에는 확폭 여부도 검토해야 한다.

6-3-6 도류시설물

1. 개요

도류시설물이란 평면교차로 내부의 경계를 명확히 하기 위하여 설치하는 시설물을 말하는 것으로서, 그 기능과 목적을 유지하기 위하여 일정한 틀에 박힌 형태로 되어 있는 것이 아니라 평면교차로와 주변의 여건에 따라 여러 가지 형태로 나타난다. 즉, 도류시설물은 그 설치 목적과 사용되는 재질 등에 따라 교통섬, 도류대, 분리대, 대피섬 등으로 나뉘며, 그들의 대표적인 명칭으로 단순히 교통섬이라 부르기도 한다.

일반적으로 교통섬이란 우회전차로와 직진 차로의 분리를 위하여 포장면 상단으로 연석 등을 설치하여 돌출되게 설치된 시설물을 말하며, 포장면에 직접 페인트 등으로 도색을 한 것은 도류대라 한다. 분리대는 교통류를 방향별로 분리시키거나 부적절한 회전 등의 통행을 막기 위하여 도로의 중앙부 또는 도로 모퉁이에 설치되는 시설물을 말한다. 대피섬은 횡단보도 등과 연계하여 보행자, 자전거 등이 자동차와 분리되어 안전하게 대피할 수 있도록 평면교차로 내에 설치된 시설물을 말한다. 또한, 유도 차선은 자동차의 주행 경로를 명확하게 하고, 교통 흐름을 자연스럽게 유도하기 위한 보조차선(차로 표시)을 말한다.

2. 교통섬의 설치

교통섬은 운전자가 인지할 수 있는 크기로 설치해야 한다. 지나치게 작은 교통섬과 분리대는 운전자에게 불필요한 존재로 인식될 수 있고 야간이나 기상조건이 나쁜 경우에는 이에 충돌할 수 있어 오히려 위험하다. 따라서, 교통섬이나 분리대가 필요하다고 판단되어도 폭 등의 최소 규정치를 만족하지 못할 경우에는 노면표시를 사용하는 것이 좋다. 일반적으로 교통섬의 최소 크기는 보행자의 대피장소로 필요하다고 인정되는 $9m^2$ 이상이 되어야 한다. 용지 폭 등의 제약으로 부득이한 경우에도 도시지역은 $5m^2$ 이상, 지방지역은 $7m^2$ 이상의 면적이 확보되어야 한다.

교통섬의 정확한 제원을 산정하기 위해서는 우선 본선과 도류로가 분기되어 각각의 차로에서 일정 간격(수직 거리)을 유지하는 지점을 선정하는 것이 가장 중요하다. 일반적으로 이 지점을 노즈(nose), 차로와의 수직 거리를 옵셋(offset)이라 하며, 차로와 평행하게 이격된 거리를 셋백(set back)이라 하고 이렇게 구성된 삼각형 모양의 모서리 부분은 선단이라 한다.

이러한 교통섬의 구성을 위한 각각의 최솟값은 해당 도로의 기능, 해당 평면교차로가 위치하는 지역, 본선의 설계속도, 교통섬의 크기에 따라 그 최솟값에 차이가 있으며 각각의 최솟값은 다음의 표 6-10, 표 6-11과 같다.

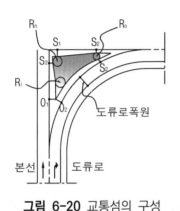

그림 6-20 교통섬의 구성

표 6-10 노즈 옵셋 및 셋백의 최솟값 (단위 : m)

설계속도(km/h) 구 분	80	60	50~40
S_1	2.00	1.50	1.00
S_2	1.00	0.75	0.50
O_1	1.50	1.00	0.50
O_2	1.00	0.75	0.50

표 6-11 선단의 최소 곡선반지름 (단위 : m)

R_i	R_o	R_n
0.5~1.0	0.5	0.5~1.50

한편, 분리대와 같이 장방형의 긴 형태로 구성된 경우는 상기와 다소 다른 특성을 갖게 되며, 그 형태와 각 제원의 최솟값은 그림 6-21, 표 6-12와 같다.

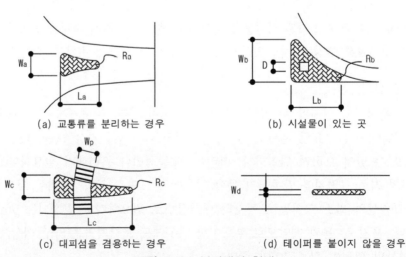

(a) 교통류를 분리하는 경우

(b) 시설물이 있는 곳

(c) 대피섬을 겸용하는 경우

(d) 테이퍼를 붙이지 않을 경우

그림 6-21 분리대의 형태

표 6-12 분리대의 각 제원의 최솟값

(단위 : m)

구 분	기 호	도시지역	지방지역
교통류를 분리	W_a L_a R_a	1.0 3.0 0.3	1.5 5.0 0.5
시설물 설치	W_b L_b R_b 면적(m^2)	1.5 4.0 0.5 5.0	2.0 5.0 0.5 7.0
대피섬 겸용	W_c R_c L_c	1.0 0.5 5.0	1.5 0.5 5.0
테이퍼를 붙이지 않은 분리대 폭	W_d	1.0	1.5

주) D : 시설물의 폭, W_p : 횡단보도의 폭

3. 연석의 설치

교통섬을 차로와 분리시키기 위해서는 일반적으로 연석을 많이 사용하며, 연석은 시선유도와 함께 그것이 둘러싸고 있는 보도, 교통섬, 분리대 등을 자동차의 충돌, 접촉이나 우수에 의한 파손으로부터 방호하기 위하여 설치되는 것이다.

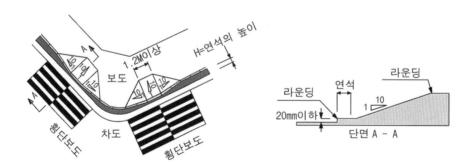

그림 6-22 연석의 설치

연석의 높이는 25cm 이하가 적당하며, 횡단보도와 접속되는 지점에서는 장애인, 유모차, 자전거 등의 통행을 위하여 턱이 없도록 설치해야 한다.

4. 유도차선

평면교차로 내에서 좌회전차로의 주행 위치와 대기 위치를 명확히 하는 경우 교통류가 변형적으로 굴곡되는 경우 등에는 유도 차선을 설치하여 자동차를 유도한다. 좌회전 자동

차는 교통의 원활한 소통과 안전에 큰 영향을 주며, 특히 대향 직진 자동차와 교차하여 자동차 상호 간의 안전에 큰 영향을 준다. 이러한 문제를 해결하려면 좌회전 자동차의 궤적에 따라 그 주행 위치를 명시하고, 좌회전 자동차에게 대향 직진자동차가 통과할 때 대기할 위치를 명시해 둘 필요가 있다. 이를 위하여 평면교차로 내에 유도 차선을 설치하여 좌회전 자동차의 주행 및 대기위치를 명확히 해야 한다. 또한, 평면교차로 내에 교통류가 굴곡되는 경우에도 유도 차선을 설치하여 주행방향을 명시한다. 평면교차로에 좌회전 유도 차선을 설치할 때는 실제 자동차의 궤적을 고려해야 하며, 곡선반지름이 작거나 부적절한 주행궤적이 되지 않도록 해야 한다. 특히, 평면교차로에서 이중 좌회전(dual left turn)을 할 경우에는 서로 상충이 일어나는지를 검토해야 한다.

그러나 이와 같은 경우에도 너무 많은 유도 차선이 설치되어 있으면 통과 교통의 혼란을 유발할 수 있어 유도차선의 설치는 최소한으로 하여 평면교차로 내에서 주행하는 자동차를 방해하지 않도록 배려하는 것이 필요하다. 또한, 유도 차선은 교통류가 굴곡하는 등 변칙적인 주행궤적이 되어 다른 교통류와 교차하는 곳에 표시하기 때문에 다른 노면표시(marking)에 비하여 지워지기가 쉬우므로 특별히 유지관리 측면을 고려해야 한다.

6-3-7 안전시설

1. 도로교통 안전시설

평면교차로 부근에 위치하는 도로안전시설(시선유도표지, 조명시설, 횡단시설, 충격방지시설 등) 및 교통안전시설(신호기, 안전표시, 노면표시 등)은 다양하다. 이들은 교통사고 방지의 역할 뿐만 아니라 교통류를 원활히 처리하는 기능도 있어 평면교차로를 설계할 때에는 적정한 도로교통 안전시설을 설치하거나 개선하는 것이 중요하다.

도로의 안전시설 설치에 대한 상세한 내용은 「평면교차로 설계지침(국토교통부)」, 「도로안전시설 설치 및 관리지침(국토교통부)」, 「교통안전표지 설치·관리 매뉴얼(경찰청)」을 참조한다.

6-4-1 교통통제

　평면교차로는 교차 상충, 분류 상충, 합류 상충이 빈번히 일어나는 지점으로 사고의 위험성이 높으며 용량과 서비스수준이 일반 도로구간 보다 비교적 낮다. 따라서, 평면교차로가 어떠한 도로 시스템의 병목역할을 한다면 평면교차로의 구조나 운영 면에서의 능력 또는 제약 사항을 면밀히 조사하여 가능한 개선책을 마련해야 한다.

　이러한 교통운영 개선책에는 양보표지 또는 정지표지 등 교통통제설비의 설치, 도류화, 좌회전 전용차로 설치 등 소규모 개선사업을 포함하여 평면교차로의 효율성을 높이기 위하여 어떤 이동류의 통행우선권을 독점적으로 부여하거나, 허용 또는 금지하고, 접근속도를 감소시키거나, 차로 사용을 지정하거나 또는 평면교차로 주위의 주정차를 허용 또는 금지시키는 교통규제 기법과, 신호제어 기법 등이 있다.

1. 교통통제 목적

　평면교차로의 교통통제 목적은 평면교차로 용량을 증대하고 서비스수준을 향상시키며, 사고를 감소시키고 예방하며, 도로망의 경우 주도로를 우선 처리하여 도로망 전체의 소통 효율을 높이는 것이다.

　평면교차로 용량 및 서비스수준을 증대시키기 위해서는 평면교차로 부근에 주차를 금지하거나, 상충과 혼잡을 줄이기 위해 좌회전을 금지하거나, 교통신호를 이용하여 상충을 줄이고 도로용량을 증대시키는 방법을 사용한다.

　평면교차로에서 일어나는 교차, 합류 및 분류 상충은 사고 위험을 수반한다. 따라서, 적절한 속도제한, 자동차의 주·정차 규제 및 신호를 이용한 통행우선권 할당 등으로 정면 충돌, 직각 충돌 및 보행자 사고를 줄일 수 있다.

　이처럼 교통신호는 이러한 평면교차로의 운영목적을 달성하는데 가장 널리 사용된다. 그러나 교통신호는 시스템 설치비용이 많이 들며 또 어떤 수준 이하의 교통조건을 갖는 평면교차로에 사용하면 오히려 역효과를 나타내므로 일정한 수준 이상의 교통조건에 도달할 때만 설치 타당성이 인정된다.

2. 평면교차로 통제방법

　교통량의 증가에 따라 순차적으로 시행할 수 있는 평면교차로 통제방법은 다음과 같다.

① 기본 통행권 우선 수칙 : 교통량이 매우 적어 비통제로 운영되는 평면교차로에서 자동차 및 보행자를 제약하거나 통제하기 위한 기본적인 통행우선권 수칙은 「도로교통법」에 규정되어 있다. 평면교차로에 먼저 진입한 자동차가 우선권을 가지며, 좌회전은 보행자 및 맞은편 직진에게 우선권을 양보해야 한다.

② 양보표지 : 양보표지가 설치된 접근로의 자동차는 교차하는 도로의 교통에 우선권을 양보해야 한다. 양보하는 자동차는 우선권을 가진 자동차에게 방해가 되지 않는다면 정지할 필요 없이 그대로 평면교차로를 통과할 수 있다. 일반적으로 평면교차로의 안전 접근속도가 15km/h 이상이면 양보표지를, 그 이하이면 정지표지를 사용한다. 그 외에 접근로의 교통량, 시거의 제약 또는 교통사고의 위험성에 따라 통제방법을 결정한다.

양보표지는 부 도로에만 사용하며, 한 평면교차로에서 어떤 접근로에는 정지표지, 다른 접근로에는 양보표지를 사용해서도 안 된다.

③ 2방향 정지표지 : 정지표시가 설치된 접근로의 자동차는 평면교차로에 진입하기 전에 반드시 일단 정지한 후 안전하다고 판단되면 진행한다. 이 표지는 주도로와 교차하는 부도로에 설치하며, 신호설치 지역 내 무신호평면교차로(또는 비신호평면교차로)에 설치하면 효과적이다. 주도로 교통이 고속이거나, 교차도로의 시거가 제한되어 있거나, 교통사고가 많은 곳에 사용하면 좋다. 주도로 교통량이 많아 교차도로 교통의 50% 이상이 정지해야 하는 경우가 평일 중에 8시간 이상일 때 이 통제방법을 사용하면 좋다.

④ 4방향 정지표지 : 모든 접근로의 자동차가 일단 정지한 후에는 앞에서 설명한 통행우선권 수칙에 따라 평면교차로에 진입한다. 이 통제 방법은 교통신호의 설치가 필요하지 않거나 설치할 수 없는 곳에 임시방편으로 사용하거나, 교통량이 비교적 많으면서 사고의 위험성이 높은 평면교차로에 설치하면 효과적이다.

⑤ 교통신호 : 평면교차로를 이용하는 여러 이동류에 대하여 신호등을 사용하여 교대로 통행우선권을 할당하는 방법으로, 일정 수준 이상의 교통량인 평면교차로에 사용하면 매우 효과적이다. 신호평면교차로의 교통소통을 원활히 하기 위해서는 교통공학적인 전문지식이 필요하다. 여기에는 주기 녹색시간, 황색시간의 계산과 현시순서 계획, 보호 좌회전, 비보호 좌회전, 좌회전 금지 등과 같이 좌회전 처리 방안에 대하여도 교통규제와 더불어 설계해야 한다.

⑥ 입체화 : 좌회전을 금지하고도 적정 주기가 140초 이상이 필요한 경우는 지하차도 또는 고가(高架)차도를 건설하면 약 30% 정도의 평면교차로 효율을 높일 수 있다.

6-4-2 신호운영

 신호교차로는 교통표지나 노면표지 등의 비교적 소극적 교통통제설비만으로는 교통류의 이동을 안전하고 효율적으로 처리하지 못하는 지점에서 서로 다른 교통류에 대한 도로통행우선권을 보다 분명하게 제시하기 위해 신호기를 설치하여 교통관제를 하는 교차로이다. 신호운영에 대한 상세한 내용은 「도로교통법 시행규칙」 및 경찰청 「교통신호기 설치·관리 매뉴얼」을 참조한다.

6-5 도로와 다른 시설의 연결

6-5-1 단순접속도로의 설치

부도로를 간선도로에 접속하는 경우 주요 평면교차로에 인접하여 계획하게 되면 간선도로의 주교통과 부도로의 진·출입 교통의 상충 때문에 교통 흐름과 교통안전 측면에서 매우 불리하게 된다. 다른 진·출입로가 없어 부득이하게 부도로를 설치할 경우에도 주도로에 미치는 영향을 반드시 검토해야 한다.

국외 기준(미국 AASHTO)에서도 "접근로는 평면교차로의 기능적인 경계(functional boundary) 내에 위치되어서는 안 된다"라고 특별히 언급하고 있다. 반면에 평면교차로의 기능적인 영역의 크기에 대해서 구체적으로 제시된 값은 없고, 기본 원리는 물리적인 영역보다 커야 할 것이라고 암시하고 있다. 따라서 부도로의 최소 설치 간격은 평면교차로의 영향권 내에 접근로를 설치하면 용량 감소로 인한 교통 흐름과 안전에 많은 문제를 낳는다는 점에 착안하여, 자동차의 가·감속 거리, 설계속도 및 운행속도, 대기차로의 길이 등을 고려하여 평면교차로의 기능적인 영향권(기능적 거리)을 검토한 후 접근로의 최소 간격을 산출한다.

1. 평면교차로의 영향권역

평면교차로 부근에서 회전하려는 자동차의 운행에 대하여 살펴보면, 회전하려는 자동차는 직진 차로에서 회전 차로로 차로 변경을 하게 되며 대기하고 있는 자동차의 뒤에서 정지하게 된다. 이러한 거리를 운행거리(maneuver area)라 하며, 회전하기 위하여 자동차가 기다리고 있는 거리를 대기차로(queue storage area)라 할 수 있다. 이러한 길이를 합친 거리가 평면교차로에서 기능적으로 중요한 역할을 하게 되며, 이러한 거리로 구성된 지역을 평면교차로의 영향권역(intersection area)이라고 할 수 있다.

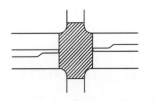
(a) 평면교차로의 물리적 영향권

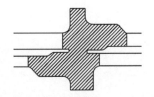
(b) 평면교차로의 기능적 영향권

그림 6-23 평면교차로의 범위(평면교차로 내)

2. 기능적 거리의 산정

평면교차로의 기능적인 영향권역을 산정하는 세부 항목을 살펴보면 운전자가 인지 반응시간에 주행한 거리(d_1 : 운전자에 따라 다소 달라질 수 있으나, $t = 1.0\sim2.5$초 적용), 횡방향으로 이동하면서 감속하는데 필요한 거리(d_2 : 횡방향 감속도 $a = 1.1\sim1.4 \text{m/sec}^2$ 적용), 차로 변경 후 감속하는데 필요한 거리(d_3 : 감속도 $a = 1.8\sim2.7 \text{m/sec}^2$ 적용)와 대기차로 길이(d_4)로 구성된다.

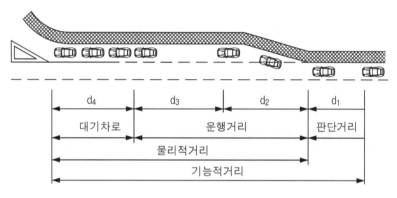

그림 6-24 평면교차로의 기능적 영향권을 구성하는 요소

이에 따라 판단거리(d_1)와 운행거리($d_2 + d_3$)를 각각 계산하여 대기차로(d_4)의 거리를 합치면 기능적 거리가 된다. 여기서 대기차로의 길이는 교통량에 따라 달라지며, 운행거리와 판단거리를 계산하면 다음과 같다.

표 6-13 판단 및 운행거리

(단위 : m)

속도(km/h)	운행거리	판단 및 운행거리	비　고
50	70(50)	100(65)	( )는 최소치 적용 시의 값임
55	90(65)	130(80)	
65	115(85)	160(100)	
70	140(105)	190(125)	
80	170(125)	230(145)	

교통량이 많은 평면교차로에서 기능적 거리는 첨두시 교통 조건에 지배를 받는다. 첨두시에는 조작 거리와 대기 공간을 합한 거리가 비첨두시의 값보다 길기 때문이다. 결론적으로 기능적인 경계는 위의 값이나 그와 비슷하게 계산한 방식들에서 주어진 거리보다 길게 된다.

3. 최소 설치 간격

전 항에서 언급한 평면교차로의 영향권역은 지방지역 통과 교통 위주의 도로 및 도시지역 간선도로에서 주로 사용되어야 하는 값으로 도시지역 소로를 설치할 때 이러한 값을 적용하는 것은 현실적으로 한계가 있다. 따라서, 도시지역의 최소 설치 거리는 도로 모퉁이의 최소 거리의 개념으로 사용되며, 이는 도로 모퉁이에서부터 가장 가까운 접근로 출입지점까지의 거리를 말한다. 이러한 도로 모퉁이의 최소 거리는 평면교차로 부근의 접근로가 막혀 주도로가 연쇄적으로 막히지 않을 정도의 최소 거리와 비슷한 개념이다. 접근로 인접 차로의 교통량, 인접 평면교차로의 서비스 교통류율, 신호 시간, 도로의 기능 등에 따라 그 거리는 달라진다.

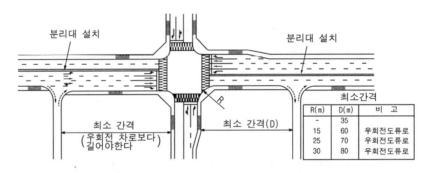

최소간격		
R(m)	D(m)	비 고
-	35	
15	60	우회전류로
25	70	우회전류로
30	80	우회전도류로

그림 6-25 평면교차로에 인접한 연결로의 최소 설치 간격

일반적으로 평면교차로의 앞 측에 부도로를 접속하는 경우의 최소 설치 간격(upstream corner clearance)은 우회전차로의 길이보다 길어야 하며, 평면교차로를 통과 후 부도로를 접속하는 경우의 최소 간격(downstream clearance)은 그 형태에 따라 다소 차이가 있으며 이에 대하여 일반적으로 위의 그림 6-25의 값을 적용할 수 있다.

그러나 교통량이 적은 도시지역 소로의 경우는 이상의 조건을 모두 만족시키기 곤란하더라도 간선도로에서 소로에 진입한 자동차가 다른 소로의 접속도로에서 출입하는 자동차를 발견하고 정지하여 대기할 수 있는 공간은 확보되어야만 한다.

그림 6-26 소로에서의 접속설치

6-5-2 도로와 다른 시설의 연결

도로에 마을, 주유소, 휴게소 등으로 통하는 다른 도로, 통로, 그 밖의 시설 등을 연결시켜야 할 필요가 발생된다. 이러한 경우에 일정한 기준 이하의 평면곡선 구간, 종단경사 구간에서 무분별한 연결로 인하여 교통안전에 위험을 초래할 우려가 있으므로 이를 통제하여 도로 구조의 보존과 도로의 원활한 흐름 및 교통안전을 확보해야 할 필요성이 높아지게 되어 국도 등의 도로에는 별도의 규칙(국토교통부령)을 정하고 있다. 도로와 다른 시설의 연결에 관한 상세한 내용은 「도로와 다른 시설의 연결에 관한 규칙(국토교통부)」을 참조한다.

제6장

6-6 　회전교차로

6-6-1 개요

일반적으로 회전교차로는 평면교차로에 비하여 상충 횟수가 적고 저속으로 운영되며, 운전자의 의사 결정이 간단하여 운전자의 피로를 줄일 수 있다. 또한 회전교차로는 신호교차로에 비해 유지관리 비용이 적으며, 인접 도로 및 지역에 대한 접근성을 높여 주고, 사고 발생 빈도가 낮아 교통안전 수준을 향상시키고, 지체 시간이 감소되어 자동차 연료 소모와 배기 가스를 줄이는 등의 장점이 있다. 그러므로 교통량이 아주 많지 않은 신호교차로와 교통량이 매우 적으나 교통사고 위험이 높은 교차로의 경우 회전교차로 적용을 검토한다.

1. 회전교차로의 정의

회전교차로는 평면교차로의 일종으로 교차로 중앙에 원형 교통섬을 두고 평면교차로를 통과하는 자동차가 원형 교통섬을 우회하도록 하는 평면교차로 형식이다. 기존의 로터리 형태의 평면교차로는 교통혼잡 및 교통사고 등의 여러 가지 문제점으로 인하여 국외는 물론이고 우리나라에서도 대부분이 폐기되었다. 그 후 60년대 말 영국에서 로터리의 설계 및 운영방식을 바꿔 그 단점을 해결하고 이름을 회전교차로(modern roundabout)라고 바꾸었으며, 현재 유럽에서는 물론 호주와 미국 등 세계 여러 나라에서 적극적으로 설치되고 있다. 특히 미국에서는 오랫동안 유럽식 회전교차로의 성과를 분석하고 그 효과를 인정하여 90년대 초부터 회전교차로 보급이 확대되고 있다. 한편 우리나라에서도 2010년 이후 본격적으로 보급된 이후 회전교차로의 교통운영 및 안전성 향상 효과에 따라 회전교차로 보급이 지속적으로 확대되고 있다.

하지만 회전교차로가 모든 교차로를 대체하여 그 효과를 극대화 할 수 있는 것은 아니다. 회전교차로를 평면교차로 형식으로 설계할 때는 자동차 통행량, 보행자 통행량, 자전거 통행량, 가용 면적, 주행속도, 교차 도로의 기능 등을 고려하여 결정한다.

2. 회전교차로의 운영원리

회전교차로의 기본 운영원리는 양보이며, 평면교차로에 진입하는 자동차는 회전 중인 자동차에게 양보를 해야 하므로 차로 내부에서 주행 중인 자동차를 방해하며 무리하게 진입하지 않고 회전차로 내에 여유 공간이 있을 때까지 양보선에서 대기하며 기다려야 한다. 결과적으로 접근 차로에서 정지 지체로 인한 대기 행렬은 생길 수 있으나, 교차로 내부에서 회전 정체는 발생하지 않는다.

회전교차로에 진입할 때에는 운행속도를 줄인 후 진입하도록 유도하고, 회전교차로 통과할 때에는 모든 자동차가 중앙교통섬을 중심으로 반시계 방향으로 회전하여 통행하도록 한다.

일반적인 회전교차로의 운영원리는 다음과 같다.

① 모든 자동차는 중앙교통섬을 반시계 방향으로 회전하여 교차로를 통과한다.

② 모든 진입로에서 진입 자동차는 내부 회전 자동차에게 통행권을 양보한다. 즉, 진입 자동차에 대하여 회전 자동차가 통행우선권을 가진다.

③ 회전차로 내에서는 저속 운행하도록 회전차로의 반지름을 일정 규모 이하로 설계하며, 이를 위하여 진입부에서 감속을 유도한다.

이러한 원리에 따라 운영되므로 회전교차로는 다음과 같은 기하구조 특성을 갖게 된다.

① 교차로 크기의 제한

회전교차로는 설계기준자동차를 수용할 수 있는 규모이며, 설계기준자동차가 안전하게 회전하여 통과할 수 있는 속도를 가지도록 회전반지름을 제한한다.

② 진입부에서 감속 유도

진입부에서 감속이 가능하도록 돌출된 분리교통섬을 설치하고, 교통섬의 연석을 곡선으로 설치하여 진입 각도가 접근 도로와 다르게 되어 자동차의 감속을 유도한다.

6-6-2 회전교차로의 구성 요소

회전교차로는 중앙교통섬, 회전차로, 진입·진출차로, 분리교통섬 등으로 구성된다. 내접원 지름은 중앙교통섬 지름과 회전차로의 폭을 포함하며, 전형적인 회전교차로의 기하구조 구성은 그림 6-27과 같으며 이들 구성 요소에 대한 용어의 정의는 다음과 같다.

○ 중앙교통섬 지름(central island diameter) : 회전교차로의 중앙에 설치된 원형 교통섬의 지름

○ 내접원 지름(inscribed circle diameter) : 회전교차로 내부에 접하도록 설계한 가장 큰 원의 지름으로 내접원의 대부분이 회전차로의 외곽선으로 이루어지므로 '회전차로 바깥지름'이라고도 한다.

○ 회전차로(circulatory roadway) : 회전교차로 내부 회전부의 차로

○ 회전차로 폭(circulatory roadway width) : 회전차로의 폭으로 중앙 교통섬의 외곽에서 내접원 외곽(회전차로 바깥지름)까지의 너비

○ 화물차 턱(truck apron) : 중앙교통섬의 가장자리에 대형자동차 또는 세미트레일러가 밟고 지나갈 수 있도록 만든 부분. 설치 여부는 해당 교차로의 기능, 용지 여건, 대형자동차 혼입율에 따라 선택적으로 결정되며, 화물차 턱은 중앙교통섬의 일부이다.

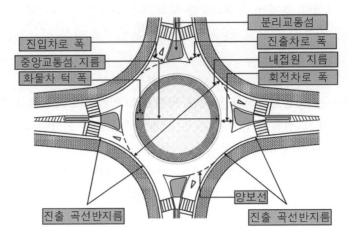

그림 6-27 회전교차로 설계 요소

- 진입로(approach) : 회전교차로로 접근하는 차로

- 진출로(departure) : 회전교차로로부터 빠져 나가는 차로

- 분리교통섬(splitter island) : 자동차의 진출입 방향을 유도하기 위하여 진입로와 진출로 사이에 만든 삼각형 모양의 교통섬이며 그 시작점을 시작 단부(nose)라고 한다.

- 진입 또는 진출 회전반지름(entry or exit radius) : 설계기준자동차가 진입·진출로 곡선부를 통과할 때, 자동차의 앞바퀴가 지나가는 궤적 중 바깥쪽(큰 쪽) 곡선반지름

- 양보선(yield line) : 진입로에서 교차로 내부의 회전차로로 진입하는 지점의 선을 말하며, 이 양보선에서 진입자동차는 회전차로를 주행하고 있는 자동차에게 양보해야 한다.

- 우회전 전용차로(right-turn slip lane or bypass lane) : 회전교차로에서 우회전만을 위해 별도로 만든 부가차로

- 회전반지름(curvature radius) : 회전 경로에서 형성되는 반지름

6-6-3 회전교차로의 특징

일반적으로 회전교차로의 지체 시간은 신호교차로의 신호대기시간보다 짧다. 특히 네 갈래 교차로를 신호로 운영하는 것에 비하여 일정 수준 이하의 교통량에서는 지체 시간이 짧다. 또한 상충 횟수가 적고 진입로와 회전차로 내에서 자동차가 저속으로 운행되어 사고 위험이 적기 때문에 자동차와 보행자 모두에게 안전하다.

1. 안전성 향상

회전교차로는 일반적인 평면교차로에 비하여 자동차 간 상충 횟수 및 자동차와 보행자 간 상충 횟수가 적고, 교차로 진입부와 교차로 내에서 감속 운행을 유도하여 안전성이 높다.

① 일반 평면교차로보다 자동차 간 혹은 자동차와 보행자 간의 상충 횟수가 적다.

② 교차로 진입부와 교차로 내에서 감속 운행하게 된다.

③ 교차로를 통과할 때, 대부분의 운전자가 비슷한 속도로 주행한다.

일반적인 평면교차로는 교통류를 방향별로 분리하므로 네 갈래 교차로인 경우 32회의 상충이 일어나는 반면, 회전교차로는 8회의 상충이 발생한다. 상충 유형에서도 차이가 나는데, 심각한 사고로 이어질 수 있는 교차 상충이 일반적인 평면교차로에서는 16회 발생하는 반면, 회전교차로에서는 발생하지 않는다. 이와 같이 회전교차로는 일반적인 평면교차로에 비해 자동차 간 상충 횟수가 적어 충돌 가능성이 줄어들 뿐만 아니라, 교차 상충이 발생하지 않아 심각도가 높은 사고의 발생가능성도 감소하게 된다.

회전교차로의 안전성이 높은 주요 요인은 낮은 교차로 통과 속도이다. 일반적으로 낮은 속도로 주행하는 경우에는 안전 주행에 필요한 정보를 충분히 획득하며 주행할 수 있고 돌발 상황에 대한 대처 능력이 높아지게 되어, 사고를 피할 수 있는 가능성이 높을 뿐만 아니라 사고가 발생되었을 때 사고의 심각도를 현저히 줄일 수 있다. 회전교차로에 진입하는 자동차는 회전자동차에게 양보해야 하므로 저속으로 진입하고, 교차로 내부에서는 원형 교통섬을 우회해야 하므로 저속으로 주행하게 된다. 따라서 접근로에서 감속 후 회전차로를 통과하기까지 대부분 비슷한 속도로 주행하게 되므로 자동차 간의 대형 사고는 거의 발생하지 않는다.

회전교차로를 마을 진입·진출로에 설치할 경우 저속 진입·진출을 통한 안전 확보가 가능하므로 교통정온화(traffic calming)시설로 활용할 수 있다. 또한 네트워크 차원의 축 전체에 회전교차로를 설치한다면 교차로 구간에서의 고속주행을 방지할 수 있어 자동차 및 보행자의 안전을 확보할 수 있다.

2. 지체 감소

일반적으로 신호교차로는 교통량 변화에 따라 신호시간이 연동하지 않아 신호지체가 발생한다. 특히 늦은 야간과 같이 교통량이 적은 시간대에는 불필요한 신호대기시간으로 인한 지체가 발생한다. 따라서 일정 수준 이하의 교통량에서는 회전교차로가 신호교차로에 비하여 교차로 지체가 낮다.

제 6 장

3. 그 밖의 특징

회전교차로가 전통적인 평면교차로에 비하여 특수한 기하구조에서도 다양하게 변형시켜 설치가 가능하다는 것이다. 접근로가 갈라지거나 비스듬하게 교차하는 경우, 서로 가깝게 인접한 교차로, Y자형 교차로, 네 갈래 이상의 교차로 등에서도 설치할 수 있다. 하지만 해당 교차로의 특수한 기하구조 조건이 무엇이며, 어떤 방법으로 그 조건에 부합할 수 있는지에 대한 검토가 선행되어야 한다.

또한 회전교차로는 중앙교통섬을 활용하여 양호한 미관을 확보할 수 있고, 초기 사업비는 네 갈래 신호교차로보다 높으나, 신호등 유지관리비와 교통운영 및 교통사고 절감 효과 등에 따른 경제적 효과도 회전교차로 도입의 필요성 중 하나이다.

6-6-4 회전교차로의 유형

회전교차로의 유형은 기본 유형과 특수 유형으로 구분된다. 기본 유형은 설계기준자동차 및 진입 차로수에 따라 소형 회전교차로, 1차로형 회전교차로, 2차로형 회전교차로로 구분되며, 설계기준자동차 및 설계속도별 제원을 따른다. 특수 유형은 설치 형태에 따라 평면형 회전교차로, 입체형 회전교차로로 구분된다. 기본 유형의 1차로형·2차로형 회전교차로의 설치를 기본으로 하지만, 도로 부지, 계획교통량, 설계기준자동차를 고려하여 적정한 유형을 선정한다.

1. 기본 유형

회전교차로의 기본 유형은 설계기준자동차와 진입 차로수에 따라 소형, 1차로형, 2차로형으로 구분한다. 회전교차로는 1차로형·2차로형의 설치를 기본으로 한다. 다만, 확보 가능한 도로 부지, 계획교통량 및 설계기준자동차를 고려하여 적정한 유형을 선정할 수 있다.

소형 회전교차로의 설계기준자동차는 소형자동차이다. 소형 회전교차로는 1차로형 회전교차로보다 작은 규모로 설계할 수 있는 형태로, 평균 주행속도가 50km/h 미만인 도시지역에서 최소한의 설계 제원으로 설치할 수 있다. 또한 도시지역에서 기존 평면교차로를 회전교차로로 전환할 때 부지의 확장이 곤란한 경우에 기존 교차로 도로 부지를 크게 벗어나지 않고, 저렴한 비용으로 건설이 가능한 소형 회전교차로를 설치할 수 있다.

소형 회전교차로는 소형자동차가 중앙교통섬을 침범하지 않고 통행할 수 있지만, 대형자동차는 중앙교통섬을 횡단 혹은 일부 침범하여 통행하는 것이 가능하도록 중앙교통섬 전체를 비탈면 돋움 또는 연석을 이용한 돌출 형태로 설치해야 한다. 소형자동차가 중앙교통섬을 침범하여 교차로 안전을 저해하는 경우가 발생할 수 있으므로 중앙교통섬 노면표시 처리는 지양한다.

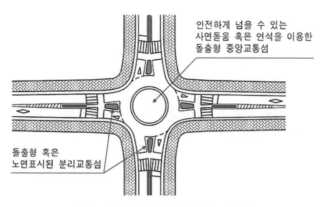

그림 6-28 소형 회전교차로(예시)

그림 6-29 1차로형 회전교차로(예시)

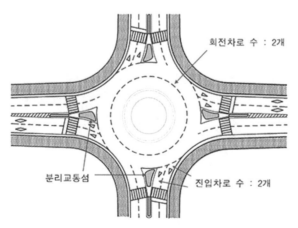

그림 6-30 2차로형 회전교차로(예시)

1차로형 및 2차로형 회전교차로는 진입·진출 차로수 및 회전 차로수에 따라 구분되며, 설계기준자동차는 대형자동차 또는 세미트레일러이다. 중앙교통섬은 횡단할 수 없으며, 화물차 턱이 있어 설계기준자동차의 원활한 통행이 가능하다. 편도 2차로와 1차로 도로가 교차하는 경우에는 최대 진입 차로수가 2개이므로 2차로형 회전교차로 제원을 적용하여 설계한다. 그림 6-28은 소형, 그림 6-29는 1차로형, 그림 6-30은 2차로형 회전교차로의 기본 형태를 나타낸 것이다.

2. 특수 유형

주어진 교통 여건과 지역 특성에 따라 특수 유형 회전교차로 설치를 고려할 수 있다. 특수 유형은 설치 형태에 따라 평면형 및 입체형으로 구분된다.

평면형 회전교차로는 그림 6-31과 같이 직결형과 쌍구형이 있다. 비대칭 교차로, 네 갈래 이상의 교차로, 특정 접근로에 용량이 과포화되어 분산 처리가 필요한 교차로, 좌회전 혹은 직진 교통량이 특히 많은 교차로, 두 개의 교차로가 매우 가까운 거리에 인접한 경우

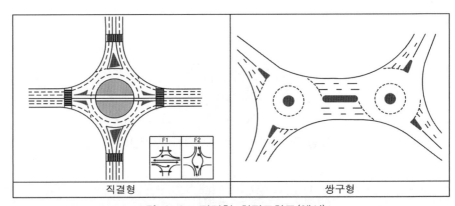

그림 6-31 평면형 회전교차로(예시)

그림 6-32 터보 회전교차로(예시)

등에 설치가 가능하다.

또한 평면형 회전교차로에는 2차로 회전교차로에서의 상충수 증가에 따른 안전성 저하의 문제를 해결하기 위하여 도류화를 적극적으로 도입하여 회전교차로 이용의 안전성과 효율성을 높일 수 있는 그림 6-32와 같은 터보 회전교차로의 유형도 포함된다.

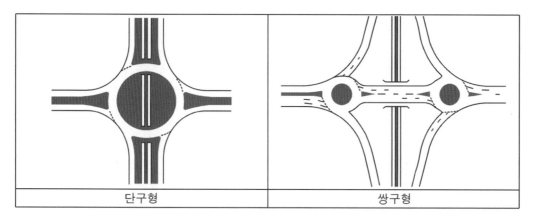

| 단구형 | 쌍구형 |

그림 6-33 입체형 회전교차로

입체형 회전교차로는 고속국도의 입체교차에 적용할 수 있으며, 그림 6-33과 같이 단구형과 쌍구형이 있다. 입체형 회전교차로는 용량이나 안전 측면에서 다이아몬드 입체교차로의 좋은 대안이 될 수 있다. 특히 좌회전 교통량이 많은 연결로에 설치하는 경우, 진출입 자동차의 원활한 처리가 가능하고, 주변 접근성이 유리하다. 특히, 다이아몬드 입체교차로에 설치되는 쌍구형 입체 회전교차로의 경우에 발생할 수 있는 연속된 회전교차로 간의 짧은 구간에 의한 지체 발생 문제를 줄이고, 연결로 설치 공간 및 구조물을 최소화할 수 있는 그림 6-34와 같은 물방울(teardrop, T-drop)형 회전교차로를 설치하면 효과적이다.

그림 6-34 물방울(T-drop)형 회전교차로

회전교차로 설계에 대한 상세한 내용은 「회전교차로 설계지침(국토교통부)」을 참조한다.

제7장 입체교차

7-1 개요

7-2 입체교차 계획 기준
    7-2-1 기본적인 고려사항
    7-2-2 입체교차의 계획 기준

7-3 단순입체교차
    7-3-1 단순입체교차의 형식 및 계획
    7-3-2 단순입체교차의 설계

7-4 인터체인지의 계획
    7-4-1 인터체인지의 배치
    7-4-2 인터체인지의 위치 선정

7-5 인터체인지의 형식
    7-5-1 인터체인지의 구성
    7-5-2 인터체인지의 형식과 적용

7-6 인터체인지 설계
    7-6-1 인터체인지 설계 절차
    7-6-2 본선과의 관계
    7-6-3 연결로의 기하구조
    7-6-4 연결로 접속부 설계
    7-6-5 변속차로의 설계
    7-6-6 분기점의 설계

7-7 철도와의 교차
    7-7-1 교차 기준
    7-7-2 교차시설 설계할 때 고려사항
    7-7-3 교차각
    7-7-4 접속구간의 평면선형 및 종단선형
    7-7-5 시거의 확보
    7-7-6 건널목의 폭

제7장 입체교차

7-1 개요

교차로에서 교통의 안전성과 효율성은 교차로의 형식에 따라 크게 좌우되며, 교차로를 입체화할 때 최대의 능력이 발휘될 수 있다.

입체교차는 구조물을 설치하여 2개 이상의 도로 간 교통류 흐름을 각기 다른 층에서 교차되게 하여 원활한 소통을 시키도록 하기 위해 설치하는 도로의 체계로서, 입체교차 앞뒤 구간에 걸쳐 교통처리에 대한 종합적인 검토를 한 다음 설치 여부와 구조를 결정해야 한다. 이때 계획 지점 주변의 토지 이용 등도 고려해야 한다.

교통량이 많은 중요한 도로가 상호 교차하는 경우에는 원칙적으로 입체교차를 고려해야 하나, 교차하는 도로 상호의 규격 또는 지역 특성에 따라 평면교차를 허용할 수도 있다.

입체교차의 위치를 선정할 때는 도로 주변의 토지이용 현황, 장래 토지이용 계획 또는 지역개발계획 등을 고려해야 한다. 특히, 고속국도 등 주간선도로의 입체교차는 그 계획 자체가 지역 전체의 효용에 큰 영향을 미치므로 주의해야 한다.

입체교차의 구조를 계획할 때에는 입체교차 부분에서 예상되는 방향별 교통량과 속도를 정확히 파악하는 것이 중요하다. 이에 따라 입체화해야 할 동선과 평면교차를 허용하는 동선의 결정, 연결로의 형식과 위치, 각 차로의 기하구조 등의 문제를 해결할 수 있다.

입체교차의 형식은 도로의 기능별 구분과 성격, 차종의 구성, 설계속도 등의 많은 요소들의 영향을 받는데 이러한 요소에 부가적으로 경제성, 지형조건, 그리고 교통수요를 안전하게 수용할 수 있고 충분한 능력을 갖는 형식으로 결정해야 한다.

입체교차 시설은 연결로를 통하여 교차도로 상호 간의 자동차 통행이 이루어지는 인터체인지와 연결로가 없이 고가(高架)구조물 또는 지하차도 형식으로 교차되는 단순 입체교차 시설로 나뉘며, 고속국도, 자동차전용도로 등 도로 등급이 높은 도로 상호 간을 연결하는 분기점과 고속국도와 그 밖의 도로와의 출입을 위한 인터체인지로 구분한다.

입체교차에 대한 상세한 내용은 「입체교차로 설계지침(국토교통부)」을 참조한다.

7-2 입체교차 계획 기준

> **제33조(입체교차)**
> ① 주간선도로의 기능을 가진 도로가 다른 도로와 교차하는 경우 그 교차로는 입체교차로
> 해야 한다. 다만, 교통량 및 지형 상황 등을 고려하여 부득이하다고 인정되는 경우에는 그렇
> 지 않다.
> ② 주간선도로가 아닌 도로가 서로 교차하는 경우로서 교통을 원활하게 처리하기 위하여 필
> 요하다고 인정되는 경우 그 교차로는 입체교차로 할 수 있다.
> ③ 입체교차를 계획할 때에는 도로의 기능, 교통량, 도로 조건, 주변 지형 여건, 경제성 등
> 을 고려하여야 한다.

7-2-1 기본적인 고려사항

출입을 완전히 제한하는 자동차전용도로와 그 밖의 도로와의 교차는 모두 입체교차로 해
야 한다. 4차로 이상의 주간선도로가 그 밖의 도로와 교차하는 경우에는 입체교차를 원칙
으로 하나, 교차점의 교통량, 교통안전, 도로망의 구성, 교차점의 간격, 지형조건 등의 이
유로 당분간 평면교차로 처리할 수 있다고 인정되는 경우에는 단계건설을 고려하여 평면
교차로 할 수 있다. 단, 장래 입체화가 가능하도록 입체교차를 위한 용지를 확보해야 한다.

교차지점에서의 입체화 설치 기준은 단순하게 규정할 수 없으며, 교통량, 도로의 형태,
용지조건 등 고려해야 할 사항이 다양하기 때문에 합리적인 판단을 위한 상세한 조사가
필요하다.

따라서, 입체교차 설치를 위한 기본적인 고려사항은 다음과 같다.

① 도로의 기능을 향상시키기 위해서는 모든 교차되는 도로를 입체교차로 하여 교통이
연속적인 흐름을 가지도록 해야 한다. 예를 들면, 입체교차 근처에 교통량이 많은
도로와의 평면교차가 있는 경우 입체교차의 기능이 저하되며 오히려 역효과를 초래
하기도 한다.

② 평면교차는 입체교차와 비교할 때 사고에 대한 위험성을 내포하고 있으며, 특히 교
통량이 많지 않고 속도가 높은 지방지역의 교차로가 해당된다고 볼 수 있다. 이런
장소는 도시지역에 비해서 적은 초기비용으로 건설이 가능하므로 대형 사고의 위험
요소로부터 피하기 위해서 입체교차 설치가 효과적이다.

③ 경제성만으로 입체교차의 형식이 결정되어서는 안 되며, 지형적 조건과의 관계를

④ 교통 혼잡 지역에서의 평면교차는 급격한 속도 변화, 정지·대기시간 증가 등 교통 지체로 인하여 추가 비용이 발생할 수 있다. 이에 반하여 입체교차는 평면교차에 비하여 전체적인 운행거리는 증가하지만 운행 중에 소비되는 비용이 정지하거나 지체하는 데 소비되는 비용보다 작으므로 도로 이용자의 편익은 입체교차가 유리할 수 있다.

⑤ 입체교차를 계획할 때 교통량 분포 형태와 운전자의 통행 형태가 포함되는 교통량 추이는 중요한 고려사항이 된다. 계획하는 교차로의 교통수요가 평면교차의 용량보다 많을 경우에는 입체교차를 설치해야 하며, 용지비의 비중이 큰 도시지역에서는 단순입체교차로 계획할 수 있다.

7-2-2 입체교차의 계획 기준

1. 교통량과 입체교차의 관계

완전 출입제한 도로인 고속국도는 그 기능상 교차부에서 정지 또는 감속할 필요가 없도록 입체시설로 계획해야 한다.

고속국도를 제외한 주간선도로에서 평면교차를 허용하는 것은 신호기를 설치하지 않고도 주도로의 교통류가 교차하는 부도로의 교통에 따라 방해받는 일이 없도록 교차부의 처리가 가능한지의 여부가 판단 기준이 된다.

주도로의 교통을 방해하지 않고 횡단할 수 있는 교통, 즉, 신호 없이 일단 정지한 다음 주도로 교통의 차간 간격 틈을 기다렸다가 횡단할 수 있는 교통은, 이 경우 횡단하는 도로에서 대기시간을 짧게 하여 원활한 교통 흐름을 유지하도록 주도로의 중앙분리대 폭을 넓게 확보하는 것이 바람직하다. 횡단 또는 회전하는 교통량이 주도로의 교통량보다 많은 경우에는 적절한 운용이 기대되기 어려우므로 입체교차로 해야 한다.

교차하는 도로의 교통량이 신호교차로의 용량을 초과하는 경우에도 입체교차로 해야 한다.

2. 계획교통량과 단계건설

입체교차화에 대한 판단은 해당 교차로에 접속되는 도로의 계획교통량에 대해서 계획수준에 적합한 서비스수준이 확보될 것인지의 여부에 따르는 것이 원칙이다. 계획목표연도에 입체교차화의 필요성이 예상됨에도 불구하고 계획 초기에 입체교차로 계획하는 것은 경제적인 관점에서 부적합하다. 따라서, 어느 시기에 가서 입체교차화 할 것인가는 전항의 교통량과 입체교차의 관계에서 기술한 평면교차의 한계와 함께 고려하는 것이 바람직하다.

입체교차시설을 건설하는 시기는 평면교차의 교통량이 신호 처리에 따른 용량을 초과할 것으로 추정되는 시기, 초기 투자와 유지관리 비용 등 경제적 요소를 고려하여 결정해야 한다.

3. 경제성을 고려한 입체화 검토

입체교차를 계획할 때 주변 교통 조건, 도로의 형태, 용지 조건, 경제성 등을 고려하며, 입체화에 대한 경제성 분석은 해당 지역 또는 해당 시설에 대한 편익 등을 고려하여 입체교차의 여부와 유형을 검토한다.

또한, 입체화 여부는 도로 및 교통 조건을 설정하고, 주도로와 부도로의 접근 교통량에 따라 서비스수준을 분석하여 그 결과에 따라 결정한다. 서비스수준을 만족하지 못할 경우에도 입체화를 고려할 수 있으며, 이때 서비스수준은 신호교차로를 대상으로 하며, 분석 방법과 평가 항목 등에 대한 상세한 내용은 「도로용량편람(국토교통부)」을 참조한다.

(1) 신호교차로 서비스수준 산출

신호교차로의 서비스수준을 산출하기 위하여 신호주기를 먼저 산정해야 하며, 주기 산정을 하기 위해서는 방향별 포화교통류율을 산정한다.

(2) 신호교차로 서비스수준 평가 항목

「도로용량편람(국토교통부)」에서 신호교차로의 서비스수준 결정은 차량당 평균제어지체를 이용하며, 차량당 평균제어지체의 크기에 따라서 서비스수준을 A, B, C, D, E, F, FF, FFF 8개의 등급으로 구분한다.

차량당 평균제어지체란 분석기간에 도착한 차량들이 교차로에 유입하면서부터 교차로를 벗어나서 제 속도를 낼 때까지 걸린 추가적인 시간손실의 평균값을 말한다. 또 여기에는 분석기간 이전에 교차로를 다 통과하지 못한 차량으로 인하여 분석기간 동안에 도착한 차량이 받는 추가지체도 포함된다.

평균제어지체는 차로군 별로 계산되며, 이를 접근로별로 종합하고, 또 접근로별의 지체를 종합하여 교차로 전체의 평균지체 값을 계산한다.

지체는 현장에서 측정을 하거나 계산하여 구할 수 있는 것으로, 주기, 녹색시간비, 연동 형식 및 차로군의 v/c비에 따라 좌우된다.

(3) 입체교차로 경제성 분석 평가 항목 산출

경제성 분석은 순현재가치(NPV), 내부수익율(IRR), 비용-편익비(B/C ratio) 등의 분석지표가 있으며, 이들은 모두 공공투자의 경제성 지표로 활용된다.

경제성 분석에 대한 상세한 내용은 「교통시설 투자평가지침(국토교통부)」을 참조한다.

7-3 **단순입체교차**

단순입체교차란 교차부에 지하차도나 고가(高架)차도를 설치하여 일정 방향의 교통류를 분리시키고, 지상부는 일반적인 평면교차를 형성시키는 입체교차시설을 말한다. 단순입체교차가 인터체인지와 구별되는 점은 이들이 주로 도시지역의 교차로에 설치되는 것이며, 지하차도나 고가차도의 구조물 처리와 평면교차의 설계가 주요 핵심사항이 되어 인터체인지와는 다르게 평면교차의 개념 도입이 필요하기 때문이다.

특히, 단순입체교차는 용지 및 지장물에 따른 제약조건이 많은 도시지역의 교차로에 적은 공사비를 들여서 일정 방향의 교통류를 분리하여 큰 효과를 기대할 수 있으며, 지상부의 평면교차에서는 교통량에 따라서 신호 조정에 따른 교통수요 조절이 가능하여 큰 효과를 볼 수 있으므로 적용성이 매우 높다.

7-3-1 단순입체교차의 형식 및 계획

1. 형식

도시지역 내 도로의 단순입체교차 형식은 그림 7-1과 같다.

십자형 교차로를 통과하는 양방향 교통량이 많을 경우 교차구조물을 3층 구조로 설계할 수도 있다. 이 경우, 평면교차로를 평지에 설치하고, 통과 차도의 한쪽을 지하차도, 다른 한쪽을 고가차도로 하면 접속부가 길어지지 않는다.

2. 계획

입체교차 구조물의 설치는 교통류를 원활하게 처리하기 위하여 주교통, 즉, 가장 교통량이 많은 방향을 정지 없이 통과시키는 것을 원칙으로 한다. 하지만 기술적으로 주교통을 정지 없이 통과시킬 수 없는 경우, 주교통의 동선을 방해하는 방향의 교통류를 정지 없이 통과시키는 편이 유리할 때도 있으므로 검토가 요구된다.

도시지역 내에서는 노선의 일정 방향 교통 처리 능력을 계통적으로 증대시키기 위하여 주요 교차로를 연속적으로 입체화하는 계획이 많이 수립되고 있다. 이 경우, 하나의 입체교차와 다음 입체교차 사이에 엇갈림 상충이 발생되므로 적정한 간격을 확보하도록 계획해야 한다.

또한, 짧은 구간에 여러 개의 교차로가 있는 경우 이들을 한꺼번에 입체교차화 할 경우 좌우 회전 교통을 통합하는 결과가 되므로 측도에 대한 교통 처리를 특별히 고려해야 한다.

입체교차 본선 중 한쪽을 생략하는 경우에는 유입부에서 자동차의 원활한 유입이 이루어지도록 차로수를 증가시키거나 분리대를 설치하는 등의 조치를 강구해야 한다.

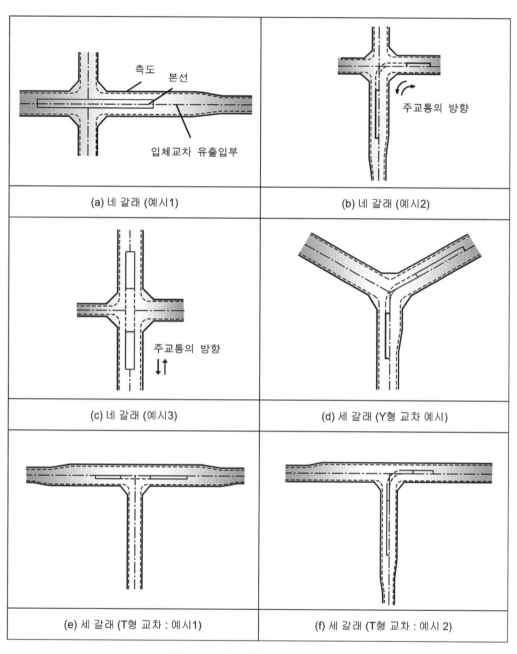

측도 본선

입체교차 유출입부

(a) 네 갈래 (예시1)

주교통의 방향

(b) 네 갈래 (예시2)

주교통의 방향

(c) 네 갈래 (예시3)

(d) 세 갈래 (Y형 교차 예시)

(e) 세 갈래 (T형 교차 : 예시1)

(f) 세 갈래 (T형 교차 : 예시2)

그림 7-1 단순입체교차의 형식(예시)

7-3-2 단순입체교차의 설계

1. 본선

입체교차부 본선의 횡단구성, 평면선형, 종단선형 등의 여러 요소는 기본구간의 기준에 따른다. 종단곡선은 넓은 폭의 교차로를 통과하는 경우나 여러 개의 교차로를 연속하여 입체교차하는 경우 이외에는 종단경사 구간을 짧게 하기 위하여 하나의 곡선으로 하는 것이 유리하다.

입체교차부 본선의 차로수는 교통량의 분석 결과에 따라 결정하되, 편도 2차로 이상으로 계획하는 것이 바람직하다. 부득이하게 편도 1차로로 계획하는 경우에는 고장 차동차 등이 대피할 수 있는 길어깨폭을 확보해야 한다.

교통량이 많은 곳에서 도로의 유지관리 작업을 하는 경우 지체가 발생하고, 안전에 영향을 미칠 우려가 있으므로 차도의 양측에 유지관리용 보도를 설치하는 것을 고려해야 한다.

지하차도의 경우에는 측방 여유 확보가 어려우나, 유지관리용 보도 설치가 필요하므로 최소 0.75m 폭의 보도를 확보해야 한다.

지하차도 또는 고가차도를 선정할 때는 지형, 지질, 경제성, 공사 시공의 난이도, 주변 경관과의 조화 등을 고려해야 한다.

① 입체부 폭이 좁은 경우 고가차도가 공사비 측면에서 저렴한 경향이 있다.

② 시공 측면에서 지하차도의 경우에는 옹벽 및 교대 설치, 굴착을 위한 지장물의 이설, 흙막이 공사 등에 따라 공기가 길어지고, 공사비도 추가로 소요될 수 있다.

③ 공용 개시 후의 유지관리 측면에서 보면 지하차도의 경우에는 배수에 대한 세심한 관리가 필요하므로 유지관리비가 많이 소요될 수 있다.

④ 미관 또는 생활환경 측면에서는 지하차도가 유리하다.

2. 측도

측도의 횡단구성, 평면선형, 종단선형 등은 기본구간의 기준에 따른다.

측도의 폭은 교차부에서의 좌·우회전 교통량에 따라 정하며, 측도 최소 폭은 자동차의 정차를 고려하여 한 차로에 정차대를 포함한 폭 이상으로 한다. 특히, 측도의 차로수는 차로수 균형 원칙에 따라 결정해야 한다.

측도와 본선의 교차로는 평면교차로 한다. 따라서, 좌회전차로, 우회전차로 등은 평면교차의 기준에 따른다. 특히, 교차로에서의 좌회전 교통량이 많을 것으로 예상될 때에는 교차부에 좌회전차로를 설치해야 한다.

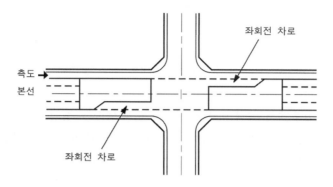

그림 7-2 입체교차 평면에서 좌회전차로를 설치하는 경우(예시)

3. 입체교차 유출입부

입체교차 유출입부는 본선이 측도와 접속하는 부분의 근처를 말하며, 여기서 교통의 유출입이 이루어진다. 따라서, 교통류 혼란이 일어나기 쉬우므로 계획할 때 주의가 필요하다.

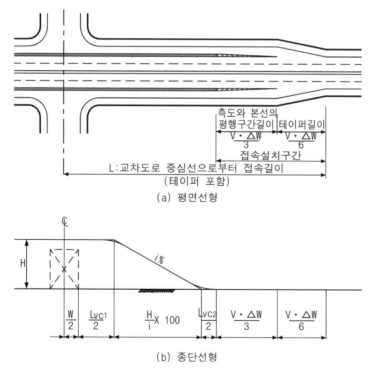

그림 7-3 입체교차 유출입부의 접속(예시)

① 입체교차 유출입부의 확폭은 안전하고 원활한 교통류가 확보되도록 연속적인 완만한 곡선으로 설치한다.

② 입체교차 유출입부는 자동차의 유도를 고려하여 교통류의 원활을 흐름이 이루어지도록 해야 한다.

일반적으로 유출입부에서 교통사고가 빈번하게 발생하는 경향이 있으므로, 자동차 주행의 안전성을 확보하기 위하여 입체교차의 식별이 빠르게 되고, 또 시선유도에 대한 조치를 강구하기 위하여 다음과 같은 방법을 고려할 수 있다.

① 유도성이 좋은 안내표지를 설치한다.

② 분리대를 식별하기 쉬운 구조로 하고, 분리대 및 노면표시를 길게 설치한다.

③ 유색포장 등으로 교통류의 유도·분리가 쉽게 이루어질 수 있도록 시각적으로 배려한다.

④ 지하차도의 경우에는 종단방향의 유도성을 좋게 하기 위하여 가로등의 높이를 본선 노면에 맞추어 설치한다.

일반적으로 입체교차부에서는 본선보다 차로수가 많아지므로 차도의 확폭 구간을 설치해야 한다.

측도와 본선의 평행구간은 안전한 유출입과 원활한 교통처리에 적당한 길이를 확보해야 한다.

입체교차의 유출입부 접속길이는 다음 식으로 산정할 수 있다.

$$L = \frac{W}{2} + (\frac{H}{i} \times 100) + \frac{1}{2}(L_{vc1} + L_{vc2}) + \frac{V \cdot \triangle W}{3} + \frac{V \cdot \triangle W}{6}$$

여기서, L : 교차도로 중심선으로부터 접속 구간 길이

W : 교차도로 폭, $\frac{H}{i} \times 100$: 종단경사 구간 길이

L_{vc1} : 볼록부 종단곡선 길이, L_{vc2} : 오목부 종단곡선 길이

H : 교차 도로의 고저 차이, i : 종단경사

$\frac{V \cdot \triangle W}{3}$: 측도와 본선의 평행구간 길이, V : 설계속도

$\triangle W$: 변이 폭

7-4 인터체인지의 계획

이 절에서 해설하는 인터체인지란 입체교차 구조와 교차도로 상호 간의 연결로를 갖는 도로의 부분으로서, 주로 출입제한도로와 타 도로와의 연결을 위하여 설치되는 도로의 부분을 말한다. 또한, 이 절의 내용은 출입제한이 없는 지방지역 간선도로의 입체화에도 적용된다.

7-4-1 인터체인지의 배치

지방지역에서의 인터체인지의 배치는 지역 계획과 광역적인 교통운영계획을 바탕으로 경제 효과 등을 고려하여 계획해야 한다.

인터체인지는 일반적으로 다음과 같은 기준에 따라 배치한다.

① 일반국도 등 주요 도로와의 교차 또는 접근 지점

② 항만, 비행장, 유통시설, 유명 관광지 등으로 통하는 주요 도로와의 교차 또는 접근 지점

③ 고속국도에서 인터체인지 간격은 최소 2km, 최대 30km를 원칙으로 하며, 그 밖의 도로에서는 도로와 지역 특성을 반영하여 배치

④ 인구 30,000명 이상의 도시 부근 또는 인터체인지 세력권 인구가 50,000 ~ 100,000명

⑤ 인터체인지의 유·출입 교통량이 30,000대/일 이하

⑥ 본선과 인터체인지 설치에 따른 경제성(B/C ratio 등)이 극대화 되도록 배치

출입이 제한된 고속국도 등 주간선도로에서의 자동차 출입은 인터체인지 이외에서는 허용되지 않으므로 인터체인지는 기능면에서 볼 때 중요한 부분이다. 따라서, 인터체인지는 유출입 교통수요가 도로망에 합리적으로 배분되어 사회경제적으로 최대 효과를 올릴 수 있도록 배치해야 한다. 고속국도 등의 인터체인지 설치 계획은 노선 계획과 밀접한 관계가 있으므로 노선 계획을 수립할 경우 항상 인터체인지 계획을 함께 고려한다.

인터체인지를 계획할 때에는 설치 위치와 간격에 대하여 검토가 필요하다. 이것은 인터체인지의 건설비가 고가일 뿐만 아니라 인터체인지 세력권 내에서의 지역계획, 도시계획, 주변의 토지이용계획 및 각종 개발계획 등에 미치는 영향이 크기 때문이다. 인터체인지를 설치하는 도로가 유료도로인 경우와 무료도로인 경우에 따라 인터체인지의 계획은 상당한 차이가 있다.

예를 들어, 무료도로인 경우에는 인터체인지 설치가 적정한 위치일지라도 유료도로인

경우에는 부적정한 경우가 있으며, 인터체인지 형식도 차이가 있을 수 있다. 유료인 경우에는 해당 인터체인지의 수익성, 유지관리 등 경제성을 크게 고려해야 한다.

그리고 노선 선정과 마찬가지로 인터체인지의 계획도 우선 개략적인 위치를 선정하고, 이것을 다시 세부적으로 검토하여 수정하는 과정을 거쳐서 가장 적절한 계획이 되도록 해야 한다. 즉, 최초 단계는 상술한 기준에 따라 교통상의 거점과 목표로 하는 도시 혹은 주요한 도로와의 교차점에 인터체인지를 설치할 것인가의 여부를 고찰하고, 다음 단계에는 그 인터체인지의 구체적인 위치를 검토한다. 예를 들어, "어느 도시의 어떤 부분에 설치할 것인가" 혹은 "연결 도로와의 관계는 적당한 것인가" 등이 대상이 되고 또 애초에 고찰하였던 일련의 인터체인지에 대해서 추가 혹은 삭제할 필요성이 있는지의 여부 등 교통 관점, 경제적 관점의 검토도 필요하다.

인터체인지의 위치 결정에는 시종점(OD)조사 결과로부터 그 인터체인지를 이용하는 교통과 이에 수반되는 인터체인지 설치에 대한 경제성 검토, 인접하는 인터체인지와의 간격, 연결 도로의 선정 또는 신설 도로의 연도 지역 개발 효과와의 관계 등에 대한 검토가 필요하다.

그리고 이와 같은 작업을 거쳐 점차적으로 확실하고 보다 적절한 계획이 수립되어야 할 것이다. 그러나 건설비가 적게 드는 인터체인지를 설치하는 것도 검토되어야 할 사항이며, 예상되는 교통의 상황에 따라서는 좀 더 좁은 간격으로 인터체인지를 설치하는 것이 경제적으로 유리한 경우도 있다.

②의 경우에는 세력권 인구의 값에 따르지 않을 수 있다.

③의 인터체인지의 최소 간격 2km는 계획교통의 처리, 표지판 설치 등 교통운영에 필요한 거리이며, 최대 간격 30km는 도로 유지관리에 필요한 거리다. 단, 도시지역에서 최소 간격이 2km 미만인 경우에는 반드시 두 개의 입체시설을 일체화하는 것으로 계획해야 하며, 부득이한 경우에는 최소 간격을 1km로 할 수 있다.

그러나 인터체인지의 간격이 20km를 넘는 지역에서는 새로운 공업 입지조건 등의 장래 지역개발 가능성을 고려해야 하며, 인터체인지 설치 간격은 표 7-1의 기준을 적용한다.

표 7-1 인터체인지 설치의 지역별 표준 간격

(단위 : km)

지　　　　　　역	표준 간격
대도시 도시고속국도	2 ~ 5
대도시 주변 주요 공업지역	5 ~ 10
소도시가 존재하고 있는 평야	15 ~ 25
지방 촌락, 산간지	20 ~ 30

④의 도시 인구 배치기준에 따른 인터체인지 표준 설치 수는 표 7-2와 같다.

표 7-2 인터체인지 표준 설치 수

도시 인구	1개 노선당 인터체인지 표준 설치 수
10만 명 미만	1
10만 명 이상 ~ 30만 명 미만	1 ~ 2
30만 명 이상 ~ 50만 명 미만	2 ~ 3
50만 명 이상	3

⑤에서 인터체인지의 유출입 교통량 및 방향에 따라서는 1개의 인터체인지로 교통 처리를 하지 않고 복수의 인터체인지를 설치하는 것이 좋은 경우도 있으며, 인터체인지의 용량과 접속도로의 구조 및 용량도 병행 검토하여 설치한다.

⑥에서 유료도로의 총 수익은 인터체인지 수의 증가에 따라 증가되나, 단위 인터체인지 당 수익은 어느 점을 정점으로 하여 감소하는 경향이 있으므로, 비용-편익비(B/C ratio)가 최대가 될 수 있도록 인터체인지의 위치와 설치 수를 결정한다.

도시지역 고속국도의 인터체인지 계획에 있어서는 특히, 다음과 같은 사항을 고려할 필요가 있다.

① 도시지역 고속국도의 본선 인터체인지 상호 간의 위치는 고속국도망 설정과 함께 정해지지만 특정 노선의 교통량이 특히 과대하게 되지 않도록 효과적으로 설치해야 한다. 또, 기존 시가지에서는 교통운영상의 문제뿐만 아니라 용지의 제약이 크기 때문에 위치 선정에서는 지형이나 지장물의 조사가 매우 중요한 영향 요인이 된다.

② 도시지역 고속국도의 본선과 도시지역도로를 접속하는 인터체인지에 대해서는 특정 출입로에 교통이 집중되지 않도록 설치한다. 또, 도시지역도로의 용량, 인접하는 교차점의 교통상황 등을 고려하지 않을 경우 교통체증의 원인이 되며, 교통처리의 영향이 본선까지 미치게 되는 경우도 있다.

7-4-2 인터체인지의 위치 선정

1. 입지 조사

인터체인지 위치를 결정할 때는 다음과 같은 사항에 대하여 입지 조사를 해야 한다.

① 교통 조건 대한 조사는 인터체인지의 위치 및 연결로의 접속 지점이 그 지역의 도로망에 대하여 적합한가를 알아보는 것이 목적이며, 그 지역의 도로망 현황 및 교통량 등이 주된 조사 항목으로 된다. 특히, 고속국도의 인터체인지 설치는 그 지역 도로망의 교통 배분을 크게 변화시킬 가능성이 있고, 현재 공용 중인 도로에 상당

한 부담을 주는 경우도 있으므로 새로운 계획 도로를 접속 도로로 하는 것이 좋은 경우가 많다. 또, 그 지역의 도시계획, 지역계획을 조사하여 장래 지역교통의 상태를 파악해야 하고 토지이용의 장래성을 알아야 하는 것도 중요하다. 지역계획이나 그 밖의 개발계획 자료는 교통량을 추정할 때의 유발 교통량이나 증가율 추정의 기초가 되는 중요한 자료가 된다. 특히, 계획의 초기 단계에서 중요하면서도 꼭 필요한 경제적 입지 조건 검토를 위해서는 이들 자료를 기초로 시·군·읍·면별 인구, 자동차 보유대수, 제조업 출하액 등을 조사하고, 장기적인 관점에서 인터체인지의 위치를 결정해야 한다.

② 사회적 조건에 대한 조사는 용지 관계 및 문화재에 대한 조사가 있다. 인터체인지의 용지 면적은 35,000~150,000m²나 되는 넓은 면적을 필요로 하며, 보상비가 건설비에서 차지하는 비율도 높다. 이와 같이 용지 관계 조사는 중요하며, 건설비 측면뿐만 아니라 적절한 형식 선정에도 중요한 역할을 한다. 특히, 인터체인지 예정지 주변의 토지 가격은 급격히게 상승하는 경우가 많으므로 이 점을 고려하여 계획을 수립해야 한다. 또한, 매장문화재의 조사도 매우 중요하다. 문화재보호법에 지정되어 있는 사적, 명승지뿐만 아니라 매장문화재의 중요도에 따라 그 조치사항도 달라지지만, 그것들이 도로구역 내에 포함되지 않도록 인터체인지 위치를 변경하거나 미리 발굴하여 학술조사를 실시하는 등의 조치를 해야 할 필요가 있다. 이와 같은 조사는 시간이 걸리므로 가급적 빠른 시기에 착수해야 한다.

③ 자연적 조건에 대한 조사는 지형, 지질, 배수, 수리, 기상에 관한 것 등이 있고, 일반적으로 위치 선정에는 1/5,000 정도의 지형도나 실지 답사로도 적정하지만 연약지반이 예상되는 지질인 곳에서는 인터체인지의 위치를 선정할 때에도 개략적으로 토질 조사를 실시할 필요가 있다.

인터체인지 형식 결정 단계에서는 보다 상세한 토질 조사, 수리, 배수 관계 조사가 필요하며, 특히 한랭직설지역 등에서는 적설·동결 등의 기상조건 조사도 매우 중요한 영향 요소로 작용한다.

2. 접속도로의 조건

접속도로를 선택할 때는 다음 사항을 고려해야 한다.

① 인터체인지 출입 교통량을 처리할 수 있는 용량을 가져야 한다.

② 시가지, 공장지대, 항만, 관광지 등의 주요 교통 발생원과 단거리, 단시간에 연결되어야 한다.

③ 인터체인지 출입 교통량이 그 지역 도로망에 적정하게 배분되어 기존 도로망에 과중한 부담을 주지 않아야 한다.

접속도로를 선택할 때는 인터체인지의 교통 특성 및 지역 특성에 따라 달라져야 한다. 예를 들어, 지방지역의 주요 간선도로와 연결하여 교통의 분산을 목적으로 할 경우에는 간선도로와 직접 연결하여 도중에 도로망 성격의 도로가 개입되지 않도록 해야 한다. 한편, 도시지역에 대한 서비스를 주목적으로 하는 인터체인지는 교통이 혼잡한 시가지 중심부의 도로에 연결시키는 것보다 시가지 주변의 도로를 선택하는 편이 양호할 경우가 많다. 이것은 시가지 중심부의 교통 지체를 방지할 뿐만 아니라 도시 주변의 교통 서비스 향상에도 기여하게 된다.

3. 타 시설과의 관계

인터체인지와 인접하는 시설물과의 간격은 적정 거리 이상이어야 한다. 부득이하게 적정 거리를 확보할 수 없는 경우에는 적합한 안전시설(표지판 등)을 설치해야 한다.

표 7-3 인터체인지와 타 시설과의 간격

(단위 : km)

구 분	최소 간격
인터체인지 상호 간	2
인터체인지와 휴게소	2
인터체인지와 주차장	1
인터체인지와 버스정류장	1

도로 이용자에게 인터체인지 위치에 대한 적절한 정보를 제공하기 위해서는 각종 안내 표지판을 설치하여 2km 전방에서부터 예고표지판을 설치하게 되므로, 지방지역에서는 3km의 최소 간격이 필요하게 된다. 그러나 고속국도를 제외한 그 밖의 도로 및 자동차전용도로에서는 1km 전방에서부터 예고표지판을 설치하므로 간격을 축소할 수 있다.

인터체인지가 고속국도 간 분기점과 근접되어 있는 경우는 차로 지정을 하는 문형식 표지로 교통을 유도하는 조치 등의 고려를 한다면 1km까지의 간격으로 하는 것은 허용할 수 있으나, 그 이하가 될 때에는 집산도로를 설치하여 두 개의 입체시설을 연결하는 일체화가 되도록 계획한다.

인터체인지 앞의 예고표지와 관련하여 고속국도의 다른 시설(휴게소, 터널 등)과의 거리 관계가 있다. 인터체인지로 오인하기 쉽고, 예고표지를 필요로 하는 휴게소와는 최소 2km의 간격을 유지해야 한다. 주차장이나 버스정류장의 경우 인터체인지가 앞에 있으면 1km 이격하여 설치하여도 무방하나 지형 여건 및 효율적인 토지 이용을 고려하여 인터체인지와 휴게소를 통합하여 설치할 수 있다.

터널 출구에서 인터체인지 감속차로 변이구간 시점까지는 일방향 2차로, 설계속도 100km/h 일 경우 480m 이상 이격하는 것이 바람직하며, 설계속도, 차로수, 조도 순응, 교통량 등을 감안하여 이격거리를 확보하도록 한다. 이때 소요 이격거리는 다음과 같이 산정한다.

$$L = \ell_1 + \ell_2 + \ell_3 = \frac{V \cdot t_1}{3.6} + \frac{V \cdot t_2}{3.6} + \frac{V \cdot t_3 (n-1)}{3.6}$$

여기서,　L : 소요 이격거리(m),　　　ℓ_1 : 조도순응거리(m)

　　　　　ℓ_2 : 인지반응거리(m),　　　ℓ_3 : 차로변경거리(m)

　　　　　V : 설계속도(km/h),　　　　t_1 : 조도순응시간(3초)

　　　　　t_2 : 인지반응시간(4초),　　　t_3 : 차로변경시간(차로당 10초)

　　　　　n : 일방향 차로수

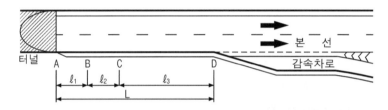

그림 7-4 터널 출구에서 감속차로 변이구간 시점까지의 길이

부득이하게 터널과 인터체인지의 간격 확보가 어려운 곳에서는 운전자가 터널 출구에 근접하여 유출 연결로가 있다는 사실을 사전에 인지할 수 있도록 도로안내표지, 전광표지판, 노면표시 등의 충분한 교통안전 시설을 설치하도록 하고, 이에 대하여 관계기관과의 협의를 통하여 터널 내의 제한적 진로변경 허용 여부를 검토한다.

또한, 이러한 경우에는 터널 내 선형, 시거, 조명, 길어깨폭, 터널의 시설한계, 환기 등을 종합적으로 고려한다.

터널 입구와 인터체인지 가속차로 변이구간 종점까지 거리는 자동차가 본선으로 유입할 때 예기치 못한 상황으로 가속차로 및 변이(테이퍼) 구간에서 유입하지 못하였을 경우 자동차의 안전한 정지 및 대기 공간이 확보될 수 있는 거리만 확보하도록 한다. 이때 소요 이격거리는 다음과 같이 정한다.

$$L = \ell_1 + \ell_2 + \ell_3 = \frac{V \cdot t_1}{3.6} + \frac{V^2}{254f} + 31.7m$$

여기서,　L : 소요 이격거리(m)

ℓ_1 : 제동거리(m)

ℓ_2 : 인지반응거리(m)

ℓ_3 : 대기 공간{대형자동차 1대 + 1m(여유 공간) + 세미트레일러 1대

   + 1m(여유 공간)} = (13.0 + 1.0) + (16.7 + 1.0) = 31.7(m)

V : 설계속도에서 20km/h를 뺀 값(km/h)

t_1 : 인지반응시간(4초)

f : 종방향미끄럼마찰계수

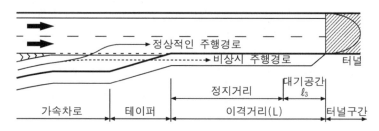

그림 7-5 가속차로 변이구간 종점에서 터널 입구까지의 길이

4. 관리와 운영의 관계

인터체인지를 계획, 설계할 때 일반적 조건 외에 관리와 운영상의 조건도 검토해야 한다. 즉, 유료도로의 인터체인지 형식을 선정할 때에는 해당 도로의 요금징수체계도 함께 고려해야 한다.

유료도로의 요금징수방식은 다음과 같은 종류가 있다.

① 전체 구간 균일 요금제

② 구간별 균일 요금제

③ 인터체인지 구간별 요금제

①, ②는 일반 유료도로에서 채용되어 온 방식으로, 전자는 비교적 연장이 짧고 출입제한이 없는 도로에서 사용되고, 후자는 전자보다는 도로 연장도 길고 출입이 제한된 도로이지만 도중의 인터체인지에서는 요금징수를 하지 않고 유료 단위 구간마다 본선상 또는 인터체인지 내에서 요금 징수를 하는 방식이다.

③은 장거리의 고속국도에서 사용되어 온 방식으로, 요금 징수는 원칙적으로 인터체인지 내에서 하게 되는 방식이다. 그러므로 ①, ②의 방식의 유료도로에서는 인터체인지의 형식은 무료도로의 경우와 같은 조건으로 생각할 수가 있으며, 유료도로로서의 특성은 일단 고려하지 않아도 된다.

이에 대하여 ③의 방식을 채용하는 경우에는 인터체인지에 요금징수시설, 경우에 따라서는 도로관리사무소가 병설되므로 일반적인 조건 외에도 교통관리상의 편의성, 유지관리에 요하는 비용의 경제성 등도 검토하여 형식을 선정해야 한다.

표 7-4 요금 제도별 특징

요 금 제	특 징
전체 구간 균일 요금제	- 일반 유료도로 채용 방식 - 비교적 연장이 짧고 출입제한이 없는 도로에서 사용
구간별 균일 요금제	- 일반 유료도로 채용 방식 - 전체 구간 균일 요금제보다 도로 연장도 길고 출입제한이 된 도로에서 채택 - 구간 내 인터체인지에서는 요금 징수를 하지 않고 유료단위 구간마다 본선 또는 인터체인지 내에서 요금 징수를 하는 방식
인터체인지 구간별 요금제	- 장거리의 고속국도에서 채택 - 요금 징수는 원칙적으로 인터체인지 내에서 하는 방식 - 인터체인지에 요금징수시설, 경우에 따라서는 도로관리사무소를 병설 - 일반적인 조건 이외 교통관리상의 편의성, 유지관리 비용의 경제성 등 충분한 검토 필요

7-5-1 인터체인지의 구성

인터체인지를 계획, 설계할 때는 교차 접속하는 도로 상호의 구분, 교통량과 도로용량, 설계속도 외에 계획 지점 부근의 지형·지물의 현황, 전체적인 지역 계획, 토지 이용 계획 등의 장래 계획, 건설 및 관리에 소요되는 비용의 경제성, 교통운용상의 안전성, 편익 등의 모든 조건을 고려하여 가장 적절한 형식을 선정해야 한다.

일반적으로 인터체인지는 선 구성 요소로 뼈대가 이루어지며, 면 구성으로 살이 붙여진다. 또한, 선 구성은 인터체인지의 계획 단계에서 이루어지고 면 구성은 설계 단계에서 이루어진다.

인터체인지의 종류마다 형식을 규정하고, 교통운영의 차이를 초래하는 기본적인 요소는 동선 결합이다. 아울러 이것은 교차 접속부에서 요구되는 교통 동선의 3차원적인 결합 관계에 따라 기본 동선 결합, 연결로 결합, 접속단 결합 등으로 구성된다.

1. 기본 동선 결합

기본 동선 결합은 두 개의 교통류의 상호 결합 관계를 나타내며, 유출(분류, diverging), 유입(합류, merging), 엇갈림(weaving), 교차(crossing) 등 네 가지 기본 관계가 있다.

이것을 인터체인지의 교통운용상의 특성을 나타내기 위하여 본선(주동선, 主動線)과 연결로(부동선, 副動線)의 상호 관계에 따라 분류하면 그림 7-6과 같다.

그림 7-6의 호칭은 가로축과 세로축을 조합하여 붙일 수 있다. 예를 들면, D-3a는 주동선 상호 유출이라고 한다.

이들의 유출 관계를 보면 일반적으로 바깥쪽, 안쪽, 상호의 3종류로 되나 엇갈림에 대해서는 교차 엇갈림이라는 네 번째의 항목이 있다. 이것은 엇갈림이라고 하는 현상이 두 개의 동선 결합 관계뿐만 아니라, 그 양측의 교통 모두와 관계가 있기 때문이다. 이들 기본 동선 결합은 연결로의 배치 방법에 따라 여러 가지 조합이 생긴다.

2. 연결로 결합

연결로란 자동차가 진행 경로를 바꾸어 좌회전 또는 우회전을 할 수 있도록 본선과 따로 분리하여 설치하는 도로이며, 본선과 본선 또는 본선과 접속도로 간을 이어주는 도로 구간을 말한다.

연결로 결합은 교차하는 두 개의 주동선 사이의 동선 결합 관계를 나타내는 것으로서, 하나의 연결로에 의해 맺어져서 그 양 끝에 두 개의 기본 동선 결합을 가지고 있다.

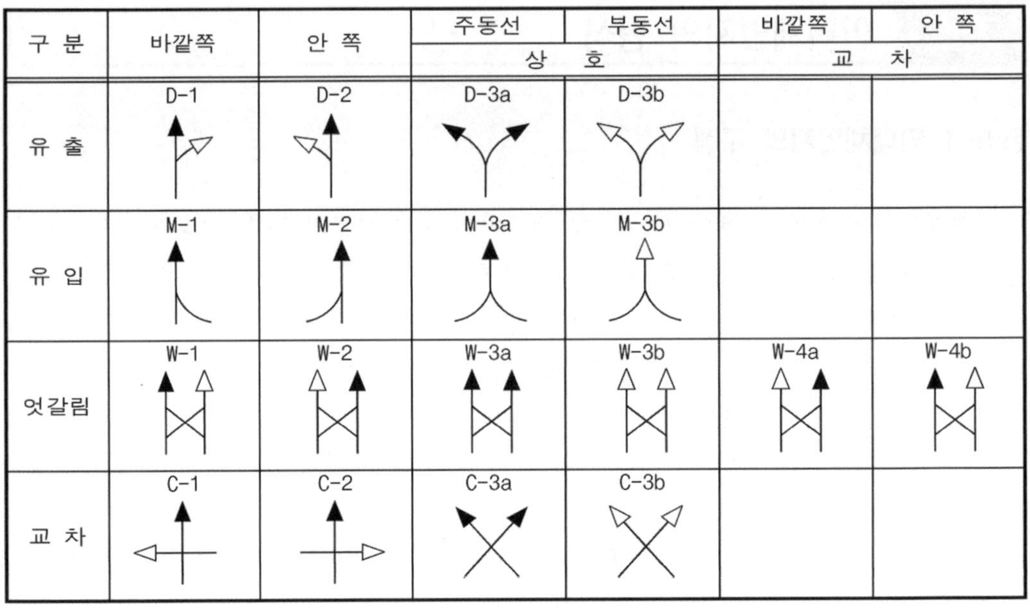

구 분	바깥쪽	안 쪽	주동선	부동선	바깥쪽	안 쪽
			상 호		교 차	
유 출	D-1	D-2	D-3a	D-3b		
유 입	M-1	M-2	M-3a	M-3b		
엇갈림	W-1	W-2	W-3a	W-3b	W-4a	W-4b
교 차	C-1	C-2	C-3a	C-3b		

그림 7-6 기본 동선 결합의 분류

연결로의 기본형에는 좌회전 동선에 대응하는 좌회전 연결로와 우회전 동선에 대응하는 우회전 연결로가 있다. 우회전 연결로는 외측 유출, 외측 유입의 이른바 외측 직결로(outer connection) 이외는 거의 사용되지 않는다.

좌회전 연결로는 5가지의 형식이 있다. 유출을 살펴보면, 직결 연결로(direct ramp), 준직결 연결로(semi-direct ramp) 및 루프 연결로(loop ramp) 형식으로 세 가지가 있고, 유입은 좌우의 구별에 따라 직결 연결로와 준직결 연결로에 각각 두 가지 형식이 있으므로 총 5종류가 된다.

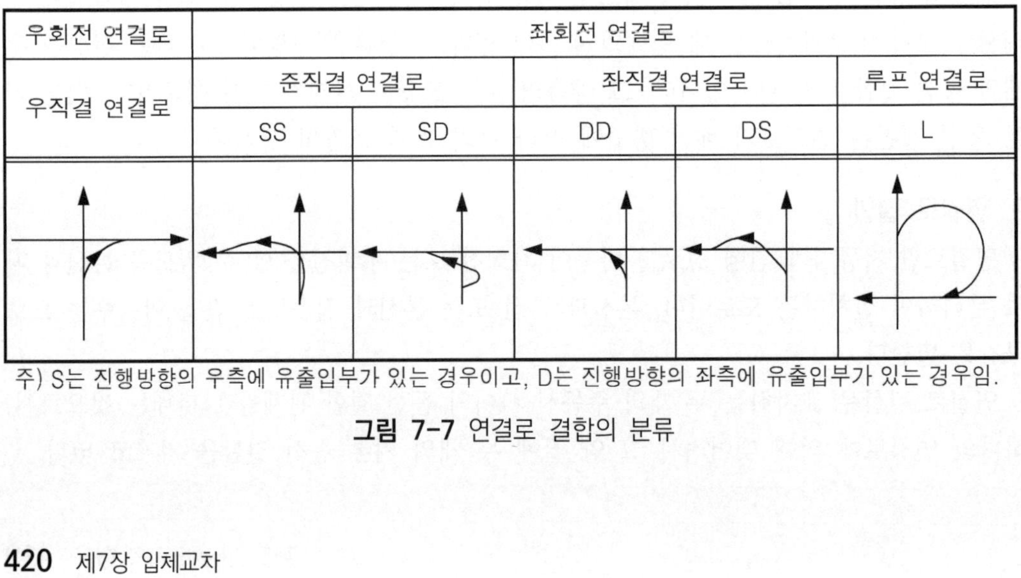

우회전 연결로	좌회전 연결로				
우직결 연결로	준직결 연결로		좌직결 연결로		루프 연결로
	SS	SD	DD	DS	L

주) S는 진행방향의 우측에 유출입부가 있는 경우이고, D는 진행방향의 좌측에 유출입부가 있는 경우임.

그림 7-7 연결로 결합의 분류

인터체인지의 형식은 좌회전 동선에 이 다섯 종류 중 어느 것을 조합시키는가에 따라서 인터체인지 형식이 결정된다. 이들 연결로 결합은 각각의 구조 및 운용상의 특성 외에 양끝을 연결하는 사이의 선형을 매체로 하여 주행속도와 안전성에 영향을 미치고, 주행거리에 따라 경제성의 차이를 발생시킨다.

이들 형식의 특징을 정리해보면 표 7-5와 같다.

표 7-5 연결로의 형식과 특징

연결로 형식		진 행 방 식	특 징
우회전 연결로	우직결 연결로	본선 차도의 우측에서 유출한 후 약 90° 우회전하여 교차 도로 우측에 유입 SS	우회전 연결로의 기본 형식으로서, 기본 형식 이외의 변형은 거의 사용되지 않음
좌회전 연결로	준직결 연결로	본선 차도의 우측에서 유출한 후 완만하게 좌측으로 방향을 전환하여 좌회전 SS SD	1. 주행궤적이 목적 방향과 크게 어긋나지 않아서 비교적 큰 평면선형을 취할 수 있음 2. 입체교차 구조물이 필요함 3. 우측 유출이 원칙인 고속국도에 주로 사용됨
	좌직결 연결로	본선 차도의 좌측에서 직접 유출하여 좌회전 DS DD	1. 고속인 좌측 차로에서 유출하므로 위험함. 2. 본선 차도의 좌우에 연결로가 교대로 존재하면 불필요한 엇갈림이 생김. 3. 분기점과 같이 대량의 고속 교통을 처리하며, 좌회전 교통이 주류인 곳에 적용
	루프 연결로	본선 차도의 우측에서 유출한 후 약 270° 우회전하여 교차도로 우측에 유입. 특별한 경우 유출입이 좌측에서 이루어지기도 함. L	1. 새로운 입체교차 구조물을 설치하지 않고 접속이 가능 2. 평면곡선 반지름에 제약이 있으므로 주행속도 저하 3. 원하는 진행방향에 대하여 자연스럽지 못한 주행궤적을 그리므로 운전자가 혼돈할 우려가 있음 4. 용량이 작으므로 이용 교통량이 적은 곳에 적합한 형식

주) S는 진행 방향의 우측에 유출입부가 있는 경우이고, D는 진행 방향의 좌측에 유출입부가 있는 경우임.

연결로 유출은 운전자가 도로를 이용할 때의 혼란 방지, 원활한 교통 흐름, 안전을 위해서 일반적으로 우측 유출을 원칙으로 하여 설계하도록 하며, 주변 지형여건, 경제성 등으로 부득이한 경우에는 좌측 유출을 고려할 수 있다. 이 경우에도 유출입의 연속성 및 일관성이 유지되어야 한다.

다섯 가지의 기본 연결로 형식에 대하여 그림 7-8처럼 같은 형식을 대향 사분면(四分面)에 점대칭이 되도록 배치하면 기본 연결로 형식마다 각각 두 종류의 조합이 생긴다.

형식 구분		안쪽 회전	바깥쪽 회전
준직결 연결로	SS	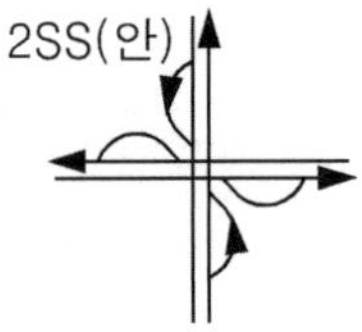 2SS(안)	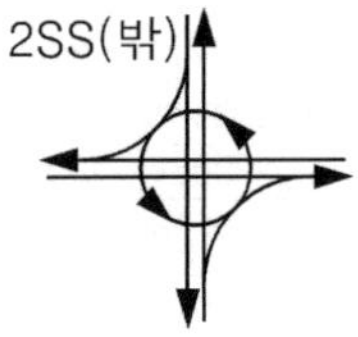 2SS(밖)
	SD	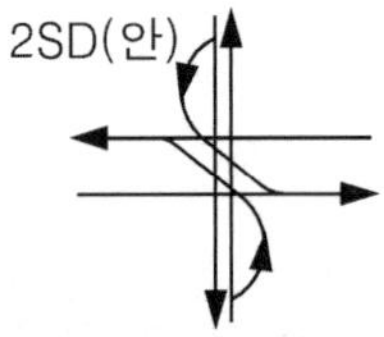 2SD(안)	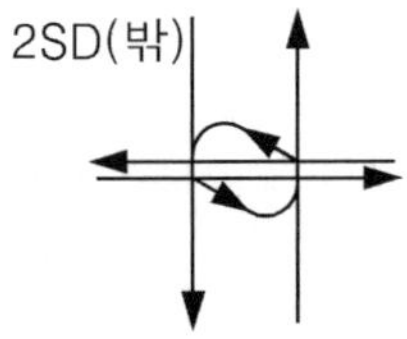 2SD(밖)
좌직결 연결로	DS	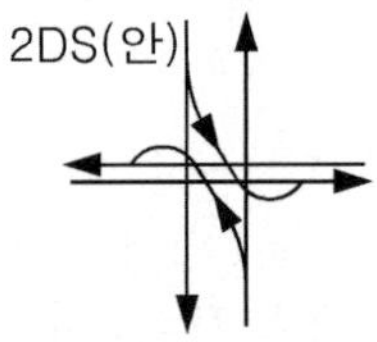 2DS(안)	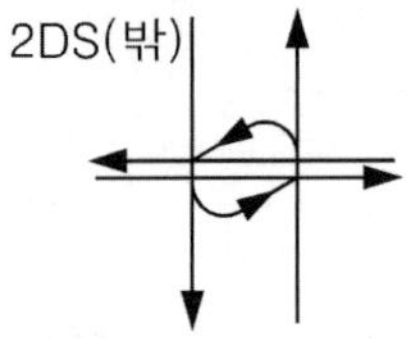 2DS(밖)
	DD	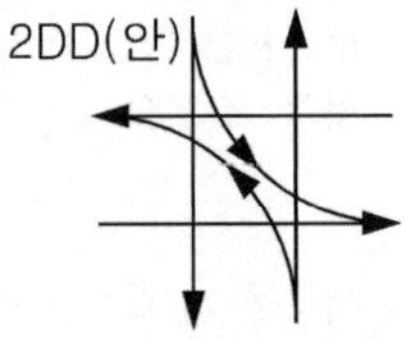 2DD(안)	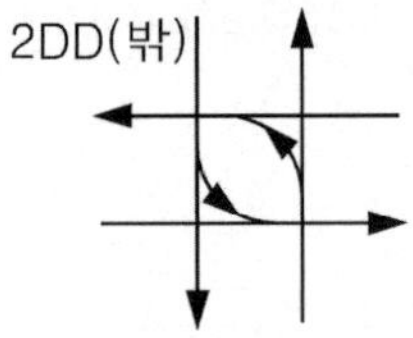 2DD(밖)
루프	L	−	 2L

그림 7-8 좌회전 연결로 결합의 분류와 조합

하나는 안쪽에서 회전하는 형식(안쪽 회전)으로, 이것은 서로 마주보는 연결로 또는 연결로를 이용하는 교통 동선이 교차하지 않는 형식이다. 다른 하나는 밖에서 회전하는 형식(바깥쪽 회전)으로, 대향하는 두 연결로 또는 교통 동선이 교차하는 것을 말한다. 루프 연결로는 교통 동선이 서로 교차하므로 바깥쪽 회전 형식에 속한다. 따라서, 네 갈래 교차에서 연결로 조합 방법은 9종류로 나눌 수 있다.

3. 접속단 결합

인터체인지에서 하나의 주 동선에 주목하여 보면, 기본 동선 결합들이 조합되어 연결되어 있음을 알 수 있다. 기본 동선들의 결합은 사용되는 연결로 형식과 배치 방식에 따라 여러 가지 조합이 생길 수 있으며, 이때 두 접속단의 상호 관계를 표현하는 것을 접속단 결합이라고 한다.

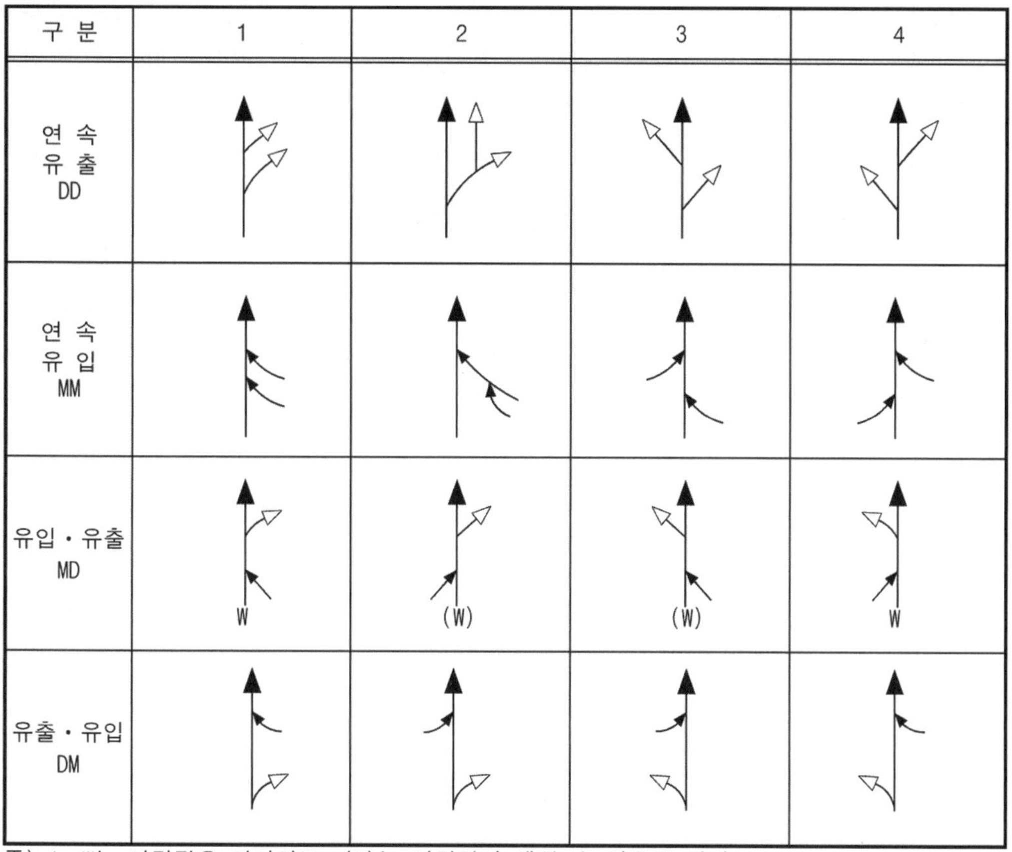

구 분	1	2	3	4
연 속 유 출 DD				
연 속 유 입 MM				
유입 · 유출 MD	W	(W)	(W)	W
유출 · 유입 DM				

주) 1. W는 엇갈림을 의미하고, (W)는 엇갈림이 생길 수 있음을 의미
　　2. M은 유입, D는 유출

그림 7-9 접속단 결합의 분류

접속단은 유출(diverging)과 유입(merging)의 조합이므로 연속 유출(DD), 연속 유입(MM), 유입 유출(MD) 및 유출 유입(DM) 등의 네 가지 조합이 있다.

우회전의 경우 유입은 모두 오른쪽에서 하고, 좌회전의 경우 좌우 모두 유입할 수 있도록 하는 경우에는 16가지 조합으로 유출된다. 이들 결합 관계는 각각 교통운용상 서로 다른 특징을 가지고 있다.

(1) 연속 유출(DD)

연속 유출은 인터체인지의 출구 배치 방식을 따른다. 네 갈래 교차의 인터체인지에서는 어떤 방향의 본선 차도에서 교차 도로의 좌우 방향으로 회전하기 위하여 두 개의 유출 동선이 필요하고, 배치 방식에는 네 가지 방식이 있다.

일반적으로 인터체인지에서 두 개의 출구가 연속해서 있는 경우 고속 주행의 본선에서 어느 출구로 나가야 하는지의 판단을 짧은 시간에 해야 하기 때문에 운전자는 자주 혼란을 일으켜 갑자기 방향을 바꾸거나 정지하게 된다. 특히, DD-3과 DD-4의 경우는 사고의 위험성이 높고, 통행자를 바르게 유도하는 안내표지의 설치도 어렵다. 따라서, 좌회전 연결로가 주류가 되는 경우 이외에는 이 방식을 사용하지 않는 것이 바람직하다.

우측 유출 두 곳 방식(DD-1)을 사용하는 형식에는 대표적으로 루프 연결로를 사용하는 인터체인지 형식이 있다. 출구가 모두 우측에 있고, 2개의 유출단 간의 거리도 비교적 여유 있게 설치할 수 있기 때문에 좌우 유출 방식보다 약간 우수하다. 우측 유출 한 곳 방식(DD-2)은 속도가 높은 본선에서 운전자의 결정 행위가 한 번으로 끝나고 다음 결정은 속도가 낮은 연결로를 주행할 때에 이루어지면 되므로 운전자의 판단이 쉽고 표지도 분명하므로 교통운영상 가장 바람직하다. 준직결 연결로를 사용할 때는 일반적으로 이 형식을 이용한다. 우측 유출 두 곳 방식(DD-1)도 집산로를 이용하면 쉽게 이 형식으로 바꿀 수 있다.

(2) 연속 유입(MM)

본선으로 유입되는 연속 유입의 경우 운전자의 결정 행위는 없고, 유입할 때는 안전성만이 문제가 되기 때문에 출구만큼의 중요성은 없다. 좌측에서의 유입은 사고율이 높다고 알려져 있으므로 우측에서의 유입, 특히 한 곳 유입(MM-2)이 가장 바람직하다.

(3) 유출 유입(DM)과 유입 유출(MD)

유입과 유출의 연속성은 유출 지점이 유입 지점보다 전방에 설치되는 유출입(DM) 방식이 유입 지점이 유출 지점보다 전방에 설치되는 유입·유출(MD) 방식보다 엇갈림 최소화 및 용량 측면에서 우수하다.

(4) 인터체인지의 형식

접속단 결합은 연결로의 배치에 따라 발생되므로 인터체인지 형식의 우열을 따져볼 때 이 결합 관계의 좋고 나쁨이 비교의 대상이 된다.

이상과 같이 교차 동선의 삼차원적인 결합 관계가 정해지면 하나의 인터체인지 형식이 결정된다. 각 형식의 기본적 특성은 동선 결합 관계에서 발생되며, 각각이 지닌 선형 특성도 동선 결합으로 발생된다.

7-5-2 인터체인지의 형식과 적용

1. 개요

인터체인지는 주어진 조건에 가장 적합한 형식을 선택해야 하며, 규격이 높은 도로가 교차되는 경우 안전에 비중을 두고 교통운용 측면을 높게 평가하여, 완전 입체교차 형식으로 설계하거나 접속부를 안전도가 높은 형식으로 설계해야 한다. 또, 전환 교통량이 많은 경우에는 주행 거리가 짧은 연결로 형식을 선택하는 등 교통 경제적인 측면에 중점을 두어야 한다.

비용 요인 측면에서 보면, 도시지역 내의 인터체인지는 용지 면적이 적은 형식이 전체적으로 건설비가 적게 소요되므로 경제성이 높아지고, 지방지역에서는 용지 면적보다 교차 구조물을 적게 건설하여 전체적인 건설비를 줄일 수 있다.

입체교차시설은 교통 동선의 처리방법에 따라 불완전 입체교차, 완전 입체교차, 엇갈림형 입체교차로 구분할 수 있고 교차 접속하는 도로의 갈래 수에 따라 구분할 수 있다.

인터체인지의 형식과 적용에 대한 상세한 내용은 「입체교차로 설계 지침(국토교통부)」을 참조한다.

2. 불완전 입체교차

불완전 입체교차는 평면 교차하는 교통 동선을 1개 이상 포함한 형식이다. 교차의 종류는 본선 차도와 연결로의 교차 및 연결로 상호 교차 중의 하나이다.

평면교차는 교차하는 본선 차도 어느 쪽에도 설치할 수 있으며, 한 쪽만 설치되는 형식은 고속국도와 그 밖의 도로와의 교차 등 규격이 다른 도로의 교차에 적합하다. 또, 불완전 입체교차는 일반적으로 매우 다양한 변화가 가능하여 교통 특성이나 지형에 적합한 형식을 얻을 수 있지만, 본선 및 연결로 교통 흐름의 정지 상태가 요구되며, 교통의 연속성과 안전성이 반드시 발휘될 수 있다고 할 수는 없다. 그러나 용지 면적이나 건설비도 적게 들고 우회거리가 짧아지므로 정지에 따른 시간 손실의 상당한 부분이 보완되며, 문제가 될 수 있는 도로용량도 어느 한계 내에서는 확보될 수 있을 것이므로 그 특성을 잘 이용하면 효율적인 형식이 된다.

불완전 입체교차형식은 매우 다양한 형식이 있으며, 그 중에서도 실용성이 높은 것은 다이아몬드(diamond)형, 불완전 클로버(partial cloverleaf)형, 트럼펫(trumpet)형+평면교차 등이다.

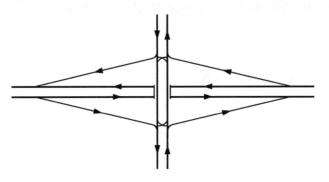

(a) 다이아몬드형 불완전 입체교차

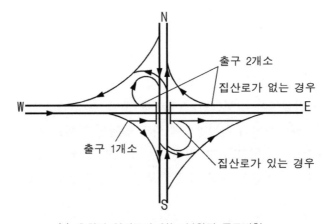

(b) 우회전 연결로가 있는 불완전 클로버형

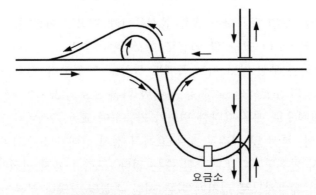

(c) 트럼펫형+평면교차 인터체인지(네 갈래 교차)

그림 7-10 불완전 입체교차(예시)

3. 로터리(rotary) 입체교차

로터리 형식은 평면교차는 포함되지 않으나 연결로를 전부 독립으로 하지 않고 2개 이상으로 차도(통과 차도 또는 연결로)를 부분적으로 겹쳐서 엇갈림을 수반하는 부분을 가진 형식이다.

다섯 갈래 이상의 여러 갈래 교차로에서 로터리 형식으로 인터체인지를 형성하면 교통 동선이 많고 복잡해지므로 다섯 갈래 이상의 교차는 이를 2개 이상의 교차로로 분리하여 1개 교차로에서 4선 이상의 갈래가 집중되지 않도록 설계한다. 이와 같은 처리를 할 수 없을 때에는 엇갈림을 수반하는 로터리 형식을 채택하는 것이 실질적이다. 그러나 엇갈림 구간을 길게 잡는 것은 곤란하므로 로터리 형식은 교통량이 적은 경우에만 고려하는 것이 바람직하다.

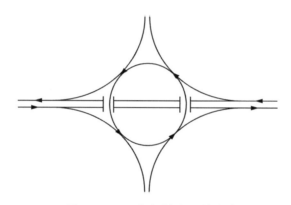

그림 7-11 로터리 입체교차(예시)

4. 완전 입체교차

완전 입체교차형식은 인터체인지의 기본형으로서 인터체인지 본연의 목적에 가장 부합된 형식이다. 이 형식은 평면교차를 포함하지 않고 각 연결로가 독립되어 있는 인터체인지이다. 그러나 일반적으로 공사비가 많이 들고 용지 면적도 광대하게 소요되므로 고규격 도로의 입체교차시설에 주로 이용하는 것이 바람직하다.

완전 클로버형(full cloverleaf) 인터체인지가 주요 도로에 사용될 때에는 주요 도로에 집산로를 두어 엇갈림이 본선에서 일어나는 것을 없애는 것이 바람직하다.

교차하는 도로가 4차로 이하인 도로에 이 형식을 사용한다는 것은 오히려 과대설계가 될 수 있다. 한편, 설계속도가 높고 교통량이 많은 도로일 경우에는 이러한 형식으로는 많은 결점이 있기 때문에 통상 클로버형의 변형 또는 직결형을 고려하는 것이 바람직하다.

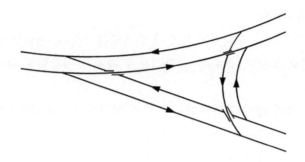

(a) 직결 Y형(세 갈래 교차) 입체교차로

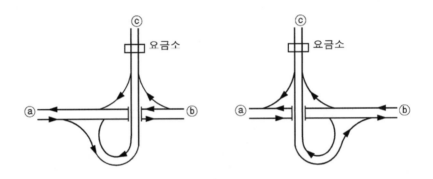

(b) 트럼펫형 입체교차로

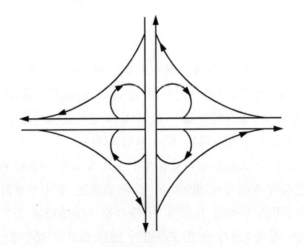

(c) 클로버형 입체교차로

그림 7-12 완전 입체교차(예시)

7-6 인터체인지 설계

7-6-1 인터체인지 설계 절차

인터체인지의 설치 위치와 형식이 결정되고, 1/5,000 정도의 도면에 대체적인 규모와 동선 등의 기본계획이 정하여지면 세부 설계를 수행한다.

인터체인지 설계 방법은 도로 설계와 유사하지만 제약조건이 많고 복잡하다는 차이가 있다. 인터체인지 설계는 각각의 경우마다 입지조건과 교통조건 등이 다르기 때문에 설계자의 판단이 매우 중요하다. 설계자는 선형 설계나 세부적인 측면에만 집중하지 말고, 전체적인 계획 측면에서 판단하여 설계해야 한다. 따라서, 선형 설계와 교통과 관련된 지식뿐만 아니라 구조물, 지질, 포장 등 토목공학 전반에 관한 지식과 경험이 바탕이 되어야 하므로 해당 분야의 전문가의 의견을 고려하는 것이 바람직하다. 설계자의 작은 배려가 상당히 큰 비용 절감을 가져오는 경우도 많지만, 반면에 너무 비용 절감에만 얽매이면 교통 흐름과 이용자의 시설 이용에 어려움이 생길 수 있으므로 주의해야 한다.

인터체인지 기본계획이 결정된 후 설계를 할 때에는 1/1,000의 지형도를 기초로 하여 도해법(圖解法)에 따른 선형 계획을 수행하고, 이것에 따라 개략 설계를 한다. 이때 개략적인 종단 계획도 동시에 수행한다. 이렇게 하여 작성되는 평면도에서 대체적인 용지범위, 교통처리 방법, 부체도로 등에 관해 비교적 세밀한 내용을 알 수 있으며, 개략적인 공사비도 산정할 수 있다.

인터체인지에서 몇 가지 대안으로 비교 설계를 할 경우 너무 상세하게 하지 말고, 도해법으로 개략적인 설계를 하여 용지비, 공사비 등을 산정하여 비교 검토하는 것이 좋다.

개략 설계에 따라 평면선형과 종단선형의 기본요소가 정해지고 나서 좌표계산을 하고 기본설계에 들어간다. 기본설계에서는 앞의 개략 설계단계에서 도해법으로 정한 선형 요소에 가능한 한 근접하게 설계함과 동시에 도로 계획의 전체적인 측면을 고려하여 도로 중심선에 수학적인 좌표를 부여하는 것이다. 그 결과 연결로의 중심선은 본선과 부체도로 등과의 상대 위치가 좌표로 표현되게 되어 연결로 접속단 등의 상세 평면선형이 계획되고, 종단선형도 각각의 상대적 관계로부터 계산이 가능하여 보다 정확한 결과를 얻을 수 있다. 이것이 기본설계의 핵심이며, 그 결과 얻어지는 도면은 거의 완성도에 가깝게 된다.

공사발주 도면을 만들기 전에 중심선 측량을 하여 현지에 중심말뚝을 설치하고, 이것을 기초로 하여 각 측점에서 횡단 측량을 실시하며, 구조물이 설치될 곳에서는 세부 측량을 실시한다. 이렇게 얻어진 도면을 바탕으로 하여 공사를 목적으로 하는 실시설계 도면을 작성한다. 입체교차시설을 설치하기 위한 설계 단계 및 주요 내용은 아래와 같으며, 그림 7-13은 인터체인지 설계에서 단계별 설계, 발주도면 작성까지 설계의 일반적인 흐름도를 나타낸 것이다.

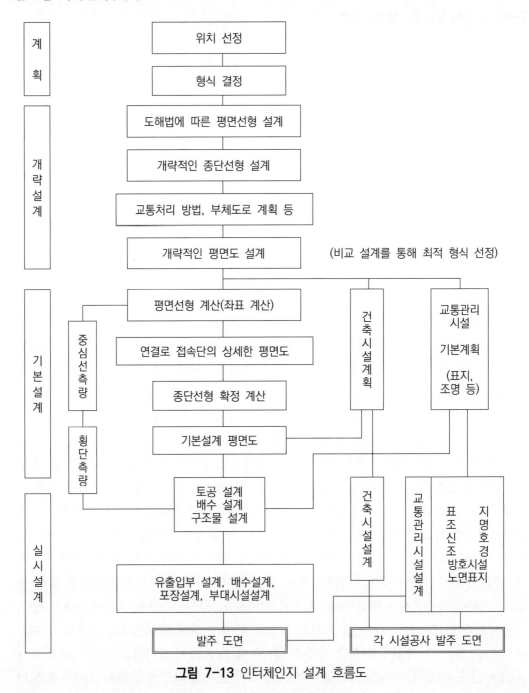

그림 7-13 인터체인지 설계 흐름도

표 7-6 입체교차시설 설계 단계별 주요 내용

구 분	자 료	검 토 내 용	성과도면
배 치 계 획	1/200,000 및 1/50,000 지형도, OD 조사, 그 밖의 경제 지리 관계 자료	개략적인 설치 위치	1/200,000 ~ 1/50,000
위 치 선 정	1/50,000, 1/25,000, 1/5,000 지형도, 1/50,000 지질도, 부근 도로 현황도, 도시계획도, 그 밖의 토지이용 계획을 나타내는 도면, 교통 자료	본선 노선 선정과 관련하여 개략 계획, 앞 단계의 설치 계획에 대한 추가 또는 삭제에 관한 검토, 개략 출입 교통량 추정 및 교통량 배분 계획	1/50,000 ~ 1/5,000
형 식 결 정	위와 같은 자료, 그 밖의 지질·토질·기상·문화재 조사자료, 상세한 CD 해석자료, 필요에 따라 1/1,000 지형도	유입 도로의 결정, 구체적인 설치 위치의 수정, 인터체인지 이용 교통량의 상세 추정, 접속도로 교통영향분석 및 대책 수립, 형식 검토 및 개략 공사비의 산정	1/5,000 ~ 1/1,000
기 본 설 계	1/1,000 지형도와 계획 단계에서 사용한 것 중 더욱 상세한 자료, 수리 수문 관계 자료	기본 선형의 결정, 시설 배치 계획, 공사비의 산정, 유입 도로의 정비 계획, 용지 경계의 결정	1/1,000 평면 및 종단면도
실 시 설 계	위와 같음	토공, 배수, 구조물, 포장, 교통관리시설, 조경, 건축시설 등의 설계	1/1,000 및 상세도

7-6-2 본선과의 관계

인터체인지는 본선을 주행하는 운전자가 먼 거리에서도 식별할 수 있어야 하고, 자동차가 안전하고 원활하게 출입할 수 있는 구조로 설계되어야 한다.

(1) 인터체인지 부근의 평면곡선 반지름이 작으면 곡선의 바깥쪽에 설치되는 유출입 연결로 및 변속차로와 본선의 편경사 차가 커지는 경우가 많고, 이런 경우에는 안전한 유출입이 어렵고 위험하며 설계상 편경사 설치가 곤란하게 된다. 이와 같은 이유로 인터체인지 구간의 본선 최소 평면곡선 반지름은 기본구간의 경우보다 약 1.5배 크게 적용하도록 한다.

표 7-7 인터체인지 구간의 본선 평면곡선 반지름

(단위 : m)

본선 설계속도(km/h)		120	110	100	90	80	70	60
최소 평면 곡선반지름	계산값	709	596	463	375	280	203	142
	적용값	1,000	900	700	600	450	350	250

(2) 인터체인지 전체가 본선의 큰 오목(凹)형 종단곡선 안에 있을 경우 운전자가 인터체인지를 쉽게 알아 볼 수 있으나, 인터체인지가 본선의 작은 볼록(凸)형 종단곡선 내 또는 그 직후에 있으면 인터체인지의 전체 또는 그 일부가 보이지 않게 될 염려가 있다.

① 볼록(凸)형 종단곡선의 변화비율

인터체인지 구간의 볼록형 종단곡선 변화비율(K)은 본선 정지시거(D) 기준보다 1.1배 이상 확보될 수 있도록 해야 한다.

$$K = \frac{D^2}{385} \qquad D' = 1.1D \qquad K' = 1.21K$$

표 7-8 볼록형 종단곡선의 최소 종단곡선 변화비율

본선 설계속도(km/h)		120	110	100	90	80	70	60
정지시거 확보 기준(K)(m/%)		120	90	60	45	30	25	15
인터체인지 구간의 종단곡선 변화비율 (m/%)	계산값	145	109	73	55	37	31	19
	적용값	150	110	80	60	40	35	20

② 오목(凹)형 종단곡선의 변화비율

오목형 종단곡선의 경우, 연결로에 육교가 있을 경우를 제외하고는 인터체인지의 시인성에 문제가 있는 경우는 없으나 종단선형의 시각적인 원활성을 확보하기 위하여 충격 완화를 위한 종단곡선 변화비율의 2~3배 크기의 거리가 확보되도록 해야 한다.

$$K = \frac{V^2}{360} \quad K' = (2 \sim 3)K$$

표 7-9 오목형 종단곡선의 최소 종단곡선 변화비율

본선 설계속도(km/h)		120	110	100	90	80	70	60
충격 완화 기준(K)(m/%)		40.0	33.6	27.8	22.5	17.8	13.6	10.0
인터체인지 구간의 종단곡선 변화비율 (m/%)	계산값	80~120	67~100	56~83	45~68	36~53	27~41	20~30
	적용값	110	100	80	60	50	40	30

(3) 본선의 종단경사는 기본구간에 비하여 더욱 완만하게 하는 것이 바람직하다. 인터체인지 구간에서의 급한 내리막 경사는 인터체인지에서 유출하는 자동차의 감속에 불리하게 작용하며, 그 결과 과속으로 인하여 사고를 일으키는 경우가 많다. 또한, 급한 오르막 경사는 본선에 유입하는 자동차의 가속에 불리하게 작용하므로 가속차로의 길

이를 표준길이 이상 확보해야 하고, 가속차로의 길이가 여유 있게 확보되어 있어도 대형자동차는 가속되지 않은 상태로 본선으로 유입되므로 사고 원인을 제공하는 경우가 많다. 이와 같은 안전성을 고려하여 인터체인지를 설치하는 본선 구간의 최대 종단경사는 기본구간의 경우보다 값을 낮추어 적용하도록 한다.

표 7-10 인터체인지 구간의 최대 종단경사

(단위 : %)

본선 설계속도(km/h)	120	110	100	90	80	70	60
최대 종단경사	2.0	2.0	3.0	3.0	4.0	4.0	4.5

(4) 이 밖에도 인터체인지를 설계할 때 본선의 선형이 이들 조건을 만족하고 있더라도 인터체인지가 땅깎기 구간이나 육교 직후에 설치되어 유출 연결로가 가려져 있는 경우에는 그곳이 사고가 많은 지점이 될 수 있으므로 운전자의 시선을 방해하지 않도록 한다. 유출 연결로 접속단 직전의 작은 볼록(凸)형 종단곡선, 교량, 난간 등도 연결로를 가릴 수 있으므로 주의를 기울여야 한다. 이와 같은 문제가 있는 곳은 계획단계에서 투시도를 활용하여 총괄적으로 선형을 판단하도록 해야 한다.

7-6-3 연결로의 기하구조

제34조(입체교차의 연결로)

① 입체교차의 연결로에 대하여는 제8조, 제10조제3항, 제11조제2항 및 제12조제2항·제3항을 적용하지 않는다.

② 연결로의 설계속도는 접속하는 도로의 설계속도에 따라 다음 표의 속도를 기준으로 한다. 다만, 루프 연결로(고리 모양으로 생긴 연결로를 말한다)의 경우에는 다음 표의 속도에서 시속 10킬로미터 이내의 속도를 뺀 속도를 설계속도로 할 수 있다.

상급 도로의 설계속도 (킬로미터/시간) / 하급 도로의 설계속도 (킬로미터/시간)	120	110	100	90	80	70	60	50 이하
120	80~50							
110	80~50	80~50						
100	70~50	70~50	70~50					
90	70~50	70~40	70~40	70~40				
80	70~40	70~40	60~40	60~40	60~40			
70	70~40	60~40	60~40	60~40	60~40	60~40		
60	60~40	60~40	60~40	60~40	60~30	50~30	50~30	
50 이하	60~40	60~40	60~40	60~40	60~30	50~30	50~30	40~30

③ 연결로의 차로폭, 길어깨폭 및 중앙분리대의 폭은 다음 표의 폭 이상으로 한다. 다만, 교량 등의 구조물로 인하여 부득이한 경우에는 괄호 안의 폭까지 줄일 수 있다.

연결로 기준 / 횡단면 구성 요소	최소 차로폭 (미터)	길어깨의 최소 폭(미터)					중앙 분리대 최소 폭 (미터)
		한쪽 방향 1차로		한쪽 방향 2차로	양방향 다차로	가속·감속 차로	
		오른쪽	왼쪽	오른쪽·왼쪽	오른쪽	오른쪽	
A기준	3.50	2.50	1.50	1.50	2.50	1.50	2.50(2.00)
B기준	3.25	1.50	0.75	0.75	0.75	1.00	2.00(1.50)
C기준	3.25	1.00	0.75	0.50	0.50	1.00	1.50(1.00)
D기준	3.25	1.25	0.50	0.50	0.50	1.00	1.50(1.00)
E기준	3.00	0.75	0.50	0.50	0.50	0.75	1.50(1.00)

비고)
1. 각 기준의 정의
   가. A기준 : 길어깨에 대형자동차가 정차한 경우 세미트레일러가 통과할 수 있는 기준
   나. B기준 : 길어깨에 소형자동차가 정차한 경우 세미트레일러가 통과할 수 있는 기준
   다. C기준 : 길어깨에 정차한 자동차가 없는 경우 세미트레일러가 통과할 수 있는 기준
   라. D기준 : 길어깨에 소형자동차가 정차한 경우 소형자동차가 통과할 수 있는 기준
   마. E기준 : 길어깨에 정차한 자동차가 없는 경우 소형자동차가 통과할 수 있는 기준

2. 도로의 설계속도별 적용기준

상급 도로의 설계속도 (킬로미터/시간)		적용되는 연결로의 기준
100 이상	지방지역	A기준 또는 B기준
	도시지역	B기준 또는 C기준
100 미만		B기준 또는 C기준
소형차도로		D기준 또는 E기준

④ 연결로의 형식은 오른쪽 진출입을 원칙으로 한다. 이 경우 진출입의 연속성 및 일관성이 유지되도록 하여야 한다.

1. 연결로를 설치할 때 고려사항

연결로란 본선과 본선 또는 본선과 접속도로 간을 이어주는 도로를 말하는 용어이며, 일반적으로 연결로에는 변속차로가 접속되어 있다. 연결로가 설치되는 본선 도로의 등급은 주간선도로, 보조간선도로, 집산도로, 국지도로로 구분하며, 동일 유출에서는 설계속도에 따라 구분한다. 연결로를 설계할 때에는 교통안전을 고려하여 본선의 좌측에 접속하는 연결로 형식은 피하고, 클로버 형식에 설치되는 루프 연결로에는 가능한 한 집산로를 설치해야 한다.

연결로의 선형은 인터체인지의 성격, 지형 및 지역을 감안하고 연결로상의 주행속도의

변화에 적응하며, 연속적으로 안전한 주행이 확보되도록 설계해야 한다.

연결로의 선형은 일반적으로 인터체인지의 형식과 규모에 따라 정하여진다. 그러므로 연결로의 선형 설계는 우선 인터체인지의 성격(교차하는 도로의 규격, 교통량, 차종 구성, 교통운용의 조건), 지형 및 지역에 따른 적당한 인터체인지 형식과 규모를 선정하는 것이 가장 중요하다.

연결로는 일반적으로 그 양단을 연결로보다 높은 설계속도를 가진 본선에 접속하거나 또는 일시 정지 규제를 받는 교차부에 연결한다. 이 때문에 연결로에서는 자동차가 항상 일정속도로 주행하기보다는 오히려 속도의 변화를 수반하는 것이다. 따라서, 연결로 선형은 이 주행속도의 변화에 원활하게 적응되도록 설계해야 한다. 특히, 높은 속도를 갖는 본선에서의 유출 연결로의 선형에 대해서는 운전자의 속도 감각을 고려하여 안전한 유출이 되도록 배려할 필요가 있다.

일련의 입체교차가 설계되는 경우에는 각각의 입체교차는 물론 이들의 입체교차를 연계하여 유출입 유형의 일관성이 확보되도록 설계되어야 한다. 특히, 주목해야 할 점은 유출 연결로의 위치가 구조물의 전방과 후방에 섞여 있거나 또는 좌측과 우측에 유출입 연결로가 병합되지 않도록 해야 한다.

좌측에 유입부가 있는 경우에는 유입 교통량과 우측의 고속 교통량과의 합류에 문제를 초래한다. 또한, 유출의 경우에도 우측으로 유출하도록 해야 운전자의 혼돈과 본선의 엇갈림을 피할 수 있다.

유출입 유형의 일관성은 운전자의 주행 행태를 단순하고 용이하게 해 주어 다음과 같은 장점을 갖게 된다.

• 차로 변경을 줄인다.

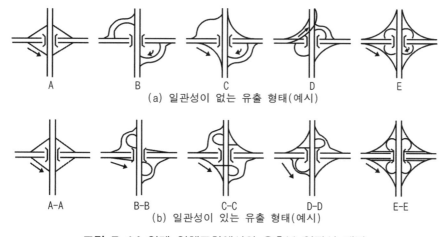

(a) 일관성이 없는 유출 형태(예시)

(b) 일관성이 있는 유출 형태(예시)

그림 7-14 연계 입체교차에서의 유출부 일관성 개념

- 도로안내표지를 단순하게 한다.
- 직진 교통과의 마찰을 줄인다.
- 운전자의 혼란을 줄인다.
- 운전자의 정보 탐색 필요성을 줄인다.

그림 7-14는 연계된 일련의 입체교차에서 유출 유형에 일관성이 있는 형식과 없는 형식을 비교한 것이다. (a)는 유출 유형에 일관성이 없다. 즉, 지점 A에서는 구조물 전에 유출부가 있고 지점 B, C, E에서는 구조물 후 유출부가 있다. 또한, 지점 A, B, C, E에서는 우측 유출로 설계되었으나 지점 D에서는 좌측 유출로 되어 있다. 반면에 (b)는 유출 유형에 일관성이 있도록 설계된 것이다. 즉, 모든 유출이 구조물 전방과 우측에서 이루어지도록 하였고, 이를 위해 2점 분기보다 1점 분기(one point diversion)인 형태의 집산로를 도입한 것에 주목할 필요가 있다.

사고 통계를 분석해 볼 때 좌측 유출 연결로는 가장 많은 교통사고를 유발하고 있으며, 유출 연결로에서 유입 연결로보다 많은 교통사고가 발생한다. 따라서, 인터체인지를 계획할 때에는 좌측 유출입 연결로의 설치는 피하는 것이 사고 예방을 위하여 바람직하다.

고속국도 및 그 밖의 도로는 일관성을 유지하기 위한 기본 차로수(basic number of lanes)를 유지해야 한다.

기본 차로수란 교통량의 과다에 관계없이 도로의 상당한 거리에 걸쳐 유지되어야 할 최소 차로수를 말하며, 부가차로는 기본 차로수에 포함되지 않는다. 만약 기본 차로수가 해당 도로를 일반적으로 이용하는 교통량에 비추어 볼 때 부족한 경우에는 교통 정체를 초래하게 되고, 고속국도의 경우에는 추돌사고의 원인이 될 수 있다. 기본 차로수는 설계 교통량과 도로용량 및 서비스수준의 설정에 따라 정해진다.

기본 차로수가 정해진 후에는 해당 도로와 연결로 사이에 차로수의 균형(lane balance)이 이루어져야 하며, 균형의 기본 원칙은 다음과 같다.

① 차로의 증감은 방향별로 한 번에 한 개 차로만 증감해야 한다.
② 도로가 분류될 때에는 분류 후의 차로수의 합이 분류 전의 차로수보다 한 개 차로가 많아야 한다. 다만, 지형 상황 등으로 부득이하다고 인정되는 경우에는 분류 전후의 차로수는 같게 할 수 있다.
③ 도로가 합류될 때에는 합류 후의 차로수가 합류 전의 차로수의 합과 같아야 한다. 다만, 지형 상황 등으로 부득이하다고 인정되는 경우에는 합류 후의 차로수는 합류 전의 차로수의 합보다 한 개 차로가 적은 차로수로 할 수 있다.

이것은 엇갈림 구간에서는 엇갈림에 필요한 차로 변경 수를 최소화하고, 연결로 유출입부에서는 균형 있는 차로 제공을 통하여 구조적인 용량 감소 요인을 제거하기 위한 설

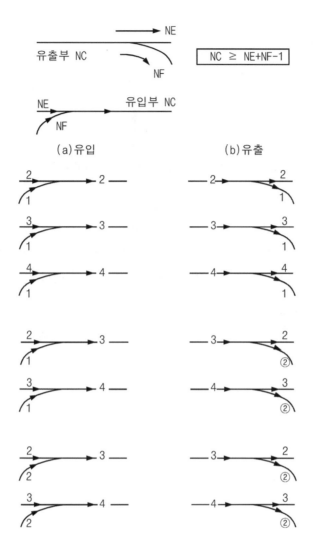

② : 교통량이 상당히 저하될 경우에는 1차로로 함

그림 7-15 차로수의 균형 원칙(예시)

계 개념이다. 특정 구간의 서비스수준이 유출입 교통량의 많고 적음에 따라 설계서비스수
준보다 떨어질 수 있고, 이러한 경우에는 계획된 기본 차로수에 추가로 차로를 설치해야
한다. 입체교차시설의 유출입 연결로나 엇갈림 구간 설계에서 차로수 균형 개념을 적용하
지 않을 경우 이 구간의 운행 특성상 다른 구간보다 많은 혼란을 발생시켜 상시적인 병목
구간이 될 수 있으므로 유의해야 한다.

이상의 차로수의 균형 원칙에 따른 분·합류부 차로수의 배분이 그림 7-16에 예시되고
있다.

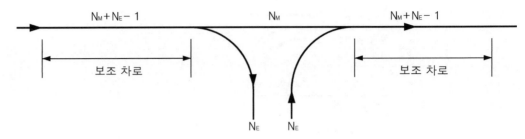

그림 7-16 분 · 합류부 차로수의 배분(예시)

2. 연결로의 설계속도

연결로의 설계속도는 서로 접속하는 두 도로의 설계속도와 소재 지역에 따라 규정되며, 교통량, 차종구성, 지형, 지물, 연결로상의 자동차 주행속도의 변화 및 교통의 운영조건을 고려하여 표 7-11에서 정한 범위 내에서 적절하게 선택한다.

표 7-11 연결로의 설계속도

(단위 : km/h)

상급 도로의 설계속도 / 하급 도로의 설계속도	120	110	100	90	80	70	60	50 이하
120	80~50							
110	80~50	80~50						
100	70~50	70~50	70~50					
90	70~50	70~40	70~40	70~40				
80	70~40	70~40	60~40	60~40	60~40			
70	70~40	60~40	60~40	60~40	60~40	60~40		
60	60~40	60~40	60~40	60~40	60~30	50~30	50~30	
50 이하	60~40	60~40	60~40	60~40	60~30	50~30	50~30	40~30

루프 연결로의 경우, 이 표에서 제시된 연결로 설계속도에서 10km/h를 낮춘 값을 적용할 수 있다. 이 표에서 상급 도로라 함은 교차 또는 접속되는 두 도로 중 설계속도가 높은 도로를 말하며, 설계속도가 같은 경우 교통량이 많은 도로를 상급 도로로 간주한다.

연결로의 설계속도는 장소의 제약이나 비용 등의 관계로 낮게 선택할 수 밖에 없는 경우가 많다. 또, 실용상 어느 정도 낮은 설계속도도 허용할 수 있다. 이는 인터체인지 또는 분기점에서 방향을 바꾸려는 운전자는 연결로의 선형에 따라 자연스럽게 변속하기 때문이다.

연결로의 설계속도를 결정할 때에는 연결되는 도로 상호의 설계속도뿐만 아니라 교통량, 차종 구성, 지형, 지역 및 연결로상의 주행속도 변화를 고려해야 한다. 특히, 유출 연결로의 경우에는 유출부의 속도 규제 상황 등을 고려하여 표 7-11에 규정한 범위 내에서 적절하게 선정해야 한다. 예를 들면, 교통량이 많은 연결로의 설계속도는 50km/h 또는 60km/h로 하는 것이 바람직하고, 산지 등의 교통량이 적은 연결로의 설계속도는 30km/h로 할 수 있다.

표 7-11을 적용할 때의 주의사항은 다음과 같다.

① 이용 교통량이 많을 것으로 예상되는 연결로는 본선의 설계기준을 적용하여 설계한다.

② 본선의 분류단 부근에서는 보통 주행속도의 변화가 있으므로 속도 변화에 적합한 완화구간을 설치하여 운전자가 주행속도를 자연스럽게 바꿀 수 있도록 한다.

③ 연결로의 실제 주행속도는 선형에 따라 변하므로 편경사 등의 기하구조를 설계할 때는 실제 주행속도를 고려할 필요가 있다.

④ 하급 도로의 설계속도가 60km/h 이하인 경우의 연결로는 루프 연결로일 경우 설계속도의 최솟값으로 30km/h를 채택할 수 있다.

고속국도에서는 교통량이 적은 방향에 루프 연결로를 사용할 수 있으나, 연결로에 50km/h 이상의 설계속도를 적용하기 위해서는 넓은 용지가 필요하고, 추가 주행거리가 발생되므로 교통경제 측면에서 비경제적이다. 따라서, 루프 연결로의 경우에는 설계속도를 40km/h 까지 줄일 수 있다.

분기점의 연결로 설계속도는 입체교차 형식과 밀접한 관계가 있다. 즉, 계획하는 입체교차 형식에 따라 연결로별로 설계속도가 결정되는 경우와 역으로 연결로의 중요도에 따라 필요로 하는 설계속도가 정해지고, 이에 대응하는 입체교차 형식이 결정될 수도 있다. 이 때문에 분기점의 경우에는 연결로의 설계속도와 입체교차 형식이 병행 검토되어 결정되어야 한다.

세 갈래 교차 형식으로는 직결 또는 준직결의 Y형으로 선정하는 경우가 많고, 네 갈래 교차 형식으로는 일반적으로 클로버형 및 그 변형으로 선정하는 경우가 많다. 이 경우에는 선형 설계상 연결로를 설계속도의 하한값에 가까운 속도로 설계할 경우가 있다. 단, 이 경우에도 우회전 연결로의 설계속도로 비교적 높은 값을 선정할 수 있다. 특별한 경우로서, 분기점이 영업소를 중간에 두고 접속되는 것과 같은 곳에서는 영업소에서 일단 정지를 고려하여 오히려 일반적인 인터체인지에서와 같이 모든 연결로를 40km/h 정도로 설계할 수도 있다.

인터체인지의 규격을 결정할 때 먼저 고려해야 할 요소는 본선의 설계속도 및 설계서비스수준이다. 본선의 설계속도가 높고, 설계서비스수준도 높은 구간은 선형, 도로 구조, 시설 등의 각종 요소를 높은 수준으로 설계하여 고속국도 등 주간선도로 이용자에게 높은 안전성과 쾌적성을 제공해야 한다. 따라서, 이와 같은 구간에 설치되는 인터체인지는 그

제 7 장

균형상 높은 규격의 것이라야 한다. 이와는 반대로, 본선의 설계속도가 낮고 설계서비스 수준도 낮은 구간에서는 인터체인지도 본선의 도로 구조, 시설 등의 수준에 맞추어 비교적 낮은 규격의 것으로 하는 것도 허용될 수 있다.

한편, 인터체인지의 규격을 결정하는 또 하나의 요소로서, 많은 교통량을 처리하는 인터체인지의 경우 그로 인해 얻을 수 있는 안전성과 쾌적성으로 편익이 증가될 경우에는 고규격을 적용할 수 있다.

국지적인 교통만 통행하는 인터체인지는 설계 수준을 약간 낮게 잡아서 설계하여도 무리가 없다. 이것은 해당 인터체인지를 이용하는 이용자가 인터체인지를 이용하는 횟수가 많아질수록 도로 여건에 익숙해져서 교통안전상 큰 문제가 없기 때문이다.

3. 연결로의 횡단구성

(1) 연결로의 기준

연결로는 A~E의 다섯 가지 기준으로 구분하여 적용한다.

① A기준 연결로 : 길어깨에 대형자동차가 정차한 경우 세미트레일러가 통과할 수 있는 기준

② B기준 연결로 : 길어깨에 소형자동차가 정차한 경우 세미트레일러가 통과할 수 있는 기준

③ C기준 연결로 : 길어깨에 정차한 자동차가 없는 경우 세미트레일러가 통과할 수 있는 기준

④ D기준 연결로 : 길어깨에 소형자동차가 정차한 경우 소형자동차가 통과할 수 있는 기준

⑤ E기준 연결로 : 길어깨에 정차한 자동차가 없는 경우 소형자동차가 통과할 수 있는 기준

(2) 연결로 기준의 적용

연결로 기준의 적용은 교차 접속하는 도로 중 상급 도로의 구분에 따라 정한다.

① 상급 도로가 고속국도인 경우에는 표준으로 A기준 연결로를 사용하고, B기준 연결로는 이용 교통량이 비교적 적은 경우에 적용할 수 있다.

C기준 연결로는 이용 교통량이 적고, 대형자동차의 출입이 거의 없는 인터체인지에서 하급 도로측의 연결로에 적용한다.

② 상급 도로가 도시지역 고속국도인 경우, 일반적으로 연결로가 구조물로 설치되는 경우가 많고, 통행하는 자동차가 대부분 승용자동차이며, 용지 확보가 어렵다는 점 등을 감안하여 C기준 연결로를 적용할 수 있다. 단, 도시지역 및 그 주변이라 하더라도 지방의 간선도로 성격이 짙고, 대형자동차의 이용이 많을 것으로 예상되는 출입시설의 연결로는 A기준 연결로를 사용하도록 한다.

③ 상급 도로가 고속국도를 제외한 그 밖의 도로인 경우에는 고속국도에 비하여 일반적으로 본선의 설계속도가 낮으므로 B기준 연결로를 표준으로 사용하도록 한다. C기준 연결로의 적용은 고속국도의 경우와 마찬가지로 이용 교통량이 적고, 대형자

동차 교통량이 거의 없는 출입 시설의 연결로로 이용한다.

④ 소형차도로인 경우에는 도로의 성격에 따라 D, E기준 연결로를 사용하도록 한다.

(3) 연결로의 횡단면 구성

연결로의 횡단면은 차로와 길어깨로 구성되며, 양방향 통행 연결로에는 중앙분리대를 설치한다. 연결로의 중앙분리대 폭과 차로 및 길어깨 최소 폭에 대한 제원은 표 7-12와 같다.

표 7-12 연결로의 차로 및 길어깨폭

(단위 : m)

횡단면 구성 요소 / 연결로 기준	최소 차로폭	길어깨의 최소 폭					중앙 분리대 최소 폭
		한쪽 방향 1차로		한쪽 방향 2차로	양방향 다차로	가속·감속 차로	
		오른쪽	왼쪽	오른쪽·왼쪽	오른쪽	오른쪽	
A기준	3.50	2.50	1.50	1.50	2.50	1.50	2.50(2.00)
B기준	3.25	1.50	0.75	0.75	0.75	1.00	2.00(1.50)
C기준	3.25	1.00	0.75	0.50	0.50	1.00	1.50(1.00)
D기준	3.25	1.25	0.50	0.50	0.50	1.00	1.50(1.00)
E기준	3.00	0.75	0.50	0.50	0.50	0.75	1.50(1.00)

주) ( )안의 값은 터널 등의 구조물을 설치할 때 부득이한 경우

연결로의 횡단면 구성을 결정할 때에는 본선의 설계속도, 본선의 횡단면 구성, 연결로의 교통운용 방법, 이용 교통량과 차종 구성, 실제 주행속도, 곡선부의 확폭, 그리고 지형적 조건 등을 고려해야 한다.

연결로는 일반적으로 방향이 분리된 한쪽 방향 1차로가 원칙이며, 이러한 연결로는 고장난 차가 주차할 수 있도록 도로 우측에 주차가 가능한 길어깨폭을 확보해야 한다. 한쪽 방향 2차로 연결로는 1차로로 교통량을 모두 처리할 수 없을 때 적용하는 것으로, 반드시 주차가 가능한 폭의 길어깨를 설치할 필요는 없다. 한쪽 방향 1차로의 A기준 연결로의 우측 길어깨폭에 대해서 축소 규정을 두고 있는데, 이것은 비교적 길이가 긴 터널과 구조물 등이 설치되는 구간에 적용되는 규정으로 공사비의 절감을 위하여 규정한 것이다.

트레일러 등의 대형자동차들이 연결로의 폭을 유효하게 이용하여 회전할 수 있도록 길어깨도 동일한 포장 구조로 하는 것을 원칙으로 한다. 특히, 루프 연결로의 경우 운전자가 심리적으로 안전하다고 느끼는 평면곡선 내측의 길어깨로 주행하려는 경향이 있으므로 차로와 동일한 포장구조로 한다.

연결로의 횡단면을 설계할 때 주의해야 할 사항은 다음과 같다.

① 도시지역 고속국도에서 A기준 연결로를 적용할 경우 차로폭을 3.25m로 할 수 있다.

② 연결로의 중앙분리대 폭은 표 7-12에서 제시한 표준 폭을 원칙으로 하고, 구조물 등 공사비가 많이 소요되는 특별한 경우에 한하여 최소 폭을 적용한다. 중앙분리대에 설치되는 분리대는 원칙적으로 차도면 보다 높은 구조로 한다.

③ 터널, 구조물 등 공사비에 큰 영향을 미치는 구간에서 한쪽 방향 1차로의 A기준 연결로를 설치할 경우 우측 길어깨의 폭을 1.50m 까지 줄일 수 있다. 이 경우 연결로의 길어깨는 원칙적으로 차로와 동일 포장으로 한다.

④ 중앙분리대와 길어깨 간의 측대 폭은 A기준 연결로에는 0.50m, B기준과 C, D, E 기준 연결로에는 0.25m로 한다.

⑤ 분기점에서 연결로의 폭은 본선의 폭과 같이 설계하는 것을 원칙으로 하고, 교통상황에 따라서 A기준 연결로를 적용할 수 있다.

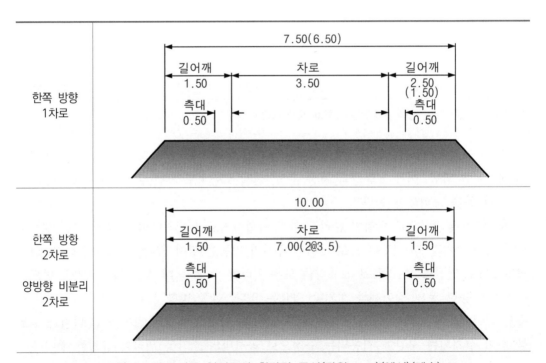

그림 7-17 A기준 연결로의 횡단면 구성(단위 : m)(예시)(계속)

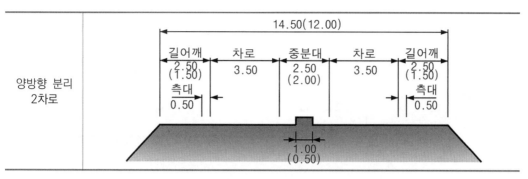

그림 7-17 A기준 연결로의 횡단면 구성(단위 : m)(예시)

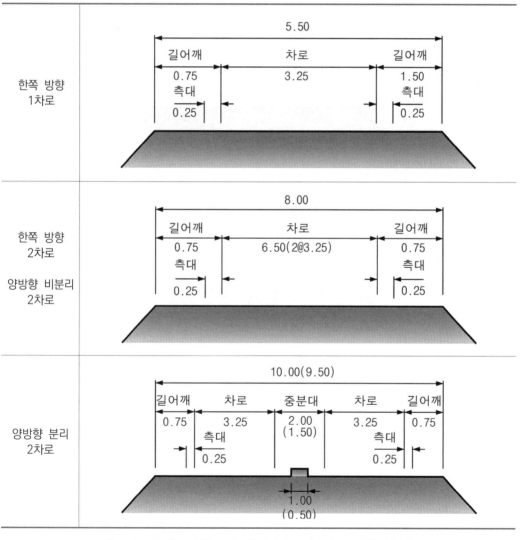

그림 7-18 B기준 연결로의 횡단면 구성(단위 : m)(예시)(계속)

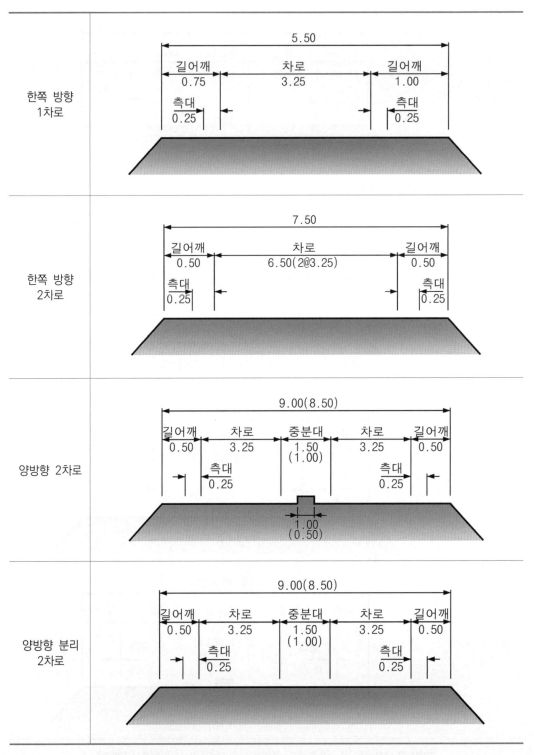

그림 7-19 C기준 연결로의 횡단면 구성(단위 : m)(예시)(계속)

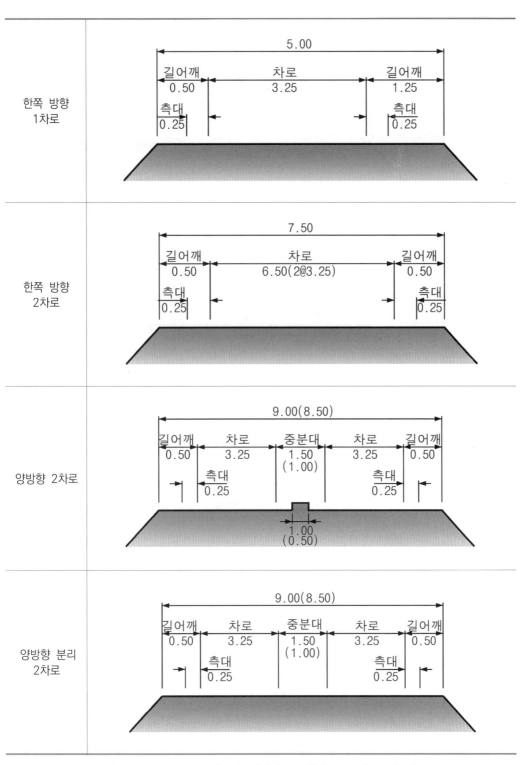

그림 7-20 D기준 연결로의 횡단면 구성(단위 : m)(예시)(계속)

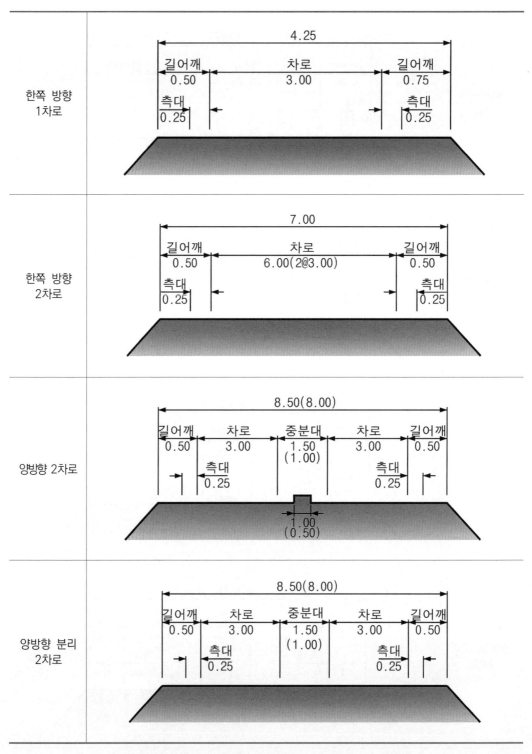

그림 7-21 E기준 연결로의 횡단면 구성(단위 : m)(예시)

(4) 연결로의 시설한계

연결로의 시설한계는 본선의 시설한계 항목을 따르며, 차도 중앙에 분리대 또는 교통섬을 설치하는 경우는 다음에 따른다.

그림 7-22에서 H, b, c, d는 각각 다음의 값을 나타낸다.

H : 시설한계 높이

b : H(4m 미만인 경우 4m로 한다)에서 4m를 뺀 값. 다만, 제18조제1항제2호 및 제3호인 경우에는 H(2.8m 미만인 경우에는 2.8m로 한다)에서 2.8m를 뺀 값.

c : 0.25m

d : 분리대의 모서리 길이는 연결로의 구분에 따라 표 7-13의 값으로 하고, 교통섬의 경우 0.50m로 한다.

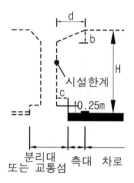

그림 7-22
연결로의 시설한계

표 7-13 분리대에서의 모서리 길이

(단위 : m)

구 분		d
기　준	차　로　수	
A기준	1차로	1.00
	2차로	0.75
B기준	1차로	0.75
	2차로	0.75
C기준	1차로	0.50
	2차로	0.50
D기준	1차로	0.50
	2차로	0.50
E기준	1차로	0.50
	2차로	0.50

4. 연결로의 평면선형

연결로는 본선과는 달리 자동차가 일정한 속도로 주행할 수 없으며, 연결로와 본선의 접속부, 영업소 광장, 접속도로와 연결로의 접속부로 자동차가 진행함에 따라 속도가 변한다. 따라서, 이러한 속도 변화에 적응할 수 있는 선형으로 설계해야 한다. 특히, 유출 연결로에서는 높은 속도를 가진 자동차가 안전하게 유출될 수 있도록 설계해야 한다.

평면선형을 설계할 때 주의해야 할 사항은 다음과 같다.

① 연결로에서의 원활한 속도 변화에 대응할 수 있도록 평면곡선 반지름을 설정한다.

② 인터체인지의 각 연결로에 분포되는 교통량을 고려하여 평면선형을 설계한다(인터체인지의 방향성을 고려하여, 교통량이 많은 연결로는 여유 있는 선형으로 설계를 한다).

③ 유출 연결로는 유입 연결로보다 주행속도가 큰 경향이 있으므로 유출측에 보다 여유있는 선형을 설정한다.

④ 연결로 종점, 연결로 상호의 유출입부, 영업소 유출입부 등은 교통안전상 문제가 발생할 소지가 많은 곳이므로 운전자가 서로 식별할 수 있도록 선형을 설계한다.

⑤ 연결로 종점, 영업소 광장, 고속국도를 제외한 그 밖의 도로에의 접속부에서 횡단면 구성, 횡단경사, 선형 등이 원활하게 접속되도록 설계한다.

연결로의 최소 평면곡선 반지름은 연결로의 설계속도에 따라 '제5장 도로의 선형' 기준에 따른다.

5. 연결로의 종단선형

연결로의 종단선형은 입체교차시설의 특유한 요소에 따라 제약을 받기 때문에 입체교차시설의 특성을 잘 이해하여 안전하고 주행하기 쉬운 연결로를 설계해야 하므로 연결로 종단선형을 설계할 때에는 다음과 같은 사항에 주의를 기울여야 한다.

① 종단선형은 가급적 연속된 것으로 하고, 선형의 급변은 피해야 한다.

② 종단곡선 변화비율은 가능한 한 크고 여유가 있도록 한다. 특히, 본선으로부터 유출할 때 연결로 유입이 위험하지 않고, 지체 없이 이루어질 수 있도록 배려한다.

③ 유입부 부근의 종단선형은 본선의 종단선형과 상당한 구간을 병행시켜 본선상의 시계를 얻을 수 있도록 배려한다.

④ 같은 형태의 종단곡선 사이에 짧은 직선구간을 설치하는 것은 피해야 한다. 이와 같은 경우는 두 종단곡선을 포함하는 큰 종단곡선을 설치하여 개량할 수 있다.

⑤ 종단선형은 항상 평면선형과 연관시켜 설계하고, 양자를 조합한 입체적인 선형이 양호해야 한다.

⑥ 변속차로와 본선과의 접속부분에서는 횡단 형상과 종단 형상과의 관련성을 중시하여 설계한다.

⑦ 영업소 부근의 종단곡선 변화비율은 가급적 크게 하고, 완만한 종단곡선을 적용할 필요가 있다.

연결로의 최대 종단경사는 연결로의 설계속도에 따라 '제5장 도로의 선형' 기준에 따른다.

연결로의 최대 종단경사는 설계속도에 따라 결정되어야 하지만, 간접적으로는 연결로 종류나 장소, 교통량 등에 대응하여 정해져야 하므로 가능한 한 완만한 종단경사를 사용하여 안전하고 원활한 주행이 이루어질 수 있는 종단선형이 되도록 설계해야 한다.

7-6-4 연결로 접속부 설계

1. 접속부를 설계할 때 고려사항

연결로 접속부란 연결로가 본선과 접속하는 부분을 말하며, 변속차로, 변이구간, 본선과의 분·합류단 등을 총칭한다. 연결로 접속부에는 분류, 합류, 감속, 가속 등을 위한 복잡한 운전 동작이 이루어지므로 교통의 안전과 효율적인 운영이 유지되도록 많은 주의를 기울여야 한다.

연결로 접속부를 설계할 때에는 자동차의 진로 변경과 변속이 안전하고 원활하게 이루어지도록 다음 사항에 유의해야 한다.

- 본선 선형과 변속차로 선형의 조화
- 연결로 접속부의 시인성 확보
- 본선과 연결로 간의 투시성

(1) 유출 연결로 접속부

① 시인성

유출 연결로의 접속부는 본선을 통행하는 운전자가 적어도 500m 전방에서 변이구간 시작점을 인식할 수 있도록 하는 것이 바람직하다. 도로안전표지를 설치하여 이와 같은 효과를 얻을 수 있으나, 본선의 선형이나 구조물로 가려져 연결로 접속부가 갑자기 운전자에게 나타나는 일이 없도록 위치 선정에 유의한다.

② 감속차로

감속차로는 노면표시를 하여 명확하게 식별할 수 있도록 한다. 감속차로는 원칙적으로는 평행식이 바람직하나, 자동차의 주행궤적의 원활한 처리가 가능한 경우는 직접식으로 할 수 있다.

③ 유출각

감속차로의 진로와 본선의 진로가 명확히 구별되게 하여 통과하는 자동차가 연결로를 본선으로 오인하여 진입하지 않도록 하고, 유출하려는 자동차가 자연스러운 궤적으로 유출할 수 있는 유출각으로 설계한다. 이러한 조건을 만족시키는 유출각은 1/15~1/25 정도이다.

④ 옵셋(offset)

본선과의 분류단에는 운전자의 착각으로 감속차로로 들어 선 자동차가 원래의 차로로 되돌아가기 쉽게 본선의 차도단에서 옵셋을 설치하도록 한다.

⑤ 분류단 부근의 평면곡선 반지름

유출 연결로에 관한 조사에 따르면, 운전자는 고속 주행의 속도 감각에서 벗어나지 못하고 높은 속도로 분류단까지 접근하는 경향이 있는 것으로 조사되었다. 따라서, 분류단 부근에는 반지름이 큰 평면곡선을 설치하여 운전자의 심리적인 안정과 선형에 적합한 속도로의 변속을 위한 여유 구간을 두는 것이 바람직하다.

⑥ 분류 노즈

연석 등을 설치하여 분류 노즈를 도로의 다른 부분과 명확히 식별되고 그 존재 위치가 쉽게 확인될 수 있도록 한다. 분류 노즈는 최종적인 유출 행동의 목표가 되고, 연결로의 속도 규제 표지판과 같이 감속차로에서 운전자가 연결로의 속도까지 감속할 때의 속도 조정의 목표가 된다. 분류 노즈는 진로를 잘못 알고 유출한 자동차가 충돌할 가능성이 많으므로 충돌할 때의 피해를 줄이기 위하여 가급적 뒤로 물려서 설치하고, 시설들을 설치할 경우 쉽게 파괴될 수 있는 구조물을 설치한다.

(2) 유입 연결로 접속부

유입 연결로의 접속부를 설계할 때에는 유출 연결로를 설계할 때의 주의할 점들에 유의하고, 다음과 같은 사항들을 추가로 고려해야 한다.

① 유입부에서의 유입각을 작게 하여 운전자가 자연스러운 궤적으로 본선에 유입할 수 있도록 해야 하며, 본선 또는 유입 연결로의 교통량이 많을 때는 가속차로의 길이를 길게 하는 것이 바람직하다.

② 본선과 연결로 상호의 투시를 좋게 하기 위하여 합류단의 직전에서, 본선에서는 100m, 연결로에서는 60m 정도 상호 투시가 가능하도록 장애물을 제거한다(그림 7-23).

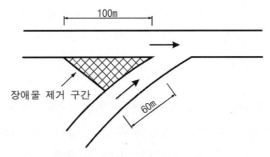

그림 7-23 유입 연결로 접속부에서의 시계 확보(예시)

③ 연결로의 횡단경사와 본선의 횡단경사는 합류단의 훨씬 이전부터 일치시키는 것이 바람직하다.

④ 연결로의 합류단 앞쪽에 안전한 가속 합류부가 있다는 것을 운전자가 알 수 있도록 표지 등을 설치한다.

⑤ 합류부는 긴 오르막 경사와 같이 속도가 떨어지는 구간 직전에 두지 않는 것이 바

람직하다.

⑥ 합류단이 급변하는 것 같이 보이지 않도록 하여 자연스럽게 유입시킬 수 있는 구조로 한다.

⑦ 가속차로의 형식은 일반적으로 평행식이 바람직하나, 본선에 비교적 작은 반지름의 평면곡선이 있는 경우는 직접식으로 할 수 있다.

2. 유출 연결로 노즈의 설계기준

(1) 노즈부 끝에서의 최소 평면곡선 반지름

고속국도에서 관측한 자료에 따르면, 유출 노즈에서 유출 자동차의 평균속도는 연결로의 설계속도보다 상당히 높은 것으로 나타났다. 따라서, 본선으로부터 유출 연결로로 주행할 때 일반적으로 운전자는 본선에서의 고속 주행의 속도 감각에서 완전히 벗어나지 못하므로 유출 연결로에서는 반지름이 작은 원곡선이 갑자기 나타나도록 설계하는 것은 바람직하지 않으며, 어느 정도의 완화주행이 필요하다. 여유 있는 주행을 확보하는 데 필요한 유출 연결로 노즈 끝에서의 최소 평면곡선 반지름은 노즈 부근에서의 통과속도를 표 7-14와 같이 가정하고, i = 2%, f = 0.10로 가정하여 계산하며, 연결로의 설계속도가 노즈에서의 통과 속도보다 높은 경우 노즈 통과속도는 연결로의 설계속도로 가정하여 계산한다.

표 7-14 유출 노즈부의 최소 평면곡선 반지름 계산

본선 설계속도 (km/h)	노즈 통과속도 (km/h)	노즈부의 평면곡선 반지름 계산값 (m)	노즈부의 최소 평면곡선 반지름 (m)	감속도 (m/sec^2)
120	60	236	250	1.0
110	58	220	230	1.0
100	55	198	200	1.0
90	53	184	185	1.0
80	50	164	170	1.0
70	45	132	140	1.0
60	40	105	110	1.0

유출 연결로 노즈 끝에서의 평면곡선 반지름은 본선 설계속도에 따라 표 7-15의 값 이상으로 한다.

표 7-15 유출 연결로 노즈 끝에서의 최소 평면곡선 반지름

본선 설계속도(km/h)	120	110	100	90	80	70	60
노즈 끝 최소 평면곡선 반지름(m)	250	230	200	185	170	140	110

(2) 노즈부 부근에서의 완화구간

유출 연결로 접속부는 주행속도 감속과 연결로 원곡선 구간으로의 주행궤적 변경이 동시에 발생하는 구간이므로 주행 안전성 향상을 위하여 완화구간을 다음과 같이 설치한다.

유출 연결로에서 노즈 이후 완화구간을 설치할 경우 연결로의 평면곡선 반지름이 작은 원곡선이므로 원활한 주행을 확보하기 위하여 노즈 통과속도로 3초 간 주행한 거리의 완화구간을 표 7-16의 값 이상으로 설치한다. 다만, 연결로의 설계속도가 노즈에서의 통과속도보다 높은 경우 노즈 통과속도는 연결로의 설계속도를 적용한다.

표 7-16 유출 연결로 노즈부 최소 완화곡선 길이

본선 설계속도(km/h)	120	110	100	90	80	70	60
노즈 통과속도(km/h)	60	58	55	53	50	45	40
계 산 값(m)	50.0	48.3	45.8	44.2	41.7	37.5	33.3
규 정 값(m)	50	50	50	45	45	40	35

완화구간은 차선도색 노즈와 노즈 사이에서 시작함을 원칙으로 하고, 선형조건 등을 고려하여 부득이하게 차선도색 노즈 이전에서 완화구간이 시작되는 경우 차선도색 노즈부터 완화구간 시점까지의 길이만큼 감속차로를 연장할 수 있다.

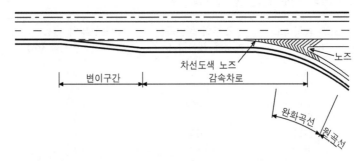

그림 7-24 유출 연결로 노즈부 완화곡선 설치 위치(예시)

편경사 접속설치는 차선도색 노즈로부터 원곡선 시점까지로 하고, 본선 종단경사가 2% 이상의 내리막 경사이며, 원곡선에서 배향으로 분기하여 유출되는 경우의 편경사 접속비율은 보정계수 1.2를 적용한다.

(3) 노즈부 부근에서의 종단곡선

노즈 부근의 연결로 종단곡선 변화비율과 종단곡선의 길이는 본선의 설계속도에 따라 각각 표 7-17의 값 이상으로 한다.

표 7-17 유출 연결로 노즈 부근의 종단곡선

본선 설계속도(km/h)		120	110	100	90	80	70	60
최소 종단곡선 변화비율(m/%)	볼 록 형	15	13	10	9	8	6	4
	오 목 형	15	14	12	11	10	8	6
최소 종단곡선 길이(m)		50	48	45	43	40	38	35

3. 접속단 간의 거리

근접한 인터체인지 사이 또는 인터체인지와 분기점 사이에서는 본선에서의 유출 연결로나 유입 연결로 또는 연결로 상호 간의 분기단이 근접하게 된다.

이 경우 연결로 분기단의 거리를 가깝게 설치하면 운전자가 진행해야 할 방향을 판단하는 시간이나 표지판 설치를 위한 최소 간격의 부족으로 혼란이 발생될 경우가 많아진다. 그러므로 안전하고 원활한 교통 확보를 위해서는 연결로의 분기단을 적절하게 이격시켜 운전자에게 판단시간을 제공할 수 있도록 해야 한다.

유입 연결로가 연속해서 본선에 접속할 때도 그 사이에 가속 합류를 위하여 어느 정도 거리가 필요하다. 또, 합류단 직후에 분류단이 있는 경우에는 이들 접속부 사이에 엇갈림을 처리하기 위한 거리가 필요하다.

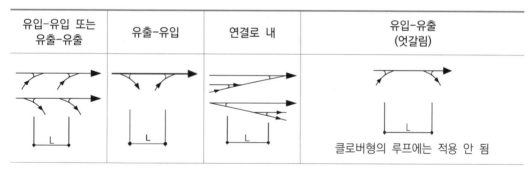

유입-유입 또는 유출-유출	유출-유입	연결로 내	유입-유출 (엇갈림)		
			클로버형의 루프에는 적용 안 됨		

노즈에서 노즈까지의 최소 이격거리(단위 : m)

주간선 도로	보조 간선, 집산 도로, 집산로	주간선 도로	보조 간선, 집산 도로, 집산로	설계속도 60km/h 이상	설계속도 60km/h 미만	분기점(JCT)		인터체인지(I.C)	
						주간선도로	보조간선, 집산도로, 집산로	주간선도로	보조간선, 집산도로, 집산로
300	240	150	120	240	180	600	480	480	300

그림 7-25 접속단 간의 최소 이격거리

이와 같이 연결로의 접속부 사이에는 운전자의 판단, 엇갈림, 가속, 감속 등에 필요한 거리가 확보되어야 하므로 연결로 접속단 간의 이격거리는 운전자가 표지 등을 시인하여 반응을 일으키는 데 필요한 시간을 2~4초, 자동차가 인접차로로 변경하는데 소요되는 시간을 3~4초로, 이를 합한 5~8초를 근거(미국 AASHTO 설계기준)로 그림 7-25에 나타낸 값을 표준으로 하고 있다.

연결로 접속단 간의 이격거리는 다음 사항에 유의하여 결정한다.

(1) 유입이 연속되거나 유출이 연속되는 경우

이 경우에는 그림 7-25의 값을 적용하는 것 외에 변속차로 길이 및 표지 간의 거리 등을 감안하여 안전한 통행을 위하여 제일 긴 거리를 선택하여 그 거리를 이격거리로 결정한다.

(2) 유입의 앞쪽에 유출이 있는 경우(유입-유출의 경우)

이 경우에는 그림 7-25의 값과 엇갈림에 필요한 길이 중 긴 쪽의 거리로 결정한다. 엇갈림 교통량 및 본선 교통량이 많은 경우에는 집산로를 설치하여 엇갈림 상충을 본선으로부터 집산로로 유도할 수 있다. 집산로란 그림 7-26과 같이 본선 차로와 분리하여 나란히 설치된 차로를 말하며, 본선상의 분류단과 합류단 사이에 설치되고, 교통량을 분산·유도하는 기능을 갖는다.

일반적으로 다음과 같은 경우에 집산로 설치를 검토할 수 있다.
① 본선 차로의 교통량이 많아 분리할 필요가 있는 경우
② 유출 분기 노즈가 인접하여 2개 이상 있는 경우
③ 유출입 분기 노즈가 인접하여 3개 이상 있는 경우
④ 필요한 엇갈림 길이를 확보할 수 없는 경우
⑤ 표지 등으로 정확히 유도할 수 없는 경우

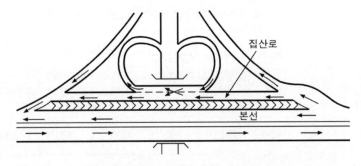

그림 7-26 집산로를 설치한 입체교차

4. 연속부가차로 설치

본선 및 연결로 주행 자동차가 혼재되어 속도 감소 및 교통사고 위험이 상존하는 입체 교차 설치 구간과 교차로 등 시설물 간격이 조밀하게 배치되어 서비스수준 저하로 상습 지·정체가 우려되는 구간은 원활한 교통흐름을 유도하기 위하여 연속부가차로를 설치할 수 있다.

연속부가차로는 기본 차로수 외에 가·감속차로를 연속하여 설치하는 부가차로를 말하며, 설치방법은 본선 및 유출입 교통량, 통행 형태, 용지 확보 여부 및 설치 연장을 종합적으로 고려하여 차선 분리 방법과 차도 분리 방법으로 구분하여 설치한다.

(1) 차선 분리 방법

① 설치 연장이 비교적 짧은 경우

② 유입 교통량보다 유출 교통량이 많은 경우

③ 본선의 교통밀도가 높은 경우

④ 차두 간격이 좁아 유입 기회가 적은 경우

⑤ 유입 교통량 중에 대형자동차 비율이 높은 경우

⑥ 적설지역으로서 제설작업이 많은 경우

(2) 차로 분리 방법

① 설치 연장이 비교적 긴 경우

② 유출 교통량보다 유입 교통량이 많은 경우

③ 본선의 교통 밀도가 낮은 경우

④ 차두 간격이 넓어 유입 기회가 많은 경우

⑤ 유출부 지정체로 인하여 본선에서 연결로로 직접 끼어들기가 빈번하게 발생하는 경우

⑥ 유출부에 신호교차로가 인접한 경우

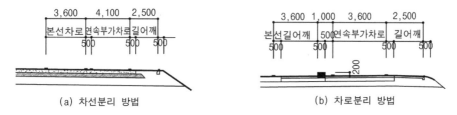

그림 7-27 연속부가차로 설치 방법(예시)

차선 분리 방법에서는 본선 차로와 연속부가차로를 구분하기 위하여 그림 7-28 표시된 바와 같이 노면표시를 하고, 도로표지 관련 규정에 따른 표지판을 설치한다.

차도 분리 방법으로 연속부가차로를 설치할 경우에는 운전자의 인지능력 향상을 위하여 본선 및 부가차로 구간에 좌회전금지, 양보, 우합류, 속도 제한 및 방향예고표지판 등 도로표지판을 추가 설치한다.

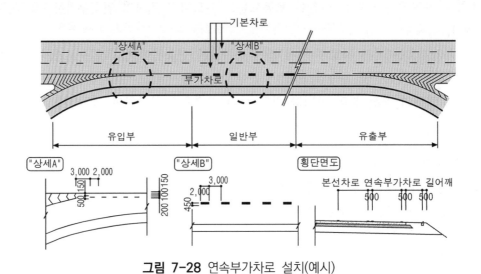

그림 7-28 연속부가차로 설치(예시)

7-6-5 변속차로의 설계

제35조(입체교차 변속차로의 길이)

① 변속차로 중 감속차로의 길이는 다음 표의 길이 이상으로 하여야 한다. 다만, 연결로가 2차로인 경우 감속차로의 길이는 다음 표의 길이의 1.2배 이상으로 하여야 한다.

본선 설계속도(킬로미터/시간)		120	110	100	90	80	70	60
연결로 설계속도 (킬로미터 /시간)	80	변이구간을 제외한 감속차로의 최소 길이 (미터)	120	105	85	60	–	–	–
	70		140	120	100	75	55	–	–
	60		155	140	120	100	80	55	–
	50		170	150	135	110	90	70	55
	40		175	160	145	120	100	85	65
	30		185	170	155	135	115	95	80

② 본선의 종단경사의 크기에 따른 감속차로의 길이 보정률은 다음 표의 비율로 하여야 한다.

본선의 종단경사(퍼센트)	내리막 경사				
	0~2 미만	2 이상~3 미만	3 이상~4 미만	4 이상~5 미만	5 이상
감속차로의 길이 보정률	1.00	1.10	1.20	1.30	1.35

③ 변속차로 중 가속차로의 길이는 다음 표의 길이 이상으로 하여야 한다. 다만, 연결로가 2차로인 경우 가속차로의 길이는 다음 표의 길이의 1.2배 이상으로 하여야 한다.

본선 설계속도(킬로미터/시간)			120	110	100	90	80	70	60
연결로 설계속도 (킬로미터 /시간)	80	변이구간을 제외한 가속차로의 최소 길이 (미터)	245	120	55	–	–	–	–
	70		335	210	145	50	–	–	–
	60		400	285	220	130	55	–	–
	50		445	330	265	175	100	50	–
	40		470	360	300	210	135	85	–
	30		500	390	330	240	165	110	70

④ 본선의 종단경사의 크기에 따른 가속차로의 길이 보정률은 다음 표의 비율로 한다.

본선의 종단경사(퍼센트)	오르막 경사				
	0~2 미만	2 이상~3 미만	3 이상~4 미만	4 이상~5 미만	5 이상
가속차로의 길이 보정률	1.00	1.20	1.30	1.40	1.50

⑤ 변속차로의 변이구간의 길이는 다음 표의 길이 이상으로 하여야 한다.

본선 설계속도 (킬로미터/시간)	120	110	100	90	80	60	50	40
변이구간의 최소 길이(미터)	90	80	70	70	60	60	60	60

1. 변속차로의 형식

(1) 감속차로

감속차로 형식은 평행식과 직접식이 있다. 평행식은 감속차로 시점을 일정 길이를 갖는 변이구간을 설치하고, 유출 연결로 노즈까지는 일정 폭으로 한 것으로, 직접식보다 감속차로 시점의 인지성은 유리하지만 곡선으로 감속 주행을 해야 한다. 직접식은 감속차로 전체가 변이구간으로 되어 있는 것으로, 감속차로 시점에 대한 인지성은 평행식보다 떨어진다.

일반적으로 운전자들은 직접식의 유출을 선호하며, 곡선주행을 선호하지 않는다는 것이 많은 조사에서 나타나 있으나 운전자의 운전 행태를 보면, 변이구간에서의 진입보다 감속차로 중간 위치에서의 진입으로 교통안전상 감속차로 전 구간이 동일한 폭으로 구성된 평행식이 유리한 것으로 나타난다. 따라서, 감속차로의 형식은 본선의 선형, 교통 조건 등을 감안하여 결정해야 한다.

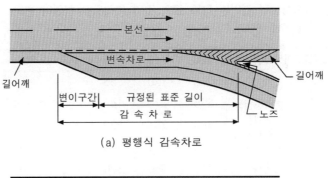

(a) 평행식 감속차로

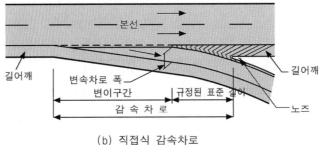

(b) 직접식 감속차로

그림 7-29 평행식과 직접식의 감속차로(예시)

직접식의 경우 본선이 곡선인 경우에도 감속차로 설치가 용이하지만, 그림 7-30(a)와 같이 본선이 왼쪽으로 구부러질 때 직선에 가까운 모양으로 접속시키면 본선을 통과하는 자동차가 잘못하여 연결로에 들어가게 되기 쉬운 모양이 되거나 본선의 평면곡선 반지름이 작으면 감속차로 길이를 확보할 수 없을 때가 있다. 또, 편경사의 관계에서 본선과 감속차로와의 사이에 큰 횡단경사의 변화점이 생기게 되어 바람직하지 않다. 이러한 경우, 본선과 같은 평면곡선 반지름으로 하거나 거의 같은 평면곡선 반지름으로 하여 본선에서 떨어지는 거리가 변이구간 시점으로부터의 거리에 따라 직선으로 되는 그림 7-30(b)와 같은 모양으로 하는 것이 바람직하다.

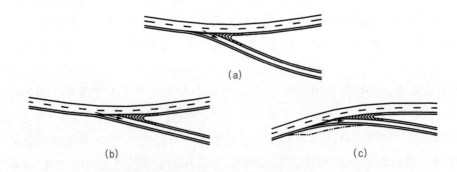

(a)

(b)   (c)

그림 7-30 직접식 감속차로의 접속 방법(예시)

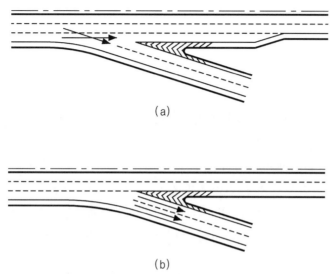

(a)

(b)

그림 7-31 연결로 접속부에서 본선의 차로수가 변화할 경우 접속 방법(예시)

본선이 오른쪽으로 구부러져서 곡선의 안쪽에 접속될 경우에도 같은 방법으로 하여 그림 7-30(c)와 같은 모양이 된다. 이때의 본선과 감속차로가 이루는 유출각은 1/15~1/25로 한다. 그림 7-30(c)의 이점쇄선으로 나타낸 것과 같이, 오른쪽으로 굽어지는 곡선의 안쪽에 평행식 감속차로를 설치하면 변이구간의 절점이 강조되어 비틀린 것 같은 외관을 나타내게 되어 바람직하지 않다.

연결로 접속부에서 본선의 차로수가 감소될 경우에는 그림 7-31(a)와 같이 노즈를 지나서, 한 개 차로를 줄여 통상적인 감속차로와 같이 설계할 수 있으며, 표지판 등으로 전방에서 방향별로 각 차로에 자동차를 분리시키는 것이 필요하다. 이 경우 그림 7-31(b)와 같이 하는 것도 검토할 수 있으나, 감속차로의 시점이 명확하지 못하고, 또 직진 자동차와 유출 자동차가 접촉할 가능성이 높으므로 피하도록 한다.

고속국도 상호 간의 분기점에서는 주행 속도가 높으므로 직접식으로 하는 것이 바람직하며, 이때의 노즈 옵셋은 한 개 차로폭 정도로 설치할 필요가 있다.

(2) 가속차로

가속차로의 경우도 감속차로의 경우와 마찬가지로 평행식과 직접식의 두 가지 형식을 설치할 수 있다. 가속차로는 본선으로 유입하는 자동차가 가속하는 차로로 사용될 뿐만 아니라 대기차로로 사용되는 경우도 많기 때문에 평행식이 유용하다. 그러나 본선의 평면선형이 곡선형인 경우에는 평행식으로 하면 가속차로의 평면 형상이 뒤틀려 보이는 경우가 있으므로 이와 같은 경우에는 직접식을 이용할 수 있다.

그러나 가속차로는 감속차로보다 길기 때문에 직접식으로 하는 경우 변이구간이 가늘고 길게 되어 접속이 어렵게 된다. 따라서, 본선 선형과의 관계에서 직접식으로 하는 것이 접속하기가 쉬운 경우 등의 특별한 경우를 제외하고는 가속차로의 형식으로는 평행식을 사용하는 것이 바람직하다.

2. 감속차로 설계

① 평행식 감속차로의 변이구간 길이는 규정된 값을 적용한다.

② 감속차로가 직접식일 경우 규정된 감속차로의 폭이 확보되는 지점이란 본선 외측 측대 끝에서 측정하여 감속차로의 폭이 확보되는 지점을 말한다.

감속차로가 직접식인 경우 변이구간 길이는 어느 정도 자연적으로 정해지는 것이므로 특별히 규정하지는 않고 있으나, 변이구간의 유출각은 1/15~1/25로 하는 것이 바람직하다. 일반적으로 직접식의 변이구간길이는 평행식의 경우보다는 약간 길어지는 경우가 많다.

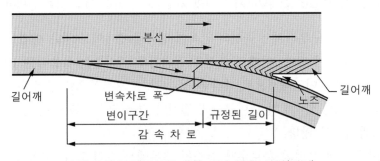

그림 7-32 직접식의 유효 감속차로 시점(예시)

③ 연결로 접속부를 설치하는 부근의 본선 종단경사는 '7-6-4 연결로 접속부 설계'의 기준값 이하이어야 하는데, 부득이하게 감속차로가 내리막 경사 구간에 설치되는 경우는 감속도가 작아지므로 감속차로 길이를 보정하여 길게 설치해야 한다.

④ 감속차로를 설계할 때 중요한 또 한 가지는 분류단 설계이다. 특히, 노즈 옵셋을 설치하는 방법에 따라 감속차로 설계에 영향이 있으므로 유의해야 한다.

유출 연결로가 본선과 분리되는 곳의 분류단은 자동차의 안전한 주행을 위한 고려가 필요하므로 노즈에 접근하는 자동차가 충돌하여 파손되는 사고를 줄이기 위하여 통상 차로의 끝에서 노즈 옵셋을 설치하는 방식이 권장되고 있다. 그리고 노즈의 후방에는 오인 진입으로 감속차로 쪽에 접근한 자동차가 안전하게 본선 쪽으로 되돌아 갈 수 있도록 조치를 마련해야 한다. 또, 노즈 구간은 선단으로부터 10~15m의 길이를 연석으로 둘러쌓아서 명확하게 식별되도록 한다.

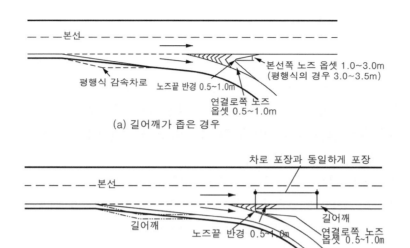

(a) 길어깨가 좁은 경우

(b) 길어깨가 넓은 경우

그림 7-33 노즈 끝의 요소(예시)

그림 7-33(a)처럼 길어깨가 좁은 경우에는 노즈의 선단을 차도단으로부터 반드시 이격시켜야 한다. 옵셋은 1.0~3.0m, 통상 2.5m 정도로 설치하며, 유출 자동차의 폭이 넓거나 완만한 분류 조건 등 운전자의 주행 경로 선택·판단 실수 가능성이 높은 경우는 노즈 옵셋을 크게 설치해야 한다.

평행식 감속차로의 경우에는 3.0~3.5m의 옵셋을 설치하는 것이 바람직하다{그림 7-33(a)}. 그러나 주차 가능한 포장된 길어깨가 설치된 도로에서는 길어깨폭이 옵셋의 역할을 다하기 때문에 별도의 옵셋을 설치할 필요는 없다{그림 7-33(b)}.

노즈 옵셋의 접속설치는 설계속도에 따라 1/6~1/12의 비율로 한다. 그림 7-33(b)의 넓은 길어깨를 가진 경우에는 옵셋의 설치 길이에 상당하는 길이는 20~40m 이고, 본선과 같은 높이로 하며, 안전하게 주행할 수 있도록 포장해야 한다.

유출 연결로 측에도 약간의 옵셋을 필요로 한다. 일반적으로 옵셋은 0.5~ 1.0m 정도 설치하고, 고속국도 분기점과 같은 곳에서는 1.5m 이상으로 하는 것이 바람직하다.

본선의 길어깨 끝에 연석을 설치하는 경우 노즈의 연석은 둥글게 곡선으로 처리한다. 그리고 연석의 반지름은 0.5~1.0m로 한다.

⑤ 감속차로 길이의 산출 근거

감속차로의 길이는 다음의 세 가지 요소를 기준으로 정한다.

㉠ 자동차가 감속차로에 유입할 때의 도달 속도

㉡ 자동차가 감속차로를 주행 완료하였을 때의 속도

ⓒ 감속의 방법 또는 감속도

일반적으로, 감속차로에 접근하는 자동차의 속도가 본선의 평균 주행속도 이상이 되는 경우는 드물기 때문에, 감속차로에 접근하는 자동차의 속도로는 본선의 평균 주행속도를 채택하는 것이 적당하다. 감속방법은 브레이크 페달을 밟아 감속하여 연결로의 주행속도까지 떨어뜨리는 것이 일반적이다.

여기에서는 감속차로의 길이를 정하는 기초로서 승용차를 대상으로 하여 다음과 같은 가정을 전제로 계산하였다.

- 유출 자동차는 감속차로의 선단을 평균 주행속도(도달 속도)로 통과한다.
- 그 후 운전자에 불쾌감을 주지 않을 정도로 브레이크를 이용하여 감속하며, 감속차로 끝에서 연결로의 평균 주행속도에 이른다.

표 7-18 감속할 때의 도달 속도와 주행속도

(단위 : km/h)

본　선	설계속도	120	110	100	90	80	70	60	50
	도달 속도	98	91	85	77	70	63	55	47
연결로	설계속도	80	70	60	50	40	30	20	-
	유출부 평균 주행속도	70	63	51	42	35	28	20	-

⑥ 감속차로 길이 산정

브레이크를 밟으면서부터 주행한 거리(S)는 감속도(d)의 값을 1.96 m/sec²(0.20g로 일정)으로 할 때 식 7-1과 같다. 여기에서, g는 중력가속도인 9.8 m/sec²을 뜻한다.

$$S = \frac{v_2^2 - v_1^2}{2d} = \frac{V_2^2 - V_1^2}{50.8} \qquad \text{(식 7-1)}$$

여기서, S : 브레이크를 밟으면서 주행한 거리(m)

v_1 : 유출부 평균 주행속도(m/sec)

v_2 : 감속차로 시점부 도달 속도(m/sec)

d : 감속도(1.96 m/sec²)

V_1 : 유출부 평균 주행속도(km/h)

V_2 : 감속차로 시점부 도달 속도(km/h)

식 7-1과 주행속도 기준을 이용하여 감속차로의 길이를 계산하면 표 7-19와 같다.

표 7-19 감속차로의 길이 계산값

(단위 : m)

본 선		연결로 설계속도(km/h)							
		정지상태	20	30	40	50	60	70	80
설계속도 (km/h)	감속차로 시점부 도달 속도(km/h)	유출부 평균 주행속도(km/h)							
		0	20	28	35	42	51	63	70
50	47	43	36	28	19	–	–	–	–
60	55	60	52	44	35	24	–	–	–
70	63	78	70	63	54	43	27	–	–
80	70	96	89	84	72	57	47	–	–
90	77	117	109	101	93	82	66	34	–
100	85	142	134	127	118	108	91	64	46
110	91	163	155	148	139	128	112	85	67
120	98	189	181	174	165	154	138	110	93

감속차로 길이는 표 7-20의 값을 기준으로 하고, 특히, 본선 및 유출입 교통량이 많을 때는 자동차 지·정체 발생이 우려되므로 주변 여건, 경제성 등을 종합적으로 고려하여 적정한 길이를 확보해야 한다.

표 7-20 감속차로의 최소 길이

(단위 : m)

본선 설계속도(km/h)			120	110	100	90	80	70	60
연결로 설계속도 (km/h)	80	변이구간을 제외한 감속차로의 최소 길이	120	105	85	60	–	–	–
	70		140	120	100	75	55	–	–
	60		155	140	120	100	80	55	–
	50		170	150	135	110	90	70	55
	40		175	160	145	120	100	85	65
	30		185	170	155	135	115	95	80

⑦ 종단경사 구간에서의 감속차로 길이 보정률은 표 7-21의 비율로 한다. 그러나 오르막 경사에서는 안전을 고려하여 감속차로의 길이를 줄이지 않는 것으로 한다.

표 7-21 감속차로의 길이 보정률

본선의 종단경사(%)	내리막 경사				
	0~2 미만	2 이상~3 미만	3 이상~4 미만	4 이상~5 미만	5 이상
감속차로의 길이 보정률	1.00	1.10	1.20	1.30	1.35

3. 가속차로 설계

① 평행식 가속차로의 경우 변이구간 길이는 규정된 값을 적용한다.

② 가속차로가 직접식인 경우 규정된 가속차로의 폭이 확보되는 지점은 감속차로와 동일하다. 직접식의 경우 변이구간의 길이는 가속차로의 주요부 형상을 연장하여 자연스럽게 본선에 접속설치하는 길이를 설치하면 된다. 경험적으로는 규정에 따른 변이구간 길이보다 어느 정도 길어진다.

③ 합류단 노즈에는 분류단 노즈와는 달리 옵셋을 설치할 필요는 없고, 통상 본선에 붙여져 있는 길어깨 끝에 노즈를 설치한다.

④ 부득이하게 가속차로가 종단경사 구간에 설치되는 경우 가속도에 큰 영향을 미치므로 보정된 길이를 가진 가속차로를 설치할 필요가 있다.

⑤ 가속차로 길이 산정

가속차로 길이는 자동차의 가속에 필요한 길이에 어느 정도의 여유길이(대기 주행구간)를 더하여 결정하는 것이 일반적이다. 그러나 우리나라의 경우에는 전체 교통량에서 트럭이 차지하는 비율이 높기 때문에, 여기서는 트럭이 가속하는데 필요한 거리를 가속차로 길이를 규정하는 근거로 한다.

가속차로 길이를 구하는데 이용되는 트럭의 톤당 마력은 13 PS/ton으로 한다. 평지에서의 자동차 가속도는 식 7-2를 이용하여 구하며, 주행 속도에 따른 평균 가속도는 표 7-22와 같다.

$$a = \frac{dv}{dt} = \frac{g}{1+\epsilon}\left[\frac{75 \times 3.6\xi(BHP)}{W \cdot V} - \mu - \frac{RA}{3.6^2 W}V^2\right] \qquad (식\ 7-2)$$

$$= \frac{29.484}{V} - 0.0933 - \frac{0.134}{14000}V^2$$

g : 중력가속도($9.8 m/sec^2$) 　　　μ : 회전마찰계수(0.01)

ϵ : 가속저항비(0.05) 　　　R : 공기저항계수($0.03 kg \cdot sec^2/m^4$)

ξ : 기계효율(0.9) 　　　A : 투영면적($6.2m^2$)

W : 자동차 중량(14,000kg) 　　　BHP : 유효출력(PS)

　　　BHP/W = 0.013(PS/kg) 　　　V : 주행속도(km/h)

표 7-22 주행 속도와 평균 가속도

주행 속도 (km/h)	70	63	60	55	51	50	45	42	40	35	30	28	20
평균 가속도 (m/sec^2)	0.28	0.34	0.36	0.41	0.46	0.47	0.54	0.59	0.63	0.74	0.88	0.95	1.38

표 7-23 가속할 때 도달 속도 및 초기 속도

(단위 : km/h)

본 선	설계속도	120	110	100	90	80	70	60	50
	도달 속도	88	81	75	67	60	53	45	37
연결로	설계속도	80	70	60	50	40	30	20	–
	초기 속도	70	63	51	42	35	28	20	–

$$L = \frac{V_2{}^2 - V_1{}^2}{2(3.6)^2 a} = \frac{V_2{}^2 - V_1{}^2}{25.92a}$$ (식 7-3)

L : 가속차로 소요 길이(m)

V_2 : 가속차로 종점부 도달 속도(km/h)

V_1 : 가속차로 시점부 초기 속도(km/h)

a : 평균 가속도(표 7-22)

표 7-24 가속차로 소요 길이의 계산값

(단위 : m)

본 선		연결로 설계속도(km/h)					
		30	40	50	60	70	80
설계속도 (km/h)	가속차로 종점부 도달 속도(km/h)	가속차로 시점부 초기 속도(km/h)					
		28	35	42	51	63	70
50	37	24	–	–	–	–	–
60	45	50	42	–	–	–	–
70	53	82	82	68	–	–	–
80	60	114	124	120	84	–	–
90	67	150	170	178	158	59	–
100	75	197	229	252	254	188	100
110	81	235	278	313	332	294	229
120	88	283	340	391	431	428	392

식 7-3과 도달 속도와 초기 속도 기준을 이용하여 가속차로의 길이를 계산하면 표 7-24와 같다.

가속차로 길이는 운용 경험이나 설계기준치를 고려하여 표 7-25의 길이 이상으로 해야 하고, 특히, 본선 및 유출입 교통량이 많은 경우 자동차 지·정체 발생이 우려되므로 주변 여건, 경제성 등을 종합적으로 고려하여 적정한 가속차로 길이를 확보해야 한다.

표 7-25 가속차로의 최소 길이

(단위 : m)

본선 설계속도(km/h)		120	110	100	90	80	70	60
연결로 설계속도 (km/h)	80	245	120	55	–	–	–	–
	70	335	210	145	50	–	–	–
	60 (변이구간을 제외한 가속차로의 최소 길이)	400	285	220	130	55	–	–
	50	445	330	265	175	100	50	–
	40	470	360	300	210	135	85	–
	30	500	390	330	240	165	110	70

⑥ 종단경사 구간에서의 가속차로 길이 보정률은 표 7-26의 비율로 한다. 그러나 내리막 경사에서는 안전을 고려하여 가속차로의 길이를 줄이지 않는 것으로 한다.

표 7-26 가속차로의 길이 보정률

본선의 종단경사(%)	오르막 경사				
	0~2 미만	2 이상~3 미만	3 이상~4 미만	4 이상~5 미만	5 이상
가속차로의 길이 보정률	1.00	1.20	1.30	1.40	1.50

4. 2차로 변속차로 설계

① 유출부

감속차로에서 점차적으로 1차로씩 증가시켜가는 경우 변이구간을 제외한 감속차로의 길이는 규정된 길이의 1.2배 이상 확보해야 한다(그림 7-34).

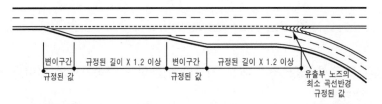

그림 7-34 감속차로 내에서 차로수를 증가시키는 경우(예시)

본선의 차로수가 감소되면서 연결로의 차로수가 2차로로 설치되는 경우는 운전자들에게 본선의 차로가 감속차로로 변경됨을 알리기 위하여 노면표시를 설치해야 한다. 노면표시는 감속차로 중 변이구간이 끝나는 지점부터 80m에 표시한다(그림 7-35).

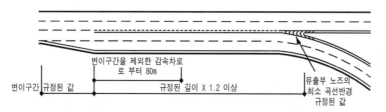

그림 7-35 본선의 차로수 축소 및 2차로 연결로(예시)

1차로의 감속차로가 연결로에서 2차로로 분리되는 경우에는 연결로 내의 변이구간, 접속차로 및 잔여구간의 길이는 표 7-27의 길이 이상 확보해야 한다.

표 7-27 연결로 내의 분류

(단위 : m)

연결로 설계속도 (km/h)	접속차로 길이	테이퍼 길이	잔여구간 길이
60	60	60	60~120
50	50	60	70~130

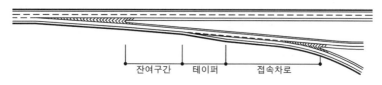

그림 7-36 연결로 내에서의 분류(예시)

② 유입부

유입 차로를 가속차로에서 단계적으로 가속시켜 이중으로 유입하는 경우는 각 차로에 대해 변이구간을 제외한 가속차로는 규정된 길이의 1.2배 이상 확보해야 한다(그림 7-37).

그림 7-37 이중 유입 차로(예시)

연결로의 차로수가 2차로로 유입할 때 본선의 차로가 추가하는 경우 변이구간을 제외한 가속차로의 길이는 규정된 길이 이상을 적용하고, 진로 변경 제한선(본선부 자동차가 가속차로로 진로 변경을 금지하는 실선)은 가속차로의 길이 동안 제공한다(그림 7-38).

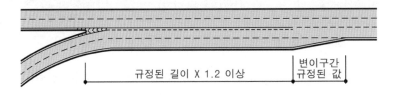

규정된 길이 X 1.2 이상　　변이구간 규정된 값

그림 7-38 연결로 2차로 유입 시 본선의 차로 증가(예시)

유입부 연결로의 차로수가 연결로 내에서 2차로에서 1차로로 감소하는 경우에는 연결로 내의 변이구간, 접속차로 및 잔여구간의 길이는 표 7-28의 길이 이상 확보해야 한다.

표 7-28 연결로 내의 합류

(단위 : m)

연결로 설계속도 (km/h)	접속차로 길이	테이퍼 길이	잔여구간 길이
60	90	60	30~ 90
50	70	60	50~110

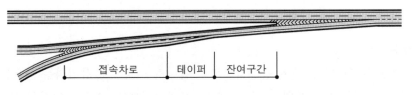

접속차로　테이퍼　잔여구간

그림 7-39 연결로 내에서의 합류(예시)

5. 변이구간 길이

평행식 감속차로의 변이구간 길이의 계산법은 다음과 같은 세 가지 방법이 있다.

(i) 자동차가 한 차로를 변경하는 데 필요한 시간(3~4초)으로 계산하는 방법

(ii) S형 주행의 궤적을 배향곡선으로 계산하는 방법

(iii) 배향곡선 사이에 직선을 삽입하는 방법

이들 중 (i)과 (ii)의 방법만으로도 계산이 가능하므로 이 해설에서는 이 두 가지 방법에 대해서 설명한다.

① 한 개 차로를 변경하는 데 필요한 시간으로 계산

자동차가 무리 없이 차로를 변경하기 위해서는 횡방향으로 1m 이동하는데 약 1초를 필요로 한다.

따라서, 이것을 한 개 차로를 변경하는데 필요한 시간으로 환산하면 3~4초가 된다. 이에 필요한 변이구간 길이를 구하는 식과 구한 값은 다음과 같다.

$$T = \frac{1}{3.6} V_a \times t \qquad\qquad\qquad (식\ 7\text{-}4)$$

T : 변이구간 길이(m)

V_a : 유출 변이부 도달 속도(km/h)

t : 주행시간(초)

표 7-29 한 개 차로 변경에 필요한 거리로 계산한 변이구간 길이

(단위 : m)

본선 설계속도 (km/h)	도달 속도 (km/h)	주행시간에 따른 변이구간 길이			적용 값
		3 초	3.5 초	4 초	
120	98	82	95	109	90
110	91	76	88	101	80
100	85	71	83	94	70
90	77	64	75	86	70
80	70	58	68	78	60
70	63	52	61	70	60
60	55	46	53	61	60
50	47	39	46	52	60
40	40	33	39	44	60

주) 주행시간이 3.5초인 경우는 차로폭이 3.5m일 때의 값임.

② S형 주행궤적을 배향곡선으로 계산하는 방법

S형 주행궤적을 배향곡선으로 계산하는 식은 식 7-5와 같다.

$$T = \sqrt{W(4R - W)} \qquad\qquad\qquad (식\ 7\text{-}5)$$

T : 변이구간 길이(m)　　　　　　　　W : 변속차로 폭(3.5m)

R : 배향곡선 반지름(m)

여기에서, 배향곡선의 반지름(R)을 구하는 식은 식 7-6과 같다. 배향곡선의 반지름

을 구하는데 사용되는 횡방향미끄럼마찰계수(f)는 쾌적성을 고려하여 일률적으로 0.16을 적용한다.

$$R = \frac{V_a^2}{127(i+f)}$$ (식 7-6)

V_a : 유출 변이부 도달 속도(km/h)   f : 횡방향 미끄럼마찰계수(0.16)

  i : 편경사(여기에서는 0%)

표 7-30 S형 주행궤적을 배향곡선으로 계산한 변이구간 길이

(단위 : m)

본선 속도(km/h)		배향곡선 반지름	변이구간 길이	
설계속도	도달 속도		계산 값	적용 값
120	98	473	81	90
110	91	408	75	80
100	85	356	70	70
90	77	292	64	70
80	70	241	58	60
70	63	195	52	60
60	55	149	46	60
50	47	109	39	60
40	40	79	33	60

③ 변속차로의 변이구간 길이는 본선 및 연결로의 설계속도를 고려하여 표 7-31의 길이 이상으로 해야 한다.

표 7-31 변이구간 최소 길이

(단위 : m)

본선 설계속도(km/h)	120	110	100	90	80	60	50	40
변이구간 최소 길이	90	80	70	70	60	60	60	60

6. 변속차로의 편경사 접속설치

변속차로의 편경사 접속설치는 본선 선형과의 관계 및 변속차로 형식에 주의해야 한다. 변속차로의 편경사 접속설치율은 1/150 이하로 한다. 연결로 분기 끝은 본선의 편경사로부터 연결로의 편경사로 서서히 이행하여 가기 때문에 편경사의 접속설치를 실시해야 한다.

본선이 직선 또는 곡선의 안쪽에 붙게 될 경우에는 연결로 편경사와 본선 편경사는 같

은 방향에서 그 접속이 원활하게 될 수 있으나, 본선이 곡선이고 그 바깥에 접속설치 될 경우에는 본선의 편경사와 반대로 되고, 경사 차이가 클 때에는 횡단경사의 절점이 생겨서, 자동차가 그곳을 지날 때 차체가 흔들려 운전자에게 불쾌감을 주게 될 뿐만 아니라 위험할 수도 있다.

인터체인지 설치 구간의 평면곡선 반지름은 가능한 한 크게 설치되므로 연결로 접속부 중 어느 하나가 본선의 변곡점(KA)에 가깝게 설치되는 경우가 있다. 이 경우, 본선의 편경사를 그 위치(KA)에서 반전시키면 연결로 측의 짧은 거리에서 두 번 접속하게 되거나 경사 차이가 커지므로 본선의 편경사 접속설치 위치를 A/10 정도 어긋나게 하는 것이 바람직하다. 수평선의 기준은 그림 7-40과 같이 본선의 중앙분리대를 기준으로 한다.

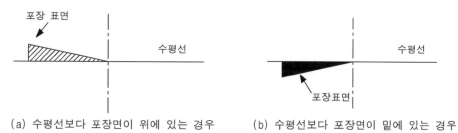

(a) 수평선보다 포장면이 위에 있는 경우   (b) 수평선보다 포장면이 밑에 있는 경우

그림 7-40 편경사의 표시(예시)

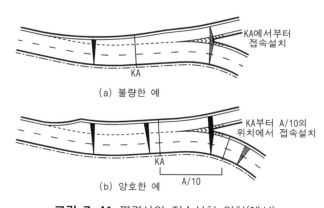

그림 7-41 편경사의 접속설치 위치(예시)

변속차로의 편경사 접속설치 방법은 다음과 같다.

① 본선이 직선 또는 본선이 곡선이고 그 안쪽에 변속차로가 접속될 경우

　㉠ 변속차로 변이구간~분기점(갈매기 차로 시점)사이의 변속차로 편경사는 본선 편경사와 동일경사로 한다.

　㉡ 분기점 이후의 편경사는 갈매기 차로(분기점에서 노즈 사이)에서 적절한 접속설치율로 변화시켜 노즈부에서 연결로 평면곡선 반지름에 적합한 편경사가 설치되도록 한다.

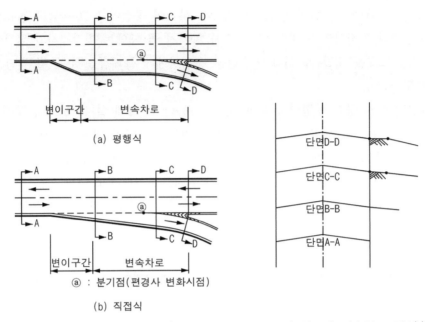

그림 7-42 편경사의 접속설치방법(본선이 직선 또는 곡선 안쪽에 변속차로 접속)(예시)

② 본선이 곡선이고 그 바깥쪽에 변속차로가 접속될 경우

　㉠ 변속차로 변이구간~분기점(갈매기 차로 시점) 사이의 변속차로 편경사는 본선 편경사와 동일경사로 한다.

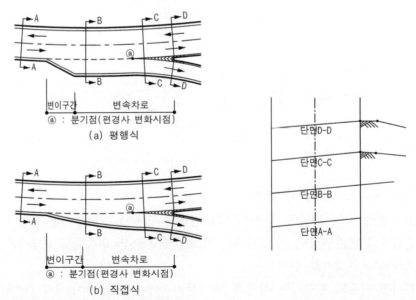

그림 7-43 편경사의 접속설치방법(본선이 곡선이고 그 바깥쪽에 변속차로 접속)(예시)

ⓛ 분기점과 노즈부 사이에 편경사 변화구간을 설치하여 연결로 평면곡선 반지름에 적합한 편경사를 계획하되, 노즈부에서 본선과 연결로 간의 편경사 차이가 6% 이하가 되도록 한다.

ⓒ 노즈 이후의 편경사는 적절한 접속설치율로 연결로 평면곡선 반지름에 적합한 편경사로 변화시킨다.

ⓔ 노즈부에서 연결로의 편경사가 평면곡선 반지름에 따른 편경사 값보다 작게 되는 경우가 발생한다. 이 경우에는 상대적으로 설계속도가 낮은 연결로의 편경사를 작게 조정하여 본선 편경사와 연결로 편경사 간의 차이가 6% 이하가 되도록 설치하면 본선과 연결로의 절곡점이 너무 심하지 않게 된다.

7-6-6 분기점의 설계

1. 개요

분기점의 계획과 설계의 기본은 인터체인지의 일반적인 계획과 설계의 기준과 크게 다른 것은 없고, 계획과 설계의 조건, 그리고 설계방법에서 약간의 차이가 있을 뿐이다. 즉, 고속국도와 그 밖의 도로의 교차·접속시설인 인터체인지에서는 고속국도와 그 밖의 도로 사이에서의 속도 조절을 안전하고 원활하게 하는데 설계의 주안점이 있고, 분기점의 계획과 설계에서는 고속국도 상호 간의 입체적인 교차 교통에 대하여 도로 조건이나 주행 조건(주도로의 설계속도)의 변화를 너무 크지 않게 하고, 방향 전환을 안전하고 능률적으로 하는데 주안점이 있다.

물론, 지형지물의 조건이나 토지이용상의 제약, 시설에 소요되는 비용의 많고 적음에 따라 기능상의 요구나 제약을 받게 되는 것은 당연한 것이며, 교차·접속하는 고속국도 자체의 성격이나 이용 교통량 등 예측되는 도로 조건이나 교통 조건에 가장 적합한 최적 설계로 하는 것이 필요하며, 분기점의 설계를 두 개 자동차전용도로의 설계속도로만 판단하여 획일적인 설계로 하는 것은 피해야 한다.

분기점을 설계할 때 지켜야 할 기본사항들이 있으며, 이에 대하여 면밀하게 검토하여 종합적인 판단에 따라 설계해야 한다.

2. 본선의 성격과 교통량

교차접속 시키고자 하는 고속국도 본선의 성격이나 이용 교통량에 따라 분기점의 계획과 설계는 근본적으로 달라진다. 예를 들면, 지방지역에 위치한 고속국도와 도시지역 고속국도 사이의 분기점과, 지방지역 고속국도 상호 간의 분기점은 전혀 다른 형식이나 설계조건을 채택하고 있다. 또한, 대상을 동일한 성격을 지닌 고속국도 상호 간의 분기점에만 국한시키더라도 교차하는 두 개 고속국도의 설계속도, 교통량, 차로수 등의 여러 조건에 따라 분기점의 최적 설계는 크게 달라진다.

두 개 고속국도의 설계속도나 교통량에 큰 차이가 있는 경우에는 인터체인지의 경우와 거의 같은 설계방법을 채택할 수 있을 것이고, 반대로 두 개 고속국도가 높은 설계속도(100km/h 이상)로 계획되어 있고, 교통량도 많은 경우에는 아주 높은 수준의 분기점으로, 많은 비용을 들여서라도 높은 수준의 분기점으로 계획, 설계하지 않으면 분기점 그 자체가 교통소통상의 장애가 되어 고속국도 전체의 효용을 떨어뜨릴 수 있다.

3. 다른 시설과의 거리

교차 접속하는 두 개 고속국도에서 다른 교통시설(인터체인지, 버스정류장, 휴게소, 주차장, 본선 영업소 등)과의 위치를 검토하여 전체적인 배치관계를 명확하게 한 후, 계획과 설계를 진행하는 것이 이상적이다. 그러나 일반적으로 노선의 투자우선순위 등의 관계에서 한 쪽 노선의 교통시설이나 본선 요금소의 위치가 확정된 후 분기점의 계획과 설계에 착수하는 경우가 많다. 따라서, 이와 같은 경우에는 이미 확정된 교통시설의 배치관계를 재편성해 보는 것이 가장 바람직하지만, 재편성이 불가능할 때에는 분기점의 근처에 위치하는 다른 교통시설의 위치를 약간 변경하거나, 설계를 변경하는 방안을 검토할 필요가 있다. 특히, 분기점이 인터체인지와 아주 가까운 곳에 설치될 경우 두 기능을 겸할 수 있는 입체교차시설로 계획을 변경하여 하나만 설치할 수도 있다. 그러므로 분기점과 다른 교통시설과의 거리를 최소한 어느 정도 확보하느냐가 문제가 되는데 최소 간격은 교통운용에 필요한 거리에 따라 결정된다.

4. 교통 특성

인터체인지와 마찬가지로 분기점을 이용하는 교통량과 통행 특성이 계획, 설계의 가장 중요한 요소이며, 이용 교통량의 방향별 분포 역시 대단히 중요한 요소이다. 왜냐하면, 분기점에서의 방향별 교통량에 현저한 차이가 있을 경우 중방향(교통량이 많은 방향) 연결로의 설계속도, 폭, 선형 등의 기하구조 설계기준을 높게 하여 형식 선정이나 세부 설계를 할 필요가 있기 때문이다.

이용 교통의 주행거리도 역시 분기점의 계획 설계의 결정 요인으로 중시되어야 할 요소의 하나이다. 예를 들어, 비교적 짧은 구간의 국지적인 서비스를 목적으로 하는 고속국도가 서로 교차접속하고 있는 경우에는 이용자의 대부분이 일상적으로 그 분기점을 운행하는 것으로 생각할 수 있으므로 그 고유한 도로 조건, 교통 조건을 경험적으로 잘 알고 있는 경우가 많다. 이와 같은 경우에, 분기점의 도로용량이 계획교통량보다 떨어지지 않는 범위에서 비교적 소규모로 설계할 수 있으며, 형식 선정과 세부 설계에서도 별도의 검토를 하여 과대한 설계가 되지 않도록 한다.

5. 연결로의 기하구조

연결로의 평면선형, 종단선형, 시거 등의 설계 요소는 선정한 연결로의 설계속도에 따라 한계 값이 정하여지고, 전체적인 형식 선정과 함께 분기점으로서의 전체 규모가 결정되지만, 분기점 연결로의 폭 구성은 설계속도 외에도 여러 가지 요인을 고려하여 결정해야 한다.

연결로의 폭 구성의 종류에는 다음과 같이 세 가지가 있다.

① 1차로로 설계하는 경우
② 2차로로 설계하는 경우
③ 본선의 폭 구성에 준하여 설계하는 경우

분기점의 연결로를 설계할 때 고려할 사항으로 본선이 분류되거나 합류되는 것으로 간주할 수 있는 중요한 연결로는 일반적인 연결로의 설계속도보다 높은 설계속도를 적용하고, 폭 구성은 본선의 횡단면 구성에 준하여 설계한다. 그리고 분기점의 다른 일반적인 연결로는 A 기준 연결로의 횡단면 구성으로 설계한다.

분기점의 연결로에서 본선의 폭 구성에 준하여 설계하는 것은 그 분기점에서 본선 교통의 거의 전부가 다른 고속국도로 이행하는 것과 같은 경우이고, 수행해야 하는 교통상의 기능으로 보아 고속국도 본선이 연장된 것으로 보고 계획·설계를 해야 되는 경우이다.

분기점 연결로의 차로수는 처리해야 할 도로용량의 관점에서 정하는 것이 당연하지만, 계획교통량이 도로용량 측면에서 볼 때 1차로 연결로로 처리할 수 있는 경우에도 앞지르기가 가능하도록 2차로로 설계하는 것이 바람직한 경우가 있다. 예를 들면, 대형자동차의 구성비가 높고 연결로의 종단경사가 큰 경우 연결로 길이가 상당히 길어진다. 이때 1차로 연결로에서는 대형자동차의 속도 저하로 대형자동차를 뒤따르는 다른 자동차도 감속 주행을 해야 하므로 분기점의 교통기능이 크게 감소되며, 주행 성능이 높은 자동차가 저속으로 주행하는 자동차를 앞지르려고 할 수도 있다. 이와 같은 교통운용상의 문제점을 고려할 때 분기점의 연결로는 원칙적으로 2차로로 설계하는 것이 바람직하다.

분기점 연결로를 1차로로 설계할 수 있는 경우는 대형자동차의 구성비가 낮고 연결로의 길이도 짧은 우회전 연결로의 경우이다. 또한, 루프 연결로의 경우 앞지르기를 할 수 있도록 설계하는 것은 위험하므로 1차로로 설계하고, 길어깨폭을 넓게 설계하는 것이 바람직하다.

제 7 장

7-7 철도와의 교차

7-7-1 교차 기준

제36조(철도와의 교차)

① 도로와 철도의 교차는 입체교차를 원칙으로 한다. 다만, 주변 지장물이나 기존의 교차형식 등으로 인하여 부득이하다고 인정되는 경우에는 예외로 한다.

② 제1항 단서에 따라 도로와 철도가 평면교차하는 경우 그 도로의 구조는 다음 각 호의 기준에 따른다.

1. 철도와의 교차각을 45도 이상으로 할 것

2. 건널목의 양측에서 각각 30미터 이내의 구간(건널목 부분을 포함한다)은 직선으로 하고 그 구간 도로의 종단경사는 3퍼센트 이하로 할 것. 다만, 주변 지장물과 기존 도로의 현황을 고려하여 부득이하다고 인정되는 경우에는 예외로 한다.

3. 건널목 앞쪽 5미터 지점에 있는 도로 중심선 위의 1미터 높이에서 가장 멀리 떨어진 선로의 중심선을 볼 수 있는 곳까지의 거리를 선로방향으로 측정한 길이(이하 "가시구간의 길이"라 한다)는 철도차량의 최고속도에 따라 다음 표의 길이 이상으로 할 것. 다만, 건널목차단기와 그 밖의 보안설비가 설치되는 구간의 경우에는 예외로 한다.

건널목에서의 철도차량의 최고 속도(킬로미터/시간)	가시구간의 최소 길이(미터)
50 미만	110
50 이상 70 미만	160
70 이상 80 미만	200
80 이상 90 미만	230
90 이상 100 미만	260
100 이상 110 미만	300
110 이상	350

③ 철도를 횡단하여 교량을 가설하는 경우에는 철도의 확장 및 보수와 제설 등을 위한 충분한 경간장(徑間長)을 확보하여야 하며, 교량의 난간 부분에 방호울타리 등을 설치하여야 한다.

입체교차의 계획에 있어서도 도로, 철도 쌍방의 장래 계획을 고려함과 동시에 해당 계획지점뿐만 아닌 도로 전체의 균형이 잡힌 계획이어야 한다.

현재 도로 교통의 애로가 되고 있는 원인의 하나가 철도와의 평면교차(건널목)이며, 평면교차의 제거가 도로 교통의 원활화에 크게 기여할 수 있다,

「도로법」제51조 및 「건널목개량촉진법」제7조에 도로와 철도와의 교차는 특별한 사유가 없는 한 입체교차로 해야 한다고 규정되어 있으나

① 해당 도로의 교통량 또는 해당 철도의 운전 횟수가 현저하게 적은 경우

② 지형조건상 입체교차로 하는 것이 매우 곤란한 경우

③ 입체교차로 설치하면 도로의 이용이 장애를 받는 경우

④ 해당 교차가 일시적인 경우

⑤ 입체교차 공사에 소요되는 비용이 입체교차화에 따른 이익을 훨씬 초과하는 경우

등에 대해서는 예외로 평면교차를 검토할 수 있다.

그러나 상기 5가지의 경우에 해당한다고 해서 이를 평면교차로 함이 좋다는 것은 아니고 어디까지나 입체교차가 원칙이며, 평면교차는 예외적으로 적용할 수 있는 교차방식이다.

일반적으로 입체교차의 구조물은 한번 완공되면 변경하기 어렵다. 따라서, 입체교차를 계획할 때에는 도로, 철도, 쌍방의 현황을 파악하는 것은 물론이고, 관리청과 협의하는 한편 장래 계획을 검토하여 계획을 결정해야 한다.

또, 어느 한 지점에서의 입체교차는 인접한 다른 도로에도 영향을 주게 되므로 그 지점뿐만 아니라 다른 도로와의 관계에 대해서도 검토하고, 필요한 경우에는 어느 구간의 철도를 고가화하는 등 전체적으로 균형이 잡힌 계획을 수립하는 것이 매우 중요하다.

7-7-2 교차시설 설계할 때 고려사항

도로와 철도의 입체교차시설은 쌍방의 평면선형과 종단선형이 양호한 지점에 설치하는 것이 바람직하며, 또 입체교차시설을 설계할 때에는 시설한계, 시거, 배수시설, 방호시설, 측도 등에 주의해야 한다. 시설한계는 이 규칙과 「철도건설규칙」에 따르며, 그 외 공사를 위한 여유 공간, 보수를 위한 여유 공간, 제설을 위한 여유 공간 등을 확보하는 것이 중요하다. 특히, 도로가 지하차도로 설치되는 경우의 도로의 높이는 장래에도 시설한계가 확보되도록 포장의 덧씌우기 등을 고려하여 계획해야 한다.

입체교차시설을 고가차도 또는 지하차도로 계획할 때 도로의 종단곡선 또는 평면곡선을 설치하는 경우에는 시거의 확보에 주의해야 한다.

지하차도의 종단곡선이 오목형으로 설치되는 경우 오목부에 물이 고이지 않도록 해야 한다. 또한, 고가차도는 배수시설을 설치할 때 집수된 노면수가 하부 특정 지점에 집중적으로 떨어지지 않도록 하는 배수시설을 고려해야 한다.

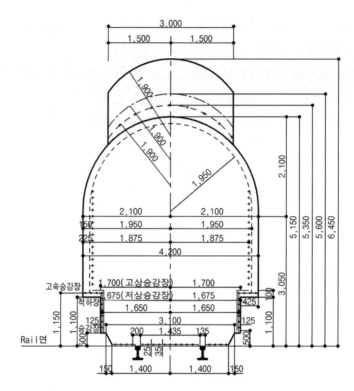

그림 7-44 직선구간의 시설한계(철도건설규칙의 건축한계)

범 례	
————————	일반의 경우에 대한 건축한계. 다만, 철도를 횡단하는 시설물이 설치되는 구간에는 7,010mm 이상을 확보해야 한다.
——— · ———	가공전차선 및 그 현수장치를 제외한 상부에 대한 한계 이 한계는 교량, 터널, 구름다리 및 그 앞뒤에 있어서 필요한 경우에는…— 까지, 기설된 교량, 터널, 눈덮개, 구름다리 및 그 앞뒤에 있어서 필요한 경우에는 개수할 때까지 잠정적으로 —×———×— 로 표시된 한도까지 사전승인을 받은 후 축소할 수 있다.
—— —— —— ——	측선에 있어서 급수, 급탄, 전차, 계중, 세차 등의 설비 신호주, 전차선로지지주, 차고의 문 및 내부장치 또는 본선(중앙, 태백, 영동, 황지, 고한 각선과 함백선에 한함)에 있어서 기설된 교량, 터널, 구름다리 및 그의 앞뒤에 있어서 부득이한 경우에는 가공전차선 지지물에 대한 건축한계를 축소할 수 있는 한계
+ + + + +	선로전환기 표지등에 대하여 건축한계를 줄일 수 있는 한계
●●●●●	승강장 및 적하장에 대하여 건축한계를 줄일 수 있는 한계
○○○○○	타넘기 부분에 대하여 건축한계를 줄일 수 있는 한계

7-7-3 교차각

교차각은 건널목에서 운전자의 정지시거를 확보하고 건널목의 길이를 가능한 한 짧게 함과 동시에 이륜차 등이 통행할 때 철도시설의 간격에 차륜이 빠지는 것을 방지하기 위한 것이다.

7-7-4 접속구간의 평면선형 및 종단선형

건널목 전후 도로의 평면선형이 곡선 또는 정지시거의 여유가 부족한 경우 건널목 사고의 원인이 될 수 있다. 따라서, 건널목 전후 30m 지점에서 건널목을 사전에 인지할 수 있도록 해야 한다.

건널목 전후 도로는 자동차의 일단 정지 및 발진이 빈번하게 발생하는 구간이므로 종단경사가 큰 경우 트럭 등 잉여 마력이 적은 자동차 등은 발진하기가 쉽지 않으므로 건널목 전후 도로의 종단경사는 3.0% 이하로 한다.

7-7-5 시거의 확보

이 규정은 일단 정지한 자동차가 안전하게 건널목을 통과하도록 하기 위하여 필요한 시거를 설명한 것이다.

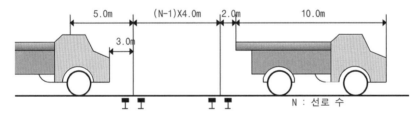

그림 7-45 건널목에서 자동차의 소요 통과거리

본문의 표 중 수치는 일단 정지한 자동차가 $1.0 m/sec^2$의 가속도로 발진하여 속도가 15km/h가 되면 등속 진행하는 것으로 가정하여 구한 건널목 통과시간에 안전율 50%를 고려, 이 시간 내의 열차 주행거리로부터 구한 것이다. 이 경우, 자동차의 소요 통과거리는 그림 7-45에 나타낸 바와 같이

$$L = 3.0 + (N-1) \times 4.0 + 2.0 + 10.0 = 15.0 + 4(N-1)$$

여기서, L : 소요 통과거리(m), N : 선로수

전술한 통과속도의 조건으로 통과시간을 구하면,

$$t = 5.7 + 0.96(N - 1)$$

$T = 1.5 \times t = 8.5 + 1.4(N - 1)$이 된다.

여기서, T : 안전율(50%)을 고려한 건널목 통과시간(sec), N : 선로수

필요한 시거(편측)를 D라 하면,

$$D = \frac{V}{3.6} \times T$$

여기서, V : 열차의 최고 속도(km/h)

이에 따라 도시한 것이 그림 7-46이다.

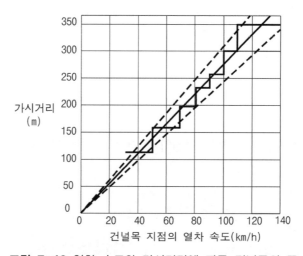

그림 7-46 열차 속도와 가시거리에 따른 건널목의 폭

또한, 규정의 수치는 그림 7-46에 나타낸 바와 같이 선로수가 2선의 경우에 대해서 열차속도에 따라 결정한 것이기 때문에 3선 이상의 경우에는 이에 따라 더욱 긴 시거를 확보하도록 하는 것이 필요하다.

이 시거는 도로만으로 확보될 수 있는 것은 아니므로 철도측과 상호 협력하여 이 규정을 적용할 수 있도록 해야 한다.

또한, 건널목 차단기, 그 밖의 보안설비(간수가 상주하지 않아도 좋음)가 설치된 장소에는 이 규정은 적용하지 않는다.

7-7-6 건널목의 폭

건널목의 폭은 전후 도로가 개축되는 경우에는 적어도 그 폭에 맞추는 것이 당연하다. 기존 건널목에서는 전후의 도로보다도 폭이 협소한 것이 많지만 이것이 원인이 되어 자동차가 떨어지거나 접촉 등의 사고가 발생하여 때로는 큰 사고의 원인이 되는 수도 있다.

건널목의 폭은 전후 도로의 폭과 동일하게 해야 한다. 또, 건널목에서는 자동차와 보행자가 도로의 일반구간보다 증가하게 되므로 교통량이 많은 경우에는 보도를 설치해야 한다.

제8장 포장, 교량 및 터널

8-1 포 장
  8-1-1 개요
  8-1-2 포장 설계
  8-1-3 교면포장
  8-1-4 터널 내 포장
  8-1-5 특수 장소 포장

8-2 배수시설
  8-2-1 개요
  8-2-2 도로 배수시설의 계획
  8-2-3 설계빈도
  8-2-4 설계홍수량의 산정
  8-2-5 노면 배수
  8-2-6 비탈면 배수
  8-2-7 지하 배수
  8-2-8 횡단 배수
  8-2-9 구조물 배수
  8-2-10 측도 및 인접지 배수

8-3 교 량
  8-3-1 교량 계획할 때 고려사항
  8-3-2 부대시설

8-4 터 널
  8-4-1 터널 설계
  8-4-2 환기시설
  8-4-3 안전시설 등
  8-4-4 방재시설
  8-4-5 관리시스템

제8장 포장, 교량 및 터널

8-1   포 장

> **제29조(포장)**
> ① 차로, 측대, 길어깨, 보도 및 자전거도로 등은 안정성 및 시공성 등을 고려하여 적절한 재료와 두께로 포장해야 한다.
> ② 차로 및 측대는 교통량, 노상의 상태, 기후조건, 경제성, 시공성 및 유지관리 등을 고려하여 자동차가 안전하고 원활하게 통행할 수 있는 공법으로 포장해야 한다.

8-1-1 개요

차로, 측대, 길어깨, 자전거도로 및 보도는 적절한 공법으로 포장하는 것을 원칙으로 한다. 그러나 교통량이 극히 적은 경우 등 특별한 사유로 부득이한 경우에는 간이 포장 또는 골재다짐 포장으로 할 수 있다.

여기에서 말하는 포장이란, 설치 장소를 통과할 것으로 예상되는 교통하중에 충분히 견딜 수 있는 구조의 것을 말하며, 이 중에 차로 포장은 원칙적으로 「도로포장 구조 설계 요령(국토교통부)」, 「도로포장 구조 설계 해설서(국토교통부)」, 「2011도로포장통합지침 (국토교통부)」에 규정되어 있는 구조를 가진 것이어야 한다. 또한 간이 포장에 관해서도 동일 지침의 규정을 참조하며, 보도 포장의 경우는 「보도 설치 및 관리지침(국토교통부)」, 자전거도로는 「자전거 이용시설 설치 및 관리지침(국토교통부)」을 참조한다.

아스팔트콘크리트 포장과 시멘트콘크리트 포장 등의 적용에 대하여는 각각 다른 특성을 갖고 있기 때문에 정량적으로 그 우열을 가리기에는 용이하지 않으므로 기후 조건, 지역 조건, 대형자동차 혼입률, 연약지반 존재 유무, 재료 구득의 용이성 및 시공성 등을 면밀히 검토한 후 적절한 공법을 선정하여 적용해야 한다.

포장의 형식 선정은 교통의 규모와 구성, 토질 특성, 기후 조건, 지역 조건, 사용 가능한 재료, 에너지 보존, 환경 보존, 공사비, 유지관리비 등을 고려하여 이루어진다.

포장에는 아스팔트콘크리트 포장, 시멘트콘크리트 포장, 간이 포장, 비포장 등 다양한 형태 및 공법이 있다. 교통의 규모가 대규모인 경우에는 다양한 날씨 조건에도 자동차의 주행이 부드럽고, 미끄럼 방지의 특성이 뛰어난 공법을 선정해야 한다.

포장은 노면의 특성과 일정한 단면을 유지하고, 통행이 예상되는 자동차의 규모와 중량을 지탱해야 하며, 불필요한 유지·보수와 그에 따른 교통 장애를 최소한으로 줄일 수 있어야 한다.

간이 포장은 아스팔트콘크리트 포장 및 시멘트콘크리트 포장과 거의 동일한 기준을 적용한다. 비포장이란 노면의 표면에 안정된 흙, 조개, 쇄석, 자갈 등의 재료를 사용한 포장이 해당된다.

기하구조 설계와 관련한 중요한 특징으로는 노면이 그 형태와 규격을 유지하는 능력, 배수 능력, 미끄럼 방지 능력, 운전자에게 미치는 영향 등을 들 수 있다. 아스팔트콘크리트 포장 및 시멘트콘크리트 포장과 같은 포장은 노면 형태에 대한 유지력이 좋고, 안정된 노상에 위치할 경우 길어깨가 구조적으로 안정되며, 포장의 평탄성 확보와 횡단경사의 설치가 용이하므로 운전자가 운전대를 쉽게 조종하고, 자동차의 진로를 정확히 유지할 수 있다.

8-1-2 포장 설계

포장의 설계는 교통량, 노상토의 지지력, 기상 조건 등을 충분히 고려하여 자동차가 안전하고 원활하게 통행할 수 있는 구조로 한다. 그러나 포장은 대단위 면적에 걸쳐 시공되고, 파손되었을 때 그 유지·보수도 구조물에 비하여 비교적 용이하므로 교량 등의 구조물보다는 비교적 안전율을 낮게 취한다.

즉, 도로의 성격에 따라 장래 교통량의 추정이 매우 곤란한 경우도 있으므로 포장을 설계할 때 구조물과 같은 수준의 안전율을 고려하게 된다면 많은 건설비가 소요되므로 합리적인 설계라고 할 수 없다.

따라서, 포장 설계에 있어서는 포장 수명을 너무 길게 잡지 않고 예상을 초과하는 교통하중에 적응할 수 있도록 필요에 따라 덧씌우기 등의 공법으로 보강해가는 방법을 많이 채택하고 있으며, 특히 아스팔트콘크리트 포장인 경우에는 이 점이 강조되고 있다.

차로의 포장 표면은 미끄럽지 않으며 내구성이 커야 한다. 또, 적설지역에서는 타이어 체인으로 인하여 포장 표면이 손상을 받는 일이 많으므로 마모에 대한 저항성도 커야 한다.

측대는 자동차의 바퀴가 지나가는 경우가 많으므로 차로와 동일한 기능을 갖는 구조로 하며, 노면표시 등으로 구분한다.

길어깨(측대 제외)는 차로에 비하면 일반적으로 자동차의 바퀴가 지나가는 빈도가 적으므로 길어깨 포장의 구조는 원칙적으로 차로와는 다른 구조로 할 수 있다.

고속국도 인터체인지의 루프 연결로와 같이 본선에 비하여 평면곡선 반지름이 현저하게 작거나 길어깨에 자동차의 주행이 빈번하리라 예상되는 구간은 길어깨의 포장을 차로와 동일한 구조로 한다.

자전거도로, 자전거·보행자 겸용도로 및 보도 등은 설계하중이 작으므로 간단한 구조로 설계할 수 있다. 또한, 포장된 도로와 포장되지 않은 도로가 교차, 연결 및 접속되는 경우에 포장되지 않은 도로는 접속부로부터 일정 구간을 포장해야 한다. 이 경우 접속 구간의 포장 길이는 교차하는 비포장 도로의 종단경사와 교통량 등의 조건에 따라 다르지만 포장 도로의 노면에 토사 등이 심하게 묻어나지 않을 정도의 길이 또는 자동차의 원활한 진입과 교차로의 원활한 통행을 위하여 노면표시를 설치하는데 필요한 길이로 한다.

국내 도로포장은 교통량의 증가와 더불어 중자동차, 저속 주행 등으로 파손이 심화되고 있으며 국내 현실을 고려하지 않은 이전 포장 설계법의 적용 구간은 실제로 공용 수명 저하의 문제점으로 나타나기 시작하였다. 이러한 문제점들을 극복하기 위하여 국내에서 역학적 이론과 현장의 공용성 자료를 바탕으로 한 역학적-경험적 설계법을 개발하였다. 역학적-경험적 설계법은 도로포장이 시공되는 지역에 적합한 포장 형식을 결정하고, 가능한 각 포장층 두께, 재료, 환경 및 교통 조건을 조사하여 입력한다. 구조해석 모형을 통하여 포장 구조체의 역학적 거동을 분석하고, 피로 이론을 적용하여 포장의 파손 및 공용성을 예측한다. 프로그램을 통하여 예측한 공용성 결과가 기준을 만족할 경우에는 설계 대안으로 분류가 되고, 만족하지 못할 경우 두께 설계나 재료 조건을 달리하여 가능 대안을 찾아야 한다. 일련의 과정을 통하여 다양한 설계 대안들이 도출되고, 대안들의 경제성 분석을 통하여 최종 대안을 결정하게 된다.

포장구조의 설계는 역학적-경험적 개념에 근거한 도로 포장설계 프로그램을 활용하도록 한다. 또한 정확한 설계를 위하여 각각의 포장 설계 조건에 적합한 설계 자료를 적용하도록 하며, 설계 자료는 설계 등급, 환경 조건, 교통 조건, 재료 물성, 포장층의 두께, 공용기간과 공용성 기준 등으로 구분된다. 다음은 아스팔트콘크리트 포장 및 시멘트콘크리트 포장에 대한 전반적인 설계 과정이다.

아스팔트콘크리트 포장의 포장구조 설계는

① 지역의 조건에 적합한 포장 단면을 가정하여 선정한 다음, 예비설계(trial design)를 다음과 같이 실시한다.

② 교통량, 환경 조건 및 재료 물성과 관련된 입력 변수들을 입력한다.

③ 설계 해석 프로그램 내의 구조해석 프로그램 모듈에 의해 포장 단면의 구조적 거동 (structural responses)을 계산한다.

④ 설계기간 동안 유지되어야 할 공용성 기준을 설정한다. 즉, 아스팔트콘크리트 포장

의 피로균열, 영구변형 및 국제평탄성지수(IRI, international roughness index)의 허용기준을 설정한다.

⑤ 설계 해석 프로그램 내의 공용성 해석 프로그램 모듈을 이용하여 포장 손상을 계산하고, 전체 설계기간에 대하여 누적된 손상도를 계산한다.

⑥ 예비설계의 결과가 공용성(피로균열, 영구변형, 국제평탄성지수) 기준에 적합한지를 평가한다.

⑦ 예비설계가 공용성 기준을 만족하지 못하면, 예비설계의 단면을 변경한 후 다시 위의 ②항부터 ⑥항까지의 과정을 반복하여 해당 설계 단면이 공용성 기준을 만족할 때까지 수행한다.

⑧ 설정한 공용성 기준을 만족시키는 설계 단면은 구조적 및 기능적 측면에서 시공 가능한 시스템이어야 하고, 다른 대안 단면들에 대한 추가적인 예비설계를 수행한다. 이러한 설계 대안들에 대하여 생애주기비용 분석을 위한 경제성 평가를 실시하여 최적 대안을 선정한다.

⑨ 예비설계가 공용성 기준을 만족하면 대안 단면의 하나로 선정하고, 추가로 재료 및 대안 단면에 대하여 ②항부터 ⑥항까지의 과정을 반복한다.

시멘트콘크리트 포장의 포장구조 설계는

① 지역의 상태에 적합한 예비설계를 한다. 교통량, 기후 조건, 토질 조건, 포장층의 조합, 시멘트콘크리트 및 다른 재료 물성, 그리고 설계 및 시공 조건 등을 고려한다.

② 해석에 필요한 교통량, 재료, 기후 등의 인자들에 대한 월별 입력값을 산정한다.

③ 설계를 종료할 때 유지되어야 할 균열 및 국제평탄성지수(IRI)에 대한 허용 기준을 선정한다.

④ 불연속면 설계를 수행한다. 줄눈 간격, 타이바/다웰바, 줄눈채움재 설계를 진행하고, 예비설계를 할 때 가정한 불연속면 설계와 허용 범위 내에 있을 때 다음 단계로 진행되는 반면 범위 외에 있을 경우, 다시 줄눈 설계로 되돌아가서 ②항, ④항을 반복 수행한다.

⑤ 이 설계에서 제시된 회귀분석 식을 이용하여 포장의 구조적 거동을 계산한다, 전체의 설계기간에 대하여 각 축 형태 및 하중에 따른 각각의 한계응력을 반복 계산한다.

⑥ 개발한 피로손상(fatigue damage)모형을 이용하여 매월별로 포장의 손상을 예측한다.

⑦ 전체의 설계기간에 대하여 매월별로 누적된 손상을 계산한다.

⑧ 누적 손상을 이용하여 시멘트콘크리트 포장의 균열을 계산한다, 더불어 추정된 스폴링(spalling)과 균열률을 이용하여 해당 연도의 평탄성을 계산한다.

⑨ 예비설계의 기대 공용성을 주어진 신뢰도 수준에서 적합한지를 평가한다.

⑩ 예비설계가 공용성 기준을 만족하지 못하면 설계를 변경한 후 다시 위의 ③항부터 ⑨항까지의 과정을 반복하여 그 설계가 공용성 기준을 만족할 때까지 수행한다.

⑪ 목표한 공용성 기준을 만족시키는 설계는 구조 및 기능적 측면에서 실행 가능해야 한다. 다른 대안 단면들을 추가로 작성한 후, 각 대안 단면들의 생애주기비용 분석 및 경제성 분석을 수행하여 최적 대안을 선정한다.

포장구조 설계에 대한 상세한 내용은 「도로포장구조설계요령(국토교통부)」, 「도로포장구조설계해설서(국토교통부)」를 적용하고, 「2011도로포장통합지침(국토교통부)」, 「아스팔트콘크리트 포장 시공 지침(국토교통부)」, 「시멘트콘크리트 포장 시공 지침(국토교통부)」 등을 참조한다.

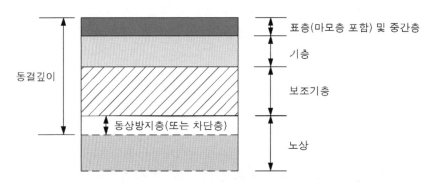

그림 8-1 아스팔트콘크리트 포장의 구성과 각층의 명칭

아스팔트콘크리트 포장은 그림 8-1과 같이 노상 위에 보조기층, 기층, 중간층 및 표층(마모층 포함)으로 구성된다. 표층에 작용하는 하중을 기층에 균일하게 전달하는 기능을 갖는 중간층은 본래 구조적인 의미로 사용되는 것이 아니라 표층과 기층의 중간에 위치하는 층이라는 기능적인 의미를 가진다, 이러한 중간층의 필요성은 상대적으로 저급한 기층을 사용할 경우 기층의 파손에 기인한 표층의 조기 파손을 방지하기 위하여 설치하므로 반드시 필요하지는 않으며 선택적으로 사용할 수 있다.

노상은 포장층의 기초로서 포장에 작용하는 모든 하중을 최종적으로 지지해야 하는 층이다. 노상은 상부 다층 구조의 포장층을 통하여 전달되는 응력에 따라 노상에서 과잉 변형 또는 변위를 일으키지 않는 최적 지지 조건을 제공할 수 있어야 한다. 노상에서 균등한 지지력을 얻기 위하여 노상 상부의 일정 두께를 하나의 층으로 해서 해로운 동결작용의 영향을 완화시키는 동상방지층 또는 노상층의 세립 토사가 보조기층에 침입하는 것을 방지하기 위하여 차단층을 설치할 수 있다. 차단층은 배수층 역할을 하는 입상 재료 기층과 보조기층 또는 집수시스템이 노상토 침입으로 막히는 것을 보호하고, 지하 수위를 낮추기 위한 수단으로 적정 입도와 투수성을 가지는 150~300mm 두께의 선별 입상 재료 또는 토목섬유(geotextile)를 이용하여 보조기층과 노상 면 사이에 설치한다.

보조기층은 노상 위에 놓이는 층으로 상부에서 전달되는 교통하중을 충분히 분산시켜 노상에 전달할 수 있어야 한다. 따라서 보조기층은 노상의 허용지지력 이하로 저감, 분포하기에 적합한 강도와 두께를 갖는 내구성이 풍부한 재료를 잘 다진 것이어야 하며, 다음과 같은 기능을 유지해야 한다.

① 노상토 세립자의 기층 침입 방지

② 동결작용에 따른 손상을 최소화

③ 자유수의 포장 내부 고임 방지

기층은 보조기층 위에 있어 표층에 가해지는 하중을 분산시켜 보조기층에 전달함과 동시에 교통하중에 의한 전단에 저항하는 역할을 해야 한다. 기층에는 입도 조정, 시멘트 안정처리, 아스팔트 안정처리, 침투식 등의 공법을 사용할 수 있다. 침투식 공법을 제외하고는 재료의 최대 입경은 40mm 이하이다. 시멘트 안정처리 공법은 큰 침하가 예상되는 경우 기층에 적용하지 않도록 한다. 자갈, 모래 및 세립토의 혼합물은 가령 입도 및 세립토의 성질이 양호하여도 기층 재료를 사용하여서는 안 되며, 이것을 기층에 사용할 때에는 반드시 시멘트, 역청재료 등을 가하여 안정 처리해야 한다.

프라임 코트(prime coat)는 보조기층, 입도조정기층 등에 침투시켜 이들 층의 방수성을 높이고 그 위에 포설하는 아스팔트혼합물 층과의 부착을 좋게 하기 위하여 보조기층 또는 기층 위에 역청재료를 살포하는 것을 말한다.

택 코트(tack coat)는 아스팔트혼합물 사이나 교량, 고가(高架)차도 등의 슬래브와 아스팔트혼합물과의 부착을 좋게 하기 위하여 하부층 표면에 역청재료를 살포하는 것을 말한다.

동상방지층은 포장을 동결로부터 보호하기 위하여 설치하며, 주로 자갈과 모래와 같은 비동결 재료를 사용하여 동결에 의한 분리현상이 생기지 않도록 한다.

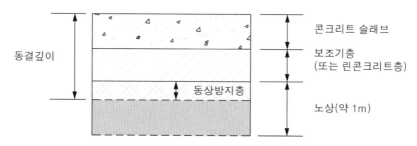

그림 8-2 시멘트콘크리트 포장의 구성과 각층의 명칭

시멘트콘크리트 포장의 콘크리트슬래브는 휨 강성에 의하여 대부분의 하중을 지지하며, 슬래브의 두께는 하중에 충분히 저항할 수 있을 정도로 한다. 기본적으로 하중전달장치, 줄눈재로 구성되며, 구성 재료는 공용기간 동안 받게 되는 교통하중과 환경영향에 의한 손상을 충분히 지지할 수 있는 강도와 내구성을 가져야 한다.

보조기층, 동상방지층, 노상은 상기의 아스팔트콘크리트 포장에서의 내용과 동일하다.

아스팔트콘크리트 포장은 최근의 교통량 증가와 더불어 자동차의 중량화, 대형화 및 환경적 영향 등의 복합적인 요인들로 인하여 소성변형에 따른 포장 파손이 전국적으로 광범위하게 발생되고 있는 실정이므로 포장을 설계할 때에는 소성변형을 최소화하고 내구성을 향상시킬 수 있는 방안을 강구해야 한다. 소성변형 저감에 대한 상세한 내용은 「아스팔트 포장의 소성변형 저감을 위한 지침(국토교통부)」, 「아스팔트콘크리트 포장 시공 지침(국토교통부)」을 참조한다.

또한, 포장을 계획할 때 자동차의 안전한 주행을 위하여 가속이 우려되거나 자동차의 방향조작이 곤란할 수도 있다고 예상되는 경우에는 미끄럼 저항이 양호한 포상을 실시하여 자동차 운행의 안정성을 높이도록 해야 한다. 긴 직선구간 끝부분의 곡선부, 내리막경사의 곡선부 등과 같이 사고의 발생 가능성이 크다고 예상되는 도로 구간에 대하여 사고의 방지를 위하여 필요하다고 판단될 경우 미끄럼방지포장을 적극적으로 검토하여 설치한다.

미끄럼방지포장에 대한 상세한 내용은 「도로안전시설 설치 및 관리지침 미끄럼방지포장 편(국토교통부)」을 참조한다.

8-1-3 교면포장

교면포장은 교통하중에 의한 충격, 기상 변화, 빗물과 제설용 염화물의 침투 등에 의한 교량 상판의 열화 및 철근 등의 부식을 최소화하여 교량의 내하력 손실을 방지하고, 통행 자동차의 쾌적한 주행성을 확보하기 위하여 포장 재료를 사용하여 교량의 상판 위를 덧씌우는 포장공법을 말하며, 다음과 같은 특성을 확보해야 한다.

① 표면을 평탄하게 유지하여 운전자의 승차감 향상

② 미끄럼에 대한 저항 능력 증진

③ 자동차의 제동력, 추진력 및 환경 영향에 대한 내구성과 안정성의 확보 및 유지

④ 교면의 빗물을 신속히 배수시키고, 불투수층을 형성하여 제설용 염화물, 빗물 등의 침투로 인한 상판의 열화 및 부식 방지

⑤ 교량 상판과의 부착 특성 유지 및 전단력에 대한 저항

⑥ 과도한 사하중으로 작용하지 않아야 한다.

⑦ 교량 구조체의 신축·팽창 거동을 수용하고, 구조적으로 나쁜 영향을 일으키지 않아야 하며, 교통의 충격하중에 저항할 수 있어야 한다.

교면포장 재료는 교량 상판의 상대적으로 큰 처짐이나 진동에 대한 저항성이 커야 하며, 토공부 포장과는 달리 외부에 노출되는 면적이 넓기 때문에 열악한 교통 조건과 기후 조건에 놓이게 된다. 이와 같은 내·외적인 영향을 수용하기 위해서 포장의 두께만을 조절하는 방법은 극히 제한적이다. 그러므로 교면포장 설계에서는 요구되는 포장 재료 성질을 가지는 특수한 혼합물을 적극적으로 이용하고 있다. 따라서, 교면포장에 사용되는 혼합물의 종류에 따라 교면포장에는 아스팔트 계열 교면포장과 콘크리트 계열 교면포장으로 구분된다.

1. 아스팔트 계열 교면포장

일반적으로 아스팔트 계열의 교면포장은 2층 구조로 이루어지며, 상층이 3~4cm, 하층이 3~5cm 두께를 갖는 것이 일반적이다. 상층부는 마모층의 역할을 하며, 보수 시에는 상층부만 절삭하여 덧씌우기를 실시하게 된다. 하층부는 바닥판과 마모층 사이의 레벨링 층으로 상판의 요철 보정 및 상판과 마모층의 일체화 등을 유도하는 층이다. 일반적인 2층 교면포장의 구조는 그림 8-3(a)와 같다.

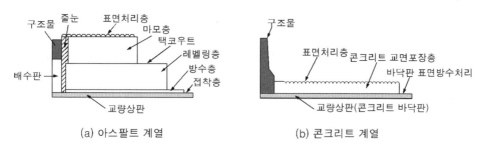

(a) 아스팔트 계열   (b) 콘크리트 계열

그림 8-3 교면포장의 구조

아스팔트 계열의 교면포장으로는 일반적인 가열 아스팔트 혼합물, 구스 아스팔트 혼합물, 특수 결합 재료를 이용한 개질 아스팔트 등이 있으며, 교량의 종류 및 형태, 교통 및 기후 환경을 고려하여 적합한 것을 선정한다.

또한, 방수재는 물의 침투를 방지하여 상판의 내구성을 높이기 위해 설치한다. 방수재의 종류로는 도막계 방수층, 침투계 방수층, 시트계 방수층, 복합식 방수층 등이 있다.

2. 콘크리트 계열 교면포장

콘크리트 계열의 교면포장은 단층으로 구성되며, 일반적으로 4~6cm 정도의 두께로 시공된다. 또한, 콘크리트 상판일 경우에만 적용이 가능하기 때문에 콘크리트 바닥판과 동질 재료를 적용하여 부착 성능이 우수하며, 바닥판과의 일체 거동으로 별도의 방수층이 불필요하다. 그림 8-3(b)는 단층의 콘크리트 교면포장 구조이다.

콘크리트 계열의 교면포장에는 다양한 종류의 개질 콘크리트가 있으며, 교량의 종류 및 환경에 맞도록 적합한 것을 선정해야 한다.

8-1-4 터널 내 포장

터널 내 포장은 일반 토공부와는 다른 지지력 조건과 기후 환경적 특이성 조건을 가지고 있기 때문에 일반 토공부와는 다른 포장 설계법을 적용해야 한다.

① 터널 내 포장은 일반적으로 시멘트콘크리트 포장으로 한다. 그러나 터널 연장이 500m 이하로 짧은 경우에는 지역 여건과 시공성을 고려하여 터널 전후 구간의 포장 형식과 동일하게 적용할 수 있다.

② 터널 내 포장의 단면 설계 시 시멘트콘크리트 포장의 슬래브 두께는 본선과 동일하게 적용하고, 슬래브 표층의 하부층에 필터층, 시멘트안정처리 필터층을 적용할 수 있다. 아스팔트콘크리트 포장의 경우 아스팔트 혼합물층의 두께는 본선 포장과 동일하게 적용하며, 보조기층 대신 투수를 위한 필터층을 설치한다.

필터층은 침투된 지하수의 신속한 배수를 위하여 설치하는 층을 말하며, 터널 내 노상에서 침투한 용수를 배수하기 위하여 필터층의 설치가 요구된다.

③ 터널 굴착 시 여굴에 따른 노상의 요철은 필터층, 시멘트안정처리 필터층 등으로 보정한다.

④ 터널 내 포장의 동상방지층 설치는 한쪽 방향 터널의 경우 터널 입구로부터 50m 지점까지 설치하고, 터널 출구부에서는 기후 여건 등을 고려하여 동상방지층을 설치하지 않을 수 있다. 상·하행이 분리되지 않은 양방향 터널의 경우에는 양쪽 입·출구부로부터 50m 지점까지 동상방지층을 설치한다.

⑤ 터널 입출구부에서 일조량이 적어 결빙 등이 발생하는 경우는 보완대책을 검토해야 한다.

터널 내 포장 설계에 대한 상세한 내용은 「암반구간 포장설계 지침(국토교통부)」, 「터널 내 포장설계 지침(국토교통부)」을 참조한다.

8-1-5 특수 장소 포장

특수 장소 포장으로는 단지 내 포장, 버스정차로, 가감속차로 및 주차장 포장, 영업소 포장, 자전거도로 포장이 있으며, 각 포장의 설명은 다음과 같다.

1. 단지 내 포장

중로 이상의 교통량이 예측되는 도로는 한국형포장설계법(도로포장구조설계)을 적용하며, 교통량 예측을 실시하지 않는 작은 규모의 도로에 대해서는 교통량과 상관없이 표층과 중간층을 합쳐서 150mm가 되도록 설계하고, 역청안정처리기층의 경우 표층과 중간층을 합쳐서 120mm가 되도록 설계한다. 기층 및 보조기층의 최소 두께는 안정처리기층의 경우 굵은골재 최대치수의 2배가 되어야 하며, 그 밖의 포장의 경우 최소한 굵은골재 최대치수의 3배가 되도록 설계해야 한다.

2. 버스정차로

버스정차로의 포장은 정류 자동차의 브레이크 작용과 제설용 염화물 또는 자동차에서 떨어지는 유류 등에 의한 화학적 작용에 대한 내구성을 가지는 포장 형식을 선택한다.

시멘트콘크리트 포장을 적용하는 경우 콘크리트 슬래브 두께는 최소 200mm이며, 철망 또는 철근으로 보강한 줄눈무근콘크리트 포장 구조가 바람직하다. 아스팔트콘크리트 포장을 적용하는 경우 표층 두께는 최소 70mm로 하여 구조 단면을 결정한다. 기층 또는 보조기층 두께는 최소 150mm로 하며, 방수층 또는 지하배수시설이 고려되어야 하고, 표면 배수를 위하여 최소 2%의 횡단경사를 설치해야 한다.

3. 가·감속차로

가·감속차로 포장 형식은 본선 통행 자동차의 시인성, 유지관리와 시공성을 고려하여 선택한다. 포장 구조는 본선 포장과 버스정차로 포장과의 연속성을 유지할 수 있는 구조로 한다.

4. 주차장 포장

주차장 포장은 주요 이용 차종과 교통량, 유지관리 그리고 시공성을 고려하여 적정한 표준 형식을 선택한다. 표층과 중간층의 최소 두께는 교통량 예측 자료가 없는 경우 교통량과 상관없이 단지 내 포장의 최소 두께 기준인 표층과 중간층을 합쳐서 150mm가 되도록 설계하며, 기층과 보조기층 두께는 최소 150mm 이상 유지하고, 적절한 지하 배수를 위한 배수층 또는 배수시설이 필요하다.

5. 영업소 포장

고속국도의 영업소 포장은 시멘트콘크리트 포장으로 설계하며, 광장부 포장은 철근콘크리트 포장, 테이퍼부는 무근콘크리트 포장으로 되어 있으나 광장부의 경우 무근콘크리트 포장을 적용할 수 있다.

제8장

광장부의 시멘트콘크리트 포장 구조는 본선 포장 구조의 설계 조건을 적용하여 결정하고, 기층 또는 보조기층을 본선 포장과 구조적 연속성을 유지할 수 있도록 설계하며, 광장부 포장 형식이 본선 포장 및 테이퍼부와 다를 때에는 접속부에 줄눈 설계를 적용한다.

6. 자전거도로 포장

자전거도로의 포장 형식은 내구성, 주행성, 환경 특성, 경제성을 고려하여 용도에 적합한 포장 형식을 결정해야 한다.

자전거도로 포장의 종류는 크게 아스팔트콘크리트 포장, 시멘트콘크리트 포장, 그 밖의 포장으로 구분한다. 그 밖의 포장에 사용되는 재료 및 공법은 별도의 설계자문위원회 등을 구성하여 기술적 검토 후 결정한다.

① 아스팔트콘크리트 포장 단면은 보조기층 두께를 최소 200mm 이상으로 하고, 표층은 50~70mm 두께로 아스팔트콘크리트 재료를 사용한다.

② 시멘트콘크리트 포장 단면은 보조기층 두께를 최소 200mm 이상으로 하고, 표층 슬래브는 100mm 두께로 시멘트콘크리트 재료를 사용한다. 이때 슬래브의 수축줄눈 간격은 2~3m를 표준으로 한다.

자전거도로 포장 설계에 대한 상세한 내용은 「자전거 이용시설 설치 및 관리 지침(행정자치부, 국토교통부)」을 참조한다.

제30조(배수시설)

① 도로시설의 보전(保全), 교통안전, 유지보수 등을 위하여 도로에는 측구(側溝), 집수정 및 도수로(導水路) 등 적절한 배수시설을 설치하여야 한다. 이 경우 배수시설에 공급되는 전기시설은 침수의 영향을 받지 않도록 설치하여야 한다.

② 배수시설의 규격은 강우(降雨)의 지속 시간 및 강도와 지형 상황에 따라 적절하게 결정되어야 한다.

③ 길어깨는 노면 배수로로 활용할 수 있으며, 길어깨에 붙여서 측구를 설치하는 경우에는 교통안전을 위하여 윗면이 열린 측구를 설치하여서는 아니 된다.

8-2-1 개요

도로의 배수시설은 표면수의 침투 또는 지하수 유입에 따른 도로 하부지반 지지력 약화와 비탈면의 유실, 도로 포장 파손 등을 방지하고, 노면 배수 불량으로 미끄러짐에 따른 교통사고를 방지하는 등의 도로 기능을 유지하도록 해야 한다.

도로의 배수는 신속한 노면 배수와 침투수의 차단, 침투수의 지하 배수, 도로 인접지로부터의 배수 처리 등을 해야 한다.

도로의 모든 구간에 대해 배수가 원활하게 이루어질 수 있도록 배수의 형태, 적용 설계빈도, 배수방법, 규격산정 방법 등 배수 계통을 고려하여 배수시설 설계를 해야 한다.

배수시설을 설계함에 있어서는 현지의 상황, 특히 지형·기상·지질·이상기후 등의 조건을 충분히 고려해야 하며, 공용기간 중의 청소·보수·점검 등의 유지관리 측면도 고려해야 한다.

도시지역에서는 도로의 배수기능이 도로 자체뿐만 아니라 도로망 주변의 배수와도 연관이 되므로 도시 도로망에서는 배수의 기능이 그 도시의 또 하나의 중요한 요소임을 고려해야 하며, 산악지 도로 배수시설은 집중호우에 의한 토사 유입 또는 부유목 등으로 통수 단면이 축소될 수 있으므로 주변 지형·지질 조건을 고려하여 다른 도로의 배수시설 규격보다 큰 것을 설치하여 도로의 피해를 최소화해야 한다. 또한, 강수량 등 기상 조건에 크게 영향을 받는 비점오염원으로부터 오염 물질을 차단하기 위하여 비점오염 저감 방안에 대하여 검토해야 한다.

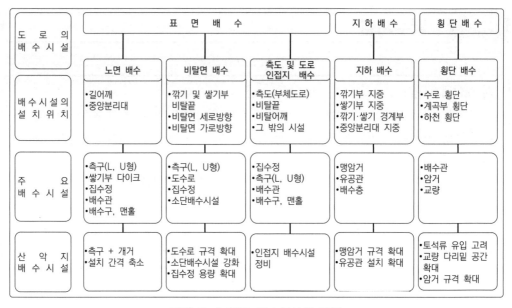

그림 8-4 도로 배수시설의 구분

도로 배수는 그림 8-4와 같이 배수시설의 설치 위치에 따라 크게 노면 배수, 비탈면 배수, 측도 및 도로 인접지 배수를 포함하는 표면 배수와 지하 배수, 횡단 배수로 구분되며, 각 배수시설에 따른 그 종류는 그림 8-5와 같다.

도로 배수시설 설계에 대한 상세한 내용은 「도로 배수시설 설계 및 관리지침(국토교통부)」을 참조한다.

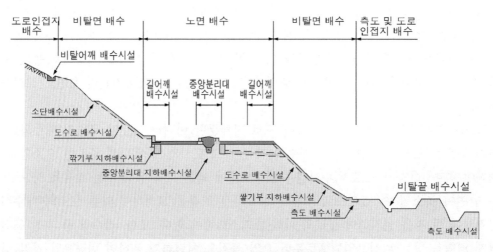

그림 8-5 도로 배수시설의 종류

8-2-2 도로 배수시설의 계획

도로 배수시설의 계획은 지형 및 지질 조건, 계획도로의 종류, 규격, 교통량, 배수시설의 종류, 주변의 배수시설 등을 고려하여 경제적으로 수립해야 하며, 각각의 배수시설에 대해서도 배수 목적, 배수시설의 입지 조건, 계획 유량을 초과한 경우에 예상되는 주변 지역에 미치는 영향 정도, 경제성, 지형 및 지질, 과거 홍수이력, 토석류 발생이력 등을 감안하여 배수계획을 수립해야 하고, 특히 산지 계곡부의 경우 나뭇가지, 부유목, 토석류 등에 의한 배수시설 막힘 등 통수능력 저하 현상을 고려하여 배수시설 규모를 결정해야 한다.

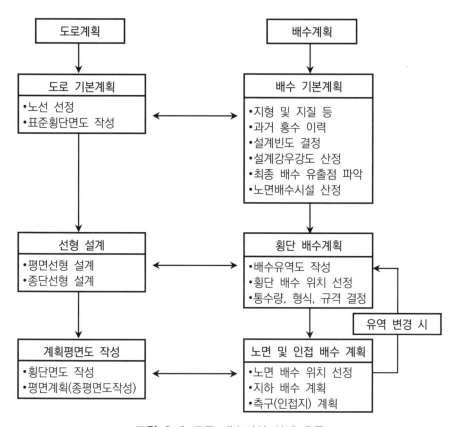

그림 8-6 도로 배수시설 설계 흐름

그림 8-7은 배수유역 산정을 통한 배수시설 규모 결정의 예시이다.

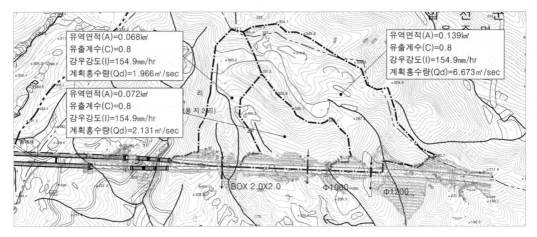

유역면적(A)=0.068㎢
유출계수(C)=0.8
강우강도(I)=154.9mm/hr
계획홍수량(Qd)=1.966㎥/sec

유역면적(A)=0.072㎢
유출계수(C)=0.8
강우강도(I)=154.9mm/hr
계획홍수량(Qd)=2.131㎥/sec

유역면적(A)=0.139㎢
유출계수(C)=0.8
강우강도(I)=154.9mm/hr
계획홍수량(Qd)=6.673㎥/sec

BOX 2.0X2.0   Φ1000   Φ1200

그림 8-7 배수시설 규모 결정(예시)

8-2-3 설계빈도

설계빈도는 배수시설의 중요도, 설계유량 이상의 유출량이 발생하였을 때의 위험도, 경제성 등을 고려하여 정하며, 구조물별 설계빈도의 적용은 「도로배수시설 설계 및 관리지침(국토교통부)」또는 「국가건설기준 KDS 44 40 00(국토교통부)」을 참조한다. 단, 중요한 배수시설물은 관계기관 및 발주기관과 협의 후 설계빈도를 결정해야 한다. 특히 하천을 횡단하거나 하천구역을 일부라도 점유하게 되는 구조물은 해당 하천의 하천기본계획이 수립된 경우 설계빈도를 따르며, 미수립된 경우는 하천 관련기관과 협의하여 결정하거나 하천설계기준에 따라 결정한다.

8-2-4 설계홍수량의 산정

설계홍수량은 유역크기에 따라 소규모, 중규모 또는 대규모 유역으로 구분하고, 도시하천과 자연하천 유역 등으로 구분하여 각각의 유출특성에 맞는 방법을 적용한다.

설계홍수량은 충분한 관측 유출량 자료가 있는 경우에는 빈도해석을 이용하여 직접 산정하며, 유역면적이 $4km^2$ 미만이거나 유역 또는 하도의 저류효과를 기대할 수 없는 소규모인 경우 합리식을 적용한다. 유역면적이 $4km^2$ 이상인 중규모는 지표면 유출결과를 바탕으로 하천유출량을 산정하는 방식을 사용하며, 도로 설계기준과 하천설계기준의 설계홍수량 방법을 적용한다.

8-2-5 노면 배수

노면 배수란 도로 노면에 내린 우수를 원활히 처리하여 강우시 교통안전을 도모하기 위한 배수로, 그 대상은 포장 표면, 중앙분리대, 길어깨 등이 해당되며, 흙쌓기 구간, 땅깎기 구간, 중앙분리대에 따라 그림 8-8과 같이 구분할 수 있다.

길어깨의 경우 노면 배수를 위한 배수로로 활용이 가능한데, 이 경우 자동차 주행차로에 배수로 인한 영향이 최소화되는 범위 내에서 배수로로 활용되어야 하며, 길어깨에 연속되어 있는 측구는 자동차가 차도를 이탈할 때의 안전을 고려하여 흙쌓기 구간은 다이크, 도수로, 땅깎기 구간은 L형 측구 또는 뚜껑 있는 U형 측구 등 다양한 형식으로 안전에 문제가 없도록 계획해야 한다.

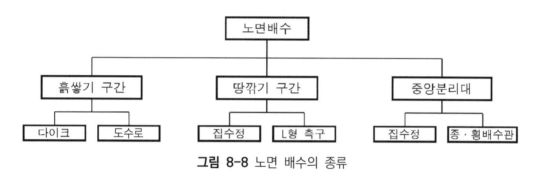

그림 8-8 노면 배수의 종류

8-2-6 비탈면 배수

비탈면 배수는 도로 비탈면에 내린 우수 및 비탈면으로 유입되는 우수(노면 배수, 도로 인접지 우수 등)를 노면 또는 도로 인접 배수시설로 처리하기 위한 배수로, 땅깎기부와 흙쌓기부 비탈면 및 비탈면 끝에 설치되는 배수시설 등을 이용하여 우수를 기존 배수로 또는 하천으로 배수하기 위하여 설치하며, 비탈면 배수시설에는 측구, 도수로, 집수정, 소단 측구 등이 있다.

8-2-7 지하 배수

지하 배수는 지하 수위가 높아져 노상, 노체 등에 침투수가 스며들어 발생하는 지지력 약화, 포장 파손 등을 방지하기 위하여 설치하는 배수시설로, 지하 수위를 낮추고, 침투수를 배수하기 위하여 설치하고, 종방향 배수, 횡단 및 평면 배수, 배수층에 의한 배수 등의 구분에 따라 그림 8-9와 같이 구분할 수 있으며, 지하배수시설은 불투수층 상부에서 침투수의 차단, 지하 수위 억제, 다른 배수시설로부터 유입되는 유수 집수의 기능을 수행하는데 설치되는 배수시설들이 종합적으로 역할을 수행할 때 그 기능이 발휘될 수 있다.

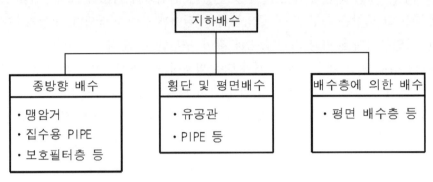

그림 8-9 지하배수시설의 종류

8-2-8 횡단 배수

횡단 배수란 도로 인접지에 내린 우수 등을 배수할 목적으로 도로를 횡단하는 하천, 수로 등에 설치하며, 소하천 및 수로 상류 지역의 유역면적을 정확히 파악하고, 장래 개발계획 등을 반영하여 도로 인접지역의 호우피해 예방 및 도로의 기능 보전을 위하여 설치하며, 적정한 통수 단면을 확보해야 한다. 또한, 횡단 배수의 단면은 원형관 또는 박스 형태가 일반적이며, 암거의 크기, 경사, 유출입부의 수심 등의 조건에 따라 유입부 조절 또는 유출부 조절을 받는 흐름의 특성을 갖는다.

8-2-9 구조물 배수

구조물 배수는 구조물의 배수를 원활하게 하기 위하여 설치하는 배수시설로, 교량·고가(高架)차도의 배수, 터널의 배수, 지하차도(암거)의 배수, 옹벽의 배면 배수 등을 포함하는데 교량·고가차도의 배수를 할 때 배수홈통 간격은 20m 이하로 하는 것이 좋으며, 배수관은 내경 150mm 이상, 경사는 원칙적으로 3% 이상, 유지보수가 용이한 첨가 방식으로 한다. 터널 내의 유입수 처리는 측방 배수관 또는 주 배수관으로 배수하는 것으로 원칙으로 하되, 50m 이하의 간격으로 청소구(맨홀)을 설치해야 하며, 지하횡단시설에 유입한 표면수는 자연배수를 원칙으로 하되, 이것이 불가능한 경우에는 펌프배수를 사용한다. 또한, 옹벽배수는 지표면 배수와 뒷채움 배수로 구분하며, 지표면 배수의 경우 식생공, 블록 등의 불투수층을 마련하여 배수구로 집수시키고, 뒷채움 배수의 경우 간이배수공, 구형배수공, 연속배면 배수공, 그 밖의 배수공 등을 사용한다.

터널, 지하차도 등의 배수시설로 펌프시설을 설치해야 할 경우 배수시설에 공급되는 전기시설은 침수에 영향을 받지 않도록 계획해야 하며, 펌프 및 전기시설에 대한 일상점검과 보수·보강을 철저히 하여 그 기능이 상실되어 침수가 되지 않도록 충분한 유지관리가 이루어지도록 해야 한다.

터널·지하차도 등의 침수방지 및 침수를 대비하기 위하여 다음과 같은 대책을 고려한다.

① 터널·지하차도 출입구 부분에 대해서는 "지하공간침수방지를 위한 수방기준"의 예상침수높이를 고려하여 계획한다.

② 지하차도의 환기구 및 채광시설 등의 개구부는 집중호우 등으로 외부의 우수 등이 유입되는 경로가 될 우려가 있으므로 이를 방지할 수 있도록 계획한다.

③ 지하차도의 비상조명과 안내표지의 경우 침수가 발생할 경우 전력공급에 차질이 발생할 수 있기 때문에 2차적인 비상조명과 안내표지의 설치가 필요하다.

④ 침수가 발생하는 경우 누전과 정전 등으로 많은 피해가 발생할 수 있으므로 전력시설을 설계할 때는 그 기능이 상실되지 않도록 방수대책을 마련한다.

8-2-10 측도 및 인접지 배수

측도 및 인접지 배수는 측도의 노면이나 비탈면 및 인접지역의 배수를 위해 설치하는 배수구, 집수정, 관거 등의 배수를 말하며, 이때 도로를 횡단하는 배수관의 최소 직경은 1,000mm 이상을 원칙으로 한다. 다만, 지형 및 지역 여건을 고려하여 부득이한 경우 800mm 이상으로 할 수 있다. 또한, 설계에 현지 상황을 충분히 조사하여 효과적이고 경제적으로 설계해야 하며, 가급적 기존 시설을 이용하는 것이 좋으나 굴곡된 자연하천이나 여러 개의 하천지류가 계획도로와 수회에 걸쳐 교차할 경우 경제성이 떨어지고 비효율적이므로 수로의 이설을 고려한다.

이상과 같이 도로 배수시설의 설계에 관한 일반적이고 기본적인 사항을 명시하였으며, 상세한 내용은 「도로 배수시설 설계 및 관리 지침(국토교통부)」, 「수해예방을 위한 산악지 도로설계 매뉴얼(국토교통부)」, 「도로 배수시설 설계(국가건설기준 KDS 44 40 00)」를 참조한다.

또한, 산악지를 통과하는 지역의 배수계획 검토 단계 시 산사태위험지도(산사태정보시스템, http://www.forest.go.kr)를 참조한다.

8-3 　 교 량

> **제44조(교량 등)**
> ① 교량 등의 도로구조물은 하중(荷重) 조건 및 내진성(耐震性), 내풍안전성(耐風安全性), 수해내구성(水害耐久性) 등을 고려하여 설치하여야 하며, 그 기준에 관하여 필요한 사항은 국토교통부장관이 정한다.
> ② 교량에는 그 유지·관리를 위하여 필요한 교량 점검시설 및 계측시설 등의 부대시설을 설치해야 한다.

8-3-1 교량 계획할 때 고려사항

하천 교량, 고가(高架)도로 및 그 밖의 이와 유사한 구조의 도로를 신설하거나 개축하는 경우에는 내구성이 우수한 재료와 구조 형식을 적용해야 한다. 도로 구조물인 교량 및 터널 등은 국토교통부에서 제정한 각종 기준 등에 따라 계획되어야 하며, 다음과 같은 기준을 참조한다.

- 도로교 설계기준(국토교통부)
- 콘크리트 구조설계기준(국토교통부)
- 구조물 기초 설계기준(국토교통부)
- 강도로교 상세부 설계지침(국토교통부)
- 도로교 표준시방서(국토교통부)
- 도로설계편람 제5편 교량(국토교통부)
- 하천설계기준(국토교통부)

1. 설계하중

교량, 고가도로, 그 밖의 이와 유사한 구조의 설계에 사용하는 설계기준자동차 하중은 도로교 설계기준에 기술된 내용을 기준으로 하며, 고속국도 및 자동차전용도로에 있어서는 표준트럭하중 또는 이에 준하는 표준차로하중을 적용하고, 그 밖의 도로에 있어서도 계획도로의 자동차 교통상황에 따라 표준트럭하중 또는 이에 준하는 표준차로하중을 적용한다. 그러나 규격이 낮은 도로라 하더라도 교통량에 비하여 대형자동차 교통량이 특히 많은 도로일 경우에는 이를 감안하여 적합한 설계기준자동차 하중을 적용해야 한다.

2. 내진성

지진 발생 또는 지진 발생 후 교량 등의 도로 구조물이 입는 피해를 최소화시킬 수 있도록 내진성을 확보하는 설계기준을 적용해야 한다.

내진설계의 기본개념은 지진으로 인한 인명 피해를 최소화하고, 교량 부재들의 부분적인 피해는 허용하나 전체적인 붕괴는 방지하여 최소한 교량의 기본 기능은 발휘할 수 있게 하는데 있다.

교량의 내진등급은 교량의 중요도에 따라 내진Ⅰ등급과 내진Ⅱ등급으로 구분하며, 내진설계에 대한 상세한 내용은 「도로교 설계기준(국토교통부)」등을 참조한다.

3. 내풍안전성

교량 가설 및 공용 중에 내풍안정성 확보가 필요한 사장교, 현수교 등의 특수 교량에 대하여는 기능성 및 경제성을 고려한 단면 형상을 적용하고, 이에 따른 풍동시험 및 공탄성 해석 등을 시행하여 내풍에 의한 안전성을 확보해야 한다. 그 밖의 교량도 「도로교설계기준(국토교통부)」을 참조하여 내풍에 대한 안정성을 확보해야한다.

4. 수해내구성

하천을 횡단하는 교량은 세굴 또는 수해에 대하여 안전하도록 교량 통수부의 단면, 기초 등을 계획해야 한다. 이에 대한 상세한 내용은 「하천 설계기준·해설(국토교통부)」, 「도로설계편람 제5편 교량(국토교통부)」등을 참조한다.

5. 다리 밑 공간

구조물 횡단 여건에 따라 다리 밑의 교차 조건에 필요한 공간과 유지관리에 필요한 공간을 관련시설에 따라 합리적으로 정하여 설치해야 한다.

(1) 도로

① 국도(주간선도로) : 4.50m 이상(적설에 따른 한계높이 감소 또는 포장의 덧씌우기 등이 예상되는 경우는 4.70m 이상)

② 농로 : 4.50m 이상(단순 농로는 현지 여건에 따라 조정 가능)

③ 철도 : 7.01m 이상(「철도건설규칙」에 따라 철도공사 등 관계기관과 협의)

④ 고속철도 : 9.01m 이상(관계기관과 협의)

(2) 하천 교량

① 교대나 교각에 교좌장치가 있는 교량의 여유고는 계획 홍수위로부터 가장 낮은 교각 또는 교대의 교좌장치 하단부까지의 높이이다.

② 교좌장치가 없는 라멘(rahmen)형 교량의 여유고는 계획 홍수위로부터 교량상부 슬래브(slab) 헌치 상단까지의 높이이다.

③ 아치형 교량의 여유고는 통수단면적을 등가환산하여 여유고를 만족시키는 높이로

제8장

한다.

④ 상류에서 다수의 유송잡물이 떠내려올 가능성이 있는 하천에서 교량의 계획고는 제방고보다 충분히 높게 결정해야 하며, 교량에 유지관리 통로를 비롯한 교량 점검시설이 있을 경우 이에 대한 여유고도 확보해야 한다.

⑤ 주운수로에 설치된 교량의 다리밑 공간높이 결정은 「국가건설기준 KDS 51 40 20(국토교통부)」의 규정을 따른다.

⑥ 교량의 경간장

- 교량의 길이는 하천폭 이상이 바람직하다.

- 경간장은 산간 협착부라든지 그 외 하천의 상황, 지형의 상황 등에 따라 치수상 지장이 없다고 인정되는 경우를 제외하고는 다음 식으로 얻어지는 값 이상으로 한다. 단, 그 값이 50m를 넘는 경우에는 50m로 할 수 있으나 인접교량의 교각과 연계하여 수리적 특성(통수단면 축소, 수위상승량, 세굴반지름 등)의 검토와 교량 설치에 따른 공사비 등을 종합적으로 분석해야 한다. 만약 최소경간장이 50m일 때 부정적인 수리영향이 예상될 때에는 경간장을 70m로 한다.

$$L = 20 + 0.005Q$$

여기서 L은 경간장(m)이고 Q는 계획홍수량(m^3/s)이다.

- 다음의 각 항목에 해당하는 교량의 경간장은 하천관리상 큰 지장을 줄 우려가 없다고 인정될 때는 앞의 기준에 관계없이 다음 각 호에서 제시하는 값 이상으로 할 수 있다.
  - 계획홍수량이 500m^3/s 미만이고 하천폭이 30m 미만인 하천일 경우 12.5m 이상
  - 계획홍수량이 500m^3/s 미만이고 하천폭이 30m 이상인 하천일 경우 15m 이상
  - 계획홍수량이 500m^3/s~2000m^3/s인 하천일 경우 20m 이상
  - 주운을 고려해야 할 경우는 주운에 필요한 최소 경간장 이상

- 단, 하천의 상황 및 지형학적 특성상 앞에서 제시된 경간장 확보가 어려운 경우, 치수에 지장이 없다면 교각 설치에 따른 하천폭 감소율(설치된 교각폭의 합계/설계홍수위에 있어서의 수면의 폭)이 5%를 초과하지 않는 범위 내에서 경간장을 조정할 수 있다.

- 위항에서 산정된 경간장이 25m를 넘는 경우에는 유심부 이외의 부분은 25m 이상으로 할 수 있다. 단, 이 경우에는 교량의 경간장 평균값은 규정된 경간장보다 길어야 한다.

- 상세한 내용은 「하천설계기준(KDS 51 90 10, 국토교통부)」, 「하천공사 설계실무 요령(국토교통부)」을 참조한다.

(3) 해상 교량

① 선박이 병행, 추월하는 항로 폭은 두 선박간의 흡인 작용, 항해사에게 미치는 심
리적 영향 등을 고려하여 어선의 경우 6B~8B 이상의 항로폭을 확보해야 하며,
항만 및 어항설계기준을 고려하여 계획해야 한다.

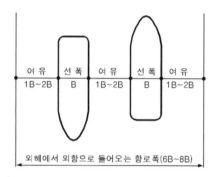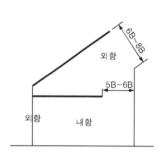

그림 8-10 해상 교량의 항로폭

② 해상교량의 형하고 결정은 약최고고조면에서 통과선박의 최대 마스트(mast) 높이
(공선시 수면에서부터 선박의 최상부까지의 높이)에 조석, 선박의 트림(trim) 및 선
체동요량, 파고 및 교량의 처짐, 기압 및 폭풍해일고, 홍수위 등에 따른 해면상승,
조선자의 심리적 영향 등의 요소를 고려한 여유 높이를 더한 값으로 산정해야 한다.

③ 선박의 마스트 높이 등 해상에 설치하는 교량에 대한 상세한 내용은 「항만 및 어항
설계기준(해양수산부)」을 참조한다.

6. 그 밖의 사항

① 교량을 계획할 때에는 노선의 선형과 지형, 지질, 기상, 교차물 등의 외부적인 조
건, 시공성, 유지관리, 경제성 및 환경과의 조화를 고려하여 가설 위치 및 교량 형
식을 선정해야 한다.

② 교량은 기능적·구조적 요구 조건 이외에 지역 주민과 도로 이용자에게 시각적으로
안정감을 주고 환경과 조화를 이룰 수 있도록 경관을 검토하여 적용해야 한다.

③ 교량 등 하천 점용 시설물을 설치하는 경우 위치의 적정성을 검토 후 설치해야 하
며, 부득이한 경우를 제외하고는 제체 내에는 교대 등 교량에 관련된 하천점용 시
설물을 설치하지 않아야 한다. 상세한 내용은 「하천설계기준(KDS 51 60 05, 국토
교통부)」, 「하천공사 설계실무 요령(국토교통부)」을 참조한다.

8-3-2 부대시설

교량의 안전을 확보하기 위하여 지속적인 유지관리가 수행되므로 지형 여건, 교량의 중요도, 교량의 유지보수 정도에 따라 교량 점검시설, 계측시설 등 부대시설을 설치해야 하며, 사장교·현수교 등 특수교량과 장대 교량에는 교통사고로 인한 화재 등의 비상시를 대비한 소화전 등의 방재시설 설치를 검토하여 필요한 경우 교량 계획에 반영하는 것이 바람직하다.

1. 교량점검시설

교량이 가설되어 있는 주변의 지형 또는 공간적 여건 등으로 인하여 별도의 장비 없이 접근이 어려운 주요 교량 부재는 접근시설을 설치하여 근접 점검과 유지관리를 용이하게 하기 위하여 교량점검시설을 설치한다. 교량점검시설의 종류에는 점검계단, 상부구조 점검통로, 하부구조 점검통로, 점검용 조명설비 등이 있으며, 상세한 내용은 「교량점검시설 설치지침(국토교통부)」을 참조한다.

2. 계측시설

교량 특성상 유지관리를 위하여 장기적인 계측이 필요한 경우 계측시설을 설치한다.

제42조(터널의 환기시설 등)

① 터널에는 안전하고 원활한 교통 소통을 위하여 필요하다고 인정되는 경우에는 도로의 설계속도, 교통 조건, 환경 여건, 터널의 제원 등을 고려하여 환기시설 및 조명시설을 설치하여야 한다.

② 화재나 그 밖의 사고로 인하여 교통에 위험한 상황이 발생될 우려가 있는 터널에는 소화설비, 경보설비, 피난대피설비, 소화활동설비, 비상전원설비 등의 방재시설을 설치해야 한다.

③ 터널 안의 일산화탄소 및 질소산화물 등의 농도는 다음 표의 농도 이하가 되도록 하여야 하며, 환기 시의 터널 안 풍속이 초속 10미터를 초과하지 아니하도록 환기시설을 설치하여야 한다.

구분	농도
일산화탄소	100ppm
질소산화물	25ppm

8-4-1 터널 설계

터널 계획은 지역 여건, 지형 상태, 지반 조건, 토지 이용 현황 및 장래 전망 등 사전조사 성과를 기초로 하여 수립해야 한다. 또한, 터널 건설의 목적과 기능의 적합성, 공사의 안전성과 시공성, 공법의 적용성을 고려하여 수립하되, 건설비와 유지관리비 등을 포함하여 경제성이 있도록 해야 한다. 터널을 계획할 때 공사 기간부터 유지관리 시에도 주변 환경에 유해한 영향을 미치지 않도록 하고, 환경보전에 대해서도 배려해야 하며, 건설폐기물의 저감, 재활용, 적정한 처리 및 처분에 대한 계획을 수립해야 한다.

터널 구간은 가능한 한 지반 조건과 시공성이 양호하고 유지관리가 용이하며 주변 환경에 미치는 영향이 적은 곳을 통과하도록 결정해야 한다. 특히, 편토압이 예상되는 비탈면과 습곡 지역, 애추(talus) 분포 지역, 용출수나 지표수가 많을 것으로 판단되거나 조사된 지역, 안정성이 우려되는 단층 및 파쇄대 지역 등은 가급적 피하도록 계획해야 한다.

터널의 평면선형과 종단선형은 상호 연계하여 조화되도록 계획해야 한다. 특히, 환경친화적인 터널 계획을 위해서 보전가치가 있는 지형 및 지질 유산의 보전과 대규모 지형 변화를 가져오는 땅깎기와 흙쌓기가 최소화되도록 평면선형 및 종단선형을 계획해야 한다.

제8장

　평면선형은 가능한 한 직선으로 계획하되, 주변 여건, 지형 현황, 지반 조건 및 터널 길이 등을 감안하여 곡선으로 계획할 경우에는 도로 이용자를 고려하여 평면곡선 반지름을 크게 해야 한다. 선형을 계획할 때 제반 제약 조건으로 인하여 편토압이 작용하는 곳에 갱구를 설치하거나 갱구 주변 지반에서 비탈면 활동, 낙석, 토석류, 홍수, 눈사태 등이 예상되는 조건을 가진 경우에는 갱문의 구조·형식 선정에 유의하고, 방호설비 등을 추가적으로 검토해야 한다.

　종단선형을 계획할 때 터널의 경사도는 자연 배수와 환기에 지장이 없는 범위 내에서 가급적 완만하게 계획해야 하며, 각 시설별 기능적인 요구 조건을 만족해야 한다.

　터널 설계에 대한 상세한 내용은 「터널설계기준 KDS 27 00 00」을 참조한다.

8-4-2 환기시설

　내연기관을 사용하는 자동차의 배기가스 중에는 일산화탄소, 탄산가스, 아황산가스, 질소산화물, 알데히드, 납화합물 등의 인체에 유해한 성분이 포함되어 있다. 특히, 디젤엔진의 매연은 터널 내 시거에도 영향을 준다.

　터널 내에서 도로 이용자를 유해가스로부터 보호하기 위해서는 교통량과 터널 연장에 따른 터널 환기시설 설계를 할 때 일정 수준의 환기설비를 설치해야 한다. 그림 8-11은 도로 터널의 연장 및 교통량과 환기시설의 관계를 나타내는 것으로, 일반적으로 점선의 위에 해당하는 경우에는 기계식 환기시설의 설치에 대해서 검토해야 한다.

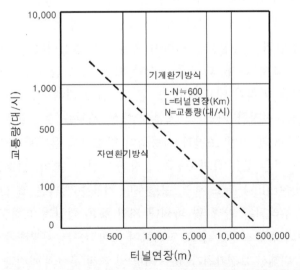

그림 8-11 도로터널의 연장과 교통량에 따른 환기방식

터널에서의 설계 소요환기량은 매연, 일산화탄소, 질소산화물 등의 환기물질을 대상으로 하며, 각 오염물질별 허용농도기준을 만족해야 한다. 이때 터널의 소요환기량은 대상 오염물질 및 자동차의 주행속도에 따라 달라지므로, 자동차의 평균 주행속도 및 오염물질별로 계산된다. 또한 오염물질의 허용투과율은 조명상황에 따라 영향을 받으므로 환기와 조명과의 균형을 고려할 필요가 있다. 상세한 내용은 「터널설계기준의 터널 환기, 조명, 방재설비(KDS 27 60 00)」를 참조한다.

터널의 종단경사는 터널 내 환기와 밀접한 관계가 있다. 터널 구간에서 계획도로의 설계속도에 따라 종단경사를 사용하여도 자연 환기가 가능한 길이가 짧은 터널에서는 종단경사를 낮추기보다는 지형 조건에 순응하는 종단경사를 사용하는 것이 바람직하다. 또한, 기계식 환기시설이 필요한 장대 터널에서는 대형자동차의 매연 발생 등 자동차의 배기가스를 고려하여 종단경사 조정에 따른 비용과 기계식 환기시설 설치 비용과의 경제성을 고려하여 종단경사를 결정하도록 한다.

현재 통용되는 기계환기방식은 종류식(縱流式), 반횡류식(半橫流式), 횡류식의 세 종류로 대별된다. 환기방식의 선정에 대하여는 터널의 길이, 교통 조건 외에 입지 조건, 방재, 공사비, 유지관리비 등을 비교 검토한 후에 결정할 필요가 있다.

기계환기를 수행하는 터널에서는 환기설비를 제연설비와 병용할 수 있도록 환기설비를 계획할 때 제연을 위한 용량을 고려하여 계획한다. 터널 환기시설 설치에 대한 상세한 내용은 「도로 터널 방재시설 설치 및 관리지침(국토교통부)」을 참조한다.

8-4-3 안전시설 등

1. 갱문부 안전성 확보

터널 갱문부는 운전자의 안전을 확보하기 위하여 현장 여건에 따라 자동차 방호시설 등 도로 안전시설을 설치해야 한다.

표 8-1 터널 갱문부 안전성 확보 방안

구분	안전성 확보 방안	비 고

• 졸음 운전 방지	• 노면 마찰형 안전시설
	  – 노면요철포장　　 – 횡방향 그루빙
	  – 돌출형 차선 등	

• 운전자 시선유도 및
  시설물 보호
	• 면벽식
	  – 방호울타리　　 – 공동구 연장
	  – L형 측구 연장 등
	• 대면 터널
	  – 충격흡수시설 등	

• 운전자의 심리적 압박감 해소	• 터널 갱문부 길어깨폭 점진적 변화구간 설치	

토공부와 터널부의 횡단구성 폭이 변하는 곳에서는 폭의 불연속이 발생하지 않도록 하고, 길어깨 접속설치율은 1/30 이하로 하는 것을 원칙으로 한다.

단, 주변 여건이 여의치 않을 경우 최대 접속설치율을 1/10~1/20로 할 수 있다.

• 갱문부 충돌 사고를 대비한 안전시설 설치

안전시설에 대한 상세한 내용은 「도로 안전시설 설치 및 관리지침」및 「교통안전시설 실무편람(경찰청)」을 참조한다.

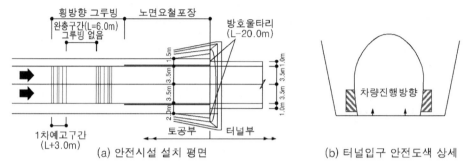

그림 8-12 터널 갱문부 안전시설 설치(예시)

2. 개구부 설계 기준

재난·재해가 발생했을 때 대피 및 유지관리를 위하여 터널 진입부에 간이 회차로, 중앙분리대 개구부, 긴급용 개구부를 설치해야 한다.

도로를 계획할 때 터널의 회차로, 개구부 설치는 공용 중 재난·재해 사고 등에 대한 사전 시나리오를 작성하여 적절한 대응을 하도록 계획해야 하며, 중앙분리대 개구부 설계기준은 '제4장 횡단구성, 4-4-5 중앙분리대 개구부'를 참조한다.

3. 조명시설

터널 밖에서 터널 안으로 진입할 때 운전자가 빛의 밝기 변화에 대하여 쉽게 적응할 수 있도록 하기 위한 터널의 조명시설은 특별한 고려가 필요하다. 도로 터널의 조명시설 설치에 대한 상세한 내용은 「KDS 27 60 00 : 2016 터널환기, 조명, 방재설비(국토교통부), 도로 안전시설 설치 및 관리 지침(국토교통부)」을 참조한다.

8-4-4 방재시설

방재시설은 사고 예방, 초기 대응, 피난 대피, 소화 및 구조 활동, 사고확대 방지를 기본목적으로 하며, 사고에 대한 예방적인 조치 및 사후조치 전반에 걸쳐서 방재시설의 역할 및 연계성과 설치 목적을 고려하여 관리·운용을 명확하게 계획해야 한다.

방재시설은 분류에 따라 자동차 화재의 진압·소화를 위한 소화설비, 화재나 사고 등의 발생을 도로관리청 및 소방대 또는 경찰에게 전달하는 동시에 도로 이용자 등에게 사고의 발생을 전파하기 위한 경보설비, 터널 내에서 화재 및 그 밖의 사고에 직면한 도로 이용자 등을 터널 밖으로 안전하게 유도하고 피난시키기 위한 피난설비, 제연설비와 같이 화재를 진압하거나 인명 구조 활동을 위해서 사용하는 소화활동 설비, 터널 내 정전 상황에서 비상조명 등의 기능을 유지하고 소화펌프와 같은 방재설비에 필요한 전원을 공급하기 위한 비상 전원설비 등으로 구성된다.

방재시설 설치를 위한 터널 등급은 터널 연장을 기준으로 하는 연장기준등급과 교통량 등 터널의 제반 위험인자를 고려한 위험도지수기준등급으로 구분한다.

터널 위험도지수는 주행거리계(터널 연장×교통량), 터널 제원(종단경사, 터널 높이, 곡선반지름), 대형자동차 혼입률, 위험물의 수송에 대한 법적 규제(대형자동차통과대수, 위험물수송자동차에 대한 감시시스템, 위험물수송자동차에 대한 유도시스템), 정체 정도(터널 내 합류/분류, 터널 전방 교차로/신호등/T.G), 통행방식(대면통행, 일방통행)을 잠재적인 위험인자로 하여 산정한다.

터널등급 구분 및 각 위험인자별 위험도 산정에 대한 상세한 내용은 「도로 터널 방재시설 설치 및 관리지침(국토교통부)」을 참조한다.

터널방재시설은 연장기준등급에 따라 설치하는 시설과 위험도지수기준등급에 따라 설치하는 시설로 구분하며, 등급별 방재시설 설치기준과 방재시설의 설치위치 및 설치간격에 대한 상세한 내용은 「도로터널 방재시설 설치 및 관리지침(국토교통부)」을 참조한다.

8-4-5 관리시스템

관리사무소는 터널에 설치되는 방재시설 및 관리사무소에 설치되는 시설에 따라서 무인관리사무소(이하 관리소라 함)와 관리인이 상주하는 관리사무소, 관리소와 관리사무소를 통합하여 지원하는 통합관리센터로 구분한다.

관리소 및 관리사무소는 전기실, 중앙제어실, CO_2실, 기계실, 비상발전기실, 경유탱크실, 대기실, 화장실, 염화칼슘창고 등으로 구성하며, 터널의 규모 및 시설규모에 따라서 변경하여 적용할 수 있다.

① 관리소

무인관리를 목적으로 터널의 방재시설 및 환기시설의 유지관리 및 운전제어를 위한 최소한의 시설을 갖추도록 하며, 전기실, 변전실, 비상발전기실, 중앙제어실 등을 갖춘 건축물을 말한다. 관리소는 연장기준 등급이 3등급인 터널 중 제연설비가 설치되는 터널에 설치함을 원칙으로 한다.

② 관리사무소

터널의 방재시설 및 환기시설의 유지관리 및 운전제어를 위한 전기실, 변전실, 비상발전기실, 중앙제어실 등을 갖추고 있으며, 상주관리자가 항상 터널 내 상황을 감시할 수 있도록 시설을 갖추고 있고, 주변 관리소의 상황을 파악하여 통합관리하기 위한 통합관리센터로 운영될 수 있다. 관리사무소는 위험도지수기준등급이 2등급 이상의 터널에 관리인이 상주할 수 있는 시설로 계획함을 원칙으로 한다.

③ 통합관리센터

인근 터널 관리소나 관리사무소 등을 통합하여 2개 이상의 터널 내 방재시설 등을 감시·제어하고 관리인원이 상주하여 개별 터널들을 통합적으로 운영, 관리할 수 있도록 관련시설 및 관리시스템 등을 설치한 장소를 말하며, 60분 이내에 출동할 수 있는 지역 및 반지름 50km 정도의 지역에 터널 현황 등을 고려하여 계획한다. 단, 유관기관(소방서, 경찰서 등)에서 60분 내에 출동 가능한 지역은 거리와 시간에 제한을 두지 않으며, 출동시간 및 관리구간은 발주기관이 터널 사고 시 신속한 초등대응 등이 필요하다고 판단될 경우 30분 이내에 출동할 수 있도록 통합관리센터를 계획할 수 있다.

관리소, 관리사무소, 통합관리센터는 터널 규모 및 관리자의 효율적인 관리를 고려하여 설치·운영한다. 관리소 및 관리사무소에 설치에 대한 상세한 내용은 「도로터널 방재시설 설치 및 관리지침(국토교통부)」을 참조한다.

관리시스템은 주변의 노선 현황과 개별 터널의 통합 범위를 고려하여 선정하며, 단기적, 중기적, 장기적 계획을 고려하여 관리소, 관리사무소, 통합관리센터를 계획한다.

관리시스템은 통합관리시스템, 개별관리시스템 등 계층 구조를 가지고 있으며, 각 계층 간 제어의 충돌 문제가 발생할 수 있으므로 유고 발생 시 각 시스템별 운영자의 처리 업무를 분장하고 이에 대한 대응 방안을 정의해야 한다. 관리시스템에 대한 상세한 내용은 「도로터널 방재시설 설치 및 관리지침(국토교통부)」을 참조한다.

제9장 도로의 안전시설 등

9-1 도로안전시설

9-1-1 시선유도시설

9-1-2 차량방호안전시설

9-1-3 조명시설

9-1-4 과속방지시설

9-1-5 도로반사경

9-1-6 미끄럼방지시설

9-1-7 노면요철포장

9-1-8 긴급제동시설

9-1-9 안개지역 안전시설

9-1-10 무단횡단금지시설

9-1-11 횡단보도육교(지하공공보도 포함)

9-1-12 교통약자를 위한 안전시설

9-1-13 고속국도 휴게소 안전시설

9-1-14 교통정온화시설

9-2 교통관리시설

9-2-1 교통안전시설

9-2-2 도로표지

9-2-3 도로명판

9-2-4 긴급연락시설

9-2-5 과적차량검문소

9-2-6 지능형 교통체계

제9장 도로의 안전시설 등

9-1 도로안전시설

제38조(도로안전시설 등)

① 교통사고를 방지하기 위하여 필요하다고 인정되는 경우에는 시선유도시설, 방호울타리, 충격흡수시설, 조명시설, 과속방지시설, 도로반사경, 미끄럼방지시설, 노면요철포장, 긴급제동시설, 안개지역 안전시실, 횡단보도육교(지하횡단보도를 포함한다) 등의 도로안전시설을 설치하여야 한다.

② 도로의 부속물을 설치하는 경우에는 교통약자의 통행 편의를 고려하여야 하며, 필요하다고 인정되는 경우에는 교통약자를 위한 별도의 시설을 설치하여야 한다.

③ 자동차의 속도를 낮추고 통행량을 줄이기 위해 필요하다고 인정되는 곳에는 교통정온화 시설을 설치할 수 있다.

제38조의2(고속국도 휴게시설 등에의 도로안전시설 설치 및 관리)

법 제47조의2제1항에 따라 설치하고 관리하여야 하는 도로안전시설은 다음 각 호와 같다.

1. 과속방지시설
2. 속도제한표지
3. 노면요철포장
4. 점멸식 신호등
5. 감속유도 차선
6. 그 밖에 안전을 위하여 필요한 시설

도로안전시설이란 도로 교통의 안전하고 원활한 흐름을 확보하며, 도로의 안전성을 향상시켜 도로 이용자의 안전을 도모하기 위하여 설치하는 시설물이다.

현행 도로교통 관련 법규 중 안전시설에 대하여 규정하고 있는 관련 법규와 내용은 다음과 같다.

「도로법」제2조제2호에서는 '도로의 부속물'이라는 용어를 사용하며, 이 장에서 다루는 도로안전시설의 몇 가지 시설을 포함하여 다양한 시설에 대해 기술하고 있다. 도로의 부속물이란 도로관리청이 도로의 편리한 이용과 안전 및 원활한 도로교통의 확보, 그 밖에 도로의 관리를 위하여 설치하는 다음 각 목의 어느 하나에 해당하는 시설 또는 공작물을 말한다.

① 주차장, 버스정류시설, 휴게시설 등 도로이용지원시설

② 시선유도표지, 중앙분리대, 과속방지시설 등 도로안전시설

③ 통행료 징수시설, 도로관제시설, 도로관리사업소 등 도로관리시설

④ 도로표지 및 교통량 측정시설 등 교통관리시설

⑤ 낙석방지시설, 제설시설, 녹지대 등 도로에서의 재해 예방 및 구조 활동, 도로 환경의 개선·유지 등을 위한 도로부대시설

⑥ 그 밖에 도로의 기능 유지 등을 위한 시설로서 대통령령으로 정하는 시설

또한, 「도로법」제50조에서는 도로의 구조 및 시설, 도로의 안전점검, 보수 및 유지·관리의 기준은 국토교통부령으로 정하는 기준에 따르는 것으로 규정하여 이 규칙과 관련 기준 및 지침들을 정립하여 적용할 수 있도록 하고 있다.

「교통안전법」제2조제2호에서는 교통시설을 '도로·철도·궤도·항만·어항·수로·공항·비행장 등 교통수단의 운행·운항 또는 항행에 필요한 시설과 그 시설에 부속되어 사람의 이동 또는 교통수단의 원활하고 안전한 운행·운항 또는 항행을 보조하는 교통안전표지·교통관제시설·항행안전시설 등의 시설 또는 공작물'로 정의하고 있다.

「도로교통법」제2조에서는 안전시설 전체에 대한 명확한 정의는 규정되어 있지 않으며, 다만 안전시설 중 경찰청이 관리하는 시설물(신호기, 안전표지, 노면표시 등)에 대해서만 각각 정의를 내리고 있고, 이들 시설에 대해서는 경찰청이 발행한 관련 매뉴얼을 적용하도록 하고 있다.

도로상의 교통사고 방지를 위해서는 도로 이용자, 자동차, 도로 시설 등의 다양한 요소에 대한 안전대책이 마련되어야 하며, 도로안전시설은 도로 시설의 한 부분으로서, 이의 설치는 도로관리청의 업무에 속하므로 원활한 교통 흐름과 안전이 이루어지도록 관련 기준 및 지침에 따라 시행되어야 한다.

도로안전시설의 설계는 이 규칙 및 해설을 내용에 따라 설계하며, 상세한 내용에 대해서는 「도로안전시설 설치 및 관리지침(국토교통부)」을 참조한다.

이 장에서 해설한 도로안전시설로는 시선유도시설, 차량방호안전시설(방호울타리, 충격흡수시설), 조명시설, 과속방지시설, 도로반사경, 미끄럼방지시설, 노면요철포장, 긴급제동시설, 안개지역 안전시설, 무단횡단금지시설, 횡단보도육교(지하횡단보도를 포함한다) 등이다. 횡단보도육교(지하횡단보도 포함)는 본래 도로 구조물의 일부로 간주할 수 있

으나, 보행자 및 자전거 등을 차도에서 입체적으로 분리하여 도로를 횡단할 때 교통사고를 방지하고, 자동차 운전자의 안전과 원활한 교통 흐름을 기대하는 교통안전상의 중요한 시설이다.

한편, 도로의 부속물로 교통약자의 통행 편의를 고려한 시설을 설치할 필요가 있을 때에는 「교통약자의 이동편의 증진법」에 따른 별도의 시설을 설치하며, 도로안전시설의 설치에 대한 상세한 내용은 「도로안전시설 설치 및 관리지침-장애인 안전시설 편」을 참조한다.

도로안전시설 설치 및 관리지침은 도로안전시설의 기능, 성능, 설치, 재료, 시공 및 유지 관리 등에 관한 기본적이고 세부적인 사항을 정하여 도로관리청이 도로안전시설의 설치·관리 업무를 적합하게 수행하고, 도로 이용자는 보다 안전하게 도로를 이용할 수 있도록 하기 위하여 마련된 것이다. 이들 지침은 도로안전시설의 설치 및 관리에 관한 기술적인 사항의 일반적 기준을 제시한 것으로, 각 도로관리청에서는 이를 토대로 하고 도로의 기능, 도로 조건, 지형 및 기술 수준 등을 고려하여 현장에 맞게 설치하도록 하고 있다. 한편, 지침에서 규정한 것 이외의 유사 시설 또는 신제품에 대해서는 지침의 근본 취지 범위에서 검증 과정을 포함한 검토와 의견 수렴을 거쳐 동등 이상의 성능을 보유한 시설 및 제품의 경우에는 적용할 수 있으며, 지침에서 제시하고 있는 조건과 다른 특수한 경우의 적용은 지침의 기본 개념을 토대로 하여 특수 조건에 적합한 시설을 개발·적용할 수 있으나 신중한 검토 분석이 필요하다.

9-1-1 시선유도시설

시선유도시설이란 도로 끝 및 도로 선형을 명시하여 주간 및 야간에 운전자의 시선을 유도하기 위하여 설치하는 시설이다. 시선유도시설의 종류로는 시선유도표지, 갈매기표지, 표지병 등이 있으며, 시인성 증진 안전시설도 포함된다. 시인성 증진 안전시설은 도로상에 위치해 있는 각종 구조물로부터 자동차를 안전하게 유도할 목적으로 설치하는 시설물로, 장애물 표적표지, 구조물 도색 및 빗금표지, 시선유도봉 등이 있다.

시선유도표지는 반사체를 사용하여 직선 및 곡선 구간에서 운전자에게 전방의 도로 선형이나 기하구조 조건이 변화되는 상황을 안내하여 자동차의 안전하고 원활한 주행을 유도하는 시설물이다. 갈매기표지는 곡선반지름이 작은 평면곡선부 등 선형의 변화가 큰 구간에서 도로의 선형 및 굴곡 정도를 갈매기 기호체를 사용하여 운전자가 명확히 알 수 있도록 하는 시설물이다. 표지병은 야간 및 악천후일 때 운전자의 시선을 명확히 유도하기 위하여 도로 표면에 설치하는 시설물이다.

장애물 표적표지는 중앙분리대 시점부, 지하차도의 기둥 등에서 운전자에게 위험물이 있다는 정보를 반사체로 구성된 표지를 통하여 전달할 목적으로 설치하는 시설이다. 구조물 도색 및 빗금표지는 도로 상에 구조물이 설치되어 있다는 정보를 구조물 외벽에 도색 및 빗금표지를 통하여 전달할 목적으로 설치하는 시설이다. 시선유도봉은 운전자의 주의가 현저히 요구되는 장소에 노면표시를 보조하여 동일 및 반대방향 교통류를 공간적으로 분리하고, 위험 구간을 예고할 목적으로 설치하는 시설이다.

시선유도시설은 직선 및 곡선부에 일정한 간격으로 설치하며, 반사체가 최적의 효과를 발휘할 수 있도록 설치해야 한다. 이들 시설은 전국적으로 통일성, 연속성 있게 설치하여 야간의 안전성 향상은 물론 주간에도 운전자의 시선을 유도하고, 도로 환경 개선에 도움이 되도록 해야 한다. 이들 시설의 계획 및 설치에 대한 상세한 내용은 「도로안전시설 설치 및 관리 지침 - 시선유도시설 편」을 참조한다.

시선유도표지는 반사체, 반사체 틀 및 지주로 이루어지는데, 지침에서 정한 반사체의 색, 형상 및 크기를 준수해야 한다. 설치 위치, 설치 간격, 설치 높이 및 설치 각도 등에 대한 상세한 내용은 관련 지침을 참조한다.

갈매기표지의 기능은 시선유도표지와 유사하나 곡선반지름이 작은 평면곡선부 등 선형의 변화가 큰 구간에 갈매기기호의 표지판을 설치하여 주·야간에 도로의 선형 및 굴곡 정도를 운전자가 명확히 알 수 있도록 하여 운전자의 안전 주행을 도모하는 시선유도시설이다. 이 시설 또한 지침에서 정한 형상과 설치 기준을 적용하여 전국적으로 통일되고 일관성 있는 시설 운용을 꾀할 수 있다.

악천후나 강우로 인하여 노면표시선 또는 중앙표시선이 보이지 않을 가능성이 있는 지역과 터널 등에는 운전자가 차로를 유지할 수 있도록 표지병을 설치할 수 있다. 또한, 도로의 곡선부, 언덕길 정점부 등 자동차 운전자의 시인성이 저하될 우려가 있는 곳 등 필요하다고 판단되는 구간에도 노면표시 외에 표지병을 설치하여 운전자가 노면표시선의 인식을 용이하게 할 필요가 있다. 표지병은 시선을 유도하는 기능을 가지고 있으며, 차선 노면표시를 보완하는 역할을 한다.

터널의 경우 재귀반사식 표지병만으로 도로의 노면과 터널 벽면의 경계를 구분하기 어렵다고 판단되는 경우 터널 시선유도등을 설치할 수 있다. 한 쪽의 터널 시선유도등은 비상시 비상등으로 활용할 수 있다.

9-1-2 차량방호안전시설

1. 방호울타리

차량방호안전시설은 주행 중 진행 방향을 잘못 잡은 자동차가 길 밖, 또는 대향 차로 등으로 이탈하는 것을 방지하거나 자동차가 구조물과 직접 충돌하는 것을 방지하여 자동차 탑승자 및 자동차, 보행자 또는 도로변의 주요 시설을 안전하게 보호하기 위하여 설치하는 시설이다.

방호울타리는 주행 중 정상적인 주행 경로를 벗어난 자동차가 도로 밖, 대향 차로 또는 보도 등으로 이탈하는 것을 방지하는 동시에 탑승자의 상해 및 자동차의 파손을 최소화하고, 자동차를 정상 진행 방향으로 복귀시키는 것을 주목적으로 하며, 운전자의 시선을 유도하고 보행자의 무단횡단을 억제하는 등의 기능을 갖는 시설이다. 방호울타리의 종류는 설치 위치에 따라 노측용, 흙쌓기부용, 분리대용, 보도용 및 교량용으로 나누며, 시설물의 강도에 따라서는 연성 방호울타리와 강성 방호울타리로 구분된다.

방호울타리의 등급은 충돌 속도와 중량, 각도에 의한 충격도에 따라 9등급으로 구분한다. 방호울타리의 설치는 시설물 사용 목적과 설치 구간의 도로 조건, 교통 조건, 지형 조건, 기술 수준 및 경관 등을 종합적으로 고려하여 설치 조건을 정하고, 이에 적합한 설계 속도 및 설치 구간의 특징에 따라 설치 등급을 결정한다.

설치 구간은 다음과 같이 3가지로 구분된다.

(1) **기본구간** : 자동차 이탈을 예방하기 위한 기본적으로 설치하는 구간을 말한다.

(2) **위험구간(위험도가 큰 구간)** : ① 중앙분리대, ② 교량구간, ③ 도로 옆이 절벽인 구간(기울기가 1:1보다 급하고 높이가 4m 이상), ④ 도로가 수심 2m 이상 수면에 인접한 수중 추락 위험 구간, ⑤ 자동차 속도가 높아지는 내리막 긴 직선 이후 평면곡선 반지름의 크기가 작은 구간 등을 말한다.

(3) **특수구간** : ① 도로가 철도 및 다른 도로 등과 인접 혹은 입체교차 하여 2차 사고나 교통 지체를 일으킬 가능성이 큰 구간, ② 도로에 인접한 상수도 보호 지역, 가스탱크 등 위험물 저장시설과 인접한 구간 등 사고가 발생될 경우 큰 피해가 예상되는 구간 등을 말한다.

방호울타리의 설계는 실물충돌시험을 통하여 시설물의 자동차 이탈 방지를 위한 구조 성능과 탑승자 보호 성능, 충돌 후 자동차의 안전 성능이 확인된 것을 우선적으로 적용하며, 현장 설치 조건이 실물충돌조건과 달라 제품의 구조를 변경해야 할 경우 구조 해석이나 컴퓨터 시뮬레이션을 통하여 변경된 구조에 대한 성능을 확인 후 제품을 설치한다.

또한 방호울타리 뒤편의 도로 장애물(도로표지, 가로등, 신호기 등)과의 이격거리를 고려하여 제품을 선정하고, 이격거리가 부족한 경우는 구조 해석이나 컴퓨터 시뮬레이션을 통하여 보강한 후 설치한다.

방호울타리는 연속적으로 연결될 때 방호 성능을 발휘하기 때문에 단절되지 않도록 설치하며, 탑승자 보호를 위하여 연성 방호울타리 시점부는 단부처리시설을 설치하고, 강성 방호울타리로 변경될 때는 전이구간시설을 설치한다.

방호울타리의 계획 및 설치에 대한 상세한 내용은「도로안전시설 설치 및 관리 지침 - 차량방호 안전시설 편」,「차량방호 안전시설 실물충돌시험 업무편람」을 참조한다.

2. 충격흡수시설

충격흡수시설은 주행 차로를 벗어난 자동차가 도로상의 구조물 등과 충돌하기 전에 자동차의 충격에너지를 흡수하여 정지하도록 하거나 자동차의 방향을 본래의 주행차로로 복귀시켜주는 시설을 말한다. 충격흡수시설의 종류는 용도에 따라 일반적인 충격흡수시설, 트럭부착용 충격흡수시설 등이 있다. 또한, 기능상 차이에 따라 주행 복귀형과 주행 비복귀형으로 구분된다.

충격흡수시설은 교각 및 교대, 지하차도 기둥 등 자동차의 충돌이 발생할 수 있는 장소에 설치하여, 자동차가 구조물과의 직접적인 충돌로 인한 사고 피해를 저감시키기 위한 목적으로 설치한다. 이처럼 자동차의 충돌이 발생할 수 있는 장소에서는 충격흡수시설을 설치할 뿐만 아니라 자동차를 구조물로부터 안전하게 유도하여 자동차 충돌 사고를 예방할 수 있는 시인성 증진 안전시설을 설치한다.

충격흡수시설의 선정과 설치는 도로 선형 등과 같은 도로 조건, 충돌 설계속도 등과 같은 교통 조건, 설치 장소의 길이와 폭 등의 여유 공간, 충격흡수시설의 수행도, 초기 설치비, 유지관리비 등의 경제성을 면밀히 검토하여 정하며, 무분별한 설치는 지양한다.

충격흡수시설은 설치되는 도로의 설계속도와 기술 수준 등을 고려하여 시설물 등급을 정한다. 충격흡수시설의 성능에 대한 시험 기준, 시험 방법 등에 대한 상세한 내용은「차량방호 안전시설 실물충돌시험 업무편람」을 참조하고, 충격흡수시설의 계획 및 설치에 대한 상세한 내용은「도로안전시설 설치 및 관리 지침 - 차량방호 안전시설 편」을 참조한다.

9-1-3 조명시설

야간에 자동차의 흐름을 원활히 하고 사고를 방지할 목적으로 도로 및 교통의 상황에 따라 조명시설을 설치해야 한다.

조명시설은 다음의 기본 요건들을 만족하도록 설치해야 한다.

① 적절한 노면휘도가 유지되고, 노면휘도의 분포가 균일할 것
② 조명기구의 눈부심이 운전자의 시각 기능을 저하시키지 않도록 제어되어 있을 것
③ 적절한 배치·배열로 도로 선형이 급격히 변화는 곳, 교차로 등 특수한 곳의 유무 및

위치 등을 운전자가 명확하게 인지할 수 있을 것

④ 조명시설이 도로와 도로 주변의 경관을 해치지 않을 것

조명시설을 설계할 때는 도로의 종류 및 자동차 교통량, 교통 특성에 따라 도로조명등급을 결정하고, 각 등급에 따른 평균 노면휘도, 휘도 균제도의 조명 성능을 정한다. 다음으로 광원 및 조명기구는 조명 성능의 달성 여부, 눈부심 제한, 빛 공해 방지, 효율, 에너지 절약 등을 고려하여 선정한다. 소비 전력을 절감하기 위하여 교통안전에 큰 영향을 주지 않는 범위 내에서 조광 제어를 통하여 조명의 밝기를 조절할 수 있도록 한다.

조명시설은 크게 도로 조명과 터널 조명으로 구분되며, 도로 조명은 설치 길이에 따라 연속 조명과 국부 조명으로 구분된다.

연속 조명은 도로의 일정 구간에 일정 간격으로 그 구간 전체를 조명하는 것을 말하며, 도시지역도로와 같이 교통량이 많은 구간, 도로와 인접한 건물 등의 빛이 교통의 흐름에 영향을 미치는 구간 등이 해당된다.

국부 조명은 도로의 필요한 장소에 국부적으로 조명하는 것을 말하며, 교차로, 곡선부, 횡단보도, 교량, 야간의 교통 흐름에 특히 위험한 장소 등 도로의 기하구조가 변화하는 곳이 해당된다.

터널 조명은 터널이나 지하차도 등에서 운전자의 빛의 변화에 대한 순응을 원활하게 하기 위하여 낮에도 조명을 해야 한다. 터널의 기본 조명은 터널의 기하구조, 교통량 등을 고려하여 조명시설의 밝기를 결정하고, 입구부 조명은 교통량, 설계속도, 터널 길이, 터널 입구 부근의 야외 휘도 등에 따라 조명시설을 설치한다. 또한 야간과 심야시간대의 교통량이 적은 경우, 야외 휘도가 변화하는 경우, 터널의 밝기를 감광하여 운영할 수 있도록 한다.

터널을 포함한 도로 조명의 계획, 설계에 대한 상세한 내용은 「도로안전시설 설치 및 관리 지침 - 조명시설 편」을 참조한다.

9-1-4 과속방지시설

과속방지시설은 낮은 주행 속도가 요구되는 일정 구간에서 통행 자동차의 과속 주행을 방지하고, 생활공간이나 학교 앞 등 일정 구간에서 통과 자동차의 진입을 억제하기 위하여 설치하는 시설이다.

과속방지시설에는 다양한 종류와 형태가 있으며, 원호형 과속방지턱을 많이 사용하고 있다. 과속방지시설은 일정 구간에서 자동차의 저속 주행을 유도하기 위한 교통정온화시설의 하나이다.

과속방지턱의 계획 및 설치에 대한 상세한 내용은 「도로안전시설 설치 및 관리지침 - 과속방지턱 편」을 참조한다.

9-1-5 도로반사경

도로반사경은 운전자의 평면곡선 반지름 등 선형 조건이 양호하지 못한 장소에서 시인이 필요한 곳이나 사물을 거울면을 통하여 운전자가 적절하게 전방의 상황을 사전에 인지하고 안전한 행동을 취할 수 있도록 하여 사고를 미연에 방지하기 위하여 설치하는 시설이다.

도로반사경은 교차하는 자동차, 보행자, 장애물 등을 가장 잘 확인할 수 있는 위치에 설치한다. 이때 도로의 시설한계를 고려하여 거울면이나 지주 등이 자동차 통행에 지장을 주지 않도록 설치한다.

도로반사경을 설치하는 장소로는 크게 단일로와 교차로로 구분할 수 있다. 단일로의 경우에는 산지의 평면·종단곡선반지름이 작은 곳 등에서 도로의 주행속도에 따른 정지시거가 쉽게 확보되지 못한 곳에 설치하며, 교차로의 경우에는 비신호교차로에서 교차로 모서리에 장애물이 위치하여 있어 운전자의 평면교차로 시거가 제한되는 장소에 설치한다.

도로반사경을 잘못 설치할 경우 운전자에게 왜곡된 정보를 제공하여 오히려 사고를 유발시킬 수 있으므로 주의하여 설치해야 한다.

도로반사경에는 원형과 사각형 등이 있으며 일반적으로 반사효율이 높은 볼록거울이 이용된다.

도로반사경의 계획 및 설치에 대한 상세한 내용은 「도로안전시설 설치 및 관리 지침 - 도로반사경 편」을 참조한다.

9-1-6 미끄럼방지시설

미끄럼방지시설은 특정한 구간에서 도로 및 교통의 특성상 미끄럼 저항을 충분히 확보하지 못한 곳이나 도로 선형의 변화가 심한 구간에서 포장의 미끄럼 저항을 높여 자동차의 안전 주행을 확보하는 시설이다.

미끄럼방지시설은 도로 표면에 새로운 재료를 추가하는 형식과 표면의 재료를 제거하는 형식으로 크게 구분할 수 있으며, 표면에 새로운 재료를 추가하는 형식으로는 개립도마찰층, 슬러리실, 수지계 표면처리(미끄럼방지포장) 등이 있고, 표면의 재료를 절삭·제거하는 형식으로는 그루빙, 숏 블라스팅, 노면 평삭 등이 있다.

이와 같이 노면의 미끄럼 저항을 높이기 위한 공법은 다양한 형식이 있으므로 그 형식을 선정할 때에는 시공성, 마찰력 증진 효과의 지속성, 시공할 때 소음 및 분진 발생 여부, 시공 후 주행 자동차의 승차감 및 소음, 경제성, 시선 유도, 전망, 쾌적성, 주위 도로 환경과의 조화, 유지 보수 등을 고려해야 한다.

도로 노면의 미끄럼 저항은 도로교통의 안전에 가장 중요한 요소 가운데 하나이며, 특히 노면이 젖어있을 때의 미끄럼 문제는 매우 심각하다. 미끄럼 저항은 우천 등으로 인하여 노면이 젖어있거나 자동차의 주행속도 증가에 따라 급격히 저하된다.

미끄럼방지시설은 도로의 구간별로 도로 조건 및 교통 조건에서 미끄럼 마찰 증진이 요구되거나, 사고 발생 위험으로 필요하다고 인정되는 구간에 설치하는 것으로서, 관련 지침에 따라 효과가 있다고 판단되는 장소에만 설치하며, 비효과적인 무분별한 설치는 피한다.

종종 노면의 미끄럼 마찰력 증진보다는 운전자의 주의를 환기시킬 목적으로 사용하는 경우가 있다. 이러한 적용은 미끄럼방지포장의 내구성 등의 문제로 오히려 안전 주행에 문제를 발생시키는 것으로 지적되고 있으므로 시설의 기능에 부합하게 설치해야 한다.

미끄럼방지시설은 도로 기하구조 및 위험도를 고려했을 때 마찰력 확보가 필요한 전 구간을 대상으로 설치하며, 일정 구간 내의 마찰계수가 일정한 값을 갖도록 구간의 유형별 설치 길이를 고려한다. 위험구간에 대해서도 안전성과 경제성을 고려하여 적정 길이에 대해 미끄럼방지시설이 설치되도록 한다. 적용 대상 구간이 길 경우에는 근본적인 포장 유지관리 측면에서의 대책을 세워야 한다.

미끄럼방지시설의 설치 형상은 해당 구간의 노면 전체를 처리하는 전면처리와 일정 간격을 띄워 부분 처리하는 이격식으로 구분되는데, 적용 형상은 전면처리를 원칙적인 처리 방법으로 하고, 이격식은 경각심을 주기 위한 목적으로 사용하되, 적용 구간을 최소로 한다.

미끄럼방지시설의 계획 및 설치에 대한 상세한 내용은 「도로안전시설 설치 및 관리 지침 – 미끄럼방지시설 편」「도로공사 표준시방서 – 미끄럼방지시설 편」을 참조한다.

9-1-7 노면요철포장

노면요철포장은 졸음 운전 또는 운전자 부주의 등으로 인하여 차로를 이탈할 경우 노면에 인위적으로 만들어 놓은 요철을 자동차가 통과할 때 타이어에서 발생하는 마찰음과 차체의 진동을 통하여 운전자의 주의를 환기시켜 자동차가 원래의 차로로 복귀하도록 유도하는 시설이다.

노면요철포장의 종류는 형태에 따라 절삭형, 다짐형, 틀형, 부착형 등이 있다. 이들 형식의 선정은 시공성과 소음 및 진동효과, 내구성 등을 고려하며, 그 기능이 우수한 절삭형의 설치를 기본으로 하고, 도시지역 및 주거지역 등 소음 및 진동으로 인한 생활환경의 침해가 예상되는 구간에는 다짐형을 설치할 수 있다.

노면요철포장은 연속적인 주행으로 운전자의 주의 저하, 긴급구난자동차의 주행과 활동의 안전성을 향상시키기 위하여 필요성이 인정되는 경우에는 해당 구간의 길어깨에도 설치할 수 있다. 특히 교량 및 터널구간은 길어깨가 충분히 확보되지 않은 곳이 많으므로 도로관리청이 필요하다고 판단되는 구간에 설치한다.

노면요철포장의 설치 위치는 길어깨폭, 보행자 및 자전거 통행 여부 등 도로 환경에 관한 제반 여건을 고려한다. 소음으로 인한 피해가 예상되는 주택가 인근 도로 등에서는 설치 여부와 노면요철포장의 종류 등을 검토해야 한다. 노면요철포장을 복선 중앙선 내에 설치할 경우 절삭형을 제외한 다른 형태의 노면요철포장을 한다.

노면요철포장의 계획 및 설치에 대한 상세한 내용은 「도로안전시설 설치 및 관리 지침 - 노면요철포장 편」을 참조한다.

9-1-8 긴급제동시설

긴급제동시설(emergency escape ramp)이란 제동장치의 이상이 발생한 자동차의 진입을 유도하여 안전하게 정지시켜 도로 이탈 및 충돌 사고 등 교통사고를 방지하기 위하여 설치하는 시설을 말한다.

산지 급경사의 내리막 종단경사가 연속되는 도로에서 제동 장치의 고장으로 인한 자동차 이탈 가능성이 높은 구간에, 설치 공간, 경제성 등을 검토하여 필요하다고 인정되는 장소에 설치한다. 긴급제동시설을 설치할 때는 사고 기록과 기하구조 요소 등에 대한 복합적인 검토가 필요하다.

긴급제동시설의 계획 및 설치에 대한 상세한 내용은 「도로안전시설 설치 및 관리 지침 - 긴급제동시설 편」을 참조한다.

9-1-9 안개지역 안전시설

짙은 안개가 자주 발생하여 도로 이용자가 정상적인 주행을 유지하기 어려운 지역에서는 교통사고 발생 위험이 매우 높다. 도로관리청은 관할 지역의 도로 구간에서 어느 구간이 안개가 자주 발생하고, 그로 인한 교통사고가 유발되는지 등을 파악하고, 안개 발생일수와 기하구조 및 이전의 교통사고 기록 등을 종합적으로 검토하여 안개가 자주 발생하는 도로 구간에 대한 안전시설 설치를 검토한다.

안개지역에는 도로의 구조·교통의 상황 등을 종합적으로 검토하여 안전하고 원활한 교통을 확보할 수 있도록 다음의 안전시설을 설치 할 수 있다.

안개지역의 안전시설 설치에 대한 상세한 내용은 「도로안전시설 설치 및 관리 지침 - 악천후 구간, 터널 및 장대교량 설치 시설 편」을 참조한다.

제9장

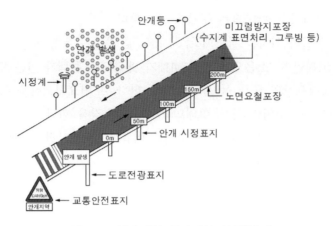

그림 9-1 안개지역 안전시설 설치(예시)

9-1-10 무단횡단금지시설

무단횡단금지시설이란 도시지역도로의 중앙분리대 내에 설치하여 보행자의 무단횡단과 자동차의 불법유턴으로 인한 교통사고를 예방하고, 야간과 악천후일 때 운전자의 시선을 유도하기 위한 시설이다. 이 시설은 높이 90cm, 난간의 형상을 가지며, 시선유도봉과 같이 자동차와 충돌 후에도 본래의 형상을 유지하는 기능을 가져야 한다.

무단횡단금지시설은 다음과 같은 4가지 기준을 만족하는 구간에 설치할 수 있다.

① 도로 주변 여건으로 인하여 보행자 무단횡단사고 발생의 가능성이 높다고 판단되는 구간

② 무단횡단 예방을 위한 횡단보도 및 보행자 신호체계 개선이 불가능한 구간

③ 보도 측에 보행자용 울타리를 설치할 수 없는 구간

④ 무단횡단시설 설치를 위한 최소 폭과 양방향 측대 폭(0.5m) 이상 확보가 가능한 구간

무단횡단금지시설 설치 계획과 설치에 대한 상세한 내용은 「도로안전시설 설치 및 관리 지침 – 무단횡단금지시설 편」을 참조한다.

9-1-11 횡단보도육교(지하공공보도 포함)

자동차전용도로에서 보행자 또는 자전거가 차도를 횡단할 필요가 있을 경우에는 횡단보도육교 등을 설치한다. 그 밖의 도로에서는 차도의 폭, 보행자와 자전거의 교통량, 도로 및 교통상황 등을 고려하여 설치할 수 있다.

이들 시설의 계획 및 설치에 관해서는 이 내용을 비롯하여, 「도시계획시설의 결정·구조

및 설치 기준에 관한 규칙」, 「지하공공보도시설의 결정·구조 및 설치기준에 관한 규칙」, 「교통약자의 이동편의 증진법」및 「교통약자의 이동편의시설 설치·관리 매뉴얼」의 관련 사항을 참조한다.

1. 입체횡단보도의 설치장소

횡단보도육교와 지하공공보도를 입체횡단보도라 하며, 자동차전용도로 및 철도와 교차하는 도로에는 입체횡단보도를 반드시 설치해야 한다. 또한, 고속국도를 제외한 그 밖의 도로 중 시간당 6,000명 이상이 통행하는 도시지역도로와 지방지역도로 중 교통 및 도로의 상황, 보행자의 안전 및 경제성 등을 고려하여 입체횡단보도를 설치한다.

2. 입체횡단보도 형식의 선정

횡단보도육교와 지하공공보도의 형식 선정에 있어서는 이용 상태, 편익, 교통 영향, 주변 환경과의 조화, 시공 조건, 유지관리 문제, 방범상의 문제 등을 충분히 고려하여 결정한다. 또한, 설치 후 교통처리에 대해서도 고려해야 한다.

지하공공보도의 경우는 공사비가 고가이며, 배수시설 설치, 조명시설 및 환기시설 등으로 인하여 유지관리비용 증가 등의 단점이 있으나, 도시 미관상 바람직하다. 따라서, 다음과 같은 경우에는 지하공공보도로 계획한다.

- 도시 미관을 해칠 우려가 있는 경우
- 지장물로 인하여 육교의 높이가 너무 높아 그 이용이 곤란한 경우
- 횡단보도육교에 비하여 공사비, 공법 등이 유리한 경우
- 기상이 불순하여 횡단보도 육교를 설치할 경우 이용도가 저감될 우려가 있는 경우
- 횡단보행자가 매우 많은 역 앞 등
- 지방지역도로에서 높은 흙쌓기부로서, 공사비가 저렴한 경우

3. 횡단보도육교의 구조

(1) 폭 : 표 9-1의 기준 이상으로 한다.

표 9-1 횡단보도육교의 폭

(단위 : m)

보행자 수(인/분)	횡단보도육교의 폭
200 이상 240 미만	4.5
160 이상 200 미만	3.75
120 이상 160 미만	3.0
80 이상 120 미만	2.25
80 미만	1.5

제 9 장

(2) **단의 높이 및 너비** : 표 9-2의 기준 이상으로 한다.

표 9-2 횡단보도육교의 단의 높이 및 너비

(단위 : cm)

구 분	표 준	지형·지물의 여건을 고려하여 부득이할 때
단 높이	15	18
단 너비	30	26

(3) **계단참** : 보도육교의 높이가 3.0m를 초과할 경우에는 계단참을 설치해야 하며, 폭은 직계단인 경우에는 1.2m, 그 밖의 경우에는 계단폭과 같게 함을 원칙으로 한다. 또한, 경사도, 난간 등에 대해서는 다음과 같은 구조로 설치한다.

(4) **경사도** : 계단인 경우 50%(높이/밑변) 이하(약 30도)여야 하며, 장애인용 경사로인 경우에는 12% 이하, 계단식 경사로인 경우에는 25% 이하이어야 한다.

(5) **난간** : 높이는 1m 이상, 폭은 0.1m 이상이어야 한다.

(6) **그 밖의 구조** : 계단턱 등에는 미끄럼 방지를 위한 시설 등을 설치해야 한다.

4. 지하공공보도시설의 구조

(1) **지하공공보도**

① 지하공공보도의 형태는 그 이용이 편리하고, 긴급할 때 피난이 쉽도록 직선형 또는 직각교차형 등의 형태로 해야 한다.

② 지하공공보도의 폭은 다음의 계산식에 따라 산정하되, 최소 6m 이상이 되어야 한다. 지하공공보도가 지하도 상가 등으로 2개 이상으로 분리되는 경우 그 각각의 지하공공보도에 대해서도 같다.

지하공공보도폭(m) = {해당 지역의 개발을 고려한 시간당 최대 보행자 수(인)/1,600} +여유치(지하도 상가가 있는 경우에는 2m, 지하도 상가가 없는 경우에는 1m)

③ 지하공공보도의 바닥에 층계를 두거나 경사지게 하여서는 안 된다. 다만, 지형여건상 부득이한 경우에는 경사도가 8분의 1 이내가 되도록 경사지게 할 수 있다.

④ 천장의 높이는 바닥으로부터 3.0m 이상으로 해야 한다. 단, 천장이 경량철골 천장틀인 경우에는 2.5m 이상으로 할 수 있다.

⑤ 지하공공보도는 단층 구조이어야 하며, 막다른 길을 만들어서는 안 된다.

⑥ 지하도 출입시설 간의 간격은 100m 이내가 되도록 해야 한다. 단, 지상보도의 여건 또는 지하도로의 구조 등에 따라 불가피한 경우에는 그 간격을 120m의 범위 안에서 조정할 수 있다.

(2) 지하도 출입시설

① 지하도 출입시설의 각 출입구의 폭은 해당 지하공공보도의 폭 이상이 되도록 해야한다. 다만, 하나의 출입시설에 출입구를 2개 이상 두는 경우에는 각 출입구의 폭의 합이 지하공공보도의 폭 이상이 되도록 하되, 이 경우 각 출입구의 폭은 2.0m 이상이 되도록 해야 한다.

② 출입구를 지상보도에 설치하는 경우에는 해당 출입구를 제외한 지상보행로의 폭이 3.0m 이상이 되도록 해야 한다.

③ 출입계단은 각 계단의 높이가 18cm 이하, 너비가 26cm 이상이 되도록 해야 한다.

④ 출입계단 전체의 높이가 3.0m를 초과하는 때에는 높이 3.0m 이내마다 폭 1.2m 이상의 계단참을 설치해야 한다.

⑤ 출입구에 출입문을 설치하여서는 안 된다.

⑥ 출입계단과 계단참의 양측 벽면에는 손잡이 난간을 설치해야 한다.

⑦ 지상의 도로에 접하는 출입구의 끝부분의 바닥은 지표수가 지하도로 내로 유입되지 않는 구조로 해야 한다.

한편 입체횡단보도에는 부득이한 경우를 제외하고는 장애인을 위한 경사로 및 엘리베이터를 별도로 설치해야 하며, 장애인 전용표지 등 장애인을 위한 도로의 부속물을 설치한다.

9-1-12 교통약자를 위한 안전시설

도로는 장애인, 고령자, 임산부, 영유아를 동반한 자, 어린이 등 이동에 불편을 느끼는 교통약자가 안전하고 편리하게 이동할 수 있도록 이동편의시설이 갖추어져야 한다.

이를 위해서 「교통약자의 이동편의 증진법」에 따른 별도의 시설을 설치하며, 「교통약자의 이동편의시설 설치·관리 매뉴얼」의 관련 사항을 참조한다. 장애인 안전시설의 설치에 대한 상세한 내용은 「도로안전시설 설치 및 관리 지침 - 장애인 안전시설 편」을 참조한다.

「교통약자의 이동편의시설 설치·관리 매뉴얼」에서 제시하고 있는 도로 시설로는 교통약자가 통행할 수 있는 보도, 장애인전용주차구역, 교통약자가 이용할 수 있는 휴게실 및 지하도 상가, 교통약자가 이용할 수 있는 음향신호기 등이 있다. 교통약자가 통행할 수 있는 보도와 관련하여서는 보도의 유효폭, 포장, 기울기, 차도의 분리 및 안전지대, 자동차 출입부, 턱 낮추기, 점자블록, 교통약자가 통행할 수 있는 지하도 및 육교 등이 있으며, 그 밖의 시설로는 횡단보도 중간의 일시 대기를 위한 안전지대, 횡단보도 주변의 가로 등 등이 있다.

교통약자를 위한 안전시설의 설치에 대한 상세한 내용은 「도로안전시설 설치 및 관리 지침 – 장애인 안전시설 편」을 참조한다.

9-1-13 고속국도 휴게시설 안전시설

고속국도에 설치된 휴게시설 등에서는 이를 이용하는 보행자의 안전과 자동차의 원활한 통행을 위하여 과속 주행을 예방해야 한다. 이를 위하여 다음과 같은 도로안전시설 등을 설치하고 관리한다.

① 과속방지시설 : 주차장 내에 고원식 횡단보도 등 설치, 보행자 안전확보
② 속도제한표지 : 주차장 진입 연결로에 설치, 주차장 내의 제한속도를 안내
③ 노면요철포장 : 주차장 진입 연결로에 설치, 운전자의 주의, 차량이탈을 유도
④ 점멸식 신호등 : 주차장 진입 연결로에 설치, 운전자의 주의, 저속 진행을 유도
⑤ 감속유도 차선 : 주차장 진입 연결로에 설치, 시각적 자극을 통하여 감속유도
⑥ 그 밖에 안전을 위하여 필요한 시설 : (예)역주행금지시설 : 역주행금지표지 등 주차장 내의 입구방향에 설치, 자동차의 역주행을 예방하기 위한 시설

9-1-14 교통정온화시설

교통정온화란 주거지 생활도로를 사용하는 사람들에게 안전하고 쾌적한 생활공간을 제공하기 위하여 물리적 시설을 설치하고, 통행 규제를 통한 교통흐름을 조절하거나 주차통제 등으로 생활환경을 개선하는 것을 말한다. 교통정온화시설의 설치는 교통약자가 안전하고 편리하게 이동할 수 있도록 도로에 대한 이동편의시설을 확충하고 보행환경을 개선하는 등 사람 중심 교통체계를 구축하기 위하여 제정된 「교통약자의 이동편의 증진법」을 따른다.

교통정온화 기법의 종류에는 규제에 의한 교통억제 기법과 물리적 교통억제 기법으로 나눈다.

(1) **규제에 의한 교통억제 기법** : 30km/h 최고 속도 구역 지정, 보행자우선도로 지정, 일방통행구간 지정, 주차금지구간 지정, 주차허가제, 일시정지 규제 등

(2) **물리적 교통억제 기법**
① 속도저감시설 : 고원식 교차로, 소형회전교차로, 지그재그 형태의 도로, 차도폭 좁힘, 노면요철포장, 과속방지턱 등

② 횡단시설 : 고원식 횡단보도, 보행섬식 횡단보도, 대중교통 정보 알림 등의 교통안내시설, 보행자·자전거 우선통행을 위한 교통신호기, 보행자용 울타리(난간) 등

③ 노상주차억제시설 : 자동차 진입억제용 말뚝, 주차금지시설 등

교통정온화시설은 「교통약자의 이동편의 증진법」에 따른 별도의 시설을 설치하며, 「교통약자의 이동편의시설 설치·관리 매뉴얼」의 관련 사항을 참조한다. 또한 생활도로의 속도관리 및 교통시설은 「생활도로 속도관리 및 교통시설 설치·운영지침(경찰청)」의 관련 사항을 참조한다. 교통정온화시설의 설치에 대한 상세한 내용은 「교통정온화시설 설치 및 관리 지침(국토교통부)」을 참조한다.

9-2 교통관리시설

> **제39조(교통관리시설 등)**
> ① 교통의 원활한 소통과 안전을 도모하고 교통사고를 방지하기 위하여 필요하다고 인정되는 경우에는 신호기 및 안전표지 등의 교통안전시설, 도로표지, 도로명판 등을 설치하여야 하며, 긴급연락시설, 도로교통정보 안내시설, 과적차량검문소, 차량 검지체계(檢知體系) 등의 교통관리시설을 설치할 수 있다.
> ② 교통체계의 효율성과 안전성을 위하여 필요한 경우에는 도로교통 상황을 파악하고 관리할 수 있는 지능형 교통관리체계를 설치할 수 있다.

도로에는 교통의 원활한 흐름과 더불어 교통의 안전과 사고를 예방하기 위하여 필요한 장소에 신호기 및 안전표지 등의 교통안전시설, 도로표지, 도로명판 등을 설치해야 하며, 긴급연락시설, 도로교통정보 안내시설, 과적차량검문소 등의 교통관리시설 설치에 대해서도 충분히 검토해야 한다.

도로교통의 원활한 흐름과 안전을 위하여 필요할 경우, 해당 도로의 종별 및 성격, 기하구조, 교통량, 차종 구성, 그 밖의 도로 환경, 그리고 해당 도로와 관련된 인접 도로 구간의 교통제어시설과의 조화 등을 고려하여 도로안내표지, 긴급연락시설, 도로교통정보 안내시설, 차량검지체계, 교통안전시설 등의 교통관리시설을 계획한다.

그러나 신호기 및 안전표지 등의 설치 및 관리 등은 관련기관과 사전에 충분한 협의가 필요하다.

지능형 교통관리체계는 교통시설에 첨단기술을 접목시켜 도로와 자동차, 운전자가 일체화 되어 도로교통에서의 안전성, 효율성, 쾌적성 등을 향상시킬 것으로 예상되는 첨단교통관리체계로 적극적인 도입을 할 필요가 있으며, 지능형 교통관리체계 구축에 따른 기대 효과는 교통 혼잡 완화, 교통 서비스 개선, 교통사고 감소로 안전성 향상, 물류비 절감을 통한 국가경쟁력 제고, 첨단산업의 국가경쟁력 강화, 환경 보전 및 에너지 절감 등을 들 수 있다.

9-2-1 교통안전시설

1. 교통신호기

신호기는 도로에서의 위험을 방지하고 교통의 안전과 원활한 흐름을 확보하기 위하여 설치한다. 신호기는 도로교통에 관하여 문자·기호 또는 신호점멸로 진행·정지·방향전환·주의 등의 신호를 표시하여 다양한 교통류에 우선권을 할당하는 기능을 한다.

교통신호기의 설치 및 관리, 종류, 지시의무 등 관련 법규는 「도로교통법」 제3조, 제5조와 「도로교통법 시행규칙」 제6조, 제7조에 제시되어 있다.

교통신호기는 자동차 교통량, 보행자 교통량, 어린이 보호구역 등의 설치 기준을 만족할 때 설치한다. 차량신호기의 설치 장소는 평면교차로나 횡단보도의 정지선으로부터 전방 10~40m 범위에 설치하며, 신호등이 정지선에서 40m 보다 더 멀리 있는 평면교차로의 경우에는 평면교차로 건너기 전 정지선 위치에 신호등을 추가로 설치한다.

교통신호기의 설치 기준과 종류 및 규격 등에 대한 상세한 내용은 「교통신호기 설치·관리매뉴얼(경찰청, 도로교통공단)」을 참조한다.

2. 교통안전표지

도로 이용자에게 일관성 있고 통일된 방법으로 교통안전과 원활한 흐름을 도모하고, 도로 구조와 도로 시설물을 보호하기 위하여 필요한 각종 정보를 제공한다.

교통안전표지는 단독으로 설치되거나, 노면표시 및 신호기와 유기적으로 연계 또는 보완 결합하여 설치하는 교통안전시설물로, 도로이용자에게 주의, 규제, 지시 등의 내용을 전달한다.

설치 관련 규정은 「도로교통법」 제4조 교통안전시설의 종류 및 설치·관리기준 등과 「도로교통법 시행규칙」 제8조2항의 안전표지의 종류, 만드는 방법, 설치하는 장소·기준, 표시하는 뜻을 규정하고 있다.

교통안전표지는 설치 목적에 부합하는 표지, 우선 순위가 높은 표지, 잘 보이고 쉽게 이해할 수 있는 표지, 판단과 행동을 신속하게 반응할 수 있는 표지로, 주변 교통환경 등을 고려하여 적합하게 선정한다. 설치 장소는 도로 이용자의 행동 특성과 시인성 등을 고려하여 결정한다.

교통안전표지의 설치 기준에 대한 상세한 내용은 「교통안전표지 설치·관리 매뉴얼(경찰청, 도로교통공단)」을 참조한다.

3. 교통노면표시

도로 포장 표면에 설치된 차선 도색(road marking) 문자 및 각종 기호(symbol)를 말하며, 도로교통의 안전과 원활한 흐름을 도모하고 도로 구조를 보존하는 역할을 한다. 노면표시는 독자적으로 또는 교통안전표지와 신호기를 보완하여 도로 이용자에게 규제 또는 지시의 내용을 전달한다.

설치 관련 규정은 「도로교통법」 제4조에서 안전표지의 종류, 만드는 방식, 설치하는 곳, 그 밖의 필요한 사항을, 「도로교통법 시행규칙」 제8조제2항에서 안전표지의 종류, 만

제9장

드는 방식, 표시하는 뜻, 설치기준 및 설치장소를 규정하고 있다.

교통노면표시 등의 설치에 대한 상세한 내용은 「교통노면표시 설치·관리매뉴얼(경찰청, 도로교통공단)」을 참조한다.

9-2-2 도로표지

도로에서의 교통안전과 원활한 교통 흐름을 위하여 도로 이용자가 필요한 장소에 그 내용을 명확히 판독할 수 있도록 설치 장소 또는 기능에 따라 도로별로 적정하게 도로표지를 설치해야 한다.

운전자가 안전하게 도로주행에 필요한 각종 정보를 제공하는 도로표지는 표 9-3과 같이 분류한다.

표 9-3 도로표지의 기능별 분류

도로표지 종류		기 능
경계표지		도·시·군·읍·면 단위의 지역 경계를 나타내는 표지
이정표지		목표지까지의 거리를 나타내는 표지
방향표지		방향 또는 방면을 나타내는 표지로 방향예고표지와 방향표지가 있음
노선표지	노선표지	진행방향의 도로등급 및 노선번호를 확인시켜주는 표지
	분기점표지	교차로 전방에서 분기되는 노선의 번호를 안내하여주는 표지
그 밖의 표지	하천표지	도로의 구간에 걸쳐있는 주요 하천을 나타내는 표지
	교량표지	주요 교량이 있음을 나타내는 표지
	터널표지	진행방향에 터널이 있음을 나타내는 표지로 터널구간에 대한 운전자의 주의를 환기시키는 기능을 하는 표지
	비상주차장표지	고장 자동차 등이 대피하는 비상주차장을 안내하는 표지
	정류장표지	버스정류장을 나타내는 표지
	양보차로표지	일반 자동차의 통행을 위하여 저속 자동차가 우측으로 양보하게 하는 표지
	유도표지	앞으로 만나게 될 중요 시설물로 유도하는 표지
	휴게소표지	도로변에 설치된 휴게소를 안내하는 표지
	보행인표지	운전자나 보행자를 위해 시설명, 도로명, 행정 명칭 등을 표기하여 국지도로, 마을진입로, 보행자가 많은 도로 등에 설치하는 표지
	주차장표지	주차장을 안내하는 표지
	오르막차로표지	속도가 저하된 자동차를 분리하여 주행시키기 위하여 본선 우측에 설치한 오르막차로를 안내하는 표지
	긴급신고표지	긴급전화가 설치된 곳을 알리는 표지
	자동차전용도로 표지	자동차전용도로임을 안내하는 표지

도로표지 종류	기 능
관광지표지	관광지임을 나타내는 표지
시·종점표지	도로의 시·종점을 나타내는 표지
매표소표지	유료도로에서 매표소가 있음을 나타내는 표지
돌아가는 길 표지	도로의 공사 등으로 통행이 불가할 때 자동차의 우회로를 유도하는 표지

도로표지는 다음 각 호의 기준에 따라 설치해야 한다.

① 도로 이용자의 주의를 끌 수 있도록 뚜렷할 것

② 도로 이용자가 가고자 하는 방향을 결정할 수 있는 거리에서 읽을 수 있는 크기일 것

③ 글자, 기호 및 바탕은 밤에도 잘 읽을 수 있도록 반사되어야 할 것

④ 설치 방향은 자동차의 진행 방향과 직각인 방향에 설치하되, 도로 형태와 설치 방법에 따라 중심선에서 측방 10° 이내로 설치 할 것

⑤ 교통신호기 또는 안전표지의 지시내용과 틀리거나 혼란을 초래하지 않도록 할 것

도로표지는 도로 이용자가 잘 읽을 수 있도록 시야가 확보되는 곳을 선정하여 설치하되, 동일 장소에 2개 이상의 도로표지가 있거나, 도로표지로 인하여 교통신호기 또는 안전표지의 내용을 인지하는 데 장애가 발생하지 않도록 설치 위치를 적절히 조정해야 한다. 또한 노면에서 도로표지 하단까지 높이는 도로표지가 도로의 측면에 위치하는 단주식·복주식 표지의 경우 2m, 도로표지가 도로의 상단에 위치하는 문형식·편지식 등의 경우 5m로 한다.

도로표지의 종류, 규격, 형식, 설치장소 등에 대한 상세한 내용은 「도로표지규칙」과 「도로표지관련규정집(국토교통부)」을 참조한다.

9-2-3 도로명판

정부는 길 찾기 불편한 지번 체계를 대체하여 국민편익을 증진하고, 국제적으로 통용되는 주소 체계를 도입하여 세계화를 촉진하며, 주소를 물류·정보화시대 촉진을 위한 위치정보자원으로 관리하고자 도로명 주소 체계를 도입하는 「도로명 주소 등 표기에 관한 법률」을 제정하였다. 도로명판이란 이 법에 따른 도로명과 기초 번호를 안내하기 위하여 제작·설치하는 판을 말한다.

그림 9-2는 기존의 지번 주소 체계를 도로명과 건물번호로 구성된 새로운 주소 체계로 전환한 예시를 나타낸 것이다.

도로명판 설치에 대한 상세한 내용은 「도로명주소 안내시설 규칙(행정안전부)」을 참조한다.

제9장

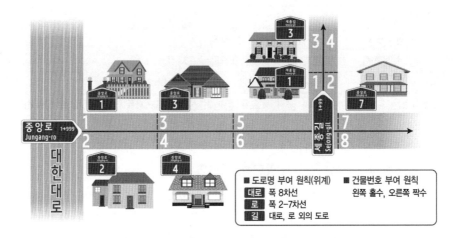

그림 9-2 새 주소 부여(예시)

9-2-4 긴급연락시설

고속국도나 그 밖의 도로 중 자동차의 출입이 제한되는 도로에서 자동차의 사고나 고장일 때 긴급히 연락할 수 있도록 설치하는 시설로서, 주행속도가 높은 도로에서 사고나 고장 자동차의 방치로 발생될 수 있는 위험을 신속한 연락으로 사전에 예방하는 기능을 가진다.

긴급전화는 휴게소, 간이휴게소, 비상주차대, 터널 등에 이동통신 신호가 약할 경우를 대비하여 설치한다. 긴급전화의 설치 장소에는 「긴급전화」의 표지를 설치하고, 야간에도 확인이 용이하도록 표지를 반사체 또는 설치장소 내·외부에 조명을 하는 것이 바람직하다.

설치 간격은 도로 순찰의 빈도, 터널이나 지형조건에 따른 이동통신신호 난청의 정도, 도로상의 설치 공간 등을 고려하여 도로관리청이 적정 간격으로 설치한다.

9-2-5 과적차량검문소

산업 발전과 더불어 화물 수송량이 증가하여 대형자동차와 과적차량의 통행량이 증가됨에 따라 도로 및 교량 구조물과 도로 안전시설물 등의 심각한 손상 요인으로 작용하고 있다.

이로 인한 시설물의 내구 연한 단축, 유지보수 비용 증가, 특히 과중한 무게로 인한 자동차 핸들 조절 및 제동 능력이 저하되어 도로용량 감소, 소음과 진동 유발, 배기가스 배출, 대형 교통사고의 원인이 되고 있다.

따라서, 고속국도와 일반국도 등에 축중기를 설치하여 과적차량을 근절할 수 있는 합리적인 기준과 관리 방안을 강구하여 효율적인 과적차량 감시관리체계를 구축해야 한다.

과적차량검문소의 설치 장소는 다음 조건을 고려하여 선정한다.

① 과적 차량이 도로에 들어가기 전에 원천 봉쇄하기 위하여 과적 근원지 근접 지점
② 고정식 검문소의 단속 한계성과 효율성을 높이기 위하여 우회도로가 적은 지점
③ 과적 운행의 가능성이 높은 대형자동차 통행이 많은 지점
④ 단속 시설 및 장비의 설치가 용이한 지점
⑤ 도로 시설을 포함한 주요 구조물 보호가 가능한 지점

과적차량검문소의 설치 및 운영에 대한 상세한 내용은 「차량의 운행제한 규정」을 참조한다.

9-2-6 지능형 교통체계

지능형 교통체계(ITS : intelligent transportation system)란 교통·전자·통신·제어 등 첨단기술을 도로·자동차·화물 등 교통체계의 구성 요소에 적용하여 실시간 교통정보를 수집·관리·제공하여 교통 시설의 이용 효율을 극대화하고, 교통 이용 편의와 교통안전 제고, 에너지 절감 등 환경친화적 교통체계를 구현하는 시스템을 말한다.

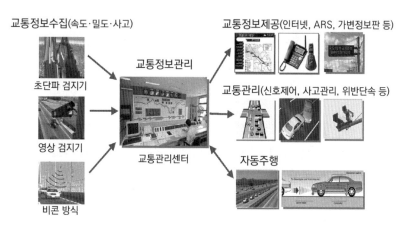

그림 9-3 지능형 교통체계

지능형 교통체계는 교통시설에 첨단기술을 접목시켜 도로와 자동차, 그리고 운전자가 일체화 되어 도로교통에서의 안전성, 효율성, 쾌적성 등의 향상을 기대할 수 있다. 또한, 교통 혼잡의 완화 및 환경이 보전되는 효과를 가져 올 것으로 기대된다.

지능형 교통체계는 실시간 교통정보를 활용하여 교통체계의 효율성과 안정성을 도모하게 된다. 효율적인 교통관리는 돌발상황관리, 반복정체관리, 신호 및 위반사항의 실시간 제어와 단속 등의 서비스를 통하여 이루어질 수 있으며, 이러한 서비스의 구성을 위하여 교통정보센터, 교통정보수집시설, 정보제공시설이 필요하다. 교통정보센터는 교통정보를 수집·가공·제공을 하는 기관을 말한다.

정보수집시설은 각종 차량검지시설을 현장의 정성적, 정량적 특성에 따라 선택적으로 설치되어야 하며, 정보제공시설은 도로 및 교통의 상황과 제공 정보의 특성에 따라 설치 장소, 형식 및 표출 내용을 선택해야 한다. 이러한 지능형 교통체계의 정보수집은 자동차검지체계의 자동차검지시스템을 통하여 수집되며, 이를 바탕으로 제공되는 정보는 도로전광표지를 포함한 정보제공시설을 통하여 표출하여 제공하게 된다.

1. 교통정보센터

교통정보센터는 교통정보를 수집, 가공, 제공히는 기관으로 고속국도, 일반국도, 지방도, 시·군도의 교통정보와 기상정보를 수집·가공하여. 국민, 유관기관 등에 교통정보를 제공한다.

교통정보센터에서 다음과 같은 교통정보를 수집·가공·제공한다.

① 수집내용 : 도로교통정보, CCTV영상, 도로전광표지(VMS)내용, 광역대중교통정보
② 가공내용 : 전국·광역 교통정보 통합, 실시간 표준전자도로기반 교통정보 융합, 지역간·지역 내 대중교통정보 연계, 교통정보와 기상정보의 융합, 교통정책 관련 통계 생성
③ 제공내용 : 표준화된 통합 교통정보, 실시간 도로 흐름정보, 근·장거리 예약 및 환승정보, 근·장거리 여행 경로 안내

2. 정보수집시설

교통사고, 지체 및 정체 등의 교통장애가 예상되는 지점, 통행자에게 위험이 크다고 예상되는 지점, 구간 및 노선 중에 교통장애가 예상되는 지점, 주요도로의 본선 교통량에 따라 진입하는 교통류를 제한해야 하는 구간에는 필요에 따라 정보수집시설을 설치한다.

터널 등에 화재, 교통사고 등이 발생할 경우, 해당 자동차는 물론 후속 자동차도 위험하게 된다. 이러한 사고 등을 사전에 검지하기 위해서는 도로관리청에서 이들 지점에 적절한 정보수집장치를 설치해야 한다. 또한 주요 도로의 교통류 지체를 미연에 검지하고, 신호기 운용에 즉각적인 융통성을 부여하여 일시적으로 주요 도로의 진입을 제어하는 등의 규제가 필요하다.

정보수집장치(차량검지기)의 설치 간격은 교통류 관리 및 교통 정보 생성을 위하여 다

음과 같이 두 가지 관점에서 결정한다.

① 속도 자료에 대한 신뢰성에 중점을 두고 있을 경우에는, 검지기 설치 간격은 자료 수집 주기 동안에 자동차가 자유운행속도로 주행할 수 있는 거리보다 짧게 설정한다(L>L'). 즉, 자동차가 자료 수집 주기 동안에 연속적으로 설치된 검지기를 두 개 이상(설치 위치 : 검지기1, 검지기2) 통과할 수 있도록 하기 위한 것이다.

② 교통량 및 점유율 자료에 대한 신뢰성에 중점을 두고 있는 경우에는, 검지기 설치 간격을 자료 수집 주기 동안에 자동차가 자유운행속도로 주행할 수 있는 거리보다 길게 설치한다(L<L''). 즉, 자동차가 자료 수집 주기 동안에 연속적으로 설치된 검지기를 두 개 이상(설치 위치 : 검지기1, 검지기3) 통과할 수 없도록 하기 위한 것이다.

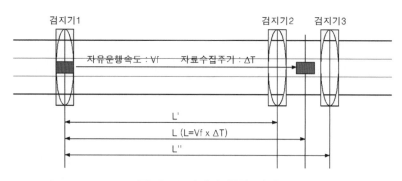

그림 9-4 검지기 설치 간격

(1) 루프검지기

교통량, 속도, 점유율, 차종, 차두 간격, 대기 행렬, 유고감지정보 수집을 목적으로 각각의 출입 연결로에 출입 교통량 자료 수집용 루프검지기를 설치할 수 있다.

루프검지기는 교차로의 정지선 앞 100m, 200m, 400m 지점 및 링크 구간의 상류부 600m 지점에 설치할 수 있다. 이때, 상황에 따라 정지선 검지기, 대기행렬 검지기, 앞막힘 예방 검지기로 구분하여 설치할 수 있다.

(2) 영상검지기

영상검지카메라의 최적의 시야(FOV : field of view)를 확보하여 영상검지 제어기의 성능을 높이기 위한 고려사항은 다음과 같다.

- 영상검지기의 성능에 가장 문제가 되는 자동차 겹침 현상이 없도록 시야(FOV)를 고려하여 높이를 정한다.
- 영상검지기 카메라의 높이는 도로 노면을 기준으로 한다.

- 야간 검지를 고려하여 카메라 시야 안에 가로등이 들어오지 않도록 설치지점을 선정하여 설치한다.
- 영상검지카메라 시야가 방해 받지 않도록 가로수가 많은 지역은 가급적 피한다.
- 영상검지기의 최적 검지능력은 카메라 높이 12m에서 감지 가능 차로수는 3~4차로이며, 이때 정확도는 95% 이상이어야 하고, 최대 검지능력은 감지 가능 차로수 5차로이며, 이때 정확도는 90~95% 이다.

(3) 자기검지기

교통량, 점유율, 자동차 길이 및 속도 정보의 수집을 목적으로 설치가 가능하다. 설치가 용이하고 내구성이 좋으나 검지 영역이 매우 작고, 설치 및 유지·보수 할 때 어려움이 있을 수 있다.

(4) 적외선검지기

교통량, 점유율, 차두 간격 및 속도 정보 수집이 가능하다. 정확한 자동차 위치의 파악이 가능하고, 유지관리에 유리한 장점이 있으나, 날씨에 민감하고 설치 제약이 많다는 단점이 있다.

(5) 초단파검지기

교통량, 속도, 차두 시간, 점유율 정보의 수집이 가능하며, 설치가 용이하다. 기상 조건의영향이 적은 반면 각도 및 폭의 영향이 크며, 대형자동차에 의한 전파장애가 발생할 수 있다.

(6) 초음파검지기

교통량, 점유율, 차두 간격 및 속도 정보 수집이 가능하므로 기초 교통 변수를 수집할 수 있다. 그러나 기상조건에 영향을 받으며, 음파흡수자동차는 검지를 하지 못하는 단점이 있다. 또한, 유지보수가 기술적으로 어렵다는 문제가 있다.

(7) 자동차 번호판 자동 인식 장치

자동차 번호판 인식을 통하여 일정 구간의 통행시간을 산출하는 시스템이다. 자동차번호판 자동인식 장치(AVI)는 구간 흐름 정보의 정확도를 높일 수 있는 지점에 설치하며, 다음과 같은 지점에 설치할 수 있다.

- 회전교통량이 적은 구간에 설치하여 유효 표본수를 증가시킬 수 있는 지점
- 교통정보제공시스템에서 요구하는 구간 통행속도를 수집할 수 있는 구간의 시점과 종점에 설치
- 정확한 검지를 위하여 최소한의 직선구간이 확보되는 구간

- 자동차의 속도가 급격히 저하되는 곡선부나 경사가 급격히 변화하여 정보수집의 정확도가 현저히 저하되는 지역은 지양
- 차로 변경 및 엇갈림이 적은 지점
- 교통 상황의 변화가 자주 발생하는 현상을 체크할 수 있는 지점

(8) 동영상 정보 수집장치

동영상 수집 검지기는 돌발 및 흐름 상태를 신속하게 확인하여 상황에 따른 최적의 대응, 관리대상 전 구간에 대한 상시 모니터링을 목적으로 한다. 동영상 수집 검지기의 설치 지점의 선정기준은 다음과 같다.
- 해당 구간에 대하여 24시간 교통 상황 파악이 가능한 곳
- 설비의 설치와 유지 관리가 용이한 지점
- 반복 정체 또는 돌발 상황에 따른 상시 감시가 필요한 지점
- 연결로 접속구간 및 접속도로의 교통 상황 감시가 가능한 지점
- 결빙, 폭설, 폭우 등 기상 조건이 취약한 지점
- 그 밖의 시스템에 필요한 정보 수집이 가능한 지점

3. 정보제공시설

(1) 도로전광표지(VMS)

교통의 안전과 원활한 흐름을 위하여 도로, 기상 및 교통의 상황이나 그들에 수반되는 교통 규제의 상황을 이용자에게 알릴 필요가 있는 경우에는 적당한 장소에 도로교통정보 안내시설을 설치하고 적절하게 운용해야 한다.

도로교통정보 안내시설은 도로 및 교통의 상황을 충분히 고려하여 적절히 그 효과를 발휘할 수 있도록 설치 장소, 종류 및 표시내용을 선택해야 한다.

표시내용은 도로, 기상, 교통, 규제의 상황 또는 우회 지시 등으로, 간결하고 명료하게 표현하여 운전자가 이해하기 용이하도록 표현되어야 한다.

도로전광표지는 주행 중의 운전자에게 전방의 교통 상황과 도로 상황, 교통사고 정보, 통행 시간 등의 교통 관련정보와 기상 정보 등을 실시간으로 제공하는 시설이며, 상습 정체 등으로 인하여 교통류의 분산이 필요하거나 사고다발지점 등과 같이 안정성 확보가 요구되는 구간의 전방에 설치하여 교통 흐름의 효율화와 통행의 안전성 확보 및 도로 서비스의 수준을 향상시키는 기능을 수행한다.

도로전광표지는 표출하는 정보의 형태에 따라 문자식 표지, 도형식 표지, 차로 제어식 표지로 구분한다. 도로전광표지에 표출하고자 하는 메시지와 정보량은 시스템 설치 여건과 목적에 따라 수립된 교통관리 전략에 맞게 결정한다.

제9장

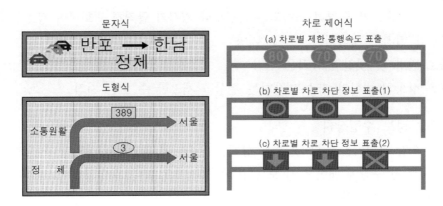

그림 9-5 표출 형식에 의한 분류

도로전광표지의 설치에 대한 상세한 내용은 「도로안전시설 설치 및 관리지침,(국토교통부) 도로전광표지 편」을 참조한다.

(2) 교통류 관리시스템 제어장치

도로교통정보 안내시설과 연계하여 사용할 수 있는 교통류 관리시스템 제어장치로는 연결로제어장치와 차로제어장치가 있다.

연결로제어장치(RMS : ramp metering system)는 주요 도로의 혼잡과 지체를 감소시킬 목적으로 적절한 위치에서 자동차의 진입을 제어·통제하여 주요 도로의 적정 용량을 보장하는 시스템으로서, 차량검지기, 제어기 및 도로 상태와 우회 도로를 운전자에게 알려주기 위한 고정식 또는 가변식 안내신호로 구성되며, 진입 도로의 통행제한을 실시할 때에는 대체 도로의 제공 여부와 전환된 교통량이 주변 도로에 미치는 영향 등을 고려해야 한다.

차로제어장치(LCS : lane control system)는 차로 제어용 도로전광표지에 해당하는 차로제어장치는 차로의 사용 유무, 출입의 표시, 차로의 속도 제한 및 이용 자동차 제한 등의 역할 수행을 통하여 각종 공사와 교통사고 속도 제한 및 이용 자동차 제한 등의 정보를 일시적으로 제공한다. 각종 공사와 교통사고 등으로 인한 일부 차로의 통행 제한을 운전자에게 주지시켜 자동차의 안전 운행을 도모하기 위한 시스템을 말한다. 대부분의 차로제어장치는 일반적인 도로교통정보 안내시설처럼 시스템의 범주에 들지 않는 단일 시설(stand alone) 방식으로 주로 수동 입력 방식으로 운영된다. 공사 중에 차로별 통제가 필요한 경우 공사장 전방에 자동차에서 내민 형태로 부착하여 길어깨를 이용하면서 사용하는 경우도 있다. 반면, 긴 터널이나 연속된 터널 구간에서 터널 내 교통상황관리를 위하여 터널 관리 시스템의 일부로 설치되어 운영 중인 형식은 소형 도로전광표지, CCTV 또는 영상검지기 등이 함께 설치되어 하나의 소규모 시스템을 갖추고 있다.

터널 내, 고속국도 및 그 밖의 간선도로, 특히 대도시의 간선도로에서는 교통의 안전과 원활한 흐름을 위하여 이러한 교통류 관리시스템을 설치하고, 이들을 독립적으로 운영하기보다는 교통제어 등의 교통관리체계의 일부로 검토되는 것이 바람직하다.

(3) 그 밖의 정보제공매체

도로교통정보의 통합 정보 제공을 위하여 도로전광표지 뿐만 아니라 그 밖의 매체를 이용한 정보 제공이 가능하다. 도로 이용자의 편의성을 향상시키기 위하여 인터넷, ARS/FAX, 휴대전화/PDA 등의 다양한 정보 제공 매체를 활용할 수 있다.

제10장 도로의 부대시설

10-1 주차장 등

10-1-1 주차장

10-1-2 버스정류시설

10-1-3 비상주차대

10-1-4 휴게시설

10-1-5 체인탈착장

10-2 방호시설 등

10-2-1 낙석방지시설

10-2-2 방파시설

10-2-3 방풍시설

10-2-4 제설시설

10-3 환경시설 등

10-3-1 방음시설

10-3-2 생태통로

10-3-3 유도울타리 및 그 밖의 시설

10-3-4 비점오염 저감시설

10-4 공동구

제10장 도로의 부대시설

10-1 주차장 등

> **제40조(주차장 등)**
> ① 원활한 교통의 확보, 통행의 안전 또는 이용자의 편의를 위하여 필요하다고 인정되는 경우에는 도로에 주차장, 버스정류시설, 비상주차대, 휴게시설과 그 밖에 이와 유사한 시설을 설치해야 한다.
> ② 제1항에 따른 시설을 설치하는 경우 본선 교통의 원활한 소통을 위하여 본선의 설계속도에 따라 적절한 변속차로 등을 설치하여야 한다.

도로에는 도로 이용자에게 편의성을 제공하기 위하여, 그 도로의 성격에 따라 각종 서비스 시설을 설치할 필요가 있다.

주차장은 자동차의 주차를 위한 시설로서 「주차장법」에 따라 다음과 같이 구분된다.

① 노상 주차장

　　도로의 노면 또는 교통 광장(교차점 광장만 해당한다. 이하 같다)의 일정한 구역에 설치된 주차장으로서 일반의 이용에 제공되는 것.

② 노외 주차장

　　도로의 노면 및 교통광장 외의 장소에 설치된 주차장으로서 일반의 이용에 제공되는 것.

③ 부설 주차장

　　건축물, 골프연습장, 그 밖의 주차 수요를 유발하는 시설에 부대하여 설치된 주차장으로서, 해당 건축물·시설의 이용자 또는 일반의 이용에 제공되는 것.

노상 주차장과 노외 주차장의 설치 계획 기준은 「주차장법 시행규칙」에 따른다.

버스정류시설은 노선 버스의 이용자가 안전하게 승강할 수 있게 설치한 시설로서, 버스정류시설의 종류에는 본선에서 분리하여 설치하는 버스정류장(bus bay)과 도로의 바깥쪽 차로를 그대로 사용하는 버스정류소(bus stop)가 있다. 버스정류장(bus bay)은 고속 국도, 도시고속국도 및 그 밖의 주간선도로에 설치하고, 그 밖의 도로의 경우에도 교통량이 많고 본선의 교통류를 혼란케 할 우려가 있는 경우에는 설치하는 것이 바람직하며, 감속부, 정류부, 가속부, 외측분리대 등으로 구성된다.

비상주차대는 우측 길어깨의 폭이 설치 기준보다 좁은 도로에서 고장 자동차 등으로 인하여 다른 자동차의 소통에 지장을 주지 않도록 적정한 간격으로 설치하여 일시적 대피 장소로 이용할 수 있도록 하며, 설계속도가 높고 교통량이 많은 고속국도에는 반드시 설치하고, 그 밖의 주간선도로의 경우에도 설치하는 것이 바람직하다.

휴게시설은 안전하고 쾌적한 여행을 하기 위해 장시간의 연속 주행으로 인한 운전자의 생리적 욕구 및 피로 해소와 자동차의 주유, 정비, 그 밖의 서비스를 제공하는 시설로서 휴게소(일반, 화물차), 간이휴게소, 졸음쉼터로 분류된다.

체인탈착장은 적설 한냉지 등에서 주행하고 있는 자동차가 체인을 탈착할 수 있는 공간을 말하며, 체인탈착장은 겨울철의 한정된 기간에 사용되는 시설이기 때문에 가능하면 휴게소, 주차장을 이용하는 것이 바람직하다.

10-1-1 주차장

주차장은 주차구획과 차로로 나누어 구분된다. 주차구획은 주차와 승객의 승강을 위한 장소로서, 하나 이상의 주차단위구획으로 이루어진 구획 전체를 말한다.

차로는 연결로 등의 접속로와 연결되어 주차 구획에 자동차를 유도하고, 주차할 때 회전이나 후진 등을 위한 장소를 제공한다.

주차장 내의 주차구획과 차로는 주차 및 통행이 용이하고 효과적으로 이루어 질 수 있도록 그 치수와 배치를 정하여 한다.

이러한 주차시설의 기하구조는 대상 자동차의 제원과 주차방식에 따라 결정되며, 도로 본선에서 주차장에 이르는 접속도로는 본선의 도로 규격 및 지역 여건을 감안하여 인터체인지 또는 휴게시설의 연결로 및 평면교차부의 해당 기준을 따라야 한다.

1. 주차단위구획

주차단위구획을 정할 경우에는 차체와 다른 자동차 또는 방호울타리와의 여유 폭 및 승객의 출입을 위한 자동차 문의 여닫이를 고려해야 한다. 여유 폭은 운전 기술의 정도, 차체의 크기에 따라 다르나, 일반적으로 0.30m 정도이며, 자동차 문의 여닫이 여유는 0.50~0.80m이다. 문을 열고 인접한 주차 자동차에 손상을 주지 않고 다소의 화물을 소지한 채 탑승할 수 있는 폭은 약 0.80m가 필요하나 소형자동차의 경우 혼잡한 상태에서는 0.5m 정도로도 출입이 가능하다.

주차장법 시행규칙 제3조에서는 주차장의 주차 구획을 다음과 같이 규정하고 있다.

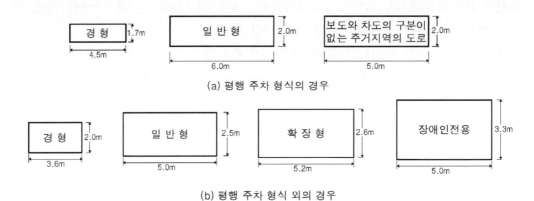

(a) 평행 주차 형식의 경우

(b) 평행 주차 형식 외의 경우

그림 10-1 주차단위구획의 최소 치수

여기서 일반형은 중형자동차 및 중형SUV를 말하여, 확장형은 대형자동차, 대형SUV, 승합자동차, 소형 트럭을 말한다.

2. 주차의 방법

주차의 방법에는 전면주차와 후면주차가 있다. 전면주차는 주행해 온 자동차가 그대로 전진하여 주차면에 정지하는 방식으로, 나올 때는 후진하여 차로로 진입하여 주차는 용이 하나 발차할 때는 시간이 다소 소요되며, 후진할 때 후방 차로의 확인도 어려워 위험이 뒤따른다.

후면주차는 주행해 온 자동차가 일단 정지하여 후진하면서 차체의 전면이 차로를 향하 도록 주차하는 방법으로, 주차할 때 다소 시간이 소요되나 나올 때는 발차가 용이하다.

대형자동차는 주차 또는 발차할 때 후진을 피하고 전진주차, 전진발차를 원칙으로 하 나 용지의 제약 등으로 후진주차가 불가피할 경우가 있다(그림 10-2 참조).

(a) 전면주차   (b) 후면주차   (c) 전면주차, 전진발차

그림 10-2 주차방법(예시)

3. 주차단위구획의 배치

주차단위구획의 배치 방법은 평행주차와 각도주차로 분류한다. 평행주차는 차로의 진행방향에 평행하여 편측 또는 양측에 주차하는 것이며, 각도주차는 차로의 진행방향과 각도를 이루고 주차하는 것을 말한다.

주차단위 구획의 차로폭은 선정된 주차방식과 주차면의 배치방법을 감안하여 결정해야 한다.

(1) 평행주차

차도의 진행방향으로 설계기준자동차 길이의 반(1/2) 정도만 여유가 있으면 주차할 수 있는 주차방식으로, 주차장의 길이가 매우 길어지지만 주차를 하는 자동차가 동시에 움직일 경우에는 각 자동차 간격을 줄일 수가 있으며, 소형자동차가 주차할 때에 차체 길이의 차이를 유효하게 이용할 수 있는 이점이 있다. 따라서, 주차면을 명확하게 표시하지 않는 것이 오히려 탄력성 있는 운용이 될 수 있으므로 구획선을 표시하지 않은 경우도 있다.

(2) 각도주차

각도주차는 사각주차와 직각주차로 구분되며, 각각 전진주차방식과 후진주차방식이 적용된다. 사각주차는 45°, 60° 혹은 그 밖의 각도에 따라 주차하는 방식을 총칭한다.

각도주차의 이점은 주차 및 발차할 때 다른 자동차의 간섭을 적게 받는다는 점과 자동차의 주차 배열이 비교적 질서 정연하며, 측방의 주차면을 병렬로 이용하여 주차 용량을 증대시킬 수 있는 점을 들 수 있다.

각 형식의 선정은 주차장 부지의 형태나 각종 시설과의 관계에서 결정되며, 각 형식의 특징을 들면 표 10-1과 같다.

표 10-1 주차 형식의 특징

각도와 방식	특　　　　　징
45°	전진, 후진주차방법이 같이 이용되나 전진주차방법이 주차가 쉽다.
60° 전진주차 후진주차	전진, 후진주차방법이 같이 이용되며 자동차의 조종이 쉽다. 차로폭은 크게 해야 하나 1대마다 주차 소요 면적은 작다.
직각주차	전진, 후진주차방법이 같이 이용되며, 1대마다 주차 소요 면적은 작으나 승강의 편리를 위해 주차 면의 폭을 0.25m 늘리는 것이 바람직하다.
교차식 주차	교차식으로 하면 1대마다 주차 소요 면적은 작으나, 주차질서가 정연하지 않으면 주차 효율이 현저히 떨어질 우려가 있다.

노외주차장에는 자동차의 안전하고 원활한 통행을 확보하기 위하여 차로를 설치해야하며, 노외주차장의 구조 및 설비 계획은 주차장법 시행규칙 제6조를 따라야 하고, 그 차로폭은 주차 형식 및 출입구의 개수에 따라 표 10-2 기준 이상으로 해야 한다.

표 10-2 주차장 차로의 최소 폭

(단위 : m)

주 차 형 식	차로의 폭	
	출입구가 2개인 경우	출입구가 1개인 경우
평행주차	3.3	5.0
직각주차	6.0	6.0
60° 대향주차	4.5	5.5
45° 대향주차	3.5	5.0
교차주차	3.5	5.0

4. 적용할 때 주의사항

(1) 계획

주차면의 크기는 주로 이용하는 자동차의 제원을 반영하여 최소 주차면 크기보다 크게 계획해야 한다. 또한, 이용자의 편의성과 부지의 형상을 고려하여 직각주차, 사각주차, 평행주차 등의 주차 방식을 검토해야 한다.

보행 동선을 계획할 때에는 교통약자의 안전한 이동을 위하여 보행통행로를 확보하도록 하고, 보행자의 안전을 특별히 확보할 필요가 있는 경우 보행통행로와 주차면에 단차를 두는 방법을 고려할 수 있다.

기둥 옆, 주요 보행로 옆의 주차면은 보행 통행과 보행 안전에 지장을 주지 않는지를 점검해야 한다. 주차장에서 보행자의 안전한 동선을 확보하기 위한 예시는 다음과 같다.

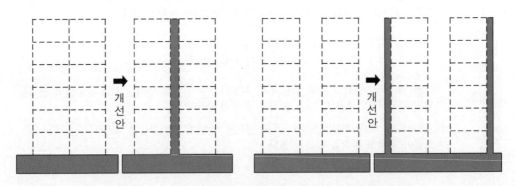

그림 10-3 주차장에서 보행자의 안전한 동선을 확보한 예시

(2) 치수

주차단위구획의 치수나 차로 폭원은 주차장의 특성이나 실제의 이용방법을 고려하여 적절히 정해야 한다.

국외의 주차구획 크기(일반형) 사례는 다음과 같다.

표 10-3 국외 주차구획 크기(일반형) 사례

(단위 : m)

구분	미국	유럽	호주	중국	홍콩	일본	싱가포르	대만
전폭	2.7	2.5	2.4	2.5	2.5	2.5	2.4	2.5
전장	5.5	5.4	5.4	5.3	5.0	6.0	4.8	5.5

최근 소형 승용차의 비중이 지속적으로 감소하고, 중·대형자동차 비율 및 자동차 제원이 커지는 추세이다. 주차장의 주차단위구획은 「주차장법 시행규칙」에 따른다.

표 10-4 승용차 제원과 최소 주차면 크기(평행주차형식 외의 경우)

(단위 : m)

구분	최소 주차면 크기		비 고
	너비	길이	
일반형	2.5	5.0	중형 및 중형SUV
확장형	2.6	5.2	대형·대형SUV·승합차·소형트럭

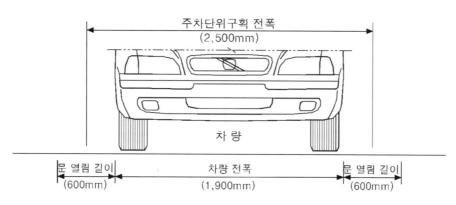

그림 10-4 주차단위구획 최소 기준 적용(예시)

주차장의 너비는 주차단위구획이 협소하여 발생하는 문 찍힘 현상을 방지하고, 버스의 승·하차로 인한 번잡함을 해소하기 위하여 최소 규정 이상을 적용하는 것이 필요하다.

(3) 주차면의 배치와 보행 안전

주차단위구획의 배치 계획을 할 때에는 차종별, 이용 목적별로 자동차를 자연스럽게 유도할 수 있도록 배려하여 계획하고, 동시에 주차장의 성격과 용지 여건에 부합하는 안전하고 효율적인 배치가 되도록 해야 한다.

기둥 옆의 주차면 또는 벽 옆의 주차면의 경우 자동차 문을 열 때 기둥 또는 벽과 부딪칠 우려가 있으므로 주차면의 너비를 넓게 확보해야 한다. 또, 주차장 진입로와 주차장 형상, 운전 미숙자를 배려하여 사각 주차를 적절히 배치해야 한다.

주차장의 계획 및 설계에 대한 상세한 내용은 「주차장법」 및 「동법 시행규칙」에 따른다.

10-1-2 버스정류시설

버스정류시설은 노선 버스가 통행하는 고속국도, 자동차 전용도로 및 그 밖의 도로에서 노선 버스가 승객의 승강을 위하여 전용으로 이용하는 시설물로서, 이용자의 편의성과 버스가 무리 없이 출입을 할 수 있는 위치에 적정한 규격으로 설치해야 한다.

1. 버스정류시설의 종류

버스정류시설은 본선에 단독 설치 또는 출입시설, 휴게시설, 그 밖의 교통시설에 병설할 수 있으며, 그 종류는 다음과 같다.

(1) 버스정류장(bus bay)

버스 승객의 승강을 위하여 본선 차로에서 분리하여 설치된 띠 모양의 공간

(2) 버스정류소(bus stop)

버스 승객의 승·하차를 위하여 본선의 외측차로를 그대로 이용할 경우 그 공간

(3) 간이버스정류장

버스 승객의 승강을 위하여 고속국도를 제외한 그 밖의 도로 중 왕복2차로 도로의 본선 차로에서 분리하여 최소한의 목적을 달성하기 위하여 설치된 공간

버스정류시설의 이용대상 버스는 노선버스로 제한하며, 간선급행버스(BRT)에 대한 상세한 내용은 「간선급행버스(BRT) 설계지침(국토교통부)」을 참조하고, 이 해설에서는 주로 버스정류장과 간이버스정류장에 대하여 설명한다.

2. 버스정류장의 설치 장소

다음의 도로에는 버스정류장을 설치한다.
- 고속국도 등 주간선도로

- 보조간선도로로서, 특히 본선의 교통류가 버스 정차로 인하여 혼란이 야기될 우려가 있는 경우
- 그 외의 경우라도 버스정류소를 설치했을 때 그 도로의 예상 서비스수준이 설계서비스수준보다 낮을 경우

고속국도 등의 주간선도로와 같이 주행속도가 높고 교통류의 혼란과 그로 인한 사고발생의 위험이 예상되는 도로에는 모두 본선에서 분리한 버스정류장을 설치하고, 보조간선도로라도 교통류의 혼란이 예상되는 경우에는 버스정류장을 설치한다.

그 밖의 경우라도 버스정류소를 설치했을 때 그 도로의 예상 서비스수준이 설계서비스수준보다 낮을 경우에는 버스정류장을 설치해야 한다.

평면교차로 부근에서 버스 승하차에 의한 교차로 용량은 도로의 폭, 주차 규제, 버스의 이용 횟수, 승·하차 인원, 승·하차 소요시간, 버스정류소의 위치 등 전체 요인을 고려하여 산정할 필요가 있으며, 예상되는 서비스수준이 목표 서비스수준보다 낮을 경우에는 버스정류장을 설치해야 한다.

3. 버스정류장의 설치 기준

버스정류장 배치 계획은 도로 본선의 교통류 영향, 교통안전성, 이용 편리성, 경제성 등을 고려해야 한다. 버스정류장과 다른 시설과의 병설 여부는 버스 이용자의 편리성, 안전성과 경제성 측면에서 검토되어야 하며, 교통공학적으로 본선의 교통시설 설치는 최소화하는 것이 바람직하다. 특히 출입시설과의 병설은 이용이 편리하고 경제성 측면에서도 유리하다. 이는 출입시설의 설치 장소가 그 지역의 도로 교통의 요지이며, 일반적으로 버스나 승용차로 갈아타기가 쉽기 때문이다. 또한, 다른 시설과의 간격은 교통안전과 표지 설치 간격 등을 고려하여 설치 기준 이상을 확보하여 설치하는 것이 바람직하다.

승강장 위치는 도로의 상·하행선에 서로 마주보게 설치하는 것이 좋으나 본선의 선형이나 지형의 상황을 고려하여 연결도로 또는 횡단보도를 사이에 두고 어긋나게 설치할 수 있다. 본선과 연결도로와의 고저차가 큰 곳에 정류장을 설치할 경우 정류장에 이르는 계단이 길어져서 이용에 불편이 많으므로 안전성, 접근성, 경제성, 주민의견 등을 고려하여 설치 여부를 결정하는 것이 바람직하다.

버스정류장을 설치할 경우 본선의 평면선형은 직선에 가까워야 하며, 종단선형은 완만한 경사를 가져야 한다. 버스정류장을 설치할 경우 본선 평면곡선 반지름이 너무 작으면 시거 확보가 어려워질 수 있으며, 버스 주행에도 불리할 수 있다. 또, 버스정류장의 종단경사는 2% 이하이어야 하므로 종단경사가 급할 경우에는 원칙적으로 버스정류장을 설치하지 않아야 하나 부득이하게 설치할 경우 그림 10-5와 같이 버스정류 차로를 본선과 종단상으로 분리하여 정차대를 설치하는 경우가 있다. 이 경우 합·분류 노즈 부근의 종단곡

선 길이를 크게 할 필요가 있으며, 보조 가감속구간은 표 10-5에 나타내는 값 이상으로 해야 한다.

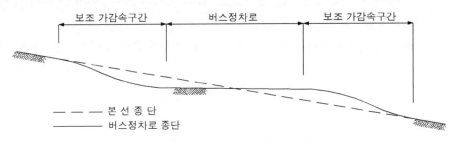

그림 10-5 버스정차로의 종단선형

4. 고속국도, 자동차전용도로에 설치하는 버스정류장의 구조

고속국도 및 자동차전용도로에 설치하는 버스정류장은 본선의 교통류에 주는 영향을 최소로 하도록 외측분리대에 따라 버스정류장을 본선에서 분리한다.

버스정류장은 감속차로부, 버스정차로, 가속차로부로 구성되며, 각각의 길이는 표 10-5의 값 이상으로 한다. 단, 본선의 교통량이 적고 이용 횟수가 적다고 판단되는 버스 정류장에 대해서는 괄호 안의 값까지, 또 변속차로 길이는 본선의 교통을 방해하시 않고 안전하게 출입이 될 수 있는 범위 내에서 표 10-5의 값을 축소할 수 있다.

표 10-5 버스정류장의 제원(고속국도)

(단위 : m)

구　분	설계속도(km/h)	120	100	80	비 고
감속차로부	변이구간 길이(L₁)	70	60	50	
	주 감속차로 길이(L₂)	120	100	70	
	감속차로 길이	190	160	120	
	보조 감속차로 길이(L₃)	50(40)	50(40)	50(40)	
버스정차로	정차로 길이(L₄)	30(24)	30(24)	30(24)	
가속차로부	보조 가속차로 길이(L₅)	40(30)	40(30)	40(30)	
	주 가속차로 길이(L₆)	160	130	90	직접식
		220	190	120	평행식
	변이구간 길이(L₇)	70	60	50	
	가속차로 길이	230	190	140	직접식
		290	250	170	평행식
버스정류장 길이(Lᴛ)		540	470	380	직접식
		600	530	430	평행식

주. ( )안의 수치는 제반 여건을 감안한 최소 설치 길이임.

감속차로는 직접식을 원칙으로 하고, 가속차로는 직접식 또는 평행식으로 한다.

고속국도의 경우 변속차로의 폭은 3.6m, 버스정차로의 폭은 5.6m로 하고 그 사이에 보조 변속차로를 삽입하며, 버스승강장의 폭은 3.0m로 한다.

외측분리대는 폭 2.0m로 설치하며, 섬식으로 하는 것이 바람직하나 부득이한 경우에 노면표시 선만으로 구분하고, 버스정차로의 폭을 3.6m로 축소할 수 있다. 주 변속차로 및 보조 변속차로의 길어깨와 측대의 폭에 대해서는 인터체인지 변속차로의 길어깨와 측대 규격을 준용한다.

표 10-6 버스정차로 구간의 횡단면 구성

(단위 : m)

본선 설계속도(km/h)	120	100	80
외측 분리대 폭(시설물 폭)	6.0	5.5	5.0
버스정차로 폭	5.6	5.6	5.6
승강장 폭	3.0	3.0	3.0

설계속도가 100km/h 이상인 고속국도의 버스정류장 구성 요소의 명칭 및 치수는 그림 10-6과 같다.

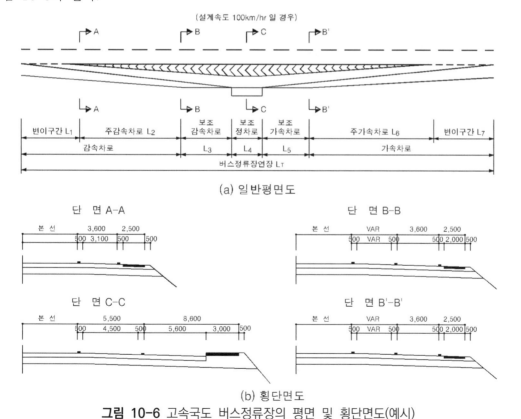

(a) 일반평면도

(b) 횡단면도

그림 10-6 고속국도 버스정류장의 평면 및 횡단면도(예시)

5. 고속국도를 제외한 그 밖의 도로에 설치하는 버스정류장의 구조

고속국도를 제외한 그 밖의 도로의 버스정류장은 주간선도로인 경우 본선과 분리하는 것을 원칙으로 하며, 그 밖의 도로라도 본선의 교통량, 버스정류장 이용 횟수 등을 감안하여 본선과 분리하여 설치하는 것으로 한다.

버스정류장은 변속차로와 정차로로 구성되며, 그 길이는 표 10-7을 참조하되, 본선 교통량, 이용 횟수, 도로 주변 상황 등을 감안하여 결정하며, 버스의 정차시간이 길어질 것으로 예상될 경우에는 버스 1대마다 15m를 더한 길이로 한다.

표 10-7 버스정류장의 제원(고속국도를 제외한 그 밖의 도로)

(단위 : m)

설계속도(km/h)	지방지역				도시지역		
	80	60	50	40 이하	60	50	40 이하
감속차로 길이(L_1)	35(95)	25	20	20	20	15	12
버스정차로 길이(L_2)	15	15	15	15	15	15	15
가속차로 길이(L_3)	40(140)	30	25	25	25	20	13
버스정류장 길이(L)	90(250)	70	60	60	60	50	40
엇갈림 길이	80	50	40	30	50	40	30

주1. ( )안은 일부 출입을 제한한 경우의 값.
주2. 40km/h 이하는 별도로 규정하지 않고 40km/h 적용

평면교차로 부근에 버스정류장을 설치할 경우에는 엇갈림 길이 이상 떨어져야 한다.

변속차로의 폭은 3.50m로 하고, 부득이한 경우에는 3.00m까지 축소할 수 있다. 단, 섬식 분리대를 설치할 경우에는 5.50m로 한다.

버스승강장의 폭은 보도 겸용으로 최소 2.25m를 필요로 한다. 단, 보행자 및 승강자가 적은 경우는 1.50m까지 축소할 수 있다.

고속국도를 제외한 그 밖의 도로의 가속차로를 직접식으로 하는 것은 버스가 정차선에서 본선 교통류를 탐지하면서 출발하여 가속하면서 유입할 수 있다고 생각한 것이며, 감속차로는 주행궤적을 고려할 때 유리하기 때문이다.

변속차로의 길이는 본선상에서는 약 70%의 가속, 감속하는 것으로 하여 결정한다(주간선도로의 경우 일부 출입을 제한할 때에는 약 20%이며, 이 경우 원칙적으로 섬식 또는 노면 도색으로 분리대를 설치한다).

고속국도를 제외한 그 밖의 도로의 버스정류장은 주위의 상황에 따라 길어깨를 축소할 수 있다.

6. 간이 버스정류장

　고속국도를 제외한 그 밖의 도로의 왕복 2차로 도로에서는 특별한 경우를 제외하고는 실제로 상기 5.에서와 같은 외측분리대를 갖춘 버스정류장을 설치하는 것이 경제적으로 용이하지 않으며, 규격에 맞도록 설치할 경우 공사비의 증가 및 이용에 최적인 위치의 지형적인 장애 등으로 인해 설치를 기피하는 수가 있다.

　따라서, 도로 조건, 도로 주변의 지역적 특성, 경제성 등을 감안하여 간이 시설로 최소한의 목적을 달성하는 조치가 필요하다. 따라서, 4차로 및 2차로 일반국도에는 어떠한 규격이든 간에 반드시 버스정류장을 설치하여 안전사고를 예방하고 도로용량의 저하를 최소로 해야 한다. 일반국도에 실제로 적용하고 있는 간이 버스정류장의 예시를 그림 10-7에 제시한다.

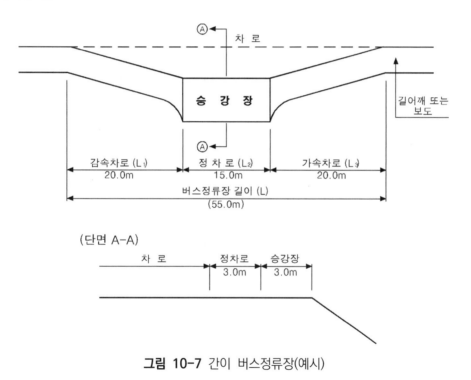

그림 10-7 간이 버스정류장(예시)

10-1-3 비상주차대

　비상주차대는 우측 길어깨의 폭이 좁은 도로에서 고장난 자동차가 본선 차도에서 벗어나 대피할 수 있는 장소를 제공하여 본선의 도로용량 감소 및 교통사고를 예방하는 기능을 하며, 이에 대한 설치 기준은 아래와 같다.

1. 비상주차대의 설치 기준

우측 길어깨가 좁고 고장차가 본선 차로에서 대피할 수 없는 도로에서는 교통에 혼란을 주어 도로용량이 감소되고 교통사고의 위험이 있다. 특히, 고속국도에서는 설계속도가 높고 교통량도 많아 가능한 한 노선 전체에 걸쳐서 주차가 가능한 폭의 길어깨가 설치되어야 한다. 그러나, 공사비의 절감 등 부득이하게 길어깨를 2.0m 미만으로 축소하는 장대교, 터널의 경우에는 적당한 간격으로 비상주차대를 설치하여 고장차가 신속히 본선 차로에서 벗어나 대피할 수 있도록 해야 한다.

도시고속국도나 주간선도로의 우측 길어깨가 2.0m 미만일 경우에는 계획교통량이 적은 경우를 제외하고 비상주차대를 설치하는 것으로 한다. 또한, 지방지역의 고속국도를 제외한 그 밖의 도로에 있어서도 계획교통량이 많은 경우에는 안전성, 경제성 등을 고려하여 탄력적으로 적용하는 것이 바람직하다.

2. 비상주차대의 설치 간격

도로 구분에 따라 표 10-8과 같이 비상주차대를 설치해야 한다.

표 10-8 비상주차대의 설치 간격

(단위 : m)

도로 구분	설치 간격	비　　고
고속국도	750 이내	
고속국도를 제외한 그 밖의 도로	750 이내	

비상주차대의 설치 간격을 결정할 때에는 고장차가 그대로의 상태로 주행할 수 있을 것인가 또는 인력으로 밀어 대피시킬 것인가를 감안하여 가능한 거리를 판단해야 한다.

고장차를 인력으로 전진시킬 경우 승용차는 평지 구간에서 1명으로 2km/h의 속도로 200m 정도 전진할 수 있으며, 최대 750m도 전진이 가능하다.

3. 비상주차대의 설치 위치

설치 위치를 선정할 때 토공 구간에서는 표준 설치 간격에 따라 용지 취득이 용이한 곳으로 하되, 편성편절구간이나 구조물 설치구간은 가능한 한 피하고, 운전자의 시야에 항상 1군데 이상의 비상주차대가 들어오도록 하는 것이 이상적이다. 또한, 비상 상황에 대한 신속한 처리를 위하여 비상전화 설치 위치를 고려하여 비상주차대를 설치한다.

장대교, 터널 등에서는 길어깨폭이 2m 미만이며, 구조물의 길이가 1,000m 미만일 때는 그 구조물 전후의 토공 구간에 비상주차대를 설치할 수 있으나, 구조물 길이가 그 이상일 경우에는 구조물 중간에 750m 이내의 간격으로 비상주차대를 설치할 필요가 있다.

지방지역의 고속국도를 제외한 그 밖의 도로에서 선형 개량 등으로 폐도가 발생할 경우 그 폐도 부지를 이용하는 것도 효과적이다.

고속국도를 제외한 그 밖의 도로에서 표준 폭을 적용할 경우 적정 길어깨를 확보할 수 있으므로 비상주차대의 설치는 일부 구조물을 제외하고 특별히 고려할 필요가 없다. 다만, 길어깨를 확보하였더라도 휴게소, 출입시설 간격 등 현장 여건을 고려하여 필요할 경우 비상주차대를 설치하도록 한다.

4. 비상주차대의 유형

비상주차대 추가 부지 확보가 용이한 곳에서는 단순히 고장차의 대피 장소 기능과 더불어 전화 통화, 네비게이션 조작, 간단한 휴식, 체인 탈착 등의 기능을 보강하는 경우 도로교통 흐름과 안전 측면에서 유리하다.

비상주차대의 기능과 규모에 따라 다음과 두 가지 유형으로 구분할 수 있다.

(1) 표준형 : 기본 구조(표준 설치)의 비상주차대

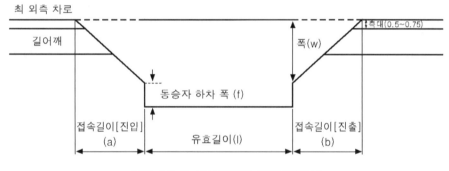

그림 10-8 비상주차대 표준형(예시)

(2) 확장형 : 분리 안전지대(노면표시)를 설치한 비상주차대

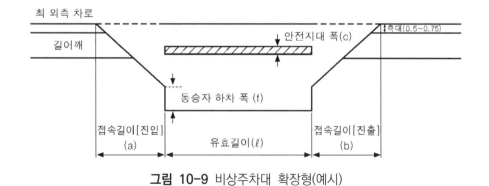

그림 10-9 비상주차대 확장형(예시)

5. 비상주차대의 구조

(1) 유효길이 및 접속길이

비상주차대의 폭원, 유효길이 및 접속길이는 도로의 구분에 따라 표 10-9, 표 10-10 과 같이 한다.

표준형의 비상주차대의 폭은 3.00m로 하고, 측대가 있는 경우 측대를 포함한 폭으로 하며, 소형자동차도로는 2.50m로 축소할 수 있다.

다만, 고속국도(도시고속국도는 제외)는 본선 교통의 고속주행 특성을 고려하여 안전하고 원활한 소통이 될 수 있도록 비상주차대 폭을 4.0m 적용한다.

접속길이(a, b)는 주변 여건을 고려하여 안전한 유출입이 가능하도록 적정한 길이를 확보해야 한다.

표 10-9 비상주차대 표준형 규격

(단위 : m)

도로 구분	설치 최소 규격				
	a	l	b	w	f
고속국도	50~100	30	50~100	4	0.5~1.0
도시고속국도	30-60	30	30~60	3	0.5~1.0
고속국도 제외한 그 밖의 주간선도로	30~60	20	30~60	3	0.5~1.0
보조간선도로 이하	10~20	15	10~20	3	0.5~1.0

표 10-10 비상주차대 확장형 규격

(단위 : m)

도로 구분	설치 최소 규격						
	a	l	b	c	d	w	f
고속국도	80~100	30~50	80~100	1	5	6.5	0.5~1.0
도시고속국도	40~60	30~40	40~60	0.5	3	4.0	0.5~1.0
고속국도 제외한 그 밖의 주간선도로	40~60	20~30	40~60	0.5	3	4.0	0.5~1.0
보조간선도로 이하	20~30	15~20	20~30	0.5	3	4.0	0.5~1.0

비상주차대 유효길이는 자동차가 주차할 수 있는 길이로 해야 하는데 설계기준자동차의 길이는 표 10-11과 같다.

표 10-11 비상주차대의 설계기준자동차 길이

(단위 : m)

차 종	승용자동차	소형자동차	대형자동차	세미트레일러
전체 길이	4.7	6.0	13.0	16.7

10-1-4 휴게시설

휴게시설이란 출입이 제한된 고속국도, 자동차전용도로 등에서 안전하고 쾌적한 여행을 하기 위하여 장시간의 연속 주행으로 인한 운전자의 생리적 욕구 및 피로 해소와 동시에 자동차의 주유, 정비, 그 밖의 서비스를 제공하는 장소로서, 장거리 교통일수록 많이 요구되며 적당한 간격으로 배치하여 도로로부터 직접 출입을 할 수 있어야 한다.

도시지역 주간선도로 중 자동차전용도로의 경우에는 비교적 여행 길이가 짧고, 도시 주변의 시설을 이용할 수 있는 기회가 많으며, 용지 취득도 곤란하므로 대규모의 휴게시설을 설치한다는 것은 합리적이지 못하다. 따라서, 휴게시설의 설치가 필요하고 용지 확보도 가능한 경우 간이휴게소나 졸음쉼터의 설치를 검토할 필요가 있다.

장거리 대형 화물자동차의 경우 고속국도 심야시간 할인제도를 이용하여 야간에 고속국도를 많이 이용하게 되므로 대도시 주변의 고속국도 휴게소는 야간의 화물자동차 주차 수요가 매우 높아 주차시설의 용량이 부족한 사례가 많이 나타나고 있음을 고려하여 자동차전용도로나 고속국도를 제외한 그 밖의 도로에 화물차 휴게소를 설치하는 방안도 검토할 필요가 있다.

「도로법 시행령」은 도로의 이용 증진을 위하여 설치한 주유소, 충전소, 교통·관광안내소, 졸음쉼터 및 대기소 등을 도로의 부속물로 분류하고 있으며, 따라서 이 법에 근거하여 고속국도 및 그 밖의 도로에 휴게소를 설치할 수 있다.

1. 휴게시설의 종류

규모에 따른 휴게시설의 종류는 다음과 같다.

(1) 일반휴게소

사람과 자동차가 필요로 하는 서비스를 제공할 수 있는 휴게시설로 변속차로, 주차장, 녹지, 화장실, 급유소, 자동차정비소, 식당, 매점 등으로 구성된다. 또한, 배치 형식 및 규모에 따라 대형·중형·소형으로 구분할 수 있으며, 다양한 휴게소 형태를 구성할 수 있다.

(2) 화물차휴게소

도로를 이용하는 대형 화물자동차의 비율이 높은 경우 적용할 수 있으며, 휴게시설은 일반휴게소의 시설에 화물차 운전자를 위한 시설(화물주선업체, 화물정보센터, 세탁·목욕·수면시설 등)이 추가로 필요하다.

(3) 간이휴게소

짧은 시간 내에 차의 점검정비 및 운전자의 피로 회복을 위한 휴게시설로 변속차로, 주

제 **10** 장

차장, 녹지 및 화장실을 기본적으로 구비하며, 소규모 매점(편의점)이나 주유소는 필요에 따라 선택적으로 설치할 수 있다.

(4) 졸음쉼터

휴게소 간 간격이 먼 구간에 졸음 운전으로 인한 사고예방을 위하여 도로 안전 기능을 강화하고, 생리욕구 해소를 위하여 설치한 시설을 말한다. 운전자가 충분한 휴식을 취할 수 있도록 화장실, 파고라 등의 시설과 주차 대수를 확보하여 최소한의 휴식시설을 설치한다. 이 경우 화장실은 이용 수요를 고려하여 탄력적으로 설치할 수 있다.

휴게시설의 유형별 특성 및 시설 배치 예시는 표 10-12, 그림 10-10과 같다.

표 10-12 휴게시설의 유형별 특성

종 류		특 성
일반휴게소	대형	• 본선의 전체 편측 교통량이 35,000대/일 이상인 경우 • 운전자를 위한 휴게기능, 편의기능, 자동차 관리기능 등을 충족
	중형	• 본선의 전체 편측 교통량이 35,000대/일 미만인 경우 • 휴게실, 식당, 주유소 등을 중심으로 운영
	소형	• 본선의 전체 편측 교통량이 20,000대/일 이하인 경우 • 식당, 화장실 등 기본적인 기능만 충족(주유소는 선택적으로 설치)
화물차휴게소	대형	• 본선의 화물차 편측 교통량이 24,000대/일 이상인 경우 • 화물차 운전자를 위한 휴게기능, 편의기능, 자동차 관리기능, 비즈니스 기능 등 모두를 충족하는 대규모 휴게소
	중형	• 본선의 화물차 편측 교통량이 24,000대/일 미만인 경우 • 화물차 운전자를 위한 휴게기능, 편의기능, 자동차 관리기능 등을 충족
	소형	• 본선의 화물차 편측 교통량이 15,000대/일 이하인 경우 • 숙박과 화물정보센터, 자동차 관리기능 일부를 제외한 중규모 휴게소
간이휴게소		• 주차면 16~60면 정도 주차 규모를 갖는 휴게소 • 화장실, 파고라 등 소규모 편의시설 설치 • 소규모매점(편의점), 주유소 등 필요에 따라 선택적으로 영업시설 운영
졸음쉼터		• 주차면 7~15면 정도 주차 규모를 갖는 휴게소 • 화장실, 파고라 등 최소 휴식, 졸음예방 기능만 설치

주) 「유료도로 휴게소 부지면적 산출지침(국토교통부)」 참조

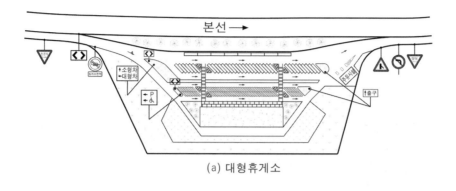

(a) 대형휴게소

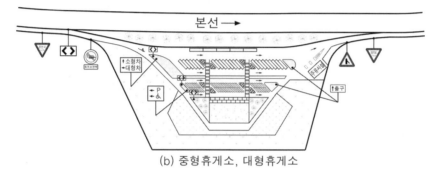

(b) 중형휴게소, 대형휴게소

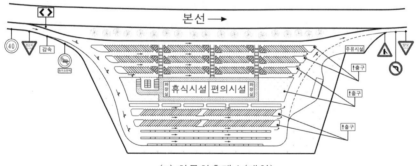

(c) 화물차휴게소(대형)

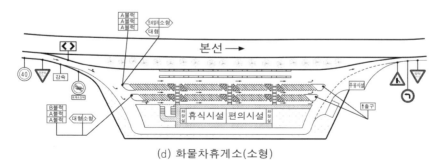

(d) 화물차휴게소(소형)

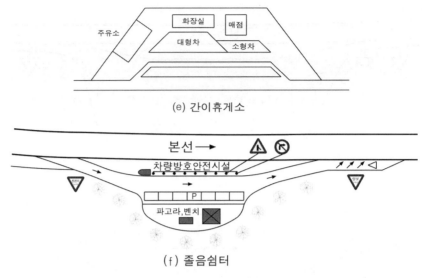

(e) 간이휴게소

(f) 졸음쉼터

그림 10-10 휴게소 유형별 시설 배치(예시)

2. 휴게시설을 설치할 때 고려사항

(1) 휴게소 배치 간격

휴게소 간 거리는 자동차 이용자의 피로 해소, 화장실, 식사 등 생리적 특성상 20~40 km 이내를 가장 선호함을 고려할 때 휴게소의 유지관리 및 운영 수익을 고려하여 일반휴게소 사이에 졸음쉼터 등을 설치, 휴게시설 상호 간 15~25km 이내로 설치하는 것이 바람직하다.

표 10-13 휴게시설의 배치 간격

(단위 : km)

구 분	표준 간격	최대 간격
모든 휴게시설 상호 간	15	25
중형휴게소 상호 간	50	100
주유소	50	75

(2) 휴게시설 규모

자동차전용도로 휴게시설의 규모는 교통량 및 휴게시설 설치 간격에 따라 그림 10-11을 참고하여 정할 수 있다.

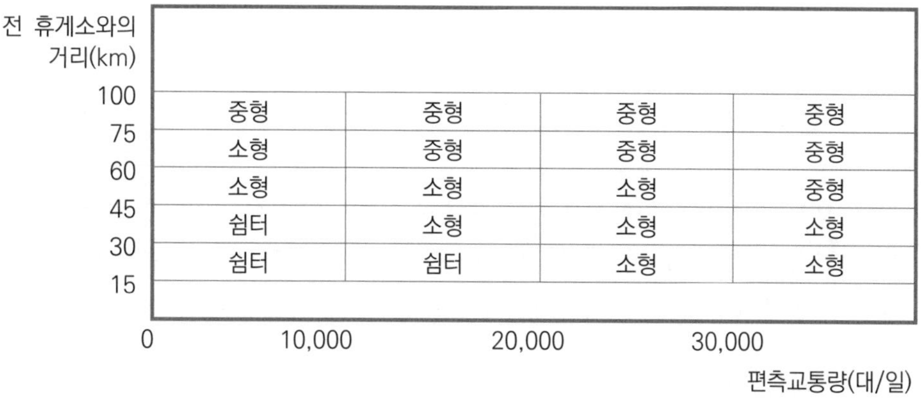

전 휴게소와의 거리(km)				
100	중형	중형	중형	중형
75	소형	중형	중형	중형
60	소형	소형	소형	중형
45	쉼터	소형	소형	소형
30	쉼터	쉼터	소형	소형
15				
	0	10,000	20,000	30,000
				편측교통량(대/일)

1) 휴게시설이 설치되는 노선의 특성(이용률, 혼잡률, 회전율)을 고려하여 규모 조정 가능

그림 10-11 교통량과 거리에 따른 자동차전용도로 휴게소 규모

그림 10-11은 일반적으로 인접 휴게소가 멀어질 때 마다 휴게소 이용률이 증가하므로 거리가 멀어지면 휴게소의 규모가 커져야 하고, 교통량이 많은 경우에는 대형 화물자동차가 많아지게 되므로 휴게소의 규모가 더욱 커지는 상황을 그림으로 나타낸 것으로, 절대적인 수치는 아니므로 휴게소를 계획할 때에는 해당 휴게소의 기능과 규모 그리고 노선의 교통 특성 등을 검토해야 한다.

(3) 편의시설

휴게시설의 편의시설은 노약자·임산부·장애인 등 교통약자가 이용하기 편리하게 배치해야 하며, 주차장 내 자동차와 보행자의 상충을 고려하여 보행자 안전시설을 설치해야 한다.

(4) 휴게시설 위치

휴게시설의 적합한 위치는 자연환경조건, 건설의 적합성, 유지관리 조건 및 교통기술적 조건 등 입지 조건을 고려하여 선정해야 한다.

① 자연환경 조건

자연경관이 우수한 좋은 장소, 경치를 감상하고 싶은 위치를 선택하여 휴게소를 설치하는 것은 운전자의 휴식 욕구를 만족시키고, 도로의 안전성을 확보할 수 있기 때문에 중요한 요인이 될 수 있다.

② 건설 및 유지관리 조건

휴게시설은 넓은 면적의 용지를 필요로 하기 때문에 용지비가 가능한 한 저렴하고 지형이 평탄하며, 토지 용도에 따라 개발이 가능한 곳, 많은 양의 토공사가 발생되

제
10
장

는 않는 건설이 용이한 장소를 선택해야 한다.

③ 교통기술적 조건

휴게시설을 본선의 평면곡선 반지름이 작은 구간이나 종단경사 급한 구간에 설치하는 것은 휴게시설의 조망이나 원활한 출입을 방해하고, 사고의 원인이 될 수 있으므로 본선 선형과의 적합성을 고려하여 위치를 선정해야 한다. 그리고 휴게시설로의 진입이 적절히 이루어질 수 있도록 휴게시설을 설치해야 하므로, 이를 위해서는 다른 시설과의 적정한 이격거리를 확보하는 것이 바람직하다.

3. 휴게소의 시설 배치

휴게시설은 일반적으로 기본형인 분리식 외향형으로 설치하지만, 지형 및 입지조건 등 여러 가지의 이유로 기본형을 채택하기가 어려울 때가 있다. 이때에는 각종 형식의 특징을 비교 검토한 후 가장 적합한 형식을 채택하도록 한다.

고속국도에 일반적으로 적용되는 휴게소의 시설 배치 예시는 그림 10-12와 같다.

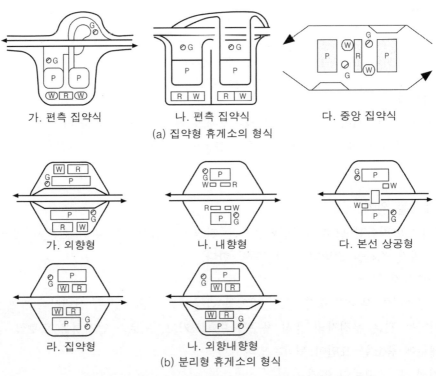

그림 10-12 고속국도 휴게소의 시설 배치(예시)

4. 휴게시설 부지 면적 산정

휴게시설의 부지 면적은 주차장 면적, 건축물 부지 면적, 녹지, 그 밖의 면적을 합산한 면적을 말하며, 휴게시설의 규모는 휴게시설이 설치되는 본선의 교통량과 그에 따른 주차 면수를 기준으로 하여 산정한다.

휴게시설의 규모는 공용기간을 10년으로 하여 결정하고, 각 구성 요소는 단계건설 방식으로 설치할 수 있다.

자동차전용도로로 지정되어 운용 중인 도로에는 설치된 휴게소가 거의 없는 실정이고, 그 밖의 일반국도에 설치된 휴게소에 대한 축적된 자료가 부족하여 위의 기준을 그대로 적용하기에는 무리가 있으므로 향후 시범사업을 통하여 일반국도 및 자동차전용도로 휴게소의 이용률, 혼잡률, 회전율 등의 자료 수집을 충분히 하여 일반국도 및 자동차 전용도로의 휴게소 부지면적 산출 지침을 마련하여 적용하도록 한다.

고속국도나 유료도로의 휴게시설 부지면적 산정에 대한 상세한 내용은 「유료도로 휴게소 부지면적 산출 지침(국토교통부)」을 참조하며, 졸음쉼터 설치에 대한 상세한 내용은 「졸음쉼터 설치 및 관리지침(국토교통부)」을 참조한다.

10-1-5 체인탈착장

체인탈착장은 적설 한냉지 등에서 주행하고 있는 자동차가 도로 노면의 결빙에 따라 체인을 설치하거나 제거하기 위한 공간을 말하며, 체인탈착장은 겨울철의 한정된 기간에 필요한 시설이기 때문에 가능한 한 서비스(휴게소, 주차장) 지역을 체인탈착장으로 이용하도록 하는 것이 바람직하다.

1. 체인탈착장 설치 위치

적설지에서 체인을 사용하는 상황은 지역에 따라 크게 다르므로 체인탈착장의 규모나 그 위치를 명확히 표시하기는 어려우나, 설빙대책작업을 감안하여 아래에 기술한 위치에 체인을 탈착할 수 있는 공간을 확보하는 것이 바람직하며, 서비스(휴게소, 주차장)지역을 체인탈착장으로 이용할 수 없는 경우에는 본선을 확폭하여 이를 위한 공간을 확보하는 것이 바람직하다.

(1) 강설 조건이 급격히 변하는 곳

강설 조건이 급격히 변하는 곳으로 적설지와 비적설지의 경계, 산악지 도로 진입 구간 등에 설치하며, 선정 위치는 오르막경사가 4% 이상이 되는 급경사 구간의 전방에 설치하는 것이 바람직하다.

(2) 장대터널의 입구 부근

장대터널이나 터널 연속 구간의 진출입부는 기온 및 강설 조건이 급변하는 경우가 많으므로 이들 구조물 전방 1km 이상 지점에 탈착장을 설치하는 것이 좋으며, 장대터널 및 터널 연속구간에 교통운용상 체인 없이 주행시키는 경우는 터널의 진출입부 양측에 체인 탈착장을 설치할 필요가 있다.

(3) 출입시설 내

본선의 제설 수준과 접속도로의 제설 수준에 차이가 있는 경우(고속국도, 지방도 등)에 필요한 것으로 제설 수준의 차이가 발생하는 경계인 출입시설 내에 설치하는 탈착장을 말하며, 체인탈착장의 설치 여부 및 위치에 대해서는 사전에 접속도로의 제설상황(방송)과 도로관리청과 협의하여 결정해야 한다.

2. 규모 및 구분

체인탈착장의 규모는 이용 형태에 따라 다음과 같이 구분한다.

(1) 대규모 체인탈착장

도로를 이용하는 전체 자동차를 대상으로 의무적(규제)으로 체인을 설치·제거할 필요가 있는 경우에 적합하다.

(2) 소규모 체인탈착장

도로 이용자가 자유 의지에 따라 체인을 설치·제거 할 수 있도록 길어깨를 확폭하는 정도의 구조를 말한다.

체인탈착장 규모 산정 흐름도는 그림 10-13과 같다.

3. 대규모 체인탈착장

(1) 설치 위치

① 비적설지와 적설지의 경계 부근

비적설지에서 적설지를 경유해서 다시 비적설지로 주행 시·종점을 가진 자동차가 많이 포함되어 있는 노선에는 비적설지와 적설지의 경계 부근에 대규모 체인탈착장이 필요하다.

② 장대터널이나 터널 연속구간에서 체인 없이 주행하는 거리가 약 10km 이상 되는 구간의 앞과 뒤

③ 적설지에서 출입시설과 고속국도를 제외한 그 밖의 도로 접속 부근

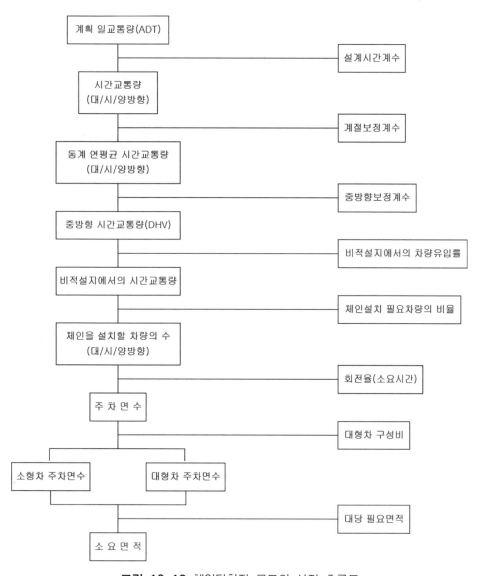

그림 10-13 체인탈착장 규모의 산정 흐름도

(2) 설계할 때 고려사항

① 계획교통량

체인의 사용 비율이 유동적이기 때문에 비교적 가까운 장래 5년 후의 교통량을 이용한다. 그러나 나중에 용지의 추가 매수나 도로 선형의 개량이 곤란하다고 판단되는 경우에는 10년 후의 교통량을 사용한다.

② 체인의 설치·제거를 필요로 하는 자동차의 비율

③ 체인의 설치·제거에 필요한 시간

④ 대형자동차의 비율 : 지역과 노선에 따라 차이가 크므로 지역 실정을 충분히 조사하여 그 지역 고유의 수치를 구하는 것이 필요하다.

대규모 체인탈착장의 설치 배치(예시)는 그림 10-14와 같다.

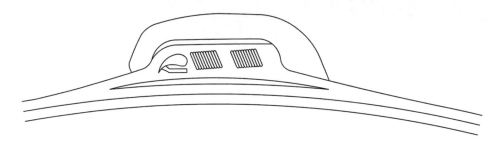

그림 10-14 대규모 체인탈착장의 배치(예시)

4. 소규모 체인탈착장

(1) 설치 위치

체인을 장착한 자동차가 눈이 없는 노면을 장시간 주행하면 체인이 끊어지거나 포장 표면이 손상될 수 있다. 강설은 표고에 따라 계절적으로 변하고, 지형의 영향에 따라 비교적 짧은 구간에서도 노면 조건의 변화가 많다. 이러한 점에서 소규모 체인탈착장은 도로의 경사와 강설 조건에 부합된 곳에 설치하는 것이 바람직하지만, 비용과 이용 빈도를 고려해서 겨울철의 대부분 동안 이용할 수 있는 위치에 대규모 체인탈착장을 한다. 하지만, 해당 구간 중에 기상 급변부가 있는 경우에는 적절하게 소규모 체인탈착장을 설치하여 설치 간격을 보완하는 것이 바람직하다.

이 밖에 산악 적설지의 긴 구간을 통과하는 경우 대규모 체인탈착장의 위치를 특별히 정하기가 어려운 때가 있다. 이러한 경우에는 처음부터 대규모의 체인탈착장을 설치하지 않고, 소규모 체인탈착장을 요소요소에 배치한 후 이용 상황을 살펴보면서 대책을 강구하는 것도 필요하다.

또한, 터널 길이가 약 2km를 넘으면 체인이 끊어질 수 있으므로 터널의 양쪽 입구에 체인탈착장을 설치하는 것이 바람직하다.

이상과 같은 경우에는 이용 빈도와 중요도를 고려해서 소규모 체인탈착장을 설치한다.

(2) 설치할 때 고려사항

소규모 체인탈착장은 원칙적으로 우측 길어깨를 확폭하여 설치하며, 평행식 주차형식으로 한다. 폭은 5m, 테이퍼 길이는 20m로 한다. 소규모 체인탈착장의 설치 예시는 그림 10-15와 같다.

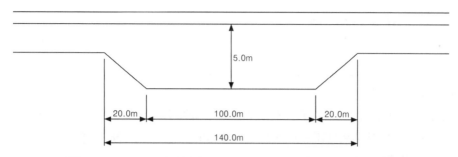

그림 10-15 소규모(대형자동차 5대 이용할 때) 체인탈착장(예시)

터널 입구에 체인탈착장을 설치할 경우에 지형적인 제약으로 우측 길어깨의 확폭이 곤란할 때에는 중앙분리대의 공간을 확폭하여 이용할 수 있다. 이때에는 본선 주행 자동차가 출입 자동차를 알아 볼 수 있도록 시거의 확보, 표지 설치 등의 안전대책에 유의해야 한다.

5. 설계할 때 유의사항

체인탈착장을 설계할 때 유의해야 할 사항은 다음과 같다.

① 체인탈착장에는 조명 설비를 설치한다.

② 주차면은 보통의 주차면보다 0.50m 정도 넓게 하는 것이 바람직하다.

③ 체인탈착장의 경사는 주차 자동차의 종방향으로 2% 이하, 횡방향으로 3% 이하로 하고, 노면 배수에 주의를 기울여야 한다.

④ 체인탈착장으로 사용되는 부분은 포장을 하고, 교통섬은 원칙적으로 설치하지 않는다.

⑤ 살수시설, 융설시설 등의 제설시설은 설치하지 않는 것이 바람직하다.

⑥ 대규모 체인탈착장에는 화장실을 설치하는 것이 바람직하다.

대규모 체인탈착장은 체인의 설치 또는 제거 시간의 개인 차이 및 휴게소를 이용하는 사람 등에 따라 혼잡이 예상되므로 화장실을 설치하는 것이 바람직하다. 체인탈착장이 겨울철에만 이용될 경우에는 유지관리측면을 고려해서 화장실은 정화시설을 설치하지 않는 간이형을 원칙으로 하고, 간이휴게소를 이용할 수 있는 경우에는 휴게소의 설치 기준에 따른다.

10-2 방호시설 등

> **제41조(방호시설 등)**
>
> 낙석, 붕괴, 파랑(波浪), 바람 또는 적설 등으로 인하여 교통 소통에 지장을 주거나 도로의 구조에 손상을 입힐 가능성이 있는 부분에는 울타리, 옹벽, 방호시설, 방풍시설 또는 제설시설을 설치하여야 한다.

현행 도로교통 관련 법규 중 방호시설, 방풍시설 및 제설시설에 대해 언급하고 있는 관련 법규와 내용을 살펴보면 「도로법 시행령」 제3조에서는 '도로의 부속물'이라는 용어를 사용하고 있으며, 「도로법」 제50조에서는 도로의 구조 및 시설과 도로의 유지·안전점검 및 보수는 국토교통부령이 정하는 기준에 따르는 것으로 규정하여 이 규칙과 관련 기준 및 지침들을 정립하여 적용할 수 있도록 하고 있다.

방호시설, 방풍시설 및 제설시설은 도로 부속물로서, 이것의 설치는 도로관리청의 업무에 속하므로 원활한 교통 흐름과 안전이 이루어지도록 관련 기준 및 지침에 따라 시행해야 한다.

낙석, 붕괴, 파랑, 강풍, 폭설 등 자연재해로부터 도로 이용자의 안전과 도로의 구조적 기능 보호를 위하여 설치하는 시설의 종류는 다음과 같다.

① 낙석방지시설

　낙석방지울타리, 낙석방지옹벽, 낙석방지망 등을 설치하여 비탈면의 낙석을 방지하는 시설

② 붕괴방지시설

　구조물에 의한 비탈면 보호공, 식생공 등을 설치하여 비탈면 붕괴를 방지하는 시설

③ 방파시설

　소파블럭, 옹벽 등을 설치하여 해안 도로에 파랑으로 인한 도로의 침식 및 세굴을 방지하는 시설

④ 방풍시설

　차종별 속도제한과 통행제한, 방풍벽 등의 대책을 마련하여 바람에 의한 주행 안정성을 빈번히 위협받는 산악지 계곡부와 해안지역의 강풍을 방지하는 시설

⑤ 제설시설

　사무소 및 출장소, 제설작업 대기소, 제설제 저장탱크, 적사함 등을 설치하여 동절기 기간 폭설에 준하는 자연현상으로 인하여 발생하는 피해를 방지하기 위한 시설

따라서, 지형적 여건과 여러 가지 상황을 고려하여 친환경적이고 경제적인 대책을 수립하고, 교통 흐름에 지장을 주거나 도로의 구조적 손상을 줄 가능성이 있는 비탈면의 낙석 및 붕괴, 해안 도로의 침식·세굴, 산악지역이나 해안 지역의 강풍, 동절기의 폭설 등을 세밀하게 분석하여 각 특성에 맞는 시설을 설치해야 한다.

10-2-1 낙석방지시설

낙석방지시설이란 낙석 예방과 함께 예측하지 못한 낙석의 도로 유입을 막기 위하여 낙석이 예상되는 구간의 비탈면 전체 또는 일부에 설치하여 도로 비탈면의 낙석, 토사 붕괴 등으로 인한 교통 흐름의 장애, 도로 구조물의 손상, 재산 및 인명상의 손실을 예방하기 위하여 설치하는 구조물을 말한다. 낙석방지시설은 종류에 따라 그 기능이 다르므로 현장 특성을 고려하여 필요한 시설을 기능에 맞게 선정하여 설치해야 한다.

낙석방지시설은 기능에 따라 보강공법과 보호공법으로 구분되며, 보호공법은 낙석방지망, 낙석방지울타리, 낙석방지옹벽, 피암터널 등으로 구분할 수 있으며, 낙석방지시설의 종류는 다음과 같다

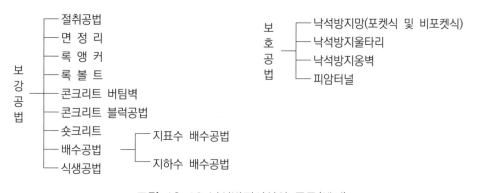

그림 10-16 낙석방지시설의 종류(예시)

(1) 보강공법
① 절취 공법

비탈면 자체의 급경사, 비탈면 내 대규모 이완 암반 존재 등에 따라 비탈면이 불안정한 경우 경사 완화, 이완 암편 제거 등을 수행하여 비탈면을 안정화시키는 공법이다.

② 면 정리

비탈면으로부터 낙하가 예상되는 암편 등을 직접 제거하는 공법으로서, 절취 공법

에 비하여 국부적으로 이루어지므로 시공성, 안전성, 경제성 등을 검토해야 한다.

③ 록앵커

앵커공법은 대규모 암괴의 이동이 예상될 경우 고강도 강재에 프리스트레스를 도입한 앵커재를 사용하여 예상 활동면을 관통시켜 안정한 지반에 정착시키고 앵커의 인장력으로 활동에 저항하도록 하는 공법이다.

④ 록볼트

비탈면에서 예상 활동 암석이 소규모 블록으로 구성되어 있을 때 프리스트레스를 도입하지 않은 철봉을 안정한 암반에 정착시키고, 천공 홀을 그라우팅하여 암반의 전단강도를 증가시키는 수동보강형 공법이다.

⑤ 콘크리트 버팀벽

절취 공사 중 과다 발파, 암 탈락, 침식 현상 등으로 생긴 비탈면 상의 빈 공간에 콘크리트 버팀벽을 설치하여 비탈면을 안정시키는 공법이다.

⑥ 콘크리트 블록공법

콘크리트 블록공법(격자블록공법)은 비탈면에 격자 블록을 설치하여 중력에 의한 비탈면 토층의 붕괴를 방지하고, 비탈면의 풍화침식작용을 차단시켜 비탈면을 안정시키는 공법이다.

⑦ 숏크리트

숏크리트 공법은 시멘트, 모래, 물의 혼합 모르타르를 압축 공기를 이용하여 비탈면 표면을 피복하는 공법으로서, 지하수가 많은 비탈면의 경우는 모르타르의 양생, 지하수압의 발생 등으로 비탈면 안정에 영향을 줄 수 있으므로 반드시 배수공과 병행해야 한다.

⑧ 배수공법

배수공법은 낙석 예방과 비탈면의 안정성을 유지할 수 있도록 물의 영향을 받지 않도록 하는 방법을 말하며, 강우가 지표면을 따라 지하로 침투하는 것을 방지하는 지표수 배수공과 비탈면에 침투한 지하수를 배수시키는 지하수 배수공으로 나눌 수 있다.

⑨ 식생공법

식생공법은 동결융해로 인한 지표면 균열 발생, 지표면 침식 작용, 암석 이완 등을 감소시킬 수 있는 낙석방지시설로서, 기상, 비탈면 경사도, 일조량 등을 고려하여 선택해야 한다.

(2) 보호공법

① 낙석방지망

낙석방지망은 강우나 풍화, 나무뿌리의 작용 등에 따라 불연속면의 이완이 심화되어 낙석 발생 가능성이 있는 부분을 철제망으로 덮어 낙석을 예방하는 공법이다. 공법의 종류로는 철망과 비탈면의 마찰력을 이용하여 이완 암편을 비탈면과 망 사이에 붙잡아 두는 역할을 하는 비포켓식 낙석방지망과 기둥 로프, 지주, 철망과 와이어로프 등으로 구성되어 이동하는 낙석을 철망에 충돌시켜 낙석방지망 하부로 흘러내리도록 유도하는 포켓식 낙석방지망으로 구분된다.

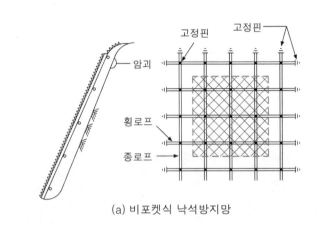

(a) 비포켓식 낙석방지망

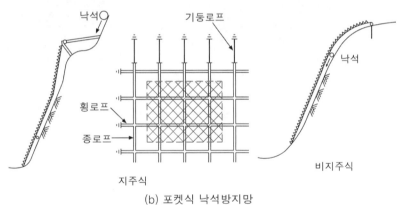

(b) 포켓식 낙석방지망

그림 10-17 낙석방지망의 종류

② 낙석방지울타리

낙석방지울타리는 연장이 긴 비탈면에 집중 호우 등으로 낙석이 예상될 경우 또는 도로 이용자에게 직접적인 위험이 예상되는 장소나 도로 인접지에서 낙석이 예상되는 장소에 설치한다. 일반적으로 낙석 발생이 예상되는 비탈면의 최하단에 설치되는데 낙하 속도나 에너지가 큰 경우에는 비탈면 내에 추가적으로 설치하여 낙석의 운동 에너지가 단계적으로 흡수되도록 한다.

③ 낙석방지옹벽

낙석방지옹벽은 토사나 암반 붕괴가 예상되는 지역에 이들이 도로로 떨어지는 것을 막아주는 보호공법으로서, 주로 도로가 인접한 곳에 설치되며, 뒷부분에 포켓 부분을 두어 낙석이나 토사류가 퇴적될 수 있도록 하는 것이 바람직하다.

④ 피암터널

피암터널은 강재나 철근 콘크리트 등을 이용한 터널 형태의 구조물로서, 비탈면 상부에서 발생된 낙석을 도로 바깥쪽으로 이동하게 하여 낙석에 따른 피해를 방지하는 시설이다. 일반적으로 도로 인근에 여유폭이 없고 낙석의 규모가 커서 낙석방지울타리나 낙석방지옹벽으로 막아낼 수 없어 도로상에 낙석이 직접 떨어질 수 있는 구간에 설치한다.

그림 10-18 피암터널(예시)

위와 같이 낙석방지시설을 포함한 도로의 구조 및 시설과 도로의 유지·안전점검 및 보수는 「도로법」 제50조에 따라 국토교통부령이 정하는 기준에 따르는 것으로 규정하여 이 규칙과 관련 기준 및 지침들을 정립하여 적용할 수 있도록 하고 있으며, 낙석방지시설에 대한 상세한 내용은 「도로안전시설 설치 및 관리지침-낙석방지시설 편(국토교통부)」을 참조한다.

10-2-2 방파시설

해안 등을 따라 도로를 설치하는 경우는 파랑에 의한 침식, 세굴을 방지하기 위하여 필요한 경우에는 지형, 기상조건을 고려하여 소파블럭, 옹벽 등의 방파시설을 설치해야 한다.

도로가 해안을 따라 가까이 설치될 경우 파랑에 의한 손상을 방지하기 위하여 다음과 같이 구조물의 설치 등 대책을 마련해야 한다.

① 파랑으로 옹벽 배면의 토사가 세굴의 염려가 있을 경우에는 옹벽과 일체로 된 난간을 설치한다.

② 파랑으로 옹벽의 기초가 세굴 우려가 있을 경우에는 토류벽, 말뚝기초, 사석 등으로 대처한다.

③ 돌쌓기는 메쌓기를 지양하고 찰쌓기로 계획한다.

④ 파랑이 도로 노면을 덮을 우려가 있는 경우에는 이를 고려하여 시멘트콘크리트 포장으로 하는 것이 바람직하다.

⑤ 옹벽 기초와 뒤채움에는 자갈 등으로 채워 썰물 때 옹벽 배면의 잔류수가 바다로 완전히 배출되도록 한다.

⑥ 앞의 ①에서의 난간 내측에 측구를 설치하고, 난간에도 배수공을 설치하여 노면 배수를 완전하게 처리한다(그림 10-19 참조).

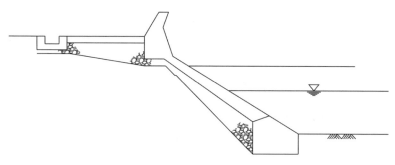

그림 10-19 방파시설(예시)

10-2-3 방풍시설

산악지역이나 해안지역을 통과하는 도로를 설치할 경우는 지역특성상 강풍 등을 방지하는 시설을 설치한다.

도로가 산악지역이나 해안지역을 통과할 경우 바람 때문에 주행 안정성을 위협받는 경우가 빈번히 발생하고 있으므로 자동차의 운행에 위험 요인이 되지 않도록 방풍벽 설치 등 대책을 적용해야 한다.

1. 바람에 의한 자동차 사고 유형 분류

(1) 자동차의 전도
  ① 비교적 높은 풍속으로 발생
  ② 옆면이 넓은 탑차 등에서 발생 확률이 높음

(2) 자동차의 직진성 상실

① 순간적인 직진성 상실로 인한 사고 발생

② 인접 자동차나 도로 시설물과 충돌

③ 운전자의 심리적인 상태에 영향을 끼침

④ 빈번히 발생하는 현실적인 문제

2. 발생 원인

(1) 교량 형상의 영향

자동차의 주행 안정성을 저해할 만큼 빠르지 않은 바람의 경우에도 교란된 기류는 양상이 다를 수 있다. 그림 10-20과 같이 교량의 모서리에서 박리된 기류가 회오리치면서 거더 위의 자동차에 횡방향 압력을 가하는 경우 그 힘은 자동차의 주행 안정성에 크게 영향을 미칠 수 있다.

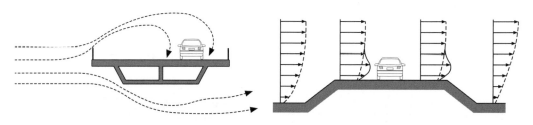

그림 10-20 교량 거더에 의하여 교란된 기류   **그림 10-21** 흙쌓기부 노면에서 증가된 풍속

(2) 고도 차의 영향

흙쌓기부, 높이가 높은 교량, 능선, 고개 등에 위치한 도로의 경우에 바람이 불어오는 쪽과 도로 사이에 고도 차가 있다. 풍속은 고도가 낮을수록 지표와의 마찰에 따라 약해지고, 고도가 높을수록 증가한다. 따라서, 고도 차가 존재하면 평지보다 풍속이 훨씬 증가할 수 있다. 그림 10-21과 같은 흙쌓기부의 경우에 실측 결과를 보면 높이 4~5m의 흙쌓기부의 경우 평균 풍속이 약 30% 증가하였다. 한편, 그림 10-22와 같

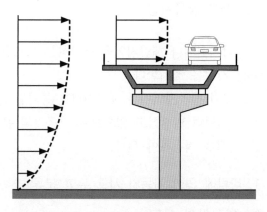

그림 10-22 높은 교량 위의 풍속 분포(예시)

이 수십 미터 위에 거더가 거치되는 높은 교량의 경우가 많이 있다. 이러한 교량 위에는

자연적으로 높은 풍속의 바람이 불게 된다.

(3) 국부적인 지형의 영향

계곡, 터널 입구, 교각, 관목 숲 등과 같이 바람이 모아지는 지형의 경우에 좁아지는 곳에서 풍속이 급격히 증가한다. 이러한 경우를 터널 효과라 하는데, 그림 10-23과 같이 계곡 사이에 위치한 도로에서는 유선이 모이게 되므로 높은 풍속의 바람이 불게 된다. 한편, 그림 10-24와 같이 교각이나 장애물이 도로 옆에 있을 경우에 그 좌우에서 급격한 풍속의 증가가 발생하는 경우도 있다. 이러한 현상은 사장교나 현수교와 같은 장대교량의 주탑 부근에서 자주 발생한다.

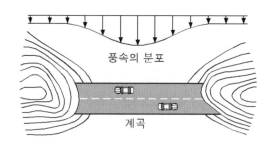

그림 10-23 바람이 모아지는 계곡에서의 풍속 분포

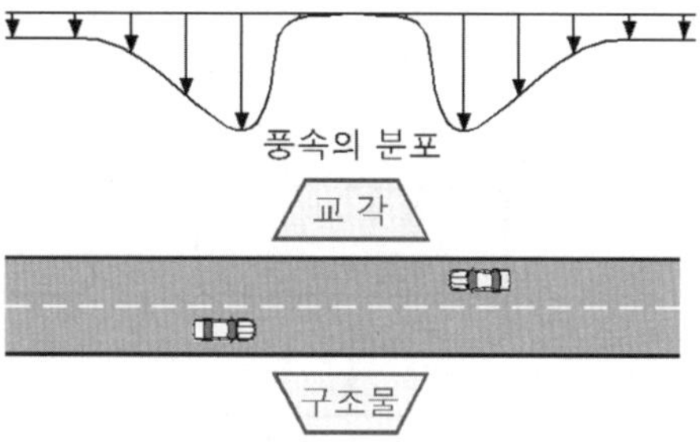

그림 10-24 교각 등의 장애물에 의하여 국부적으로 증가한 풍속 분포

3. 방풍벽 설치 장소

방풍벽은 산악지역, 해안지역 등 강풍으로 인하여 자동차의 주행 안전성이 위협받는 곳을 대상으로 설치를 고려하며, 특히 다음 구간에는 방풍벽의 설치를 적극적으로 검토한다.

(1) 산악지역 구간(고도 350m 이상)

연장이 200m 이상이며, 지상에서 도로 계획고 400m 이상으로 계곡부 등에 설치되는 교량

(2) 해안지역 구간

연장이 200m 이상이며 강풍 발생지역에 설치되는 교량

(3) 강풍지역 분포도 및 기상청 자료, 현지 지형조건, 관계기관 의견 등을 고려하여 설치 필요한 구간

4. 방풍대책

「도로법 시행령」에 따라 "교량에서의 10분 간 평균 풍속이 25m/초 이상인 경우(복층

형 교량의 경우에는 상부 교량에서의 10분 간 평균 풍속이 20m/초 이상인 경우를 포함한다.)에 자동차의 도로 진입이나 도로의 진행 중인 자동차의 통행을 일시적으로 금지 또는 제한할 수 있다.

바람에 의한 피해를 예방하기 위하여 아래 그림과 같은 종합적인 방풍 대책을 수립하여 통행제한방법 외 방풍벽 설치 등 지역 및 지형에 맞는 적극적인 방풍 대책 적용을 검토한다.

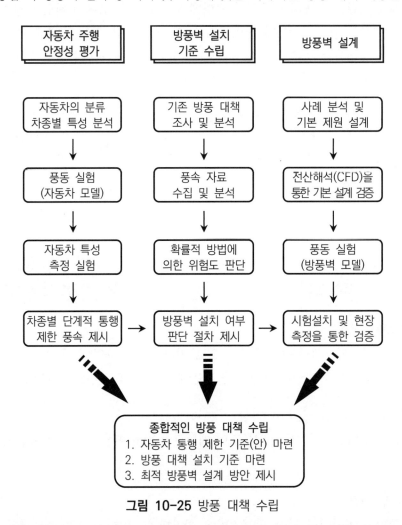

그림 10-25 방풍 대책 수립

10-2-4 제설시설

홍수·태풍·폭설·지진·해일 등 자연현상으로 인한 도로 시설물의 유실, 붕괴, 침수 등과 교통수단에 발생된 장애를 방지하기 위하여 방호시설 및 제설시설 등을 설치해야 한다.

여기서, 제설시설이란 동절기에 폭설에 준하는 자연현상으로 인하여 발생하는 피해를 방지하기 위하여 설치하는 시설로서, 제설하는 방법에 따라 기계에 의한 제설과 시설에 의한 제설로 나눌 수 있는데 그 중 시설에 의한 제설을 말한다.

제설시설은 형식에 따라 크게 제설 작업시설과 방설시설, 부대시설로 분류되며, 제설시설은 상당히 효과적이지만 그 효과는 시설 설치장소에 한정되기 때문에 설치할 때에는 기상 조건, 시설의 필요성 및 그 설치 조건 등에 대해서 조사·검토할 필요가 있다.

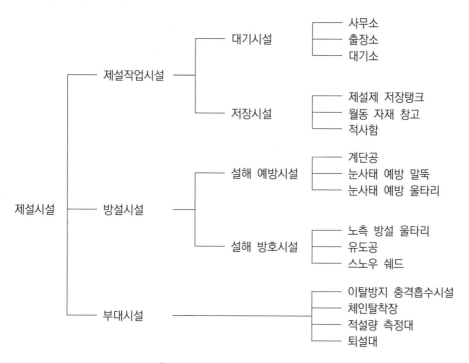

그림 10-26 도로 제설 및 방설시설

(1) 제설 작업 시설

① 사무소 및 출장소

제설 작업 측면에서 사무소 및 출장소는 제설 지휘소 및 대기소, 장비 및 자재 보관소로 간주된다.

② 제설 작업 대기소

제설 작업 대기소는 제설 작업원의 휴식, 강설이 예보되었을 때 대기 장소로 제공하는 기능을 하며, 작업원 대기 공간, 그 밖의 제설 장비와 제설제 등의 보관 장소, 주차 공간 등으로 구성된다. 제설 작업 대기소의 설치는 작업구간이 도로관리사무소나 출장소에서 원거리에 위치하여 제설작업을 할 때 사무소로 현장 출동이나 복귀가 어려운 지역, 강원도 등과 같이 다설 지역에서 강설 시 신속한 대처가 필요한 지역, 여러 노선이 만나는 주요 교차점으로 일정 면적에 대하여 작업 연장의 밀도가 높은 지역 등에 설치한다.

③ 제설제 저장탱크

제설제 저장탱크는 제설제를 보관하는 시설로서, 강설시 신속하게 대응하고 작업 소요시간을 단축하기 위하여 동절기 주요 취약구간에 설치한다. 주로 도로관리사무소나 출장소로부터 원거리에 위치하여 제설 작업 중 제설제 보충을 위한 왕복 통행에 많은 시간이 소요되는 지역이나 작업 연장에 비하여 모래 소요량이 많은 산간지형, 강설량이 많고 기온이 낮아 결빙되기 쉬워 반복적인 제설 작업이 요구되는 지점을 선정하여 설치하는 것이 바람직하다.

④ 적사함

적사함의 경우는 상습 결빙 지역이나 종단경사가 급하거나 평면곡선의 굴곡이 심한 지역, 교량 구간, 터널 출입부, 자동차가 주행할 때 노면의 마찰력이 크게 요구되는 지점에 설치하는 것이 좋다. 적사함의 형태는 설치장소에 적합하고, 제설제 보충과 사용에 불편하지 않는 형태로 해야 하며, 제설작업으로 매몰되지 않도록 설치해야 한다. 깃발이나 푯말을 설치하여 관리자와 도로 이용자가 쉽게 찾을 수 있도록 한다.

(2) 방설시설

방설시설은 눈사태, 눈보라 등으로 인하여 노측 또는 비탈면 상부에 쌓인 눈이 도로 노면으로 흘러 들어오는 것을 방지하여 동절기 도로의 안전성을 확보하도록 하는 시설로서, 형태에 따라서 설해 예방 시설과 설해 방호 시설로 구분할 수 있다.

① 계단공

계단공은 비탈면 적설의 지지력을 증가시키며, 계단으로 비탈면의 길이를 짧게 분할하여 쌓인 눈의 이동을 적게 하고, 눈사태가 발생하는 것을 방지하는 설해 예방 시설을 말하며, 종류에 따라 계단식과 비탈식으로 구분할 수 있다.

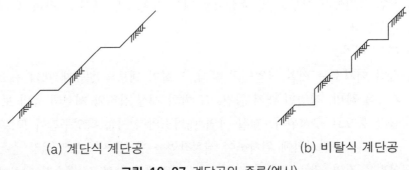

(a) 계단식 계단공   (b) 비탈식 계단공

그림 10-27 계단공의 종류(예시)

② 눈사태 예방 말뚝

눈사태 예방 말뚝은 비탈면과 거의 직각으로 세워진 말뚝을 눈사태 발생 경로 내에 설치하여 눈사태가 발생하는 것을 예방하는 시설이다. 지형이 비교적 단순하고 면적이 좁은 곳이나 비탈면 지내력이 양호하고 적설 깊이가 균일한 지형에 설치하는 것이 적합하다.

(a) 1개 말뚝   (b) 1개 지주 말뚝   (c) 2개 지주 말뚝

그림 10-28 눈사태 예방 말뚝의 형태(예시)

③ 눈사태 예방 울타리

눈사태 예방 울타리는 눈사태 발생 비탈면에 설치하여 표층 및 전 층의 눈사태를 미연에 방지하는 시설이다. 눈사태 예방 공법 중에서 가장 효과적인 방법으로 알려져 있다. 표층, 전 층 눈사태에 대응이 가능하며, 적설량이 많아 예방 말뚝으로 방지할 수 없는 장소나 지형, 지질이 연약한 장소에서 예방 말뚝과 예방 울타리를 같이 사용하면 효과적이다.

④ 노측 방설 울타리

노측 방설 울타리는 발생한 눈사태가 도로에 흘러드는 것을 울타리로 저지시키는 시설로서, 경사가 20°이하인 지역의 눈사태 퇴적구 또는 이와 가까운 장소에 설치한다. 노측 방설 울타리와 비탈면 사이에 눈사태를 퇴적시킬 공간을 확보할 필요가 있으며, 눈사태의 유로가 길어 눈사태가 예상될 경우에는 설해 예방 시설과 같이 사용한다.

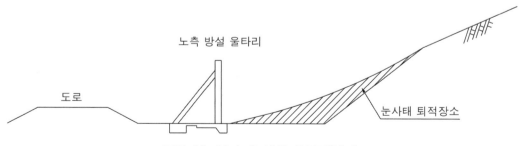

그림 10-29 노측 방설 울타리(예시)

⑤ 눈사태 유도공

눈사태 유도공은 눈사태의 진행 방향을 변화시켜 도로에 미치는 악영향을 줄이려는 구조물로서, 눈사태의 진행 방향을 예상할 수 있거나 조사된 지역에서 사용된다.

⑥ 스노우 쉐드

스노우 쉐드란 경사면에 설치된 도로에 지붕을 덮어 눈사태가 지붕면 위를 미끄러지게 하여 계곡으로 흘려보내는 시설을 말한다.

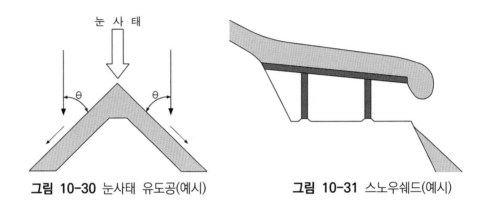

그림 10-30 눈사태 유도공(예시)   **그림 10-31** 스노우쉐드(예시)

위와 같은 제설시설을 포함한 도로의 구조 및 시설과 도로의 유지·안전점검 및 보수는 「도로법」 따라 국토교통부령이 정하는 기준에 따르는 것으로 규정하여 이 규칙과 관련 기준 및 지침들을 정립하여 적용할 수 있도록 하고 있다. 또한, 제설시설은 도로 부속시설의 한 부분으로, 이것의 설치는 도로관리청의 업무에 속하므로 원활한 교통소통과 안전이 이루어지도록 관련 기준 및 지침에 따라 시행되어야 하며, 그 밖의 상세한 내용은 「도로 제설업무 수행요령(국토교통부)」을 참조한다.

10-3 │ 환경시설 등

> **제43조(환경시설 등)**
> ① 도로건설로 인한 주변 환경피해를 최소화하기 위하여 필요한 경우에는 생태통로(生態通路) 및 비점오염 저감시설(非點汚染 低減施設) 등의 환경영향 저감시설을 설치해야 한다.
> ② 교통량이 많은 도로 주변의 주거지역, 조용한 환경 유지가 필요한 시설이나 공공시설 등이 위치한 지역과 환경보존을 위하여 필요한 지역에는 도로의 바깥쪽에 환경시설대나 방음시설을 설치해야 한다.

도로건설사업은 사람의 생활환경은 물론 다양한 자연환경 변화에 영향을 미칠 수 있으므로 환경의 영향을 최소화하기 위하여 도로계획, 설계, 공사 및 유지관리 단계까지 환경영향저감시설에 대한 검토가 필요하다.

주요 환경영향 저감시설로는 도로 공사 및 운영 중 소음·진동·분진 등의 영향을 최소화 하기 위한 방음시설, 방진시설과 운영 중 소음영향을 사전에 경감시키는 저소음포장, 도로건설에 따른 야생동물의 서식지 단절로 인한 영향 최소화를 위한 생태통로, 야생동물의 로드킬(road kill) 방지를 위한 유도울타리, 도로침입방지벽, 도로변에 설치되는 배수로에 작은 동물이 떨어졌을 때 탈출을 위한 소형동물 탈출 측구, 빛에 민감한 동물이나 곤충류의 피해 최소를 위한 조명장치나 차광벽 등이 있다. 환경영향 저감시설에 대한 상세한 내용은 「환경친화적인 도로건설 지침(국토교통부, 환경부)」을 참조한다.

10-3-1 방음시설

도로건설사업을 추진할 때 소음에 의한 환경 영향을 고려하여 노선을 선정하고 있으나 부득이하게 피해 예상지역이 발생되는 경우 관련 법규인 「소음·진동관리법」, 「환경정책기본법」에서 규정한 환경 기준을 초과하지 않도록 저감 방안을 검토·수립해야 한다.

방음시설의 종류는 방음벽, 방음터널, 방음둑 및 녹지대(수림대 또는 방음림) 등이 있으며, 이중 방음터널은 도로변의 고층 건물 또는 정온시설 등이 밀집하여 방음벽의 설치만으로 환경목표치를 달성하기 어려운 경우 적용이 가능하며, 지역 특성, 방재 등을 고려해야 한다.

제10장

표 10-14 소음 관련 환경기준

구 분	환 경 기 준	비 고
공사할 때	생활소음·진동의 규제 기준	「소음·진동관리법 시행규칙」 별표8
발파할 때	생활소음·진동의 규제 기준	「소음·진동관리법 시행규칙」 별표8
	피해 판단으로서의 기준(인체, 구조물 등)	국내·외 자료
운영할 때	환경기준(소음 외)	「환경정책기본법 시행령」 별표 1
	교통소음·진동의 한도(도로 및 철도)	「소음·진동관리법 시행규칙」 별표 12

방음벽의 형식을 선정할 때는 경제성, 차음성, 시공성 및 지역주민의 의견 등을 종합적으로 고려하여 주변과 조화되고 도로 이용자에게 위압감이 없으며, 안정감을 주는 형식 및 재질을 선정하는 것이 바람직하다. 또한, 최근 도심지의 경우 도로 부지의 부족에 따른 방음둑 또는 녹지대 설치가 어려우므로 방음벽의 단순한 소음차단기능과 더불어 도시 경관을 향상시키고 복사열을 줄이는 녹화 방법인 벽면 녹화를 방음벽에 실시하는 사례도 늘고 있다.

방음벽의 형식은 음향성능상의 원리에 따라 일반적으로 반사형과 흡음형 등으로 구분할 수 있고, 용도 및 재질에 따라 투명형, 칼라형 등으로 구분되며, 주변 경관, 주거밀집지역의 위치 및 설치 지역의 특성을 고려하여 결정해야 한다.

(1) 음향성능상의 원리에 따른 구분

① 반사형

　방음 벽면에서 음파가 대부분 반사되는 방음벽

② 흡음형

　방음 벽면에서 음파가 대부분 흡수되는 방음벽

③ 간섭형

　방음 벽면 또는 상단에서 입사음파와 반사음파가 간섭을 일으켜 감쇠되는 방음벽

④ 공명형

　방음 벽면에 구멍이 뚫려 있고, 내부에 공동이 있어 음파가 공명에 따라 감쇠되는 방음벽

반사형 방음벽

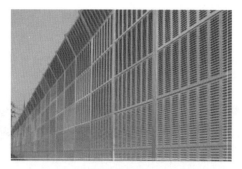
흡음형 방음벽

간섭형 방음벽

공명형 방음벽

그림 10-32 음향성능상의 원리에 따른 구분(예시)

(2) 사용 재료에 따른 구분

① 투명형

일조권 침해 예상 지역 및 불투명 방음벽을 설치할 경우 결빙이 예상되는 지역

② 칼라형

대도시 주변 대단위 거주시설 밀집지역 및 종합병원과 같은 요양시설이 위치한 지역 등의 미관이 중요시되는 지역

③ 목재형

목재를 가공하여 음파를 흡수할 수 있도록 하는 흡음형 방음벽

④ PVC형

PVC 재질을 천공하여 음파를 흡수할 수 있도록 하는 흡음형 방음벽

⑤ 콘크리트형

대부분 반사형이나 경량(발포)콘크리트를 사용한 방음벽, 흡음형으로 일부 사용

⑥ 혼합형

흡음형+투명형 또는 흡음형+반사형 등으로 조합한 방음벽

방음벽 설치기준은 아래와 같다.

① 도로를 건설할 때 4km 이상의 도로 신설 또는 2차로 이상으로 10km 이상의 도로 확장 구간에 대하여는 환경영향평가를 실시한 후 그 결과에 따라 필요한 장소에 설치한다.

② 학교, 병원 등 정숙을 요하는 공공시설 부근은 우선 설치한다.

③ 주거밀집지역으로서 예측 소음도가 「환경정책기본법」의 소음기준치를 상회하는 지역에 설치한다.

④ 환경영향평가 때 설치가 제외된 구간이라도 현장 여건상 필요하다고 판단되는 곳은 설치 여부를 재검토하여 반영한다.

방음벽의 성능 및 설치 기준은 「소음·진동 관리법」에 따르며, 소음기준은 「환경정책기본법 시행령」에 따른다.

투명형 방음벽

금속형 방음벽

목재형 방음벽

PVC형 방음벽

콘크리트형 방음벽

혼합형 방음벽

그림 10-33 사용재료에 따른 구분(예시)

10-3-2 생태통로

생태통로는 도로 건설에 따른 야생동물의 서식지 단절로 인한 영향을 최소화하기 위하여 설치하는 환경영향 저감시설로서, 터널형과 육교형으로 나눌 수 있다. 생태통로의 설치를 위해서는 대상 동물의 특성, 기존 이동로의 조사, 주변 서식지와의 연계 방안, 주변 지역의 개발 계획, 대상 후보지의 지형적 조건에 대한 사전 조사와 검토가 필요하다. 또한, 대상지역에 생태통로 공사를 시행할 때는 주변에 서식하는 야생 동·식물의 서식 환경을 조사하여 주변 생태계를 교란시키지 않는 식생을 조성하여 자연스러운 이동 여건이 될 수 있도록 해야 하며 야생동물의 출현에도 주의할 필요가 있다.

이와 함께 생태통로는 대상 동물들이 자유롭게 이용할 수 있도록 도와줄 수 있는 보조시설의 설치가 매우 중요하다. 생태통로의 보조시설로서, 비탈면 녹화, 유도 식재, 유도 울타리, 토양 및 초본류 식재, 은폐 수림, 선반 설치, 경사로 설치, 나무그루터기벽, 동물 출현 표지판 등이 있다. 이러한 보조시설들은 조기에 생태통로의 안정화를 도모할 수 있다.

(a) 터널형 생태통로　　　　　　　(b) 육교형 생태통로

그림 10-34 생태통로의 형식(예시)

10-3-3 유도울타리 및 그 밖의 시설

생태통로가 대상 동물의 이동권을 확보하여 주는 기능을 갖고 있는 반면, 유도울타리는 야생동물이 도로로 침입하여 발생하는 로드킬을 방지하거나 생태통로까지 안전하게 유도하기 위하여 설치하는 구조물로서, 대개 철망을 이용하여 만들며, 탈출구, 출입문, 침입방지 노면 등과 같은 부대시설을 포함한다.

유도울타리의 종류는 목표 종에 따라 포유류 울타리, 양서류·파충류 울타리, 일체형 울타리(포유류와 양서·파충류 모두 대상)로 구분할 수 있으며, 망의 형태에 따라 능형, 방형, 가시철선형으로 구분할 수 있다. 또한 설치 방법에 따라 포유류를 대상으로 하는 울타리의 하단부에 양서류·파충류 망을 덧대어 시공하는 경우와 포유류 울타리와 양서류·파충류 망이 일체형으로 제작된 울타리를 설치하는 방법이 있다.

생태통로와 유도울타리 이외 그 밖의 시설로 생태축 연결 또는 야생동물 보호 등을 위한 대책으로서, 배수로 탈출시설, 암거 수로 보완시설, 도로 횡단 보완시설 등이 있다.

수로 탈출시설은 소형 동물이 도로의 측구 및 배수로 또는 농수로에 빠질 경우에 대비하여 경사로 등을 설치하여 탈출을 도와주는 시설을 말한다.

암거 수로 보완시설은 도로 아래에 이미 설치된 수로 박스와 수로관 등의 수로 암거가 생태통로의 기능을 할 수 있도록 하기 위하여 턱이나 선반, 경사로를 설치하는 등의 구조를 일부 개선한 시설물을 말한다.

보도 횡단 보완시설은 하늘다람쥐와 청솔모와 같이 주로 나무 위에서 생활하는 동물이 도로를 횡단할 수 있도록 도로변에 기둥을 세우거나 가로대 등을 설치한 시설물을 의미한다.

생태통로, 유도울타리 및 그 밖의 시설에 대한 상세한 내용은 「생태통로 설치 및 관리 지침(환경부)」을 참조한다.

10-3-4 비점오염 저감시설

비점오염원이란 도시, 도로, 농지, 산지, 공사장 등으로서, 불특정 장소에서 불특정하게 수질오염물질을 배출하는 배출원을 말한다.

도로의 노면은 자동차 통행으로 인한 먼지, 타이어 분진, 겨울철의 염화칼슘 사용, 교통사고로 인한 유류 및 유독물의 유출 등 다양한 원인으로 노면에 오염 물질이 축척되어 강우시 하천 수계로 직접 유입되므로 수질 보존이 필요한 지역을 통과하는 노선 및 구간은 노면으로부터 발생하는 비점오염원 관리를 위하여 도로 특성 및 주변 환경에 적합한 비점오염물질 유출 저감 계획을 수립해야 한다.

① 각종 법령에 따라 수질 보호 및 개선이 요구되는 하천 및 호소 인근 지역(수질오염 총량관리제 대상지역, 특별대책지역, 상수원 보호구역 및 수변구역 등)
② 강우시 노면에서 수계로 비점오염물질이 직접 유입되어 수질오염의 원인으로 작용하는 지역
③ 비점오염원에 의한 수질오염 민원 및 분쟁이 발생하는 지역
④ 하천·호소의 수질에 영향을 미치는 수질오염관련 도로상의 사고다발지역

특히 상수도 보호구역과 인접한 상류 지역, 수변 구역, 상수원과 관련된 수질이 양호한 하천(2ppm 이하) 등을 통과하는 경우 유독물 운반 자동차의 전복·추락 등으로 인한 수질오염사고 취약 지점에 완충저류조 등 비점오염 저감시설을 적정하게 설치하도록 한다.

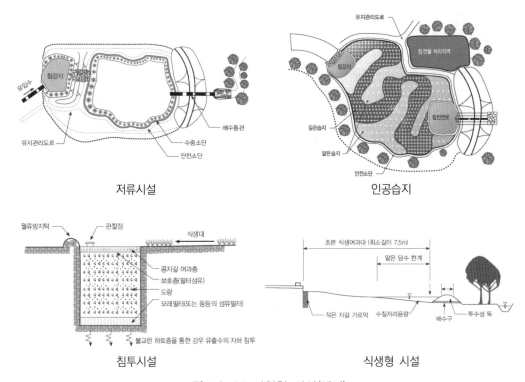

그림 10-35 자연형 시설(예시)

비점오염 저감시설의 설치에 대한 상세한 내용은 「물환경 보전법」, 「도로 비점오염 저감시설 설치 및 관리 지침(국토교통부, 환경부)」을 참조한다.

10-4 공동구

공동구란 「국토의 계획 및 이용에 관한 법」 제2조제9호의 규정에 따라 지하매설물(전기·가스·수도 등의 공급설비, 통신시설, 하수도시설 등)을 공동 수용하여 미관의 개선, 도로 구조의 보전 및 교통의 원활한 소통을 기하기 위하여 지하에 설치하는 시설물을 말한다.

일반적으로 교통이 혼잡하거나, 장래에 교통 혼잡이 예상되는 시가지에 계획하기 때문에 지상과 지하에 인접하는 구조물이 있어 구조상 제약을 받는 경우가 많은 한편, 공동구에 수용하는 공공시설물의 종류나 크기에 따라 구조가 변하므로 이러한 다양한 제약조건에 유의하여 계획해야 한다. 또한, 장래의 관리, 환경 보전 및 방화에 대해서도 충분히 유의할 필요가 있다.

1. 공동구의 설치 목적

공동구는 특정 도로에 대하여 노면 굴착에 따른 지하 점용을 제한하고 정비하여 도로 구조의 보전과 원활한 교통 흐름을 목적으로 설치한다. 그 설치 효과는 다음과 같다.

① 각종 지하매설물 점용 공사에 따른 반복적인 노면 굴착을 최소화하고, 원활한 교통 흐름과 교통사고 감소에 기여한다.

② 반복적인 노면 굴착 및 복구에 따른 경제적 손실과 포장의 지지력 손상을 배제할 수 있다.

③ 각종 지하매설물이 정비되고 합리적인 이용을 기대할 수 있으며, 점용 단면에 대한 수용 용량이 증대된다.

④ 노상의 점용 물건이 지하에 수용되어 도로 교통 및 도시 미관에 유리하다.

⑤ 태풍, 화재, 지진 등 각종 재난 상황 발생 시 매설된 기반시설의 피해를 최소화 하고, 효과적인 관리가 가능하다

2. 공동구의 규격 및 설치기준

공동구의 규격 및 설치기준은 다음과 같다.

① 공동구 설계는 목적에 적합하고, 안전성, 내구성 및 수밀성이 확보되어야 하며, 경제적인 시공과 주변 환경의 보전에도 유의해야 한다.

② 공동구 내 통로는 높이 2,100mm 이상, 최소폭은 보도 및 측구를 포함하여 1,000mm 이상을 기준으로 하며, 케이블 설치 및 유지보수 작업시 지지 철물에 부딪히거나, 소형 기자재를 들고 다니는 데 불편함이 없도록 해야 한다.

③ 향후 지하수용 시설물을 증설할 때 매설 설치 공간 확보를 위하여 공동구의 매설 깊이는 2,500mm 이상 확보하도록 하고, 공동구 이외의 지하 매설물 설치가 계획되어 있거나 필요하다고 인정되는 구간에는 적합한 매설 깊이를 확보하는 것을 원칙으로 하며, 특수부(분기구, 출입구, 환기구 등)의 매설 깊이는 포장 두께 이상을 확보하는 것을 원칙으로 한다. 최소 1,000mm 이상을 계획하고, 기존 지하 매설물이 설치된 구간에서 부득이하게 최소 토피 확보가 곤란한 경우 지하 매설물의 안전성을 확보할 수 있는 보호시설을 하여 최소 토피를 조정할 수 있다.

④ 공동구는 평면선형에 대해서는 도로 현황, 장래 계획 및 다른 사업과의 조정을 포함한 조사를 한 후 결정해야 하며, 차도의 지하에 설치하는 것을 원칙으로 하되, 부득이한 경우 도로 주변의 공공 공지 및 녹지, 근린공원의 지하에 설치하도록 해야 한다.

공동구 평면선형은 도로 중심선에 공동구의 중심선과 일치하는 것을 원칙으로 하며, 부득이한 경우 이를 변경할 수 있으며, 공동구 평면계획 중 인접한 기존 하부 구조물이 존재하는 경우 공동구의 원활한 시공(비계, 거푸집, 다짐장비의 사용)을 위하여 최소 이격거리(2,000mm)가 확보되도록 해야 한다. 부득이 이격거리를 준수할 수 없을 경우 별도의 공법을 검토하여 인접 구조물의 안전성을 확보해야 한다.

⑤ 공동구 종단선형은 수용시설이나 유지관리 등을 고려하여 가능한 한 도로 종단경사에 맞게 계획하고, 특수부를 제외한 공동구의 종단경사는 배수를 고려하여 0.2% 이상으로 한다. 또한 지형 조건 및 지하 매설물로 인하여 최대 종단경사가 15% 이상일 경우 보수 및 유지관리에 편리하도록 계단을 설치한다.

⑥ 공동구를 계획하려고 하는 위치에 점용시설물 등의 구조물이 있는 경우에는 관계자와 협의한 후 위치 및 구조 등을 정한다.

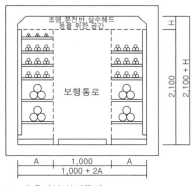 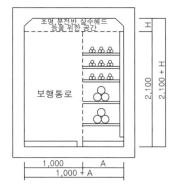

A : 수용시설 설치공간
H : 조명등 설치를 위한 최소 공간(250mm)

그림 10-36 공동구 통로 및 내공 기준

3. 그 밖의 사항

전주·전선 등의 보도 점용은 보도의 유효폭을 좁히게 되고, 도로의 경관 정비 측면에서도 불리하므로 전선류의 지중화는 도시 경관 정비의 중요한 과제 중 하나로 인식되고 있다.

공동구 설치에 대한 상세한 내용은 「도시·군계획시설의 결정·구조 및 설치기준에 관한 규칙」 제4장 유통 및 공급시설 중 제7절 공동구, 「공동구 설계기준(국토교통부)」, 「공동구 설치 및 관리지침(국토교통부)」을 참조한다.

부 록

부록 1. 1965년 도로 구조령
부록 2. 1979년 도로 구조령
부록 3. 1990년 도로의 구조·시설 기준에 관한 규정
부록 4. 1999년 도로의 구조·시설 기준에 관한 규칙
부록 5. 2009년 도로의 구조·시설 기준에 관한 규칙

부록 1. 1965년 도로 구조령

제정 1965. 7. 19 대통령령 제2177호

제1조(목적) 이 영은 도로법 제39조의 규정에 의하여 도로구조의 기준을 정함을 목적으로 한다.

제2조(용어의 정의) 이 영에서 사용하는 용어의 정의는 다음과 같다.

1. "보도"라 함은 보행자의 통행에 공용되는 도로의 부분을 말한다.
2. "차도"라 함은 차량의 통행에 공용되는 도로의 부분이나 보도가 없는 도로의 일반 통행에 공용되는 부분을 말한다.
3. "완속차도"라 함은 주로 자전차·수하차 기타의 완속 차량의 통행에 공용되는 차도의 부분을 말한다.
4. "분리대"라 함은 차도를 왕복의 방향별로 분리하거나 완속 차도와 기타의 차도부분과를 분리하기 위하여 그 사이에 설치되는 도로의 부분을 말한다.
5. "길어깨"라 함은 도로의 주요구조부를 보호하거나 차도의 효용을 유지하기 위하여 차도 또는 보도에 접하여 노면 양측에 설치되는 도로의 부분을 말한다.
6. "시가부"라 함은 시가지를 형성하고 있거나 장래 시가지를 형성할 지역을 말한다.
7. "지방부"라 함은 시가부 이외의 지역을 말한다.
8. "설계구간"이라 함은 장래의 자동차 교통상황을 감안하여 1급 국도 및 2급 국도에 있어서는 건설부 장관, 기타의 도로에 있어서는 당해 도로의 관리청이 동종의 설계기준을 적용하기 위하여 정한 도로의 일정한 구간을 말한다.
9. "설계구간 자동차교통량"이라 함은 각 설계구간 내에 있어서 장래의 자동차 일교통량을 말한다.
10. "단위구간 자동차교통량"이라 함은 설계구간 내에 있어서의 장래의 자동차 교통상황을 감안하여 세분한 각 단위구간마다의 장래의 자동차 일교통량을 말한다.
11. "시거"라 함은 차도 노면의 중심선 위의 1.4미터의 높이에서 차도 노면의 중심선 위에 있는 높이 10센티미터의 물건을 내다 볼 수 있는 거리를 차도의 중심선에 따라 측정한 길이를 말한다.

12. "노상시설"이라 함은 도로의 부속물 중 보도·분리대 또는 길어깨에 설치되는 것을 말한다.

제3조(도로의 신설 또는 개축의 목표) 도로의 신설 또는 개축은 20년 후의 당해 도로의 설계구간 자동차교통량 또는 단위구간 자동차교통량을 고려하여야 한다.

제4조(도로의 구분) 도로를 그 종류·설계구간·자동차교통량과 당해 도로가 있는 지역에서 따라 다음 표와 같이 제1종 내지 제5종으로 구분한다.

도로의 종류 설계구간자동차 교통량(대/일) 지역	1급 국도		2급 국도			특별시도·지방도· 시도 및 군도	
	7,000 이상	7,000 미만	7,000 이상	2,000 이상 7,000 미만	2,000 미만	2,000 이상	2,000 미만
지방부	제1종	제2종	제1종	제2종	제3종	제2종	제3종
시가부	제4종		제4종			제4종	제5종

제5조(설계속도) 도로의 설계속도(설계의 기준이 되는 자동차의 최고 속도를 말한다)는 속도의 구분과 지형의 상황에 따라 다음 표와 같이 이를 정한다.

구 분	지 형	설계속도(km/hr)
제 1 종	평 지	80
	산 지	60
제 2 종	평 지	70
	산 지	50
제 3 종	평 지	50
	산 지	35
제 4 종		50
제 5 종		30

제6조(차도의 폭) ① 차도(완속차도 및 궤도용지의 부분은 제외한다)의 폭은 당해 속도의 구분, 단위구간자동차교통량과 지형의 상황에 따라 다음 표에 의한 차도의 폭 이상이어야 한다.

구분	지형	단위구간자동차교통량(대/일)			차도의 폭(m)
		A가 10% 미만인 경우	A가 10% 이상인 경우 40% 미만인 경우	A가 40% 이상인 경우	
제1종	평지	5,500 미만	4,000 미만	2,500 미만	7
		5,500 이상 7,500 미만	4,000 이상 6,500 미만	2,500 이상 5,000 미만	9
		7,500 이상 11,000 미만	6,500 이상 10,000 미만	5,000 이상 7,500 미만	11
		11,000 이상 18,000 미만	10,000 이상 15,000 미만	7,500 이상 11,000 미만	14
		9,000의 n-1배 이상 9,000의 n배 미만			7의 n배
	산지	3,000 미만	2,000 미만	1,500 미만	6
		3,000 이상 4,500 미만	2,000 이상 3,500 미만	1,500 이상 2,000 미만	7.5
		4,500 이상 6,000 미만	3,500 이상 5,000 미만	2,000 이상 4,000 미만	9
		6,000 이상 12,000 미만	5,000 이상 10,000 미만	4,000 이상 7,000 미만	12
		6,000의 n-1배 이상 6,000의 n배 미만			6의 n배
제2종	평지	4,500 미만	3,000 미만	2,000 미만	5
		4,500 이상 6,000 미만	3,000 이상 4,000 미만	2,000 이상 2,500 미만	7.5
		6,000 이상 7,500 미만	4,000 이상 6,500 미만	2,500 이상 5,000 미만	9
		7,500 이상 11,000 미만	6,500 이상 10,000 미만	5,000 이상 7,500 미만	11
		11,000 이상 18,000 미만	10,000 이상 15,000 미만	7,500 이상 11,000 미만	13
		9,000의 n-1배 이상 9,000의 n배 미만			6.5의 n배

구분	지형	단위구간 자동차교통량(대/일)			차도의 폭(m)
		A가 10% 미만인 경우	A가 10% 이상인 경우 40% 미만인 경우	A가 40% 이상인 경우	
제 2 종	산 지	2,000 미만	1,500 미만	1,000 미만	5.5
		2.000 이상 3,500 미만	1,500 이상 2,500 미만	1,000 이상 1,500 미만	6.5
		3,500 이상 4,500 미만	2,500 이상 3,500 미만	1,500 이상 2,000 미만	7.5
		4,500 이상 6,000 미만	3,500 이상 5,000 미만	2,000 이상 4,000 미만	9
		6,000 이상 12,000 미만	5,000 이상 10,000 미만	4,000 이상 7,000 미만	11
		6,000의 n-1배이상 6,000의 n배 미만			5.5의 n배
제 3 종	평 지	3,000 미만	2,000 미만	1.500 미만	5.5
		3.000 이상 4,500 미만	2,000 이상 3,000 미만	1,500 이상 2,000 미만	6.5
		4.500 이상 6,000 미만	3,000 이상 4,000 미만	2,000 이상 2,500 미만	7.5
		6,000 이상 8,000 미만	4,000 이상 7,000 미만	2,500 이상 5,500 미만	9
		8,000 이상 13,000 미만	7,000 이상 11,000 미만	5,500 이상 8,000 미만	11
	산 지	1,500 미만	1,200 미만	900 미만	5.5
		1.500 이상 2,500 미만	1,200 이상 2,000 미만	900 이상 1,500 미만	6.5
		2.500 이상 3,500 미만	2,000 이상 2,500 미만	1,500 이상 2,000 미만	7.5
		3,500 이상 5,50 미만	2,500 이상 4,500 미만	2,000 이상 4,000 미만	9
		5,500 이상 10,000 미만	4,500 이상 8,500 미만	4,000 이상 6,500 미만	11

구분	지형	단위구간자동차교통량(대/일)			차도의 폭(m)
		A가 10% 미만인 경우	A가 10% 이상인 경우 40% 미만인 경우	A가 40% 이상인 경우	
제 4 종		5,500 미만	4,000 미만	2,500 미만	6.5
		5,500 이상 8,500 미만	4,000 이상 5,000 미만	2,500 이상 3,500 미만	7.5
		8,500 이상 12,000 미만	5,000 이상 8,500 미만	3,500 이상 6,000 미만	9
		12,000 이상 16,000 미만	8,500 이상 12,000 미만	6,000 이상 9,000 미만	11
		16,000 이상 20,000 미만	12,000 이상 14,000 미만	9,000 이상 12,000 미만	13
		20,000 이상 24,000 미만	14,000 이상 18,000 미만	12,000 이상 14,000 미만	16
		10,000의 n-1배 (n이 3일 때에는 24,000)이상 10,000의 n배 미만			6.5의 n배
제 5 종		3,000 미만	2,000 미만	1,500 미만	5.5
		3.000 이상 5,500 미만	2,000 이상 4,000 미만	1,500 이상 2,500 미만	6.5
		5,500 이상 8,500 미만	4,500 이상 5,000 미만	2,500 이상 3,500 미만	7.5
		8,500 이상 12,000 미만	5,000 이상 8,500 미만	3,500 이상 6,000 미만	9
		12,000 이상 16,000 미만	8,500 이상 12,000 미만	6,000 이상 9,000 미만	11

1. 이 표에서 A는 단위구간 자동차교통량에 예정 완속차량교통량을 합한 것에 대한 예정 완속차량교통량의 비율을, n은 3 이상의 정수를 각각 표시한다.
2. 교차점이 많은 제4종 또는 제5종의 도로에 대하여는 이 표의 단위구간 자동차교통량의 2분의 1의 수치를 단위구간 자동차교통량으로 본다.

② 산지에 있어서 제3종 도로의 차도에서는 교통량이 적고 지형의 상황, 기타의 특별한 사유로 인하여 부득이한 경우에는 전 항의 규정에 불구하고 그 폭을 5미터까지 로 할 수 있다.

③ 제3종 또는 제5종의 특별시도·지방도·시도 및 군도의 차도에서는 교통량이 적고 지형의 상황, 기타 특별한 사유로 인하여 부득이한 경우에는 제1항 및 전 항의 규정에 불구하고 그 폭을 4미터(제5종 도로에 있어서는 3미터)까지로 할 수 있다.

제7조(자동차의 치수 및 하중) 자동차의 치수 및 하중은 다음 표에 의한 표준 화물자동차의 치수와 D하중·DB하중 및 차선하중을 사용하여야 한다.

표준 화물자동차의 치수 및 D 하중

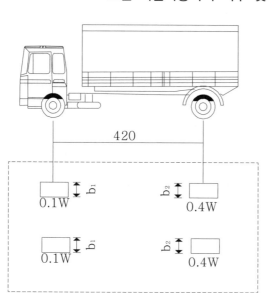
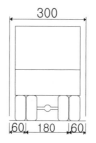

비고 : ① W는 화물자동차의 총중량이다.
　　　② 길이의 단위는 센티미터이다.

하 중	전륜하중(kg)	후륜하중(kg)	b_1(cm)	b_2(cm)	a(cm)
D-18	3,600	14,400	12.5	50	20
D-13.5	2,700	10,800	9.0	37.5	20
D-9	1,800	7,200	6.0	25	20

표준화물자동차의 치수 및 DB 하중

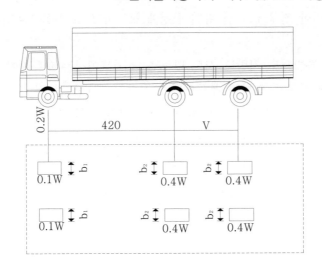

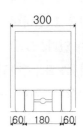

비고 : ① V는 420 내지 900으로서 최대 응력을 생기게 하는 길이이다.

② b_1, b_2는 D하중의 경우와 같다.

③ W는 전측 2차륜의 중량의 합계이다.

④ 길이의 단위는 센티미터이다.

하 중	전륜하중(kg)	중륜하중(kg)	후륜하중(kg)
D-18	3,600	14,400	14,400
D-13.5	2,700	10,800	10,400

차 선 하 중

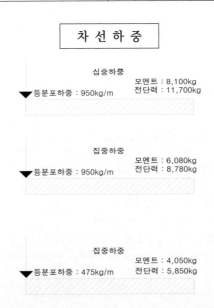

제8조(완속차도) ① 완속차도는 차도의 양측의 분리대에 의하여 차도구분과 분리하여 설치하여야 한다. 단, 교통량이 적거나 지형의 상황, 기타의 특별한 사유로 인하여 부득이한 경우에는 분리대를 설치하지 아니할 수 있다.

② 완속 차도의 폭은 3.5미터 이상으로 하여야 한다.

제9조(보도) ① 제4종 도로에는 그 양측에 보도를 설치하여야 한다. 다만, 지형의 상황 기타의 특별한 사유로 인하여 부득이한 경우에는 보도를 설치하지 아니할 수 있다.

② 보도는 차도와 접하는 부분보다 높게 하여야 한다.

③ 보도의 폭은 노상시설의 상황에 따라 다음 표에 의한 보도의 폭 중 왼쪽 란의 수치 이상으로 하여야 한다. 다만, 터널·교량 또는 고가도로(이하 "터널 등"이라 한다)에 있어서나 지형의 상황, 기타의 특별한 사유로 인하여 부득이한 경우에는 오른쪽 란의 수치까지로 할 수 있다.

노상시설의 상황	보도의 폭(m)	
보도에 가로수를 심을 경우	3.25	2.25
보도에 가로수 이외의 노상시설을 설치할 경우	3.00	2.25
보도에 노상시설을 설치지 아니할 경우	2.25	1.50

제10조(분리대) ① 차도의 폭이 14미터 이상인 도로에서 원활한 교통을 확보하기 위하여 특히 필요한 경우에는 분리대를 설치하여야 한다.

② 분리대의 폭은 0.5미터 이상으로 하되, 노상시설을 설치할 경우에는 1미터 이상으로 한다.

제11조(길어깨) ① 도로에는 그 양측에 길어깨를 설치하여야 한다.

② 길어깨의 폭은 평지에 있어서는 0.75미터 이상, 산지에 있어서는 0.5미터 이상으로 하여야 한다. 다만, 터널 등에 있어서는 길어깨의 폭을 0.25미터까지로 할 수 있다.

③ 길어깨에 노상시설을 설치할 경우에는 그 길어깨의 폭은 제12조의 규정에 의한 건축한계를 감안하여 이를 정한다.

④ 보도가 있는 도로에서 도로의 주요구조부의 보호상 지장이 없는 경우에는 제1항 또는 제2항의 규정에 불구하고 길어깨를 설치하지 아니하거나 그 폭을 축소할 수 있다.

제12조(건축한계) 도로의 건축한계는 차도에 있어는 제1도, 보도에 있어서는 제2도에 의한다.

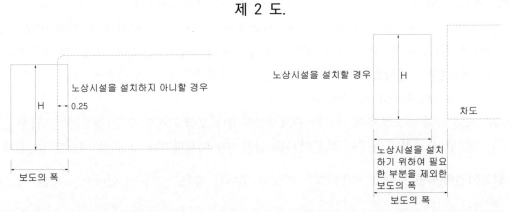

제 1 도.

보도가 없는 도로의 차도

(분리대가 없는 경우)

(분리대가 있는 경우)

보도가 있는 도로의 차도

(분리대가 없는 경우)

(분리대가 있는 경우)

1. 이 그림에서 S는 지방부에 있는 도로에 있어서는 0.5미터(터널 등에 있어서는 0.25미터), 시가부에 있는 도로에 있어서는 0.25미터로 한다.

2. 이 그림에서 H는 4.3미터, a는 0.1미터로 한다. 단, 지형의 상황, 기타의 특별한 사유로 인하여 부득이한 경우에는 H를 4미터, a를 0.5미터까지로 할 수 있다.

제 2 도.

이 그림에서 H는 3미터로 하되, 지형의 상, 기타의 특별한 사유로 인하여 부득이한 경우에는 이를 2.5미터까지로 할 수 있다.

제13조(차도의 굴곡부) 차도의 굴곡부는 곡선형으로 한다. 다만, 완화구간(차량의 통행을 원활하게 하기 위하여 차도의 굴곡부에 설치되는 일정한 구간을 말한다. 이하 같다)에서는 그러하지 아니하다.

제14조(곡선반경) 차도의 굴곡부 중 완화구간을 제외한 구간(이하 "곡선부"라 한다)의 중심선의 곡선반경(이하 "곡선반경"이라 한다)은 당해 도로의 구분과 지형의 상황에 따라 다음 표에 의한 일반곡선반경란의 수치 이상으로 하여야 한다. 단, 지형의 상황, 기타의 특별한 사유로 인하여 부득이한 경우에는 특별곡선반경란의 수치까지로 할 수 있다.

구 분	지 형	곡 선 반 경 (m)	
		일반곡선반경	특별곡선반경
제 1 종	평 지	300	150
	산 지	150	50
제 2 종	평 지	200	100
	산 지	100	30
제 3 종	평 지	100	50
	산 지	50	15
제 4 종		150	40
제 5 종		60	15

제15조(곡선의 길이) 차도의 곡선부의 중심선의 길이(당해 곡선부에 접하는 완화구간이 곡선형인 경우에는 당해 완화구간의 중심선의 길이를 합한 길이를 말한다.(이하 "곡선의 길이"라 한다)는 당해 도로의 구분과 지형의 상황에 따라 다음 표에 의한 수치이상으로 하여야 한다. 단, 전조단서의 규정에 의하여 특별곡선반경을 적용하는 경우에는 그러하지 아니하다.

구 분	지 형	곡선의 길이 (m)
제 1 종	평 지	$230-20\theta$
	산 지	$210-20\theta$
제 2 종	평 지	$220-20\theta$
	산 지	$165-15\theta$
제 3 종	평 지	$165-15\theta$
	산 지	$145-15\theta$
제 4 종		$165-15\theta$
제 5 종		$135-15\theta$
이 표중 θ는 도로교각의 수치를 표시한다. 다만, 도로교각이 7°이상일 때에는 7로 하고, 3°미만일 때에는 3으로 한다.		

제16조(곡선부의 편구배) ①지방부에 있는 도로의 차도(완속차도를 제외한다. 이하 이 조 및 제17조에서 같다)의 곡선부에는 곡선반경의 길이에 따라 다음 표에 의한 편구배를 붙여야 한다.

곡 선 반 경 (m)						편구배 (%)
제 1 종		제 2 종		제 3 종		
평지	산지	평지	산지	평지	산지	
150 이상 350 미만	50 이상 170 미만	100 이상 230 미만	30 이상 130 미만	50 이상 130 미만	15 이상 60 미만	6
350 이상 450 미만	170 이상 210 미만	230 이상 280 미만	130 이상 150 미만	130 이상 150 미만	60 이상 70 미만	5

곡 선 반 경 (m)						편구배 (%)
제 1 종		제 2 종		제 3 종		
평지	산지	평지	산지	평지	산지	
450 이상 550 미만	210 이상 280 미만	280 이상 350 미만	150 이상 200 미만	150 이상 200 미만	70 이상 90 미만	4
550 이상 800 미만	280 이상 380 미만	350 이상 500 미만	200 이상 280 미만	200 이상 280 미만	90 이상 120 미만	3
800 이상 400미만	380 이상 700 미만	500 이상 1,000미만	280 이상 500 미만	280 이상 500 미만	120 이상 250 미만	2

② 지방부에 있는 도로의 차도의 곡선부로서 그 곡선반경이 다음 표에 해당하는 도로로서 완속차량의 교통량이 적고 기상 기타의 조건에 의한 교통상의 지장이 없는 것에 대하여는 전항의 규정에 불구하고 다음 표에 의한 편구배를 붙일 수 있다.

곡 선 반 경 (m)						편구배 (%)
제 1 종		제 2 종		제 3 종		
평지	산지	평지	산지	평지	산지	
150 이상 180 미만	50 이상 90 미만	100 이상 130 미만	30 이상 60 미만	50 이상 60 미만	15 이상 25 미만	10
180 이상 200 미만	90 이상 110 미만	130 이상 150 미만	60 이상 70 미만	60 이상 70 미만	25 이상 35 미만	8

③ 시가부에 있는 도로의 차도의 곡선부에는 곡선반경의 길이에 따라 다음 표에 의한 편구배를 붙여야 한다. 다만, 지형의 상황 기타의 특별한 사유로 인하여 부득이한 경우에는 그 수치를 감하거나 편구배를 붙이지 아니할 수 있다.

곡 선 반 경 (m)		편구배 (%)
제 4 종	제 5 종	
40 이상 130 미만	15 이상 60 미만	6
130 이상 150 미만	60 이상 70 미만	5
150 이상 200 미만	70 이상 90 미만	4
200 이상 280 미만	90 이상 120 미만	3
280 이상 500 미만	120 이상 250 미만	2

④ 제1항 또는 전 항의 경우(전항 단서의 규정에 의하여 편구배를 붙이지 아니한 경우를 제외한다)에 당해 곡선부에서의 편구배의 수치가 제25조 제1항의 규정에 의한 횡단구배의 수치보다 작을 때에는 당해 곡선부의 편구배는 제1항 또는 전항의 규정에 불구하고 당해 횡단구배의 수치와 같은 수치로 한다.

제17조(곡선부의 확폭) 차도의 곡선부에는 당해 곡선반경의 길이와 차도의 폭에 따라 다음 표에 의한 폭만큼 내측으로 확폭한다.

다만, 시가부에 있는 도로의 차도의 곡선부에서 지형의 상황, 기타의 특별한 사유로 인하여 부득이한 경우에는 그러하지 아니하다.

곡 선 반 경 (m)								차도내측의 확폭량(m)		
제 1 종		제 2 종		제 3 종		제4종	제5종	차도의 폭이 12m미만인 경우	차도의 폭이 12m이상 16.5m미만인 경우	차도의 폭이 16.5m이상인 경우
평지	산지	평지	산지	평지	산지					
					15이상 20미만		15이상 20미만	2	4	2의 n배
	50이상 60미만		30이상 50미만		20이상 30미만	40이상 60미만	20이상 30미만	1.5	3	1.5의 n배
	60이상 100미만		50이상 80미만		30이상 50미만	60이상 100미만	30이상 50미만	1	2	1의 n배
150이상 500미만	100이상 300미만	100이상 400미만	80이상 250미만	50이상 250미만	50이상 150미만	100이상 500미만	50이상 250미만	0.5	1	0.5의 n배
이 표에서 n은 당해 차도의 폭과 관계가 있는 제6조제1항의 표의 n과 동일한 정수이다.										

제18조(완화구간) ① 차도의 곡선부의 양단에는 다음 각 호의 정하는 바에 따라 완화구간을 설치한다. 단, 시가부에 있는 도로의 차도의 곡선부에서 지형의 상황, 기타의 특별한 사유로 인하여 부득이한 경우에는 그러하지 아니하다.

1. 완화구간의 길이는 당해 곡선반경의 길이에 따라 다음 표에 의한 길이 이상으로 한다.

곡 선 반 경 (m)								완화 구간의 길이
제 1 종		제 2 종		제 3 종		제4종	제5종	
평지	산지	평지	산지	평지	산지			
300 이상 350 미만		200 이상 230 미만						60
350 이상 420 미만	150 이상 180 미만	230 이상 280 미만						60
420 이상 500 미만	180 이상 230 미만	280 이상 350 미만	100 이상 130 미만	100 이상 130 미만				40
	230 이상 300 미만	350 이상 400 미만	130 이상 180 미만	130 이상 180 미만	50 이상 70 미만	150 이상 180 미만		30
			180 이상 250 미만	180 이상 250 미만	70 이상 150 미만	180 이상 300 미만		20
						300 이상 500 미만	60 이상 250 미만	10

2. 당해 곡선부의 곡선반경이 다음 표에 해당하는 경우에는 완화구간의 길이는 차도의 곡선부에 있어서의 편구배의 체감률이 차도의 외측선 길이 10미터에 대하여 0.1미터 이하가 될 수 있도록 한다.

구 분	지 형	곡 선 반 경 (m)
제 1 종	평 지	500 이상 1,400 미만
	산 지	300 이상　700 미만
제 2 종	평 지	400 이상 1,000 미만
	산 지	250 이상　500 미만
제 3 종	평 지	250 이상　500 미만
	산 지	150 이상　250 미만

② 당해 곡선부의 곡선반경이 제14조단서의 규정에 의한 특별곡선반경인 경우에는 완화구간의 길이는 당해 곡선반경의 길이와 편구배의 수치에 따라 다음 표에 의한 완화구간의 길이 이상으로 한다.

곡선반경 (m)	완화구간의 길이		
	편구배의 수치가 6% 미만인 경우	편구배의 수치가 6% 이상 8% 미만인 경우	편구배의 수치가 8% 이상인 경우
15 이상 30 미만	20	30	35
30 이상 60 미만	30	40	45
60 이상 80 미만	40	50	55
80 이상 120 미만	50	60	65
120 이상	60	70	75

제19조(편구배 또는 확폭의 설치) 차도의 곡선부에 편구배를 붙이거나 확폭을 할 경우에는 당해 완화구간의 전 구간에 걸쳐서 이를 하여야 한다.

제20조(시 거) ① 시거는 당해 도로의 구분과 지형의 상황에 따라 다음 표에 의한 시거의 길이 이상으로 한다.

구 분	지 형	시 거 (m)
제 1 종	평 지	110
	산 지	75
제 2 종	평 지	90
	산 지	65
제 3 종	평 지	65
	산 지	45
제 4 종		65
제 5 종		40

② 곡선부의 곡선반경이 다음 표의 곡선반경에 해당하고 편구배의 수치가 6% 이상 8% 이하인 경우에는 전 항의 규정에 불구하고 그 시거를 당해 곡선반경의 길이와 편구배의 수치에 따라 다음 표에 의한 시거의 길이 이상으로 할 수 있다.

구 분	지 형	곡선반경(m)	시 거	
			편구배의 수치가 6%의 경우	편구배의 수치가 6%를 초과하여 8%이하인 경우
제1종	평 지	150 이상 180 미만	90	90
		180 이상 200 미만	90	110
	산 지	50 이상 90 미만	60	60
		90 이상 110 미만	60	75
제2종	평 지	100 이상 130 미만	70	70
		130 이상 150 미만	70	90
	산 지	30 이상 60 미만	50	50
		60 이상 70 미만	50	65
제3종	평 지	50 이상 60 미만	50	50
		60 이상 70 미만	50	65
	산 지	15 이상 25 미만	30	30
		25 이상 35 미만	30	45

제21조(종단구배) ① 차도의 종단구배는 당해 도로의 구분과 지형의 상황에 따라 다음 표의 종단구배 중 왼쪽 란의 수치 이하의 것으로 한다. 단, 지형의 상황, 기타의 특별한 사유로 인하여 부득이한 경우에는 오른쪽 란의 수치까지로 할 수 있다.

구 분	지 형	종 단 구 배 (%)	
제 1 종	평 지	3	5
	산 지	5	7
제 2 종	평 지	3	5
	산 지	6	8
제 3 종	평 지	4	6
	산 지	8	10
세 4 종		3	7
제 5 종		6	10

② 전 항의 경우에 있어서 종단구배가 4퍼센트 이상인 차도구간의 길이는 당해 도로의 교통에 현저한 지장을 줄 염려가 없는 길이로 하여야 한다.

제22조(종단구배의 특례) 곡선반경이 100미터 이하인 차도의 곡선부의 종단구배는 전조 제1항의 규정에 불구하고 당해 편구배의 수치에 따라 다음 표의 식에 의하여 산정된 수치보다 작게 하여야 한다. 다만, 그 수치가 3퍼센트 미만인 경우에는 종단구배를 3퍼센트로 할 수 있다.

편구배의 수치(%)	곡선부의 종단구배(%)
6 미 만	$G - \dfrac{80}{R}$
6 이 상	$G - \dfrac{120}{R}$
G : 전조제1항의 표에 있는 종단구배의 수치(%) R : 곡선반경의 길이(m)	

제23조(종단곡선) ① 차도의 종단구배가 변이하는 개소는 곡선형으로 한다.

② 전 항의 곡선(이하 "종단곡선"이라 한다)의 길이는 당해 도로의 구분, 지형의 상황과 당해 종단곡선의 곡선형에 따라 다음 표에 의한 수치 이상으로 한다.

구 분	지 형	종단곡선의 길이(m)	
		凸형 곡선의 경우	凹형 곡선의 경우
제 1 종	평 지	26i	20i
	산 지	10i	10i
제 2 종	평 지	18i	15i
	산 지	7i	7i
제 3 종	평 지	7i	7i
	산 지	3i	3i
제 4 종		7i	7i
제 5 종		3i	3i
i는 종단구배의 대수차의 절대치를 표시한다. 다만, i의 수치가 3%미만일 때에는 이를 3%로 한다.			

제24조(노면의 높이) 노면을 당해 도로에 접하는 하천·호소·답 등의 수면의 최고수위보다 0.5미터 이상이 높아야 한다. 단, 물이 침투하여 도로를 손궤할 우려가 없는 경우에는 그러하지 아니하다.

제25조(횡단구배) ① 차도에는 편구배를 붙이는 경우를 제외하고는 노면의 종류에 따라 다음 표에 의한 수치를 표준으로 하여 횡단구배를 붙여야 한다.

노 면 의 종 류	횡단구배(%)
시멘트콘크리트 포장도 및 아스팔트콘크리트 포장도	
아스팔트 포장도(아스팔트콘크리트 포장도를 제외한다) 및 불로크포장도	
안정처리도·수체마카담도·자갈도와 기타의 포장도 이외의 차도	3 이상 5 이하

② 보도에는 2퍼센트를 표준으로 하여 횡단구배를 붙인다.

제26조(포 장) ① 도로는 포장한다. 단, 교통량이 적거나 기타 특별한 사유로 인하여 부득이한 경우에는 그러하지 아니하다.

② 차도의 포장은 자동차교통량이 적은 경우를 제외하고는 다음 각 호의 정하는 방에 따라 시멘트콘크리트 포장 또는 아스팔트콘크리트 포장으로 한다.

1. 시멘트콘크리트 포장

　가. 노반의 지지력계수(도로의 평판재하시험에 있어서 재하판의 직경을 75센티미터로 하고 침하량을 0.125센티미터로 하여 계산한 지지력계수를 말한다. 이하 같다)는 7 이상을 표준으로 한다.

　나. 포장판의 두께는 단위구간 자동차교통량에 따라 다음 표에 의한 수치를 표준으로 한다.

단위구간 자동차교통량(대/일)	포장판의 두께(cm)
2,000 미만	20
7,500 미만 2,000 이상	23
7,500 이상	25

2. 아스팔트콘크리트 포장

　가. 노반의 지지력계수는 13 이상을 표준으로 한다.

　나. 표층의 두께는 5센티미터 이상 8센티미터 이하를 표준으로 한다.

　다. 표층·기층 및 노반을 합친 두께는 단위구간 자동차교통량 및 노상 토지지력비(노상 토지지력 비시험방법에 의한 노상 토지지력비를 말한다. 이하 같다)에 따라 결정한다.

제27조(배수시설) 도로에는 배수상 필요할 경우에는 측구·가거, 기타의 방수시설을 설치한다.

제28조(도로의 입체교차) ① 차도의 폭이 13미터 이상인 도로가 서로 교차할 경우에는 그 교차방법은 입체교차로 한다. 다만, 시가부에 있는 도로로서 연도의 이용상 부적당한 곳이나 지형의 상황, 기타의 사유로 인하여 부득이한 경우에는 그러하지 아니하다.

② 전 항이 규정에 의하여 도로를 입체교차로 할 경우에는 필요에 따라 이를 상호 연결하는 도로를 설치한다.

제29조(도로의 평면교차 또는 접속) ① 도로는 역전·광장 등 특별한 개소를 제외하고는 동일한 개소의 동일한 평면에서 5선 이상이 교회하여서는 아니된다.

② 도로가 동일한 평면에서 교차 또는 접속하는 개소는 당해 도로가 존재하는 지역에 따라 다음 각 호의 정하는 구조로 하여 앞을 내다 볼 수 있도록 한다.

1. 지방부에 있는 도로

   차도의 외측 선은 자동차가 용이하게 통행할 수 있도록 곡선이나 당해 곡선의 외측에서 절선 또는 직선으로 한다.

2. 시가부에 있는 도로

   가. 양쪽의 도로에 보도가 있는 경우에는 차도의 외측 선은 전호의 경우에 준한다.

   나. 한쪽의 도로에 보도가 있는 경우에는 차도의 외측 선은 보도의 폭을 반경으로 하는 곡선이나 당해 곡선의 외측에서 절선 또는 직선으로 한다.

   다. 양쪽의 도로에 보도가 없는 경우에는 도로의 외측 선의 교차각의 모를 따낸다.

제30조(철도 등과의 평면교차) 도로가 철도 또는 궤도(이하 "철도등"이라 한다)와 동일한 평면에서 교차하는 경우에는 그 교차하는 도로는 다음 각 호의 정하는 구조로 한다.

1. 교차각은 45도 이상으로 한다.

2. 건널목의 양측에서 각각 30미터까지의 구간은 직선으로 하고, 그 구간의 차도의 종단구배는 2.5퍼센트 이하로 한다. 단, 자동차교통량이 적은 개소나 지형의 상황, 기타의 특별한 사유로 인하여 부득이한 개소는 그러하지 아니하다.

3. 시야구간의 길이(철도등 선로의 최연단 궤도의 중심선과 차도의 중심선과의 교점으로부터 궤도의 외측으로 차도의 중심선상 5미터 되는 지점의 1.4미터 높이에서 궤도를 내다보는 경우에 그 궤도의 중심선상 가장 멀리 내다보이는 점과 당해 교점과의 사이의 거리를 말한다.)는 건널목에서의 철도등의 차량의 최고 속도에 따라 다음 표에 의한 길이 이상으로 한다. 다만, 건널목 차단기, 기타의 보안설비가 설치된 개소나 자동차교통량과 철도등의 운전횟수가 적은 개소에서는 그러하지 아니하다.

건널목에서의 철도등 차량의 최고속도(km/hr)	시야구간의 길이(m)
50 미만	110
50 이상 70 미만	160
70 이상 80 미만	200
80 이상 90 미만	230
90 이상 100 미만	260
100 이상	300

제31조(방호 및 보안시설) 굴곡 또는 언덕 등이 있어 교통상 위험한 개소, 비설·파도·사태·낙석 등에 의하여 교통에 지장을 초래하거나 도로를 손궤할 우려가 있는 개소에는 난간·옹벽 기타의 방호 및 보안시설을 설치한다.

제32조(교량등) ① 교량·고가도로 및 잔도(이하 "교량등"이라 한다)는 강구조·콘크리트구조 또는 이에 준하는 구조로 한다. 다만, 자동차 교통량이 적은 교량 및 잔도는 그러하지 아니하다.

② 전 항 본문에서 규정한 구조의 교량 등의 설계에 사용할 자동차의 하중은 제1종·제2종 및 제4종의 도로에 있어서는 제7조의 규정에 의한 D-18 및 DB-18하중, 제3종 및 제5종의 도로에 있어서는 당해 도로의 교통량의 따라 제7조의 규정에 의한 D-18 및 DB-18하중이나 D-13.5 및 DB-13.5하중과 이에 준하는 차선하중으로 한다.

③ 제1항 및 전 항에 규정된 것을 제외하고 교량등의 구조에 관한 사항은 건설부령으로 정한다.

제33조(대피소) 제6조 제3항의 규정에 의하여 폭을 축소할 도로에는 다음 각 호의 정하는 바에 따라 대피소를 둔다. 단, 교통에 지장을 초래할 우려가 없는 도로에 있어서는 그러하지 아니하다.

1. 대피소 상호간의 거리는 300미터 이내로 한다.
2. 대피소 상호간의 구간의 대부분을 대피소에서 내다보이게 한다.
3. 대피소의 길이는 20미터 이상으로 하고, 당해 부분의 차도의 폭은 5미터 이상으로 한다.

제34조(제3종 또는 제5종의 도로의 특례) 제6조제3항의 규정에 의하여 폭을 축소할 도로로서 제14조 내지 제18조, 제20조 내지 제23조의 규정에 의한 기준을 적용함이 부적당하다고 인정되는 도로에 대하여는 당해 기준에 의하지 아니할 수 있다.

제35조(부대공사등의 특례) 도로에 관한 공사로 인하여 필요하게 된 다른 공사를 시행하거나 도로에 관한 공사 이외의 공사로 인하여 필요하게 된 도로에 관한 공사를 시행할 경우 제6조 내지 제10조, 제12조, 제14조 내지 제18조, 제20조 내지 제23조, 제28조 내지 제30조, 제32조 및 제33조의 규정에 의한 기준을 적용함이 부적당하다고 인정될 때에는 당해 기준에 의하지 아니할 수 있다.

부 칙

① (시행일) 이 영은 공포한 날로부터 시행한다.

② (경과조치) 이 영 시행당시 신설 또는 개축공사를 시행중인 도로에 있어서 이 영의 규정에 적합하지 아니한 부분이 있을 경우에는 당해 부분에 대하여는 이를 적용하지 아니한다.

부록 2. 1979년 도로 구조령

개정 1979. 11. 17 대통령령 제9664호

제1조(목적) 이 영은 도로법 제39조, 고속국도법 제4조 및 유료도로법 제5조의 규정에 의하여 도로를 신설 또는 개축하는 경우의 도로구조의 일반적·기술적 기준을 정함을 목적으로 한다.

제2조(용어의 정의) 이 영에서 사용하는 용어의 정의는 다음 각 호와 같다.

1. "보도"라 함은 보행자(소아차를 포함한다. 이하 같다)의 통행에 사용하기 위하여 연석 또는 책, 기타 이와 유사한 공작물로 구별하여 설치되는 도로의 부분을 말한다.

2. "자전거도"라 함은 자전거의 통행에 공용하기 위하여 연석 또는 책, 기타 이와 유사한 공작물로 구별하여 설치되는 도로의 부분을 말한다.

3. "자전거보행자도"라 함은 자전거 및 보행자의 통행에 사용하기 위하여 연석 또는 책, 기타 이와 유사한 공작물로 구별하여 설치되는 도로의 부분을 말한다.

4. "차도"라 함은 차량의 통행에 사용되는 도로의 부분(자전거도를 제외한다)을 말한다.

5. "차선"이라 함은 일종렬의 자동차를 안전하고, 원활하게 통행시키기 위하여 설치되는 띠 모양의 차도부분을 말한다.

6. "등판차선"이라 함은 상향구배의 도로에서 속도가 현저하게 저하되는 차량을 다른 차량과 분리하여 통행시키기 위하여 설치되는 차선을 말한다.

7. "회전차선"이라 함은 교차로 등에서 자동차를 우회전시키거나 좌회전시키기 위하여 직진하는 차선과 분리하여 설치되는 차선을 말한다.

8. "변속차선"이라 함은 자동차를 가속시키거나 감속시키기 위하여 설치되는 차선을 말한다.

9. "중앙분리대"라 함은 차선을 왕복 방향별로 분리하게 하고, 측방여유를 확보하기 위하여 도로 중앙부에 설치되는 띠 모양의 분리대와 측대를 말한다.

10. "분리대"라 함은 차선을 왕복 또는 동일 방향별로 분리하기 위하여 설치되는 도로 부분을 말한다.

11. "길어깨"라 함은 도로의 주요 구조물을 보호하거나 차도의 효용을 유지하기 위하여 차도, 보도, 자전거도 또는 자전거보행자도에 접속하여 설치되는 띠 모양의 도

로부분을 말한다.

12. "측대"라 함은 자동차 운전자의 시선을 유도하게 하고 측방여유를 확보하도록 하는 기능을 분담시키기 위하여 차도에 접속하여 중앙분리대 또는 길어깨에 설치되는 띠 모양의 부분을 말한다.

13. "정차대"라 함은 주로 도시부에서 차량의 정차에 공용하기 위하여 설치되는 띠 모양의 차도부분을 말한다.

14. "교통섬"이라 함은 차량의 안전하고, 원활한 통행을 확보하거나 보행자의 안전한 도로횡단을 도모하기 위하여 교차로 또는 차도의 분기점 등에 설치되는 섬모양의 시설을 말한다.

15. "노상시설"이라 함은 도로의 부속물(공동구를 제외한다)로서 보도, 자전거도, 자전거보행자도, 중앙분리대, 길어깨 및 환경시설대 등에 설치되는 것을 말한다.

16. "도시부"라 함은 시가지를 형성하고 있는 지역 또는 시가지가 형성될 가능성이 있는 지역을 말한다.

17. "지방부"라 함은 도시부 이외의 지역을 말한다.

18. "계획교통량"이라 함은 도로설계의 기초로 하기 위하여 계획설계할 도로가 통과하는 지역의 발전 및 장래의 자동차교통의 상황등을 고려하여 당해 도로를 계획목표 연도에 통행하게 될 자동차의 연평균 일교통량을 말한다.

19. "설계속도"라 함은 도로설계의 기초가 되는 자동차의 속도를 말한다.

20. "시거"라 함은 차선(차선이 없는 도로에서는 차도를 말한다. 이하 이 호에서와 같다)의 중심선상 1.2미터 높이에서 당해 차선의 중심선상에 있는 높이 10센티미터의 물체 정점을 볼 수 있는 거리를 당해 차선의 중심선에 따라 측정한 길이를 말한다.

제3조(도로의 구분) ① 도로는 다음 표에서 정하는 바에 따라 제1종 내지 제4종으로 구분한다.

도로의 종류 　　　　　　　　　　　　지역	지 방 부	도 시 부
고속국도, 자동차 전용도로 및 이에 준하는 도로	제 1 종	제 2 종
기 타 도 로	제 3 종	제 4 종

② 제1종 도로는 다음의 제1호 표에서 정하는 바에 따라 제1급 내지 제4급으로, 제2종 도로는 제2호 표에서 정하는 바에 따라 제1급 또는 제2급으로, 제3종 도로는 제3호 표에서 정하는 바에 따라 제1급 내지 제5급으로, 제4종 도로는 제4호 표에서 정하는 바에 따라 제1급 내지 제4급으로 각각 구분한다. 단, 지형상황 등으로 부득이한 경우에는 최저급을 제외하고는 당해 급의 1급 밑에 있는 급으로 구분할 수 있다.

제1호 표 : 제1종 도로

도로의 종류	지 형	30,000 이상	20,000 이상 30,000 미만	10,000 이상 20,000 미만	10,000 미만
고속국도	평 지 부	제 1 급	제 2 급		제 3 급
고속국도	산 지 부	제 1 급	제 2 급		제 4 급
고속국도 이외의 국도	평 지 부	제 2 급		제 3 급	
고속국도 이외의 국도	산 지 부	제 3 급		제 4 급	

계획교통량(단위:대/일)

제2호 표 : 제2종 도로

도로의 종류	대도시의 도심부 이외의 지구	대도시의 도심부
고 속 국 도	제 1 급	
고속국도이외의 국도	제 1 급	제 2 급

지역

제3호 표 : 제3종 도로

도로의 종류	지 형	20,000 이상	4,000 이상 20,000 미만	1,500 이상 4,000 미만	500 이상 1,500 미만	500 미만
일반국도	평 지 부	제 1 급	제 2 급	제 3 급		
일반국도	산 지 부	제 2 급	제 3 급	제 4 급		
지방도,특별 시도및시도	평 지 부	제 2 급		제 3 급		
지방도,특별 시도및시도	산 지 부	제 3 급		제 4 급		
군 도	평 지 부	제 2 급		제 3 급	제 4 급	제 5 급
군 도	산 지 부	제 3 급		제 4 급		제 5 급

계획교통량(단위:대/일)

제4호 표 : 제4종 도로

도로의 종류	10,000 이상	4,000 이상 10,000 미만	500 이상 4,000 미만	500 미만
일 반 국 도	제 1 급		제 2 급	
지방도, 특별시도 및 시도	제 1 급	제 2 급	제 3 급	
군 도	제 1 급	제 2 급	제 3 급	제 4 급

계획교통량(단위:대/일)

제4조(설계기준 차량) ① 도로를 설계함에 있어서는 제1종, 제2종, 제3종 제1급 또는 제4종 제1급 도로에 대하여는 소형 자동차 및 세미트레일러 연결차(자동차와 전차 축이 없는 피견인차의 결합체로서 피견인차의 일부가 자동차에 얹혀지고, 피견인차 및 적재물 중량의 상당한 부분이 자동차에 의하여 지지되고 있는 것을 말한다.이하 같다)가 기

타도로에 대하여는 소형 자동차 및 보통 자동차가 안전하고 원활하게 진행할 수 있도록 하여야 한다.

② 도로구조물설계의 기초가 되는 자동차(이하 "설계기준차량"이라 한다)의 종별 제원은 다음 표에서 정하는 값을 기준으로 한다.

제원(단위:미터) 자동차 종별	길이	폭	높이	축거	앞내민 길이	뒤내민 길이	최소 회전반경
소 형 자 동 차	4.7	1.7	2	2.7	0.8	1.2	6
보 통 자 동 차	12	2.5	3.8	6.5	1.5	4	12
세 미 트 레 일 러 연 결 차	16.7	2.5	3.8	전축거4.2 후축거9	1.3	2.2	12

주) 위 표에서 사용하는 용어의 정의는 다음 각 호와 같다.

　　1. 앞내민 길이 : 차의 전면으로부터 앞바퀴축의 중심까지의 거리를 말한다.

　　2. 뒤내민 길이 : 뒷바퀴축의 중심으로부터 차의 후면까지의 거리를 말한다.

　　3. 축 거 : 앞바퀴축의 중심으로부터 뒷바퀴축의 중심까지의 거리를 말한다.

제5조(설계속도) 설계속도는 도로의 구분에 따라 다음 표의 "설계속도" 왼쪽 난에서 정하는 값으로 한다. 단, 지형상황 등으로 부득이한 경우에는 고속국도인 제1종 제4급 도로를 제외하고는 동 표의 "설계속도" 난의 오른쪽 난에서 정하는 값을 적용할 수 있다.

구 분	설계속도(단위 : 킬로미터/시)		
제 1 종	제 1 급	120	100
	제 2 급	100	80
	제 3 급	80	60
	제 4 급	60	50
제 2 종	제 1 급	80	60
	제 2 급	60	50~40
제 3 종	제 1 급	80	60
	제 2 급	80	50~40
	제 3 급	60~40	30
	제 4 급	50~30	20
	제 5 급	40~20	-
제 4 종	제 1 급	60	50~40
	제 2 급	60~40	30
	제 3 급	50~30	20
	제 4 급	40~20	-

제6조(차선 및 차도) ① 차도(정차대 등을 제외한다)는 차선으로 구성한다. 단, 제3종 제5급 또는 제4종 제4급 도로에 있어서는 그러하지 아니한다.

② 당해 도로의 계획교통량이 다음 표의 "설계기준 교통량"(자동차의 최대허용 교통량을 말한다. 이하 같다) 난에 정하는 값 이하인 도로의 차선수(등판차선, 회전차선 및 변속차선을 제외한다. 이하 이조에서 같다)는 2로 한다.

구 분		지 형	설계기준교통량(단위 : 대/일)
제 1 종	제 2 급	평 지 부	14,000
	제 3 급	평 지 부	14,000
		산 지 부	10,000
	제 4 급	산 지 부	9,000
제 3 종	제 2 급	평 지 부	9,000
	제 3 급	평 지 부	8,000
		산 지 부	6,000
	제 4 급	평 지 부	8,000
		산 지 부	6,000
제 4 종	제 1 급		12,000
	제 2 급		10,000
	제 3 급		9,000

주) 교차점이 많은 제4종 도로에 있어서는 위 표의 설계기준 교통량에 0.8을 곱한 값을 설계기준 교통량으로 한다.

③ 제2항의 도로 이외의 도로(제2종 도로로서 대향차선을 설치하지 아니한 도로와 제3종 제5급 및 제4종 제4급 도로를 제외한다)의 차선수는 4이상(교통의 상황에 따라 필요한 경우를 제외하고는 2의 배수로 한다) 제2종 도로로서 대향차선을 설치하지 아니한 도로는 그 차선수를 2 이상으로 하되, 차선수는 지형에 따라 다음 표의 1차선당 설계기준 교통량에 대한 당해 도로의 계획교통량의 비율에 따라 정한다.

구 분		지 형	1차선당 설계기준교통량 (단위 : 대/일)
제 1 종	제 1 급	평 지 부	12,000
	제 2 급	평 지 부	12,000
		산 지 부	9,000
	제 3 급	평 지 부	11,000
		산 지 부	8,000
	제 4 급	산 지 부	8,000
제 2 종	제 1 급		18,000
	제 2 급		17,000

구 분		지 형	1차선당 설계기준교통량 (단위 : 대/일)
제 3 종	제 1 급	평 지 부	11,000
	제 2 급	평 지 부	9,000
		산 지 부	7,000
	제 3 급	평 지 부	8,000
		산 지 부	6,000
	제 4 급		5,000
제 4 종	제 1 급		12,000
	제 2 급		10,000
	제 3 급		10,000

주) 교차점이 많은 제4종 도로에 있어서는 위 표의 1차선당 설계기준 교통량에 0.6을 곱한 값을 1차선당 설계기준 교통량으로 한다.

④ 차선의 폭은 도로의 구분에 따라 다음 표의 "차선폭"난에 정하는 값으로 한다. 다만, 제1종 제1급 및 제2급, 제3종 제2급 또는 제4종 제1급 도로에 있어서는 교통의 상황에 따라 필요한 경우에는 동란의 값에 0.25미터를 초과하지 아니하는 값을 더한 값으로 할 수 있으며, 제2종 제1급 도로에 있어서 지형의 상황 등으로 부득이한 경우에는 동란의 값에서 0.25미터를 초과하지 아니하는 값을 뺀 값으로 할 수 있다.

⑤ 제3종 제5급 또는 제4종 제4급 도로의 차선폭은 4미터로 한다. 단, 당해 도로의 계획교통량이 매우 적고 지형상황 등으로 부득이한 경우에는 3미터로 할 수 있다.

구 분		차선의 폭 (단위 : 미터)
제 1 종	제 1 급	3.5
	제 2 급	
	제 3 급	
	제 4 급	3.25
제 2 종	제 1 급	3.5
	제 2 급	3.25
제 3 종	제 1 급	3.5
	제 2 급	3.25
	제 3 급	3.0
	제 4 급	2.75
제 4 종	제 1 급	3.25
	제 2 급	3.0
	제 3 급	3.0

제7조(차선의 분리 등) ① 1차선(등판차선, 회전차선 및 변속차선을 제외한다. 이하 이조에서 같다)의 수가 4 이상인 제1종, 제2종 또는 제3종 제1급 도로(대향차선을 설치하지 아니하는 도로를 제외한다)의 차선은 왕복방향별로 분리하도록 한다. 차선의 수가 4 이상인 기타의 도로에서 안전하고 원활한 교통을 확보하기 위하여 필요할 경우에도 또한 같다.

② 차선을 왕복방향별로 분리하기 위하여 필요한 때에는 중앙분리대를 설치한다.

③ 중앙분리대의 폭은 당해 도로의 구분에 따라 다음 표의 "중앙분리대의 폭"난의 왼쪽 난에 정하는 값 이상으로 한다. 단, 길이 100미터 이상의 터널 또는 교량, 고가도로와 지형상황 등으로 부득이한 부분에는 동 표의 "중앙분리대의 폭"난의 오른쪽 난에 정하는 값까지 축소할 수 있다.

구 분		중앙분리대의 폭(단위: 미터)	
제 1 종	제 1 급	4.5	3
	제 2 급	4.5	3
	제 3 급	3	2.25
	제 4 급		1.75
제 2 종	제 1 급	2.25	
	제 2 급	1.75	
제 3 종	제 1 급	1.75	1
	제 2 급		
	제 3 급		
	제 4 급		
제 4 종	제 1 급	1	
	제 2 급		
	제 3 급		

④ 중앙분리대는 측대를 설치한다.

⑤ 제4항의 측대폭은 도로의 구분에 따라 다음 표의 "중앙분리대에 설치하는 측대폭"난에 정하는 값으로 한다.

구 분		중앙분리대에 설치하는 측대폭 (단위 : 미터)
제 1 종	제 1 급	0.75
	제 2 급	
	제 3 급	0.5
	제 4 급	
제 2 종		0.5

구 분		중앙분리대에 설치하는 측대폭 (단위 : 미터)
제 3 종	제 1 급	0.25
	제 2 급	
	제 3 급	
	제 4 급	
제 4 종	제 1 급	0.25
	제 2 급	
	제 3 급	

⑥ 중앙분리대 중에서 분리대는 연석 또는 책, 기타 이와 유사한 공작물로 구별하도록 한다.

⑦ 중앙분리대 중에서 분리대에 노상시설을 설치하는 경우에는 당해 중앙분리대의 폭은 제13조에서 정하는 건축한계를 고려하여 정한다.

제8조(길어깨) ① 도로에는 차도와 접속하여 길어깨를 설치한다. 단, 중앙분리대 또는 정차대를 설치하는 경우에는 그러하지 아니한다.

② 차도의 우측에 설치하는 길어깨의 폭은 도로의 구분에 따라 다음 표의 "차도 우측에 설치하는 길어깨폭"난의 왼쪽 난에 정하는 값 이상으로 한다. 단, 등판차선 또는 변속차선을 설치하는 부분, 길이 100미터 이상의 교량 또는 고가도로나 지형상황 등으로 부득이한 부분에는 다음 표의 "차도 우측에 설치하는 길어깨폭"난의 오른쪽 난에 정하는 값까지 축소할 수 있다.

구 분		차도우측에 설치하는 길어깨폭(단위 : 미터)	
제 1 종	제 1 급	2.5	1.75
	제 2 급		
	제 3 급	1.75	1.25
	제 4 급		
제 2 종	제 1 급	1.25	
	제 2 급		
제 3 종	제 1 급	1.25	0.75
	제 2 급	0.75	0.5
	제 3 급		
	제 4 급		
	제 5 급	0.5	
제 4 종	제 1 급	0.5	
	제 2 급		
	제 3 급		
	제 4 급		

③ 중앙분리대 이외의 방법으로 분리되는 도로의 차도 좌측에 설치하는 길어깨의 폭은 도로의 구분에 따라 다음 표의 "차도 좌측에 설치하는 길어깨폭"난에 정하는 값 이상으로 한다.

구 분		차도좌측에 설치하는 길어깨폭(단위 : 미터)
제 1 종	제 1 급	1.25
	제 2 급	
	제 3 급	0.75
	제 4 급	
제 2 종		0.75
제 3 종		0.5
제 4 종		0.5

④ 터널 속의 길어깨폭은 제1종 제1급 및 제2급 도로에 있어서는 1미터까지로, 제1종 제3급 및 제4급 도로에 있어서는 0.75미터까지로, 제3종(제5급을 제외한다) 도로에 있어서는 0.5미터까지로 축소할 수 있다.

⑤ 보도, 자전거도 또는 자전거보행자도를 설치하는 도로에 있어서는 주요구조부를 보호하거나 차도의 효용을 유지하는데 지장이 없는 경우에 한하여 차도에 접속하는 길어깨를 설치하지 아니하거나 그 폭을 축소할 수 있다.

⑥ 제1종, 제2종 또는 제3종 제1급 및 제2급 도로의 차도에 접속하는 길어깨에는 측대를 설치하여야 한다.

⑦ 제6항의 측대폭은 도로의 구분에 따라 다음 표의 "길어깨에 설치하는 측대폭"난의 왼쪽 난에 정하는 값으로 한다. 단, 터널 속의 길어깨에 설치하는 측대폭은 다음 표의 "길어깨에 설치하는 측대폭"난의 오른쪽 난에 정하는 값으로 할 수 있다.

구 분		길어깨에 설치하는 측대폭 (단위 : 미터)	
제 1 종	제 1 급	0.75	0.5
	제 2 급		
	제 3 급	0.5	0.25
	제 4 급		
제 2 종	제 1 급	0.5	
	제 2 급		
제 3 종	제 1 급	0.25	
	제 2 급		

⑧ 도로의 주요구조부를 보호하기 위하여 필요한 경우에는 보도, 자전거도 및 자전거보행자도에 접속하여 바깥쪽으로 길어깨를 설치한다.

⑨ 차도에 접속하는 길어깨에 노상시설을 설치하는 경우에 당해 길어깨의 폭에 관해서는 제2항의 표의 "차도 우측에 설치하는 길어깨폭"난 또는 제3항의 표의 "차도 좌측에 설치하는 길어깨폭"난에 정하는 값에 당해 노상시설을 설치하는데 필요한 값을 가산하여 규정을 적용한다.

제9조(적설지역 도로의 중앙분리대 및 길어깨의 폭) 적설지역에 있는 도로의 중앙분리 대 및 길어깨의 폭은 제설을 고려하여 정하도록 한다.

제10조(정차대) ① 제4종(제4급을 제외한다) 도로에는 자동차의 정차로 인한 차량의 안전하고 원활한 통행이 저해되지 아니하도록 하기 위하여 필요한 경우에는 차도의 우단에 정차대를 설치하도록 한다.

② 정차대의 폭은 2.5미터로 한다. 다만, 자동차 교통량 중 대형차의 교통량이 점하는 비율이 낮다고 인정되는 경우에는 1.5미터까지 축소할 수 있다.

제11조(자전거도 등) ① 자동차 및 자전거의 교통량이 많은 제3종 및 제4종 도로에서 안전하고 원활한 교통을 확보하기 위하여 자전거의 통행을 분리할 필요가 있는 경우에는 자전거도를 도로의 양측에 설치한다. 단, 지형상황 등으로 부득이한 경우에는 그러하지 아니한다.

② 제1항 본문에서 정하는 경우를 제외하고 자동차의 교통량은 많으나 보행자의 통행량이 적은 제3종 또는 제4종 도로에서 안전하고 원활한 교통을 확보하기 위하여 자전거와 보행자의 통행을 차도와 분리할 필요가 있는 경우에는 자전거보행자도를 도로의 양측에 설치한다. 단, 지형상황 등으로 부득이한 경우에는 그러하지 아니하다.

③ 자전거도 또는 자전거보행자도(이하 "자전거도 등"이라 한다)의 폭은 2미터 이상으로 한다. 단, 지형상황 등으로 부득이한 경우에는 1.5미터(길이 100미터 이상의 터널에 있어서는 1미터) 까지 축소할 수 있다.

④ 자전거도 등에 노상시설을 설치하는 경우에는 당해 자전거도 등의 폭은 제13조에서 정한 건축한계를 고려하여 정하도록 한다.

제12조(보도) ① 제4종(제4급을 제외한다) 도로(자전거보행자도를 설치하는 도로를 제외한다) 또는 자전거도를 설치하는 제3종 및 제4종 제4급 도로에는 양측에 보도를 설치한다. 단, 지형상황 등으로 부득이한 경우에는 그러하지 아니하다

② 자전거도 등을 설치하지 아니한 제3종 또는 제4종 제4급 도로에서 안전하고 원활

한 교통을 확보하기 위하여 필요한 경우에는 보도를 설치한다. 단, 지형상황 등으로 부득이한 경우에는 그러하지 아니하다. 왼쪽 난에 정하는 값 이상으로 한다. 단, 보행자 교통량이 적은 부분(터널을 제외한다), 길이 100미터 이상의 교량 또는 고가도로에 있어서는 동 표의 "보도의 폭"난의 가운데 난에서 정하는 값까지 축소할 수 있으며, 터널에 있어서는 동 표의 "보도의 폭"난의 오른쪽 난에 정하는 값까지 축소할 수 있다.

구 분		보도의 폭(단위 : 미터)		
제 3 종		1.5	0.75	0.75
제 4 종	제 1 급	3	2.25	1.50
	제 2 급		1.5	
	제 3 급	1.5	1.00	0.75
	제 4 급	1.5		

③ 노상시설을 설치하는 보도폭에 관하여는 제3항의 표의 "보도의 폭"난에서 정하는 값에 가로수를 두는 경우에는 1.5미터, 기타의 경우에는 0.5미터를 가산하여 동항의 규정을 적용한다. 단, 제3종 제5급 또는 제4종 제4급 도로에 있어서 지형상황 등으로 부득이한 경우에는 그러하지 아니하다.

제13조(건축한계) ① 차도의 건축한계는 다음 표에서 정하는 바와 같다.

(1)		(2)	(3)
차도에 접속히여 길어깨를 설치하는 도로의 차도 〔(3)에 표시된 부분을 제외한다.〕		차도에 접속하여 길어깨를 설치하지 아니한 도로의 차도 〔(3)에 표시된 부분을 제외한다.〕	차도중에서 분리대 또는 교통섬과 관계가 있는 부분
보도나 자전차도 등이 없는 터널 및 길이 100미터 이상의 교량과 고가도로가 아닌 도로의 차도	보도나 자전차도 등이 없는 터널 및 길이 100미터 이상의 교량과 고가도로의 차도		
	(측대가 없는 경우에는 0.25미터)		

위 그림에서 H, a, b, c, d 및 e는 각각 다음 값을 나타낸다.

H. (통과높이) : 4.5미터. 단, 제3종 제5급 또는 제4종 제4급 도로에 있어서 지형상황
　　　　　등으로 부득이한 경우에는 4미터(대형자동차의 교통량이 매우 적고
　　　　　당해 도로 가까이에 대형자동차가 우회할 수 있는 도로가 있는 경우에
　　　　　는 3미터)까지 축소할 수 있다.

a 및 e : 차도에 접속하는 길어깨의 폭(노상시설을 설치하는 길어깨에 있어서는 길어
　　　　깨의 폭에서 노상시설을 설치하는데 필요한 값을 뺀 값) 단, 해당 값이 1미
　　　　터를 초과하는 경우에는 a를 1미터로 한다.

b : H(3.8 미터 미만의 경우에는 3.8 미터로 한다)에서 3.8미터를 뺀 값

c 및 d : 분리대와 관계가 있는 것에 있어서는 도로의 구분에 따라 각각 다음 표의 "c"
　　　　난 및 "d"난에 정하는 값으로 하고, 교통섬과 관계가 있는 것에 있어서는 c는
　　　　0.25미터, d는 0.5미터로 한다.

구 분		c	d
제 1 종	제 1 급	0.5	1
	제 2 급		
	제 3 급	0.25	0.75
	세 4 급		
제 2 종	제 1 급	0.25	0.75
	제 2 급		
제 3 종		0.25	0.5
제 4 종		0.25	0.5

② 보도 및 자전거도 등의 건축한계는 다음 표에서 정하는 바와 같다.

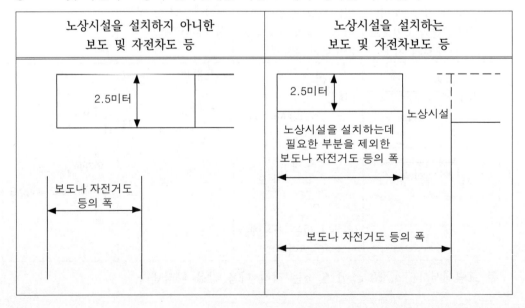

제14조(차도의 굴곡부) 차도의 굴곡부는 곡선형으로 한다. 단, 완화구간(차량의 주행을 원활하게 하기 위하여 차도의 굴곡부에 설치되는 일정한 구간을 말한다. 이하 같다)에 있어서는 그러하지 아니하다.

제15조(곡선반경) 차도의 굴곡부 가운데 완화구간을 제외한 부분(이하 "차도의 곡선부"라 한다)의 중심선의 곡선반경(이하 "곡선반경"이라 한다)은 당해 도로의 설계속도에 따라 다음 표의 "기준곡선반경"난에 정하는 값 이상으로 한다. 단, 지형상황 등으로 부득이한 경우에는 동 표의 "특별 곡선반경"난에서 정하는 값까지 축소할 수 있다.

설계속도(단위 : 킬로미터/시)	곡선반경(단위 : 미터)	
	기준곡선반경	특별곡선반경
120	710	570
100	460	380
80	280	230
60	140	120
50	90	80
40	60	50
30	30	-
20	15	-

제16조(곡선의 길이) 차도 곡선부의 중심선 길이(당해 곡선부에서 접하는 완화구간이 곡선형인 경우의 당해 완화구간의 길이를 가산한 길이를 말한다, 이하 "곡선의 길이"라 한다)는 도로 교각이 7도 이상인 경우에는 제19조 제3항에서 규정하는 완화구간 길이의 2배 이상으로 하고, 도로 교각이 7도 미만인 경우에는 설계속도에 따라 다음 표의 "곡선의 길이" 난의 왼쪽 난에서 정하는 길이 이상으로 한다.

단, 지형상황, 기타 특별한 이유로 부득이한 경우에는 도로 교각의 값에 관계없이 다음 표의 "곡선의 길이"난의 오른쪽 난에서 정하는 값까지 축소할 수 있다.

설계속도(단위 : 킬로미터/시)	곡선의 길이(단위 : 미터)	
120	$1,400/\theta$	200
100	$1,200/\theta$	170
80	$1,000/\theta$	140
60	$700/\theta$	100
50	$600/\theta$	80
40	$500/\theta$	70
30	$350/\theta$	50
20	$280/\theta$	40

주) 위 표에서 θ는 도로교각의 값(도)을 말한다. 다만, θ의 값이 2도 미만인 경우에는 2도로 한다.

제17조(곡선부의 편구배) 중앙분리대(분리대를 제외한다) 및 차도에 접속하는 길어깨의 곡선부에는 곡선반경이 매우 큰 경우를 제외하고는 당해 도로의 구분 및 당해 도로가 위치하는 지역의 적설한랭의 정도와 당해 도로의 설계속도, 곡선반경, 지형상황 등을 고려하여 다음 표의 "최대 편구배"난에 정하는 값(제3종 도로에서 자전거도 등을 설치하지 아니한 것에 있어서는 6퍼센트) 이하에서 적절한 값의 편구배를 붙인다. 단, 제4종 도로에 있어서는 지형상황 등으로 부득이한 경우에는 편구배를 붙이지 아니할 수 있다.

구 분	도로가 위치하는 지역		최대 편구배 (단위 : 퍼센트)
제 1 종	적설한냉지역	적설한랭의 정도가 격심한 지역	6
제 2 종	기 타 지 역		8
제 3 종			10
제 4 종			6

제18조(곡선부의 확폭) 차도의 곡선부에는 설계기준차량 및 당해 곡선부의 곡선반경에 따라 차선의 폭을 1차선(제3종 제5급 및 제4종 제4급 도로에서는 차도를 말한다)에 대하여 다음 표의 "확폭량"난에 정히는 값을 확폭한다. 다만, 제2종 및 제4종 도로에 있어서 지형상황 등으로 부득이한 경우에는 그러지 아니하다

곡선반경(단위 : 미터)		확폭량 (단위 : 미터) (1차선당)
제1종, 제2종, 제3종, 제4종 제1급 도로	기 타 도로	
150 이상 250 미만	100 이상 150 미만	0.25
100 이상 150 미만	55 이상 100 미만	0.25
70 이상 100 미만	40 이상 55 미만	0.75
50 이상 70 미만	30 이상 40 미만	1.00
	25 이상 30 미만	1.25
	20 이상 25 미만	1.50
	18 이상 20 미만	1.75
	15 이상 18 미만	2.00

주) 곡선반경이 250미터 이상인 경우에는 당해 도로 곡선반경과 설계속도에 따라 확폭량을 정할 수 있다.

제19조(완화구간) ① 차도의 굴곡부에는 완화구간을 설치한다. 단, 제4종 도로의 굴곡부에서 지형상황 등으로 부득이한 경우에는 그러하지 아니하다.

② 차도의 곡선부에 편구배를 붙이거나 확폭을 하는 경우에는 완화구간에서부터 접속

하여 설치한다.

③ 완화구간의 길이는 당해 도로의 설계속도에 따라 다음 표의 "완화구간의 길이"난에 정하는 값(제2항의 규정에 의하여 접속하여 설치하는데 필요한 길이가 동란에 정하는 값을 초과하는 경우에는 당해 접속설치에 필요한 길이) 이상으로 한다.

설계속도(단위 : 킬로미터/시)	완화구간의 길이(단위 : 미터)
120	100
100	85
80	70
60	50
50	40
40	35
30	25
20	20

제20조(시거) ① 시거는 당해 도로의 설계속도에 따라 다음 표의 "시거"난에 정하는 값 이상으로 한다.

설계속도(단위 : 킬로미터/시)	시 거(단위 : 미터)
120	210
100	160
80	110
60	75
50	55
40	40
30	30
20	20

② 차선의 수가 2인 도로(대향차선을 설치하지 아니한 도로를 제외한다)에는 필요에 따라 자동차가 추월할 수 있도록 충분한 시거가 확보되는 구간을 두어야 한다.

제21조(종단구배) 차도의 종단구배는 당해 도로의 설계속도에 따라 다음 표의 "종단구배"난에 정하는 값 이하로 한다. 단, 지형상황 등으로 부득이한 경우에는 동란의 값에 제1종, 제2종 및 제3종 도로에 있어서는 3퍼센트를, 제4종 도로에 있어서는 2퍼센트를 더한 값 이하로 할 수 있다.

설계속도 (단위 : 킬로미터/시)	종단구배(단위 : 퍼센트)		
	표준 종단구배	특별 종단구배	
		제1종, 제2종 및 제3종 도로	제4종 도로
120	2	5	-
100	3	6	-
80	4	7	-
60	5	8	7
50	6	9	8
40	7	10	9
30	8	11	10
20	9	12	11

제22조(등판차선) ① 종단구배가 5퍼센트(고속국도 및 고속국도 이외의 도로로서 설계속도가 시간당 100킬로미터 이상인 것에 있어서는 3퍼센트)를 초과하는 차도에는 필요에 따라 등판차선을 설치하도록 한다.

② 등판차선의 폭은 3미터로 하고 본선 차도에 붙여서 설치한다.

제23조(종단곡선) ① 차도의 종단구배가 변경되는 부분에는 종단곡선을 설치한다.

② 종단곡선의 반경은 당해 도로의 설계속도 및 당해 종단곡선의 곡선형에 따라 다음 표의 "종단곡선의 반경"난에 정하는 값 이상으로 한다. 단, 설계속도가 1시간당 60킬로미터인 제4종 제1급 도로에서 지형상황 등으로 부득이한 경우에는 凸형 종단곡선의 반경이 1,000킬로미터까지 축소할 수 있다.

설계속도 (단위 : 킬로미터/시)	종단곡선의 곡선형	종단곡선의 반경 (단위 : 미터)
120	凸 형 곡 선	11,000
	凹 형 곡 선	4,000
100	凸 형 곡 선	6,500
	凹 형 곡 선	3,000
80	凸 형 곡 선	3,000
	凹 형 곡 선	2,000
60	凸 형 곡 선	1,400
	凹 형 곡 선	1,000
50	凸 형 곡 선	800
	凹 형 곡 선	700
40	凸 형 곡 선	450
	凹 형 곡 선	450
30	凸 형 곡 선	250
	凹 형 곡 선	250
20	凸 형 곡 선	100
	凹 형 곡 선	100

628

③ 종단곡선의 길이는 당해 도로의 설계속도에 따라 다음 표의 "종단곡선의 길이"난에 정하는 값 이상으로 한다.

제24조(횡단구배) ① 중앙분리대(분리대를 제외한다) 및 차도에 접속하는 길어깨는 편구배를 붙이는 경우를 제외하고는 노면의 종류에 따라 다음 표의 "횡단구배"난에 정하는 값을 기준으로 하여 횡단구배를 붙이도록 한다.

설계속도(단위 : 킬로미터/시)	종단곡선의 길이(단위 : 미터)
120	100
100	85
80	70
60	50
50	40
40	35
30	25
20	20

노 면 의 종 류	횡단구배(단위 : 퍼센트)
시멘트 콘크리트 포장도로 및 아스팔트 콘크리트포장 도로	1.5이상 2이하
기 타	3이상 5이하

② 보도 또는 자전거도 등에는 2퍼센트를 기준으로 하여 횡단구배를 붙이도록 잔다.

제25조(합성구배) ① 합성구배(종단구배와 편구배 또는 횡단구배를 합성한 구배를 말한다)는 당해 도로의 설계속도에 따라 다음 표의 "합성구배"난에서 정하는 값 이하로 한다. 단, 설계속도가 시간당 30킬로미터 또는 20킬로미터인 도로에서 지형상황 등으로 부득이한 경우에는 1.5퍼센트 이하로 할 수 있다.

설계속도(단위 : 킬로미터/시)	합성구배(단위 : 퍼센트)
120	10
100	
80	10.5
60	
50	11.5
40	
30	
20	

② 적설한랭의 정도가 격심한 지역의 도로에 있어서는 제1항의 규정에 불구하고 합성 구배를 8퍼센트 이하로 한다

제26조(포장) ① 차도, 중앙분리대(분리대를 제외한다), 차도에 접속하는 길어깨 자전 거 도 등 및 보도는 포장하도록 한다. 단, 교통량이 매우 적은 경우 등 특별한 사유가 있 는 경우에는 그러하지 아니하다

② 차도 및 측대의 포장은 자동차의 교통량이 적은 경우 등 특별한 사유가 있는 경우 를 제외하고는 아스팔트 콘크리트 포장 또는 시멘트 콘크리트 포장으로 하고, 계획교 통량, 자동차의 중량, 노상의 상태, 기상상황 등을 고려하여 자동차의 안전하고 원활한 교통을 확보할 수 있는 구조로 한다.

③ 아스팔트콘크리트 포장 및 시멘트콘크리트 포장의 설계에 적용하는 자동차의 윤하 중은 5톤을 기준으로 한다.

제27조(배수시설) 도로에는 배수상 필요한 경우에는 측구, 기타 적당한 배수시설을 설치 한다.

제28조(평면교차 또는 접속) ① 도로는 역전광장 등 특별한 부분을 제외한 동일장소에서 동일평면으로 5선 이상 교차시켜서는 안된다.

② 도로가 동일평면에서 교차하거나 접속하는 경우에는 필요에 따라 회전차선, 변속차 선 또는 교통섬을 설치하고, 가각부를 정리하여 적당한 시거가 확보되는 구조로 한다.

③ 회전차선 또는 변속차선을 설치하는 경우에는 당해 부분의 차선(회전차선 및 변속 차선을 제외한다)의 폭은 제4종 제1급 도로에 있어서는 3미터까지 제4종 제2급 또는 제3급 도로에 있어서는 2.75미터까지 축소할 수 있다.

④ 회전차선 및 변속차선의 폭은 3미터를 기준으로 한다.

⑤ 회전차선 또는 변속차선을 설치하는 경우에는 당해 도로의 설계속도에 따라 적절하 게 변이구간을 당해 도로에 접속하여 설치한다.

제29조(입체교차) ① 차선(등판차선, 회전차선 및 변속차선은 제외한다)의 수가 4 이상인 도로가 상호 교차하는 경우에는 당해 교차방식은 입체교차로 한다. 단, 교통의 상황으 로 부적당한 경우 또는 지형상황 등으로 부득이한 경우에는 그러하지 아니하다.

② 도로를 입체교차로 하는 경우에는 필요에 따라 교차하는 도로를 상호 연결하는 도 로(이하 "연결로"라 한다)를 설치한다.

③ 연결로에 대하여는 제5조 내지 제8조, 제13조, 제15조, 제17조, 제19조 내지 제21 조, 제23조 및 제25조의 규정은 이를 적용하지 아니한다.

제30조(철도 등과의 평면교차) ① 도로와 철도 또는 삭제, 궤도사업법에 의한 궤도(이하 "철도 등"이라 한다)와의 교차는 입체교차로 한다. 단. 교통의 상황 등으로 부득이한 경우에는 그러하지 아니하다.

② 도로가 철도 등과 동일한 평면에서 교차하는 경우에는 그 교차하는 도로는 다음 각 호에서 정하는 구조로 한다.

1. 교차각은 45도 이상으로 할 것.

2. 건널목의 양측에서 각각 30미터까지의 구간은 건널목을 포함하여 직선으로 하고, 그 구간의 차도의 종단구배는 2.5퍼센트 이하로 할 것. 단, 자동차 교통량이 매우 적은 부분이나 지형상황 등으로 부득이한 부분에는 그러하지 아니하다.

3. 가시구간의 길이(철도 건널목 전방 5미터 지점의 도로 중심선상 1.2미터 높에서 가장 멀리 떨어진 선로의 중심선을 볼 수 있는 곳까지의 길이를 선로방향으로 측정한 값을 말한다.)는 건널목에서 철도 등의 차량 최고 속도에 따라 다음 표의 오른쪽 난에서 정하는 값 이상으로 한다. 단, 건널목 차단기, 기타 보안설비가 설치되는 부분이나 자동차교통량과 철도 등의 운행횟수가 매우 적은 부분에 있어서는 그러하지 아니하다.

건널목에서의 철도 등의 최고속도 (킬로미터/시)	가시구간의 길이(단위 : 미터)
50 미만	110
50 이상 70 미만	160
70 이상 80 미만	200
80 이상 90 미만	230
90 이상 100 미만	260
100 이상 110 미만	300
110 이상	350

제31조(대피소) 제3종 제5급 도로에는 다음 각 호에서 정하는 바에 따라 대피소를 설치한다. 단, 교통의 지장을 초래할 우려가 적은 도로에 있어서는 그러하지 아니하다.

1. 대피소 상호구간의 거리는 300미터 이내로 할 것.

2. 대피소간의 도로의 대부분을 대피소에서 내다 볼 수 있도록 할 것.

3. 대피소의 길이는 20미터 이상으로 하고, 그 구간의 차도폭은 5미터 이상으로 할 것.

제32조(교통안전시설 등) ① 교통사고의 방지를 위하여 필요한 경우에는 횡단보도교(지하 횡단보도를 포함한다), 책, 조명시설, 시선유도표, 긴급연락시설, 기타 이와 유사한 시

설을 설치한다.

② 도로의 부속물은 신체장애인 등의 통행의 편의를 고려하여 설치하거나 이들을 위한 별도의 시설을 마련하여 설치한다. 단, 교통의 상황으로 부적당한 경우 또는 지형상황 등으로 부득이한 경우에는 그러하지 아니하다

제33조(주차장 등) 안전하고 원활한 교통을 확보하고, 공중의 편리를 도모하기 위하여 필요한 경우에는 주차장, 버스정류장, 비상주차대, 기타 이와 유사한 시설을 설치한다

제34조(방설시설 기타 방호시설) ① 눈사태, 비설 또는 적설로 인하여 교통에 지장을 줄 우려가 있는 부분에는 설복공, 유설구, 융설시설, 기타 이와 유사한 시설을 설치한다.

② 낙석, 붕괴, 파랑 등으로 인하여 교통에 지장을 주거나 도로구조에 손상을 줄 우려가 있는 부분에는 책, 옹벽, 기타의 적당한 방호시설을 설치한다.

제35호(터널) ① 터널에는 안전하고, 원활한 교통을 확보하기 위하여 필요한 경우에는 당해 도로의 계획교통량 및 터널의 길이에 따라 적당한 환기시설과 당해 도로의 설계속도를 고려한 조명시설을 설치한다.

② 터널에서의 차량의 화재, 기타 사고로 인하여 교통에 위험을 초래할 우려가 있는 경우에는 필요에 따라 통보시설, 경보시설, 소화시설, 기타 비상용 시설을 설치한다.

제36조(환경시설대) 교통량이 많은 도로연변의 주거지역 또는 공공시설물 등의 양호한 환경보전을 위하여 필요한 지역에는 도로 바깥쪽에 환경시설대를 설치한다.

제37조(교량, 고가도로 등) ① 교량, 고가도로, 기타 이와 유사한 구조의 도로는 강구조 콘크리트구조 또는 이에 준하는 구조로 한다.

② 교량, 고가도로, 기타 이와 유사한 구조의 도로설계에 적용하는 설계기준 자동차 하중은 제1종 및 제2종 도로에서는 DB-24, DB-18 또는 이에 준하는 차선하중(DL), 기타의 도로에 있어서는 당해 도로의 자동차 교통상황에 따라 DB-24, DB-18, DB-13.5 또는 이들에 준하는 차선하중(DL)으로 한다.

제38조(설계기준자동차 하중) ① 설계기준 자동차 하중은 DB하중과 차선하중(DL)을 사용한다.

② 설계기준자동차의 DB하중의 크기 및 치수는 다음표에서 정하는 바와 같다.

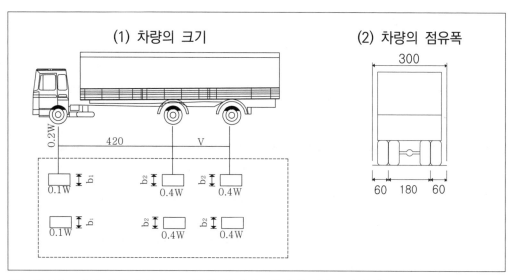

주) 1) V는 420내지 900으로 최대 응력을 생기게 하는 길이다.

2) W는 설계기준 자동차의 총중량이다.

3) 길이의 단위는 센티미터이다.

(3) DB하중의 크기

하중	총중량 (톤)	전륜하중 (킬로그램)	중륜하중 (킬로그램)	후륜하중 (킬로그램)	b_1전륜폭 (센티미터)	b_2후륜폭 (센티미터)	d차륜접지폭 (센티미터)
DB-24	43.2	2,400	9,600	9,600	12.5	50	20
DB-18	32.4	1,800	7,200	7,200	12.5	50	20
DB-13.5	24.3	1,350	5,400	5,400	12.5	50	20

③ 차선하중의 크기는 다음 표에서 정하는 바와 같다.

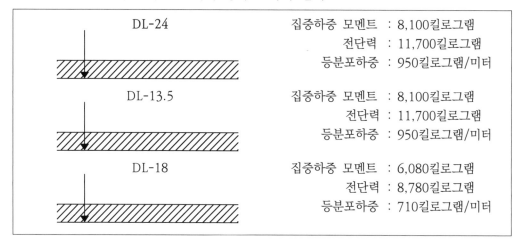

제39조(부대공사 등의 특례) 도로에 관한 공사로 인하여 필요하게 된 다른 도로에 관한 공사를 시행하거나 도로에 관한 공사 이외의 공사로 인하여 필요하게 된 도로에 관한 공사를 시행하는 경우에는 제4조 내지 제39조의 규정(제5조, 제8조, 제14조, 제19조 제2항, 제24조, 제27조, 제32조 및 제34조를 제외한다)에 의한 기준을 완화하여 적용할 수 있다.

제40조(도로의 구분이 변경되는 도로의 특례) 도로구역의 변경으로 제3조의 규정에 의한 도로구분이 변경되는 경우에 제4조 내지 제6조, 제7조 제1항, 제3항 및 제5항, 제8조 제2항 내지 제4항, 제6항 내지 제7항 및 제9항, 제10조 제1항, 제11조 제1항 및 제2항, 제12조, 제13조, 제17조, 제18조, 제19조 제1항, 제21조, 제23조 제2항, 제28조 제3항, 제31조 및 제37조 제2항의 규정을 적용함에 있어서 당해 변경 후의 구분을 당해 부분의 구분으로 본다.

제41조(소구간 개축인 경우의 특례) 도로교통에 현저한 장애가 있는 소구간에 대하여 응급조치로서 개축하는 경우에 제6조, 제7조 제3항 내지 제5항, 제10조, 제11조 제3항, 제12조 제3항 및 제4항, 제15조, 제17조 내지 제23조 및 제25조의 규정을 그대로 적용하는 것이 적당하지 아니하다고 인정하는 경우에는 이들 기준에 의하지 아니할 수 있다.

부 칙

① (시행일) 이 영은 1979. 11. 17일부터 시행한다.

② (경과조치) 이 영은 시행당시 신설 또는 개축공사를 시행중이거나 시행계획이 확정되어 실시설계가 끝난 도로에 있어서 이 영의 규정에 적합하지 아니한 부분이 있는 경우에는 해당부분에 대하여는 종전의 규정을 적용한다.

부록 3. 1990년 도로의 구조·시설 기준에 관한 규정

개정 1990. 5. 4 대통령령 제13001호

제1조(목적) 이 영은 도로법 제39조 고속국도법 제4조 및 유료도로법 제5조의 규정에 의하여 도로를 신설 또는 개축하는 경우의 도로의 구조 및 시설에 관한 일반적·기술적 기준을 정함을 목적으로 한다.

제2조(정의) 이 영에서 사용하는 용어의 정의는 다음 각 호와 같다.

1. "보도"라 함은 차량의 통행과 분리하여 보행자(소아차 및 신체장애인용 의자차를 포함한다. 이하 같다.)의 통행에 사용하기 위하여 연석, 울타리, 노면표시, 기타 이와 유사한 공작물을 구별하여 설치되는 도로의 부분을 말한다.

2. "자전거도"라 함은 자전거의 통행에 사용하기 위하여 연석, 울타리, 노면표시 기타 이와 유사한 공작물로 구분하여 설치되는 도로의 부분을 말한다.

3. "자전거 보행자도"라 함은 자전거 및 보행자의 통행에 사용하기 위하여 연석, 울타리, 노면표시, 기타 이와 유사한 공작물로 구별하여 설치되는 도로의 부분을 말한다.

4. "차도"라 함은 차량의 통행에 사용되는 도로의 부분(자전거도를 제외한다. 이하 같다.)을 말하며, 차로로 구성한다.

5. "차로"라 함은 1종렬의 자동차를 안전하고 원활하게 통행시키기 위하여 설치되는 띠 모양의 차도의 부분을 말하며, 이 경우 차로의 수는 왕복차로를 합한 것을 말한다.

6. "오르막차로"라 함은 상향 구배의 도로에서 속도가 현저하게 저하되는 차량을 다른 차량과 분리하여 통행시키기 위하여 설치되는 차로를 말한다.

7. "회전차로"라 함은 교차로 등에서 자동차를 우회전시키거나 좌회전시키기 위하여 직진하는 차로와 분리하여 설치되는 차로를 말한다.

8. "변속차로"라 함은 자동차를 가속시키거나 감속시키기 위하여 설치되는 차로를 말한다.

9. "중앙분리대"라 함은 차로를 왕복방향별로 분리하게 하고, 측방 여유를 확보하기 위하여 도로 중앙부에 설치되는 띠 모양의 분리대와 측대를 말한다.

10. "분리대"라 함은 차로를 왕복방향별 또는 동일방향별로 분리하기 위하여 설치되는 도로의 부분을 말한다.

11. "길어깨"라 함은 도로의 주요구조부를 보호하거나 차도의 효용을 유지하기 위하여 차도·보도·자전거도 또는 자전거 보행자도에 접속하여 설치되는 띠 모양의 도로의 부분을 말한다.

12. "측대"라 함은 자동차 운전자의 시선을 유도하게 하고, 측방 여유를 확보하도록 하기 위하여 차도에 접속하여 중앙분리대 또는 길어깨에 설치되는 띠 모양의 부분을 말한다.

13. "정차대"라 함은 차량의 정차에 공용하기 위하여 설치되는 띠 모양의 차도의 부분을 말한다.

14. "교통섬"이라 함은 차량의 안전하고 원활한 교통을 확보하거나, 보행자의 안전한 도로 횡단을 위하여 교차로 또는 차도의 분기점 등에 설치되는 섬 모양의 시설을 말한다.

15. "노상시설"이라 함은 도로의 부속물(공동구를 제외한다. 이하 같다)로서, 보도·자전거도·자전거 보행자도·중앙분리대·길어깨 및 환경시설대 등에 설치되는 시설을 말한다.

16. "도시지역"이라 함은 시가지를 형성하고 있는 지역 또는 그 지역 발전추세로 보아 시가지로 형성될 가능성이 있는 지역을 말한다.

17. "지방지역"이라 함은 도시지역 외의 지역을 말한다.

18. "계획교통량"이라 함은 계획·설계할 도로가 통과하는 지역의 발전 및 장래의 자동차의 교통상황 등을 참작하여 계획목 연도에 당해 도로를 통과할 것으로 예상되는 자동차의 연평균 1일 교통량을 말한다.

19. "설계시간교통량"이라 함은 도로설계의 기초로 하기 위하여 계획·설계할 도로에 대한 장래 계획목표연도의 자동차의 시간당 교통량을 말한다.

20. "설계속도"라 함은 도로설계의 기초가 되는 자동차의 속도를 말한다.

21. "정지시거"라 함은 차로(차로가 없는 경우에는 당해 차도를 말한다. 이하 같다.)의 중심선상 1.0 미터 높이에서 당해 차로의 중심선상에 있는 높이 15 센티미터의 물체의 정점을 볼 수 있는 거리를 당해 차로의 중심선에 따라 측정한 길이를 말한다.

22. "환경시설대"라 함은 도로 연변의 환경보전을 위하여 도로 바깥쪽에 설치되는 녹지대 등의 시설이 설치된 지역을 말한다.

제3조(도로의 구분) ① 도로는 자동차 전용도로와 일반도로로 구분하되, 자동차 전용도로는 그 소재지역에 따라, 일반도로는 그 소재지역과 기능에 따라 각각 다음 표와 같이 세분한다.

구 분	지방지역	도시지역
자동차 전용도로	고속도로	도시고속도로
일반도로	주 간선도로 보조 간선도로 집산도로 국지도로	주 간선도로 보조 간선도로 집산도로 국지도로

② 일반도로 중 지방지역에 소재하는 일반도로에 대한 도로의 종류 및 등급은 다음 표와 같다.

일 반 도 로	도로의 종류 및 등급
주 간선도로 보조 간선도로 집산도로 국지도로	국 도 국도 또는 지방도 지방도 또는 군도 군 도

제4조(설계기준차량) ① 도로를 설계함에 있어서 고속도로·도시고속도로 및 주 간선도로에 대하여는 세미트레일러 연결차(자동차의 전차 축이 없는 피견인차의 겹합체로서 피견인차의 일부가 자동차에 얹혀지고, 피견인차 및 적재물 중량의 상당한 부분이 자동차에 의하여 지지되고 있는 것을 말한다. 이하 같다.)가 안전하고 원활하게 통행할 수 있도록 하고, 그 외의 도로에 대하여는 소형 및 중·대형자동차 안전하고 원활하게 통행할 수 있도록 하여야 한다.

② 도로구조설계의 기초가 되는 자동차(이하 "설계기준차량"이라 한다.)의 종별 제원은 각각 다음 표와 같다.

(단위 : 미터)

제 원 자동차 종별	길이	폭	높이	축거	앞내민 길이	뒷내민 길이	최소 회전반경
소형 자동차	4.7	1.7	2.0	2.7	0.8	1.2	6.0
중·대형자동차	13.0	2.5	4.0	6.5	2.5	4.0	12.0
세미트레일러 연 결 차	16.7	2.5	4.0	전축거4.2 후축거9.0	1.3	2.2	12.0

비고) 1. 축거 : 앞바퀴축의 중심으로 부터 뒷바퀴축의 중심까지의 거리를 말한다.

2. 앞내민 길이 : 차량의 전면으로 부터 앞바퀴축의 중심까지의 거리를 말한다.

3. 뒷내민 길이 : 뒷바퀴축의 중심으로 부터 차량의 후면까지의 거리를 말한다.

제5조(설계속도) 설계속도는 도로의 구분에 따라 다음 표의 속도 이상으로 한다. 단, 지형 상황 등을 참작하여 부득이하다고 인정하는 경우에는 다음 표의 속도에서 20 킬로미터를 뺀 속도를 설계속도로 할 수 있다.

(단위 : 킬로미터/시)

구 분			설계속도
지방지역	고속도로	평 지	120
		산 지	100
	주 간선도로	평 지	80
		산 지	60
	보조 간선도로	평 지	70
		산 지	50
	집산도로	평 지	60
		산 지	50
	국지도로	평 지	50
		산 지	40
도시지역	도시고속도로		100
	주 간선도로		80
	보조 간선도로		60
	집산도로		50
	국지도로		40

제6조(차로 및 차도) ① 도로의 차로수는 도로의 기능, 지형, 설계시간교통량, 설계서비스수준 등을 참작하여 정하여야 한다.

② 차로의 폭은 노면표시의 중심선에서 중심선까지로 하며, 도로의 설계속도에 따라 다음 표의 폭 이상으로 하여야 한다. 단, 도시지역의 도로에 있어서 도로의 지형 등으로 인하여 부득이하다고 인정하는 경우에는 설계속도가 매시 80 킬로미터인 도로의 차로폭을 3.25미터 이상으로, 설계속도 매시 60킬로미터인 도로의 차로폭을 3.0미터 이상으로 할 수 있다.

(단위 : 미터)

설계속도(킬로미터/시)	차로의 최소 폭
80 이상	3.5
60 이상 80 미만	3.25
60 미만	3.0

③ 제2항의 규정에 불구하고 회전차로(좌회전차로, 우회전차로, 유턴차로를 말한다)의 폭은 2.75미터 이상으로 할 수 있다.

제7조(차로의 분리 등) ① 4차로(오르막차로, 회전차로 및 변속차로를 제외한다. 이하 같다.) 이상의 도로(대향차로를 설치하지 아니하는 도로를 제외한다.)에는 차로를 왕복방향별로 분리하기 위한 중앙분리대를 설치하거나 노면표시를 하여야 한다.

② 중앙분리대의 폭은 각 도로별로 다음 표의 폭 이상으로 한다.

(단위: 미터)

구 분	중앙분리대의 최소 폭
고 속 도 로	3.0
도시고속도로	2.0
일 반 도 로	1.5

③ 중앙분리대의 분리대는 연석, 기타 이와 유사한 공작물로 도로의 다른 부분과 구분되도록 설치하여야 한다.

④ 중앙분리대의 측대의 폭은 50센티미터 이상으로 한다.

⑤ 중앙분리대 중의 분리대에 노상시설을 설치하는 경우에 당해 중앙분리대의 폭은 제13조의 규정에 의한 건축한계를 참작하여 정하여야 한다.

⑥ 차로를 왕복방향별로 분리하기 위하여 노면표시를 하는 경우 각 노면표시 간의 간격은 30센티미터 이상으로 한다.

제8조(길어깨) ① 도로에는 차도와 접속하여 차도의 우측에 길어깨를 설치하여야 한다. 단, 차도에 정차대가 접속되어 있는 경우에는 그러하지 아니하다.

② 제1항의 규정에 의한 길어깨의 폭은 도로의 설계속도와 구분에 따라 다음 표의 폭 이상으로 한다.

다만, 지형상 부득이하다고 인정하는 경우에는 길어깨의 폭은 0.75 미터 이상으로, 오르막차로 또는 변속차로를 설치하는 부분과 일방향 2차로 이상인 교량, 터널 고가도로 및 지하차도의 길어깨의 폭은 0.5 미터이상으로 할 수 있다.

(단위 : 미터)

설계속도(킬로미터/시)	구 분	차도 우측에 설치하는 길어깨의 최소폭
80 이상	고 속 도 로	3.0
	도시고속도로	2.0
	일 반 도 로	2.0
60 이상 80 미만	일반도로	1.75
50 이상 60 미만	일반도로	1.25
50 미만	일반도로	1.0

③ 일방통행 도로 등 분리도로의 차도 좌측에 설치하는 길어깨의 폭은 도로의 설계속도와 구분에 따라 다음 표의 폭 이상으로 한다.

(단위: 미터)

설계속도(킬로미터/시)	구 분	차도 좌측에 설치하는 길어깨의 최소폭
80 이상	자동차 전용도로	1.0
	일반도로	0.75
80 미만		0.5

④ 보도, 자전거도 또는 자전거 보행자도를 설치하는 도로에 있어서 주요구조부의 보호나 차도의 효용유지에 지장이 없다고 인정하는 경우에는 차도에 접속하는 길어깨를 설치하지 아니하거나 그 폭을 축소할 수 있다.

⑤ 도로의 차도에 접속하는 길어깨에는 측대를 설치하여야 한다. 이 경우 측대의 폭은 도로의 설계속도에 따라 다음 표의 폭 이상으로 한다.

(단위 : 미터)

설계속도(킬로미터/시)	측대의 최소 폭
80 이상	0.5
80 미만	0.25

⑥ 도로의 주요구조부를 보호하기 위하여 필요하다고 인정하는 경우에는 보도, 자전거도 및 자전거 보행자도에 접속하여 바깥쪽으로 길어깨를 설치하여야 한다.

⑦ 차도에 접속하는 길어깨에 노상시설을 설치하는 경우에 당해 노상시설의 폭은 이를 길어깨의 폭에 삽입하지 아니한다.

제9조(적설지역 도로의 중앙분리대 및 길어깨의 폭) 적설지역에 있는 도로의 중앙분리대 및 길어깨의 폭은 제설작업을 참작하여야 한다.

제10조(정차대) ① 도시부의 도로에 있어서 자동차의 정차로 인한 차량의 통행장애를 방지하기 위하여 필요하다고 인정하는 경우에는 차도의 우측에 정차대를 설치하여야 한다.
② 정차대의 폭은 2.5미터로 한다.

제11조(자전거도 등) ① 안전하고 원활한 교통의 확보를 위하여 차량과 자전거 또는 차량과 자전거 및 보행자의 통행을 분리할 필요가 있다고 인정하는 경우에는 도로의 양측에 자전거도 또는 자전거보행자도(이하 "자전거도 등"이라 한다.)를 설치하여야 한다. 단, 지형상황 등으로 인하여 부득이하다고 인정하는 경우에는 그러하지 아니하다.
② 자전거도 등의 폭은 3미터이상으로 한다. 단, 지형상황 등으로 인하여 부득이하다고 인정하는 경우에는 자전거도 등의 폭을 1.5 미터 (길이 100미터 이상인 터널에 있어서는 1미터) 이상으로 할 수 있다.

③ 자전거도 등에 노상시설을 설치하는 경우에는 당해 자전거도 등의 폭은 제13조의 규정에 의한 건축한계를 참작하여 정하여야 한다.

제12조(보도) ① 안전하고 원활한 교통의 확보를 위하여 필요하다고 인정하는 경우에는 도로(고속도로 도시고속도로를 제외한다.)에 보도를 설치한다. 단, 지형상황 등으로 인하여 부득이하다고 인정하는 경우에는 그러하지 아니하다.

② 보도의 폭은 다음 표의 폭 이상으로 한다. 단, 보행자 교통량이 적거나 지형상황 등으로 인하여 부득이하다고 인정하는 경우에는 보도의 폭을 1미터 이상으로 할 수 있다.

(단위 : 미터)

구 분		보도의 최소폭
지방지역의 도로		1.5
도시지역	주 간선도로 및 보조 간선도로	3.0
	집산도로	2.25
	국지도로	1.5

③ 보도에 노상시설을 설치하는 경우 당해 보도의 폭은 제2항의 규정에 의한 보도의 폭에 당해 노상시설이 가로수인 경우에는 1.5미터를 기타의 시설인 경우에는 0.5 미터를 가산한 폭으로 한다. 단, 지형상황 등으로 인하여 부득이하다고 인정하는 경우에는 가산하지 아니한다.

제13조(건축한계) 차도·보도 및 자전거도 등의 건축한계는 별표 1과 같다.

제14조(곡선반경) 차도의 곡선부의 곡선반경은 당해 차도의 설계속도에 따라 다음 표의 길이 이상으로 한다.

(단위 : 미터)

설계속도(킬로미터/시)	최소 곡선 반경
120	710
100	460
80	280
70	200
60	140
50	90
40	60
30	30
20	15

제15조(곡선의 길이) 차도의 곡선부의 중심선 길이(완화곡선을 사용하는 경우에는 당해 완화곡선의 길이를 원곡선부에 가산한 길이를 말한다. 이하 "곡선의 길이"라 한다)는 다음표의 길이 이상으로 한다.

(단위 : 미터)

설계속도 (킬로미터/시간)	곡선의 최소길이	
	도로의 교각이 5도 미만인 경우	도로의 교각이 5도 이상인 경우
120	700 / θ	140
100	550 / θ	110
80	450 / θ	90
70	400 / θ	80
60	350 / θ	70
50	300 / θ	60
40	250 / θ	50
30	200 / θ	40
20	150 / θ	30

비고) θ는 도로 교각의 값(도)으로 2도 미만인 경우에는 2도로 한다.

제16조(곡선부의 편구배) 차도의 곡선부에는 당해 도로의 구분, 당해 도로가 위치하는 지역의 적설 정도, 당해 도로의 설계속도, 곡선반경, 지형상황 등을 참작하여 다음 표의 비율 이하의 편구배를 붙여야 한다. 단, 곡선반경의 길이에 비추어 보아 편구배가 필요 없다고 인정하거나 설계속도가 매시 60킬로미터 미만인 도시지역의 도로에 있어서 지형상황으로 인하여 부득이하다고 인정하는 경우에는 편구배를 붙이지 아니할 수 있다.

(단위 : 퍼센트)

구 분		최대 편구배
지방지역	적설한랭지역	6
	기타지역	8
도시지역		6

제17조(곡선부의 확폭) 차도의 곡선부의 각 차로의 폭은 당해 곡선부의 곡선반경에 따라 다음 표의 폭만큼 확폭하여야 한다.

다만, 6차로 이상의 도로에서 확폭은 내측(곡선의 중심에 가까운 편을 말한다.) 2차로에만 적용하되, 그중 바깥쪽 차로에는 다음 표의 확폭량의 0.8배에 해당하는 폭을 확폭하여야 한다.

곡 선 반 경		차 로 당 최소 확폭량
자동차 전용도로 주 간선도로 보조 간선도로	집산도로 국지도로	
150 이상 250 미만	100 이상 150 미만	0.25
100 이상 150 미만	55 이상 100 미만	0.50
70 이상 100 미만	40 이상 55 미만	0.75
50 이상 70 미만	30 이상 40 미만	1.00
	25 이상 30 미만	1.25
	20 이상 25 미만	1.50
	18 이상 20 미만	1.75
	15 이상 18 미만	2.00

제18조(완화곡선 및 완화구간) ① 자동차 전용도로의 전 구간 및 일반도로 중 설계속도가 매시 80킬로미터 이상인 도로의 곡선부에는 완화곡선을 설치하여야 한다.

② 완화곡선의 길이는 당해 도로의 설계속도에 따라 다음 표의 길이 이상으로 한다.

(단위 : 미터)

설계속도(킬로미터/시)	완화곡선의 최소 길이
120	70
100	60
80	50

③ 일반도로 중 설계속도가 매시 80 킬로미터 미만인 도로의 곡선부에는 완화구간을 설치하여 곡선부에 편구배를 붙이거나 확폭을 하여야 한다. 이 경우 완화구간의 길이는 다음 표의 길이 이상으로 한다.

(단위 : 미터)

설계속도(킬로미터/시)	완화구간의 최소 길이
70	40
60	35
50	30
40	25
30	20
20	15

비고) 3차로·4차로·6차로의 도로인 경우에는 위표의 길이의 1.2, 1.5, 2.0배에 해당하는 길이를 완화구간의 길이로 한다.

제19조(정지시거) ① 도로에는 당해도로의 설계속도에 따라 다음 표의 정지시거가 확보되도록 하여야 한다.

(단위 : 미터)

설계속도(킬로미터/시)	정지시거
120	280
100	200
80	140
70	110
60	85
50	65
40	45
30	30
20	20

② 2차로 도로(대향차로를 설치하지 아니한 도로를 제외한다.)에는 필요하다고 인정하는 경우에는 자동차의 앞지르기에 필요한 정지시거가 확보되는 구간을 두어야 한다.

제20조(종단구배) 차도의 종단구배는 당해 도로의 설계속도와 지형에 따라 다음 표의 종단구배란의 왼쪽 란의 비율 이하로 하여야 한다. 단, 지형상황 등으로 인하여 부득이하다고 인정하는 경우에는 종단구배란의 오른쪽 란의 비율 이하로 할 수 있다.

(단위 : 퍼센트)

설계속도 (킬로미터/시)	종 단 구 배	
	표 준	부득이한 경우
120	3	-
100	3	5
80	4	6
70	4	6
60	5	7
50	6	9
40	7	10
30	8	11
20	10	13

제21조(오르막차로) ① 종단구배가 5퍼센트(고속도로의 경우에는 3퍼센트)를 초과하는 차도의 구간에는 필요하다고 인정하는 경우에는 오르막차로를 설치하여야 한다. 단, 설계속도가 매시 40킬로미터 이하인 경우에는 오르막차로를 설치하지 아니할 수 있다.
② 오르막차로의 폭은 3미터로 하고, 본선차도에 붙여서 설치하여야 한다.

제22조(종단곡선) ① 차도의 종단구배가 변경되는 부분에는 종단곡선을 설치하여야 한다. ② 종단곡선의 변화비율은 당해 차도의 설계속도 및 당해 종단곡선의 형태에 따라 다음 표의 비율 이상으로 한다.

(단위 : 미터/퍼센트)

설계속도(킬로미터 /시)	곡 선 형	최소 종단곡선 변화비율
120	볼록곡선	190
	오목곡선	70
100	볼록곡선	100
	오목곡선	50
80	볼록곡선	50
	오목곡선	35
70	볼록곡선	30
	오목곡선	25
60	볼록곡선	20
	오목곡선	20
50	볼록곡선	10
	오목곡선	12
40	볼록곡선	5
	오목곡선	7
30	볼록곡선	3
	오목곡선	4
20	볼록곡선	1
	오목곡선	2

③ 종단곡선의 길이는 당해 도로의 설계속도에 따라 다음 표의 이상으로 한다.

(단위 : 미터)

설계속도(킬로미터/시)	종단 곡선의 최소길이
120	100
100	85
80	70
70	60
60	50
50	40
40	35
30	25
20	20

제23조(횡단구배) ① 편구배를 붙이는 구간을 제외한 차도와 길어깨 및 중앙분리대 (분리대를 제외한다.)에는 노면의 종류에 따라 다음표의 비율에 의한 횡단구배를 두어야 한다.

(단위 : 퍼센트)

노 면 의 종 류	횡 단 구 배
아스팔스 및 시멘트 포장도로	1. 5 이상 2.0 이하
간이포장도로	2. 0 이상 4.0 이하
비포장도로	3. 0 이상 6.0 이하

② 보도 또는 자전거도 등에는 특별한 경우를 제외하고는 2%의 횡단구배를 두어야 한다.

제24조(포장) ① 차도, 중앙분리대(분리대를 제외한다.) 차도에 접속하는 길어깨, 자전거도, 보도 등은 포장하여야 한다. 단, 교통량이 적거나 기타 특별한 사유로 인하여 포장을 할 필요가 없다고 인정하는 경우에는 그러하지 아니하다.

② 차도 및 측대의 포장은 아스팔트콘크리트 포장 또는 시멘 콘크리트 포장으로 하고 계획교통량, 자동차의 중량, 노상의 상태, 기상상황, 경제성 등을 고려하여 자동차가 안전하고 원활하게 통행할 수 있는 구조로 하여야 한다. 단, 교통량이 적거나 기타 특별한 사정이 있는 경우에는 아스팔트콘크리트 포장 또는 시멘트콘크리트 포장을 아니할 수 있다.

제25조(배수시설) 도로에는 필요하다고 인정하는 경우에는 측구 기타 적당한 배수시설을 설치하여야 한다.

제26조(평면교차 또는 접속) ① 도로는 역전광장 등 특별한 부분을 제외하고는 동일장소에서 동일평면으로의 교차는 네 갈래 이하에 한한다.

② 도로가 동일평면에서 교차하거나 접속하는 경우에는 필요에 따라 회전차로, 변속차로 또는 교통섬을 설치하고, 가각부를 곡선으로 정리하여 적당한 정지시거와 교통안전이 확보되도록 하여야 한다.

③ 회전차로 및 변속차로의 폭은 3미터로 하되, 필요하다고 인정하는 경우에는 3 미터에 0.25미터를 가감할 수 있다.

④ 회전차로 및 변속차로를 설치하는 경우에는 당해 도로의 설계속도에 따라 적절한 변이구간을 설치하여야 한다.

제27조(입체교차) ① 4차로 이상의 도로가 상호 교차하는 경우, 당해 교차방식은 입체교차로 하여야 한다. 단, 교통상황 또는 지형상황 등으로 인하여 부득이 하다고 인정하는 경우에는 그러하지 아니하다.

② 도로를 입체교차로 하는 경우에 필요하다고 인정하는 때에는 교차도로를 서로 연결하는 도로(이하 "연결로"라 한다.)를 설치하여야 한다.

③ 연결로에 대하여는 제5조 내지 제8조, 제13조, 제14조, 제16조, 제18조 내지 제20조 및 제22조의 규정은 이를 적용하지 아니한다.

제28조(철도 등과의 평면교차) ① 도로와 철도 또는 삭도·궤도 사업법에 의한 궤도(이하 "철도 등"이라 한다.)와의 교차는 입체교차로 한다. 단, 교통상황 또는 지형상황 등으로 인하여 부득이하다고 인정하는 경우에는 그러하지 아니하다.

② 도로가 철도 등과 동일한 평면에서 교차하는 경우에는 당해 도로는 다음 각 호의 구조로 하여야 한다.

1. 교차각은 45도 이상으로 할 것.

2. 건널목의 양측에서 각각 30미터 이내의 구간(건널목 부분을 포함한다.)은 직선으로 하고, 그 구간의 도로의 종단구배는 2.5퍼센트 이하로 할 것. 단, 자동차 교통량이 적거나 지형상황 등으로 인하여 부득이하다고 인정하는 경우에는 그러하지 아니하다.

3. 가시구간의 길이(건널목 전방 5미터 지점의 도로 중심선상 1.0미터 높이에서 가장 멀리 떨어진 선로의 중심선을 볼 수 있는 곳까지의 길이를 선로 방향으로 측정한 길이를 말한다.)는 건널목에서 철도 등의 차량의 최고속도에 따라 다음 표의 길이 이상으로 할 것. 단, 건널목차단기, 기타 보안설비가 설치되는 부분이나 자동차 교통량과 철도 등의 운행횟수가 적은 부분에 있어서는 그러하지 아니하다.

(단위 : 미터)

건널목에서의 철도 등의 차량최고속도(킬로미터/시간)	가시구간의 최소길이(미터)
50 미만	110
50 이상 70 미만	160
70 이상 80 미만	200
80 이상 90 미만	230
90 이상 100 미만	260
100 이상 110 미만	300
110 이상	350

제29조(양보차로) 2차로 도로에는 필요하다고 인정하는 경우에는 양보차로를 설치하여야 한다.

제30조(교통안전시설 등) ① 교통사고의 방지를 위하여 필요하다고 인정하는 경우에는 횡단보도육교(지하 횡단보도를 포함한다.), 방호울타리, 조명시설, 시선 유도표지, 도로 반사경, 표지병, 충격 흡수시설, 과속방지시설 등의 교통안전시설을 설치하여야 한다.

② 도로의 부속물은 신체장애인 등의 통행 편의를 참작하여 설치하거나, 신체장애인들을 위한 별도의 시설을 설치하여야 한다. 단, 교통상황 또는 지형상황 등으로 인하여

부득하다고 인정하는 경우에는 그러하지 아니하다.

제31조(주차장 등) 안전하고 원활한 교통의 확보 또는 공중의 편의를 위하여 필요하다고 인정하는 경우에는 도로에 주차장, 버스정류시설, 비상주차대, 긴급 제동시설, 기타 이와 유사한 시설을 설치하여야 한다.

제32조(방호시설 및 제설시설) 낙석, 붕괴, 파랑 등으로 인하여 교통에 지장을 주거나 도로구조에 손상을 줄 우려가 있는 부분에는 울타리, 옹벽, 기타 적당한 방호시설을 설치하여야 한다.

제33조(터널) ① 터널에는 안전하고 원활한 교통의 확보를 위하여 필요하다고 인정하는 경우에는 당해 도로의 계획 교통량, 설계속도 및 터널의 길이를 참작하여 환기시설 및 조명시설을 설치하여야 한다.
② 터널에서의 차량의 화재, 기타 사고로 인하여 교통에 위험을 초래할 우려가 있다고 인정하는 경우에는 통신시설, 경보시설, 소화시설, 기타의 비상용 시설을 설치하여야 한다.

제34조(환경시설대 등) 교통량이 많은 도로연변의 주거지역, 정숙을 요하는 시설 또는 공공시설 등의 환경보존을 위하여 필요하다고 인정하는 지역에는 도로 바깥쪽에 환경시설대 또는 방음시설을 설치하여야 한다.

제35조(교량, 고가도로 등) ① 교량 고가도로, 기타 이와 유사한 구조의 도로는 강구조 콘크리트구조, 기타 이에 준하는 구조로 하여야 한다.
② 제1항의 규정에 의한 도로의 구조설계에 적용하는 설계기준 자동차 하중은 차량하중 및 차로하중으로 한다.
③ 제2항의 규정에 의한 차량하중 및 차로하중의 기준은 별표 2와 같다.

제36조(부대공사 등의 특례) 이 영의 규정은 도로, 기타 시설에 관한 공사에 부대하여 일시적으로 사용할 목적으로 설치하는 도로에 관하여는 이를 적용하지 아니하거나 동 규정에 의한 기준을 완화하여 적용할 수 있다.

제37조(사실상의 도로 등에 관한 적용특례) 이 영의 규정은 도로법에 의한 도로 외의 도로(2차로 이상의 도로에 한한다)에 대하여도 당해 도로의 설치목적·기능 등을 참작하여 이를 적용할 수 있다.

제38조(도시지역 도로의 세부시설 기준) 도시지역의 도로의 세부시설 기준에 관하여 필요한 사항은 건설부 장관이 정하는 바에 의한다.

[별표 1] 차도 및 보도 등의 건축한계(제13조 관련)

1. 차도의 건축한계

접속하여 길어깨가 되어 있는 차도		접속하여 길어깨가 설치되어 있지 아니한 도로의 차도	차도중에 분리대 또는 교통섬과 관계가 있는 부분
터널 및 길이 100미터 이상인 교량을 제외한 부분	터널 및 길이 100미터 이상인 교량		
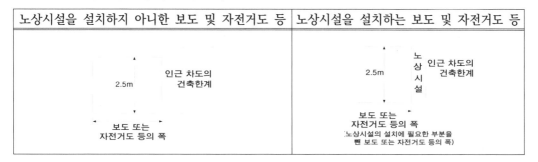			

(비고) H (통과높이) : 4.5미터. 다만, 집산도로 또는 국지도로에 있어서는 지형상황 등으로 인하여 부득이하다고 인정하는 경우에는 4.2미터(대형자동차의 교통량이 현저히 적고, 당해 도로 인근에 대형자동차가 우회할 수 있는 도로가 있는 경우에는 3미터)로 할 수 있다.

a 및 e : 차도에 접속하는 길어깨의 폭, 다만, a가 1미터를 초과하는 경우에는 1미터로 한다.

b : H(4.0미터미만인 경우에는 4.0미터)에서 4.0미터를 뺀 값

c 및 d : 분리대와 관계가 있는 것에 있어서는 도로의 구분에 따라 각각 다음표에 정하는 값으로 하고, 교통섬과 관계가 있는 것에 있어서는 c는 0.25미터, d는 0.5미터로 한다.

(단위 : 미터)

구 분	c	d
고 속 도 로	0.25 이상 0.5 이하	0.75 이상 1.0 이하
도시고속도로	0.25	0.75
일 반 도 로	0.25	0.5

2. 보도 및 자전거도 등의 건축한계

노상시설을 설치하지 아니한 보도 및 자전거도 등	노상시설을 설치하는 보도 및 자전거도 등
2.5m · 인근 차도의 건축한계 / 보도 또는 자전거도 등의 폭	2.5m · 노상시설 · 인근 차도의 건축한계 / 보도 또는 자전거도 등의 폭 (노상시설의 설치에 필요한 부분을 뺀 보도 또는 자전거도 등의 폭)

부록 4. 1999년 도로의 구조·시설 기준에 관한 규칙

제정 1999. 8. 9 건설교통부령 제206호

제1조(목적) 이 규칙은 도로법 제39조의 규정에 의하여 도로를 신설하거나 개량하는 경우 그 도로의 구조 및 시설에 적용되는 최소한의 기준을 규정함을 목적으로 한다.

제2조(정의) 이 규칙에서 사용하는 용어의 정의는 다음 각 호와 같다.

1. "자동차"라 함은 도로교통법 제2조 제14호의 규정에 의한 자동차(이륜자동차를 제외한다)를 말한다.
2. "설계기준자동차"라 함은 도로구조설계의 기준이 되는 자동차를 말한다.
3. "세미트레일러"라 함은 앞차 축이 없는 피견인차와 견인차의 결합체로서 피견인차와 적재물 중량의 상당한 부분이 견인차에 의하여 지지되도록 연결되어 있는 자동차를 말한다.
4. "고속도로"라 함은 도로법 제12조의 규정에 의한 고속국도와 자동차에 한하여 이용이 가능한 도로로서 중앙분리대에 의하여 양방향이 분리되고 입체교차를 원칙으로 하며 설계속도가 시속 80킬로미터 이상인 도로를 말한다.
5. "일반도로"라 함은 도로법에 의한 도로(고속도로를 제외한다)로서 그 기능에 따라 주 간선도로, 보조 간선도로, 집산도로 및 국지도로로 구분되는 도로를 말한다.
6. "도로의 계획목표연도"라 함은 도로를 계획하거나 설계하는 때에 예측된 교통량에 따라 도로를 건설하여 적절하게 유지·관리하는 경우 적징한 수준 이상의 기능이 유지될 수 있을 것으로 보는 기간(도로의 계획 또는 설계시를 시점으로 한다)의 범위를 말한다.
7. "도로의 설계서비스 수준"이라 함은 도로를 계획하거나 설계하는 때의 기준으로서 도로의 통행속도, 교통량과 교통용량의 비율, 교통밀도와 교통량 등에 따른 도로운행상태의 질을 말한다.
8. "계획교통량"이라 함은 도로의 계획목표연도에 그 도로를 통행할 것으로 예상되는 자동차의 연평균 1일 교통량을 말한다.
9. "설계시간교통량"이라 함은 도로의 계획목표연도에 그 도로를 통행할 시간당 자동차의 대수를 말한다.

10. "도시지역"이라 함은 시가지를 형성하고 있는 지역이나 그 지역의 발전 추세로 보아 시가지로 형성될 가능성이 높은 지역을 말한다.

11. "지방지역"이라 함은 도시지역 외의 지역을 말한다.

12. "설계속도"라 함은 도로설계의 기초가 되는 자동차의 속도를 말한다.

13. "차로"라 함은 자동차가 도로의 정하여진 부분을 한 줄로 통행할 수 있도록 차선에 의하여 구분되는 차도의 부분을 말한다.

14. "차로수"라 함은 양방향 차로(오르막차로, 회전차로, 변속차로 및 양보차로를 제외한다)의 수를 합한 것을 말한다.

15. "차도"라 함은 자동차의 통행에 사용되며 차로로 구성된 도로의 부분을 말한다.

16. "차선"이라 함은 차로와 차로를 구분하기 위하여 그 경계지점에 표시하는 선을 말한다.

17. "오르막차로"라 함은 오르막 구간에서 저속 자동차를 다른 자동차와 분리하여 통행시키기 위하여 설치하는 차로를 말한다.

18. "회전차로"라 함은 자동차가 우회전, 좌회전 또는 유턴을 할 수 있도록 직진하는 차로와 분리하여 설치하는 차로를 말한다.

19. "변속차로"라 함은 자동차를 가속시키거나 감속시키기 위하여 설치하는 차로를 말한다.

20. "측대"라 함은 운전자의 시선을 유도하고 옆부분의 여유를 확보하기 위하여 중앙분리대 또는 길어깨에 차도와 동일한 횡단구배와 구조로 차도에 접속하여 설치하는 부분을 말한다.

21. "분리대"라 함은 차도를 통행의 방향에 따라 분리하거나 성질이 다른 같은 방향의 교통을 분리하기 위하여 설치하는 도로의 부분이나 시설물을 말한다.

22. "중앙분리대"라 함은 차도를 통행의 방향에 따라 분리하고 옆부분의 여유를 확보하기 위하여 도로의 중앙에 설치하는 분리대와 측대를 말한다.

23. "길어깨"라 함은 도로를 보호하고 비상시에 이용하기 위하여 차도에 접속하여 설치하는 도로의 부분을 말한다.

24. "주 정차대"라 함은 자동차의 주차 또는 정차에 이용하기 위하여 도로에 접속하여 설치하는 부분을 말한다.

25. "노상시설"이라 함은 보도, 자전거도로, 중앙분리대, 길어깨 또는 환경시설대 등에 설치하는 표지판 및 방호울타리 등 도로의 부속물(공동구를 제외한다. 이하 같다)을 말한다.

26. "시설한계"라 함은 자동차나 보행자 등의 교통안전을 확보하기 위하여 일정한 폭

과 높이 안쪽에는 시설물을 설치하지 못하게 하는 도로 위의 공간확보의 한계를 말한다.

27. "완화곡선"이라 함은 직선부와 평면곡선 사이 또는 평면곡선과 평면곡선 사이에서 자동차의 원활한 주행을 위하여 설치하는 곡선으로서 곡선상의 위치에 따라 곡선 반경이 변하는 곡선을 말한다.

28. "횡단구배"라 함은 도로의 진행방향에 직각으로 설치하는 구배로서 도로의 배수를 원활하게 하기 위하여 설치하는 구배와 평면곡선부에 설치하는 편구배를 말한다.

29. "편구배"라 함은 평면곡선부에서 자동차가 원심력에 저항할 수 있도록 하기 위하여 설치하는 횡단구배를 말한다.

30. "종단구배"라 함은 도로의 진행방향 중심선의 길이에 대한 높이의 변화 비율을 말한다.

31. "정지시거"라 함은 운전자가 같은 차로 상에 고장차 등의 장애물을 인지하고 안전하게 정지하기 위하여 필요한 거리로서 차로 중심선상 1미터의 높이에서 그 차로의 중심선에 있는 높이 15센티미터의 물체의 맨 윗부분을 볼 수 있는 거리를 그 차로의 중심선에 따라 측정한 길이를 말한다.

32. "앞지르기시거"라 함은 2차로 도로에서 저속 자동차를 안전하게 앞지를 수 있는 거리로서 차로의 중심선상 1미터의 높이에서 반대쪽 차로의 중심선에 있는 높이 1.2미터의 반대쪽 자동차를 인지하고 앞차를 안전하게 앞지를 수 있는 거리를 도로 중심선에 따라 측정한 길이를 말한다.

33. "교통섬"이라 함은 자동차의 안전하고 원활한 교통처리나 보행자 도로횡단의 안전을 확보하기 위하여 교차로 또는 차도의 분기점 등에 설치하는 섬 모양의 시설을 말한다.

34. "연결로"라 함은 입체도로에서 서로 교차하는 도로를 연결하거나 서로 높이 차이가 있는 도로를 연결하여 주는 도로를 말한다.

35. "환경시설대"라 함은 도로 주변 지역의 환경보전을 위하여 길어깨의 바깥쪽으로 설치하는 녹지대 등의 시설이 설치된 지역을 말한다.

제3조(도로의 구분) ① 도로는 고속도로 및 일반도로로 구분한다.

② 고속도로 중 도시지역에 소재하는 고속도로는 도시고속도로로 한다.

③ 지방지역에 소재하는 일반도로의 기능별 구분에 상응하는 도로법 제11조의 규정에 의한 도로의 종류는 다음 표와 같다.

일반도로(지방지역 소재)	도로의 종류
주 간선도로	국도
보조 간선도로	국도 또는 지방도
집산도로	지방도 또는 군도
국지도로	군도

제4조(고속도로 및 자동차 전용도로의 출입 등의 기준) 고속도로와 도로법 제54조의 3의 규정에 의하여 지정된 자동차 전용도로는 다음 각 호의 기준에 적합하여야 한다.

1. 교차하는 모든 도로와 입체교차가 될 것. 단, 지형상황 등을 고려하여 부득이하다고 인정되는 경우에는 평면교차를 허용할 수 있다.

2. 지정된 곳에 한하여 자동차만 출입이 허용되도록 할 것.

제5조(설계기준 자동차) ① 도로의 구분에 따른 설계기준 자동차는 다음 표와 같다. 단, 우회할 수 있는 도로(당해 도로의 기능 이상의 도로에 한한다)가 있는 경우에는 도로의 구분에 관계없이 대형 자동차 또는 소형 자동차를 설계기준 자동차로 할 수 있다.

도로의 구분	설계기준 자동차
고속도로 및 주 간선도로	세미트레일러
보조 간선도로 및 집산도로	세미트레일러 또는 대형 자동차
국지도로	대형자동차 또는 소형 자동차

②제1항의 규정에 의한 설계기준자동차의 종류별 제원은 다음 표와 같다.

제원(미터) 자동차 종류별	폭	높이	길이	축 간 거 리	앞내민 길 이	뒤내민 길 이	최소 회전 반경
소형자동차	1.7	2.0	4.7	2.7	0.8	1.2	6.0
대형자동차	2.5	4.0	13.0	6.5	2.5	4.0	12.0
세미트레일러	2.5	4.0	16.7	앞축간거리4.2 뒤축간거리9.0	1.3	2.2	12.0

비고) 1. 축간거리 : 앞바퀴 차축의 중심으로부터 뒷바퀴 차축의 중심까지의 길이를 말한다.

2. 앞내민길이 : 자동차의 앞면으로부터 앞바퀴 차축의 중심까지의 길이를 말한다.

3. 뒷내민길이 : 뒷바퀴 차축의 중심으로부터 자동차의 뒷면까지의 길이를 말한다.

제6조(도로의 계획목표연도) ① 도로를 계획하거나 설계하는 때에는 예측된 교통량에 맞추어 도로를 적절하게 유지·관리함으로써 도로의 기능이 원활하게 유지될 수 있도록 하기 위하여 도로의 계획목표연도를 설정하여야 한다.

② 도로의 계획목표연도는 20년 이내로 정하되, 그 기간의 설정에 있어서는 도로의 구분, 교통량 예측의 신뢰성, 투자의 효율성, 단계적인 건설의 가능성, 주변여건, 주변 지역의 사회·경제계획 및 도시계획 등을 고려하여야 한다.

제7조(도로의 설계서비스 수준) 도로를 계획하거나 설계하는 때에는 도로의 설계서비스 수준이 건설교통부 장관이 정하는 기준에 적합하도록 하여야 한다.

제8조(설계속도) 설계속도는 도로의 구분에 따라 다음 표의 속도 이상으로 한다. 단, 지형상황 및 경제성 등을 고려하여 필요한 경우에는 다음 표의 속도에서 시속 20킬로미터 범위 안의 속도를 뺀 속도를 설계속도로 할 수 있다.

도로의 구분	설계속도(킬로미터/시간)		
	지방지역		도시지역
	평지	산지	
고속도로	120	100	100
일반도로 주 간선도로	80	60	80
보조 간선도로	70	50	60
집산도로	60	40	50
국지도로	50	40	40

제9조(설계구간) ① 동일한 설계기준이 적용되어야 하는 도로의 설계구간은 주요교차로(인터체인지를 포함한다)나 도로의 주요시설물 사이의 구간으로 한다.

② 인접한 설계구간과의 설계속도의 차이는 시속 20킬로미터 이하가 되도록 하여야 한다.

제10조(차로) ① 도로의 차로수는 도로의 구분 및 기능, 설계시간교통량, 도로의 계획목표연도의 설계서비스 수준, 지형상황, 나누어지거나 합하여지는 도로의 차로수 등을 고려하여 정하여야 한다.

② 차로의 폭은 차선의 중심선에서 인접한 차선의 중심선까지로 하며, 도로의 구분, 설계속도 및 지역에 따라 다음 표의 폭 이상으로 한다. 단, 설계기준자동차 및 경제성을 고려하여 필요한 경우에는 차로폭을 3미터 이상으로 할 수 있다.

도로의 구분	차로의 최소 폭(미터)			
	지방지역			도시지역
고속도로	3.50			3.50
일반도로	설계속도 (킬로미터/시간)	80 이상	3.50	3.25
		70 이상	3.25	3.25
		60 이상	3.25	3.00
		60 미만	3.00	3.00

③ 회전차로의 폭은 3미터 이상을 원칙으로 하되, 필요하다고 인정되는 경우에는 2.75 미터 이상으로 할 수 있다.

④ 도로에는 도로교통법 제13조 2의 규정에 의하여 자동차의 종류 등에 따른 전용차로를 설치할 수 있다.

제11조(차로의 분리 등) ① 도로에는 차로를 통행의 방향별로 분리하기 위하여 분리대를 설치하거나 노면표시를 하여야 한다.

② 4차로 이상의 도로에 중앙분리대를 설치할 경우 그 폭은 도로의 구분 및 지역에 따라 다음 표의 값 이상으로 한다.

도로의 구분	중앙 분리대의 최소 폭(미터)	
	지방지역	도시지역
고속도로 일반도로	3.0 1.5	2.0 1.0

③ 중앙분리대의 분리대는 연석, 기타 이와 유사한 공작물로 도로의 다른 부분과 구분이 되도록 설치하여야 한다

④ 중앙분리대에는 측대를 설치하여야 한다. 이 경우 측대의 폭은 설계속도가 시속 80 킬로미터 이상인 경우는 0.5미터 이상으로, 시속 80킬로미터 미만인 경우는 0.25미터 이상으로 한다.

⑤ 중앙분리대의 분리대에 노상시설을 설치하는 경우 중앙분리대의 폭은 제17조의 규정에 의한 시설한계가 확보되도록 정하여야 한다.

⑥ 차로를 왕복방향별로 분리하기 위하여 노면표시를 하는 경우 각 노면표시의 중심간의 간격은 0.5미터 이상으로 한다.

제12조(길어깨) ① 도로에는 차도와 접속하여 길어깨를 설치하여야 한다. 단, 보도 또는 주정차대가 설치되어 있는 경우에는 이를 설치하지 아니할 수 있다.

② 차도의 오른쪽에 설치하는 길어깨의 폭은 도로의 구분과 설계속도에 따라 다음 표의 폭 이상으로 하여야 한다. 단, 오르막차로 또는 변속차로 등의 차로와 길어깨가 접속되는 구간에서는 0.5미터 이상으로 할 수 있다.

도로의 구분	차도 오른쪽 길어깨의 최소 폭(미터)		
	지방지역		도시지역
고속도로	3.00		2.00
일반도로	설계속도 (킬로미터/시간)	80 이상	2.00
			1.50
		60 이상 80 미만	1.50
			1.00
		60 미만	1.00
			0.75

③ 제2항의 규정에도 불구하고 터널, 교량, 고가도로 또는 지하차도의 길어깨의 폭은 고속도로의 경우에는 1미터 이상으로, 일반도로의 경우에는 0.5미터 이상으로 할 수 있다. 단, 길이 1천 미터 이상의 터널에서 오른쪽 길어깨의 폭을 2미터 미만으로 하는 경우에는 최소 750미터의 간격으로 비상주차대를 설치하여야 한다.

④ 일방통행도로 등 분리도로의 차도 왼쪽에 설치하는 길어깨의 폭은 도로의 구분과 설계속도에 따라 다음 표의 폭 이상으로 한다.

도로의 구분	차도 왼쪽 길어깨의 최소폭(미터)		
고속도로	1.00		
일반도로	설계속도 (킬로미터/시간)	80 이상	0.75
		80 미만	0.50

⑤ 길어깨에는 측대를 설치하여야 한다. 이 경우 측대의 폭은 설계속도가 시속 80킬로미터 이상인 경우에는 0.5미터 이상으로, 80킬로미터 미만인 경우에는 0.25미터 이상으로 한다.

⑥ 차도에 접속하여 노상시설을 설치하는 경우 노상시설의 폭은 길어깨의 폭에 포함되지 아니한다.

제13조(적설지역 도로의 중앙분리대 및 길어깨의 폭) 적설지역에 있는 도로의 중앙분리대 및 길어깨의 폭은 제설작업을 고려하여 정하여야 한다.

제14조(주정차대) ① 도시지역의 일반도로에 주정차대를 설치하는 경우에는 그 폭이 2.5 미터 이상이 되도록 하여야 한다. 단, 소형 자동차를 대상으로 하는 주 정차대의 경우에는 그 폭이 2미터 이상이 되도록 할 수 있다.

② 고속도로와 간선도로에 설치하는 버스정류장은 차도와 분리하여 별도로 설치하여야 한다.

제15조(자전거도로) ① 안전하고 원활한 교통의 확보를 위하여 자전거와 자동차 및 보행자의 통행을 분리할 필요가 있는 경우에는 자전거도로를 설치하여야 한다. 단, 지형상황 등으로 인하여 부득이하다고 인정되는 경우에는 그러하지 아니하다.

② 자전거도로의 구조와 시설기준에 관하여는 자전거 이용시설의 구조 ·시설기준에 관한 규칙이 정하는 바에 의한다.

제16조(보도) ① 보행자의 안전과 자동차 등의 원활한 통행을 위하여 필요하다고 인정되는 경우에는 도로에 보도를 설치하여야 한다. 이 경우 보도는 연석이나 방호울타리 등의 시설물을 이용하여 차도와 분리하여야 하고, 필요하다고 인정되는 지역에는 장애인, 노인, 임산부 등의 편의증진보장에 관한 법률에 의한 편의시설을 설치하여야 한다.

② 제1항의 규정에 의하여 차도와 보도를 구분하는 경우에는 다음 각 호의 기준에 의한다.

1. 차도에 접하여 연석을 설치하는 경우 그 높이는 25센티미터 이하로 할 것.

2. 연석의 앞면은 적절한 기울기를 유지하여야 하며, 윗면과 곡선으로 접속처리가 될 것.

3. 횡단보도에 접한 구간으로서 필요하다고 인정되는 지역에는 장애인, 노인, 임산부 등의편의증진 보장에 관한 법률에 의한 편의시설을 설치하여야 하며, 자전거도로에 접한 구간은 자전거의 통행에 불편이 없도록 할 것.

③ 보도의 폭은 보행자의 통행량을 고려하여 결정하되, 다음 표의 폭 이상으로 하여야 한다.

구 분		보도의 최소 폭(미터)
지 방 지 역 의 도 로		1.50
도시지역의 도로	간선도로	3.00
	집산도로	2.25
	국지도로	1.50

④ 보도에 노상시설을 설치하는 경우 보도의 폭은 제3항의 규정에 의하여 결정한 보도의 폭에 다음 각 호의 폭을 더한 값으로 한다. 단, 도시계획이나 주변 지장물 등으로 인하여 부득이하다고 인정되는 경우에는 그러하지 아니하다.

1. 노상시설이 가로수인 경우 : 1미터

2. 노상시설이 가로수 외의 시설인 경우 : 0.5미터

제17조(시설한계) 차도, 보도 및 자전거도로의 시설한계는 별표와 같다. 이 경우 도로의 종단구배 및 횡단구배를 고려하여 시설한계를 확보하여야 한다.

제18조(평면곡선반경) 차도의 평면곡선반경은 설계속도와 편구배에 따라 다음 표의 길이 이상으로 한다.

설계속도 (킬로미터/시간)	최소 평면곡선반경(미터)		
	적용 최대 편구배		
	6%	7%	8%
120	710	670	630
110	600	560	530
100	460	440	420
90	380	360	340
80	280	265	250
70	200	190	180
60	140	135	130
50	90	85	80
40	60	55	50
30	30	30	30
20	15	15	15

제19조(평면곡선의 길이) 평면곡선부의 차도 중심선의 길이(완화곡선이 있는 경우에는 그 길이를 포함한다)는 다음 표의 길이 이상으로 한다.

설계속도 (킬로미터/시간)	평면곡선의 최소 길이(미터)	
	도로의 교각이 5도 미만인 경우	도로의 교각이 5도 이상인 경우
120	$700 / \theta$	140
110	$650 / \theta$	130
100	$550 / \theta$	110
90	$500 / \theta$	100
80	$450 / \theta$	90
70	$400 / \theta$	80
60	$350 / \theta$	70
50	$300 / \theta$	60
40	$250 / \theta$	50
30	$200 / \theta$	40
20	$150 / \theta$	30

비고) θ는 도로 교각의 값(도)이며, 2도 미만인 경우에는 2도로 한다.

제20조(평면곡선부의 편구배) ① 차도의 평면곡선부에는 도로가 위치하는 지역, 적설 정도, 설계속도, 평면곡선 반경 및 지형상황 등에 따라 다음 표의 비율 이하의 최대 편구배를 두어야 한다.

구 분		최대 편구배(퍼센트)
지방지역	적설한랭 지역	6
	기타 지역	8
도시지역		6
연 결 로		8

② 제1항의 규정에 불구하고 다음 각 호의 1에 해당하는 경우에는 편구배를 두지 아니할 수 있다.

1. 평면곡선반경을 고려하여 편구배가 필요없는 경우

2. 설계속도가 시속 60킬로미터 이하인 도시지역의 도로에서 도로 주변과의 접근과 다른 도로와의 접속을 위하여 부득이하다고 인정되는 경우

③ 편구배의 회전축으로부터 편구배가 설치되는 차로수가 2개 이하인 경우의 편구배의 접속설치길이는 설계속도에 따라 다음 표의 편구배 최대 접속설치율에 의하여 산정된 길이 이상이 되어야 한다.

설계속도(킬로미터/시간)	편구배 최대 접속설치율
120	1 / 200
110	1 / 185
100	1 / 175
90	1 / 160
80	1 / 150
70	1 / 135
60	1 / 125
50	1 / 115
40	1 / 105
30	1 / 95
20	1 / 85

④ 편구배의 회전축으로부터 편구배가 설치되는 차로수가 2개를 초과하는 경우의 편구배의 접속설치길이는 제3항의 규정에 의하여 산정된 길이에 다음 표의 보정계수를 곱한 길이 이상이 되어야 하며, 노면의 배수가 충분히 고려되어야 한다.

편구배가 설치되는 차로수	접속설치길이의 보정계수
3	1.25
4	1.50
5	1.75
6	2.00

제21조(평면곡선부의 확폭) ① 차도 평면곡선부의 각 차로는 평면곡선반경 및 설계기준자동차에 따라 다음 표의 폭 이상을 확폭하여야 한다.

세미트레일러		대 형 자 동 차	
평면곡선반경(미터)	최소 확폭량 (미 터)	평면곡선반경(미터)	최소 확폭량 (미 터)
150 이상 ~ 280 미만	0.25	110 이상 ~ 200 미만	0.25
90 이상 ~ 150 미만	0.50	65 이상 ~ 110 미만	0.50
65 이상 ~ 90 미만	0.75	45 이상 ~ 65 미만	0.75
50 이상 ~ 65 미만	1.00	35 이상 ~ 45 미만	1.00
40 이상 ~ 50 미만	1.25	25 이상 ~ 35 미만	1.25
35 이상 ~ 40 미만	1.50	20 이상 ~ 25 미만	1.50
30 이상 ~ 35 미만	1.75	18 이상 ~ 20 미만	1.75
20 이상 ~ 30 미만	2.00	15 이상 ~ 18 미만	2.00

② 제1항의 규정에도 불구하고 차도 평면곡선부의 각 차로가 다음 각 호의 1에 해당하는 경우에는 확폭을 하지 아니할 수 있다.

1. 도시지역의 일반도로에서 도시계획이나 주변 지장물 등으로 인하여 부득이하다고 인정되는 경우
2. 설계기준 자동차가 소형 자동차인 경우

제22조(완화곡선 및 완화구간) ①설계속도가 시속 60킬로미터 이상인 도로의 평면곡선부에는 완화곡선을 설치하여야 한다.

② 완화곡선의 길이는 설계속도에 따라 다음 표의 값 이상으로 하여야 한다.

설계속도(킬로미터/시간)	완화곡선의 최소 길이(미터)
120	70
110	65
100	60
90	55
80	50
70	40
60	35

③ 설계속도가 시속 60킬로미터 미만인 도로의 평면곡선부에는 다음 표의 길이 이상의 완화구간을 두고 편구배를 설치하거나 확폭을 하여야 한다.

설계속도(킬로미터/시간)	완화곡선의 최소 길이(미터)
50	30
40	25
30	20
20	15

제23조(시거) ① 도로에는 그 도로의 설계속도에 따라 다음 표의 길이 이상의 정지시거를 확보하여야 한다.

설계속도(킬로미터/시간)	정지시거(미터)
120	280
110	250
100	200
90	170
80	140
70	110
60	85
50	65
40	45
30	30
20	20

② 2차로 도로에서 앞지르기를 허용하는 구간에서는 설계속도에 따라 다음 표의 길이 이상의 앞지르기시거를 확보하여야 한다.

설계속도(킬로미터/시간)	앞지르기 시거(미터)
80	540
70	480
60	400
50	350
40	280
30	200
20	150

제24조(종단구배) 차도의 종단구배는 도로의 구분, 지형상황과 설계속도에 따라 다음 표의 비율 이하로 하여야 한다. 단, 지형상황, 주변 지장물 및 경제성을 고려하여 필요하

다고 인정되는 경우에는 다음 표의 비율에 1퍼센트를 더한 값 이하로 할 수 있다.

설계속도 (킬로미터/시간)	최대 종단구배(퍼센트)							
	고속도로		간선도로		집산도로 및 연결로		국지도로	
	평지	산지	평지	산지	평지	산지	평지	산지
120	3	4						
110	3	5						
100	3	5	3	6				
90	4	6	4	6				
80	4	6	4	7	6	9		
70			5	7	7	10		
60			5	8	7	10	7	13
50			5	8	7	10	7	14
40			6	9	7	11	7	15
30					7	12	8	16
20							8	16

제25조(오르막차로) ① 종단구배가 있는 구간에서 자동차의 오르막 능력 등을 검토하여 필요하다고 인정되는 경우에는 오르막차로를 설치하여야 한다. 단, 설계속도가 시속 40킬로미터 이하인 경우에는 오르막차로를 설치하지 아니할 수 있다.

② 오르막차로의 폭은 본선의 차로폭과 같게 설치하여야 한다.

제26조(종단곡선) ① 차도의 종단구배가 변경되는 부분에는 종단곡선을 설치하여야 한다. 이 경우 종단곡선의 길이는 제2항의 규정에 의한 종단곡선의 변화비율에 의하여 산정한 길이와 제3항의 규정에 의한 종단곡선의 길이 중 큰 값의 길이 이상이어야 한다.

② 종단곡선의 변화비율은 설계속도 및 종단곡선의 형태에 따라 다음 표의 비율 이상으로 한다.

설계속도 (킬로미터/시간)	종단곡선의 형태	종단곡선 최소 변화비율 (미터/퍼센트)
120	볼록곡선	200
	오목곡선	70
110	볼록곡선	160
	오목곡선	60
100	볼록곡선	100
	오목곡선	50

설계속도 (킬로미터/시간)	종단곡선의 형태	종단곡선 최소 변화비율 (미터/퍼센트)
90	볼록곡선	75
	오목곡선	40
80	볼록곡선	50
	오목곡선	35
70	볼록곡선	30
	오목곡선	25
60	볼록곡선	20
	오목곡선	20
50	볼록곡선	10
	오목곡선	12
40	볼록곡선	5
	오목곡선	7
30	볼록곡선	3
	오목곡선	4
20	볼록곡선	1
	오목곡선	2

③ 종단곡선의 길이는 설계속도에 따라 다음 표의 길이 이상이어야 한다.

설계속도(킬로미터/시간)	종단곡선의 최소 길이(미터)
120	100
110	90
100	85
90	75
80	70
70	60
60	50
50	40
40	35
30	25
20	20

제27조(횡단구배) ① 차도의 횡단구배는 배수를 위하여 노면의 종류에 따라 다음 표의 비율로 하여야 한다. 단, 편구배가 설치되는 구간은 제20조의 규정에 의한다.

부록
4

노면의 종류	횡단구배(퍼센트)
아스팔트 및 시멘트 포장도로	1.5 이상 2.0 이하
간이포장도로	2.0 이상 4.0 이하
비포장도로	3.0 이상 6.0 이하

② 보도 또는 자전거도로에는 배수를 위하여 4퍼센트까지의 횡단구배를 둘 수 있다.

③ 길어깨의 횡단구배와 차도의 횡단구배의 차이는 시공성, 경제성 및 교통안전을 고려하여 8퍼센트 이하로 하여야 한다. 단, 교량 및 터널 등의 구조물 구간에서는 그 차이를 두지 아니할 수 있다.

제28조(포장) ① 차도, 측대, 길어깨, 보도 및 자전거도로 등은 안정성 및 시공성 등을 고려하여 적절한 두께 및 재질 등의 구조로 포장하여야 한다.

② 차도 및 측대는 교통량, 노상의 상태, 기후조건, 경제성, 시공성 및 유지관리 등을 고려하여 자동차가 안전하고 원활하게 통행할 수 있는 공법으로 포장하여야 한다.

③ 내리막 구배의 평면곡선부 등 도로의 선형 또는 시거로 인하여 짧은 제동거리가 요구되는 구간의 차도는 미끄럼에 대한 저항이 양호한 형태로 포장하거나 미끄럼방지를 위한 포장시설을 설치하여야 한다.

제29조(배수시설) ① 도로시설의 보전, 교통안전, 유지 보수 등을 위하여 도로에는 측구, 집수정 및 도수로 등 적절한 배수시설을 설치하여야 한다.

② 배수시설의 규격은 강우의 지속시간 및 강도와 지형상황에 따라 적절하게 결정되어야 한다.

③ 길어깨는 노면 배수로로 이를 활용할 수 있으며, 길어깨에 붙여서 측구를 설치하는 경우에는 교통안전을 위하여 윗면이 열린 측구를 설치하여서는 안된다.

제30조(도로의 교차) 도로의 교차는 특별한 경우를 제외하고는 네 갈래 이하로 하여야 한다.

제31조(평면교차와 그 접속기준) ① 교차하는 도로의 교차각은 직각에 가깝게 하여야 한다.

② 교차로의 종단구배는 3퍼센트 이하이어야 한다. 단, 주변 지장물과 경제성을 고려하여 필요하다고 인정되는 경우에는 이를 6퍼센트 이하로 할 수 있다.

③ 평면으로 교차하거나 접속하는 구간에서는 필요에 따라 회전차로, 변속차로, 교통섬 등의 도류화시설을 설치하여야 하며, 이에 관하여 필요한 사항은 건설교통부 장관이 따로 정한다.

④ 교차로에서 좌회전차로가 필요한 경우에는 직진 차로와 분리하여 이를 설치하여야 한다.

제32조(입체교차) ① 고속도로나 주 간선도로의 기능을 가진 도로가 다른 도로와 교차하는 경우 그 교차로는 입체교차로 하여야 한다. 단, 교통량 및 지형상황 등을 고려하여 부득이하다고 인정되는 경우에는 그러하지 아니하다.

② 고속도로 또는 주 간선도로가 아닌 도로가 서로 교차하는 경우로서 교통의 원활한 처리를 위하여 필요하다고 인정되는 경우 그 교차로는 입체교차로 할 수 있다.

제33조(입체교차의 연결로) ① 입체교차의 연결로에 대하여는 제8조, 제10조 제2항, 제11조 제2항 및 제12조 제2항·제4항의 규정을 적용하지 아니한다.

② 연결로의 설계속도는 접속하는 도로의 설계속도에 따라 다음 표의 속도를 기준으로 한다. 단, 루프연결로의 경우에는 다음 표의 속도에서 시속 10킬로미터 범위 안의 속도를 뺀 속도를 설계속도로 할 수 있다.

하급 도로의 설계속도(킬로미터/시간) \ 상급 도로의 설계속도(킬로미터/시간)	120	110	100	90	80	70	60	50 이하
120	80-50							
110	80-50	80-50						
100	70-50	70-50	70-50					
90	70-50	70-40	70-40	70-40				
80	70-40	70-40	60-40	60-40	60-40			
70	70-40	60-40	60-40	60-40	60-40	60-40		
60	60-40	60-40	60-40	60-40	60-30	50-30	50-30	
50 이하	60-40	60-40	60-40	60-40	60-30	50-30	50-30	40-30

③ 연결로의 차로폭, 길어깨폭 및 중앙분리대의 폭은 다음 표의 폭 이상으로 한다. 단, 교량 등의 구조물로 인하여 부득이한 경우에는 괄호 안의 폭까지 이를 줄일 수 있다.

연결로 기준 \ 횡단면구성요소	최소 차로폭 (미터)	길어깨의 최소폭(미터)					중앙분리대 최소폭 (미터)
		1방향 1차로		1방향 2차로	양방향 2차로	가감속 차로	
		오른쪽	왼쪽	오른쪽·왼쪽		오른쪽	
A기준	3.50	2.50	1.50	1.50	2.50	1.50	2.50(2.00)
B기준	3.25	1.50	0.75	0.75	0.75	1.00	2.00(1.50)
C기준	3.25	1.00	0.75	0.50	0.50	1.00	1.50(1.00)

비고) 1. 각 기준의 정의

　　가. A기준 : 길어깨에 대형 자동차가 정차한 경우 세미트레일러가 통과할 수 있는 기준

　　나. B기준 : 길어깨에 소형 자동차가 정차한 경우 세미트레일러가 통과할 수 있는 기준

　　다. C기준 : 길어깨에 정차한 자동차가 없는 경우 세미트레일러가 통과할 수 있는 기준

　2. 도로등급별 적용기준

상급도로의 도로등급		적용되는 연결로의 기준
고 속 도 로	지방지역	A기준 또는 B기준
	도시지역	B기준 또는 C기준
일 반 도 로		B기준 또는 C기준

④ 연결로의 형식은 오른쪽 진·출입을 원칙으로 한다. 이 경우 진·출입의 연속성 및 일관성이 유지되도록 하여야 한다.

제34조(입체교차 변속차로의 길이) ① 변속차로 중 감속차로의 길이는 다음 표의 길이 이상으로 하여야 한다. 다만, 연결로가 2차로인 경우 감속차로의 길이는 다음 표의 길이의 1.2배 이상으로 하여야 한다.

본선 설계속도 (킬로미터/시간)			120	110	100	90	80	70	60
연결로 설계속도 (킬로미터/시간)	80	변이구간을 제외한 감속 차로의 최소 길이(미터)	120	105	85	60	-	-	-
	70		140	120	100	75	55	-	-
	60		155	140	120	100	80	55	-
	50		170	150	135	110	90	70	55
	40		175	160	145	120	100	85	65
	30		185	170	155	135	115	95	80

② 본선의 종단구배의 크기에 따른 감속차로의 길이보정률은 다음 표의 비율로 하여야 한다.

본선의 종단경사 (퍼센트)	내 리 막 경 사				
	0 ~ 2 미만	2 이상 ~ 3 미만	3 이상 ~ 4 미만	4 이상 ~ 5 미만	5 이상
감속차로의 길이보정률	1.00	1.10	1.20	1.30	1.35

③ 변속차로 중 가속차로의 길이는 다음 표의 길이 이상으로 하여야 한다. 단, 연결로가 2차로인 경우 가속차로의 길이는 다음 표의 길이의 1.2배 이상으로 하여야 한다.

본선 설계속도 (킬로미터/시간)			120	110	100	90	80	70	60
연결로 설계속도 (킬로미터/시간)	80	변이구간을 제외한 가속차로의 최소길이 (미터)	245	120	55	-	-	-	-
	70		335	210	145	50	-	-	-
	60		400	285	220	130	55	-	-
	50		445	330	265	175	100	50	-
	40		470	360	300	210	135	85	-
	30		500	390	330	240	165	110	70

④ 본선의 종단구배의 크기에 따른 가속차로의 길이보정률은 다음 표의 비율로 한다.

본 선 의 종 단 경 사 (퍼센트)	오 르 막 경 사				
	0 ~ 2 미만	2 이상 ~ 3 미만	3 이상 ~ 4 미만	4 이상 ~ 5 미만	5 이상
가속차로의 길이보정률	1.00	1.20	1.30	1.40	1.50

⑤ 변속차로의 변이구간 길이는 다음 표의 길이 이상으로 하여야 한다.

본선 설계속도 (킬로미터/시간)	120	110	100	90	80	60	50	40
변이구간의 최소 길이(미터)	90	80	70	70	60	60	60	60

제35조(철도와의 교차) ① 도로와 철도의 교차는 입체교차를 원칙으로 한다. 단, 주변 지장물이나 기존의 교차형식 등으로 인하여 부득 하다고 인정되는 경우에는 그러하지 아니하다.

② 제1항 단서의 규정에 의하여 도로와 철도가 평면교차하는 경우 그 도로의 구조는 다음 각 호의 기준에 의한다.

1. 철도와의 교차각을 45도 이상으로 할 것.

2. 건널목의 양측에서 각각 30미터 이내의 구간(건널목 부분을 포함한다)은 직선으로 하고 그 구간 도로의 종단구배는 3퍼센트 이하로 할 것. 단, 주변 지장물과 기존 도로의 현황을 고려하여 부득이하다고 인정되는 경우에는 그러하지 아니하다.

3. 건널목 앞쪽 5미터 지점의 도로 중심선상 1미터의 높이에서 가장 멀리 떨어진 선로의 중심선을 볼 수 있는 곳까지의 거리를 선로방향으로 측정한 길이(이하 "가시구간의 길이"라 한다)는 철도차량의 최고 속도에 따라 다음 표의 길이 이상으로 할 것. 단, 건널목차단기, 기타 보안설비가 설치되는 구간에 있어서는 그러하지 아니하다.

건널목에서의 철도차량의 최고속도(킬로미터/시간)	가시구간의 최소길이(미터)
50 미만	110
50 이상 70 미만	160
70 이상 80 미만	200
80 이상 90 미만	230
90 이상 100 미만	260
100 이상 110 미만	300
110 이상	350

③ 철도를 횡단하여 교량을 가설하는 경우에는 철도의 확장 및 보수와 제설 등을 위한 충분한 경간길이를 확보하여야 하며, 교량의 난간부에 방호울타리 등을 설치하여야 한다.

제36조(양보차로) ① 2차로 도로에서 앞지르기 시거가 확보되지 아니하는 구간으로서 교통용량 및 안전성 등을 검토하여 필요하다고 인정되는 경우에는 저속 자동차가 다른 자동차에게 통행을 양보할 수 있는 차로(이하 양보차로"라 한다)를 설치하여야 한다.
② 양보차로를 설치하는 구간에는 운전자가 양보차로에 진입하기 전에 이를 충분히 인식할 수 있도록 노면표시 및 표지판 등을 설치하여야 한다.
③ 양보차로는 교통용량 및 안전성 등을 검토하여 적절한 길이 및 간격이 유지되도록 하여야 한다.

제37조(교통안전시설 등) ① 교통사고의 방지를 위하여 필요하다고 인정되는 경우에는 횡단보도 육교(지하횡단보도를 포함한다), 교통안전표지, 방호울타리, 조명시설, 시선유도시설, 표지병, 도로반사경, 충격흡수시설 및 과속방지시설 등의 교통안전시설을 설치하여야 한다.
② 도로의 부속물을 설치하는 경우에는 장애인, 노인 또는 임산부 등의 통행편의를 고려하여야 하며, 필요하다고 인정되는 경우에는 장애인, 노인 또는 임산부 등을 위한 별도의 시설을 설치하여야 한다.

제38조(교통관리시설 등) 교통의 원활한 소통과 안전을 도모하고 교통사고를 방지하기 위하여 필요하다고 인정되는 경우에는 도로안내 표지, 긴급연락시설, 도로교통정보안내시설, 과적차량 검문소, 교통감시시설 등의 교통관리시설을 설치할 수 있다.

제39조(주차장 등) ① 원활한 교통의 확보, 통행의 안전 또는 공중의 편의를 위하여 필요하다고 인정되는 경우에는 도로에 주차장, 버스정류장, 비상주차대, 긴급제동시설, 휴게소, 기타 이와 유사한 시설을 설치하여야 한다.

② 제1항의 규정에 의한 시설을 설치하는 경우 본선 교통의 원활한 소통을 위하여 본선의 설계속도에 따라 적절한 변속차로 등을 설치하여야 한다.

제40조(방호시설 및 제설시설) 낙석, 붕괴, 파랑 또는 적설 등으로 인하여 교통소통에 지장을 주거나 도로의 구조에 손상을 줄 가능성이 있는 부분에는 울타리, 옹벽, 방호시설 또는 제설시설을 설치하여야 한다.

제41조(터널의 환기시설 등) ① 터널의 안전하고 원활한 교통소통을 위하여 필요하다고 인정되는 경우에는 도로의 계획교통량, 설계속도 및 터널길이 등을 고려하여 환기시설 및 조명시설을 설치하여야 한다.

② 화재 기타 사고로 인하여 교통에 위험한 상황이 발생될 우려가 있는 터널에는 통신시설, 경보시설, 소화시설, 기타 비상용 시설을 설치하여야 한다.

③ 터널 안의 일산화탄소 및 질소산화물의 농도는 다음 표의 농도 이하가 되도록 하여야 하며, 환기시의 터널 안 풍속이 초속 10미터를 초과하지 아니하도록 환기시설을 설치하여야 한다.

구 분	농 도
일산화탄소	100 ppm
질소산화물	25 ppm

제42조(환경시설대 등) 교통량이 많은 도로 주변의 주거지역, 정숙을 요하는 시설이나 공공시설 등이 위치한 지역과 환경보존을 위하여 필요한 지역에는 도로의 바깥쪽에 환경시설대 또는 방음시설을 설치하여야 한다.

제43조(교량 등) ① 교량 등의 도로구조물은 하중조건 및 내진성 등을 고려하여 설치하여야 하며, 그 기준에 관하여 필요한 사항은 건설교통부 장관이 정한다.

② 교량에는 그 유지·관리를 위하여 필요한 교량 점검로 및 계측시설 등의 부대시설을 설치하여야 한다.

제44조(일시적으로 설치하는 도로에 대한 적용의 특례) 도로 또는 기타 시설에 관한 공사에 부대하여 일시적으로 사용할 목적으로 설치하는 도로에는 이 규칙을 적용하지 아니하거나 이 규칙에서 정하는 기준을 완화하여 적용할 수 있다.

제45조(사실상의 도로에 대한 적용의 특례) 도로법에 의한 도로 외의 도로로서 2차로 이상의 도로에 대하여는 그 도로의 설치목적 및 기능 등을 고려하여 이 규칙에서 정하는 기준을 적용할 수 있다.

제46조(기존의 도로에 대한 적용의 특례) 확장하거나 개·보수공사 등을 하는 기존의 도로에 있어서 이 규칙에서 정하는 기준과 맞지 아니하는 부분이 있는 경우로서, 실험에 의하거나 이론적으로 문제가 없다고 인정되는 경우에는 이 규칙에서 정하는 관련기준을 적용하지 아니할 수 있다.

제47조(도로의 구조 등에 관한 세부적인 기준) 이 규칙에서 정한 사항 외에 도로의 구조 및 시설의 기준에 관한 세부적인 사항은 건설교통부 장관이 정하는 바에 의한다.

부 칙

① (시행일) 이 규칙은 1999년 8월 9일부터 시행한다.

② (공사가 시행 중인 도로 등에 관한 경과조치) 이 규칙 시행당시 공사가 시행 중이거나 시행계획이 확정되어 그 실시설계가 시행 중인 도로의 구조 및 시설의 기준에 관하여는 종전의 대통령령 제13001호 도로의 구조·시설기준에 관한 규정에 의한다.

③ (다른 법령의 개정) 자전거 이용시설의 구조·시설기준에 관한 규칙 중 다음과 같이 개정한다.

제10조 중 "도로의 구조·시설기준에 관한 규정 제13조"를 "도로의 구조·시설기준에 관한 규칙 제17조"로 한다.

[별표] 차도 및 보도 등의 시설한계(제17조 관련)

1. 차도의 시설한계

차도에 접속하여 길어깨가 있는 도로		차도에 접속하여 길어깨가 설치되어 있지 아니한 도로	차도중 또는 중앙분리대안에 분리대 또는 교통섬이 있는 도로
터널 및 100미터 이상인 교량을 제외한 도로의 차도	터널 및 100미터 이상인 교량의 차도		

a 및 e : 차도에 접속하는 길어깨의 폭, 다만, a가 1미터를 초과하는 경우에는 1미터로 한다.
b : H(4미터 미만인 경우에는 4미터)에서 4미터를 뺀 값
c 및 d : 분리대와 관계가 있는 것에 있어서는 도로의 구분에 따라 각각 다음 표에서 정하는 값으로
　　　하고, 교통섬과 관계가 있는 것에 있어서는 c는 0.25미터, d는 0.5미터로 한다.

(단위 : 미터)

구 분	c	d
고속도로	0.25 이상 0.50 이하	0.75 이상 1.00 이하
도시고속도로	0.25	0.75
일반도로	0.25	0.5

비고) 통과높이(H)는 4.5미터로 한다. 다만, 집산도로 또는 국지도로에 있어서 지형 상황 등으로 인하여 부득이하다고 인정되는 경우에는 4.2미터(대형자동차의 교통량이 현저히 적고 그 도로의 부근에 대형자동차가 우회할 수 있는 도로가 있는 경우에는 3미터)로 할 수 있다.

2. 보도 및 자전거도로의 시설한계

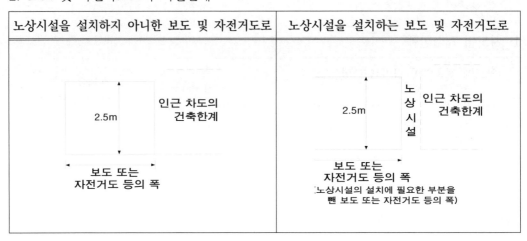

노상시설을 설치하지 아니한 보도 및 자전거도로	노상시설을 설치하는 보도 및 자전거도로

부록 5. 2009년 도로의 구조·시설 기준에 관한 규칙

전부개정 2009. 2. 19 국토해양부령 제101호

제1조(목적) 이 규칙은 「도로법」 제37조 및 제61조에 따라 도로를 신설 또는 개량하거나 자동차 전용도로를 지정하는 경우 그 도로의 구조 및 시설에 적용되는 최소한의 기준을 규정함을 목적으로 한다.

제2조(정의) 이 규칙에서 사용하는 용어의 뜻은 다음 각 호와 같다.

1. "자동차"란 「도로교통법」 제2조제17호에 따른 자동차(이륜자동차는 제외한다)를 말한다.

2. "설계기준자동차"란 도로 구조설계의 기준이 되는 자동차를 말한다.

3. "승용자동차"란 「자동차관리법 시행규칙」 제2조에 따른 승용자동차를 말한다.

4. "소형자동차"란 승용자동차와 「자동차관리법 시행규칙」 제2조에 따른 승합자동차·화물자동차·특수자동차 중 경형(輕型)과 소형을 말한다.

5. "대형자동차"란 「자동차관리법 시행규칙」 제2조에 따른 자동차(이륜자동차는 제외한다) 중 소형자동차와 세미트레일러를 제외한 자동차를 말한다.

6. "세미트레일러"란 앞 차축(車軸)이 없는 피견인차(被牽引車)와 견인차의 결합체로서 피견인차와 적재물 중량의 상당한 부분이 견인차에 의하여 지지되도록 연결되어 있는 자동차를 말한다.

7. "고속도로"란 「도로법」 제8조 및 제9조에 따른 고속국도로서 중앙분리대에 의하여 양 방향이 분리되고 입체교차를 원칙으로 하는 도로를 말한다.

8. "일반도로"란 「도로법」에 따른 도로(고속도로는 제외한다)로서 그 기능에 따라 주간선도로(主幹線道路), 보조간선도로, 집산도로(集散道路) 및 국지도로(局地道路)로 구분되는 도로를 말한다.

9. "자동차 전용도로"란 간선도로로서 「도로법」 제61조에 따라 지정된 도로를 말한다.

10. "소형차도로"란 제5조제1항 단서에 따라 설계기준자동차가 소형자동차인 도로를 말한다.

11. "접근관리 설계기법"이란 주도로(主道路)와 부도로(副道路)가 접속하는 지점에서 주행하는 모든 자동차의 안전성과 효율성을 확보하기 위하여 주도로에 접속하는

부도로의 접속 위치, 간격, 기하구조 설계, 교통제어방식 등을 합리적으로 관리하는 설계기법을 말한다.

12. "도로의 계획목표연도"란 도로를 계획하거나 설계할 때 예측된 교통량에 따라 도로를 건설하여 적절하게 유지·관리하는 경우 적정한 수준 이상의 기능이 유지될 수 있을 것으로 보는 기간(도로의 공용개시 계획연도를 시점으로 한다)을 말한다.

13. "도로의 설계서비스수준"이란 도로를 계획하거나 설계할 때의 기준으로서 도로의 통행속도, 교통량과 교통용량의 비율, 교통 밀도와 교통량 등에 따른 도로운행 상태의 질을 말한다.

14. "계획교통량"이란 도로의 계획목표연도에 그 도로를 통행할 것으로 예상되는 자동차의 연평균 1일 교통량을 말한다.

15. "설계시간교통량"이란 도로의 계획목표연도에 그 도로를 통행할 시간당 자동차의 대수를 말한다.

16. "도시지역"이란 시가지를 형성하고 있는 지역이나 그 지역의 발전 추세로 보아 시가지로 형성될 가능성이 높은 지역을 말한다.

17. "지방지역"이란 도시지역 외의 지역을 말한다.

18. "설계속도"란 도로설계의 기초가 되는 자동차의 속도를 말한다.

19. "차로"란 자동차가 도로의 정해진 부분을 한 줄로 통행할 수 있도록 차선에 의하여 구분되는 차도의 부분을 말한다.

20. "차로 수"란 양 방향 차로(오르막차로, 회전차로, 변속차로 및 양보차로는 제외한다)의 수를 합한 것을 말한다.

21. "차도"란 자동차의 통행에 사용되며 차로로 구성된 도로의 부분을 말한다.

22. "차선"이란 차로와 차로를 구분하기 위하여 그 경계지점에 표시하는 선을 말한다.

23. "오르막차로"란 오르막 구간에서 저속 자동차를 다른 자동차와 분리하여 통행시키기 위하여 설치하는 차로를 말한다.

24. "회전차로"란 자동차가 우회전, 좌회전 또는 유턴을 할 수 있도록 직진하는 차로와 분리하여 설치하는 차로를 말한다.

25. "변속차로"란 자동차를 가속시키거나 감속시키기 위하여 설치하는 차로를 말한다.

26. "측대"란 운전자의 시선을 유도하고 옆 부분의 여유를 확보하기 위하여 중앙분리대 또는 길어깨에 차도와 동일한 횡단경사와 구조로 차도에 접속하여 설치하는 부분을 말한다.

27. "분리대"란 차도를 통행의 방향에 따라 분리하거나 성질이 다른 같은 방향의 교통을 분리하기 위하여 설치하는 도로의 부분이나 시설물을 말한다.

28. "중앙분리대"란 차도를 통행의 방향에 따라 분리하고 옆 부분의 여유를 확보하기 위하여 도로의 중앙에 설치하는 분리대와 측대를 말한다.

29. "길어깨"란 도로를 보호하고 비상시에 이용하기 위하여 차도에 접속하여 설치하는 도로의 부분을 말한다.

30. "주정차대(駐停車帶)"란 자동차의 주차 또는 정차에 이용하기 위하여 도로에 접속하여 설치하는 부분을 말한다.

31. "노상시설"이란 보도, 자전거도로, 중앙분리대, 길어깨 또는 환경시설대(環境施設帶) 등에 설치하는 표지판 및 방호울타리, 가로등, 가로수 등 도로의 부속물[공동구(共同溝)는 제외한다. 이하 같다]을 말한다.

32. "교통약자"란 「교통약자의 이동편의 증진법」 제2조에 따른 교통약자를 말한다.

33. "이동편의시설"이란 교통약자가 도로를 이용할 때 편리하게 이동할 수 있도록 하기 위한 시설 및 설비를 말한다.

34. "보도의 유효폭"이란 보도폭에서 노상시설 등이 차지하는 폭을 제외한 보행자의 통행에만 이용되는 폭을 말한다.

35. "보행시설물"이란 보행자가 안전하고 편리하게 보행할 수 있도록 하기 위하여 설치하는 속도저감시설, 횡단시설, 교통안내시설, 교통신호기 등의 시설물을 말한다.

36. "시설한계"란 자동차나 보행자 등의 교통안전을 확보하기 위하여 일정한 폭과 높이 안쪽에는 시설물을 설치하지 못하게 하는 도로 위 공간 확보의 한계를 말한다.

37. "완화곡선(緩和曲線)"이란 직선 부분과 평면곡선 사이 또는 평면곡선과 평면곡선 사이에서 자동차의 원활한 주행을 위하여 설치하는 곡선으로서 곡선상의 위치에 따라 곡선 반지름이 변하는 곡선을 말한다.

38. "횡단경사"란 도로의 진행방향에 직각으로 설치하는 경사로서 도로의 배수(排水)를 원활하게 하기 위하여 설치하는 경사와 평면곡선부에 설치하는 편경사(偏傾斜)를 말한다.

39. "편경사"란 평면곡선부에서 자동차가 원심력에 저항할 수 있도록 하기 위하여 설치하는 횡단경사를 말한다.

40. "종단경사(縱斷傾斜)"란 도로의 진행방향 중심선의 길이에 대한 높이의 변화 비율을 말한다.

41. "정지시거(停止視距)"란 운전자가 같은 차로 위에 있는 고장차 등의 장애물을 인지하고 안전하게 정지하기 위하여 필요한 거리로서 차로 중심선 위의 1미터 높이에서 그 차로의 중심선에 있는 높이 15센티미터의 물체의 맨 윗부분을 볼 수 있는 거리를 그 차로의 중심선에 따라 측정한 길이를 말한다.

42. "앞지르기시거"란 2차로 도로에서 저속 자동차를 안전하게 앞지를 수 있는 거리로서 차로 중심선 위의 1미터 높이에서 반대쪽 차로의 중심선에 있는 높이 1.2미터의 반대쪽 자동차를 인지하고 앞차를 안전하게 앞지를 수 있는 거리를 도로 중심선에 따라 측정한 길이를 말한다.

43. "교통섬"이란 자동차의 안전하고 원활한 교통처리나 보행자 도로횡단의 안전을 확보하기 위하여 교차로 또는 차도의 분기점 등에 설치하는 섬 모양의 시설을 말한다.

44. "연결로"란 입체도로에서 서로 교차하는 도로를 연결하거나 서로 높이가 다른 도로를 연결하여 주는 도로를 말한다.

45. "환경시설대"란 도로 주변 지역의 환경보전을 위하여 길어깨의 바깥쪽에 설치하는 녹지대 등의 시설이 설치된 지역을 말한다.

제3조(도로의 구분) ① 도로는 고속도로 및 일반도로로 구분한다.

② 고속도로 중 도시지역에 있는 고속도로는 도시고속도로로 한다.

③ 일반도로의 기능별 구분에 상응하는 「도로법」 제8조에 따른 도로의 종류는 다음 표와 같다.

일반도로	도로의 종류
주간선도로	일반국도, 특별시도·광역시도
보조간선도로	일반국도, 특별시도·광역시도, 지방도, 시도
집산도로	지방도, 시도, 군도, 구도
국지도로	군도, 구도

제4조(도로의 출입 등의 기준) ① 도로에는 자동차 주행의 안전성과 효율성을 확보하기 위하여 접근관리 설계기법을 적용하여야 한다.

② 고속도로와 자동차전용도로는 다음 각 호의 기준에 적합하여야 한다.

1. 특별한 사유가 없으면 교차하는 모든 도로와 입체교차가 될 것

2. 지정된 곳에 한정하여 자동차만 출입이 허용되도록 할 것

제5조(설계기준자동차) ① 도로의 구분에 따른 설계기준자동차는 다음 표와 같다. 다만, 우회할 수 있는 도로(해당 도로 기능 이상의 기능을 갖춘 도로만 해당한다)가 있는 경우에는 도로의 구분에 관계없이 대형자동차나 승용자동차 또는 소형자동차를 설계기준자동차로 할 수 있다.

도로의 구분	설계기준자동차
고속도로 및 주간선도로	세미트레일러
보조간선도로 및 집산도로	세미트레일러 또는 대형자동차
국지도로	대형자동차 또는 승용자동차

② 제1항에 따른 설계기준자동차의 종류별 제원(諸元)은 다음 표와 같다.

자동차 종류 \ 제원(미터)	폭	높이	길이	축간거리	앞 내민 길이	뒷 내민 길이	최소 회전 반지름
승용자동차	1.7	2.0	4.7	2.7	0.8	1.2	6.0
소형자동차	2.0	2.8	6.0	3.7	1.0	1.3	7.0
대형자동차	2.5	4.0	13.0	6.5	2.5	4.0	12.0
세미트레일러	2.5	4.0	16.7	앞축간거리 4.2 뒤축간거리 9.0	1.3	2.2	12.0

비고) 1. 축간거리: 앞바퀴 차축의 중심으로부터 뒷바퀴 차축의 중심까지의 길이를 말한다.

2. 앞내민길이: 자동차의 앞면으로부터 앞바퀴 차축의 중심까지의 길이를 말한다.

3. 뒷내민길이: 자동차의 뒷면으로부터 뒷바퀴 차축의 중심까지의 길이를 말한다.

제6조(도로의 계획목표연도) ① 도로를 계획하거나 설계할 때에는 예측된 교통량에 맞추어 도로를 적절하게 유지·관리함으로써 도로의 기능이 원활하게 유지될 수 있도록 하기 위하여 도로의 계획목표연도를 설정하여야 한다.

② 도로의 계획목표연도는 공용개시 계획연도를 기준으로 20년 이내로 정하되, 그 기간을 설정할 때에는 도로의 구분, 교통량 예측의 신뢰성, 투자의 효율성, 단계적인 건설의 가능성, 주변 여건, 주변 지역의 사회·경제계획 및 도시계획 등을 고려하여야 한다.

제7조(도로의 설계서비스수준) 도로를 계획하거나 설계할 때에는 도로의 설계서비스수준이 국토해양부장관이 정하는 기준에 적합하도록 하여야 한다.

제8조(설계속도) ① 설계속도는 도로의 기능별 구분에 따라 다음 표의 속도 이상으로 한다. 다만, 지형 상황 및 경제성 등을 고려하여 필요한 경우에는 다음 표의 속도에서 시속 20킬로미터 이내의 속도를 뺀 속도를 설계속도로 할 수 있다.

도로의 기능별 구분		설계속도(킬로미터/시간)		
		지방지역		도시지역
		평지	산지	
고속도로		120	100	100
일반도로	주간선도로	80	60	80
	보조간선도로	70	50	60
	집산도로	60	40	50
	국지도로	50	40	40

② 제1항에도 불구하고 자동차 전용도로의 설계속도는 시속 80킬로미터 이상으로 한다. 다만, 자동차 전용도로가 도시지역에 있거나 소형차도로일 경우에는 시속 60킬로미터 이상으로 할 수 있다.

제9조(설계구간) ① 동일한 설계기준이 적용되어야 하는 도로의 설계구간은 주요 교차로(인터체인지를 포함한다)나 도로의 주요시설물 사이의 구간으로 한다.

② 인접한 설계구간과의 설계속도의 차이는 시속 20킬로미터 이하가 되도록 하여야 한다.

제10조(차로) ① 도로의 차로수는 도로의 구분 및 기능, 설계시간교통량, 도로의 계획목표연도의 설계서비스수준, 지형 상황, 나누어지거나 합하여지는 도로의 차로 수 등을 고려하여 정하여야 한다.

② 도로의 차로수는 교통흐름의 형태, 교통량의 시간별·방향별 분포, 그 밖의 교통 특성 및 지역 여건에 따라 홀수 차로로 할 수 있다.

③ 차로의 폭은 차선의 중심선에서 인접한 차선의 중심선까지로 하며, 도로의 구분, 설계속도 및 지역에 따라 다음 표의 폭 이상으로 한다. 다만, 설계기준자동차 및 경제성을 고려하여 필요한 경우에는 차로 폭을 3미터 이상으로 할 수 있다.

도로의 구분			차로의 최소 폭(미터)		
			지방지역	도시 지역	소형차도로
고속도로			3.50	3.50	3.25
일반도로	설계속도 (킬로미터/시간)	80 이상	3.50	3.25	3.25
		70 이상	3.25	3.25	3.00
		60 이상	3.25	3.00	3.00
		60 미만	3.00	3.00	3.00

④ 제3항에도 불구하고 통행하는 자동차의 종류·교통량, 그 밖의 교통 특성과 지역 여건 등에 따라 필요한 경우 회전차로의 폭과 설계속도가 시속 40킬로미터 이하인 도시지역 차로의 폭은 2.75미터 이상으로 할 수 있다.

⑤ 도로에는 「도로교통법」 제15조에 따라 자동차의 종류 등에 따른 전용차로를 설치할 수 있다. 이 경우 간선급행버스체계 전용차로의 차로폭은 3.25미터 이상으로 하되, 정류장의 추월차로 등 부득이한 경우에는 3미터 이상으로 할 수 있다.

제11조(차로의 분리 등) ① 도로에는 차로를 통행의 방향별로 분리하기 위하여 중앙선을 표시하거나 중앙분리대를 설치하여야 한다. 다만, 4차로 이상인 도로에는 도로기능과 교통 상황에 따라 안전하고 원활한 교통을 확보하기 위하여 필요한 경우 중앙분리대를 설치하여야 한다.

② 중앙분리대 내에는 시설물을 설치할 수 있으며 중앙분리대의 폭은 도로의 구분에 따라 다음 표의 값 이상으로 한다. 다만, 자동차 전용도로의 경우는 2미터 이상으로 한다.

도로의 구분	중앙분리대의 최소 폭(미터)		
	지방지역	도시지역	소형차도로
고속도로	3.0	2.0	2.0
일반도로	1.5	1.0	1.0

③ 중앙분리대에는 측대를 설치하여야 한다. 이 경우 측대의 폭은 설계속도가 시속 80킬로미터 이상인 경우는 0.5미터 이상으로 하고, 시속 80킬로미터 미만인 경우는 0.25미터 이상으로 한다.

④ 중앙분리대의 분리대 부분에 노상시설을 설치하는 경우 중앙분리대의 폭은 제18조에 따른 시설한계가 확보되도록 정하여야 한다.

⑤ 차로를 왕복 방향별로 분리하기 위하여 중앙선을 두 줄로 표시하는 경우 각 중앙선의 중심 사이의 간격은 0.5미터 이상으로 한다.

제12조(길어깨) ① 도로에는 차도와 접속하여 길어깨를 설치하여야 한다. 다만, 보도 또는 주정차대가 설치되어 있는 경우에는 설치하지 아니할 수 있다.

② 차도의 오른쪽에 설치하는 길어깨의 폭은 도로의 구분과 설계속도에 따라 다음 표의 폭 이상으로 하여야 한다. 다만, 오르막차로 또는 변속차로 등의 차로와 길어깨가 접속되는 구간에서는 0.5미터 이상으로 할 수 있다.

도로의 구분			차도 오른쪽 길어깨의 최소 폭(미터)		
			지방지역	도시지역	소형차도로
고속도로			3.00	2.00	2.00
일반도로	설계속도 (킬로미터/시간)	80 이상	2.00	1.50	1.00
		60 이상 80 미만	1.50	1.00	0.75
		60 미만	1.00	0.75	0.75

③ 일방통행도로 등 분리도로의 차도 왼쪽에 설치하는 길어깨의 폭은 도로의 구분과 설계속도에 따라 다음 표의 폭 이상으로 한다.

도로의 구분			차도 왼쪽 길어깨의 최소 폭(미터)	
			지방지역 및 도시지역	소형차도로
고속도로			1.00	0.75
일반도로	설계속도 (킬로미터/시간)	80 이상	0.75	0.75
		80 미만	0.50	0.50

④ 제2항 및 제3항에도 불구하고 터널, 교량, 고가도로 또는 지하차도에 설치하는 길어깨의 폭은 고속도로의 경우에는 1미터 이상으로, 일반도로의 경우에는 0.5미터 이상으로 할 수 있다. 다만, 길이 1천미터 이상의 터널 또는 지하차도에서 오른쪽 길어깨의 폭을 2미터 미만으로 하는 경우에는 최소 750미터의 간격으로 비상주차대를 설치하여야 한다.

⑤ 길어깨에는 측대를 설치하여야 한다. 이 경우 측대의 폭은 설계속도가 시속 80킬로미터 이상인 경우에는 0.5미터 이상으로 하고, 80킬로미터 미만이거나 터널인 경우에는 0.25미터 이상으로 한다.

⑥ 차도에 접속하여 노상시설을 설치하는 경우 노상시설의 폭은 길어깨의 폭에 포함되지 아니한다.

제13조(적설지역 도로의 중앙분리대 및 길어깨의 폭) 적설지역(積雪地域)에 있는 도로의 중앙분리대 및 길어깨의 폭은 제설작업을 고려하여 정하여야 한다.

제14조(주정차대) ①도시지역의 일반도로에 주정차대를 설치하는 경우에는 그 폭이 2.5미터 이상이 되도록 하여야 한다. 다만, 소형자동차를 대상으로 하는 주정차대의 경우에는 그 폭이 2미터 이상이 되도록 할 수 있다.

② 고속도로와 간선도로에 설치하는 버스정류장은 차도와 분리하여 별도로 설치하여야 한다.

제15조(자전거도로) ① 안전하고 원활한 교통을 확보하기 위하여 자전거, 자동차 및 보행자의 통행을 분리할 필요가 있는 경우에는 자전거도로를 설치하여야 한다. 다만, 지형 상황 등으로 인하여 부득이하다고 인정되는 경우에는 예외로 한다.

② 자전거도로의 구조와 시설기준에 관하여는 「자전거 이용시설의 구조·시설기준에 관한 규칙」에서 정하는 바에 따른다.

제16조(보도) ① 보행자의 안전과 자동차 등의 원활한 통행을 위하여 필요하다고 인정되는 경우에는 도로에 보도를 설치하여야 한다. 이 경우 보도는 연석(緣石)이나 방호울타리 등의 시설물을 이용하여 차도와 분리하여야 하고, 필요하다고 인정되는 지역에는 「교통약자의 이동편의 증진법」에 따른 이동편의시설을 설치하여야 한다.

② 제1항에 따라 차도와 보도를 구분하는 경우에는 다음 각 호의 기준에 따른다.

1. 차도에 접하여 연석을 설치하는 경우 그 높이는 25센티미터 이하로 할 것

2. 횡단보도에 접한 구간으로서 필요하다고 인정되는 지역에는 「교통약자의 이동편의 증진법」에 따른 이동편의시설을 설치하여야 하며, 자전거도로에 접한 구간은 자전거의 통행에 불편이 없도록 할 것

③ 보도의 유효폭은 보행자의 통행량과 주변 토지 이용 상황을 고려하여 결정하되, 최소 2미터 이상으로 하여야 한다. 다만, 지방지역의 도로와 도시지역의 국지도로는 지형상 불가능하거나 기존 도로의 증설·개설시 불가피하다고 인정되는 경우에는 1.5미터 이상으로 할 수 있다.

④ 보도는 보행자의 통행 경로를 따라 연속성과 일관성이 유지되도록 설치하며, 보도에 가로수 등 노상시설을 설치하는 경우 노상시설 설치에 필요한 폭을 추가로 확보하여야 한다.

제17조(도로공간기능의 활용) ① 주민의 삶의 질 향상을 위하여 도로를 보행환경 개선 공간 및 문화정보 교류공간, 대중교통의 수용공간, 환경친화적 녹화공간(綠化空間) 등으로 계획할 수 있다.

② 보행환경 개선이 필요한 지역에는 제2조제35호에 따른 보행시설물을 설치할 수 있다.

제18조(시설한계) ① 차도의 시설한계 높이는 4.5미터 이상으로 한다. 다만, 다음 각 호의 경우에는 시설한계 높이를 축소할 수 있다.

1. 집산도로 또는 국지도로로서 지형 상황 등으로 인하여 부득이하다고 인정되는 경우 : 4.2미터까지 축소 가능

2. 소형차도로인 경우 : 3미터까지 축소 가능

3. 대형자동차의 교통량이 현저히 적고, 그 도로의 부근에 대형자동차가 우회할 수 있는 도로가 있는 경우 : 3미터까지 축소 가능

② 차도, 보도 및 자전거도로의 시설한계는 별표와 같다. 이 경우 도로의 종단경사 및 횡단경사를 고려하여 시설한계를 확보하여야 한다.

제19조(평면곡선 반지름) 차도의 평면곡선 반지름은 설계속도와 편경사에 따라 다음 표의 길이 이상으로 한다.

설계속도 (킬로미터/시간)	최소 평면곡선 반지름(미터)		
	적용 최대 편경사		
	6퍼센트	7퍼센트	8퍼센트
120	710	670	630
110	600	560	530
100	460	440	420
90	380	360	340
80	280	265	250
70	200	190	180
60	140	135	130
50	90	85	80
40	60	55	50
30	30	30	30
20	15	15	15

제20조(평면곡선의 길이) 평면곡선부의 차도 중심선의 길이(완화곡선이 있는 경우에는 그 길이를 포함한다)는 다음 표의 길이 이상으로 한다.

설계속도 (킬로미터/시간)	평면곡선의 최소 길이(미터)	
	도로의 교각이 5도 미만인 경우	도로의 교각이 5도 이상인 경우
120	700 / θ	140
110	650 / θ	130
100	550 / θ	110
90	500 / θ	100
80	450 / θ	90
70	400 / θ	80
60	350 / θ	70
50	300 / θ	60
40	250 / θ	50
30	200 / θ	40
20	150 / θ	30

비고) θ는 도로 교각(交角)의 값(도)이며, 2도 미만인 경우에는 2도로 한다.

제21조(평면곡선부의 편경사) ① 차도의 평면곡선부에는 도로가 위치하는 지역, 적설 정도, 설계속도, 평면곡선 반지름 및 지형 상황 등에 따라 다음 표의 비율 이하의 최대 편경사를 두어야 한다.

구분		최대편경사(퍼센트)
지방지역	적설·한랭 지역	6
	그 밖의 지역	8
도시지역		6
연결로		8

② 제1항에도 불구하고 다음 각 호의 어느 하나에 해당하는 경우에는 편경사를 두지 아니할 수 있다.

1. 평면곡선 반지름을 고려하여 편경사가 필요 없는 경우

2. 설계속도가 시속 60킬로미터 이하인 도시지역의 도로에서 도로 주변과의 접근과 다른 도로와의 접속을 위하여 부득이하다고 인정되는 경우

③ 편경사의 회전축으로부터 편경사가 설치되는 차로 수가 2개 이하인 경우의 편경사의 접속설치길이는 설계속도에 따라 다음 표의 편경사 최대 접속설치율에 따라 산정된 길이 이상이 되어야 한다.

설계속도(킬로미터/시간)	편경사 최대 접속설치율
120	1 / 200
110	1 / 185
100	1 / 175
90	1 / 160
80	1 / 150
70	1 / 135
60	1 / 125
50	1 / 115
40	1 / 105
30	1 / 95
20	1 / 85

④ 편경사의 회전축으로부터 편경사가 설치되는 차로 수가 2개를 초과하는 경우의 편경사의 접속설치길이는 제3항에 따라 산정된 길이에 다음 표의 보정계수를 곱한 길이 이상이 되어야 하며, 노면의 배수가 충분히 고려되어야 한다.

편경사가 설치되는 차로 수	접속설치 길이의 보정계수
3	1.25
4	1.50
5	1.75
6	2.00

제22조(평면곡선부의 확폭) ① 차도 평면곡선부의 각 차로는 평면곡선 반지름 및 설계기준자동차에 따라 다음 표의 폭 이상을 확보하여야 한다.

세미트레일러		대형자동차		소형자동차	
평면곡선 반지름 (미터)	최소 확폭량 (미터)	평면곡선 반지름 (미터)	최소 확폭량 (미터)	평면곡선 반지름 (미터)	최소 확폭량 (미터)
150 이상~ 280 미만	0.25	110 이상~ 200 미만	0.25	45 이상~ 55 미만	0.25
90 이상~ 150 미만	0.50	65 이상~ 110 미만	0.50	25 이상~ 45 미만	0.50
65 이상~ 90 미만	0.75	45 이상~ 65 미만	0.75	15 이상~ 25 미만	0.75
50 이상~ 65 미만	1.00	35 이상~ 45 미만	1.00		
40 이상~ 50 미만	1.25	25 이상~ 35 미만	1.25		
35 이상~ 40 미만	1.50	20 이상~ 25 미만	1.50		
30 이상~ 35 미만	1.75	18 이상~ 20 미만	1.75		
20 이상~ 30 미만	2.00	15 이상~ 18 미만	2.00		

② 제1항에도 불구하고 차도 평면곡선부의 각 차로가 다음 각 호의 어느 하나에 해당하는 경우에는 확폭을 하지 아니할 수 있다.

1. 도시지역의 일반도로에서 도시관리계획이나 주변 지장물(支障物) 등으로 인하여 부득이하다고 인정되는 경우
2. 설계기준자동차가 승용자동차인 경우

제23조(완화곡선 및 완화구간) ① 설계속도가 시속 60킬로미터 이상인 도로의 평면곡선부에는 완화곡선을 설치하여야 한다.

② 완화곡선의 길이는 설계속도에 따라 다음 표의 값 이상으로 하여야 한다.

설계속도(킬로미터/시간)	완화곡선의 최소 길이(미터)
120	70
110	65
100	60
90	55
80	50
70	40
60	35

③ 설계속도가 시속 60킬로미터 미만인 도로의 평면곡선부에는 다음 표의 길이 이상의 완화구간을 두고 편경사를 설치하거나 확폭을 하여야 한다.

설계속도(킬로미터/시간)	완화구간의 최소 길이(미터)
50	30
40	25
30	20
20	15

제24조(시거) ① 도로에는 그 도로의 설계속도에 따라 다음 표의 길이 이상의 정지시거를 확보하여야 한다.

설계속도(킬로미터/시간)	최소 정지시거(미터)
120	215
110	185
100	155
90	130
80	110
70	95
60	75
50	55
40	40
30	30
20	20

② 2차로 도로에서 앞지르기를 허용하는 구간에서는 설계속도에 따라 다음 표의 길이 이상의 앞지르기시거를 확보하여야 한다.

설계속도(킬로미터/시간)	최소 앞지르기시거(미터)
80	540
70	480
60	400
50	350
40	280
30	200
20	150

제25조(종단경사) ① 차도의 종단경사는 도로의 구분, 지형 상황과 설계속도에 따라 다음 표의 비율 이하로 하여야 한다. 다만, 지형 상황, 주변 지장물 및 경제성을 고려하여 필요하다고 인정되는 경우에는 다음 표의 비율에 1퍼센트를 더한 값 이하로 할 수 있다.

최대 종단경사(퍼센트)								
설계속도 (킬로미터/시간)	고속도로		간선도로		집산도로 및 연결로		국지도로	
	평지	산지	평지	산지	평지	산지	평지	산지
120	3	4						
110	3	5						
100	3	5	3	6				
90	4	6	4	6				
80	4	6	4	7	6	9		
70			5	7	7	10		
60			5	8	7	10	7	13
50			5	8	7	10	7	14
40			6	9	7	11	7	15
30					7	12	8	16
20							8	16

② 소형차도로의 종단경사는 도로의 구분, 지형 상황과 설계속도에 따라 다음 표의 비율 이하로 하여야 한다. 다만, 지형 상황, 주변 지장물 및 경제성을 고려하여 필요하다고 인정되는 경우에는 다음 표의 비율에 1퍼센트를 더한 값 이하로 할 수 있다.

최대 종단경사(퍼센트)								
설계속도 (킬로미터/시간)	고속도로		간선도로		집산도로 및 연결로		국지도로	
	평지	산지	평지	산지	평지	산지	평지	산지
120	4	5						
110	4	6						
100	4	6	4	7				
90	6	7	6	7				
80	6	7	6	8	8	10		
70			7	8	9	11		
60			7	9	9	11	9	14
50			7	9	9	11	9	15
40			8	10	9	12	9	16
30					9	13	10	17
20							10	17

제26조(오르막차로) ① 종단경사가 있는 구간에서 자동차의 오르막 능력 등을 검토하여 필요하다고 인정되는 경우에는 오르막차로를 설치하여야 한다. 다만, 설계속도가 시속 40킬로미터 이하인 경우에는 오르막차로를 설치하지 아니할 수 있다.

② 오르막차로의 폭은 본선의 차로폭과 같게 설치하여야 한다.

제27조(종단곡선) ① 차도의 종단경사가 변경되는 부분에는 종단곡선을 설치하여야 한다. 이 경우 종단곡선의 길이는 제2항에 따른 종단곡선의 변화 비율에 따라 산정한 길이와 제3항에 따른 종단곡선의 길이 중 큰 값의 길이 이상이어야 한다.

② 종단곡선의 변화 비율은 설계속도 및 종단곡선의 형태에 따라 다음 표의 비율 이상으로 한다.

설계속도 (킬로미터/시간)	종단곡선의 형태	종단곡선 최소 변화 비율 (미터/퍼센트)
120	볼록곡선	120
	오목곡선	55
110	볼록곡선	90
	오목곡선	45
100	볼록곡선	60
	오목곡선	35

설계속도 (킬로미터/시간)	종단곡선의 형태	종단곡선 최소 변화 비율 (미터/퍼센트)
90	볼록곡선	45
	오목곡선	30
80	볼록곡선	30
	오목곡선	25
70	볼록곡선	25
	오목곡선	20
60	볼록곡선	15
	오목곡선	15
50	볼록곡선	8
	오목곡선	10
40	볼록곡선	4
	오목곡선	6
30	볼록곡선	3
	오목곡선	4
20	볼록곡선	1
	오목곡선	2

③ 종단곡선의 길이는 설계속도에 따라 다음 표의 길이 이상이어야 한다.

설계속도(킬로미터/시간)	종단곡선 최소 길이(미터)
120	100
110	90
100	85
90	75
80	70
70	60
60	50
50	40
40	35
30	25
20	20

제28조(횡단경사) ① 차도의 횡단경사는 배수를 위하여 노면의 종류에 따라 다음 표의 비율로 하여야 한다. 다만, 편경사가 설치되는 구간은 제21조에 따른다.

노면의 종류	횡단경사(퍼센트)
아스팔트 및 시멘트 포장도로	1.5 이상 2.0 이하
간이포장도로	2.0 이상 4.0 이하
비포장도로	3.0 이상 6.0 이하

② 보도 또는 자전거도로의 횡단경사는 2퍼센트 이하로 한다. 다만, 지형 상황 및 주변 건축물 등으로 인하여 부득이하다고 인정되는 경우에는 4퍼센트까지 할 수 있다.

③ 길어깨의 횡단경사와 차도의 횡단경사의 차이는 시공성, 경제성 및 교통안전을 고려하여 8퍼센트 이하로 하여야 한다. 다만, 측대를 제외한 길어깨폭이 1.5미터 이하인 도로, 교량 및 터널 등의 구조물 구간에서는 그 차이를 두지 아니할 수 있다.

제29조(포장) ① 차도, 측대, 길어깨, 보도 및 자전거도로 등은 안정성 및 시공성 등을 고려하여 적절한 두께 및 재질 등의 구조로 포장하여야 한다.

② 차도 및 측대는 교통량, 노상의 상태, 기후조건, 경제성, 시공성 및 유지관리 등을 고려하여 자동차가 안전하고 원활하게 통행할 수 있는 공법으로 포장하여야 한다.

③ 내리막 경사의 평면곡선부 등 도로의 선형(線型) 또는 시거로 인하여 짧은 제동거리가 요구되는 구간의 차도는 미끄럼에 대한 저항이 양호한 형태로 포장하거나 미끄럼방지를 위한 포장시설을 설치하여야 한다.

제30조(배수시설) ① 도로시설의 보전(保全), 교통안전, 유지보수 등을 위하여 도로에는 측구(側溝), 집수정 및 도수로(導水路) 등 적절한 배수시설을 설치하여야 한다. 이 경우 배수시설에 공급되는 전기시설은 침수의 영향을 받지 않도록 설치하여야 한다.

② 배수시설의 규격은 강우(降雨)의 지속시간 및 강도와 지형 상황에 따라 적절하게 결정되어야 한다.

③ 길어깨는 노면 배수로로 활용할 수 있으며, 길어깨에 붙여서 측구를 설치하는 경우에는 교통안전을 위하여 윗면이 열린 측구를 설치하여서는 아니 된다.

제31조(도로의 교차) 도로의 교차는 특별한 경우를 제외하고는 네갈래 이하로 하여야 한다.

제32조(평면교차와 그 접속기준) ① 교차하는 도로의 교차각은 직각에 가깝게 하여야 한다.

② 교차로의 종단경사는 3퍼센트 이하이어야 한다. 다만, 주변 지장물과 경제성을 고려하여 필요하다고 인정되는 경우에는 6퍼센트 이하로 할 수 있다.

③ 평면으로 교차하거나 접속하는 구간에서는 필요에 따라 회전차로, 변속차로, 교통섬 등의 도류화시설(導流化施設 : 도로의 흐름을 원활하게 유도하는 시설)을 설치하여야 하며, 이에 관하여 필요한 사항은 국토해양부장관이 따로 정한다.

④ 교차로에서 좌회전차로가 필요한 경우에는 직진차로와 분리하여 설치하여야 한다.

제33조(입체교차) ① 고속도로나 주간선도로의 기능을 가진 도로가 다른 도로와 교차하는 경우 그 교차로는 입체교차로 하여야 한다. 다만, 교통량 및 지형 상황 등을 고려하여 부득이하다고 인정되는 경우에는 그러하지 아니하다.

② 고속도로 또는 주간선도로가 아닌 도로가 서로 교차하는 경우로서 교통을 원활하게 처리하기 위하여 필요하다고 인정되는 경우 그 교차로는 입체교차로 할 수 있다.

③ 입체교차를 계획할 때에는 도로의 기능, 교통량, 도로 조건, 주변 지형 여건, 경제성 등을 고려하여야 한다.

제34조(입체교차의 연결로) ① 입체교차의 연결로에 대하여는 제8조, 제10조제3항, 제11 조제2항 및 제12조제2항·제3항을 적용하지 아니한다.

② 연결로의 설계속도는 접속하는 도로의 설계속도에 따라 다음 표의 속도를 기준으로 한다. 다만, 루프연결로(고리 모양으로 생긴 연결로를 말한다)의 경우에는 다음 표의 속도에서 시속 10킬로미터 이내의 속도를 뺀 속도를 설계속도로 할 수 있다.

상급 도로의 설계속도 (킬로미터/시간) / 하급 도로의 설계속도 (킬로미터/시간)	120	110	100	90	80	70	60	50 이하
120	80-50							
110	80-50	80-50						
100	70-50	70-50	70-50					
90	70-50	70-40	70-40	70-40				
80	70-40	70-40	60-40	60-40	60-40			
70	70-40	60-40	60-40	60-40	60-40	60-40		
60	60-40	60-40	60-40	60-40	60-30	50-30	50-30	
50 이하	60-40	60-40	60-40	60-40	60-30	50-30	50-30	40-30

③ 연결로의 차로폭, 길어깨폭 및 중앙분리대의 폭은 다음 표의 폭 이상으로 한다. 다만, 교량 등의 구조물로 인하여 부득이한 경우에는 괄호 안의 폭까지 줄일 수 있다.

횡단면 구성 요소 / 연결로 기준	최소 차로 폭 (미터)	길어깨의 최소 폭(미터)					중앙 분리대 최소 폭 (미터)
		한쪽 방향 1차로		한쪽 방향 2차로	양방향 다차로	가속·감속 차로	
		오른쪽	왼쪽	오른쪽 · 왼쪽	오른쪽	오른쪽	
A기준	3.50	2.50	1.50	1.50	2.50	1.50	2.50(2.00)
B기준	3.25	1.50	0.75	0.75	0.75	1.00	2.00(1.50)
C기준	3.25	1.00	0.75	0.50	0.50	1.00	1.50(1.00)
D기준	3.25	1.25	0.50	0.50	0.50	1.00	1.50(1.00)
E기준	3.00	0.75	0.50	0.50	0.50	0.75	1.50(1.00)

비고)

1. 각 기준의 정의

　가. A기준: 길어깨에 대형자동차가 정차한 경우 세미트레일러가 통과할 수 있는 기준
　나. B기준: 길어깨에 소형자동차가 정차한 경우 세미트레일러가 통과할 수 있는 기준
　다. C기준: 길어깨에 정차한 자동차가 없는 경우 세미트레일러가 통과할 수 있는 기준
　라. D기준: 길어깨에 소형자동차가 정차한 경우 소형자동차가 통과할 수 있는 기준
　마. E기준: 길어깨에 정차한 자동차가 없는 경우 소형자동차가 통과할 수 있는 기준

2. 도로등급별 적용기준

상급도로의 도로등급		적용되는 연결로의 기준
고속도로	지방지역	A기준 또는 B기준
	도시지역	B기준 또는 C기준
일반도로		B기준 또는 C기준
소형차도로		D기준 또는 E기준

④ 연결로의 형식은 오른쪽 진출입을 원칙으로 한다. 이 경우 진출입의 연속성 및 일관성이 유지되도록 하여야 한다.

부록 5

제35조(입체교차 변속차로의 길이) ① 변속차로 중 감속차로의 길이는 다음 표의 길이 이상으로 하여야 한다. 다만, 연결로가 2차로인 경우 감속차로의 길이는 다음 표의 길이의 1.2배 이상으로 하여야 한다.

본선 설계속도 (킬로미터/시간)			120	110	100	90	80	70	60
연결로 설계속도 (킬로미터 /시간)	80	변이구간을 제외한 감속차로의 최소길이 (미터)	120	105	85	60	-	-	-
	70		140	120	100	75	55	-	-
	60		155	140	120	100	80	55	-
	50		170	150	135	110	90	70	55
	40		175	160	145	120	100	85	65
	30		185	170	155	135	115	95	80

② 본선의 종단경사의 크기에 따른 감속차로의 길이 보정률은 다음 표의 비율로 하여야 한다.

본선의 종단경사 (퍼센트)	내리막 경사				
	0~2 미만	2 이상~3 미만	3 이상~4 미만	4 이상~5 미만	5 이상
감속차로의 길이 보정률	1.00	1.10	1.20	1.30	1.35

③ 변속차로 중 가속차로의 길이는 다음 표의 길이 이상으로 하여야 한다. 다만, 연결로가 2차로인 경우 가속차로의 길이는 다음 표의 길이의 1.2배 이상으로 하여야 한다.

본선 설계속도 (킬로미터/시간)			120	110	100	90	80	70	60
연결로 설계속도 (킬로미터 /시간)	80	변이구간을 제외한 가속차로의 최소 길이 (미터)	245	120	55	-	-	-	-
	70		335	210	145	50	-	-	-
	60		400	285	220	130	55	-	-
	50		445	330	265	175	100	50	-
	40		470	360	300	210	135	85	-
	30		500	390	330	240	165	110	70

④ 본선의 종단경사의 크기에 따른 가속차로의 길이 보정률은 다음 표의 비율로 한다.

본선의 종단경사 (퍼센트)	오르막 경사				
	0~2 미만	2 이상~3 미만	3 이상~4 미만	4 이상~5 미만	5 이상
가속차로의 길이 보정률	1.00	1.20	1.30	1.40	1.50

⑤ 변속차로의 변이구간의 길이는 다음 표의 길이 이상으로 하여야 한다.

본선 설계속도 (킬로미터/시간)	120	110	100	90	80	60	50	40
변이구간의 최소 길이(미터)	90	80	70	70	60	60	60	60

제36조(철도와의 교차) ① 도로와 철도의 교차는 입체교차를 원칙으로 한다. 다만, 주변 지장물이나 기존의 교차형식 등으로 인하여 부득이하다고 인정되는 경우에는 예외로 한다.

② 제1항 단서에 따라 도로와 철도가 평면교차하는 경우 그 도로의 구조는 다음 각 호의 기준에 따른다.

1. 철도와의 교차각을 45도 이상으로 할 것

2. 건널목의 양측에서 각각 30미터 이내의 구간(건널목 부분을 포함한다)은 직선으로 하고 그 구간 도로의 종단경사는 3퍼센트 이하로 할 것. 다만, 주변 지장물과 기존 도로의 현황을 고려하여 부득이하다고 인정되는 경우에는 예외로 한다.

3. 건널목 앞쪽 5미터 지점에 있는 도로 중심선 위의 1미터 높이에서 가장 멀리 떨어진 선로의 중심선을 볼 수 있는 곳까지의 거리를 선로방향으로 측정한 길이(이하 "가시구간의 길이"라 한다)는 철도차량의 최고속도에 따라 다음 표의 길이 이상으로 할 것. 다만, 건널목차단기와 그 밖의 보안설비가 설치되는 구간의 경우에는 예외로 한다.

건널목에서의 철도차량의 최고속도(킬로미터/시간)	가시구간의 최소길이(미터)
50 미만	110
50 이상 70 미만	160
70 이상 80 미만	200
80 이상 90 미만	230
90 이상 100 미만	260
100 이상 110 미만	300
110 이상	350

③ 철도를 횡단하여 교량을 가설하는 경우에는 철도의 확장 및 보수와 제설 등을 위한 충분한 경간장(徑間長)을 확보하여야 하며, 교량의 난간 부분에 방호울타리 등을 설치하여야 한다.

제37조(양보차로) ① 2차로 도로에서 앞지르기시거가 확보되지 아니하는 구간으로서 도로 용량 및 안전성 등을 검토하여 필요하다고 인정되는 경우에는 저속자동차가 다른 자동 차에게 통행을 양보할 수 있는 차로(이하 "양보차로"라 한다)를 설치하여야 한다.

② 양보차로를 설치하는 구간에는 운전자가 양보차로에 진입하기 전에 이를 충분히 인 식할 수 있도록 노면표시 및 표지판 등을 설치하여야 한다.

③ 양보차로는 교통용량 및 안전성 등을 검토하여 적절한 길이 및 간격이 유지되도록 하여야 한다.

제38조(도로안전시설 등) ① 교통사고를 방지하기 위하여 필요하다고 인정되는 경우에는 시선유도시설, 방호울타리, 충격흡수시설, 조명시설, 과속방지시설, 도로반사경, 미끄 럼방지시설, 노면요철포장, 긴급제동시설, 안개지역 안전시설, 횡단보도육교(지하횡단 보도를 포함한다) 등의 도로안전시설을 설치하여야 한다.

② 도로의 부속물을 설치하는 경우에는 교통약자의 통행 편의를 고려하여야 하며, 필 요하다고 인정되는 경우에는 교통약자를 위한 별도의 시설을 설치하여야 한다.

제39조(교통관리시설 등) ① 교통의 원활한 소통과 안전을 도모하고 교통사고를 방지하기 위하여 필요하다고 인정되는 경우에는 신호기 및 안전표지 등의 교통안전시설, 도로표 지, 도로명판 등을 설치하여야 하며, 긴급연락시설, 도로교통정보 안내시설, 과적차량 검문소, 차량 검지체계(檢知體系) 등의 교통관리시설을 설치할 수 있다.

② 교통체계의 효율성과 안전성을 위하여 필요한 경우에는 도로교통 상황을 파악하고 관리할 수 있는 지능형 교통관리체계를 설치할 수 있다.

제40조(주차장 등) ① 원활한 교통의 확보, 통행의 안전 또는 공중의 편의를 위하여 필요 하다고 인정되는 경우에는 도로에 주차장, 버스정류시설, 비상주차대, 휴게시설과 그 밖에 이와 유사한 시설을 설치하여야 한다.

② 제1항에 따른 시설을 설치하는 경우 본선 교통의 원활한 소통을 위하여 본선의 설 계속도에 따라 적절한 변속차로 등을 설치하여야 한다.

제41조(방호시설 등) 낙석, 붕괴, 파랑(波浪), 바람 또는 적설 등으로 인하여 교통 소통에 지장을 주거나 도로의 구조에 손상을 입힐 가능성이 있는 부분에는 울타리, 옹벽, 방호 시설, 방풍시설 또는 제설시설을 설치하여야 한다.

제42조(터널의 환기시설 등) ① 터널에는 안전하고 원활한 교통 소통을 위하여 필요하다고 인정되는 경우에는 도로의 설계속도, 교통 조건, 환경 여건, 터널의 제원 등을 고려하 여 환기시설 및 조명시설을 설치하여야 한다.

② 화재나 그 밖의 사고로 인하여 교통에 위험한 상황이 발생될 우려가 있는 터널에는 소화설비, 경보설비, 피난설비, 소화활동설비, 비상전원설비 등의 방재시설을 설치하여야 한다.

③ 터널 안의 일산화탄소 및 질소산화물의 농도는 다음 표의 농도 이하가 되도록 하여야 하며, 환기 시의 터널 안 풍속이 초속 10미터를 초과하지 아니하도록 환기시설을 설치하여야 한다.

구 분	농 도
일산화탄소	100ppm
질소산화물	25ppm

제43조(환경시설 등) ① 도로건설로 인한 주변 환경피해를 최소화하기 위하여 필요한 경우에는 생태통로(生態通路) 등의 환경영향저감시설을 설치하여야 한다.

② 교통량이 많은 도로 주변의 주거지역, 정숙을 요하는 시설이나 공공시설 등이 위치한 지역과 환경보존을 위하여 필요한 지역에는 도로의 바깥쪽에 환경시설대나 방음시설을 설치하여야 한다.

제44조(교량 등) ① 교량 등의 도로구조물은 하중(荷重) 조건 및 내진성(耐震性), 내풍안전성(耐風安全性), 수해내구성(水害耐久性) 등을 고려하여 설치하여야 하며, 그 기준에 관하여 필요한 사항은 국토해양부장관이 정한다.

② 교량에는 그 유지·관리를 위하여 필요한 교량 점검로 및 계측시설 등의 부대시설을 설치하여야 한다.

제45조(일시적으로 설치하는 도로에 대한 적용의 특례) 도로나 그 밖의 시설에 관한 공사에 필요하여 일시적으로 사용할 목적으로 설치하는 도로에는 이 규칙을 적용하지 아니하거나 이 규칙에서 정하는 기준을 완화하여 적용할 수 있다.

제46조(사실상의 도로에 대한 적용의 특례) 「도로법」에 따른 도로 외의 도로로서 2차로 이상인 도로에 대하여는 그 도로의 설치목적 및 기능 등을 고려하여 이 규칙에서 정하는 기준을 적용할 수 있다.

제47조(기존의 도로에 대한 적용의 특례) 확장하거나 개수·보수 공사 등을 하는 기존의 도로에 있어서 이 규칙에서 정하는 기준과 맞지 아니하는 부분이 있는 경우로서 실험에 의하거나 이론적으로 문제가 없다고 인정되는 경우에는 이 규칙에서 정하는 관련 기준을 적용하지 아니할 수 있다.

제48조(도로의 구조 등에 관한 세부적인 기준) 이 규칙에서 정한 사항 외에 도로의 구조 및 시설의 기준에 관한 세부적인 사항은 국토해양부장관이 정하는 바에 따른다.

부　칙

제1조(시행일) 이 규칙은 공포한 날부터 시행한다.

제2조(경과조치) 이 규칙 시행 당시 신설 또는 개량 공사를 시행 중이거나 시행계획이 확정되어 그 실시설계가 시행 중인 도로로서 이 규칙의 규정에 적합하지 아니한 부분이 있는 경우, 해당 부분에 대하여는 종전의 규정에 따른다.

제3조(다른 법령과의 관계) 이 규칙 시행 당시 다른 법령에서 종전의 「도로의 구조·시설기준에 관한 규칙」의 규정을 인용한 경우에 이 규칙 가운데 그에 해당하는 규정이 있으면 이 규칙의 해당 규정을 인용한 것으로 본다.

[별표] 차도 및 보도 등의 시설한계(제18조제2항 관련)

1. 차도의 시설한계

차도에 접속하여 길어깨가 설치되어 있는 도로		차도에 접속하여 길어깨가 설치되어 있지 않은 도로	차도 또는 중앙분리대 안에 분리대 또는 교통섬이 있는 도로
터널 및 100미터 이상인 교량을 제외한 도로의 차도	터널 및 100미터 이상인 교량의 차도		

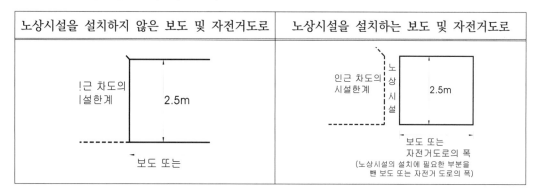

a 및 e : 차도에 접속하는 길어깨의 폭. 다만, a가 1미터를 초과하는 경우에는 1미터로 한다.

b : H(4미터 미만인 경우에는 4미터)에서 4미터를 뺀 값.
　다만, 소형차도로는 H(2.8미터 미만인 경우에는 2.8미터)에서 2.8미터를 뺀 값.

c 및 d : 분리대와 관계가 있는 것이면 도로의 구분에 따라 각각 다음 표에서 정하는 값으로 하고,
　교통섬과 관계가 있는 것이면 c는 0.25미터, d는 0.5미터로 한다.

(단위 : 미터)

구분	c	d
고속 도로	0.25 이상 0.5 이하	0.75 이상 1.00 이하
도시고속도로	0.25	0.75
일반도로	0.25	0.5

H: 시설한계높이

2. 보도 및 자전거도로의 시설한계

노상시설을 설치하지 않은 보도 및 자전거도로	노상시설을 설치하는 보도 및 자전거도로
인근 차도의 시설한계 / 2.5m / 보도 또는	인근 차도의 시설한계 / 노상시설 / 2.5m / 보도 또는 자전거도로의 폭 (노상시설의 설치에 필요한 부분을 뺀 보도 또는 자전거 도로의 폭)

참고 문헌

국토교통부, 도로의 구조·시설기준에 관한 규칙, 2020.

국토교통부, 도시·군계획시설의 결정·구조 및 설치기준에 관한 규칙, 2019.

국토교통부, 교통약자의 이동편의 증진법 시행규칙, 2019.

국토교통부, 국토의 계획 및 이용에 관한 법률 시행규칙, 2019.

국토교통부, 자동차관리법 시행규칙, 2019.

보건복지가족부, 장애인·노인·임산부 등의 편의증진 보장에 관한 법률 시행규칙, 2019.

경찰청, 도로교통법 시행규칙, 2019.

국토해양부, 지하공공보도시설의 결정·구조 및 설치기준에 관한 규칙, 2012.

국토교통부, 도로와 다른 시설의 연결에 관한 규칙, 2019.

국토교통부, 자전거 이용시설의 구조·시설 기준에 관한 규칙, 2017.

행정안전부, 접경지역 지원 특별법 시행령, 2019.

국토교통부, 도로의 구조·시설기준에 관한 규칙 해설, 2013.

국토교통부, 도로설계기준(KDS 44 00 00), 2018.

국토교통부, 보도 설치 및 관리 지침, 2018.

국토교통부, 도로배수시설 설계 및 관리 지침, 2019.

국토교통부, 도로터널 방재시설 설치 및 관리 지침, 2019.

국토교통부, 졸음쉼터의 설치 및 관리 지침, 2019.

국토해양부, 2+1차로도로 설계지침, 2010.

국토해양부, 국도의 노선계획·설계지침, 2012.

국토교통부, 자동차전용도로 지정에 관한 지침, 2017.

행정안전부·국토교통부, 자전거 이용시설 설치 및 관리 지침, 2016.

국토교통부·환경부, 환경친화적인 도로건설지침, 2006.

환경부, 생태통로 설치 및 관리지침, 2010.

국토교통부, 평면교차로 설계지침, 2017.

국토교통부, 입체교차로 설계 지침, 2015.

국토교통부·환경부, 도로 비점오염저감시설 설치 및 관리 지침, 2015

국토교통부, 도로안전시설 설치 및 관리 지침, 2019.

국토교통부, 회전교차로 설계지침, 2014.

국토교통부, 간선급행버스체계(BRT) 설계지침, 2010.

국토교통부, 공동구 설치 및 관리지침, 2018.

국토교통부, 교통정온화시설 설치 및 관리 지침, 2019.

국토교통부, 도시·군관리계획 수립지침, 2015.

건설교통부, 버스전용차로 설치 및 운영지침, 2005.

한국도로공사, 도로설계요령 2009.

국토교통부, 국도건설공사 설계실무 요령, 2016.

국토해양부, 도로설계편람, 2013.

국토해양부, 도로용량편람, 2013.

건설교통부, 교통약자이동편의시설 설치·관리 매뉴얼, 2007.

국토교통부, 교통시설 투자평가지침, 2017.

경찰청, 교통신호기 설치·관리매뉴얼, 2011.

경찰청, 교통안전표지설치·관리 매뉴얼, 2011.

국토교통부, 철도건설규칙, 2014.

국토해양부, 도로포장 구조 설계 요령, 2011

국토해양부, 도로포장 구조 설계 해설서, 2011

국토해양부, 도로포장 통합 지침, 2011

국토교통부, 아스팔트콘크리트 포장 시공 지침, 2017.

국토교통부, 아스팔트 혼합물 생산 및 시공 지침, 2014.

건설교통부, 산악지 도로설계 매뉴얼, 2007.

건설교통부, 수해방지를 위한 산악지 도로설계 매뉴얼, 2007.

경찰청, 교통안전시설 실무편람, 2008.

국토교통부, 차량방호 안전시설 실무충돌시험 업무편람, 2015.

경찰청, 교통노면표시 설치·관리 매뉴얼, 2012.

건설교통부, 도로제설업무 수행요령, 2003.

건설교통부, 유료도로 휴게소 부지면적 산출지침, 2004

AASHTO, A Policy on Geometric Design of Highways and Streets, 2004, 2018.

Highway Agency, Design Manual for Roads and Bridges, 2002.

Transportation Research Board(2003), 「Access Management Manual」

일본도로협회, 도로구조령의 해설과 운용, 2015.

독일, 독일연방 도로설계지침〈RAS-L〉, 1995

TRB, Highway Capacity Manual, 2000.

참여진

■ **국토교통부**

도로국	도로국장	김용석(전/백승근)
	간선도로과장	이정기(전/이상헌)
	시설사무관	김강문(전/최규용)
	주 무 관	노영수(전/김소라)

■ **집필위원**

연구책임자 : 이석근(경희대학교)

간　　사 : 최장원(한국도로기술사회)

총　　괄 : 김만철(대한토목학회), 조재권(대한토목학회), 황혜선(대한토목학회)

제1장 총칙~제3장 계획교통량 및 설계속도

최동식(삼안)	진규동(한국도로공사)
강동구(삼안)	고병덕(삼안)
노정훈(삼안)	유호인(한국도로공사)
황효섭(삼안)	

제4장 횡단구성

황인태(벽산엔지니어링)	박중규(한국도로공사)
김원식(한맥기술)	윤재정(벽산엔지니어링)
임권재(한국도로공사)	

제5장 도로의 선형

최재성(서울시립대학교)	정승원(서울시립대학교)

제6장 평면교차

조완형(다산컨설턴트)	이동민(서울시립대학교)
박홍래(다산컨설턴트)	전진우(서울시립대학교)
조규태(영남대학교)	최창환(홍익기술단)

제7장 입체교차
　　　박석주(동성엔지니어링)　　　임찬수(한국도로공사)
　　　김종민(신성엔지니어링)　　　신철호(동성엔지니어링)
　　　유준석(한국도로공사)　　　차상욱(한국도로공사)
　　　최은조(동성엔지니어링)

제8장 포장, 교량 및 터널
　　　황주환(동일기술공사)　　　연용흠(동일기술공사)
　　　김낙영(한국도로공사)　　　김명기(동일기술공사)
　　　임석하(동일기술공사)

제9장 도로의 안전시설 등
　　　김종민(전남대학교)　　　정승용(한국도로공사)

제10장 도로의 부대시설
　　　이호영(선진엔지니어링)　　　권순일(서영엔지니어링)
　　　서문성(서영엔지니어링)　　　이덕일(한국도로공사)
　　　정경영(유신)　　　조성광(서영엔지니어링)

■ 자문위원
　김용년(바우컨설탄트)　　　김유백(진우엔지니어링코리아)
　김종원(케이씨아이)　　　노관섭(건설기술연구원)
　노희찬(도화엔지니어링)　　　엄호천(동일기술공사)
　오흥운(경기대학교)　　　이태옥(수성엔지니어링)
　하만복(경남과학기술대학교)　　　한상연(도로교통공단)

■ 공청회 위원
　이해경(다산컨설턴트)　　　고용석(국토연구원)
　오흥운(경기대학교)　　　유정복(한국교통연구원)
　이용수(한국건설기술연구원)　　　임광수(이산)
　최동식(삼안)　　　허　용(대한콘설탄트)

국토교통부 제정

「도로의 구조·시설 기준에 관한 규칙」 해설

- 발간 등록번호 : 11-1613000-002767-14
- 발행일 : 2020년 3월 6일
- 발행처 : 국토교통부

국토교통부 제정
「도로의 구조·시설 기준에 관한 규칙」해설

초 판 발 행 2020년 3월 6일
초 판 2 쇄 2021년 10월 15일

관 리 주 체 대한토목학회
주   소 (05661) 서울특별시 송파구 중대로25길 3-16
전 화 번 호 02-407-4115
팩 스 번 호 02-407-3703

공 급 처 KSCE PRESS
등 록 번 호 제2017-000040호
등 록 일 2017년 3월 10일
주   소 (05661) 서울특별시 송파구 중대로25길 3-16, 대한토목학회
전 화 번 호 02-407-4115
팩 스 번 호 02-407-3703
홈 페 이 지 www.kscepress.com
인쇄 및 보급처 도서출판 씨아이알(02-2275-8603)

I S B N 979-11-960900-9-8 (93530)
정   가 59,000원